“101 计划”核心教材
数学领域

数学“101 计划”之数理统计

数理统计

王兆军　邹长亮
周永道　冯　龙
编著

中国教育出版传媒集团
高等教育出版社·北京

内容提要

本书内容主要包括抽样分布、一致最小方差无偏估计、矩估计、最大似然估计、相合估计、Bayes 估计、minimax 估计、显著性假设检验、最大功效检验、拟合优度检验、序贯检验、非参数检验、U 统计量，以及回归分析、bootstrap 等。

本书可以作为理科统计学专业本科生数理统计课程的教材，也可作为部分高等学校理科研究生统计课程的参考用书。

总 序

自数学出现以来，世界上不同国家、地区的人们在生产实践中、在思考探索中以不同的节奏推动着数学的不断突破和飞跃，并使之成为一门系统的学科。尤其是进入 21 世纪之后，数学发展的速度、规模、抽象程度及其应用的广泛和深入都远远超过了以往任何时期。数学的发展不仅是在理论知识方面的增加和扩大，更是思维能力的转变和升级，数学深刻地改变了人类认识和改造世界的方式。对于新时代的数学研究和教育工作者而言，有责任将这些知识和能力的发展与革新及时体现到课程和教材改革等工作当中。

数学“101 计划”核心教材是我国高等教育领域数学教材的大型编写工程。作为教育部基础学科系列“101 计划”的一部分，数学“101 计划”旨在通过深化课程、教材改革，探索培养具有国际视野的数学拔尖创新人才，教材的编写是其中一项重要工作。教材是学生理解和掌握数学的主要载体，教材质量的高低对数学教育的变革与发展意义重大。优秀的数学教材可以为青年学生打下坚实的数学基础，培养他们的逻辑思维能力和解决问题的能力，激发他们进一步探索数学的兴趣和热情。为此，数学“101 计划”工作组统筹协调来自国内 16 所一流高校的师资力量，全面梳理知识点，强化协同创新，陆续编写完成符合数学学科“教与学”特点，体现学术前沿，具备中国特色的高质量核心教材。此次核心教材的编写者均为具有丰富教学成果和教材编写经验的数学家，他们当中很多人不仅有国际视野，还在各自的研究领域作出杰出的工作成果。在教材的内容方面，几乎是包括了分析学、代数学、几何学、微分方程、概率论、现代分析、数论基础、代数几何基础、拓扑学、微分几何、应用数学基础、统计学基础等现代数学的全部分支方向。考虑到不同层次的学生需要，编写组对个别教材设置了不同难度的版本。同时，还及时结合现代科技的最新动向，特别组织编写《人工智能的数学基础》等相关教材。

数学“101 计划”核心教材得以顺利完成离不开所有参与教材编写和审订的专家、学者及编辑人员的辛勤付出，在此深表感谢。希望读者们能通过数学“101 计划”核心教材更好地构建扎实的数学知识基础，锻炼数学思维能力，深化对数学的理解，进一步生发出自主学习探究的能力。期盼广大青年学生受益于这套核心教材，有更多的拔尖创新人才脱颖而出！

田 刚
数学“101 计划”工作组组长
中国科学院院士
北京大学讲席教授

前 言

随着数据时代及人工智能时代的到来，数据越来越多、越来越重要。数据已成为生产要素，也是一种资源。作为专门研究数据的学科——统计学的春天来了。

大家对“统计”一词并不陌生，在实际生活中也经常用到，如班长“统计”一下明天春游的人数，足球比赛结束后的技术“统计”等，但这都只是简单的汇总，并不需要统计知识。高中时所学课程里就有统计模块，其中最熟知的直方图不仅是数据的简单汇总，而且在画直方图时，首先要考虑区间的划分，因为它影响到直方图的形状；直方图画好后，还要对此进行解释，以了解数据所包含的信息与知识。

按照《不列颠百科全书》的定义：统计是研究数据的科学与艺术。故可知凡是研究数据包含的内在规律，由数据产生价值、产生知识，以及企事业单位或政府各部门基于数据制定相关政策与规划等，都离不开统计。正如我国著名教育学家马寅初 (1882—1982) 所说：学者不能离开统计而研究，政治家不能离开统计而执政，企业家不能离开统计而执业，军事家不能离开统计而谋划。世界著名统计学家 C. R. Rao(拉奥，1920—2023) 曾在其《统计与真理》一书前言中写道：在理性的基础上，一切判断都是统计学 (All judgements are, in their rationale, statistics)。后来他本人又说道：所有获取知识的方法本质上都是统计学 (All methods of acquiring knowledge are essentially statistics)。也正如 D. Salsburg(萨尔斯伯格) 博士撰写的一本统计科普读物《女士品茶》(*The Lady Tasting Tea*) 的副标题：20 世纪统计怎样变革了科学 (How Statistics Revolutionized Science in the Twentieth Century)。

统计方法的产生与应用有着悠久的历史。如果从数据分析角度看，J. Graunt (格兰特，1620—1674) 于 1662 年撰写的《关于死亡公报的自然与政治观察》一书，对 1604—1662 年间伦敦教会每周一期的“死亡公报”数据进行了统计初步分析；如果从随机模拟角度看，历史上最早的应该是 G. Buffon (比丰，1707—1788) 于 1777 年进行的“Buffon 投针”；如果从统计方法角度看，可以追溯到 1805 年由 C. F. Gauss (高斯，1777—1855) 提出的最小二乘法，以及 1802 年由 P.-S. Laplace (拉普拉斯，1749—1827) 在法国人口抽样调查时提出的等概率估计法；如果从统计理论角度看，20 世纪初由 K. Pearson(皮尔逊，1857—1936) 和

R. A. Fisher(费希尔，1890—1962) 提出的系列理论与方法，奠定了现代统计学基础与框架。

撰写本书的目的在于把统计学基础理论与方法介绍给理科统计学专业本科生，并要求学生已掌握数学分析、概率论的基础知识。第一章介绍一些基本概念，如样本、参数、统计量、抽样分布，以及一些常用的抽样分布，如 χ^2 分布、t 分布、F 分布、Γ 分布，还有充分与完全统计量等；第二章讲述参数点估计准则与方法，如无偏估计、一致最小方差无偏估计，相合估计、相合渐近正态估计、最大似然估计，还有 Bayes(贝叶斯) 估计、minimax 估计等；第三章讲述统计推断中的假设检验理论，内容包括显著性检验思想、p 值、似然比检验等，进一步介绍置信区间的概念及求取方法等。第四章讲述多元模型的统计推断理论，如常用多元分布、多元正态总体的参数估计和假设检验，也对多重检验的相关准则和方法进行介绍。第五章介绍最小二乘估计的性质以及线性模型的估计、检验、模型选择，并讨论 logistic 回归模型。第六章给出总体密度、总体分布和分位数的非参数估计方法，以及针对总体分布、独立性、均值的非参数检验方法。第七章介绍 bootstrap 方法在方差估计、置信区间构造、线性模型中的应用。附录部分介绍概率收敛的四种定义、中心极限定理、Slutsky(斯卢茨基) 定理、Delta 方法等内容。

在本书编写过程中，参考了多位老师撰写的相关书籍，这些书籍为我们提供了极其丰富的材料，非常感谢他们；“101 计划”统计工作小组在邵启满教授的带领下，设计了本书的基本框架，非常感谢他们的顶层设计及对南开统计的信任；最后要感谢高等教育出版社的编辑，从本书撰写之初就对本书给予了极大的关心与帮助。

由于编者无论是专业还是文字水平所限，编写之中难免会有不妥之处，敬请读者批评指正。

编 者

2024 年 2 月于南开园

目录

第一章

基本概念

统计学是研究如何有效地收集、整理、分析和解释数据的科学, 其目的在于探索数据内在的某些规律性, 以达到对研究对象的科学认识. 可以说, “由数据探索事物内在规律”的思想始终贯穿于统计学. 随着智能时代的到来, 无论在科学研究还是社会生活中都产生了大量数据, 数据无处不在. 另外, 万物数字化已是必然, 数据已成为生产要素、一种资源, 甚至是战略资源, 如何让这些数据产生更大的价值, 更好地服务人类则成为当前多个学科的前沿课题之一. 而统计学作为研究数据的科学, 在自然科学、工程技术、航空航天、人工智能、制造业、军事等领域, 以及生物医药、经济金融、社会科学、人文和管理科学等许多学科都有着广泛的应用, 并且推动着这些学科的发展. 统计学在民生保障、经济生产、可持续发展、现代化建设等方面也发挥着关键的促进作用.

本章将首先通过几个例子简述统计学的几个研究方向, 之后给出统计学的定义及研究内容, 最后给出样本、参数、抽样分布、统计量, 以及充分、完全统计量等一些基本概念.

1.1 引言

我们先通过几个例子尝试说明统计学有许多研究方向与内容, 本书所讲内容只是统计学知识海洋中的沧海一粟; 之后再简述什么是统计学.

1.1.1 几个例子

例 1.1.1 (抽样调查 (sampling survey)) 随着高校扩招和自主招生的推广, 每所院校都越来越重视各自的生源情况, 也都想出了各种各样的招生方法以吸引各地优秀中学生报考. 导致这种现象的一个重要原因在于各高校间竞争的本质就是人才的竞争. 大家普遍认为, 好的生源是培养高质量人才的前提. 我们自然要问: 一个人是否成才, 与其大学成绩相关吗? 大学成绩与高中成绩有关吗?

为回答第一个问题, 就要给出衡量一个人是否成才的标准, 或制定一套用来衡量一个人成才与否的可量化的指标体系, 之后再研究与大学成绩的关系. 而指标体系的建立, 以及相关性度量就是统计中的一个研究内容.

为回答第二个问题, 即大学成绩是否与高中成绩有关, 有必要考虑如下问题:

(1) 由于全国大学众多, 普查很难实现, 故在全国选取多少所大学以及哪几所大学进行调查比较合适?

(2) 由于学生数量也非常多, 故在选定的大学中选取多少以及哪些大学生参与调查, 调查结果才可靠?

(3) 由于学生在校期间, 还参加多种多样的课外竞赛或活动, 故如何衡量一名学生的高中及大学成绩?

(4) 不同科系之间、不同院校之间的成绩具有可比性吗?

(5) 数据收集之后, 对这些数据如何进行科学的分析?

在解决上述问题过程中, 我们感兴趣的问题可能还包括: 重点大学与一般大学的区别有多大? 男生与女生有区别吗? 东西部大学及生源有区别吗? 在进行数据分析过程中可能会遇到如下问题: 在收回的问卷中, 如仅回答了部分问题, 则这份问卷如何处理? 等等.

为得到一个科学合理的答案, 在问卷设计之初, 就有必要考虑上述问题, 并且在收集到数据后, 也有必要利用统计方法对其进行合理的数据分析. 问卷设计及数据分析就是统计学中抽样调查这一研究方向的研究内容. 历史上最早的抽样调查是法国 1802 年进行的人口抽样调查. 1800 年左右, 法国数学家、天文学家、概率学家 P.-S. Laplace (拉普拉斯, 1749—1827) 受政府委托估计全国人口. 此时 Laplace 就采用了抽样调查, 且提出了等概率估计.

当然, 我们日常生活中的许多实际问题都与抽样调查有关, 如某品牌的市场占有率、我国农产品产量、全国总人口, 以及消费物价指数等.

在设计抽样调查方案或进行抽样调查时, 应公平地对待每一群体及个体, 否则会导致错误的结论. 比如 1936 年美国总统大选, 候选人为民主党的 Roosevelt(罗斯福) 与共和党的 Landon(兰登). 当时最有名的民意调查机构《文学摘要》根据其民意调查, 预测 Landon 的得票率为 $57\% \pm 19\%$, 而盖洛普根据 5 万人的民意调查, 预测 Landon 的得票率为 $44\% \pm 6\%$. 最终, Landon 以实际得票率 48% 输了大选.《文学摘要》调查的偏差主要来自其选取的数据代表性不足:《文学摘要》根据电话簿或其俱乐部会员名单上的地址将问卷寄给 1 000 万个选民, 收回问卷 238 万份. 但我们注意到, 1936 年的美国大概只有四分之一的家庭安装了电话, 且由于经济好转, 穷人普遍倾向 Roosevelt, 富人倾向 Landon. 于是,《文学摘要》的调查结果更多地代表了富人的意愿, 从而导致预测不准.

另外, 一些敏感问题, 比如艾滋病患者的比例、官员受贿比例等, 也是抽样调查要研究的内容. 对于这样的敏感问题, 通过随机问卷的方式很难得到真实的答案. Warner (华纳, 1965) 提出了随机应答技术 (randomized response technique, 简记为 RRT) 来处理上述敏感问题调查.

假如有 240 人参与是否受贿的敏感性问题调查, 此时为得到一个较客观的结论, 我们可以让接受问卷者通过扔硬币方式回答问题 A 或 B:

问题 A: 您是否受过贿?

问题 B: 您是否 5 月出生?

假设回答“是”和“不是”的人分别为 30 人和 210 人, 请问最终的受贿比例如何?

假设硬币均匀, 故有 120 人分别回答了问题 A 与 B, 而在回答问题 B 的 120 人中回答“是”的人数应该是 1/12, 即在回答问题 B 的 120 人中有 10 人回答了“是”, 于是我们知道共有 30 − 10=20 人在回答问题 A 时回答了“是”, 于是受贿比例为 20/120=16.67%.

在抽样调查中, 有多种抽样方法可供选择, 如简单随机抽样、分层抽样、系统抽样、整群抽样、小域抽样等, 请有兴趣的读者关注统计学的抽样调查这一研究方向.

例 1.1.2 (随机对照双盲试验 (randomized controlled double blind trial)) 如何衡量一种新药是否安全有效?

在药物研制过程中, 为验证其有效性、毒副作用等, 制药公司首先需要做离体实验和动物实验. 一旦通过, 就可以向药监部门申请做临床试验 (clinical trial). 临床试验共分四期: I、II、III 及 IV 期. 按照国家药品监督管理局颁布的《药物临床试验质量管理规范》, 四期试验为:

I 期试验: 时间短 (数月)、规模小 (20~30 人), 健康志愿者或患者均可参加, 目的在于检查新药是否有急性毒副作用、合适的安全给药剂量及药物动力学试验. 如果没有严重问题, 则转入 II 期.

II 期试验: 时间及规模适当 (几个月到两年, 100~300 人), 试验对象为患者, 目的在于观察新药是否有疗效, 也对短期的安全性做进一步观察. 通过后, 转入 III 期.

III 期试验: 长期大规模 (一到四年, 不少于 300 人), 试验对象为患者, 目的在于确认新药疗效及安全性, 确定给药剂量. 通过后, 制药公司可向药监部门提出上市申请, 待通过药监部门组织的专家鉴定后, 经药监部门批准后就可上市.

IV 期试验: 在新药批准上市后, 进一步观察药物在大范围长时间内的疗效和安全性, 并与其他药物进行比较, 且观察在 I、II、III 期试验中被排除在外的儿童、孕妇、老人患者群体的疗效、安全性和给药剂量.

在 II、III 期临床试验中, 常采用随机对照双盲试验: 将患者随机分两组, 一组吃新药 A, 另一组吃安慰剂 B(placebo, 与新药形状、颜色、味道完全相同, 但没有任何药效); 患者及试验者均不知 A 药与 B 药哪个为试验药 (在 II 期试验中也可不设盲). 双盲目的在于消除心理因素的影响. 吃新药组称为处理组 (treatment, 用 T 表示), 吃安慰剂组称为对照组 (contrast, 用 C 表示). 在 IV 期试验中, 可不设对照组.

随机对照双盲试验最早应用于 20 世纪 60 年代进行的脊髓灰质炎疫苗检测. 20 世纪 50 年代初, 美国小儿麻痹症防治基金会 (NFIP) 认为由匹兹堡大学 Jonas Salk (乔纳斯・索尔克) 研制的疫苗有抗体, 但是否推广, 要进行一次大规模试验检测. 1954 年美国公共卫生总署决定组织此次试验. 试验对象是那些容易感染的人群: 小学一、二、三年级的学生, 试验方案有如下五种:

方案一: 与过去比较;

方案二: 不同地区间比较;

方案三: 给取得父母同意的儿童接种;

方案四: NFIP 的试验方案;

方案五: 随机对照双盲试验.

对于方案一, 由于脊髓灰质炎是一种流行病, 而流行病每年的发病率变化很大, 故被否决. 对于方案二, 由于脊髓灰质炎很可能在某些地区流行, 而在另一地区不流行, 故也被否决. 对于方案三, 人们发现脊髓灰质炎似乎偏爱那些卫生保健条件较好的人. 由于教育程度高的父母更愿意接种, 且其家境比较富裕, 居住条件也较好, 故将导致当疫苗有效时, 而试验结果不利于人们认为疫苗有效的结果. 这是一个条件不对等的对照比较, 也被否决. 对于方案四, 由于仅给所有二年级并取得父母同意的儿童接种疫苗, 而将一、三年级的儿童作为对照组, 故此方案除有方案三的不足之外, 还需考虑到: 脊髓灰质炎是通过接触传染, 二年级的发病率可能比一、三年级的发病率低或高; 另外, 医生明确知道一、三年级没有接种, 故在诊断时容易产生偏差. 方案五按如下安排试验:

- 双盲: 医生不知道谁接种与不接种, 试验者也不知道自己是在处理组还是对照组.
- 对等: 由于试验有风险, 但也可能有效, 故是否接种都要事先征得父母同意.
- 随机: 处理组与对照组随机分配.

表 1.1.1 汇总了方案五的试验结果, 结果显示该疫苗有效.

表 1.1.1 脊髓灰质炎试验检测结果

		人数	患病数	10 万人患病比例/%
父母同意参与试验	接种	200 745	57	28.4
	不接种	201 229	142	70.6
父母不同意参与试验		338 778	157	46.3

在有些临床试验中, 观察到的数据可能不全. 比如在检测一个治疗癌症药物的五年生存率时, 需要患者定期到医院取药, 但某些患者在试验过程中, 由于搬家、出国等原因而失去联系, 这就导致部分数据删失 (censor). 虽然这部分删失数据不全, 但仍包含某些有用信息, 不能丢弃不用. 对于上述临床试验方案的安排、数据分析, 以及删失数据的统计分析, 就是生物统计的研究内容.

例 1.1.3 (试验设计 (design of experiment)) 在生产日光灯之前, 假设知道影响其亮度的因素包括: 灯管的长度、灯管直径、管内气体、灯丝种类、灯管材质、镇流器、灯管涂层 7 个因素 (假设电压稳定). 如果每个因素均有 2 个取值, 则共有 $2^7 = 128$ 种组合, 如何选取一种组合生产, 以使日光灯的亮度最大?

在许多工业产品的设计阶段都会面临上述问题, 在许多科学实验的方案设计阶段, 也有类似的问题需要解决. 对于上述问题, 我们当然可以把 128 种组合都做一次, 之后选一个亮度最大的组合以指导生产. 是否有更科学的方法能让实验者减少实验次数, 而得到全局最优的组合? 这就是试验设计的研究范畴.

试验设计的产生与发展与 R. A. Fisher (费希尔, 1890—1962) 密不可分. 他 1909 年入剑桥大学攻读数学和物理, 其间受 K. Pearson (皮尔逊, 1857—1936) 的影响, 主要兴趣集中在生物学和统计学上. 1914 年第一次世界大战爆发后, Fisher 也打算投笔从戎, 但因视力不好未果. 此后 5 年, 他曾做过中学教师, 也曾在短时间内经营过一个小型农场. 1919 年由 Darwin(达尔文) 一位亲戚介绍进入洛桑实验站 (Rothamsted Experimental Station) 工作, 且一直工作到 1933 年, 才到高校任职. 在此实验站工作期间, 他对此实验站积累了近百年的农作物产量、施肥情况、田间管理, 以及气象等数据进行了深入研究与分析, 提出了许多著名的统计概念与方法, 如充分统计量、自由度、方差分析等, 并开创了试验设计这一研究方向.

在统计史中, 36 名军官排队问题是一个著名的试验设计问题: 18 世纪欧洲一位皇帝想在阅兵典礼上, 由来自 6 个军种各 6 个军衔的 36 名军官排成一个 6×6 方阵, 要求此方阵的每行每列每个军种每个军衔各有一名军官. 多人冥思苦想, 终不得解, 于是求助于著名数学家 Leonhard Euler (欧拉, 1707—1783). 欧拉也无解, 但提出一个猜想: 当 N 是 4 的倍数加 2 时, 即 $N = 4k + 2$ 时, 上述 $N \times N$ 方阵不存在. 直至 20 世纪 50 年代才被证明: 上述猜想仅当 $N = 2, 6$ 时成立. 表 1.1.2则为一个 5×5 方阵, 这即试验设计中的正交拉丁方 (Latin square) 或希腊拉丁方 (Graeco-Latin square).

表 1.1.2 5 阶正交拉丁方

4B	2C	5D	3E	1A
3C	1D	4E	2A	5B
2D	5E	3A	1B	4C
1E	4A	2B	5C	3D
5A	3B	1C	4D	2E

《周易》是一部中国哲学古籍, 八卦在其中占有极重要的地位. 如果在八卦图 1.1.1 中, 以 1 和 0 分别表示其中的阳爻和阴爻, 则八卦就是如下的 8 个分量为 0, 1 的三维向量:

$$(0,0,0),(0,0,1),(0,1,0),(0,1,1),(1,0,0),(1,0,1),(1,1,0),(1,1,1).$$

如果我们把上述 8 个分量为 0,1 的三维向量看成 3 个分量为 0,1 的 8 维向量, 且对其中任何两个作模 2 加法形成另外 3 个, 再把这 3 个作模 2 加法形成第 7 个, 就构成如表 1.1.3 所示的表格, 这就是试验设计中的 $L_8(2^7)$ 正交表 (orthogonal array), 也是部分析因设计 (fractional factorial design) 中的 2^{7-4}_{III} 设计.

针对上述日光灯生产问题, 如果不考虑 7 个因素间的相互作用, 则我们可以按照表 1.1.3 所示的行组合进行生产. 虽然此时仅有 8 次试验, 但可以利用统计知识, 找到其最亮组合. 至于如何求取及数据分析, 请参看试验设计方面的内容.

图 1.1.1 《周易》中的八卦图

表 1.1.3 $L_8(2^7)$ 正交表

行号	1	2	3	4	5	6	7
1	0	0	0	0	0	0	0
2	0	0	0	1	1	1	1
3	0	1	1	0	0	1	1
4	0	1	1	1	1	0	0
5	1	0	1	0	1	0	1
6	1	0	1	1	0	1	0
7	1	1	0	0	1	1	0
8	1	1	0	1	0	0	1

采集数据不是统计的目的, 而如何让数据产生价值才是统计的核心. 故在统计学中, 估计与检验始终是统计学的两大任务.

例 1.1.4 (估计 (estimation)) 如何估计一个人的体重?

针对此问题, 一个最简单的方法就是找一个可以测量体重的秤, 称量一下即可. 但一次称量无法确定此估计的误差, 如果多称几次, 我们可以用平均值、中位数等估计其体重, 也可以得到估计的误差, 但我们应采用哪个估计呢? 或者说哪个估计比较好? 有没有最优的估计? 这就是统计估计部分的研究内容.

类似上述的问题还有许多. 估计是统计中应用最早、最广的内容之一. 比如在《管子 · 问》中: "问死事之孤其未有田宅者有乎? 问少壮而未胜甲兵者几何人? ……问一民有几年之食也?" 这些问题的解决都需要估计与抽样调查. 再比如如何估算一个池塘中鱼的总量、野生东北虎的数量等问题也都是抽样调查与估计的综合.

统计估计方法在第二次世界大战中也得到了很好的应用. 比如, 二战时, 盟军想估计德军某种型号坦克的产量, 但情报很难收集, 于是转而求助统计学家. 现收集到的数据仅有在战场上被缴获或摧毁的德军坦克数量 N, 以及这 N 台坦克的最大编号 M, 于

是统计研究人员基于矩估计, 得到了德军坦克产量的估计值为

$$M\left(1+\frac{1}{N}\right).$$

据此公式, 他们得到的估计值见表 1.1.4, 与战后得知的实际产量还是非常接近的. 我们将在第二章讲述什么是矩估计.

表 1.1.4 德军坦克产量

时间	统计估计	情报估计	实际产量
1940 年 6 月	169	1 000	122
1941 年 6 月	244	1 550	271
1942 年 8 月	327	1 550	342

例 1.1.5(假设检验 (hypothesis testing)) 在许多体育比赛中, 裁判多通过掷硬币的方法让一方先进行选择. 大家之所以接受这种方法是由于相信硬币是均匀的, 即掷一次硬币出现正面与反面的概率是相同的. 为验证某硬币的均匀性, 将这枚硬币投掷 495 次后, 正反面分别出现 220 次和 275 次, 请问: 这枚硬币均匀吗?

类似的检验问题还有许多. 我们在高中生物学课程中都学过, 豌豆杂交二代四个性状的比例为 9:3:3:1, 此结果由遗传学奠基人、来自奥地利的 Gregor Johann Mendel (孟德尔, 1822—1884) 于 1866 年发表的一篇论文中提出. Mendel 自幼就爱好园艺, 中学毕业后曾考入奥尔谬茨大学哲学院学习, 但因家境贫寒, 被迫中途辍学, 进入奥地利布隆城的一所修道院当修道士. 从 1851 年到 1853 年, Mendel 在维也纳大学学习了 4 个学期, 系统学习了植物学、动物学、物理学和化学等课程. 1854 年 Mendel 回到家乡, 继续在修道院任职, 并利用业余时间开始了长达 12 年的植物杂交实验. 经过整整 8 年 (1856—1864) 的不懈努力, 于 1866 年提出了上述豌豆遗传规律, 并提出了基因的论点. 但他的遗传学理论直至 1900 年被欧洲三位植物学家分别证实后才被大家所认可. 在此期间, 现代统计学奠基人之一的 K. Pearson 于 1900 年提出的 χ^2 拟合优度检验说明豌豆杂交实验数据符合上述遗传规律.

关于假设检验的系统理论基础则是由 R. A. Fisher 于 20 世纪 20 年代基于女士品茶实验提出的. 20 世纪 20 年代后期, 在英国剑桥的一个夏日的午后, 一群大学的绅士和他们的夫人们, 还有来访者, 正围坐在户外的桌旁享用着下午茶. 在品茶过程中, 一位女士坚称: 把茶加进奶里, 或把奶加进茶里, 不同的做法, 会使茶的味道品起来不同. 在场绝大多数对这位女士的“胡言乱语”嗤之以鼻. 然而, 在座的一个身材矮小、戴着厚眼镜、下巴上蓄着的短尖髯开始变灰的先生——R. A. Fisher, 却不这么看, 他对这个问题很有兴趣, 并据此提出了统计学的一大研究内容——显著性假设检验的框架.

对于硬币均匀性检验问题, 如果假设硬币均匀, 则连续投掷的结果应该是正反面出

现次数相差不多. 但如何确定此枚硬币的 495 次投掷中, 正反面相差 55 次是大还是小呢? 也就是说, 我们能否找到一个正反面出现次数相差大与小的显著性界限呢?

关于硬币均匀性问题, 以及女士是否有品茶能力问题, 将在本书第三章之假设检验内容给出解决方案, 但关于检验豌豆杂交数据的 χ^2 拟合优度检验则将在第六章讲述.

从遗传学角度看, 遗传会把一种性状 (如身高) 的优势传递给下一代. 如果真是这样的话, 将会看到一代代人中, 个子很高和很矮的人的比例会日渐升高, 而中间部分的比例会日渐下降, 但实际上, 一代代人的身高却稳定地服从正态分布, 请问如何解释这种情况?

例 1.1.6 (回归 (regression)) 身高遗传吗?

为解决此问题, F. Galton (高尔顿, 1822—1911) 花费十几年时间收集了 1 078 个家庭中父母及成年子女的身高数据. 为平衡性别的差异, 他把女性身高乘上 1.08 倍. 之后通过研究父代身高 (父母身高平均值) 与子代身高 (成年子女身高的平均值) 的关系, 他发现

- 父代身高高的子代身高也倾向于高;
- 在父代身高高的家庭, 其子代身高超过父代身高的比例小; 在父代身高矮的家庭, 其子代身高低于父代身高的比例也小.

也就是说, 在上述亲子身高问题中, Galton 发现了亲子代间性状遗传中, 性状有向中心回归的现象, 即高个子的后代平均来说也高些, 但不如其父代那么高, 要向平均身高的方向“回归”一些. 另外, 他研究发现二者间的关系为 (单位: cm)

$$\text{成年儿子身高} = 85.67 + 0.516 \times \text{父亲身高} \pm 9.51. \tag{1.1.1}$$

上述例子就产生了统计学中一个研究方向——回归分析, 上述关系的直线就称为回归直线.

另外, 湖北体育科学研究所根据他们所观测的数据, 得到中国成年孩子与父母身高的关系为 (单位: cm):

$$\text{成年儿子身高} = 56.699 + 0.419 \times \text{父亲身高} + 0.265 \times \text{母亲身高} \pm 3,$$

$$\text{成年女儿身高} = 40.089 + 0.306 \times \text{父亲身高} + 0.431 \times \text{母亲身高} \pm 3.$$

关于回归分析, 本书在第五章将加以简单讲述, 详细的内容可参见相关参考文献.

例 1.1.7 (时间序列 (time series)) 在利用股票进行投资理财时, 会关注大盘及所关注股票每天的收盘价. 如以 $\{X_t\}_{t=1}^n$ 记过去 n 天的收盘价, 则投资者关心的问题就是如何利用这些数据预测未来的收盘价.

如何利用依时间或位置观测到的数据 $\{X_t\}_{t=1}^n$ 来预测 $X_{n+1}, X_{n+2}, \cdots$, 就是统计学中时间序列这一方向的研究内容. 关于时间序列数据模型, 最常用的三类平稳模型有:

(1) 自回归 (autoregressive, 简记为 AR) 模型:

$$X_t - \alpha_1 X_{t-1} - \cdots - \alpha_p X_{t-p} = \varepsilon_t;$$

(2) 移动平均 (moving average, 简记为 MA) 模型:

$$X_t = \varepsilon_t - \beta_1 \varepsilon_{t-1} - \cdots - \beta_q \varepsilon_{t-q};$$

(3) 自回归移动平均 (autoregressive and moving average, 简记为 ARMA) 模型:

$$X_t - \alpha_1 X_{t-1} - \cdots - \alpha_p X_{t-p} = \varepsilon_t - \beta_1 \varepsilon_{t-1} - \cdots - \beta_q \varepsilon_{t-q},$$

上述模型中 ε_t 是白噪声, α_i, β_j 是未知的常量, p, q 为模型阶数.

自回归模型是由英国统计学家 G. U. Yule(尤尔, 1871—1951) 于 1927 年提出的, 后两种是由英国统计学家 G. T. Walker(沃克, 1868—1958) 于 1931 年提出. 如何利用这三类模型进行预测等, 请参见时间序列方向的相关参考文献.

例 1.1.8 (多元统计分析 (multivariate statistical analysis))　由于衡量一个人健康与否的指标有许多, 故体检时需要检查多个指标. 如何利用这些指标衡量一个地区或一个国家人民群众或一个人的整体健康水平？

对于此问题, 假设共收集到 n 个人的体检数据, 也假设这 n 个人的体检指标都有 p 个, 如以 X_{ij} 记第 i 个人的第 j 项检验结果, 则此时收集到的数据即为

$$\begin{pmatrix} X_{11} \\ X_{12} \\ \vdots \\ X_{1p} \end{pmatrix}, \begin{pmatrix} X_{21} \\ X_{22} \\ \vdots \\ X_{2p} \end{pmatrix}, \cdots, \begin{pmatrix} X_{n1} \\ X_{n2} \\ \vdots \\ X_{np} \end{pmatrix}. \tag{1.1.2}$$

要根据这些数据回答整体健康水平, 就要利用统计学一个分支——多元统计分析方法. 另外, 近 20 年在统计学文献中经常提到的高维数据统计推断, 就是指当 $p > n$ 或 p 是 n 的函数时的研究内容. 本书第四章仅考虑某些简单多元情况下的统计方法, 但不涉及高维情形, 详细内容请参见多元统计分析的相关文献.

上面仅通过几个例子, 简单提出了统计学中的几个研究方向, 但统计学的研究方向并不仅这些, 还包括非参数统计、生物信息、统计机器学习、统计计算、因果推断、函数型数据分析等, 也包括如统计质量过程、教育统计、心理统计、体育统计、空间统计等许多研究分支.

1.1.2　什么是统计

关于中西方统计一词的含义, 陈希孺在《中国大百科全书·数学》中指出: “按《不列颠百科全书》上的说法, 统计学 (Statistics) 是‘收集和分析数据的科学与艺术’, 而没

有标出 Mathematical Statistics 一词, 这是因为在 'Statistics' 一词的使用上, 我们与西方不同. 我们所说的数理统计 (Mathematical Statistics) 即为西方所说的 'Statistics', 其原因是与在我国被视为社会科学的经济统计学加以区别. 在西方, 也有 Mathematical Statistics 的提法, 但那是特指统计方法的理论基础那一部分." 基于此, 我们罗列三个关于统计学的定义, 但都是陈先生所指的数理统计, 而不是国内的经济统计. 本书所涉及的统计也均指数理统计.

《不列颠百科全书》给出的定义是:

定义 1.1.1 (不列颠百科) *统计学是收集和分析数据的科学与艺术.*

陈希孺给出的定义是:

定义 1.1.2 (陈希孺) *统计是数学的一个分支, 它是一门用有效的方法收集和分析带有随机影响的数据的学科, 且其目的是解决特定的问题.*

华东师范大学茆诗松在华东师范大学出版社出版的"数理统计丛书"总序中给出的定义是:

定义 1.1.3(茆诗松) *统计是一门应用性很强的学科, 它是研究如何有效地收集、整理和分析受随机影响的数据, 并对所考虑的问题作出推断或预测, 直至为采取决策和行动提供依据和建议的一门学科.*

三个定义大同小异, 只是《不列颠百科全书》强调统计也是艺术, 陈希孺强调统计是数学的一个分支, 茆诗松强调统计是应用性很强的学科. 不论如何, 他们都认为统计是研究数据的科学. 那什么是数据? 数据是大自然与人类活动的记录, 是信息的载体. 统计学所研究的数据是以编码形式存在的信息载体, 因此, 无论是阿拉伯数字形式的数据, 还是文本、图像, 甚至是音频、视频等形式的数据都是统计学的研究对象.

在统计学的上述定义中, 有如下几个共性:

(1) 必须是受到随机影响的数据, 才能成为数理统计学的研究对象.

数理统计与其他学科的一个很重要区别在于"随机性". 随机性的主要来源是试验误差 (不是系统误差), 其次是由于影响研究问题结果的因素非常多, 故我们只能随机地抽取部分来进行研究所造成的.

(2) 如何"有效"地收集数据.

"有效" 有两个方面的含义: 一是可以建立一个模型来描述所得数据; 二是数据中要尽可能多地包含与研究问题有关的信息. 例如想调查某地区共 1 万农户的经济状况, 由于条件的限制, 我们不可能逐户去调查, 现决定从中随机地抽取 100 户作实际调查, 那问题是:

- 100 户是否合适? (如何权衡精度与费用)
- 如果调查 100 户合适, 则这 100 户如何去选? (如何抽样以得到更有代表性的数据)
- 针对这 100 户都调查什么指标? (如何选取合适的指标, 以反映农户的经济状况)

(3) 如何“有效”地利用数据.

获取数据的目的在于提供所研究问题的相关信息, 这种信息有时并不是一目了然的, 而需要用“有效”的方法去提取或提炼, 之后再对所研究的问题作出一个结论, 这种“结论”在统计上被称为推断 (inference). 为有效地使用数据进行统计推断, 就要涉及统计中的一些准则, 以评价推断的优劣.

另外, 统计学还有频率学派与 Bayes 学派之别. 所谓频率学派是指基于频率估计概率的统计理论与方法, 此时没有先验信息; 而 Bayes 学派则指基于先验信息的统计理论与方法, 其理论基础为英国数学家 Thomas Bayes (贝叶斯, 1702—1761) 发展的 Bayes 定理. 本书所讲的统计理论与方法, 除 2.4 节与 2.5 节之外, 均是从频率学派的角度进行阐述的.

经典统计学的研究内容主要包括以下几个部分:

(1) 抽样分布 (sampling distribution).

(2) 估计 (estimation).

(3) 假设检验 (hypothesis test).

(4) 随机模拟 (simulation).

上述内容, 我们将在后面分别讲述, 但本书的重点在于估计与假设检验. 而在衡量估计与检验的优良性质时所用到的大样本理论, 将在附录中加以介绍. 另外, 在目前智能时代, 统计学习是统计学现在的研究热点, 也可以把它列为统计学的第五大研究内容或重要的研究分支.

1.2 样本、参数、统计量及抽样分布

本节将介绍一些后面经常用到的基本概念, 如样本、总体、参数、统计量、抽样分布等.

1.2.1 样本、总体与参数

从统计的定义可以看出, 统计学是研究数据的科学, 数据是统计学的研究对象, 而数据就被称为**样本** (sample).

样本或数据来自哪里? 或者说, 样本是怎么产生的? 在实际生活或生产活动中, 样本的来源大概有两个渠道: 一是通过实验, 如通过化学或物理实验, 抽样调查或试验设计等方法收集而得到; 二是自动产生, 如网络日志、商品买卖、实时监控等. 在进行统计研究时, 也经常采用随机模拟以比较方法间的优劣, 此时的数据则是人为随机产生的.

收集样本的目的是什么呢? 比如在评估某批产品的次品率时, 抽检是常用方法. 检测的目的是用来估计这整批产品的次品率. 为此, 称这整批产品为总体, 而从中抽出来的产品就是样本. 再比如买橘子时, 我们经常会随机拿一个橘子, 尝尝其甜不甜. 此时关心的有两个问题: 所选出橘子的代表性以及其甜度的代表性. 在关心橘子的代表性时, 我们称这批橘子为总体, 而单个橘子称为个体, 所尝橘子称为样本; 在关心橘子的甜度时, 我们称所有橘子的甜度为总体, 而单个橘子的甜度是个体, 所尝橘子的甜度称为样本.

在统计学中, 称根据一定目的确定的所要研究对象的全体为**总体** (population), 以 X 记. 而从总体 X 中选出的个体为样本, 记之为 $X_1, X_2, \cdots, X_n \sim X$, 其中 n 称为**样本容量** (sample size), X_i 称为第 i 个样本, 并称从总体中抽取样本的工作为抽样 (sampling).

样本有一维、多维之分, 有连续、离散之别, 也可能是文本、图像, 或音频及视频数据. 如果仅从应用角度考虑, 样本就是一组已知的数或给定的数字化信息, 比如身高及体重例子中的 n 次测量值. 但是, 也要注意到, 样本是一组受到随机因素影响的数, 因此它们也是随机的. 这就是样本的二重性.

总体中个体的数量有时是确定的, 有时较难确定, 但并不影响问题的确定与解决. 比如上述橘子的代表性问题, 其总体中个体的数量就是确定的, 而在甜度代表性问题中, 我们没有必要知道一共有多少个橘子, 而此时的总体则被认为是甜度的所有可能值. 再比如, 在测量身高及体重的例子中, 我们称所有可能的测量结果就是总体, 而每次测量结果就是一个样本.

由于每次抽样产生的样本都不同, 故我们称所有样本构成的集合为**样本空间** (sample space), 记为 $\mathcal{X}$, 即

$$\mathcal{X} = \{(X_1, X_2, \cdots, X_n) : X_i \sim X, i = 1, 2, \cdots, n\}.$$

如果假设在抽样过程中, 每次均独立进行, 则称 $X_1, X_2, \cdots, X_n$ 为来自总体 X 的简单随机样本, 或**独立同分布** (independent identical distribution, 简记为 iid) 的样本, 记为 $X_1, X_2, \cdots, X_n \overset{\text{iid}}{\sim} X$. 此时, 我们也把样本看成是总体的一组实现或观测值.

从总体中抽取样本的目的在于对总体的某些特征进行统计推断, 我们称这些特征为**参数** (parameter). 基于样本的随机性, 我们也把总体 X 看成一个随机变量, 而参数就是总体分布中的未知常量, 常以 θ 记.

为了以后叙述方便, 以及避免严密的数学语言, 我们给出本书所说的概率分布之含义如下: 如果分布是离散的, 则概率分布表示累积概率分布函数 $F(x;\theta)$; 如果分布是连续的, 则概率分布表示概率密度函数 $f(x;\theta)$.

虽然参数是未知的, 但在许多实际问题中, 我们对参数都有一定的认知与了解. 如在身高测量例子中, 我们知道人的身高基本都在一个合理的范围内. 于是, 称参数可能取值的范围为**参数空间** (parameter space), 并记之为 Θ.

于是, 当样本 $X_1, X_2, \cdots, X_n$ 为来自总体 X 的独立同分布样本时, 记之为

$$X_1, X_2, \cdots, X_n \overset{\text{iid}}{\sim} X \sim F(x;\theta) \text{ 或 } f(x;\theta),\ \theta \in \Theta.$$

如果总体概率分布可以用有限个参数来刻画, 则用 n 个随机样本对参数 θ 进行的统计推断, 就称为参数统计. 当总体概率分布不能用有限个参数刻画时的统计推断, 则称之为**非参数统计** (non-parametric statistics).

由于样本具有随机性, 而在概率论中, 概率分布被认为是刻画随机性的一个很好度量, 于是我们就用样本联合分布 (简称为样本分布) 来刻画样本的随机性. 如果样本 X_1, $X_2, \cdots, X_n$ 为来自总体 $X \sim F(x;\theta)$ 的独立同分布样本, 则样本分布为

$$F(x_1, x_2, \cdots, x_n;\theta) = P(X_1 \leqslant x_1, X_2 \leqslant x_2, \cdots, X_n \leqslant x_n) = \prod_{i=1}^{n} F(x_i;\theta).$$

如果总体是连续的, 且概率密度函数为 $f(x;\theta)$, 则样本分布就指如下的联合概率密度函数:

$$f(x_1, x_2, \cdots, x_n;\theta) = \prod_{i=1}^{n} f(x_i;\theta).$$

例 1.2.1　某企业为检测某批产品的次品率, 现从这批共 N 件的产品中不返回随机抽出 n 件, 求样本分布.

解　如以 M 记这批产品中的次品个数, 它是我们感兴趣的未知常量. 再记

$$X_i = \begin{cases} 1, & \text{如果第 } i \text{ 次抽到的样本为次品}, \\ 0, & \text{否则}. \end{cases}$$

由于 n 个样本 $X_1, X_2, \cdots, X_n$ 是不返回随机抽取的, 且 $X_i \sim B(1, M/N)$, 则样本分布为

$$\begin{aligned} & P(X_1 = x_1, X_2 = x_2, \cdots, X_n = x_n) \\ = & \frac{M(M-1)\cdots(M-t+1)}{N(N-1)\cdots(N-t+1)} \frac{(N-M)\cdots(N-M-n+t+1)}{(N-t)\cdots(N-n+1)}, \end{aligned} \tag{1.2.1}$$

其中 $t = \sum\limits_{i=1}^{n} x_i$, M 即为参数. □

我们回忆一下概率论所学的超几何分布 (hypergeometric distribution), 知 $\sum\limits_{i=1}^{n} X_i$ 的分布为超几何分布, 即

$$P\left(\sum_{i=1}^{n} X_i = t\right) = \frac{\begin{pmatrix} M \\ t \end{pmatrix} \begin{pmatrix} N-M \\ n-t \end{pmatrix}}{\begin{pmatrix} N \\ n \end{pmatrix}}. \tag{1.2.2}$$

如果在例 1.2.1中采用的抽样方案为有返回的, 则由于样本是独立的, 故样本分布为

$$P\left(X_1=x_1, X_2=x_2, \cdots, X_n=x_n\right)=\left(\frac{M}{N}\right)^{\sum\limits_{i=1}^n x_i}\left(1-\frac{M}{N}\right)^{n-\sum\limits_{i=1}^n x_i}, \tag{1.2.3}$$

而此时样本中次品数 $\sum\limits_{i=1}^n X_i$ 的分布为二项分布:

$$P\left(\sum_{i=1}^n X_i=t\right)=\binom{N}{n}\left(\frac{M}{N}\right)^t\left(1-\frac{M}{N}\right)^{n-t}. \tag{1.2.4}$$

例 1.2.2 现对某人身高独立测量 n 次, 且测量是在"相同条件下"进行的, 记得到的样本为 $X_1, X_2, \cdots, X_n$, 求样本分布.

解 此时, 我们把总体理解为所有观测可能值的集合. 由于每次测量都围绕身高真值波动, 且影响其测量结果的因素可归结为随机噪声, 故我们可以假设总体服从正态分布 $N(\mu, \sigma^2)$, 其中 (μ, σ^2) 为参数, 而 μ 则反映此人身高, σ^2 反映测量误差. 由于 n 次测量是独立的, 故样本分布为

$$f(x_1, x_2, \cdots, x_n; \mu, \sigma^2)=(2\pi\sigma^2)^{-\frac{n}{2}} \exp\left\{-\frac{\sum\limits_{i=1}^n (x_i-\mu)^2}{2\sigma^2}\right\}.$$

此时参数空间可取为

$$\Theta=\{(\mu, \sigma^2): \mu>0, \sigma^2>0\}.$$

根据经验, 成年人的身高基本在 140~200 cm 之间, 故我们也可以取

$$\Theta=\{(\mu, \sigma^2): \mu \in [140, 200], \sigma^2>0\}.$$ □

在统计中, 称那些不感兴趣的参数为**讨厌参数** (或称冗余参数, nuisance parameter). 如在例 1.2.2中, 如果仅对身高 μ 有兴趣, 则 σ^2 就被称为讨厌参数.

1.2.2 统计量

统计学的目的在于利用从总体中抽取的样本对总体某些特征, 即参数或参数的函数进行统计推断. 而利用样本进行统计推断时, 由于样本是一堆杂乱无章的数据, 故我们有必要根据参数特点, 对这些数据进行加工整理后再进行统计推断, 并且在许多实际问题中, 加工整理后的数据更能反映出参数本身的性质. 比如在例 1.2.1中, 我们多利用汇总后的次品数 $\sum\limits_{i=1}^n X_i$ 来对次品率作统计推断.

在统计中, 这些由样本加工整理后得到的量, 就被称为**统计量** (statistic). 用数学语言来讲, 统计量就是样本的可测函数, 通常记为 $T(X_1, X_2, \cdots, X_n)$, 在不引起混淆时, 简记为 $T(X)$ 或 $T_n(X)$. 在某些情况下, 为避免样本与总体混淆, 也记样本为 $\boldsymbol{X} = (X_1, X_2, \cdots, X_n)$, 样本值为 $\boldsymbol{x} = (x_1, x_2, \cdots, x_n)$. 此时统计量也简记为 $T(\boldsymbol{X})$ 或 $T_n(\boldsymbol{X})$.

从上述定义可以看出, 统计量仅是样本的函数, 与参数无关, 即给定样本值后, 统计量就是一个已知的数. 下面给出几个常用的统计量.

样本均值与样本方差 (sample mean and sample variance): 对于 n 个样本 $X_1, X_2, \cdots, X_n$, 分别称

$$\bar{X} = \frac{1}{n}\sum_{i=1}^{n} X_i, \quad S_n^2 = \frac{1}{n-1}\sum_{i=1}^{n}(X_i - \bar{X})^2 \tag{1.2.5}$$

为样本均值与样本方差.

从上述定义可以看出, 样本均值与方差分别度量样本平均值与样本的分散程度或波动性, 也反映总体期望 $E(X) = \mu$ 与方差 $\mathrm{Var}(X) = \sigma^2$. 另外, 注意到在上述样本方差的定义中, 分母没有用 n 而用 $n-1$, 其原因有二:

(1) 如定义 $Y_i = X_i - \bar{X}$, 则 $(n-1)S_n^2 = \sum\limits_{i=1}^{n} Y_i^2$. 虽然 S_n^2 是 n 个数的平方和, 但由于 $\sum\limits_{i=1}^{n} Y_i = 0$, 即它有一个约束, 故在 n 个加和中, 仅有 $n-1$ 个可自由变化.

(2) 由于 S_n^2 是一个二次型, 故可以把它改写成 $(n-1)S_n^2 = \boldsymbol{X}^{\mathrm{T}} A \boldsymbol{X}$, 其中 $\boldsymbol{X} = (X_1, X_2, \cdots, X_n)^{\mathrm{T}}$, $A = I_n - \dfrac{1}{n}\mathbf{1}\mathbf{1}^{\mathrm{T}}$, 其中 I_n 为 n 阶单位矩阵, $\mathbf{1}$ 表示分量均为 1 的向量. 而矩阵 A 的秩为 $n-1$.

基于以上考虑, $n-1$ 被称为样本方差 S_n^2 或 $(n-1)S_n^2$ 的**自由度** (degree of freedom). 自由度是统计学中一个非常重要的基本概念, 它在后续的抽样分布、估计和假设检验中都发挥着重要的作用.

由于在后面某些场合, 我们也会用到分母为 n 的情形, 故称统计量

$$S_{n*}^2 = \frac{1}{n}\sum_{i=1}^{n}(X_i - \bar{X})^2 \tag{1.2.6}$$

为修正的样本方差.

样本矩 (sample moment): 对于样本 $X_1, X_2, \cdots, X_n$, 以及给定的正整数 k, 分别称

$$a_k = \frac{1}{n}\sum_{i=1}^{n} X_i^k, \quad m_k = \frac{1}{n}\sum_{i=1}^{n}(X_i - \bar{X})^k$$

为样本 k 阶原点矩与中心矩.

样本变异系数 (coefficient of variability): 对于样本 $X_1, X_2, \cdots, X_n$, 称 $S_n/\bar{X}$ 为样本变异系数.

样本变异系数是消除量纲后的样本波动性的度量, 它反映着总体变异系数 σ/μ.

次序统计量 (或称顺序统计量, order statistic): 对于样本 $X_1, X_2, \cdots, X_n$, 把它由小到大排列成 $X_{(1)} \leqslant X_{(2)} \leqslant \cdots \leqslant X_{(n)}$, 则称 $(X_{(1)}, X_{(2)}, \cdots, X_{(n)})$ 为次序统计量, $X_{(i)}$ 称为第 i 个次序统计量.

通过次序统计量, 我们有如下一些很实用的统计量, 如

(1) 样本 p 分位数 (quantile): 对于给定的 $p \in (0,1)$, 称

$$m_{n,p} = X_{([np])} + (n+1)\left(p - \frac{[np]}{n+1}\right)(X_{([np]+1)} - X_{([np])}) \tag{1.2.7}$$

为此样本的 p 分位数, 其中 $[x]$ 表示不超过 x 的最大整数. 特别地, 样本中位数 (median) 定义为

$$X_{\text{med}} = \begin{cases} X_{((n+1)/2)}, & n \text{ 是奇数}, \\ (X_{(n/2)} + X_{(n/2+1)})/2, & n \text{ 是偶数}. \end{cases}$$

(2) 极值 (extreme value): 称 $X_{(1)}$ 与 $X_{(n)}$ 为极小值与极大值统计量.

(3) 极差 (range): $R = X_{(n)} - X_{(1)}$.

注 1.2.1 上述定义的第 i 个次序统计量的随机性可如下理解: 对于给定的一组样本值 $x_1, x_2, \cdots, x_n$, $X_{(i)}$ 取值 $x_{(i)}$.

注 1.2.2 关于样本 p 分位数的定义还有许多种, 如 $X_{([np])}$, $X_{([np]+1)}$, 和 $\inf\{x : F_n(x) \geqslant p\}$ 等, 其中 $F_n(x)$ 为下面给出的经验分布函数. 这些定义虽然有所不同, 但它们均是一个 (或两个) 次序统计量, 且随着样本容量的加大, 它们之间的差别并不大.

样本相关系数 (sample coefficient of correlation)): 设 $\begin{pmatrix} X_1 \\ Y_1 \end{pmatrix}, \begin{pmatrix} X_2 \\ Y_2 \end{pmatrix}, \cdots, \begin{pmatrix} X_n \\ Y_n \end{pmatrix}$ 为一个二维样本, 称

$$r(X,Y) = \frac{\sum\limits_{i=1}^{n}(X_i - \bar{X})(Y_i - \bar{Y})}{\sqrt{\sum\limits_{i=1}^{n}(X_i - \bar{X})^2 \sum\limits_{i=1}^{n}(Y_i - \bar{Y})^2}} \tag{1.2.8}$$

为 X, Y 间的样本相关系数.

上述样本相关系数 $r(X,Y)$ 是两组观测: $X_1, X_2, \cdots, X_n$ 与 $Y_1, Y_2, \cdots, Y_n$ 间的相关性的度量. 如以 $\begin{pmatrix} X \\ Y \end{pmatrix}$ 记上述样本的总体, 则样本相关系数也反映着 X, Y 间的 Pearson 矩相关系数

$$\rho(X,Y) = \frac{\text{Cov}(X,Y)}{\sqrt{\text{Var}(X)\text{Var}(Y)}}$$

的大小.

经验分布函数 (empirical distribution function): 设 $X_1, X_2, \cdots, X_n$ 为取自总体分布函数是 $F(x)$ 的样本, $X_{(1)} \leqslant X_{(2)} \leqslant \cdots \leqslant X_{(n)}$ 为其次序统计量, 称

$$F_n(x) = \frac{1}{n}\sum_{i=1}^{n} I_{(-\infty,x]}(X_i) = \begin{cases} 0, & x < X_{(1)}, \\ \dfrac{k}{n}, & X_{(k)} \leqslant x < X_{(k+1)}, k = 1, 2, \cdots, n-1, \\ 1, & x \geqslant X_{(n)} \end{cases} \quad (1.2.9)$$

为样本 $X_1, X_2, \cdots, X_n$ 的经验分布函数.

经验分布函数与总体分布间的关系很密切. 在 6.2.1 小节将证明: 如果 $X_1, X_2, \cdots, X_n$ 为来自总体 X 的独立同分布样本, 则对于任意给定的 $x \in \mathbb{R}$, 由大数定律及中心极限定理有

$$nF_n(x) \sim B(n, F(x)),$$

$$F_n(x) \xrightarrow{\mathrm{p}} F(x),$$

$$\frac{\sqrt{n}[F_n(x) - F(x)]}{\sqrt{F(x)(1 - F(x))}} \xrightarrow{\mathrm{d}} N(0, 1).$$

从上述两个极限性质可以看到, 经验分布函数是总体分布的一个很好的估计. 关于经验分布函数的详细讨论见 6.2.1 小节.

1.2.3 抽样分布

由于样本具有二重性, 故作为样本函数的统计量也具有二重性, 即给定样本值后, 统计量就是一个给定的值; 但在样本给定前, 统计量也是随机变量. 因此, 作为随机变量的统计量之分布被称为**抽样分布** (sampling distribution). 抽样分布概念是由 R. A. Fisher 于 1922 年提出的.

如在例 1.2.1中, 当抽样是不返回的时, 由 (1.2.2) 式给出的超几何分布就是统计量 $T(X) = \sum\limits_{i=1}^{n} X_i$ 的抽样分布; 当抽样有返回时, 由 (1.2.4) 式给出的分布就是此时加和统计量的抽样分布. 在例 1.2.2 中, 如果 n 次测量是独立进行的, 则由概率论知识知道样本均值的抽样分布为

$$\bar{X} \sim N\left(\mu, \frac{\sigma^2}{n}\right).$$

抽样分布在统计学中占有非常重要的地位, 那抽样分布有什么用呢? 比如在例 1.2.2 中, 由于此时我们感兴趣的是估计参数 μ, 且一个显然的估计就是样本均值 $\bar{X}$. 那一个自然的问题就是: 这个估计准确吗? 或者说, 二者之差在一个允许范围内的概率有多大?

此时, 我们根据样本均值的抽样分布可知,

$$P(|\bar{X}-\mu| \leqslant c)=P\left(\frac{\sqrt{n}|\bar{X}-\mu|}{\sigma} \leqslant \frac{\sqrt{n}c}{\sigma}\right)=1-2\Phi\left(-\frac{\sqrt{n}c}{\sigma}\right),$$

其中 $\Phi(x)$ 为标准正态分布的累积分布函数, 由此则回答了上述问题.

另外, 对于上述身高例子, 如果我们的目的在于判断此人身高是否为某个给定的值 μ_0, 即要检验命题

$$H: \mu=\mu_0$$

是否可接受, 则要从统计角度回答此问题, 仍然要利用上述样本均值的抽样分布, 即可利用样本均值 $\bar{X}$ 离 μ_0 的远近来判断上述命题, 请见第三章的假设检验.

例 1.2.3 设 $X_1, X_2, \cdots, X_n$ 为来自总体 $X \sim F(x)$ 的独立同分布样本, 求第 k 个次序统计量 $X_{(k)}$ 的抽样分布.

解 实际上, 我们有

$$\begin{aligned}
G_k(x) &= P(X_{(k)} \leqslant x)=P(\text{在}X_1, X_2, \cdots, X_n\text{中至少有}k\text{个不大于}x) \\
&= \sum_{m=k}^{n} P(\text{在}X_1, X_2, \cdots, X_n\text{中恰有}m\text{个不大于}x) \\
&= \sum_{m=k}^{n}\begin{pmatrix} n \\ m \end{pmatrix} F^m(x)[1-F(x)]^{n-m},
\end{aligned}$$

即

$$G_k(x)=\sum_{m=k}^{n}\begin{pmatrix} n \\ m \end{pmatrix} F^m(x)[1-F(x)]^{n-m}.$$

另外, 我们还可以把上式改写成如下积分形式 (留作习题):

$$G_k(x)=k\begin{pmatrix} n \\ k \end{pmatrix} \int_0^{F(x)} t^{k-1}(1-t)^{n-k} \mathrm{d}t. \tag{1.2.10}$$

□

如总体分布 $F(x)$ 有概率密度函数 $f(x)$, 则 $X_{(k)}$ 的概率密度函数为

$$g_k(x)=k\begin{pmatrix} n \\ k \end{pmatrix} F^{k-1}(x)[1-F(x)]^{n-k} f(x).$$

特别地, 当 $k=1$ 和 $k=n$ 时, 极小与极大次序统计量的累积分布函数与概率密度函数如下:

$$\begin{aligned}
&G_1(x)=1-[1-F(x)]^n, \quad && g_1(x)=n[1-F(x)]^{n-1} f(x), \\
&G_n(x)=F^n(x), && g_n(x)=n F^{n-1}(x) f(x).
\end{aligned}$$

注 1.2.3 关于极小次序统计量的抽样分布, 我们也可以如下求得:

$$\begin{aligned}G_1(x) &= P(X_{(1)} \leqslant x) = 1 - P(X_{(1)} > x) \\ &= 1 - P(X_1, X_2, \cdots, X_n\text{均大于}x) \\ &= 1 - \prod_{i=1}^{n} P(X_i > x) = 1 - [1 - F(x)]^n.\end{aligned}$$

注 1.2.4 利用类似于例 1.2.3 的方法, 可求得任意两个次序统计量的联合概率密度函数如下: 设 $1 \leqslant r < s \leqslant n$, 则 $X_{(r)}$ 与 $X_{(s)}$ 的联合概率密度函数为 $(x \leqslant y)$

$$\begin{aligned}g_{r,s}(x,y) =& \frac{n!}{(r-1)!(s-r-1)!(n-s)!} \cdot \\ & F^{r-1}(x)[F(y) - F(x)]^{s-r-1}[1 - F(y)]^{n-s} f(x) f(y),\end{aligned}$$

其中 $f(x)$ 为总体 X 的概率密度函数.

注 1.2.5 独立同分布样本的 n 个次序统计量的联合概率密度函数为

$$g(x_1, x_2, \cdots, x_n) = n! \prod_{i=1}^{n} f(x_i), \quad x_1 \leqslant x_2 \leqslant \cdots \leqslant x_n, \tag{1.2.11}$$

其中 $f(x)$ 为总体 X 的概率密度函数.

由 (1.2.11) 式给出的联合概率密度, 可求得任意几个次序统计量的联合概率密度.

1.3 一些常用的抽样分布

本节将讲述统计中经常用到的几个抽样分布: χ^2 分布、t 分布、F 分布, 以及指数型分布、Γ 分布等. 另外, 我们也把几个经常遇到的分布, 如次 Gauss(高斯) 分布、β 分布、Laplace 分布、Cauchy(柯西) 分布、Pareto(帕雷托) 分布、logistic 分布、对数正态分布、Weibull(韦布尔) 分布、双指数分布等的概率密度函数, 以及期望、方差列出, 供大家参考使用.

1.3.1 χ^2 分布

定义 1.3.1 (χ^2 分布) 设 $X_1, X_2, \cdots, X_n \overset{\text{iid}}{\sim} N(0,1)$, 则称随机变量

$$\xi = \sum_{i=1}^{n} X_i^2$$

所服从的分布为自由度 n 的 χ^2 分布, 也称 ξ 为自由度 n 的 χ^2 随机变量, 并记为 $\xi \sim \chi^2(n)$.

定理 1.3.1 设 $X \sim \chi^2(n)$, 则其概率密度为

$$f(x) = \begin{cases} \dfrac{1}{2^{n/2}\Gamma(n/2)} \mathrm{e}^{-\frac{x}{2}} x^{\frac{n}{2}-1}, & x \geqslant 0, \\ 0, & x < 0. \end{cases} \tag{1.3.1}$$

证明 为求 X 的概率密度, 我们先求其累积分布函数 $F(x) = P(X \leqslant x)$. 显然, 当 $x < 0$ 时, $F(x) = 0$; 当 $x \geqslant 0$ 时,

$$F(x) = P\left(\sum_{i=1}^{n} X_i^2 \leqslant x\right).$$

因为 $X_1, X_2, \cdots, X_n$ 相互独立且同分布于 $N(0,1)$, 所以 $(X_1, X_2, \cdots, X_n)$ 的联合概率密度为

$$\frac{1}{(2\pi)^{n/2}} \exp\left\{-\frac{1}{2}\sum_{i=1}^{n} x_i^2\right\}.$$

于是,

$$F(x) = \frac{1}{(2\pi)^{n/2}} \int \cdots \iint_{\sum\limits_{i=1}^{n} x_i^2 \leqslant x} \exp\left\{-\frac{1}{2}\sum_{i=1}^{n} x_i^2\right\} \mathrm{d}x_1 \mathrm{d}x_2 \cdots \mathrm{d}x_n.$$

为求此积分, 做球面坐标变换

$$\begin{cases} x_1 = \rho\cos\theta_1\cos\theta_2\cdots\cos\theta_{n-1}, \\ x_2 = \rho\cos\theta_1\cos\theta_2\cdots\sin\theta_{n-1}, \\ \cdots\cdots\cdots\cdots \\ x_n = \rho\sin\theta_1, \end{cases}$$

此变换的 Jacobi(雅可比) 行列式的绝对值为

$$J = \left|\frac{\partial(x_1, x_2, \cdots, x_n)}{\partial(\rho, \theta_1, \theta_2, \cdots, \theta_{n-1})}\right| = \rho^{n-1} D(\theta_1, \theta_2, \cdots, \theta_{n-1}),$$

其中 $D(\theta_1,\theta_2,\cdots,\theta_{n-1})$ 与 ρ 无关. 于是,

$$F(x)=\frac{1}{(2\pi)^{n/2}}\int_0^{\sqrt{x}}\mathrm{d}\rho\int_{-\frac{\pi}{2}}^{\frac{\pi}{2}}\cdots\int_{-\frac{\pi}{2}}^{\frac{\pi}{2}}\int_{-\pi}^{\pi}\mathrm{e}^{-\rho^2/2}\rho^{n-1}D(\theta_1,\theta_2,\cdots,\theta_{n-1})\mathrm{d}\theta_1\mathrm{d}\theta_2\cdots\mathrm{d}\theta_{n-1}$$
$$=C_n\int_0^{\sqrt{x}}\mathrm{e}^{-\rho^2/2}\rho^{n-1}\mathrm{d}\rho,$$

其中 $C_n=\frac{1}{(2\pi)^{n/2}}\int_{-\frac{\pi}{2}}^{\frac{\pi}{2}}\cdots\int_{-\frac{\pi}{2}}^{\frac{\pi}{2}}\int_{-\pi}^{\pi}D(\theta_1,\theta_2,\cdots,\theta_{n-1})\mathrm{d}\theta_1\mathrm{d}\theta_2\cdots\mathrm{d}\theta_{n-1}$.

令 $\rho=\sqrt{y}$, 则 $\mathrm{d}\rho=\frac{\mathrm{d}y}{2\sqrt{y}}$, 于是,

$$\begin{aligned}F(x)&=C_n\int_0^x\mathrm{e}^{-y/2}y^{(n-1)/2}\frac{1}{2y^{1/2}}\mathrm{d}y\\&=\frac{C_n}{2}\int_0^x\mathrm{e}^{-y/2}y^{n/2-1}\mathrm{d}y.\end{aligned}$$

又因为

$$1=F(\infty)=\frac{C_n}{2}\int_0^{\infty}\mathrm{e}^{-y/2}y^{n/2-1}\mathrm{d}y,$$

而

$$\int_0^{\infty}\mathrm{e}^{-y}y^{n/2-1}\mathrm{d}y=\Gamma(n/2),$$

故

$$C_n=\frac{1}{2^{\frac{n}{2}-1}\Gamma\left(\frac{n}{2}\right)}.$$

这样, $\chi^2(n)$ 分布的累积分布函数为

$$F(x)=\frac{1}{2^{\frac{n}{2}}\Gamma\left(\frac{n}{2}\right)}\int_0^x\mathrm{e}^{-\frac{y}{2}}y^{\frac{n}{2}-1}\mathrm{d}y,$$

其概率密度为

$$f(x)=\frac{1}{2^{\frac{n}{2}}\Gamma\left(\frac{n}{2}\right)}\mathrm{e}^{-\frac{x}{2}}x^{\frac{n}{2}-1},\ \forall\ x\geqslant 0.$$ □

图 1.3.1给出了自由度分别为 5, 10 和 20 的 χ^2 分布的概率密度函数 (记为 pdf). 从中可以看出, 随着自由度增大, 其概率密度函数右移, 对称性越来越好, 且越来越“像”正态分布的概率密度函数.

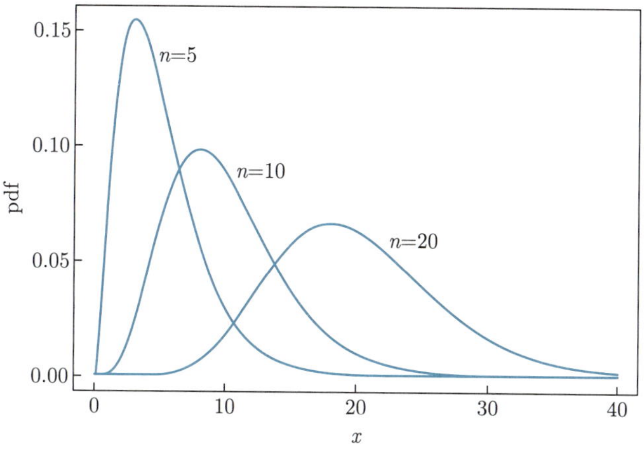

图 1.3.1 χ^2 分布的概率密度函数

注 1.3.1 由于 $\chi^2(n)$ 分布是 n 个独立的标准正态分布的平方和, 故由中心极限定理可知, 把其中心标准化后的极限分布就是正态分布. 此结论也可由 (1.3.2) 式给出的其特征函数证明.

利用定理 1.3.1的结论, 可以求得 $\chi^2(n)$ 分布的特征函数为

$$\psi(t) = (1 - 2\mathrm{i}t)^{-n/2}, \tag{1.3.2}$$

并由此可求得其期望与方差分别为 n 与 $2n$. 另外, 利用上述特征函数还可以证明: 如果 $X_i \sim \chi^2(n_i)$, $i = 1, 2, \cdots, k$, 且 $X_1, X_2, \cdots, X_k$ 相互独立, 则 $\sum\limits_{i=1}^k X_i \sim \chi^2\left(\sum\limits_{i=1}^k n_i\right)$.

由于抽样分布是某统计量的分布, 自然要问: 哪个统计量的分布是 χ^2 分布? 为此, 我们先给一个引理.

引理 1.3.1 设 $X_1, X_2, \cdots, X_n$ 相互独立, 且 $X_i \sim N(\mu_i, \sigma^2)$, $A = (a_{ij})$ 为 n 阶正交矩阵, 记

$$\begin{pmatrix} Y_1 \\ Y_2 \\ \vdots \\ Y_n \end{pmatrix} = A \begin{pmatrix} X_1 \\ X_2 \\ \vdots \\ X_n \end{pmatrix}.$$

则 $Y_1, Y_2, \cdots, Y_n$ 相互独立, 且 $Y_i \sim N(\beta_i, \sigma^2)$, 其中 $\beta_i = \sum\limits_{j=1}^n a_{ij}\mu_j$.

证明 因为 A 为正交矩阵, 所以由 X 到 Y 的变换的 Jacobi 行列式的绝对值为 1, 且

$$\sum_{i=1}^n (Y_i - \beta_i)^2 = \sum_{i=1}^n (X_i - \mu_i)^2.$$

又因为 $(X_1, X_2, \cdots, X_n)$ 的联合概率密度为

$$(2\pi\sigma^2)^{-n/2}\exp\left\{-\frac{1}{2\sigma^2}\sum_{i=1}^{n}(x_i-\mu_i)^2\right\},$$

则知道 $(Y_1, Y_2, \cdots, Y_n)$ 的联合概率密度为

$$(2\pi\sigma^2)^{-n/2}\exp\left\{-\frac{1}{2\sigma^2}\sum_{i=1}^{n}(y_i-\beta_i)^2\right\},$$

故结论得证. □

定理 1.3.2 设 $X_1, X_2, \cdots, X_n$ 为来自 $N(\mu, \sigma^2)$ 的独立同分布样本, $\bar{X}, S_n^2$ 为样本均值与样本方差, 则

(1) $\bar{X} \sim N(\mu, \sigma^2/n)$.

(2) $(n-1)S_n^2/\sigma^2 \sim \chi^2(n-1)$.

(3) $\bar{X}$ 与 S_n^2 独立.

证明 设 $A=(a_{ij})$ 为 n 阶正交矩阵, 且其第一行的元素均为 $1/\sqrt{n}$. 作变换

$$\begin{pmatrix} Y_1 \\ Y_2 \\ \vdots \\ Y_n \end{pmatrix} = A \begin{pmatrix} X_1 \\ X_2 \\ \vdots \\ X_n \end{pmatrix}.$$

由引理 1.3.1知, $Y_1, Y_2, \cdots, Y_n$ 相互独立, 且 $Y_i \sim N(\beta_i, \sigma^2)$, 其中 $\beta_i = \mu\sum\limits_{j=1}^{n} a_{ij}$. 由于 A 为正交矩阵, 且第一行为 $(1, 1, \cdots, 1)/\sqrt{n}$, 则

- $\beta_1 = \sqrt{n}\mu$, $\beta_i = 0$ $(i = 2, 3, \cdots, n)$.
- $\sum\limits_{i=1}^{n} Y_i^2 = \sum\limits_{i=1}^{n} X_i^2$.
- $Y_1 = \sqrt{n}\bar{X}$.

而

$$(n-1)S_n^2 = \sum_{i=1}^{n}(X_i-\bar{X})^2 = \sum_{i=1}^{n} X_i^2 - n\bar{X}^2 = \sum_{i=1}^{n} Y_i^2 - Y_1^2 = \sum_{i=2}^{n} Y_i^2.$$

综上可知

$$\bar{X} = Y_1/\sqrt{n} \sim N(\mu, \sigma^2/n), (n-1)S_n^2/\sigma^2 \sim \chi^2(n-1).$$

另外, 由于 $\bar{X}$ 仅依赖于 Y_1, S_n^2 仅依赖于 $Y_2, Y_3, \cdots, Y_n$, 而 $Y_1, Y_2, \cdots, Y_n$ 相互独立, 则知 $\bar{X}$ 与 S_n^2 独立. □

注 1.3.2 设 $X_1, X_2, \cdots, X_n$ 为来自总体 X 的独立同分布样本, 如果其样本均值 $\bar{X}$ 与样本方差 S_n^2 独立, 则总体 X 必为正态分布 (见 Stuart et al.(1987)). 实际上, 样本均值与样本方差的协方差为 $\mathrm{Cov}(\bar{X}, S_n^2) = \dfrac{\nu_3}{n}$, 其中 $\nu_k = E[X - E(X)]^k$ 为总体 k 阶中心矩.

从 χ^2 分布的定义不难看出, χ^2 分布是若干个独立的标准正态随机变量的平方和, 而平方和是二次型的一个特殊形式, 那一个正态随机向量的二次型的分布如何呢? 这即是下面的 Cochran(科克伦) 定理.

定理 1.3.3 (Cochran 定理) 设 $X_1, X_2, \cdots, X_n$ 相互独立, 且 $X_i \sim N(\mu_i, \sigma^2)$, $i = 1, 2, \cdots, n$, 令 $\boldsymbol{X} = (X_1, X_2, \cdots, X_n)^{\mathrm{T}}$. 又设 $A_1, A_2, \cdots, A_m$ 是 m 个 n 阶非负定矩阵, 且 $A_1 + A_2 + \cdots + A_m = I_n$, $\sum\limits_{i=1}^{m} \mathrm{rank}(A_i) = n$ (rank 表示矩阵的秩). 记 $\xi_i = \boldsymbol{X}^{\mathrm{T}} A_i \boldsymbol{X}$, $i = 1, 2, \cdots, m$, $\boldsymbol{\mu} = (\mu_1, \mu_2, \cdots, \mu_n)^{\mathrm{T}}$. 则

(1) $\xi_1, \xi_2, \cdots, \xi_m$ 相互独立;

(2) 如果 $\boldsymbol{\mu}^{\mathrm{T}} A_1 \boldsymbol{\mu} = 0$, 则 $\xi_1/\sigma^2 \sim \chi^2(\mathrm{rank}(A_1))$.

证明 记 $n_i = \mathrm{rank}(A_i)$, $i = 1, 2, \cdots, m$. 因为 A_i 是 n 阶非负定矩阵, 则存在一个 $n \times n_i$ 矩阵 B_i, 使得 $A_i = B_i B_i^{\mathrm{T}}$. 记 $B = (B_1 \vdots B_2 \vdots \cdots \vdots B_m)$, 则由已知条件可知 B 是一个 n 阶正交矩阵.

作如下正交变换:

$$\boldsymbol{Y} = \begin{pmatrix} Y_1 \\ Y_2 \\ \vdots \\ Y_n \end{pmatrix} = B^{\mathrm{T}} \boldsymbol{X} = \begin{pmatrix} B_1^{\mathrm{T}} \boldsymbol{X} \\ B_2^{\mathrm{T}} \boldsymbol{X} \\ \vdots \\ B_m^{\mathrm{T}} \boldsymbol{X} \end{pmatrix},$$

即

$$B_i^{\mathrm{T}} \boldsymbol{X} = \begin{pmatrix} Y_{n_1 + \cdots + n_{i-1} + 1} \\ Y_{n_1 + \cdots + n_{i-1} + 2} \\ \vdots \\ Y_{n_1 + \cdots + n_{i-1} + n_i} \end{pmatrix}, \ i = 1, 2, \cdots, m,$$

其中 $n_0 = 0$.

由于 B 是一正交矩阵, 故由引理 1.3.1 知道: $Y_1, Y_2, \cdots, Y_n$ 独立, 且 $Y_i \sim N(\beta_i, \sigma^2)$, $i = 1, 2, \cdots, n$, 其中 $\boldsymbol{\beta} = (\beta_1, \beta_2, \cdots, \beta_n)^{\mathrm{T}} = B^{\mathrm{T}} \boldsymbol{\mu}$.

又因为

$$\xi_i = \boldsymbol{X}^{\mathrm{T}} A_i \boldsymbol{X} = \boldsymbol{X}^{\mathrm{T}} B_i B_i^{\mathrm{T}} \boldsymbol{X} = (B_i^{\mathrm{T}} \boldsymbol{X})^{\mathrm{T}} B_i^{\mathrm{T}} \boldsymbol{X} = \sum_{j = n_1 + \cdots + n_{i-1} + 1}^{n_1 + \cdots + n_{i-1} + n_i} Y_j^2, \ i = 1, 2, \cdots, m,$$

所以 $\xi_1,\xi_2,\cdots,\xi_m$ 相互独立, 结论 (1) 得证.

下证结论 (2). 由已知条件知, $\boldsymbol{\mu}^{\mathrm{T}}A_1\boldsymbol{\mu}=0$, 即 $\boldsymbol{\mu}^{\mathrm{T}}B_1B_1^{\mathrm{T}}\boldsymbol{\mu}=0$, 于是, $B_1^{\mathrm{T}}\boldsymbol{\mu}=\mathbf{0}$, 即 $\beta_i=0,\ i=1,2,\cdots,n_1$. 又由于 $\xi_1/\sigma^2=\sum\limits_{i=1}^{n_1}Y_i^2/\sigma^2$, 而 $Y_1,Y_2,\cdots,Y_{n_1}\overset{\text{iid}}{\sim}N(0,\sigma^2)$, 故 $\xi_1/\sigma^2\sim\chi^2(n_1)$. □

当在定义 1.3.1 中的正态分布的均值不全为零时, 我们有如下的非中心 χ^2 分布的定义.

定义 1.3.2 (非中心 χ^2 分布) 设 $X_1,X_2,\cdots,X_n$ 相互独立, 且 $X_i\sim N(\mu_i,1)$, μ_i 不全为零, 则称

$$\xi=\sum_{i=1}^{n}X_i^2$$

为非中心的 χ^2 随机变量, 称它的分布为非中心 χ^2 分布, 自由度为 n, 非中心参数为 $\delta=\sum\limits_{i=1}^{n}\mu_i^2$, 记为 $\xi\sim\chi^2(n,\delta)$.

相较于上述的非中心 χ^2 分布, 定义 1.3.1中的 χ^2 也称为中心 χ^2 分布.

用类似于定理 1.3.1 的方法, 经过一些复杂计算可求得非中心 χ^2 分布的概率密度为

$$\mathrm{e}^{-\delta^2/2}\sum_{m=0}^{\infty}\frac{(\delta^2/2)^m}{m!}\chi^2(x;2m+n),$$

其中 $\chi^2(x;l)$ 为 $\chi^2(l)$ 分布的概率密度. 另外, 非中心 χ^2 分布的特征函数为

$$\psi(t)=(1-2\mathrm{i}t)^{-n/2}\exp\{\mathrm{i}\delta^2t/(1-2\mathrm{i}t)\},$$

其期望与方差分别为 $n+\delta$ 和 $2n+4\delta$.

1.3.2 t 分布

在 20 世纪初以前, 或更具体地说, 在 1908 年以前, 统计学的主要用武之地是社会统计, 尤其是人口统计, 后来加入生物统计. 在这些领域中, 数据一般都是大量的、自然采集的, 所用方法多以中心极限定理为依据. 但到了 20 世纪, 由人工试验所得数据的统计分析问题, 日渐引人注意. 这个方向的先驱就是 W. S. Gosset (戈塞特, 1876—1937) 和 R. A. Fisher.

1899 年, Gosset 作为一名酿酒师进入爱尔兰都柏林一家啤酒厂工作, 那里涉及有关酿造过程中的数据处理问题. 1906—1907 年, 他到 K. Pearson 那里学习统计学, 并着重研究少量数据的统计分析问题. 1908 年, 他在 *Biometrika* 上以笔名 Student 发表了论文《均值的或然误差》(*The probable error of a mean*). 在这篇文章中, 他提出了如下结果: 设 $X_1,X_2,\cdots,X_n$ 是来自 $N(\mu,\sigma^2)$ 的独立同分布样本, μ,σ^2 均未知, 则当 n 比较

小时, $\dfrac{\sqrt{n}(\bar{X}-\mu)}{S_n}$ 并不服从标准正态分布, 而是一个未知分布, 且给出了这个未知分布的一些概率取值. 最早注意到这个小样本均值分布问题的是 R. A. Fisher, 并于 1922 年给出了此未知分布的严格数学定义, 即本小节的 t 分布. 然而, 直到 Gosset 于 1937 年去世, 尚有许多统计学家并不知道他就是 Student. 有兴趣的读者可参见陈希孺 (2000).

定义 1.3.3 (t 分布) 设 $\xi\sim N(0,1)$, $\eta\sim\chi^2(n)$, 且 ξ,η 相互独立, 则称随机变量

$$T=\frac{\xi}{\sqrt{\eta/n}}$$

服从 t 分布, n 为其自由度, 记 $T\sim t(n)$.

由于 t 分布是由 Student 提出的, 故有时也称之为 Student t 分布, 或学生 t 分布, 其概率密度由下述定理给出.

定理 1.3.4 设 $T\sim t(n)$, 其概率密度为

$$f(x)=\frac{\Gamma((n+1)/2)}{\Gamma(n/2)\sqrt{n\pi}}\left(1+\frac{x^2}{n}\right)^{-\frac{n+1}{2}}.$$

证明 因为 ξ,η 相互独立, 所以可知 ξ,η 的联合概率密度为

$$C\mathrm{e}^{-x^2/2}\mathrm{e}^{-y/2}y^{n/2-1},$$

其中 C 为不依赖于 x,y 的常数, 但与 n 有关.

为求 $\xi/\sqrt{\eta/n}$ 的概率密度, 作如下变换:

$$\begin{cases}\xi=R\sin\Theta, & 0<R<\infty,\\ \eta=R^2\cos^2\Theta, & -\dfrac{\pi}{2}<\Theta<\dfrac{\pi}{2},\end{cases}$$

利用概率密度变换公式, 求得 R,Θ 的联合概率密度为

$$2C\mathrm{e}^{-r^2/2}r^n(\cos\theta)^{n-1}.$$

利用概率论知识, 由上式可知, R 与 Θ 是相互独立的, 且 Θ 的概率密度为

$$C_1(\cos\theta)^{n-1}, \tag{$*$}$$

其中 $C_1^{-1}=\displaystyle\int_{-\pi/2}^{\pi/2}(\cos\theta)^{n-1}\mathrm{d}\theta=\frac{\Gamma(1/2)\Gamma(n/2)}{\Gamma((n+1)/2)}$.

又由于 $T=\dfrac{\sin\Theta}{\cos\Theta}\sqrt{n}=\sqrt{n}\tan\Theta$, 如令 $t=\sqrt{n}\tan\theta$, 则 $\cos\theta=(1+t^2/n)^{-1/2}$, $\mathrm{d}t=\sqrt{n}\sec^2\theta\mathrm{d}\theta=\sqrt{n}(1+t^2/n)\mathrm{d}\theta$, 于是, 由 ($*$) 式可得到 t 分布的概率密度为

$$\begin{aligned}f(t)&=C_1\left[(1+t^2/n)^{-1/2}\right]^{n-1}\frac{1}{\sqrt{n}(1+t^2/n)}\\&=\frac{\Gamma((n+1)/2)}{\Gamma(n/2)\sqrt{n\pi}}(1+t^2/n)^{-\frac{n+1}{2}}.\end{aligned}$$

□

图 1.3.2 给出了 $n=2,5,50$ 时 t 分布的概率密度函数曲线. 此图显示

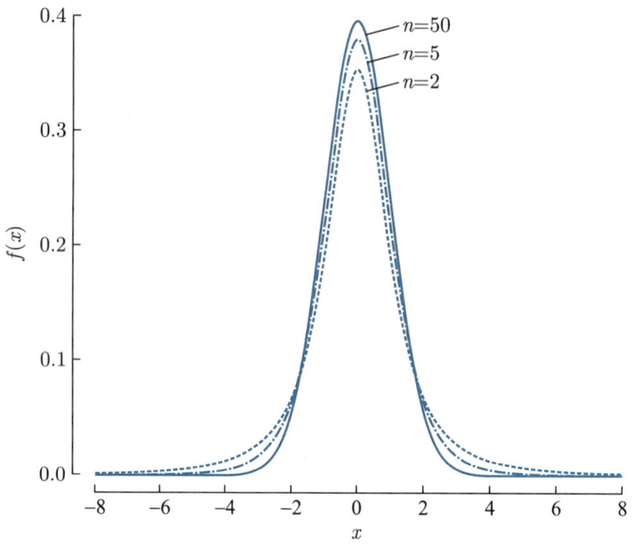

图 1.3.2 t 分布的概率密度函数

- $t(n)$ 的概率密度关于 y 轴对称, 且 $\lim\limits_{|x|\to\infty} f(x)=0$.
- 随着 n 的增大, 其峰度越来越高, 尾部越来越薄.
- t 分布的概率密度很像标准正态分布的概率密度.

为了区分它与正态分布的差异, 表 1.3.1 列出了标准正态分布、$t(4)$、$t(10)$ 与 $t(50)$ 的尾部概率. 从中可以看出, t 分布的尾部概率大于正态分布的相应概率. 但是, 对于固定的 x, 由于

$$\lim_{n\to\infty}\left(1+\frac{x^2}{n}\right)^{-\frac{n+1}{2}}=\mathrm{e}^{-x^2/2},$$

故当 n 很大时, t 分布的概率密度接近于标准正态分布的概率密度, 其常数可用 Stirling(斯特林) 公式:

$$\Gamma(x)\approx\sqrt{2\pi}x^{x-1/2}\mathrm{e}^{-x}$$

求得.

表 1.3.1 标准正态分布与 t 分布的尾部概率: $100\times P(T>x)$

x	0.5	1.0	1.5	2.0	2.5	3.0	3.5	4.0
$N(0,1)$	30.853 7	15.865 5	6.680 7	2.275 0	0.620 9	0.135 0	0.023 3	0.003 2
$t(4)$	32.166 5	18.695 0	10.400 0	5.805 8	3.338 3	1.997 1	1.244 8	0.806 5
$t(10)$	31.394 7	17.044 6	8.225 3	3.669 4	1.572 3	0.667 2	0.286 3	0.125 9
$t(50)$	30.963 4	16.106 2	6.995 1	2.547 3	0.787 2	0.210 0	0.049 4	0.010 4

注 1.3.3 基于 t 分布与标准正态分布概率密度函数的比较, 在统计学中, 称尾部概率大于正态分布相应尾部概率的分布为厚尾分布 (heavy-tailed distribution). 经济金融等许多行业中的数据多服从厚尾分布.

由上述概率密度函数, 可求得 $t(n)$ 分布的 $r(<n)$ 阶中心矩为 $(n>1)$:

$$E(T^r)=\begin{cases}0, & r\text{是奇数},\\ n^{r/2}\dfrac{\Gamma((r+1)/2)\Gamma((n-r)/2)}{\Gamma(1/2)\Gamma(n/2)}, & r\text{是偶数}.\end{cases}$$

并由此可知: 当 $n>2$ 时, 其方差为 $n/(n-2)$.

基于定理 1.3.2 与上述 t 分布定义, 可以证明: 对于来自 $N(\mu,\sigma^2)$ 的独立同分布样本 $X_1,X_2,\cdots,X_n$, 有

$$\frac{\sqrt{n}(\bar{X}-\mu)}{S_n}\sim t(n-1). \tag{1.3.3}$$

这即是 Gosset 于 1908 年论文的结论.

定义 1.3.4 (非中心 t 分布) 设 $\xi\sim N(\mu,\sigma^2)$, $\eta/\sigma^2\sim\chi^2(n)$, 且二者独立, $\mu\neq 0$, 则称

$$T=\frac{\xi}{\sqrt{\eta/n}}$$

服从非中心 t 分布, 其非中心参数为 $\delta=\mu/\sigma$, 自由度为 n.

经过一些复杂计算可求得非中心 $t(n)$ 分布的概率密度为

$$\frac{n^{n/2}\mathrm{e}^{-\delta^2/2}}{\sqrt{\pi}\Gamma(n/2)(n+x^2)^{(n+1)/2}}\sum_{m=0}^{\infty}\Gamma\left(\frac{n+m+1}{2}\right)\left(\frac{\delta^m}{m!}\right)\left(\frac{\sqrt{2}x}{\sqrt{n+x^2}}\right)^m,$$

其期望与方差分别为

$$E(T)=\delta\frac{\Gamma((n-1)/2)}{\Gamma(n/2)}\sqrt{\frac{n}{2}},\ n>1,$$

$$\mathrm{Var}(T)=\frac{n(1+\delta^2)}{n-2}-\frac{\delta^2 n}{2}\left(\frac{\Gamma((n-1)/2)}{\Gamma(n/2)}\right)^2,\ n>2.$$

1.3.3 F 分布

定义 1.3.5 (F 分布) 设 ξ,η 相互独立, 且服从自由度分别为 m,n 的 χ^2 分布. 称

$$F=\frac{\xi/m}{\eta/n}$$

服从的分布为 F 分布, 自由度为 (m,n), 记为 $F\sim F(m,n)$.

由上述定义知道,

- 如果 $X \sim F(1,n)$, $Y \sim t(n)$, 则 X 与 Y^2 依分布相等.
- 如果 $X \sim F(m,n)$, 且 $m \neq n$, 则 $X^{-1} \sim F(n,m)$.

定理 1.3.5 $F(m,n)$ 分布的概率密度为

$$f(x;m,n)=\begin{cases}0, & x<0,\\ \dfrac{\Gamma((m+n)/2)}{\Gamma(m/2)\Gamma(n/2)}\left(\dfrac{m}{n}\right)\left(\dfrac{mx}{n}\right)^{m/2-1}\left(1+\dfrac{mx}{n}\right)^{-(m+n)/2}, & x\geqslant 0.\end{cases}$$

证明 由于 $\xi \sim \chi^2(m), \eta \sim \chi^2(n)$, 且二者独立, 故它们的联合概率密度为

$$f(x,y)=\frac{1}{2^{(m+n)/2}\Gamma(m/2)\Gamma(n/2)}\mathrm{e}^{-(x+y)/2}x^{m/2-1}y^{n/2-1},\ x\geqslant 0,\ y\geqslant 0.$$

作变换

$$\begin{cases}u=x+y,\\ v=\dfrac{x}{y}\dfrac{n}{m},\end{cases}$$

则 (U,V) 的联合概率密度为

$$\begin{aligned}g(u,v)&=\frac{1}{2^{(m+n)/2}\Gamma(m/2)\Gamma(n/2)}\mathrm{e}^{-u/2}u^{\frac{m+n}{2}-2}.\\&\quad\left(\frac{m}{n}\right)^{m/2-1}\frac{v^{\frac{m}{2}-1}}{(1+mv/n)^{\frac{m+n}{2}-1}}\frac{m}{n}\frac{u}{(1+mv/n)^2}\\&=\frac{1}{2^{\frac{m+n}{2}}\Gamma((m+n)/2)}\mathrm{e}^{-u/2}u^{\frac{m+n}{2}-1}.\\&\quad\frac{\Gamma((m+n)/2)(m/n)^{m/2}}{\Gamma(m/2)\Gamma(n/2)}\frac{v^{\frac{m}{2}-1}}{(1+mv/n)^{\frac{m+n}{2}}},\end{aligned}$$

由此可知 U,V 相互独立, 且 $U\sim\chi^2(m+n)$, 而第二部分即为 V 的概率密度, 即为所求. □

由上面定理的证明, 知如下结论:

推论 1.3.1 设 $\xi \sim \chi^2(m), \eta \sim \chi^2(n)$, 且 ξ 与 η 独立, 则 $Y=\xi+\eta$ 与 $Z=\xi/\eta$ 独立.

图 1.3.3 给出了自由度分别为 $(m,n)=(5,10),(10,10),(10,5)$ 的 F 分布的概率密度函数曲线.

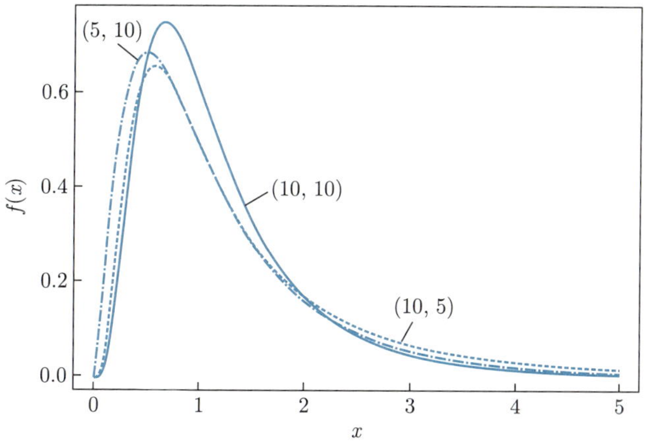

图 1.3.3 F 分布的概率密度函数

由上述概率密度函数可求得 F 分布的数字特征如下: 设 $F \sim F(m,n)$, 对 $0<r<n/2$, 有

$$E(F^r)=\left(\frac{n}{m}\right)^r \frac{\Gamma\left(r+\frac{m}{2}\right)\Gamma\left(\frac{n}{2}-r\right)}{\Gamma(m/2)\Gamma(n/2)}.$$

由此求得其期望与方差分别为

$$E(F)=\frac{n}{n-2},\quad n>2,$$

$$\mathrm{Var}(F)=\frac{n^2(2m+2n-4)}{m(n-2)^2(n-4)},\quad n>4.$$

定义 1.3.6 (非中心 F 分布) 设 $\xi \sim \chi^2(m,\delta)$, $\eta \sim \chi^2(n)$, $\delta \neq 0$, 且 ξ,η 独立, 则称 $F=\dfrac{\xi/m}{\eta/n}$ 服从非中心 F 分布, 其自由度为 (m,n), 非中心参数为 δ.

由于非中心 F 分布的概率密度非常复杂, 且不常用, 故这里就不再给出. 如有兴趣, 请参见复旦大学编著的《概率论》第二册. 这里仅给出其期望与方差:

$$E(F)=\frac{n(m+\delta)}{m(n-2)},\ n>2,$$

$$\mathrm{Var}(F)=\frac{2n^2}{m^2(n-2)^2(n-4)}\left[(m+\delta)^2+(n-2)(m+2\delta)\right],\ n>4.$$

为考察 F 分布是哪个统计量的抽样分布, 假设有两组独立同分布样本: $X_1,X_2,\cdots,X_m$ 来自正态总体 $N(\mu_1,\sigma^2)$, $Y_1,Y_2,\cdots,Y_n$ 来自正态总体 $N(\mu_2,\sigma^2)$, 且两组样本独立. 如记

$$\bar{X}=\frac{1}{m}\sum_{i=1}^{m}X_i,\quad \bar{Y}=\frac{1}{n}\sum_{i=1}^{n}Y_i,$$

$$S_x^2=\frac{1}{m-1}\sum_{i=1}^{m}(X_i-\bar{X})^2,\quad S_y^2=\frac{1}{n-1}\sum_{i=1}^{n}(Y_i-\bar{Y})^2,$$

则由定理 1.3.2 知道,

$$(m-1)S_x^2/\sigma^2 \sim \chi^2(m-1), \quad (n-1)S_y^2/\sigma^2 \sim \chi^2(n-1),$$

由于两组样本独立, 故两组样本方差独立, 于是, 由 F 分布定义可知

$$\frac{S_x^2}{S_y^2} \sim F(m-1, n-1). \tag{1.3.4}$$

1.3.4 一些常用分布

在本小节, 我们介绍几个统计经常用到的分布. 为了简单, 我们仅以总体分布的形式给出. 在有的参考文献中, 考虑到一些分布还包含若干常用分布, 故也称之为分布族.

定义 1.3.7 (Γ 分布) 称概率密度为

$$f(x;\alpha,\lambda) = \frac{\lambda^\alpha}{\Gamma(\alpha)} x^{\alpha-1}\mathrm{e}^{-\lambda x},\ x \geqslant 0 \tag{1.3.5}$$

的分布为 Γ 分布, 记为 $\Gamma(\alpha,\lambda)$, 其中 $\alpha > 0$ 为形状参数 (shape parameter), $\lambda > 0$ 为尺度参数 (scale parameter).

通过比较式 (1.3.1) 的 $\chi^2(n)$ 与上述 $\Gamma(\alpha,\lambda)$ 分布的概率密度函数, 可以发现: $\Gamma(n/2, 1/2)$ 分布就是 $\chi^2(n)$. 另外, 通过与指数分布 (指数分布的定义见本小节最后内容) 的比较, 我们发现, $\Gamma(1,\lambda)$ 就是指数分布 $Exp(\lambda)$. 再者, 之所以称 α 为形状参数, 是由于

- 当 $\alpha \leqslant 1$ 时, 其概率密度严格单调下降;
- 当 $1 < \alpha \leqslant 2$ 时, 其概率密度先上凸后下凸, 且拐点为 $\dfrac{\alpha-1}{\lambda}$;
- 当 $\alpha > 2$ 时, 其概率密度先下凸, 再上凸, 最后又下凸, 且峰值在 $\dfrac{\alpha-1}{\lambda}$ 处达到.

由 Γ 分布的概率密度, 可求得 $\xi \sim \Gamma(\alpha,\lambda)$ 分布的特征函数为

$$\psi(t) = \left(1 - \frac{\mathrm{i}t}{\lambda}\right)^{-\alpha},$$

并由此可以求得其 k 阶矩为

$$E(\xi^k) = \frac{\Gamma(\alpha+k)}{\Gamma(\alpha)}\frac{1}{\lambda^k},$$

特别地, 其期望、方差分别为

$$E(\xi) = \frac{\alpha}{\lambda},\quad \mathrm{Var}(\xi) = \frac{\alpha}{\lambda^2}.$$

利用其特征函数, 可以证明:

定理 1.3.6 设 $X_i \sim \Gamma(\alpha_i, \lambda)$, $i = 1, 2$.

(1) 如 X_1, X_2 独立, 则 $X_1 + X_2 \sim \Gamma(\alpha_1 + \alpha_2, \lambda)$.

(2) 对于给定的正数 c, $cX_1 \sim \Gamma(\alpha_1, \lambda/c)$.

定义 1.3.8 (指数型分布) 称概率分布为

$$f(x; \boldsymbol{\theta}) = \exp\left\{a_0(\boldsymbol{\theta}) + b_0(x) + \sum_{i=1}^{q} c_i(\boldsymbol{\theta}) b_i(x)\right\} \tag{1.3.6}$$

的分布为指数型分布, 其中 $\boldsymbol{\theta} \in \Theta \subset \mathbb{R}^q$ 为参数, 且要求其支撑集 $S = \{x : f(x; \boldsymbol{\theta}) > 0\}$ 与 $\boldsymbol{\theta}$ 无关. 如定义 $\eta_i = c_i(\boldsymbol{\theta})(i = 1, 2, \cdots, q)$, 则称 $(\eta_1, \eta_2, \cdots, \eta_q)$ 为自然参数, $\mathcal{G} = \{(\eta_1, \eta_2, \cdots, \eta_q) : \eta_i = c_i(\boldsymbol{\theta}), \boldsymbol{\theta} \in \Theta\}$ 为自然参数空间.

例 1.3.1 设 $X \sim B(1, p)$, 其中 $p \in (0, 1)$ 为参数, 验证它服从指数型分布.

证明 此时 X 的概率分布函数为

$$f(x; p) = P(X = x) = p^x (1 - p)^{1-x}, \quad x = 0, 1.$$

我们可以改写上式为

$$f(x; p) = \left(\frac{p}{1 - p}\right)^x (1 - p) = \exp\left\{\ln(1 - p) + x \ln \frac{p}{1 - p}\right\},$$

故可知, 两点分布是指数型分布. 如取 $\theta = \ln[p/(1 - p)]$, 则上式为

$$f(x; \theta) = \exp\left\{\ln \frac{1}{1 + \mathrm{e}^\theta} + \theta x\right\},$$

其自然参数空间为 $\mathcal{G} = \mathbb{R}$. □

例 1.3.2 设 $X \sim N(\mu, \sigma^2)$, 验证其为指数型分布.

证明 此时 X 的概率密度为

$$\begin{aligned}
f(x; \mu, \sigma^2) &= (2\pi\sigma^2)^{-\frac{1}{2}} \exp\left\{-\frac{(x - \mu)^2}{2\sigma^2}\right\} \\
&= (2\pi\sigma^2)^{-\frac{1}{2}} \exp\left\{-\frac{x^2}{2\sigma^2} + \frac{x\mu}{\sigma^2} - \frac{\mu^2}{2\sigma^2}\right\} \\
&= \exp\left\{-\frac{1}{2}\ln(2\pi\sigma^2) - \frac{\mu^2}{2\sigma^2} - \frac{x^2}{2\sigma^2} + \frac{x\mu}{\sigma^2}\right\},
\end{aligned}$$

由此可知, 正态分布是指数型分布. 如取 $\eta_1 = -1/(2\sigma^2), \eta_2 = \mu/\sigma^2$, 则其自然参数空间为 $\mathcal{G} = \{(\eta_1, \eta_2) : \eta_1 < 0, \eta_2 \in \mathbb{R}\}$. □

定义 1.3.9 (次 Gauss 分布) 称 X 服从参数为 $\sigma > 0$ 的次 Gauss 分布 (sub-Gauss), 是指满足

$$E[\mathrm{e}^{t[X - E(X)]}] \leqslant \mathrm{e}^{t^2\sigma^2/2}, \quad \forall\, t \in \mathbb{R}.$$

如果 X 服从均值为 0、参数为 σ 的次 Gauss 分布, 则

$$P(X>t)\leqslant\exp\left\{-\frac{t^2}{2\sigma^2}\right\},\ \forall t>0.$$

实际上,

$$P(X>t)=P\left(\mathrm{e}^{tX/\sigma^2}>\mathrm{e}^{t^2/\sigma^2}\right)\leqslant\frac{E[\exp\{tX/\sigma^2\}]}{\exp\{t^2/\sigma^2\}}\leqslant\exp\left\{-\frac{t^2}{2\sigma^2}\right\}.$$

为什么称上述分布为次 Gauss 分布? 原因如下: 设 $X\sim N(0,\sigma^2)$, 则对于任意的 $t>0$, 有

$$P(X>t)=\frac{1}{\sqrt{2\pi\sigma^2}}\int_t^{\infty}\mathrm{e}^{-\frac{x^2}{2\sigma^2}}\mathrm{d}x\leqslant\exp\left\{-\frac{t^2}{2\sigma^2}\right\}.$$

关于次 Gauss 分布, 我们有如下结论:

定理 1.3.7　设 $X_1,X_2,\cdots,X_n$ 为来自均值为 0、参数为 σ 的次 Gauss 分布, 则

$$E\left(\max_{1\leqslant i\leqslant n}X_i\right)\leqslant\sigma\sqrt{2\ln n},\quad P\left(\max_{1\leqslant i\leqslant n}X_i>t\right)\leqslant n\exp\left\{-\frac{t^2}{2\sigma^2}\right\}.$$

证明

$$\begin{aligned}E\left(\max_{1\leqslant i\leqslant n}X_i\right)&=\frac{1}{t}E\left(\ln\mathrm{e}^{t\max\limits_i X_i}\right)\leqslant\frac{1}{t}\ln E\left(\mathrm{e}^{t\max\limits_i X_i}\right)\quad(\text{Jensen(延森) 不等式})\\&=\frac{1}{t}\ln E\left(\max_i\mathrm{e}^{tX_i}\right)\leqslant\frac{1}{t}\ln\sum_{i=1}^{n}E(\mathrm{e}^{tX_i})\\&\leqslant\frac{1}{t}\ln\sum_{i=1}^{n}\mathrm{e}^{\sigma^2t^2/2}=\frac{\ln n}{t}+\frac{\sigma^2t}{2},\end{aligned}$$

取 $t=\sqrt{(2\ln n)/\sigma^2}$ 即证明了第一个结论.

另外,

$$P\left(\max_i X_i>t\right)=P\left(\bigcup_{i=1}^{n}\{X_i>t\}\right)\leqslant\sum_{i=1}^{n}P(X_i>t)\leqslant n\mathrm{e}^{-\frac{t^2}{2\sigma^2}}.$$

第二个结论得证. □

在风险预警及管理中, 极值统计量应用最广, 并由此产生了统计学的一个研究方向——极值统计. 极值统计最早是由 L. H. Tippett (蒂珀特, 1902—1985) 在 Shirley Institute 做统计分析时提出的. 当时, 他发现一根棉线的强度取决于最弱一根纤维的强度. 为解决此强度的建模问题, 他于 1924 年到伦敦大学学院的 Galton 生物统计实验室跟随 K. Pearson 学习, 之后发现了一个能联系极值分布与数据分布很简单的方程式, 但他无法求解, 而猜出了一个答案. 后来他求助 R. A. Fisher, Fisher 推导出了 Tippett 的解, 还给出了另外两个解. 这就是下面的三个极值分布.

为了给出极值分布的一般形式, 先给出分布等价的定义: 两个累积分布函数 F_1, F_2, 如存在常数 $a>0, b$, 使

$$F_1(ax+b)=F_2(x),$$

则称两者等价. 另外, 对于极大次序统计量 $X_{(n)}$, 如果存在两个常数 $c_n>0, b_n$, 使得

$$c_n X_{(n)}+b_n \xrightarrow{\mathrm{d}} G(x),$$

则称 $G(X)$ 为极值分布.

定义 1.3.10 (极值分布) 如果 $c_n X_{(n)}+b_n$ 有连续的极限分布 $G(X)$, 则 $G(x)$ 必属于以下三种分布所代表的分布类之一:

(1) I 型: $G(x)=\exp\{-\mathrm{e}^{-x}\}, \quad x\in\mathbb{R}$.

(2) II 型: $G(x)=\exp\{-x^{-\alpha}\}I_{(0,\infty)}(x), \quad \alpha>0$.

(3) III 型: $G(x)=\begin{cases}\exp\{-(-x)^{-\alpha}\}, & x<0,\\ 1, & x\geqslant 0,\end{cases} \quad \alpha>0.$

例 1.3.3 设总体 $X\sim Exp(1)$, 求 $X_{(n)}$ 的极限分布.

解 由前面讲述的极大次序统计量的分布可知, $X_{(n)}$ 的累积分布为

$$F(x)=(1-\mathrm{e}^{-x})^n.$$

为求其极限分布, 我们先求其期望. 为此, 记 $Y_i=X_{(i)}-X_{(i-1)}, i=1,2,\cdots,n$, 其中 $X_{(0)}=0$.

由于 Y_1 的概率密度为 $n\mathrm{e}^{-nx}$, 故可求得 $E(Y_1)=1/n$.

由例 1.2.3 知, $X_{(k)}$ 的概率密度为

$$k\binom{n}{k}(1-\mathrm{e}^{-x})^{k-1}\mathrm{e}^{-(n-k+1)x}.$$

由此可求得

$$E(Y_k)=E[X_{(k)}]-E[X_{(k-1)}]=\frac{1}{n-k+1}.$$

于是, $E[X_{(n)}]=\sum\limits_{k=1}^{n}E(Y_k)=\sum\limits_{k=1}^{n}\frac{1}{k}$, 与 $\ln n$ 同阶.

由于 $X_{(n)}-\ln n$ 的累积分布函数满足

$$P(X_{(n)}-\ln n\leqslant t)=(1-\mathrm{e}^{-t-\ln n})^n=(1-\mathrm{e}^{-t}/n)^n\to\exp\{-\mathrm{e}^{-t}\},$$

故知 $X_{(n)}$ 是 I 型极值分布. □

注 1.3.4 陈希孺 (2009) 给出了 $X_{(n)}$ 服从三种极值分布而要求总体分布所满足的充要条件, 请有兴趣的读者参阅.

统计中还有多种常用分布, 现罗列出连续总体的概率密度、期望与方差如下:

(1) 指数分布 $Exp(\mu,\lambda)$, 其概率密度为

$$\lambda \mathrm{e}^{-\lambda(x-\mu)} I_{[\mu,\infty)}(x),\ \lambda>0, \mu\in\mathbb{R},$$

期望与方差分别为 $\mu+\lambda^{-1}, \lambda^{-2}$. 为了简单, 记 $\mu=0$ 的指数分布为 $Exp(\lambda)$.

(2) 双指数分布 $DE(\mu,\lambda)$, 其概率密度为

$$\frac{\lambda}{2}\mathrm{e}^{-\lambda|x-\mu|},\ \lambda>0, \mu\in\mathbb{R},$$

期望与方差分别为 $\mu, 2/\lambda^2$.

(3) Laplace 分布 $L(\lambda)$, 其概率密度为

$$\lambda \mathrm{e}^{-\lambda|x|},\ \lambda>0,$$

期望与方差分别为 $0, 1/\lambda$.

(4) β 分布 $Beta(\alpha,\beta)$, 其概率密度为

$$\frac{\Gamma(\alpha+\beta)}{\Gamma(\alpha)\Gamma(\beta)}x^{\alpha-1}(1-x)^{\beta-1}I_{(0,1)}(x),\ \alpha>0, \beta>0,$$

期望与方差分别为 $\alpha/(\alpha+\beta), \alpha\beta/[(\alpha+\beta+1)(\alpha+\beta)^2]$.

(5) Cauchy 分布 $C(\mu,\sigma)$, 其概率密度为

$$\frac{1}{\pi\sigma\left[1+\left(\dfrac{x-\mu}{\sigma}\right)^2\right]},\ \mu\in\mathbb{R}, \sigma>0,$$

期望与方差均不存在. 称 $C(0,1)$ 为标准 Cauchy 分布.

(6) 对数正态分布 $LN(\mu,\sigma^2)$, 其概率密度为

$$\frac{1}{\sqrt{2\pi}\sigma}x^{-1}\mathrm{e}^{-\frac{(\ln x-\mu)^2}{2\sigma^2}}I_{(0,\infty)}(x),\ \mu\in\mathbb{R}, \sigma>0,$$

期望与方差分别为 $\mathrm{e}^{\mu+\sigma^2/2}, \mathrm{e}^{2\mu+\sigma^2}\left(\mathrm{e}^{\sigma^2}-1\right)$.

(7) Weibull 分布 $W(\alpha,\beta)$, 其概率密度为

$$\frac{\alpha}{\beta}x^{\alpha-1}\mathrm{e}^{-\frac{x^\alpha}{\beta}}I_{(0,\infty)}(x),\ \alpha>0, \beta>0,$$

期望与方差分别为 $\beta^{\alpha^{-1}}\Gamma(\alpha^{-1}+1)$ 和 $\beta^{2/\alpha}\left[\Gamma(2\alpha^{-1}+1)-[\Gamma(\alpha^{-1}+1)]^2\right]$.

(8) Pareto 分布 $Pa(a,\theta)$, 其概率密度为

$$\theta a^\theta x^{-(\theta+1)}I_{[a,\infty)}(x), \theta>0, a>0,$$

期望与方差分别为 $\theta a/(\theta-1)$(要求 $\theta>1$) 和 $\theta a^2/[(\theta-1)^2(\theta-2)]$(要求 $\theta>2$).

(9) logistic 分布 $LG(\mu,\sigma)$, 其概率密度为

$$\frac{1}{\sigma}\frac{\mathrm{e}^{-\frac{x-\mu}{\sigma}}}{1+\mathrm{e}^{-\frac{x-\mu}{\sigma}}},$$

期望与方差分别为 $\mu,\pi^2\sigma^2/3$.

其他一些常用离散总体的概率分布、期望及方差如下:

(1) 几何分布 $G(p)$, 其概率分布为

$$(1-p)^{x-1}p,\quad x=1,2,\cdots,\quad p\in[0,1],$$

其期望与方差分别为 $1/p$ 和 $(1-p)/p^2$.

(2) 超几何分布 $HG(r,n,m)$, 其概率分布为

$$\frac{\dbinom{n}{x}\dbinom{m}{r-x}}{\dbinom{n+m}{r}},\quad x=0,1,\cdots,\min\{r,n\},r-x\leqslant m,$$

其期望与方差分别为 $rn/(n+m)$ 和 $rnm(n+m-r)/[(n+m)^2(n+m-1)]$.

(3) 负二项分布 $NB(p,r)$, 其概率分布为

$$\binom{x-1}{r-1}p^r(1-p)^{x-r},\quad x=r,r+1,\cdots,\quad p\in[0,1],$$

其期望与方差分别为 r/p 和 $r(1-p)/p^2$.

1.4 充分与完全统计量

在结束本章之前, 我们引进两个在估计中非常有用的统计量: 充分统计量、完全统计量.

20 世纪 20 年代初, 在 R. A. Fisher 与天文学家 A. S. Eddington (爱丁顿, 1882—1944) 之间发生了如下争论: 对于 n 个来自正态总体 $N(\mu,\sigma^2)$ 的独立同分布样本 X_1, $X_2,\cdots,X_n$, 如何估计总体标准差 σ. Fisher 主张用样本标准差 S_n, 而 Eddington 主张用如下的平均绝对偏差:

$$D_n=\sqrt{\frac{\pi}{2}}\frac{1}{n}\sum_{i=1}^{n}|X_i-\bar{X}|. \tag{1.4.1}$$

Fisher 给出的原因是: 样本标准差 S_n 包含了样本中有关 σ 的全部信息, 而 D_n 则没有. 由此, Fisher 于 1922 年提出了**充分统计量** (sufficient statistic).

对于一个统计量 $T(X)$, 我们知道 $E[T(X)]$ 是由样本空间 $\mathcal{X}$ 到参数空间 Θ 的一个映射. 请问, 这个映射是一一对应的吗? 当 $T(X)$ 是**完全统计量** (complete statistic) 时, 答案是肯定的.

1.4.1 充分统计量

要衡量一个统计量是否把样本中关于参数的所有信息都包含进来, 就要回答两个问题: 一、如何度量样本中关于参数的信息, 二、如何度量统计量是否包含了样本中关于参数的全部信息.

实际上, 关于参数的信息有两部分, 一是总体分布所提供的, 二是样本所提供的. 综合这两部分我们知道, 关于参数的所有信息就包含在样本分布之中. 如果统计量 $T(X)$ 包含了参数的全部信息, 则意味着扣除统计量所包含的信息外, 样本分布中就不再有参数的信息了. 于是, Fisher 给出充分统计量的定义如下:

定义 1.4.1 设 $X_1, X_2, \cdots, X_n$ 为来自总体概率分布为 $f(x;\theta)(\theta \in \Theta)$ 的样本, 称统计量 $T(X)$ 为参数 θ 的充分统计量, 是指在给定 $T(X)$ 下, 样本的条件联合分布与参数 θ 无关.

从上述定义可以看出, 充分统计量并不唯一, 且充分统计量的可逆函数, 只要它仍是统计量, 则它也是充分统计量.

例 1.4.1 在例 1.2.1 中, 假设抽样是有返回的, 证明 $\sum\limits_{i=1}^{n} X_i$ 是次品率参数的充分统计量.

证明 如记 $p = M/N$, 则 n 次抽样所得样本 $X_1, X_2, \cdots, X_n$ 就是来自两点分布总体 $B(1,p)$ 的独立同分布样本. 样本分布及加和统计量 $T(X) = \sum\limits_{i=1}^{n} X_i$ 的分布分别为

$$P(X_1 = x_1, X_2 = x_2, \cdots, X_n = x_n) = p^{\sum\limits_{i=1}^{n} x_i}(1-p)^{n-\sum\limits_{i=1}^{n} x_i},$$

$$P(T(X) = t) = \binom{n}{t} p^t (1-p)^{n-t}.$$

于是, 在给定统计量 $T = t$ 下, 样本的条件概率分布为

$$\begin{aligned}
&P(X_1 = x_1, \cdots, X_n = x_n | T = t) \\
&= \frac{P\left(X_1 = x_1, \cdots, X_{n-1} = x_{n-1}, X_n = t - \sum\limits_{i=1}^{n-1} x_i\right)}{P(T = t)} \\
&= \frac{p^t (1-p)^{n-t}}{\binom{n}{t} p^t (1-p)^{n-t}} = \binom{n}{t}^{-1},
\end{aligned}$$

它与参数 p 无关. □

在例 1.4.1 中, 当 $n>2$ 时, 如果采用统计量 $T_1(X)=X_1+X_2$, 则由于

$$
\begin{aligned}
&P(X_1=x_1,\cdots,X_n=x_n|T_1=t)\\
=&\frac{P(X_1=x_1,X_2=t-x_1,X_3=x_3,\cdots,X_n=x_n)}{P(T_1=t)}\\
=&\frac{p^{t+\sum\limits_{i=3}^{n}x_i}(1-p)^{n-t-\sum\limits_{i=3}^{n}x_i}}{\begin{pmatrix}2\\t\end{pmatrix}p^t(1-p)^{2-t}}
\end{aligned}
$$

与 p 有关, 则说明 $T_1(X)$ 不是充分统计量.

例 1.4.2 设 $X_1,X_2,\cdots,X_n$ 为来自 Poisson(泊松) 分布 $P(\lambda)$ 的独立同分布样本, 证明 $T=\sum\limits_{i=1}^{n}X_i$ 是 λ 的充分统计量.

证明 由 Poisson 分布的可加性知, $T=\sum\limits_{i=1}^{n}X_i\sim P(n\lambda)$, 故当 $T=t$ 时, 样本的条件概率分布为

$$
\begin{aligned}
&P(X_1=x_1,\cdots,X_n=x_n|T=t)\\
=&\frac{P(X_1=x_1)\cdots P(X_{n-1}=x_{n-1})P\left(X_n=t-\sum\limits_{i=1}^{n-1}x_i\right)}{P(T=t)}\\
=&\frac{\left(\prod\limits_{j=1}^{n-1}\frac{\lambda^{x_j}\mathrm{e}^{-\lambda}}{x_j!}\right)\frac{\lambda^{t-\sum\limits_{i=1}^{n-1}x_i}\mathrm{e}^{-\lambda}}{\left(t-\sum\limits_{i=1}^{n-1}x_i\right)!}}{\frac{(n\lambda)^t}{t!}\mathrm{e}^{-n\lambda}}\\
=&\frac{t!}{\prod\limits_{j=1}^{n-1}x_j!\left(t-\sum\limits_{i=1}^{n-1}x_i\right)!}\frac{1}{n^t},
\end{aligned}
$$

与 λ 无关, 故 T 是充分统计量. □

例 1.4.3 设 $X_1,X_2,\cdots,X_n$ 为来自正态总体 $N(\mu,1)$ 的独立同分布样本, 证明 $T(X)=\sum\limits_{i=1}^{n}X_i$ 是 μ 的充分统计量.

证明 由于此时总体分布是连续的, 故不易直接计算条件分布. 为此, 作正交变换 $\boldsymbol{Y}=(Y_1,Y_2,\cdots,Y_n)^{\mathrm{T}}=\boldsymbol{C}\boldsymbol{X}$, 其中 $\boldsymbol{C}$ 是第一行为 $(1/\sqrt{n},1/\sqrt{n},\cdots,1/\sqrt{n})$ 的正交矩阵, $\boldsymbol{X}=(X_1,X_2,\cdots,X_n)^{\mathrm{T}}$. 此时, $Y_1=T(X)/\sqrt{n}$, 且 $Y_1,Y_2,\cdots,Y_n$ 独立, $Y_i\sim N(0,1),2\leqslant i\leqslant n$. 由此可知, 在给定 $T(X)$ 即 Y_1 的条件下, $(Y_2,Y_3,\cdots,Y_n)$ 的条件分布与 μ 无关. 由于正交矩阵 $\boldsymbol{C}$ 与 μ 无关, 故知 $X_1,X_2,\cdots,X_n$ 在给定 $T(X)$ 下的条件分布也与 μ 无关, 即得证. □

从上述三个例子可以看出, 相较于离散总体, 关于连续总体的充分统计量的验证就要麻烦许多, 即使是离散总体, 其计算也较复杂. 为了更加容易验证一个统计量是否为充分的, 下面的因子分解定理就非常有用.

定理 1.4.1 (因子分解定理 (factorization theorem)) 设 $X_1, X_2, \cdots, X_n$ 为来自总体概率分布为 $f(x;\theta)$ 的样本, 则统计量 $T(X)$ 为充分统计量的充要条件是: 样本分布 $f(x_1, x_2, \cdots, x_n;\theta)$ 可如下分解:

$$f(x_1, x_2, \cdots, x_n;\theta) = g_\theta(T(x_1, x_2, \cdots, x_n)) \cdot h(x_1, x_2, \cdots, x_n), \tag{1.4.2}$$

其中 $h(x_1, x_2, \cdots, x_n)$ 不依赖于参数 θ.

证明 为简单, 这里仅考虑总体分布连续的证明, 且在不引起混淆的情况下, 以 $\boldsymbol{X}$ 记样本 $X_1, X_2, \cdots, X_n$. 假设统计量 $T(\boldsymbol{X}) = (T_1(\boldsymbol{X}), T_2(\boldsymbol{X}), \cdots, T_k(\boldsymbol{X}))$, $W(\boldsymbol{X}) = (W_1(\boldsymbol{X}), W_2(\boldsymbol{X}), \cdots, W_{n-k}(\boldsymbol{X}))$, 其中 $k < n$, 且要求变换

$$(X_1, X_2, \cdots, X_n) \to (T_1(\boldsymbol{X}), T_2(\boldsymbol{X}), \cdots, T_k(\boldsymbol{X}), W_1(\boldsymbol{X}), W_2(\boldsymbol{X}), \cdots, W_{n-k}(\boldsymbol{X})) \quad (*1)$$

是一对一的. 如以 J 记上述变换的 Jacobi 行列式的绝对值, 以 $H(t,w)$ 表示 (1.4.2) 式中的 $h(x_1, x_2, \cdots, x_n)/J$, 则 (T,W) 的概率密度函数为 $g_\theta(t)H(t,w)$. 由此可求得给定 T 时, W 的条件概率密度为

$$f_{W|T}(w) = \frac{g_\theta(t)H(t,w)}{\displaystyle\int_{\mathbb{R}^{n-k}} g_\theta(t)H(t,w)\mathrm{d}w} = \frac{H(t,w)}{\displaystyle\int_{\mathbb{R}^{n-k}} H(t,w)\mathrm{d}w}. \quad (*2)$$

下证充分性:

由前述可知, $\forall\ t_1, t_2, \cdots, t_k$, 如记

$$B(t) = \{\boldsymbol{X} \in \mathcal{X} : T(\boldsymbol{X}) = (t_1, t_2, \cdots, t_k)\},$$

则在集合 $B(t)$ 内, $\boldsymbol{X}$ 与 $W(\boldsymbol{X})$ 也一一对应. 因此, 要确定给定 $T(\boldsymbol{X})$ 下, $\boldsymbol{X}$ 的条件分布与参数 θ 无关, 只需确定在给定 $T(\boldsymbol{X})$ 下, $W(\boldsymbol{X})$ 的分布与参数 θ 无关即可.

由 $(*2)$ 式可知, 当样本分布满足 (1.4.2) 式的形式时, 给定 T 下, W 的条件分布与参数 θ 无关, 于是, $T(X)$ 即为充分统计量.

下证必要性:

设 $T(X)$ 为充分统计量, 且记 $G(t,w)$ 为给定 T 下 W 的条件概率密度. 由充分统计量定义知, $G(t,w)$ 与 θ 无关. 如记 $g_\theta(t)$ 为 T 的概率密度, 则知 (T,W) 的联合概率密度为

$$f_{(T,W)}(t,w) = g_\theta(t)G(t,w).$$

如通过变换 $(*1)$ 式, 把 $G(t,w)$ 表示为 $h_1(x_1, x_2, \cdots, x_n)$, 且利用密度变换公式, 则可求得样本分布为

$$f(x_1, x_2, \cdots, x_n;\theta) = f_{(T,W)}(t,w)J = g_\theta(x_1, x_2, \cdots, x_n)h_1(x_1, x_2, \cdots, x_n)J.$$

如记 $h_1(x_1,x_2,\cdots,x_n)J=h(x_1,x_2,\cdots,x_n)$, 由于它与 θ 无关, 则结论得证. □

注 1.4.1 Fisher (1922) 首先给出此定理, Halmos et al. (1949) 给出了其一般形式及严格数学证明. 上述定理的证明来自陈希孺等 (2009), 其一般形式的严格证明参见陈希孺 (2009).

例 1.4.4 设 $X_1,X_2,\cdots,X_n$ 为来自正态总体 $N(\mu,\sigma^2)$ 的独立同分布样本, 求其充分统计量.

解 此时, 样本分布为

$$f(\boldsymbol{x};\mu,\sigma^2)=(2\pi\sigma^2)^{-n/2}\exp\left\{-\frac{\sum\limits_{i=1}^{n}(x_i-\mu)^2}{2\sigma^2}\right\}$$

$$=(2\pi\sigma^2)^{-n/2}\exp\left\{-\frac{\sum\limits_{i=1}^{n}x_i^2}{2\sigma^2}+\frac{\mu\sum\limits_{i=1}^{n}x_i}{\sigma^2}-\frac{n\mu^2}{2\sigma^2}\right\}.$$

由因子分解定理可知, 当 σ^2 已知时, $\sum\limits_{i=1}^{n}X_i$ 为充分统计量, 这与例 1.4.3 的结论一致; 当 μ,σ^2 均未知时, $\left(\sum\limits_{i=1}^{n}X_i,\sum\limits_{i=1}^{n}X_i^2\right)$ 为充分统计量. □

由上例可知, $(n-1)S_n^2=\sum\limits_{i=1}^{n}X_i^2-n\bar{X}^2$ 为充分统计量的函数, 这即是本节开始时提到的 Fisher 的观点.

例 1.4.5 设 $X_1,X_2,\cdots,X_n$ 为来自均匀分布 $U(0,\theta)$ 的独立同分布样本, 求 θ 的充分统计量.

解 此时样本分布为

$$f_\theta(\boldsymbol{x})=\begin{cases}\theta^{-n}, & \max\{x_1,x_2,\cdots,x_n\}<\theta,\\ 0, & \text{否则}.\end{cases}$$

如记 $t=\max\{x_1,x_2,\cdots,x_n\}$, 则上式可改写为

$$f_\theta(\boldsymbol{x})=\frac{1}{\theta^n}I_{(0,\theta)}(t),$$

则由因子分解定理可知, $T=X_{(n)}$ 即为 θ 的充分统计量. □

例 1.4.6 设 $X_1,X_2,\cdots,X_n$ 为来自均匀分布 $U\left(-\frac{1}{2}+\theta,\frac{1}{2}+\theta\right)$ 的独立同分布样本, 求 θ 的充分统计量.

解 此时样本分布为

$$f_\theta(\boldsymbol{x})=\prod_{i=1}^{n}I_{(-\frac{1}{2}+\theta,\frac{1}{2}+\theta)}(x_i)=I_{(x_{(n)}-\frac{1}{2},x_{(1)}+\frac{1}{2})}(\theta),$$

故由因子分解定理可知, $(X_{(1)}, X_{(n)})$ 是 θ 的充分统计量. □

此例说明, 一维参数的充分统计量并不一定是一维的. 另外, 从充分统计量定义或因子分解定理可知, 充分统计量不唯一. 为此, 我们引入最小充分统计量的定义.

定义 1.4.2 (最小充分统计量)　设 T 为充分统计量, 如果对于任何一个充分统计量 S, 都存在一一映射 ψ, 使得 $T=\psi(S)$, 则称统计量 T 为最小充分统计量.

从上述定义可以看出, 在一一映射相等的条件下, 最小充分统计量是唯一的.

例 1.4.7　设 $X_1, X_2, \cdots, X_n$ 为来自均匀分布 $U(\theta, \theta+1)$ 的独立同分布样本, $\theta \in \mathbb{R}$ 为参数, 且 $n>1$. 证明 $(X_{(1)}, X_{(n)})$ 是最小充分统计量.

证明　此时样本分布为

$$f_\theta(\boldsymbol{x})=\prod_{i=1}^n I_{(\theta, \theta+1)}(x_i)=I_{(x_{(n)}-1, x_{(1)})}(\theta),$$

则由因子分解定理知, $T=(X_{(1)}, X_{(n)})$ 为充分统计量, 且

$$x_{(1)}=\sup\{\theta: f_\theta(\boldsymbol{x})>0\}, \quad x_{(n)}=1+\inf\{\theta: f_\theta(\boldsymbol{x})>0\}.$$

设 $S(X)$ 为 θ 的任一充分统计量, 则由因子分解定理知, 存在两个函数 h, g_θ, 使得

$$f_\theta(\boldsymbol{x})=g_\theta(S(\boldsymbol{x}))h(\boldsymbol{x}).$$

由于对于任一满足 $h(\boldsymbol{x})>0$ 的 $\boldsymbol{x}$, 有

$$x_{(1)}=\sup\{\theta: g_\theta(S(\boldsymbol{x}))>0\}, \quad x_{(n)}=1+\inf\{\theta: g_\theta(S(\boldsymbol{x}))>0\}.$$

故当 $h(\boldsymbol{x})>0$ 时, 存在可测函数 ϕ, 使得 $T(\boldsymbol{x})=\phi(S(\boldsymbol{x}))$. 由于 $P(h(\boldsymbol{X})>0)=1$, 故 T 是最小充分统计量. □

定理 1.4.2　设总体 X 的概率分布为 $f(x;\theta)=g_\theta(T(x))h(x)$, 且满足: 如果由存在不依赖于 θ 的常数 $c(x,y)$ 使得 $f(x;\theta)=c(x,y)f(y;\theta)$, 就可推出 $T(x)=T(y)$, 则 $T(\boldsymbol{X})$ 是 θ 的最小充分统计量.

证明　设 T' 为一充分统计量, 则由因子分解定理知,

$$f(\boldsymbol{x};\theta)=\tilde{g}_\theta(T'(\boldsymbol{x}))\tilde{h}(\boldsymbol{x}).$$

如果 T 不是最小充分统计量, 即 T 不是 T' 的函数, 则存在两组样本点 $\boldsymbol{x}_0, \boldsymbol{y}_0$, 使得 $T'(\boldsymbol{x}_0)=T'(\boldsymbol{y}_0)$, 但是 $T(\boldsymbol{x}_0)\neq T(\boldsymbol{y}_0)$.

由于 $T'(\boldsymbol{x}_0)=T'(\boldsymbol{y}_0)$, 故存在不依赖于 θ 的常数 $c(\boldsymbol{x}_0, \boldsymbol{y}_0)$, 使得

$$f(\boldsymbol{x}_0;\theta)=\tilde{g}_\theta(T'(\boldsymbol{x}_0))\tilde{h}(\boldsymbol{x}_0)=c(\boldsymbol{x}_0, \boldsymbol{y}_0)\tilde{g}_\theta(T'(\boldsymbol{y}_0))\tilde{h}(\boldsymbol{y}_0)=c(\boldsymbol{x}_0, \boldsymbol{y}_0)f(\boldsymbol{y}_0;\theta),$$

于是, 由已知条件有 $T(\boldsymbol{x}_0)=T(\boldsymbol{y}_0)$. 矛盾. □

例 1.4.8 设 $X_1, X_2, \cdots, X_n$ 为来自双指数分布 $DE(\theta, 1)$ 的独立同分布样本, 其中 $\theta \in \mathbb{R}$. 证明次序统计量 $(X_{(1)}, X_{(2)}, \cdots, X_{(n)})$ 是最小充分统计量.

证明 此时, 样本分布为

$$f(\boldsymbol{x}; \theta) = \frac{1}{2^n} \exp\left\{-\sum_{i=1}^{n} |x_i - \theta|\right\}.$$

由因子分解定理可知, 次序统计量 $(X_{(1)}, X_{(2)}, \cdots, X_{(n)})$ 是充分统计量, 下证它是最小的. 假设存在常数 $c(\boldsymbol{x}, \boldsymbol{y})$, 使得

$$f(\boldsymbol{x}; \theta) = c(\boldsymbol{x}, \boldsymbol{y}) f(\boldsymbol{y}; \theta), \quad 即 \quad \sum_{i=1}^{n} |x_i - \theta| = c_0(\boldsymbol{x}, \boldsymbol{y}) + \sum_{i=1}^{n} |y_i - \theta|,$$

其中 $c_0(\boldsymbol{x}, \boldsymbol{y}) = -\ln(c(\boldsymbol{x}, \boldsymbol{y}))$. 由于上述函数都是 θ 的分段线性函数, 而斜率仅依赖于每个次序统计量中的两个, 且递增. 注意到如果 $\boldsymbol{x}, \boldsymbol{y}$ 有相同的次序统计量, 则二者的差仅是一个常数 $c_0(\boldsymbol{x}, \boldsymbol{y})$. 因此, 由上面定理知, 次序统计量是最小充分统计量. □

1.4.2 完全统计量

完全统计量是 E. L. Lehmann (莱曼, 1917—2009) 和 H. Scheffé (谢费, 1907—1977) 提出的, 参见 Lehmann et al. (1950, 1955). 有文献也称之为完备统计量, 它类似于泛函分析中函数系的完全性概念.

定义 1.4.3 设 $X_1, X_2, \cdots, X_n$ 是来自某参数总体的样本, 参数 $\theta \in \Theta$. 统计量 $T(X)$ 如满足: 对任何满足条件

$$E_\theta[g(T(X))] = 0, \ \forall\, \theta \in \Theta$$

的统计量 $g(T)$, 都有

$$P_\theta(g(T(X)) = 0) = 1, \ \forall\, \theta \in \Theta,$$

则称之为完全统计量.

在统计中, 还有如下的完全分布族的概念:

定义 1.4.4 对于总体 X, 参数 $\theta \in \Theta$, 如果对于任一函数 $\psi(x)$, 由

$$E_\theta[\psi(X)] = 0, \ \forall\, \theta \in \Theta,$$

总可推出 $P_\theta(\psi(X) = 0) = 1$, 则称此总体分布族是完全的.

从上述两个定义可以看出, 统计量 $T(X)$ 的完全性, 与此统计量的抽样分布族的完全性等价. 另外, 如果上述定义中的函数 g 是有界的, 那么称统计量 T 是有界完全的或其分布族是有界完全的. 显然, 一个完全统计量肯定是有界完全的, 但反之不一定成立.

例 1.4.9 考虑二项分布族 $\{B(n,p):\ 0<p<1\}$ 的完全性.

解 设函数 $\psi(x)$ 满足

$$E_p[\psi(X)]=\sum_{x=0}^{n}\psi(x)\begin{pmatrix} n \\ x \end{pmatrix}p^x(1-p)^{n-x}=0,\ \forall\ 0<p<1.$$

令 $\theta=p/(1-p)$, 则 $\theta>0$, 且上式可以写成

$$\sum_{x=0}^{n}\psi(x)\begin{pmatrix} n \\ x \end{pmatrix}\theta^x=0,\ \forall\ \theta>0.$$

由于上式左边是 θ 的一个 n 次多项式, 故有 $\psi(x)=0,\ x=0,1,\cdots,n$, 故二项分布族是完全的. □

例 1.4.10 设 $X_1,X_2,\cdots,X_n$ 为来自均匀分布 $U(0,\theta)$ 的独立同分布样本, 证明其充分统计量 $T_n=X_{(n)}$ 的完全性.

证明 由于统计量 T_n 的概率密度为

$$f(t;\theta)=\begin{cases} \dfrac{nt^{n-1}}{\theta^n}, & 0<t<\theta, \\ 0, & \text{否则}, \end{cases}$$

又设 $\psi(T)$ 满足 $E_\theta[\psi(T)]=0,\ \forall\ \theta>0$, 即

$$\int_0^\theta \psi(t)f(t;\theta)\mathrm{d}t=0,\ \forall\ \theta>0,$$

即

$$\int_0^\theta \psi(t)t^{n-1}\mathrm{d}t=0,\ \forall\ \theta>0,$$

两边关于 θ 求导, 有

$$\psi(\theta)\theta^{n-1}=0,\ \forall\ \theta>0,$$

即

$$\psi(\theta)=0,\ \forall\ \theta>0,$$

所以, 均匀分布族 $U(0,\theta)$ 的充分统计量 $T_n=X_{(n)}$ 是完全的. □

定理 1.4.3 设 $X_1,X_2,\cdots,X_n$ 为来自指数型分布 (1.3.6) 的独立同分布样本, 则

(1) $T(X)=\left(\sum\limits_{i=1}^{n}b_1(X_i),\sum\limits_{i=1}^{n}b_2(X_i),\cdots,\sum\limits_{i=1}^{n}b_q(X_i)\right)$ 是充分统计量.

(2) 如果其自然参数空间 $\mathcal{G}$ 包含一个开集, 则 $T(X)$ 也是完全的.

证明请参见陈希孺 (1997).

例 1.4.11 设 $X_1, X_2, \cdots, X_n$ 为来自 Poisson 分布 $P(\lambda)$ 的独立同分布样本, 证明 $\sum\limits_{i=1}^{n} X_i$ 是充分完全统计量.

证明 由 Poisson 分布的可加性知, 统计量 $T = \sum\limits_{i=1}^{n} X_i \sim P(n\lambda)$, 且其概率分布为

$$P(T=t) = \frac{(n\lambda)^t}{t!}\mathrm{e}^{-n\lambda} = \mathrm{e}^{-n\lambda}\exp\{t\ln(n\lambda)\}/t!,\ t=0,1,\cdots.$$

如令 $\eta = \ln(n\lambda)$, 则知 $T(X)$ 的分布是指数型分布, 且由于其自然参数空间

$$\mathcal{G} = \{\eta : \eta = \ln(n\lambda), \lambda > 0\} = \mathbb{R},$$

故由定理 1.4.3 知, 统计量 $T = \sum\limits_{i=1}^{n} X_i$ 是充分完全的. □

充分完全统计量在参数估计中, 以及假设检验中均有很好的应用. 另外, 关于充分完全统计量的应用还有一个非常著名的 Basu(巴苏) 定理 (Basu, 1955). 为此, 我们先引入如下定义.

定义 1.4.5 (辅助统计量) 设 $X_1, X_2, \cdots, X_n$ 为来自某参数分布的样本, 参数为 θ. 如果统计量 $T(X)$ 的分布与参数 θ 无关, 则称之为辅助统计量.

定理 1.4.4 (Basu 定理) 设 $X_1, X_2, \cdots, X_n$ 为来自某参数分布的样本, 参数为 θ. 设 $T(X)$ 为充分且有界完全统计量, $S(X)$ 为辅助统计量, 则统计量 $T(X)$ 与 $S(X)$ 独立.

证明 为证 T 与 S 独立, 仅需证明

$$P(S(X)\in B|T(X)=t) = P(S(X)\in B),\quad \forall B. \tag{*1}$$

因为 T 是充分统计量, S 是辅助统计量, 所以上式中左右端的概率均与 θ 无关. 如记 $C = \{X : S(X)\in B\}$, 则上式可以写为

$$P(X\in C|T=t) = P(X\in C),$$

它等价于下式

$$E[I_C(X)|T(X)=t] = P(X\in C) \xlongequal{\text{记为}} \alpha. \tag{*2}$$

其中 α 仅与 C 有关, 与 θ 无关. 为此, 我们令

$$h(T) = E[I_C(X)|T(X)=t] - \alpha.$$

显然, 它是一个统计量, 且可以求得其期望为零, 即

$$E_\theta(h(T)) = 0,\quad \forall\theta\in\Theta,$$

则因为 T 是完全统计量, 可知 $h(T)=0$, 即 (*2) 式成立. □

例 1.4.12　设 $X_1, X_2, \cdots, X_n$ 为来自 $N(\mu, \sigma^2)$ 的样本, 如果 $g(x_1, x_2, \cdots, x_n)$ 满足平移不变性, 即任给 c, $g(x_1 + c, x_2 + c, \cdots, x_n + c) = g(x_1, x_2, \cdots, x_n)$, 证明 $g(x_1, x_2, \cdots, x_n)$ 与 $\bar{X}$ 独立.

证明　当 σ 已知时, 易证 $\bar{X}$ 是 μ 的充分完全统计量. 由于 g 的平移不变性, 如取 $c = -\mu$, 则知 $g(X)$ 为辅助统计量, 故由 Basu 定理知二者独立. 由于上述对任给的 σ 都成立, 故结论得证. □

习题一

1. 证明例 1.2.3中的 (1.2.10) 式.

2. 设 X 的累积分布为 $F(x)$, 且 F 连续, 证明: $F(X) \sim U(0,1)$.

3. 设 $X \sim U(0,1)$, 且 F 为一累积分布函数. 定义 $Y = F^{-1}(X)$, 证明: Y 的累积分布为 F, 其中 $F^{-1}(t) = \inf\{x : F(x) \geqslant t\}$.

4. 设 X, Y 独立同分布, 证明: $E|X+Y| \geqslant E|X|$.

5. 设 X, Y 为两随机变量, 证明: (1)$E[E(X|Y)] = E(X)$. (2) 对于任一可测函数 g, 如 $E[X^2] < \infty, E[g^2(Y)] < \infty$, 则 $E[X - E(X|Y)]^2 = \min\limits_g E[X - g(Y)]^2$.

6. 设 X 为一随机变量, $g(x)$ 为给定函数, 且 $E[g(X) - \theta]^2$ 在 $\theta \in [a,b]$ 上存在. 定义

$$S(x) = \begin{cases} a, & g(x) < a, \\ g(x), & a \leqslant g(x) \leqslant b, \\ b, & g(x) > b. \end{cases}$$

证明: $E[S(X) - \theta]^2 \leqslant E[g(X) - \theta]^2$, $\forall \theta \in [a,b]$.

7. 设 $E(X) = E(Y) = 0, E(X^2) = E(Y^2) = 1, E(XY) = \rho$. 证明如下的二元 Chebyshev(切比雪夫) 不等式: 对任一 $a > 0$,

$$P(\max\{|X|, |Y|\} \geqslant a) \leqslant \frac{1 + \sqrt{1 - \rho^2}}{a^2}.$$

8. 设 X, Y 独立, 且均服从标准正态分布, 求 $Z = Y/X$ 的概率密度.

9. 设 X_1, X_2, X_3 相互独立, 且服从 $N(0, \sigma^2)$. 证明: (1)$(X_1 + X_2 X_3)/\sqrt{1 + X_2^2} \sim N(0, \sigma^2)$; (2) X_1/X_2 与 $X_1^2 + X_2^2 + X_3^2$ 独立.

10. 对于 n 个样本 $X_1, X_2, \cdots, X_n$, 记 $\bar{X}_m = \dfrac{1}{m}\sum\limits_{i=1}^m X_i, T_m = \sum\limits_{i=1}^m (X_i - \bar{X}_m)^2$. 证明:

$$T_m = T_{m-1} + \frac{m-1}{m}(X_m - \bar{X}_{m-1})^2.$$

11. 设 $X_1, X_2, \cdots, X_n$ 为来自总体 X 的独立同分布样本, 对于 $m \leqslant n$, 记 $T_m = \sum\limits_{i=1}^{m} X_i$. 证明: (X_i, T_m) 的分布与 i 无关.

12. 设 $X_1, X_2, \cdots, X_n$ 为来自两点分布 $B(1, \theta)$ 的独立同分布样本, 其中 $\theta \in (0,1)$. 求在给定 $\sum\limits_{i=1}^{n} X_i$ 下, $X_1(1-X_2)$ 的条件分布.

13. 设 (X_1, X_2) 的概率分布为 $f_X(x_1, x_2)$. 记 $g(x) = (x_1, x_1+x_2), h(x) = (x_1/x_2, x_2)$. 证明: (1)$g(X)$ 的概率分布为 $f_g(x_1, y) = f_X(x_1, y - x_1)$; (2) $h(X)$ 的概率分布为 $f_h(z, x_2) = |x_2| f_X(zx_2, x_2)$; (3) 如 X_1, X_2 独立, 且均服从标准正态分布, 则 $Z = X_1/X_2 \sim C(0,1)$, 其中 $C(0,1)$ 为标准 Cauchy 分布.

14. 设 $X_1, X_2, \cdots, X_n$ 为来自总体 X 的独立同分布样本, 且总体 X 关于常数 c 对称, 即 $X - c$ 与 $-X + c$ 同分布. 证明: (1) $E(X) = c$; (2) $\mathrm{Cov}(\bar{X}; S_n^2) = 0$; (3) 如设总体 X 连续, 且记 $f_i(x)$ 为第 i 个次序统计量的概率密度, 则 $f_i(x+c) = f_{n-i+1}(c-x)$, $\forall x \in \mathbb{R}, i = 1, 2, \cdots, n$.

15. 设 $X_1, X_2, \cdots, X_n$ 为来自总体 $N(\mu, 1)$ 的独立同分布样本, 以 $\Phi(x)$ 记标准正态分布的累积分布, 求 a, 使得 $E[a\Phi(\bar{X})] = \Phi(\mu)$.

16. 设 $X_1, X_2, \cdots, X_n$ 为来自指数分布 $Exp(\lambda)$ 的独立同分布样本, 记 $T_n = \sum\limits_{i=1}^{n} X_i$, 以 $f_n(x; \lambda)$ 记 T_n 的概率密度, 证明:

$$f_n(x;\lambda) = \int_{\infty}^{\lambda} \lambda \mathrm{e}^{-(x-y)} f_{n-1}(y;\lambda) \mathrm{d}y,$$

并由此求 $\bar{X}$ 的概率密度.

17. 设 $X_1, X_2, \cdots, X_n$ 为来自总体累积分布为 F 的独立同分布样本, 对于 $1 \leqslant i < j \leqslant n$, 求 $X_{(j)} - X_{(i)}$ 的累积分布, 并由此给出极差 $R = X_{(n)} - X_{(1)}$ 的累积分布. 如总体 $X \sim U(0,1)$, 则给出具体表达式. (提示: 令 $U = X_{(i)}, V = X_{(j)} - X_{(i)}$.)

18. 设 $X_1, X_2, \cdots, X_n$ 为来自总体 X 的独立同分布样本, 且总体累积分布 $F(x)$ 连续. 记其次序统计量为 $X_{(1)} \leqslant X_{(2)} \leqslant \cdots \leqslant X_{(n)}$, 定义

$$\bar{F}(x) = [F(x) - F(x_{(1)})]/[1 - F(x_{(1)})] I_{(x_{(1)}, \infty)}(x).$$

证明: 在给定 $X_{(1)} = x_{(1)}$ 的条件下, $X_{(2)}, X_{(3)}, \cdots, X_{(n)}$ 的条件分布即为从 $\bar{F}$ 中抽取的 $n-1$ 个独立同分布样本的次序统计量的分布.

19. 设 $X_1, X_2, \cdots, X_n$ 为来自指数分布 $Exp(1)$ 的独立同分布样本, 证明: $nX_{(1)}$, $(n-1)[X_{(2)} - X_{(1)}], \cdots, (n-r+1)[X_{(r)} - X_{(r-1)}], \cdots, X_{(n)} - X_{(n-1)}$ 仍为来自 $Exp(1)$ 的独立同分布样本.

20. 设 $X_1, X_2, \cdots, X_n$ 为来自总体累积分布为 F 的独立同分布样本, 且 F 连续,

证明:

$$E[F(X_{(i)})] = \frac{i}{n+1},\ \operatorname{Var}[F(X_{(i)})] = \frac{i(n+1-i)}{(n+1)^2(n+2)}.$$

21. 设 $X_1, X_2, \cdots, X_n$ 为来自 Weibull 分布 $W(\alpha, \beta)$ 的独立同分布样本, 证明: $X_{(1)}$ 仍服从 Weibull 分布.

22. 设 $X_1, X_2, \cdots, X_n$ 为来自总体 X 的独立同分布样本, 总体 X 服从指数分布 $Exp(a, b)$. 考虑定数截尾试验, 即对于事先给定的正整数 r, 当事件 $X_{(r)}$ 发生时试验停止. 记 $T_1 = nX_{(1)}, T_2 = \sum\limits_{i=1}^{r}[X_{(i)} - X_{(1)}] + (n-r)X_{(r)}$, 证明: T_1, T_2 独立, 且 $T_1 \sim Exp(na, b), 2bT_2 \sim \chi^2(2r-2)$.

23. 设 $X \sim \chi^2(n)$, 证明: 当 $n \to \infty$ 时, $(X-n)/\sqrt{2n} \xrightarrow{\mathrm{d}} N(0,1)$. 利用此结果, 给出 $\chi^2(n)$ 的 p 分位数 $\chi^2_p(n)$ 与标准正态分布的 p 分位数 u_p 间的近似关系.

24. 设 $X_1, X_2, \cdots, X_n$ 为来自某总体 $X \sim F$ 的独立同分布样本, 且 $E(X) = \mu$, $\operatorname{Var}(X) = \sigma^2$. 记 $T_n = \dfrac{\sqrt{n}(\bar{X} - \mu)}{\sigma}$, 则在某些连续性假设下, 证明: T_n 的分布函数可展开成如下形式:

$$\Phi(x) - \phi(x)\left\{\frac{\gamma_1}{6\sqrt{n}}H_2(x) + \frac{1}{n}\left[\frac{\gamma_2}{24}H_3(x) + \frac{\gamma_1^2}{72}H_5(x)\right] + r_n\right\},$$

其中 γ_1, γ_2 分别为总体 X 的偏度与峰度, $r_n = o(n^{-1})$, $H_r(\cdot)$ 为 r 阶 Hermite(埃尔米特) 多项式, 其定义如下: $\dfrac{\mathrm{d}^r(\mathrm{e}^{-x^2/2})}{\mathrm{d}x^r} = (-1)^r H_r(x)\mathrm{e}^{-x^2/2}$. 上述展开式被称为 Edgeworth(埃奇沃思) 展开. 由上述 Edgeworth 展开, 请验证: T_n 的 α 分位数可近似为

$$u_\alpha + \frac{\gamma_1}{6\sqrt{n}}(u_\alpha^2 - 1) + \frac{\gamma_2}{24n}(u_\alpha^3 - 3u_\alpha) - \frac{\gamma_1^2}{36n}(2u_\alpha^3 - 5u_\alpha) + r_n,$$

其中 u_α 为标准正态分布的 α 分位数, 且上述展开式被称为 Cornish-Fisher(科尼什–费希尔) 展开.

25. 设 $X_1, X_2, \cdots, X_m$ 和 $Y_1, Y_2, \cdots, Y_n$ 为分别来自正态总体 $N(\mu, \sigma_1^2)$ 和 $N(\mu, \sigma_2^2)$ 的独立同分布样本, 且全样本独立, 记 S_{1x}^2, S_{2y}^2 分别为两组样本方差, $\alpha_1 = S_{1x}^2/(S_{1x}^2 + S_{2y}^2), \alpha_2 = S_{2y}^2/(S_{1x}^2 + S_{2y}^2)$. 求 $\alpha_1\bar{X} + \alpha_2\bar{Y}$ 的期望.

26. 设 $U_1, U_2, \cdots, U_n$ 为来自 $U(0,1)$ 的独立同分布样本的次序统计量, $X_1, X_2, \cdots, X_n$ 为来自指数分布 $Exp(1)$ 的独立同分布样本, $Y_r = \sum\limits_{i=1}^{r} X_i/(n-i+1)$. 证明: $(-\ln U_1, -\ln U_2, \cdots, -\ln U_n)$ 与 $(Y_1, Y_2, \cdots, Y_n)$ 依分布相等.

27. 设 X_1, X_2 独立同分布于 $N(0,1)$, 证明: $X_1/|X_2|$ 服从标准 Cauchy 分布.

28. 设 $X_1, X_2, \cdots, X_n$ 为来自标准 Cauchy 分布的独立同分布样本, 证明: $\bar{X}$ 也服从标准 Cauchy 分布.

29. 设 $X_1,X_2,\cdots,X_n$ 为来自 $N(\mu,\sigma^2)$ 的样本, 且 $\mathrm{Cov}(X_i,X_j)=\rho\sigma^2$, 其中 $|\rho|<1$. 证明: $\bar{X}$ 与 S_n^2 独立, 且

$$\bar{X}\sim N(\mu,(1+(n-1)\rho)\sigma^2/n),(n-1)S_n^2/[(1-\rho)\sigma^2]\sim\chi^2(n-1).$$

30. 设 $X_1,X_2,\cdots,X_n$ 相互独立, 且 $X_i\sim\chi^2(n_i)$. 记

$$U_i=\frac{\sum\limits_{k=1}^{i}X_k}{\sum\limits_{k=1}^{i+1}X_k},\ i=1,2,\cdots,n-1.$$

证明: $U_1,U_2,\cdots,U_{n-1}$ 相互独立, 且 $U_i\sim B\left(\sum\limits_{k=1}^{i}n_k/2,n_{i+1}/2\right)$.

31. 设 $X_1,X_2,\cdots,X_n$ 为来自 β 分布 $Beta(\theta,1)$ 的独立同分布样本, 证明:

$$-2\theta\sum_{i=1}^{n}\ln X_i\sim\chi^2(2n).$$

32. 设 $X_1,X_2,\cdots,X_n$ 是 n 个相互独立的随机变量, 且 $X_i\sim N(0,\sigma_i^2)$. 记

$$Y=\frac{\sum\limits_{i=1}^{n}X_i/\sigma_i^2}{\sum\limits_{i=1}^{n}1/\sigma_i^2},\quad Z=\sum_{i=1}^{n}\frac{(X_i-Y)^2}{\sigma_i^2},$$

试证明 $Z\sim\chi^2(n-1)$.

33. 设 $\begin{pmatrix}X\\Y\end{pmatrix}\sim N(\boldsymbol{\mu},\Sigma)$, 其中 $\boldsymbol{\mu}=(\mu_1,\mu_2)^{\mathrm{T}}$, $\Sigma=\begin{pmatrix}\sigma_1^2&\rho\sigma_1\sigma_2\\\rho\sigma_1\sigma_2&\sigma_2^2\end{pmatrix}$. 证明: (1) $X+Y$ 与 $X-Y$ 独立, 当且仅当 $\sigma_1^2=\sigma_2^2$; (2) 如果 $\sigma_1\sigma_2>0,|\rho|<1$, 则

$$\frac{1}{1-\rho^2}\left[\frac{(X-\mu_1)^2}{\sigma_1^2}-2\rho\frac{(X-\mu_1)(Y-\mu_2)}{\sigma_1\sigma_2}+\frac{(Y-\mu_2)^2}{\sigma_2^2}\right]\sim\chi^2(2).$$

34. 设 $X\sim N(0,1),T\sim t(n)$, 证明: 存在一个正数 t_0, 使得

$$P(|T|\geqslant t_0)\geqslant P(|X|\geqslant t_0).$$

35. 设 $X_1,X_2,\cdots,X_n$ 为来自正态总体 $N(\mu,\sigma^2)$ 的独立同分布样本, 记 $\tau=\dfrac{X_1-\bar{X}}{S_n}\sqrt{\dfrac{n}{n-1}}$, 证明:

$$T=\frac{\sqrt{n-2}\tau}{\sqrt{n-1-\tau^2}}\sim t(n-2).$$

36. 设 $\begin{pmatrix} X_1 \\ Y_1 \end{pmatrix}, \begin{pmatrix} X_2 \\ Y_2 \end{pmatrix}, \cdots, \begin{pmatrix} X_n \\ Y_n \end{pmatrix}$ 为来自二元正态分布 $N(\boldsymbol{\mu}, \Sigma)$ 的独立同分布样本, 其中 $\boldsymbol{\mu} = (\mu_1, \mu_2)^{\mathrm{T}}$, $\Sigma = \begin{pmatrix} \sigma_1^2 & \rho\sigma_1\sigma_2 \\ \rho\sigma_1\sigma_2 & \sigma_2^2 \end{pmatrix}$. 定义两个分量间的相关系数为

$$r(X,Y) = \frac{\sum_{i=1}^{n}(X_i - \bar{X})(Y_i - \bar{Y})}{\left[\sum_{i=1}^{n}(X_i - \bar{X})^2 \sum_{i=1}^{n}(Y_i - \bar{Y})^2\right]^{1/2}},$$

证明: 如果 $\rho = 0$, 则统计量

$$T = \sqrt{n-2}\frac{r(X,Y)}{\sqrt{1 - r^2(X,Y)}} \sim t(n-2).$$

37. 设 $X \sim F(n,m)$, 证明: $nX/(m+nX) \sim Beta(n/2, m/2)$.

38. 设 $X_1, X_2, \cdots, X_n$ 为来自 Weibull 分布的独立同分布样本, X_1 的概率密度为

$$f(x;\lambda) = \alpha\lambda x^{\alpha-1}\mathrm{e}^{-\lambda x^{\alpha}} I_{[0,\infty)}(x).$$

证明: $-2\lambda \sum_{i=1}^{n} X_i^{\alpha} \sim \chi^2(2n)$.

39. 设 $X_1, X_2, \cdots, X_n$ 为来自正态总体的独立同分布样本, 证明: $(X_1 - \bar{X})/S_n$ 与 $(n-1)Y/\sqrt{n(Y^2+n-2)}$ 分布相等, 其中 $Y \sim t(n-2)$, $\bar{X}, S_n^2$ 分别为样本均值和方差.

40. 设 $X_1, X_2, \cdots, X_n$ 和 $Y_1, Y_2, \cdots, Y_n$ 为分别来自 Γ 分布 $\Gamma(\alpha, \lambda_1)$ 和 $\Gamma(\alpha, \lambda_2)$ 的独立同分布样本, 且独立, 求 $\bar{X}/\bar{Y}$ 的分布.

41. 设 $X \sim \Gamma(\alpha, 1), Y \sim \Gamma(\alpha + 1/2, 1)$, 且二者独立, 证明: $2\sqrt{XY} \sim \Gamma(2\alpha, 1)$.

42. 设 $X \sim N(\mu, 1)$, 证明: X^2 的累积分布函数是 μ^2 的递减函数.

43. 设 T, S 是两个统计量, 且 $S = \phi(T)$, 其中 ϕ 是一可测函数. 证明: (1) 如果 T 是完全的, 则 S 也是完全的; (2) 如果 T 是充分完全的, 且 ϕ 是一一映射, 则 S 也是充分完全的.

44. 设 $X_1, X_2, \cdots, X_n$ 为来自 Γ 分布 $\Gamma(\alpha, \lambda)$ 的独立同分布样本. 求 (1) 当 α 已知时, λ 的充分统计量; (2) 当 λ 已知时, α 的充分统计量.

45. 设 $X_1, X_2, \cdots, X_n$ 为来自 $N(\theta, \theta^2)(\theta > 0)$ 的独立同分布样本. 问 $\bar{X}$ 是否仍为充分统计量?

46. 设样本 $Y_1, Y_2, \cdots, Y_n$ 相互独立, 且 Y_i 服从 Poisson 分布 $P(\lambda_i)$. 另外, 假设

$$\ln\lambda_i = \alpha + \beta x_i, \quad i = 1, 2, \cdots, n,$$

其中 x_i 为已知常数. 求 α, β 的最小充分统计量.

47. 设 $X_1,X_2,\cdots,X_n$ 为来自 $N(0,\sigma^2)$ 的独立同分布样本, 其中 $\sigma>0$ 为参数. 证明: 统计量 $\left(\sum\limits_{i=1}^n X_i,\sum\limits_{i=1}^n X_i^2\right)$ 是充分的但不是有界完全的.

48. 设 $X_1,X_2,\cdots,X_n$ 为来自均匀分布 $U(\theta-1/2,\theta+1/2)$ 的独立同分布样本, 其中 $\theta\in\mathbb{R}$ 为参数. 证明: $(X_{(1)},X_{(n)})$ 不是完全统计量.

49. 设 $X_1,X_2,\cdots,X_n$ 为来自均匀分布 $U(-\theta,\theta)$ 的独立同分布样本, 其中 $\theta>0$ 为参数. 记 $T_1=X_{(n)}-X_{(1)},T_2=\max\{X_{(n)},-X_{(1)}\}$. (1) 证明 T_2 是充分统计量, 且 T_1/T_2 与 T_2 独立; (2) 求 $T_1/(2T_2)$ 的分布.

50. 设 $Y_1,Y_2,\cdots,Y_n$ 相互独立, 且 $Y_i\sim N(\alpha+\beta x_i,\sigma^2)$, 其中 $x_1,x_2,\cdots,x_n$ 为给定的常数, $\alpha,\beta,\sigma>0$ 为参数. 求充分与完全统计量.

51. 设 $X_1,X_2,\cdots,X_m$ 和 $Y_1,Y_2,\cdots,Y_n$ 为分别来自总体 $N(\mu,\sigma_1^2)$ 和 $N(\mu,\sigma_2^2)$ 的独立同分布样本, 且全体独立. 当 $\sigma_1^2/\sigma_2^2=c$ 为常数时, 求充分完全统计量.

52. 设 $X_1,X_2,\cdots,X_n$ 为来自总体 X 的独立同分布样本, 总体 X 的概率密度为 $\theta^{-1}\mathrm{e}^{-(x-\theta)/\theta}I_{[\theta,\infty)}(x)$, 其中 $\theta>0$ 为参数. (1) 求 θ 的最小充分统计量; (2) 证明上述最小充分统计量是完全的.

53. 设 $X_1,X_2,\cdots,X_n$ 为来自均匀分布总体 $U(\theta_1,\theta_2)$ 的独立同分布样本, 证明: $(X_{(1)},X_{(n)})$ 是完全统计量.

54. 设 $X_1,X_2,\cdots,X_n$ 相互独立, g,h 为两个可测函数, $1\leqslant k<n$, 证明: $g(X_1,X_2,\cdots,X_k)$ 与 $h(X_{k+1},X_{k+2},\cdots,X_n)$ 独立.

55. 设 $X_1,X_2,\cdots,X_n$ 为来自 $\varGamma$ 分布 $\varGamma(\alpha,\lambda)$ 的独立同分布样本, 证明: $\sum\limits_{i=1}^n X_i$ 与 $\sum\limits_{i=1}^n[\ln X_i-\ln X_{(1)}]$ 独立.

56. 设 $X_1,X_2,\cdots,X_n$ 为来自总体 $N(0,\sigma^2)$ 的独立同分布样本, 证明: $\bar{X}/S_n$ 与 $\sum\limits_{i=1}^n X_i^2$ 独立.

57. 设 X,Y 独立且均服从 $N(0,\sigma^2)$, 证明: X^2+Y^2 与 $X/\sqrt{X^2+Y^2}$ 独立.

58. 设 $X_1,X_2,\cdots,X_n$ 为来自均匀分布 $U(a,b)$ 的独立同分布样本, $-\infty<a<b<\infty$. 证明: 对于任何 a 和 b, $(X_{(i)}-X_{(1)})/(X_{(n)}-X_{(1)}),i=2,3,\cdots,n-1$ 独立于 $(X_{(1)},X_{(n)})$.

59. 设 $X_1,X_2,\cdots,X_n$ 为来自均匀分布总体 $U(0,\theta)$ 的独立同分布样本, 证明: $X_1/X_{(n)}$ 与 $X_{(n)}$ 独立.

60. 设 $X_i,i=1,2,3$ 独立且均服从指数分布 $Exp(\lambda)$. 记 $Y_1=X_1+X_2+X_3$, $Y_2=X_1/(X_1+X_2),Y_3=(X_1+X_2)/(X_1+X_2+X_3)$. Y_1,Y_2,Y_3 独立吗?

61. 设 $X_1,X_2,\cdots,X_n$ 为来自指数分布 $Exp(\lambda)$ 的独立同分布样本, 其中 $\lambda>0$ 为参数. 证明: $\bar{X}$ 与 $X_{(1)}/X_{(n)}$ 独立.

62. 设样本 $X_1, X_2, \cdots, X_n$ 相互独立, 且 $X_i \sim N(t_i\theta, 1)$, 其中 $t_1, t_2, \cdots, t_n$ 是非零的已知常数, θ 为参数. (1) 求 θ 的充分完全统计量; (2) 记 $\hat{\theta} = \sum\limits_{i=1}^{n} t_i X_i / \sum\limits_{i=1}^{n} t_i^2$, 证明: $\hat{\theta}$ 与 $\sum\limits_{i=1}^{n}(X_i - t_i\hat{\theta})^2$ 独立.

63. 设 $\begin{pmatrix} X_1 \\ Y_1 \end{pmatrix}, \begin{pmatrix} X_2 \\ Y_2 \end{pmatrix}, \cdots, \begin{pmatrix} X_n \\ Y_n \end{pmatrix}$ 为来自二元正态分布 $N(\boldsymbol{\mu}, \Sigma)$ 的独立同分布样本, 其中 $\boldsymbol{\mu} = (\mu_1, \mu_2)^{\mathrm{T}}$, $\Sigma = \begin{pmatrix} \sigma_1^2 & \rho\sigma_1\sigma_2 \\ \rho\sigma_1\sigma_2 & \sigma_2^2 \end{pmatrix}$. 分别记两组样本的均值与方差为 $\bar{X}, S_x^2$ 和 $\bar{Y}, S_y^2$, 再记 $S_{xy}^2 = \sum\limits_{i=1}^{n}(X_i - \bar{X})(Y_i - \bar{Y})/n$. 证明: $(\bar{X}, \bar{Y})$ 与 (S_x^2, S_y^2, S_{xy}^2) 独立.

第二章

参数点估计

参数估计是数理统计研究的重要内容之一, 且在实际中有广泛的应用. 参数估计包括点估计 (point estimate) 和区间 (interval) 估计, 它们各有各的特点与用途, 互为补充. 本章仅考虑点估计, 而区间估计将在下一章中讲述.

参数点估计的主要研究内容包括三个方面, 一是估计方法, 二是优良性准则, 三是渐近分布. 本章将讲述两个最基本的估计方法: 矩估计 (moment estimate) 和最大似然估计 (maximum likelihood estimate, 简记为 MLE), 简单介绍 Bayes 估计及 minimax(极小化极大) 估计, 以及几个优良性准则, 如无偏性、一致最小方差、相合性、有效性、渐近性等.

在本章, 假设 $X_1, X_2, \cdots, X_n$ 为来自总体 $X \sim f(x;\theta)$ 的样本, 其中 $\theta \in \Theta \subset \mathbb{R}^k$ 为参数, 记 $g(\theta)$ 为感兴趣的参数. 另外, 为了书写简单, 记 $T_n(X)$ 为基于前述 n 个样本的统计量, 在不引起混淆的情况下, 省略下标 n 及把样本简记为 X, 从而简记统计量 $T(X_1, X_2, \cdots, X_n)$ 为 $T(X)$. 再者, $E_\theta[T(X)], \mathrm{Var}_\theta[T(X)], \mathrm{Cov}_\theta[T(X), S(X)]$ 分别表示统计量 T 的期望、方差, 以及 T 与估计量 S 间的协方差, 下标 θ 表示上述值与参数 θ 有关, 或表示在上述计算时, 总体分布或抽样分布是参数 θ 的函数.

2.1 几个常用的估计准则

统计与数学的一个典型区别就是: 数学的评价准则是对与错, 而统计的评价准则是好与坏. 显然, 好与坏的评价就依赖于所选用的评价准则. 本节将介绍统计中几个最常用的评价准则: 无偏、一致最小方差无偏、相合, 及相合渐近正态等.

2.1.1 无偏估计

当用统计量 $T(X)$ 估计参数 $g(\theta)$ 时, 自然要求二者相等或相近为好, 但由于样本具有随机性, 于是有如下的无偏估计 (unbiased estimate, 简记为 UE) 的定义.

定义 2.1.1 (无偏估计) *如果统计量 $T(X)$ 满足*

$$E_\theta[T(X)] = g(\theta), \ \forall \theta \in \Theta,$$

则称之为 $g(\theta)$ 的无偏估计.

从期望的定义, 不难理解无偏估计的含义: 虽然一次抽样得到的 $T(X)$ 的值不一定等于待估参数 $g(\theta)$, 但多次重复抽样后, 此统计量的平均值等于待估参数 $g(\theta)$.

例 2.1.1 设 $X_1, X_2, \cdots, X_n$ 为来自总体 X 的独立同分布样本, 总体均值与总体方差分别为 μ, σ^2, 证明样本均值 $\bar{X}$ 与样本方差 S_n^2 分别是 μ, σ^2 的 UE.

证明 对于样本均值, 由于

$$E(\bar{X})=\frac{1}{n}\sum_{i=1}^{n}E(X_i)=\mu,$$

故样本均值是总体均值 μ 的无偏估计. 对于样本方差, 因为

$$S_n^2=\frac{1}{n-1}\sum_{i=1}^{n}(X_i-\bar{X})^2=\frac{1}{n-1}\left(\sum_{i=1}^{n}X_i^2-n\bar{X}^2\right),$$

而

$$E(X_i^2)=\mathrm{Var}(X_i)+[E(X)]^2=\sigma^2+\mu^2,\quad E(\bar{X}^2)=\frac{\sigma^2}{n}+\mu^2,$$

则可验证它是总体方差的无偏估计. □

例 2.1.2 设 $X_1,X_2,\cdots,X_n$ 为来自 Poisson 总体 $P(\lambda)$ 的独立同分布样本, 记 $p_\lambda(k)=\dfrac{\lambda^k\mathrm{e}^{-\lambda}}{k!}$, 其中 k 为给定的正整数, 求 $p_\lambda(k)$ 的 UE.

解 由 $p_\lambda(k)$ 的形式知,

$$p_\lambda(k)=P(X=k),$$

于是, 可知 $I(X_1=k),\dfrac{1}{n}\sum\limits_{i=1}^{n}I(X_i=k)$ 都是 $p_\lambda(k)$ 的 UE. □

例 2.1.3 设 $X_1,X_2,\cdots,X_n$ 为来自总体 $X\sim P(\lambda)$ 的独立同分布样本, 求 $g(\lambda)=\mathrm{e}^{-2\lambda}$ 的 UE.

解 取 $T(X)=(-1)^{X_1}$. 由于

$$E_\lambda[T(X)]=\sum_{k=0}^{\infty}(-1)^k\frac{\lambda^k}{k!}\mathrm{e}^{-\lambda}=\mathrm{e}^{-2\lambda},$$

故 $T(X)$ 是 $g(\lambda)$ 的一个 UE. □

在上例中, 当 X_1 为奇数时, 一个正参数的无偏估计为负值, 这说明此无偏估计有不合理的时候.

如果参数 $g(\theta)$ 存在无偏估计, 则称其可估, 否则称之不可估. 如果 $T(X)$ 不是 $g(\theta)$ 的无偏估计, 则称之为有偏估计, 且记其偏差 (bias) 为 $b_T(\theta)=E[T(X)]-g(\theta)$.

例 2.1.4 设 $X_1,X_2,\cdots,X_n$ 为来自 Poisson 总体 $P(\lambda)$ 的独立同分布样本, 验证参数 $1/\lambda$ 是否可估.

解 此时 $1/\lambda$ 是不可估的. 事实上, 如果存在一个统计量 $T(X)$ 是它的 UE, 则有

$$E_\lambda[T(X)]=\sum_{k_1,k_2,\cdots,k_n=0}^{\infty}T(k_1,k_2,\cdots,k_n)\frac{\lambda^{\sum_{i=1}^{n}k_i}}{k_1!k_2!\cdots k_n!}\mathrm{e}^{-n\lambda}=\frac{1}{\lambda},\ \forall\lambda>0,$$

即

$$\sum_{k_1,k_2,\cdots,k_n=0}^{\infty} T(k_1,k_2,\cdots,k_n)\frac{\lambda^{\sum\limits_{i=1}^{n}k_i}}{k_1!k_2!\cdots k_n!}=\frac{\mathrm{e}^{n\lambda}}{\lambda}=\frac{1}{\lambda}\sum_{k=0}^{\infty}\frac{(n\lambda)^k}{k!},\ \forall\lambda>0.$$

但由多项式性质可知: 上述等式永远不成立. 于是, 参数 $1/\lambda$ 不可估. □

由例 2.1.1 可知, 无论总体分布如何, 样本均值与样本方差始终是总体均值与总体方差的无偏估计. 由此能说样本标准差 S_n 是总体标准差 σ 的无偏估计吗?

例 2.1.5 设总体 $X\sim N(\mu,\sigma^2)$, 验证样本标准差 S_n 是否为 σ 的 UE.

解 由于 $(n-1)S_n^2/\sigma^2\sim\chi^2(n-1)$, 故

$$\begin{aligned}E\left(\sqrt{n-1}S_n/\sigma\right)&=\int_0^{\infty}\frac{\sqrt{x}}{2^{(n-1)/2}\Gamma((n-1)/2)}\mathrm{e}^{-x/2}x^{\frac{n-1}{2}-1}\mathrm{d}x\\&=\frac{\sqrt{2}\Gamma(n/2)}{\Gamma((n-1)/2)},\end{aligned}$$

故

$$E(S_n)=\sigma\sqrt{\frac{2}{n-1}}\frac{\Gamma(n/2)}{\Gamma((n-1)/2)},$$

所以, 样本标准差不是 σ 的 UE. □

表 2.1.1 列出了 $c_n=\sqrt{\frac{2}{n-1}}\frac{\Gamma(n/2)}{\Gamma((n-1)/2)}$ 针对不同 n 的取值. 此表显示, 当 n 越来越大时, 样本标准差 S_n 越来越接近总体标准差 σ 的无偏估计. 实际上, 利用前述提到的 Stirling 公式, 可以证明 $\lim\limits_{n\to\infty}c_n=1$.

表 2.1.1 例 2.1.5 中 c_n 的值

n	5	10	100	200
c_n	0.940 0	0.972 7	0.997 5	0.998 7

定义 2.1.2 如果统计量 $T_n(X)$ 是 $g(\theta)$ 的有偏估计, 但满足

$$\lim_{n\to\infty}E_\theta[T_n(X)]=g(\theta),\ \forall\theta\in\Theta,$$

则称之为$g(\theta)$ 的渐近无偏估计.

由上述定义可知, 当总体为正态时, 样本标准差是总体标准差的渐近无偏估计.

综上可知, 不是所有参数都是可估的; 即使参数可估, 也可能存在不合理的无偏估计; 一个可估参数的无偏估计多数情况下不唯一; 无偏估计不具有变换不变性, 即 $T(X)$ 为 θ 的无偏估计, 但 $H(T)$ 并不一定是 $H(\theta)$ 的无偏估计, 除非 H 为线性函数.

关于无偏估计与充分统计量的关系, 有如下结论:

定理 2.1.1 设 $T(X)$ 为充分统计量, $g(\theta)$ 可估, 且 $S(X)$ 为任一无偏估计, 则 $H(T)=E[S(X)|T(X)]$ 是 $g(\theta)$ 的无偏估计, 且

$$\mathrm{Var}_\theta[H(T)] \leqslant \mathrm{Var}_\theta[S(X)],\ \forall \theta \in \Theta, \tag{2.1.1}$$

其中等号成立的充要条件是 $P(S(X)=H(T))=1$.

证明 因为 T 是充分统计量, 所以由充分统计量定义知: 在给定 T 时, 样本 $X_1, X_2, \cdots, X_n$ 的条件分布与参数 θ 无关. 因此, $H(T)$ 是一统计量. 另外, 由于

$$E_\theta[H(T)] = E_\theta\{E[S(X)|T(X)]\} = E_\theta[S(X)] = g(\theta),\ \forall\ \theta \in \Theta,$$

故 $H(T)$ 也是 $g(\theta)$ 的一个 UE.

又因为

$$\begin{aligned}
\mathrm{Var}_\theta[S(X)] &= E_\theta[S(X)-g(\theta)]^2 \\
&= E_\theta[S(X)-H(T)+H(T)-g(\theta)]^2 \\
&= E_\theta[S(X)-H(T)]^2 + \\
&\quad \mathrm{Var}_\theta[H(T)] + 2E_\theta\{[S(X)-H(T)][H(T)-g(\theta)]\},
\end{aligned}$$

且

$$\begin{aligned}
&E_\theta\{[S(X)-H(T)][H(T)-g(\theta)]\} \\
=& E_\theta\{E_\theta\{[S(X)-H(T)][H(T)-g(\theta)]|T\}\} \\
=& E_\theta\{[H(T)-g(\theta)]\cdot E_\theta[S(X)-H(T)]|T\} \\
=& E_\theta\{[H(T)-g(\theta)]\cdot E_\theta\{[S(X)-H(T)]|T\}\} \\
=& E_\theta\{[H(T)-g(\theta)]\cdot\{[E_\theta S(X)|T]-H(T)\}\} = 0,
\end{aligned}$$

故

$$\mathrm{Var}_\theta[S(X)] = E_\theta[S(X)-H(T)]^2 + \mathrm{Var}_\theta[H(T)] \geqslant \mathrm{Var}_\theta[H(T)],\ \forall\ \theta \in \Theta,$$

且等号成立当且仅当 $E_\theta[S(X)-H(T)]^2=0$, 即 $P(S(X)=H(T))=1$. □

注 2.1.1 本定理是由 C. R. Rao (拉奥, 1920—2023) 和 D. Blackwell (布莱克维尔, 1919—2010) 独立给出的, 参见 Rao (1945) 和 Blackwell (1947). 所以, 在统计中也称之为 Rao-Blackwell 定理. 另外, Hodges et al. (1950) 证明了如果将作为二次损失的方差换成其他凸损失, 上述结论仍成立.

此定理表明, 关于可估参数 $g(\theta)$, 如果有充分统计量, 则可由一个无偏估计构造一个依赖于充分统计量的新无偏估计, 且这个新无偏估计的方差不大于原来无偏估计的方差. 那是否可找到一个方差最小的无偏估计呢?

2.1.2 一致最小方差无偏估计

为回答上小节最后一个问题, 我们有如下准则:

定义 2.1.3 设 $g(\theta)$ 是一可估函数, $T(X)$ 是 $g(\theta)$ 的一个无偏估计, 如对于 $g(\theta)$ 的任一无偏估计 $S(X)$, 均有

$$\mathrm{Var}_\theta(T) \leqslant \mathrm{Var}_\theta(S),\ \forall\, \theta \in \Theta,$$

则称 $T(X)$ 是 $g(\theta)$ 的一致最小方差无偏估计 (uniformly minimum variance unbiased estimate, 简记为 UMVUE).

如果 UMVUE 存在, 则如何求取呢? 为此, 引入两个统计量的集合:

$$\mathcal{T} = \{T(X) : E_\theta[T(X)] = g(\theta), E_\theta[T(X)]^2 < \infty, \forall\, \theta \in \Theta\}, \tag{2.1.2}$$

$$\mathcal{T}_0 = \{T(X) : E_\theta[T(X)] = 0, E_\theta[T(X)]^2 < \infty, \forall\, \theta \in \Theta\}, \tag{2.1.3}$$

它们分别表示 $g(\theta)$ 与 0 的二阶矩有限的无偏估计类.

定理 2.1.2 设 $g(\theta)$ 可估, 则估计量 $T \in \mathcal{T}$ 是 $g(\theta)$ 的 UMVUE, 当且仅当

$$E_\theta[S(X)T(X)] = 0,\ \forall\, \theta \in \Theta,\ \forall\, S(X) \in \mathcal{T}_0. \tag{2.1.4}$$

证明 先证必要性. 反证:

设 $T \in \mathcal{T}$ 是 $g(\theta)$ 的一个 UMVUE, 但条件 (2.1.4) 不成立, 即存在 $S_0 \in \mathcal{T}_0$ 和 $\theta_0 \in \Theta$, 使得 $E_{\theta_0}(S_0 T) \neq 0$.

因为 $S_0 \in \mathcal{T}_0$, 所以对于任意常数 λ, $T_\lambda = T - \lambda S_0 \in \mathcal{T}$, 而

$$E_{\theta_0}(T_\lambda^2) = E_{\theta_0}(T - \lambda S_0)^2 = E_{\theta_0}(T^2) + \lambda^2 E_{\theta_0}(S_0^2) - 2\lambda E_{\theta_0}(TS_0).$$

由于 $E_{\theta_0}(S_0 T) \neq 0$, 故取 $\lambda_0 = E_{\theta_0}(S_0 T)/E_{\theta_0}(S_0^2) \neq 0$, 就有

$$E_{\theta_0}(T_{\lambda_0}^2) < E_{\theta_0}(T^2),$$

即 $\mathrm{Var}_{\theta_0}(T_{\lambda_0}) < \mathrm{Var}_{\theta_0}(T)$, 与 T 是 UMVUE 矛盾.

下证充分性.

设 T 满足 (2.1.4) 式, 则对于任意 $\tilde{T} \in \mathcal{T}$, 由于 $T - \tilde{T} \in \mathcal{T}_0$, 则由 (2.1.4) 式知

$$E_\theta[(T - \tilde{T})T] = 0,\ \forall\, \theta \in \Theta,$$

即

$$E_\theta(T^2)=E_\theta(T\tilde{T}),\ \forall\ \theta\in\Theta,$$

于是由 Cauchy-Schwarz(柯西–施瓦茨) 不等式知,

$$E_\theta(T^2)\leqslant[E_\theta(\tilde{T}^2)]^{1/2}[E_\theta(T^2)]^{1/2},\ \forall\ \theta\in\Theta,$$

即

$$E_\theta(T^2)\leqslant E_\theta(\tilde{T}^2),\ \forall\ \theta\in\Theta.$$

由于 $T,\tilde{T}$ 均是 $g(\theta)$ 的 UE, 且 $\tilde{T}$ 是任意的, 故由上式可知, T 是 $g(\theta)$ 的 UMVUE. □

UMVUE 如存在, 那它唯一吗? 见下面定理:

定理 2.1.3 如果 $g(\theta)$ 的无偏估计类 $\mathcal{T}$ 非空, 则其 UMVUE 最多有一个.

证明 如果 $T\neq T_0$ 是 $g(\theta)$ 的两个 UMVUE, 则必有

$$E_\theta(T)=E_\theta(T_0)=g(\theta),\ \mathrm{Var}_\theta(T_0)=\mathrm{Var}_\theta(T),\ \forall\ \theta\in\Theta.$$

于是, $T-T_0\in\mathcal{T}_0$. 因为 T 是 UMVUE, 故由定理 2.1.2知

$$E_\theta[(T-T_0)T]=0,\ \forall\ \theta\in\Theta.$$

又由于 T_0 也是 UMVUE, 故由定理 2.1.2知

$$E_\theta[(T-T_0)T_0]=0,\ \forall\ \theta\in\Theta.$$

综合以上两式, 我们有

$$E_\theta(T-T_0)^2=E_\theta[(T-T_0)(T-T_0)]=0,\ \forall\ \theta\in\Theta,$$

故 $P_\theta(T=T_0)=1,\ \forall\ \theta\in\Theta.$ □

从定理 2.1.3 可知, UMVUE 如存在, 则在概率 1 相等的意义下是唯一的. 如果存在充分统计量, 则结合定理 2.1.1 与定理 2.1.2, 我们有如下的结论.

定理 2.1.4 设 $T(X)$ 为充分统计量, $g(\theta)$ 可估. 记

$$\mathcal{S}(T)=\{S(T):E_\theta[S(T)]=g(\theta),E_\theta[S(T)]^2<\infty,\forall\ \theta\in\Theta\},\tag{2.1.5}$$

$$\mathcal{S}_0(T)=\{S(T):E_\theta[S(T)]=0,E_\theta[S(T)]^2<\infty,\forall\ \theta\in\Theta\},\tag{2.1.6}$$

则 $S(T)\in\mathcal{S}(T)$ 为 $g(\theta)$ 的 UMVUE 的充要条件是

$$E_\theta[S(T)S_0(T)]=0,\ \ \forall S_0(T)\in\mathcal{S}_0(T),\ \forall\theta\in\Theta.\tag{2.1.7}$$

证明 由于 $\mathcal{S}(T) \subset \mathcal{T}, \mathcal{S}_0(T) \subset \mathcal{T}_0$, 故只要证明: 由

$$E_\theta[S(T)S_0(T)] = 0, \ \ \forall S_0(T) \in \mathcal{S}_0(T), \ \forall \theta \in \Theta$$

可推得

$$E_\theta[S(T)S_0] = 0, \ \ \forall S_0 \in \mathcal{S}_0, \ \forall \theta \in \Theta$$

即可. 实际上, 对于任意的 $S_0 \in \mathcal{S}_0$, 因为 $E[S_0|T] \in \mathcal{S}_0(T)$, 且

$$E_\theta[S(T)S_0] = E_\theta\{E[S(T)S_0|T]\} = E_\theta[S(T) \cdot E(S_0|T)],$$

故上述条件可证. □

例 2.1.6 设 $X_1, X_2, \cdots, X_n$ 为来自总体 $U(0,\theta)$ 的独立同分布样本, 其中 $\theta > 0$. 求 θ 的 UMVUE.

解 由例 1.4.5 知, $T(X) = X_{(n)}$ 是充分统计量, 且其概率密度为

$$f_T(t;\theta) = \frac{nt^{n-1}}{\theta^n} I_{(0,\theta)}(t),$$

故我们可以利用定理 2.1.4 求 θ 的 UMVUE. 下设 $S(T)$ 为 0 的一个 UE, 则

$$E_\theta[S(T)] = 0, \ \forall \theta > 0.$$

又由例 1.4.10 知, T 是完全统计量, 故由上式知

$$P(S(T) = 0) = 1.$$

于是, 只要 $H(T)$ 是 θ 的无偏估计, 就有

$$E_\theta[H(T)S(T)] = 0, \ \forall \theta > 0.$$

这样, 由定理 2.1.4 可知, 任一个基于充分完全统计量 T 的无偏估计就是 θ 的 UMVUE. 由 $X_{(n)}$ 的概率密度, 可以验证 $E_\theta[X_{(n)}] = \dfrac{n}{n+1}\theta$. 于是可知 θ 的 UMVUE 为 $\dfrac{n+1}{n} X_{(n)}$. □

上例说明, 我们可以利用充分完全统计量比较容易地求得某参数的 UMVUE, 这即为下面定理.

定理 2.1.5 *设参数 $g(\theta)$ 可估, $T(X)$ 为充分完全统计量. 如果 $S(X)$ 是 $g(\theta)$ 的 UE, 则 $S_0(T) = E[S(X)|T]$ 是 $g(\theta)$ 的 UMVUE.*

证明 设 S_1, S_2 是 $g(\theta)$ 的任意两个 UE, 则由条件期望的性质可知, $E(S_1|T)$, $E(S_2|T)$ 均是 $g(\theta)$ 的 UE, 即

$$E_\theta[E(S_1|T)] = E_\theta[E(S_2|T)] = g(\theta), \ \forall \ \theta \in \Theta, \qquad (*)$$

且

$$\mathrm{Var}_\theta[E(S_1|T)] \leqslant \mathrm{Var}_\theta(S_1),\ \forall\ \theta \in \Theta,$$
$$\mathrm{Var}_\theta[E(S_2|T)] \leqslant \mathrm{Var}_\theta(S_2),\ \forall\ \theta \in \Theta.$$

另由 (*) 式可知, $E(S_1|T) - E(S_2|T)$ 是 0 的无偏估计, 即

$$E_\theta[E(S_1|T) - E(S_2|T)] = 0,\ \forall\ \theta \in \Theta,$$

又由于 T 是完全统计量, 故由定义知

$$P_\theta(E(S_1|T) = E(S_2|T)) = 1,\ \forall\ \theta \in \Theta,$$

这说明在概率 1 的意义下, $E(S_1|T)$ 与 $E(S_2|T)$ 相等, 又由于 S_1 与 S_2 的任意性, 故 $S_0 = E(S|T)$ 是唯一的 UMVUE. □

注 2.1.2 由定理 2.1.5可知, 如果 $T(X)$ 是充分完全统计量, 且 $S(T)$ 是 $g(\theta)$ 的 UE, 则它就是 $g(\theta)$ 的 UMVUE.

例 2.1.7 设 $X_1, X_2, \cdots, X_n$ 为来自 Poisson 总体 $P(\lambda)$ 的独立同分布样本, 对于给定的非负整数 k, 求参数

$$p_\lambda(k) = \frac{\lambda^k}{k!}\mathrm{e}^{-\lambda}$$

的 UMVUE.

解 由 $p_\lambda(k)$ 的定义可以看出, $S_k(X) = I_k(X_1)$ 是其一个 UE. 再由例 1.4.11 可知, $T(X) = \sum\limits_{i=1}^{n} X_i$ 是完全统计量, 且由因子分解定理可证明, 它也是充分统计量. 于是, 根据定理 2.1.5 可知, $E[S_k(X)|T]$ 是 $p_\lambda(k)$ 的 UMVUE.

由于

$$\begin{aligned} E[S_k(X)|T = t] = P(X_1 = k|T = t) &= \frac{P(X_1 = k, T = t)}{P(T = t)} \\ &= \frac{P(X_1 = k, X_2 + X_3 + \cdots + X_n = t - k)}{P(T = t)}, \end{aligned}$$

且 $X_1 \sim P(\lambda)$ 与 $X_2 + X_3 + \cdots + X_n \sim P((n-1)\lambda)$ 独立, 则代入上式后, 有

$$E[S_k(X)|T = t] = \begin{pmatrix} t \\ k \end{pmatrix} \left(\frac{1}{n}\right)^k \left(1 - \frac{1}{n}\right)^{t-k}.$$

于是, $p_\lambda(k)$ 的 UMVUE 为

$$\begin{pmatrix} T \\ k \end{pmatrix} \left(\frac{1}{n}\right)^k \left(1 - \frac{1}{n}\right)^{T-k}.$$ □

从上述几个例子可以看到, 多数情况下可以求得 UMVUE, 但在某些情况下 UMVUE 不一定存在, 即使存在也有不合理的情况发生.

例 2.1.8 设 $X_1, X_2, \cdots, X_n$ 为来自 Poisson 总体 $P(\lambda)$ 的独立同分布样本, 求参数 $g(\lambda)=\mathrm{e}^{-a\lambda}$ 的 UMVUE, 其中 $a>0$ 为常数.

解 由前述内容可知 $T(X)=\sum\limits_{i=1}^{n} X_i$ 为充分完全统计量, 且如果 $S(T)$ 是 $g(\lambda)$ 的 UE, 则它就是其 UMVUE. 下设 $S(T)$ 为 $g(\lambda)$ 的 UE, 则

$$\sum_{t=0}^{\infty} \frac{S(t)(n\lambda)^t}{t!}=\mathrm{e}^{(n-a)\lambda}=\sum_{t=0}^{\infty} \frac{(n-a)^t \lambda^t}{t!},$$

于是,

$$S(T)=(1-a/n)^T$$

是 $g(\lambda)$ 的 UMVUE, 但是当 $a \geqslant n$ 时, 这个 UMVUE 并不合理. □

既然 UMVUE 的方差在无偏估计类中最小, 那这个最小方差有一个下界吗? Fréchet (1943) 最早注意到了这个问题, 并引入信息不等式. 后来 Rao (1945) 和 Cramér (1946) 分别对此进行了推广, 其结果被称为 Cramér-Rao (克拉默–拉奥) 不等式, 简记为 C–R 不等式. 为了便于书写, 在下一定理中, 记 $\boldsymbol{X}=(X_1, X_2, \cdots, X_n), \boldsymbol{x}=(x_1, x_2, \cdots, x_n)$.

定理 2.1.6 (C–R 不等式) 设 $X_1, X_2, \cdots, X_n$ 为来自总体 $X \sim f(x;\theta)$ 的独立同分布样本, 其中 $\theta \in \Theta \subset \mathbb{R}$, 且 Θ 为开区间 (有限、无限或半无限). 假设支撑集 $S=\{x: f(x;\theta)>0\}$ 与参数 θ 无关, $f(x;\theta)$ 关于 θ 可导, 且总体概率分布的微分与积分可互换, 即

$$\frac{\mathrm{d}}{\mathrm{d}\theta} \int_{-\infty}^{\infty} f(x;\theta)\mathrm{d}x=\int_{-\infty}^{\infty} \frac{\partial}{\partial \theta} f(x;\theta)\mathrm{d}x. \tag{2.1.8}$$

再设 $g(\theta)$ 可估,

$$I(\theta)=E_\theta\left[\frac{\partial}{\partial \theta} \ln f(X;\theta)\right]^2 \text{ 存在, 且} I(\theta)>0. \tag{2.1.9}$$

如果 $T(\boldsymbol{X})$ 是 $g(\theta)$ 的 UE, 且满足积分与微分可互换, 即

$$\frac{\mathrm{d}}{\mathrm{d}\theta} \int T(\boldsymbol{x}) f(\boldsymbol{x};\theta)\mathrm{d}\boldsymbol{x}=\int T(\boldsymbol{x}) \frac{\partial}{\partial \theta} f(\boldsymbol{x};\theta)\mathrm{d}\boldsymbol{x},$$

则

$$\operatorname{Var}_\theta[T(\boldsymbol{X})] \geqslant \frac{[g'(\theta)]^2}{nI(\theta)},\ \forall\, \theta \in \Theta, \tag{2.1.10}$$

且等号成立当且仅当, 存在 $c(\theta) \neq 0$, 使得

$$\frac{\partial \ln f(\boldsymbol{X};\theta)}{\partial \theta}=c(\theta)[T(\boldsymbol{X})-g(\theta)].$$

证明 如 $I(\theta)=\infty$ 或 $\mathrm{Var}_\theta(T)=\infty$, 则 (2.1.10) 式均显然成立. 故下面假设 $I(\theta)<\infty, \mathrm{Var}_\theta(T)<\infty$.

因为

$$\int \frac{\partial \ln f(x;\theta)}{\partial\theta} f(x;\theta)\mathrm{d}x = \int \frac{\partial f(x;\theta)}{\partial\theta}\mathrm{d}x = \frac{\mathrm{d}}{\mathrm{d}\theta}\int f(x;\theta)\mathrm{d}x = 0, \tag{$*1$}$$

又因为样本是 iid 的, 且样本分布 $f(\boldsymbol{x};\theta)=\prod\limits_{i=1}^{n} f(x_i;\theta)$, 故由 $(*1)$ 式知

$$\int \frac{\partial \ln f(\boldsymbol{x};\theta)}{\partial\theta} f(\boldsymbol{x};\theta)\mathrm{d}\boldsymbol{x} = 0,\ \forall\ \theta\in\Theta,$$

于是, 对于任意的 $g(\theta)$, 我们有

$$\int g(\theta)\frac{\partial \ln f(\boldsymbol{x};\theta)}{\partial\theta} f(\boldsymbol{x};\theta)\mathrm{d}\boldsymbol{x} = 0,\ \forall\ \theta\in\Theta. \tag{$*2$}$$

又因为

$$\begin{aligned}
g'(\theta) &= \frac{\partial}{\partial\theta}g(\theta) = \frac{\partial}{\partial\theta}E_\theta[T(\boldsymbol{X})] \\
&= \frac{\partial}{\partial\theta}\int T(\boldsymbol{x})f(\boldsymbol{x};\theta)\mathrm{d}\boldsymbol{x} \\
&= \int \frac{\partial}{\partial\theta}T(\boldsymbol{x})f(\boldsymbol{x};\theta)\mathrm{d}\boldsymbol{x} \\
&= \int T(\boldsymbol{x})\frac{\partial \ln f(\boldsymbol{x},\theta)}{\partial\theta} f(\boldsymbol{x};\theta)\mathrm{d}\boldsymbol{x} \\
&\xlongequal{(*2)} \int [T(\boldsymbol{x})-g(\theta)]\frac{\partial \ln f(\boldsymbol{x};\theta)}{\partial\theta} f(\boldsymbol{x};\theta)\mathrm{d}\boldsymbol{x},\ \forall\ \theta\in\Theta.
\end{aligned}$$

于是, 由 Cauchy-Schwarz 不等式知, 对于 $\forall\ \theta\in\Theta$, 有

$$\begin{aligned}
[g'(\theta)]^2 &= \left\{\int [T(\boldsymbol{x})-g(\theta)]\frac{\partial \ln f(\boldsymbol{x};\theta)}{\partial\theta} f(\boldsymbol{x};\theta)\mathrm{d}\boldsymbol{x}\right\}^2 \\
&\leqslant \int [T(\boldsymbol{x})-g(\theta)]^2 f(\boldsymbol{x};\theta)\mathrm{d}\boldsymbol{x}\cdot\int\left[\frac{\partial \ln f(\boldsymbol{x};\theta)}{\partial\theta}\right]^2 f(\boldsymbol{x};\theta)\mathrm{d}\boldsymbol{x} \\
&= \mathrm{Var}_\theta(T)\cdot nI(\theta),
\end{aligned}$$

且由 Cauchy-Schwarz 不等式知, 上述等号成立的条件为: 存在 $c(\theta)\neq 0$, 使得

$$\frac{\partial \ln f(\boldsymbol{X};\theta)}{\partial\theta} = c(\theta)[T(\boldsymbol{X})-g(\theta)].$$

□

注 2.1.3　上一定理中几个条件的解释:

(1) 关于总体概率分布的微分与积分可互换条件 (2.1.8), 相当于要求

$$E_\theta\left[\frac{\partial \ln f(X;\theta)}{\partial\theta}\right]=0,\ \forall\theta\in\Theta. \tag{2.1.11}$$

(2) (2.1.9) 式的 $I(\theta)$ 被称为 Fisher 信息量, 它反映着总体分布为参数 θ 所提供的信息量, 且

$$I(\theta)=\mathrm{Var}_\theta\left[\frac{\partial \ln f(X;\theta)}{\partial\theta}\right]=-E_\theta\left[\frac{\partial^2 \ln f(X;\theta)}{\partial\theta^2}\right].$$

另外, 如果 n 个样本相互独立, 则

$$E_\theta\left[\frac{\partial \ln f(\boldsymbol{X};\theta)}{\partial\theta}\right]^2=nI(\theta). \tag{2.1.12}$$

上述 Fisher 信息量 $I(\theta)$ 仅反映了总体给参数 θ 提供的信息量. 在统计中还有度量两个概率密度间差异的信息量: Kullback-Leibler(库尔贝克–莱布勒) 信息, 简记为 K–L 信息, 其定义如下:

定义 2.1.4 (K–L 信息)　设 $f(x),g(x)$ 为两个概率密度, 则二者间的 K–L 信息定义为

$$K(f,g)=E_{X\sim f}\left[\ln\frac{f(X)}{g(X)}\right]. \tag{2.1.13}$$

如果 $X\sim f(x;\theta),\theta\in\Theta$, 则对于任给的 $\theta_1,\theta_2\in\Theta$, 总体 X 的 K–L 信息定义为

$$K_X(\theta_1,\theta_2)=E_\theta\left[\ln\frac{f(X;\theta_1)}{f(X;\theta_2)}\right]. \tag{2.1.14}$$

定理 2.1.7　设 $X\sim f(x;\theta)$, 统计量 $T(X)\sim g(t;\theta)$, 且两个分布都满足定理 2.1.6 中的条件, 则

$$K_X(\theta_1,\theta_2)\geqslant K_T(\theta_1,\theta_2),$$

且等式成立当且仅当 $T(X)$ 是充分统计量.

证明请参见韦博成 (2006).

如果一个无偏估计的方差达到了上述下界, 则它是 UMVUE, 但反之不成立.

例 2.1.9　设 $X_1,X_2,\cdots,X_n$ 为来自 $X\sim B(1,p)$ 的独立同分布样本, 求 p 的 UMVUE.

解　可以验证总体分布满足定理 2.1.7 中的条件, 且其 Fisher 信息量为

$$I(p)=E_p\left[\frac{\partial \ln f(X;p)}{\partial p}\right]^2=\sum_{k=0}^{1}\left[\frac{\partial \ln f(k;p)}{\partial p}\right]^2 f(k;p),$$

其中 $f(k;p)=P(X=k)=p^k(1-p)^{1-k}$. 于是

$$I(p)=\left[\frac{\partial\ln(1-p)}{\partial p}\right]^2(1-p)+\left(\frac{\partial\ln p}{\partial p}\right)^2 p=\frac{1}{p(1-p)},$$

这样由信息不等式知, p 的 UE 的方差的 C–R 下界为 $\dfrac{1}{nI(p)}=\dfrac{p(1-p)}{n}$.

另外, 由于 $\sum\limits_{i=1}^n X_i\sim B(n,p)$, 故 $\mathrm{Var}(\bar{X})=\dfrac{p(1-p)}{n}$ 达到了 C–R 下界, 且是 p 的无偏估计, 故可知 $\bar{X}$ 是 p 的 UMVUE. □

例 2.1.10 设 $X_1,X_2,\cdots,X_n$ 为来自总体 $X\sim N(\mu,\sigma^2)$ 的独立同分布样本, 求 μ 和 σ^2 的 UE 的方差下界.

解 容易验证正态分布满足定理中的要求, 且因为

$$f(x;\mu,\sigma^2)=\frac{1}{\sqrt{2\pi}\sigma}\exp\left\{-\frac{(x-\mu)^2}{2\sigma^2}\right\},$$

$$\ln f(x;\mu,\sigma^2)=-\frac{(x-\mu)^2}{2\sigma^2}-\frac{1}{2}\ln\sigma^2-\frac{1}{2}\ln 2\pi,$$

所以

$$\frac{\partial\ln f(x;\mu,\sigma^2)}{\partial\mu}=\frac{x-\mu}{\sigma^2},\qquad \frac{\partial^2\ln f(x;\mu,\sigma^2)}{\partial\mu^2}=-\frac{1}{\sigma^2},$$
$$\frac{\partial\ln f(x;\mu,\sigma^2)}{\partial\sigma^2}=\frac{(x-\mu)^2}{2\sigma^4}-\frac{1}{2\sigma^2},\quad \frac{\partial^2\ln f(x;\mu,\sigma^2)}{\partial(\sigma^2)^2}=-\frac{(x-\mu)^2}{\sigma^6}+\frac{1}{2\sigma^4}.$$

于是, 可知

$$I(\mu)=1/\sigma^2,\quad I(\sigma^2)=1/2\sigma^4,$$

则 μ 和 σ^2 的 UE 的方差的 C–R 下界分别为 $\sigma^2/n, 2\sigma^4/n$. □

因为 $\mathrm{Var}(\bar{X})=\sigma^2/n$ 达到了 C–R 下界且无偏, 故 $\bar{X}$ 是 μ 的 UMVUE. 然而, 对于 σ^2 的 UMVUE——样本方差 S_n^2, 由于 $(n-1)S_n^2/\sigma^2\sim\chi^2(n-1)$, 故由此可知, $\mathrm{Var}(S_n^2)=\dfrac{2\sigma^4}{n-1}$, 它并没有达到 C–R 下界.

上面仅考虑了单参数的情况, 对于多参数, 设 $\boldsymbol{\theta}=(\theta_1,\theta_2,\cdots,\theta_r)^{\mathrm{T}}\in\Theta$, 则此时的 Fisher 信息矩阵定义为

$$\boldsymbol{I}(\boldsymbol{\theta})=-E\left[\left(\frac{\partial f(X;\boldsymbol{\theta})}{\partial\boldsymbol{\theta}}\right)\left(\frac{\partial f(X;\boldsymbol{\theta})}{\partial\boldsymbol{\theta}}\right)^{\mathrm{T}}\right].$$

如记 $\boldsymbol{g}(\boldsymbol{\theta})$ 为 s 维参数向量, $\Delta=\left(\dfrac{\partial g_i(\boldsymbol{\theta})}{\partial\theta_j}\right)_{s\times r}$, s 维统计量 $\boldsymbol{T}(X)$ 是 $\boldsymbol{g}$ 的无偏估计, 则在一定正则条件下, C–R 不等式为

$$\mathrm{Var}_{\boldsymbol{\theta}}[\boldsymbol{T}(X)]\geqslant\Delta I^{-1}(\boldsymbol{\theta})\Delta^{\mathrm{T}},\quad\forall\boldsymbol{\theta}\in\Theta,$$

其中 $\mathrm{Var}_{\boldsymbol{\theta}}[\boldsymbol{T}(x)] = E_{\boldsymbol{\theta}}[(\boldsymbol{T}(x)-\boldsymbol{g}(\boldsymbol{\theta}))(\boldsymbol{T}(x)-\boldsymbol{g}(\boldsymbol{\theta}))^{\mathrm{T}}]$, 矩阵 $A \geqslant B$ 意味着 $A-B$ 半正定.

在结束本小节前, 我们注意到在不同准则下, 估计量的优良性质是不同的. 如前面讲述的 UMVUE, 它在参数的无偏估计类中方差最小, 但在其他准则下, 就不一定是最优的, 比如在均方误差最小的准则下. 对于参数 $g(\theta)$ 的估计量 $T(X)$, 由于

$$\mathrm{MSE}_\theta[T(X)] = E_\theta[T(X) - g(\theta)]^2 = \mathrm{Var}_\theta[T(X)] + b_T^2(\theta),$$

故可知估计量 $T(X)$ 的均方误差综合了其方差与偏差, 因此, 有些情况下, 也多采用均方误差的大小来衡量估计量的好坏. 比如在例 2.1.6 中, 记 $T_n = X_{(n)}$, $T^* = \dfrac{n+1}{n}T_n$ 是 θ 的 UMVUE, 但如果在形如 cT_n 的估计类中, 由于

$$\mathrm{MSE}_\theta(cT_n) = E_\theta(cT_n - \theta)^2 = \theta^2\left(\frac{n}{n+2}c^2 - \frac{2n}{n+1}c + 1\right),$$

则当取 $c_0 = \dfrac{n+2}{n+1}$ 时, c_0T_n 的 MSE 达到最小, 即估计量 $\dfrac{n+2}{n+1}X_{(n)}$ 是在形如 $cX_{(n)}$ 的估计类中, 均方误差最小者. 但是

$$\mathrm{MSE}_\theta[c_0X_{(n)}] = \frac{\theta^2}{(n+1)^2} < \frac{\theta^2}{n(n+2)} = \mathrm{MSE}_\theta(T^*),$$

这就说明, 此时参数 θ 的 UMVUE, 在均方误差最小的准则下, 不是最优的. 另外, 由于均方误差平衡了方差与偏差的大小, 故在许多情况下都有很好的应用, 但其困难点在于估计类的确定.

2.1.3 有效估计

从上小节内容可知, 有的 UMVUE 达到了 C–R 下界, 而有的则没有, 于是就有了有效估计的定义.

定义 2.1.5 (有效估计及效率) *设 $T(X)$ 是 $g(\theta)$ 的一个 UE, 则称比值*

$$e_n = \frac{[g'(\theta)]^2/nI(\theta)}{\mathrm{Var}_\theta[T(X)]}$$

为 $T(X)$ 的效率. 如果 $e_n = 1$, 则称 $T(X)$ 为 $g(\theta)$ 的有效估计. 如 $\lim\limits_{n\to\infty} e_n = 1$, 则称 $T(X)$ 为 $g(\theta)$ 的渐近有效估计.

由此定义可知, 有效估计一定是 UMVUE, 但 UMVUE 不一定是有效估计. 另外, 有效估计一定要求总体分布及其自身都要满足 C–R 不等式定理中的条件.

注 2.1.4 在文献中, 关于效率, 还有其他定义, 如 Pitman(皮特曼) 渐近相对效率; 关于有效估计, 还有 Bahadur(巴哈杜尔) 渐近有效估计等.

虽然下面讲述的得分函数与估计准则无关, 但由于它在统计推断中发挥着非常重要的作用, 且与 Fisher 信息量有关, 故在这里加以叙述.

定义 2.1.6 (得分函数) 称

$$S(\boldsymbol{X};\theta)=\frac{\partial \ln f(\boldsymbol{X};\theta)}{\partial\theta}$$

为得分函数 (score function). 当 $X_1,X_2,\cdots,X_n$ 为来自总体 X 的独立同分布样本时,

$$S(\boldsymbol{X};\theta)=\sum_{i=1}^{n}\frac{\partial \ln f(X_i;\theta)}{\partial\theta}. \tag{2.1.15}$$

如果样本独立同分布, 则可以证明

$$E_\theta[S(\boldsymbol{X};\theta)]=0,\ \operatorname{Var}_\theta[S(\boldsymbol{X};\theta)]=nI(\theta),$$

且

$$\frac{1}{\sqrt{n}}S(\boldsymbol{X};\theta)\xrightarrow{\mathrm{d}}N(0,I(\theta)). \tag{2.1.16}$$

另外, 对于任一关于样本 $\boldsymbol{X}$ 和 θ 的函数 $T(\boldsymbol{X},\theta)$, 如满足定理 2.1.6 中的条件, 则有如下结论:

$$E_\theta[S(\boldsymbol{X})T(\boldsymbol{X};\theta)]=\frac{\partial}{\partial\theta}E_\theta[T(\boldsymbol{X};\theta)]-E_\theta\left[\frac{\partial T(\boldsymbol{X};\theta)}{\partial\theta}\right]. \tag{2.1.17}$$

由此等式可知:

- 对 $g(\theta)$ 的任一无偏估计 $T(\boldsymbol{X})$, 都有

$$E_\theta[S(\boldsymbol{X})T(\boldsymbol{X})]=g'(\theta).$$

- 对 $g(\theta)$ 的任一有偏估计 $T(\boldsymbol{X})$, 记 $E_\theta(T)=g(\theta)+b_T(\theta)$, 则

$$E_\theta[S(\boldsymbol{X})T(\boldsymbol{X})]=g'(\theta)+\frac{\partial b_T(\theta)}{\partial\theta}.$$

在 C–R 不等式证明中, 我们主要用到了如下的 Cauchy-Schwarz 不等式: 如果 $T(\boldsymbol{X})$ 为 $g(\theta)$ 的一个无偏估计, 则

$$\operatorname{Cov}_\theta[T(\boldsymbol{X}),S(\boldsymbol{X})]\leqslant\sqrt{\operatorname{Var}_\theta[T(\boldsymbol{X})]\operatorname{Var}_\theta[S(\boldsymbol{X})]},\ \forall\theta\in\Theta.$$

如果 $g(\theta)$ 以及得分函数 $S(\boldsymbol{X};\theta)$ 关于 θ 的 k 阶导数存在, 则在某些条件下 (类似于定理 2.1.6 中的条件), 取

$$\tilde{S}(\boldsymbol{X},\theta)=(S^1(\boldsymbol{X},\theta),S^2(\boldsymbol{X},\theta),\cdots,S^k(\boldsymbol{X},\theta))^{\mathrm{T}},$$

则可以用上述结论证明

$$\operatorname{Var}_\theta[T(\boldsymbol{X})]\geqslant\boldsymbol{\Delta}^{\mathrm{T}}V^{-1}(\theta)\boldsymbol{\Delta}, \tag{2.1.18}$$

其中 $V(\theta) = \text{Var}[\tilde{S}(\boldsymbol{X};\theta)], \boldsymbol{\Delta} = (g^1(\theta), g^2(\theta), \cdots, g^k(\theta))^{\mathrm{T}}$, 而 $S^i(\boldsymbol{X},\theta) = \dfrac{\partial^i S(\boldsymbol{X};\theta)}{\partial\theta^i}$, $g^i(\theta) = \dfrac{\partial^i g(\theta)}{\partial\theta^i}$.

在统计中, (2.1.18) 式右边的值被称为无偏估计 $T(\boldsymbol{X})$ 的方差的 Bhattacharya 下界. 显然, 当 $k=1$ 时, 此下界就是 C–R 下界.

2.1.4 相合估计

前两小节的准则主要侧重于样本容量给定, 而本节讲述的准则侧重于样本容量趋于无穷: 相合估计 (consistent estimate) 和相合渐近正态估计 (consistent asymptotically normal estimate, 简记为 CAN 估计).

定义 2.1.7 设统计量 $T_n(X)$ 是参数 $g(\theta)$ 的估计量.

(1) 如果当 $n\to\infty$ 时, $T_n(X)$ 依概率收敛于 $g(\theta)$, 即 $\forall\,\theta\in\Theta$ 及 $\varepsilon>0$, 有

$$\lim_{n\to\infty} P(|T_n(X)-g(\theta)|\geqslant\varepsilon)=0,$$

则称 $T_n(X)$ 是 $g(\theta)$ 的 (弱) 相合估计.

(2) 如果当 $n\to\infty$ 时, $T_n(X)$ 以概率 1 收敛于 $g(\theta)$, 即 $\forall\,\theta\in\Theta$, 有

$$P\left(\lim_{n\to\infty} T_n(X)=g(\theta)\right)=1,$$

则称 $T_n(X)$ 是 $g(\theta)$ 的强相合估计.

(3) 如果当 $n\to\infty$ 时, $T_n(X)$ 依 r 阶矩收敛于 $g(\theta)$, 即 $\forall\,\theta\in\Theta$, 有

$$\lim_{n\to\infty} E_\theta|T_n(X)-g(\theta)|^r=0,$$

则称 $T_n(X)$ 是 $g(\theta)$ 的 r 阶矩相合估计. 当 $r=2$ 时, 称为均方相合估计.

由概率论知识知道, 强相合 $\Rightarrow$ 弱相合, r 阶矩相合 $\Rightarrow$ 弱相合, 反之不成立, 且强相合与 r 阶矩相合之间没有包含关系.

注 2.1.5 关于相合估计, 有如下两个有用结论:

- 如果 T_n 是 $g(\theta)$ 的相合估计, $\{c_n\},\{d_n\}$ 是两个常数列, 且 $\lim\limits_n c_n = 0, \lim\limits_n d_n=1$, 则 $d_nT_n+c_n$ 也是 $g(\theta)$ 的相合估计.
- 如果 T_n 是 θ 的 (强) 相合估计, $g(x)$ 连续, 则 $g(T_n)$ 也是 $g(\theta)$ 的 (强) 相合估计.

注 2.1.6 关于相合估计的存在性问题, 陈希孺 (2009) 之 4.1.3 小节对此进行了较详细讨论, 由于这是纯理论研究, 而实际应用很少考虑, 故请有兴趣的读者参阅.

定义 2.1.8 设 T_n 是参数 $g(\theta)$ 的相合估计, 如存在与样本容量 n 有关的定义于参数空间 Θ 上的函数 $\mu_n(\theta),\sigma_n(\theta)$, 且 $\sigma_n(\theta)>0$, 使得当 $n\to\infty$ 时有

$$\frac{T_n-\mu_n(\theta)}{\sigma_n(\theta)}\xrightarrow{\text{d}}N(0,1), \tag{2.1.19}$$

则称 T_n 为 $g(\theta)$ 的 CAN 估计, 也称 T_n 渐近正态 $N(\mu_n,\sigma_n^2)$, 记为 $T_n\sim AN(\mu_n,\sigma_n^2)$.

从上述定义可以看出, σ_n^2 并不唯一, 且也不是估计量 T_n 的方差. 这一点可以由下面的结论得到:

- 如果 $T_n\sim AN(\mu_n,\sigma_n^2)$, 则 $T_n\sim AN(\mu_n',\sigma_n'^2)$ 的充要条件是

$$\lim_{n\to\infty}\frac{\sigma_n'}{\sigma_n}=1,\quad \lim_{n\to\infty}\frac{\mu_n'-\mu_n}{\sigma_n}=0.$$

- 如果 $T_n\sim AN(\mu_n,\sigma_n^2)$, 则 $a_nT_n+b_n\sim AN(\mu_n,\sigma_n^2)$ 的充要条件是

$$\lim_{n\to\infty}a_n=1,\quad \lim_{n\to\infty}\frac{\mu_n(a_n-1)+b_n}{\sigma_n}=0.$$

对于第一章中定义的经验分布函数, 第六章将证明当样本独立同分布时, 经验分布是总体分布的相合估计, 也是其相合渐近正态估计.

定义 2.1.9 (总体 p 分位数) 设总体 X 的累积分布函数为 $F(x)$, 对于给定的 $p\in(0,1)$, 称

$$\xi_p=\inf\{x:F(x)\geqslant p\} \tag{2.1.20}$$

为该总体 p 分位数. 特别地, $\xi_{0.5}$ 称为该总体的中位数.

虽然 (1.2.7) 式定义的样本 p 分位数, 和注 1.2.2 中所给出的

$$\hat{\xi}_p=F_n^{-1}(p)=\inf\{x:F_n(x)\geqslant p\} \tag{2.1.21}$$

有所不同, 但它们都介于 $X_{([np])}$ 与 $X_{([np]+1)}$ 之间. 从 (2.1.20) 可以看出, ξ_p 是一个左连续函数. 另外, 由 (2.1.21) 式知道, 当 F 连续时, 有

$$F_n^{-1}(t)=X_{(i)},\quad \text{如}(i-1)/n<t\leqslant i/n,$$

即

$$F_n^{-1}(t)=X_{(\lceil nt\rceil)},\quad 0<t<1,$$

其中 $\lceil x\rceil$ 表示不小于 x 的最小整数. 于是, 我们可以通过研究 $X_{(m)}$ 的相合渐近正态性, 而知道样本分位数的相关性质, 其中 $m/n=p+o_p(n^{-1/2})$. 为此, 需要下面引理.

引理 2.1.1 对于两个随机变量列 $\{T_n\},\{V_n\}$, 假设 $T_n=O_p(1)$, 且对于任意的 $\varepsilon>0$ 及常数 c, 有

$$P(V_n\leqslant c,T_n\geqslant c+\varepsilon)\to0,\quad P(V_n\geqslant c+\varepsilon,T_n\leqslant c)\to0,$$

则

$$V_n - T_n \xrightarrow{\text{p}} 0.$$

证明 由于 $T_n = O_p(1)$, 故任给 $\varepsilon > 0, \delta > 0$, 存在自然数 m(与 ε, δ 有关), 使

$$P(|T_n| \geqslant m\varepsilon) < \delta,\ \forall n.$$

于是

$$\begin{aligned}
&P(|T_n - V_n| > 2\varepsilon)\\
&< \delta + P(|T_n| < m\varepsilon, |T_n - V_n| > 2\varepsilon)\\
&< \delta + \sum_{i=-m+1}^{m} P((i-1)\varepsilon \leqslant T_n \leqslant i\varepsilon, |T_n - V_n| > 2\varepsilon)\\
&\leqslant \delta + \sum_{i=-m+1}^{m} P(T_n \leqslant i\varepsilon, V_n \geqslant i\varepsilon + \varepsilon) + \sum_{i=-m+1}^{m} P(T_n \geqslant (i-1)\varepsilon, V_n \leqslant (i-1)\varepsilon - \varepsilon),
\end{aligned}$$

由条件可知, 结论成立. □

定理 2.1.8 设 $X_1, X_2, \cdots, X_n$ 为来自总体 X 的独立同分布样本, 以 $X_{n1} \leqslant X_{n2} \leqslant \cdots \leqslant X_{nn}$ 表示其次序统计量, 以 $f(x)$ 记总体概率密度, ξ_p 记总体 p 分位数. 如果 $f(\xi_p) > 0$, $f(x)$ 在 ξ_p 点连续, 且 $\dfrac{m}{n} = p + o_p(n^{-1/2})$, 则

$$X_{nm} - \xi_p = -\frac{F_n(\xi_p) - p}{f(\xi_p)} + R_n, \tag{2.1.22}$$

其中 $R_n = o_p(n^{-1/2})$.

证明 记 $V_n = \sqrt{n}(X_{nm} - \xi_p), T_n = \sqrt{n}[p - F_n(\xi_p)]/f(\xi_p)$. 则所证结论转化为证明: $V_n - T_n \xrightarrow{\text{p}} 0$. 由此, 为证明本定理, 仅需验证引理 2.1.1中的两个条件即可.

因为

$$nF_n(\xi_p) \sim B(n, p), \tag{$*1$}$$

故 $E(T_n^2) = \dfrac{p(1-p)}{f^2(\xi_p)}$ 与 n 无关. 由 Chebyshev 不等式可得 $T_n = O_p(1)$.

下证引理的第二个条件. 对于任意的 $\varepsilon > 0$ 及常数 c, 令

$$\begin{aligned}
Z_n &= \sqrt{n}[F(\xi_p + cn^{-1/2}) - F_n(\xi_p + cn^{-1/2})]/f(\xi_p),\\
U_n &= n[F_n(\xi_p + cn^{-1/2}) - F_n(\xi_p)].
\end{aligned}$$

由 $(*1)$ 式知,

$$\sqrt{n}(T_n - Z_n) = \frac{U_n - E(U_n)}{f(\xi_p)},$$

则

$$E(T_n - Z_n)^2 = \frac{E[U_n - E(U_n)]^2}{nf^2(\xi_p)}.$$

如记 $p_n^* = F(\xi_p + cn^{-1/2}) - p$, 则由 $(*1)$ 式知, $U_n \sim B(n, p_n^*)$. 故

$$E[U_n - E(U_n)]^2 = \mathrm{Var}(U_n) = np_n^*(1 - p_n^*).$$

于是,

$$E(T_n - Z_n)^2 = \frac{p_n^*(1 - p_n^*)}{f^2(\xi_p)}.$$

由于 F 在 ξ_p 处连续, 故知 $p_n^* \to 0$. 于是, 当 $n \longrightarrow \infty$ 时,

$$T_n - Z_n \xrightarrow{\mathrm{p}} 0. \tag{$*2$}$$

我们注意到,

$$c_n \overset{\text{记}}{=} \frac{1}{f(\xi_p)} \left\{ \sqrt{n} \left[F(\xi_p + cn^{-1/2}) - \frac{m}{n} \right] \right\} \to c. \tag{$*3$}$$

故由 F_n 的单调性, 以及 $F_n(X_{nm}) \geqslant \dfrac{m}{n}$, 有

$$\begin{aligned}
\{V_n \leqslant c\} &= \{X_{nm} \leqslant \xi_p + cn^{-1/2}\} \\
&\subset \{nF_n(X_{nm}) \leqslant nF_n(\xi_p + cn^{-1/2})\} \\
&\subset \{m \leqslant nF_n(\xi_p + cn^{-1/2})\} \\
&= \{Z_n \leqslant c_n\}.
\end{aligned}$$

因此,

$$\begin{aligned}
P(V_n \leqslant c, T_n \geqslant c + \varepsilon) &\leqslant P(Z_n \leqslant c_n, T_n \geqslant c + \varepsilon) \\
&\leqslant P(|T_n - Z_n| \geqslant \varepsilon - |c_n - c|).
\end{aligned}$$

结合 $(*1)$,$(*2)$ 及 $(*3)$ 式, 则可证

$$P(V_n \leqslant c, T_n \geqslant c + \varepsilon) \to 0.$$

类似证明另一半. □

注 2.1.7 (2.1.22) 式是 Bahadur (1960) 提出的, 故被称为样本分位数的 Bahadur 表示. 实际上, 他还证明了, 当 ξ_p 唯一时, (2.1.22) 式中的尾项 R_n 满足如下更强的结果:

$$R_n \overset{\text{a.s.}}{=} O(n^{-3/4}(\ln\ln n)^{1/4}).$$

定理 2.1.9　在定理 2.1.8 的条件下, 当 $n \to \infty$ 时,

$$\sqrt{n}(X_{nm} - \xi_p) \xrightarrow{\mathrm{d}} N\left(0, \frac{p(1-p)}{f^2(\xi_p)}\right). \tag{2.1.23}$$

证明　由 (2.1.22) 式知: $\forall x \in \mathbb{R}$,

$$\begin{aligned}
&P(\sqrt{n}(X_{nm} - \xi_p) \leqslant x)\\
&= P\left(-\frac{\sum\limits_{i=1}^{n}[I_{(-\infty,\xi_p]}(X_i) - p]}{\sqrt{n}f(\xi_p)} + o_p(1) \leqslant x\right)\\
&= P\left(\frac{\sum\limits_{i=1}^{n}[I_{(-\infty,\xi_p]}(X_i) - p]}{\sqrt{np(1-p)}} \geqslant -\frac{xf(\xi_p)}{\sqrt{p(1-p)}} + o_p(1)\right).
\end{aligned}$$

又由于样本独立同分布, 故知 $I_{(-\infty,\xi_p]}(X_i)$ 独立同分布于 $B(1,p)$, 于是, 由中心极限定理可知

$$P(\sqrt{n}(X_{nm} - \xi_p) \leqslant x) \longrightarrow 1 - \Phi\left(-\frac{xf(\xi_p)}{\sqrt{p(1-p)}}\right) = \Phi\left(\frac{xf(\xi_p)}{\sqrt{p(1-p)}}\right),$$

结论得证. □

由于相合渐近正态估计不唯一, 故一个自然问题就是: 一个参数是否有"最优"的相合渐近正态估计？为此引入下面的准则:

定义 2.1.10　如果参数 θ 的估计量 T_n 满足

$$\sqrt{n}(T_n - \theta) \xrightarrow{\mathrm{d}} N(0, I^{-1}(\theta)), \tag{2.1.24}$$

则称之为最优渐近正态估计 (best asymptotic normal estimate, 简记为 BANE), 其中 $I(\theta)$ 为 Fisher 信息量.

我们注意到, 在上述定义中, 暗含 $I^{-1}(\theta)$ 为无偏估计的方差下界, 但由于这仅是渐近方差 (定义见下一小节), 故上述定义仅表示渐近最优性.

例 2.1.11　设 $X_1, X_2, \cdots, X_n$ 为来自 $N(\theta, 1)$ 的独立同分布样本, 考虑 θ 的如下估计:

$$T_n = \begin{cases} \bar{X}_n/2, & |\bar{X}_n| < n^{-1/2}, \\ \bar{X}_n, & |\bar{X}_n| \geqslant n^{-1/2} \end{cases}$$

的相合渐近正态性.

解　可由附录中的 Delta 方法证明:

$$\sqrt{n}(T_n - \theta) \xrightarrow{\mathrm{d}} \begin{cases} N(0,1), & \theta \neq 0, \\ N(0, 1/4), & \theta = 0. \end{cases}$$

而总体 Fisher 信息量 $I(\theta)=1$. □

上例说明, 上例中的估计量 T_n 在某点突破了 $I^{-1}(\theta)$ 这个下界. 统计中称这种情况为“超有效性”. 但经过研究发现, 这种超有效性仅在很少几个 θ 值上发生. 如果要求 (2.1.24) 式对所有 $\theta\in\Theta$ 一致成立, 则这种情况就不会发生, 即要求

$$\sup_{\theta\in\Theta}\sup_{x\in\mathbb{R}}|F_{T_n}(x;\theta)-\Phi(x)|\to 0,$$

其中 $F_{T_n}(x;\theta)$ 为 $\sqrt{n}(T_n-\theta)/\sqrt{I(\theta)}$ 的累积分布函数, $\Phi(x)$ 为标准正态的累积分布函数.

2.1.5 渐近相对效率

上述的评价准则都是由估计自身性质引出的, 由于多数情况下某个参数的估计并不唯一, 那如何比较两个估计间的优劣呢? 为此, 本小节将引进渐近相对效率这一比较准则, 同时简单介绍在统计文献中经常遇到的渐近偏差、渐近方差, 以及渐近均方误差等概念.

定义 2.1.11 (渐近偏差、渐近方差、渐近均方误差) 设统计量 $T_n(X)$ 为基于 n 个样本关于参数 θ 的一个估计. 如果存在常数列 $a_n\to a>0$(a 可以是 ∞), 以及满足 $E(|Y|)<\infty$ 的 Y, 使得 $a_n[T_n(X)-\theta]\xrightarrow{\mathrm{d}}Y$, 则称 $E(Y)/a_n$ 为 T_n 的渐近偏差; 如果 $E(Y^2)<\infty$, 则称 $E(Y^2)/a_n^2$ 为 T_n 的渐近均方误差, $\mathrm{Var}(Y)/a_n^2$ 为 T_n 的渐近方差.

有了上述渐近均方误差的定义, 就可以利用渐近均方误差的大小来比较两个估计的好坏, 为此引入渐近相对效率 (asymptotic relative efficiency, 简记为 ARE) 的定义.

定义 2.1.12 (渐近相对效率) 设 T_n,T_n' 为参数 θ 的两个估计, 记二者的渐近均方误差为 $\mathrm{AMSE}_{T_n},\mathrm{AMSE}_{T_n'}$, 则称

$$\mathrm{ARE}(T_n',T_n)=\frac{\mathrm{AMSE}_{T_n}}{\mathrm{AMSE}_{T_n'}} \tag{2.1.25}$$

为 T_n' 相对于 T_n 的渐近相对效率. 如果 $\limsup_n \mathrm{ARE}(T_n',T_n)\leqslant 1$, 且对某些参数值不等号成立, 则称 T_n 比 T_n' 渐近有效.

例 2.1.12 设 $X_1,X_2,\cdots,X_n$ 为来自 Poisson 分布 $P(\theta)$ 的独立同分布样本, 参数 $\theta>0$. 对于待估参数 $g(\theta)=\mathrm{e}^{-\theta}$, 求两个估计 $T_{1n}=F_n(0),T_{2n}=\mathrm{e}^{-\bar{X}}$ 间的渐近相对效率.

解 由于 $g(\theta)=P(X_1=0)$, 故知 T_{1n} 是 $g(\theta)$ 的无偏估计, 且由中心极限定理知

$$\frac{\sqrt{n}[T_{1n}-g(\theta)]}{\sqrt{g(\theta)[1-g(\theta)]}}\xrightarrow{\mathrm{d}}N(0,1),$$

故知 T_{1n} 的渐近均方误差 $\mathrm{AMSE}_{T_{1n}}=g(\theta)[1-g(\theta)]/n$.

对于 T_{2n}, 由于 $n\bar{X}\sim P(n\theta)$, 故由中心极限定理知

$$\frac{\sqrt{n}(\bar{X}-\theta)}{\sqrt{\theta}}\xrightarrow{\mathrm{d}}N(0,1).$$

于是, 由 Delta 方法可知

$$\sqrt{n}[T_{2n}-g(\theta)]\xrightarrow{\mathrm{d}}N(0,\mathrm{e}^{-2\theta}\theta).$$

由此知 T_{2n} 的渐近均方误差 $\mathrm{AMSE}_{T_{2n}}=\mathrm{e}^{-2\theta}\theta/n$.

于是, T_{1n} 相对于 T_{2n} 的渐近相对效率为 $\mathrm{ARE}(T_{1n},T_{2n})=\theta/(\mathrm{e}^{\theta}-1)<1$, 这说明 T_{2n} 比 T_{1n} 更渐近有效. □

2.2 矩估计

矩估计是 K. Pearson 于 1894 年基于某些生物学方面的数据并非来自正态这一发现而提出的.

设 $X_1,X_2,\cdots,X_n$ 为来自总体 X 的独立同分布样本, 且总体 k 阶矩存在, 记参数 $\boldsymbol{\theta}\in\Theta\subset\mathbb{R}^k$, 总体 X 的 r 阶原点矩与中心矩分别为

$$\mu_r(\boldsymbol{\theta})=E(X^r),\ \nu_r(\boldsymbol{\theta})=E[(X-\mu_1)^r], \tag{2.2.1}$$

其中 r 为正整数.

第一章给出了样本 r 阶原点矩与中心矩如下:

$$a_r=\frac{1}{n}\sum_{i=1}^{n}X_i^r,\quad m_r=\frac{1}{n}\sum_{i=1}^{n}(X_i-\bar{X})^r. \tag{2.2.2}$$

由 Kolmogorov(科尔莫戈罗夫) 强大数定律知, 只要总体矩存在, 样本原点矩 a_r 就是总体原点矩 μ_r 的强相合估计. 注意到中心矩 $\nu_r(\boldsymbol{\theta})$ 可表示为原点矩 $\mu_r(\boldsymbol{\theta})$ 的多项式, 故知样本中心矩 m_r 也是总体中心矩 $\nu_r(\boldsymbol{\theta})$ 的强相合估计.

由于样本矩已知, 而总体矩包含未知参数, 故由上述强相合性, 当样本量比较大时, 我们可用样本矩“替代”总体矩, 即得到如下的方程组:

$$\mu_r(\boldsymbol{\theta})=a_r,\ r=1,2,\cdots,k. \tag{2.2.3}$$

记由此方程组得到的解为 $\hat{\boldsymbol{\theta}}$, 称之为 $\boldsymbol{\theta}$ 的矩估计. 上述方程被称为矩估计方程.

关于矩估计, 我们注意到:

- 在方程组 (2.2.3) 中也可以通过用样本 k 阶中心矩作为总体 k 阶中心矩的估计而建立相应的估计方程. 这样求得的参数估计也称为矩估计. 当然, 这两种方法得到的矩估计可能不同.
- 方程组 (2.2.3) 的解是否存在且唯一, 取决于具体问题. 如解不存在或不唯一, 则矩估计法不可用.
- 在用矩方法求参数估计时, 尽可能采用低阶矩, 原因之一是避免高阶矩的计算问题, 原因之二是低阶矩提供的信息更重要.

例 2.2.1 设 $X_1, X_2, \cdots, X_n$ 为来自总体 X 的独立同分布样本, 且 $E(X^2)$ 存在有限, 求总体均值与方差的矩估计.

解 记 $\mu = E(X), \sigma^2 = \text{Var}(X)$, 则由矩估计法知, 其估计方程为

$$\begin{cases} \hat{\mu} = a_1 = \dfrac{1}{n}\displaystyle\sum_{i=1}^{n} X_i, \\ \hat{\mu}_2 = \hat{\mu}^2 + \hat{\sigma}^2 = a_2 = \dfrac{1}{n}\displaystyle\sum_{i=1}^{n} X_i^2. \end{cases}$$

由此可求得总体均值与方差的矩估计为

$$\begin{cases} \hat{\mu} = \bar{X}, \\ \hat{\sigma}^2 = \dfrac{1}{n}\displaystyle\sum_{i=1}^{n}(X_i - \bar{X})^2 = S_{n*}^2. \end{cases}$$

即总体均值的矩估计是样本均值, 总体方差的矩估计是修正的样本方差. □

容易验证: 样本均值是总体均值的无偏估计, 但修正的样本方差并不是总体方差的无偏估计. 总之, 虽然样本 r 阶原点矩是总体相应矩的无偏估计, 但是由矩估计方程 (2.2.3) 求得的矩估计并不一定是无偏估计. 另外, 样本 r 阶中心矩也不一定是总体相应矩的无偏估计. 实际上, 有如下结论.

定理 2.2.1 设 $X_1, X_2, \cdots, X_n$ 为来自总体 X 的独立同分布样本, 且 $2r$ 阶矩存在, 则

$$E(m_r) - \nu_r(\boldsymbol{\theta}) = O(n^{-1}), \quad E[(\bar{X}_n - \mu_1)^{2r}] \leqslant c_r \mu_{2r} n^{-r} = O(n^{-r}), \tag{2.2.4}$$

其中 c_r 为依赖于 r 的常数.

证明 不妨设 $\mu_1 = 0$. 此时,

$$E[(\bar{X}_n - \mu_1)^{2r}] = E(\bar{X}_n^{2r}) = n^{-2r}(X_1 + X_2 + \cdots + X_n)^{2r}. \tag{*}$$

在 $(X_1 + X_2 + \cdots + X_n)^{2r}$ 的展开式中, 每项均可表示为 $X_1^{i_1} X_2^{i_2} \cdots X_n^{i_n}$, 其中 $0 \leqslant i_j \leqslant 2r, \sum\limits_{j=1}^{n} i_j = 2r$. 如果某项至少有一个 $i_j = 1$, 则该项期望为 0, 于是只需考虑形如

$X_{n_1}^{i_1}X_{n_2}^{i_2}\cdots X_{n_t}^{i_t}$ 的项, 其中

$$1\leqslant n_1<n_2<\cdots<n_t\leqslant n,\quad i_j\geqslant 2,\quad \sum_{j=1}^{t}i_j=2r,\quad t\leqslant r.$$

由此可知, 在 $(X_1+X_2+\cdots+X_n)^{2r}$ 的展开式中, 不包括某样本的一次幂的项至多有 $c_r n^r$ 个, 其中 c_r 为仅依赖于 r 的常数. 由 Hölder(赫尔德) 不等式有

$$E(|X_{n_1}^{i_1}X_{n_2}^{i_2}\cdots X_{n_t}^{i_t}|)\leqslant E(X^{2r})=\mu_{2r}.$$

结合 $(*)$ 式, (2.2.4) 式的第二个结论得证.

因为

$$m_r=a_r-\binom{r}{1}\bar{X}_n a_{r-1}+\cdots+(-1)^j\binom{r}{j}\bar{X}_n^j a_{r-j}+\cdots+(-1)^r\bar{X}_n^r.$$

注意到 $\mu_1=0$, 则 $E(a_r)=\mu_r=\nu_r$. 由上述证明的第二部分, 有

$$E(|\bar{X}_n^j a_{r-j}|)\leqslant\left[E(\bar{X}_n^{2j})E(a_{r-j}^2)\right]^{1/2}=O(n^{-j/2}),\ j=2,3,\cdots,r.$$

而

$$E(\bar{X}a_{r-1})=\frac{1}{n^2}\sum_{i=1}^{n}E(X_i^r)=\frac{1}{n}\mu_r=O(n^{-1}).$$

由此得证. □

定理 2.2.1 说明, 样本 r 阶中心矩是总体中心矩的渐近无偏估计. 陈希孺 (2009) 证明: 当 $n\geqslant r$ 时, 存在一个 $\bar{X},m_1,m_2,\cdots,m_n$ 的多项式, 使之为 ν_r 的无偏估计. 实际上, 总体方差的无偏估计就是样本方差 $S_n^2=\dfrac{n}{n-1}m_2$.

结合注 2.1.5 和强大数定律, 矩估计的强相合性得到了圆满解决, 但矩估计的 r 阶矩相合性则不然. 陈希孺 (2009) 通过样本均值的 r 阶矩相合性证明, 说明了解决问题的烦琐, 且指出: 对于多项式参数 $F(\mu_1,\mu_2,\cdots,\mu_m)$, 如记此多项式每项指数的最大值为 t, 且总体 X 的 rt 阶矩存在, 则此多项式参数的矩估计 $F(a_1,a_2,\cdots,a_m)$ 是其 r 阶矩相合估计. 如把上述的原点矩换成中心矩, 结论仍成立 (项 $\mu_1^{r_1}\mu_2^{r_2}\cdots\mu_m^{r_m}$ 的指数为 $\sum\limits_{i=1}^{m}r_i$).

下面考虑矩估计的渐近正态性, 为此, 先给出下面引理所述的多元 Delta 定理.

引理 2.2.1 设 $\{\boldsymbol{X}_n=(X_{n1},X_{n2},\cdots,X_{nk})^{\mathrm{T}}\}_{n\geqslant1}$ 为一列 k 元随机向量, 且满足

$$\sqrt{n}(\boldsymbol{X}_n-\boldsymbol{\theta})\xrightarrow{\mathrm{d}}N_k(0,\varSigma),$$

其中 $\boldsymbol{\theta}=(\theta_1,\theta_2,\cdots,\theta_k)^{\mathrm{T}}$ 为参数向量, $\varSigma>0$ 为 k 阶对称矩阵. 又设 $g_i(\boldsymbol{x})$ 为 k 元连续可微函数, 记 $\boldsymbol{g}=(g_1,g_2,\cdots,g_m)^{\mathrm{T}}$. 则

$$\sqrt{n}[\boldsymbol{g}(\boldsymbol{X}_n)-\boldsymbol{g}(\boldsymbol{\theta})]\xrightarrow{\mathrm{d}}N_m(0,\varDelta\varSigma\varDelta^{\mathrm{T}}),\tag{2.2.5}$$

其中 $\varDelta=(\partial g_i(\boldsymbol{\theta})/\partial\theta_j)_{m\times k}\neq0$.

证明 由于 g_i 连续可微, 故由 Taylor(泰勒) 展开可知

$$\sqrt{n}[\boldsymbol{g}(\boldsymbol{X}_n)-\boldsymbol{g}(\boldsymbol{\theta})]=\sqrt{n}\Delta(\boldsymbol{X}_n-\boldsymbol{\theta})+\sqrt{n}\cdot o(\boldsymbol{X}_n-\boldsymbol{\theta}). \qquad (*1)$$

又由于 $\sqrt{n}(\boldsymbol{X}_n-\boldsymbol{\theta})$ 有极限分布, 即弱收敛, 故知

$$\sqrt{n}(\boldsymbol{X}_n-\boldsymbol{\theta})=O_p(1). \qquad (*2)$$

结合已知条件以及 (*1), (*2) 式, 结论得证. □

结合上述引理及中心极限定理, 有如下结论:

定理 2.2.2 设 $X_1,X_2,\cdots,X_n$ 为来自总体 X 的独立同分布样本, 假设总体 $2m$ 阶矩存在. 对于给定的整数 $1\leqslant r_1\leqslant r_2\leqslant\cdots\leqslant r_k\leqslant m$, 如一个 k 元函数 g 连续可微, 则

$$\sqrt{n}[g(a_{r_1},a_{r_2},\cdots,a_{r_k})-g(\mu_{r_1},\mu_{r_2},\cdots,\mu_{r_k})]\xrightarrow{\mathrm{d}}N(0,\boldsymbol{\delta}^{\mathrm{T}}B\boldsymbol{\delta}),$$

其中 $\boldsymbol{\delta}=\left(\dfrac{\partial g(\boldsymbol{x})}{\partial x_1},\dfrac{\partial g(\boldsymbol{x})}{\partial x_2},\cdots,\dfrac{\partial g(\boldsymbol{x})}{\partial x_k}\right)^{\mathrm{T}},B=\big(E[(X^{r_i}-\mu_{r_i})(X^{r_j}-\mu_{r_j})]\big)_{k\times k}$.

由于样本中心矩是样本原点矩的多项式, 总体中心矩是总体原点矩的多项式, 故定理 2.2.2 的结论仍适用.

例 2.2.2 设 $X_1,X_2,\cdots,X_n$ 为来自总体 X 的独立同分布样本, 求样本变异系数 $S_n/\bar{X}_n$ 的极限分布.

解 记 $\sigma^2=\mathrm{Var}(X)$. 由于总体变异系数为

$$\sigma/\mu_1=\sqrt{\mu_2-\mu_1^2}/\mu_1,$$

则取 $g(x_1,x_2)=\sqrt{x_2-x_1^2}/x_1$. 由于它连续可微, 则由定理 2.2.2 可得

$$\sqrt{n}\left(\frac{S_n}{\bar{X}_n}-\frac{\sigma}{\mu_1}\right)\xrightarrow{\mathrm{d}}N(0,\lambda^2),$$

其中

$$\lambda^2=\frac{\mu_1^2(\nu_4-\nu_2^2)-4\mu_1\nu_2\nu_3+4\nu_2^3}{4\mu_1^4\nu_2}.$$

当总体分布为 $N(\mu,\sigma^2)$ 时, 上述极限分布的方差 $\lambda^2=(\mu^2+2\sigma^2)\sigma^2/(2\mu^4)$. □

2.3 最大似然估计

最大似然估计 (MLE) 最早由德国数学家 Gauss 在 1821 年针对正态分布提出, 之后 Fisher 于 1922 年提出了一般分布下的最大似然估计. 本节将给出最大似然估计的定义和某些性质, 以及求取某些复杂情况下最大似然估计的一种有效算法——EM 算法.

2.3.1 MLE 的定义

在给出最大似然估计定义之前, 先通过下面例子解释最大似然的基本思想.

例 2.3.1 假设一个罐中有白球和黑球, 且二者数目之比为 1:3, 但不知哪种颜色的球多. 现通过返回抽样方法估计罐中黑球数目的比例 p.

解 记从罐中返回抽取 n 次时, 抽到的黑球个数为 X. 则由概率论知识有, $X \sim B(n,p)$, 即

$$P(x;p) \overset{\text{def}}{=} P(X=x|p) = \begin{pmatrix} n \\ x \end{pmatrix} p^x(1-p)^{n-x}. \qquad (*)$$

由于 p 等于 1/4 或 3/4, 故抽样的目的在于通过样本值 X 的大小来估计 p, 记 p 的估计为 $\hat{p}(X)$. 为此, 我们先看一个 $n=3$ 的简单情况. 此时, 对于不同的样本值 x, $(*)$ 式的概率见表 2.3.1.

表 2.3.1 最大似然原理

x	0	1	2	3
$P\left(x;\dfrac{3}{4}\right)$	$\dfrac{1}{64}$	$\dfrac{9}{64}$	$\dfrac{27}{64}$	$\dfrac{27}{64}$
$P\left(x;\dfrac{1}{4}\right)$	$\dfrac{27}{64}$	$\dfrac{27}{64}$	$\dfrac{9}{64}$	$\dfrac{1}{64}$

由表 2.3.1 可以看出, 当 $x=0$ 时, 因为 $\dfrac{27}{64} \gg \dfrac{1}{64}$, 所以认为 p 取 $\dfrac{1}{4}$ 更有可能, 或看起来更像. 于是, 取 $\hat{p}(0)=\dfrac{1}{4}$ 比 $\hat{p}(0)=\dfrac{3}{4}$ 更合理. 基于这样的思想, 得到 p 的一个合理估计:

$$\hat{p}(x) = \begin{cases} \dfrac{1}{4}, & x=0,1, \\ \dfrac{3}{4}, & x=2,3. \end{cases}$$

实际上, 上述估计的合理性可如下解释: 概率最大的事件最有可能发生, 即估计值 $\hat{p}(x)$ 满足不等式:

$$P(X=x|\hat{p}(x)) \geqslant P(X=x|p'),\ \forall\ p',\ \forall x.$$

这就是我们要讲的最大似然的基本思想. □

定义 2.3.1 (似然函数 (likelihood function)) 设 $X_1, X_2, \cdots, X_n$ 为来自总体分布 $f(x;\boldsymbol{\theta})$ 的样本, 其中参数 $\boldsymbol{\theta} \in \Theta \subset \mathbb{R}^k$, 记样本分布为 $f(\boldsymbol{x};\boldsymbol{\theta})$. 则对于给定的样本观测值 $\boldsymbol{x}=(x_1,x_2,\cdots,x_n)$, 称 $f(\boldsymbol{x};\boldsymbol{\theta})$ 为参数 $\boldsymbol{\theta}$ 的似然函数, 并记之为

$$L(\boldsymbol{\theta};\boldsymbol{x}) = f(\boldsymbol{x};\boldsymbol{\theta}),\ \forall\ \boldsymbol{\theta} \in \Theta.$$

称 $\ln L(\boldsymbol{\theta};\boldsymbol{x})$ 为对数似然函数, 记为 $l(\boldsymbol{\theta};\boldsymbol{x})$ 或 $l(\boldsymbol{\theta})$.

从定义可以看出, 似然函数就是样本分布, 但二者的含义却不同:

- 样本分布表示给定参数 $\boldsymbol{\theta}$ 下, 样本取值的概率, 它是样本的函数, 定义域为样本空间 $\mathcal{X}$.
- 似然函数表示给定样本值 $\boldsymbol{x}$ 后, 参数 $\boldsymbol{\theta}$ 的取值可能, 其定义域为参数空间 Θ.

如果把参数 $\boldsymbol{\theta}$ 和样本分别看作“原因”和“结果”, 则可以理解为: 当给定参数后, 样本分布告诉我们哪个样本将以多大的概率被观测到; 反过来, 当有了样本后, 似然函数将告诉我们如何最有可能地估计参数 $\boldsymbol{\theta}$.

“似然”的英文含义是“看起来像”, 之所以称为似然函数, 就是要利用这个函数得到参数看起来更合理的估计, 即下面的最大似然估计.

为书写简单, 在不引起混淆的情况下, 我们以 $\boldsymbol{X}$ 表示样本 $X_1, X_2, \cdots, X_n$, 而 $\boldsymbol{x}$ 表示样本 $\boldsymbol{X}$ 的取值.

定义 2.3.2 (MLE) 设 $X_1, X_2, \cdots, X_n$ 为来自总体 X 的样本, 且总体概率分布为 $f(x;\boldsymbol{\theta})$, 其中 $\boldsymbol{\theta} \in \Theta \subset \mathbb{R}^k$ 是参数, 且记 $\bar{\Theta}$ 为 Θ 的闭包. 如 $\hat{\boldsymbol{\theta}}(\boldsymbol{x})$ 满足

$$L(\hat{\boldsymbol{\theta}}(\boldsymbol{x});\boldsymbol{x}) = \sup_{\boldsymbol{\theta}\in\bar{\Theta}} L(\boldsymbol{\theta};\boldsymbol{x}), \tag{2.3.1}$$

或等价地满足

$$l(\hat{\boldsymbol{\theta}}(\boldsymbol{x});\boldsymbol{x}) = \sup_{\boldsymbol{\theta}\in\bar{\Theta}} l(\boldsymbol{\theta};\boldsymbol{x}), \tag{2.3.2}$$

则称 $\hat{\boldsymbol{\theta}}(\boldsymbol{X})$ 为 $\boldsymbol{\theta}$ 的 MLE.

从上一定义可以看出, 求某参数的 MLE, 就是求 (2.3.1) 或 (2.3.2) 式的极值问题. 如果似然函数 $L(\boldsymbol{\theta};\boldsymbol{x})$ 关于 $\boldsymbol{\theta}$ 可微, 则 $\boldsymbol{\theta}$ 的 MLE 可以通过解方程

$$\frac{\partial L(\boldsymbol{\theta};\boldsymbol{x})}{\partial \boldsymbol{\theta}_j} = 0,\ j = 1, 2, \cdots, k, \tag{2.3.3}$$

或解方程

$$\frac{\partial l(\boldsymbol{\theta};\boldsymbol{x})}{\partial \boldsymbol{\theta}_j} = 0,\ j = 1, 2, \cdots, k \tag{2.3.4}$$

求得. 在统计上, 称方程 (2.3.3) 或 (2.3.4) 为似然方程或对数似然方程.

注 2.3.1 在上述定义中, 极值在参数空间闭包上求取的原因在于, 如果参数空间 Θ 为开集, 则似然函数的最大值有可能在边界上达到, 从而导致在参数空间 Θ 中无最大值解.

例 2.3.2 设 $X_1, X_2, \cdots, X_n$ 为来自正态总体 $N(\mu, \sigma^2)$ 的独立同分布样本, 求 μ 和 σ^2 的 MLE.

解　此时的似然函数为

$$L(\mu,\sigma^2;\boldsymbol{x})=\frac{1}{(\sqrt{2\pi}\sigma)^n}\exp\left\{-\frac{1}{2\sigma^2}\sum_{i=1}^n(x_i-\mu)^2\right\},$$

其对数似然函数为

$$l(\mu,\sigma^2;\boldsymbol{x})=-\frac{n}{2}\ln(2\pi)-\frac{n}{2}\ln\sigma^2-\frac{1}{2\sigma^2}\sum_{i=1}^n(x_i-\mu)^2,$$

两边分别对 μ 和 σ^2 求导, 再令其为零, 则得到如下的似然方程:

$$\begin{cases}\dfrac{\partial l}{\partial\mu}=\dfrac{1}{\sigma^2}\displaystyle\sum_{i=1}^n(x_i-\mu)=0,\\ \dfrac{\partial l}{\partial\sigma^2}=-\dfrac{n}{2\sigma^2}+\dfrac{1}{2\sigma^4}\displaystyle\sum_{i=1}^n(x_i-\mu)^2=0,\end{cases}$$

由此求得其根为

$$\begin{cases}\mu=\bar{x},\\ \sigma^2=s_{n*}^2=\dfrac{1}{n}\displaystyle\sum_{i=1}^n(x_i-\bar{x})^2,\end{cases}$$

容易验证上述两根的确使其似然达到最大, 于是, 所求的 MLE 为

$$\hat{\mu}=\bar{X},\quad\hat{\sigma}^2=S_{n*}^2.$$ □

比较例 2.2.1 与例 2.3.2 知道, 对于正态总体, 总体均值与方差的矩估计和 MLE 是一样的.

例 2.3.3　设 $X_1,X_2,\cdots,X_n$ 为来自均匀分布 $U(0,\theta)$ 的独立同分布样本, 求参数 θ 的 MLE.

解　此时的似然函数为

$$L(\theta;\boldsymbol{x})=\prod_{i=1}^n f(x_i;\theta)=\begin{cases}\dfrac{1}{\theta^n}, & 0<\max\limits_{1\leqslant i\leqslant n}x_i<\theta,\\ 0, & \text{其他}.\end{cases}$$

从图 2.3.1 可以看出, 此似然函数是截断型的, 故不连续, 不能用求导法. 但从其形式上看, $L(\theta;\boldsymbol{x})$ 是 θ 的单调下降函数, 而当 $\theta=\max\limits_{1\leqslant i\leqslant n}x_i$ 时, $L(\theta;\boldsymbol{x})$ 取得最大值, 于是 $\hat{\theta}=X_{(n)}$ 是 θ 的 MLE. □

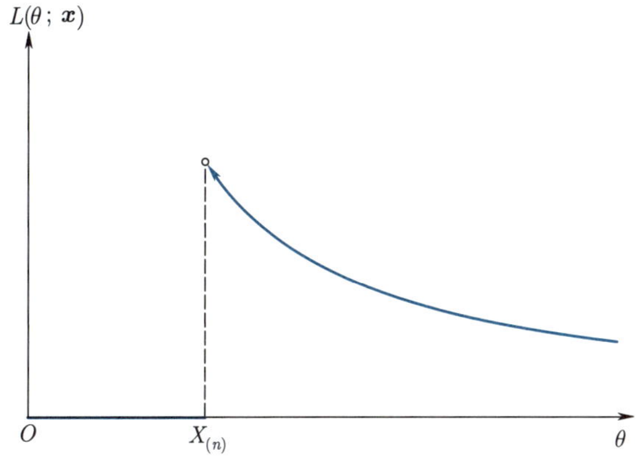

图 2.3.1 例 2.3.3 的似然函数

由例 2.1.6 知道, $\dfrac{n+1}{n}X_{(n)}$ 是 θ 的 UMVUE, 这就说明, 此时 θ 的 MLE 并不是 UMVUE.

注 2.3.2 从前面的例子可以看出, MLE 是充分统计量的函数. 实际上, 如果 T 是充分统计量, 则由因子分解定理可知, $f(\boldsymbol{x};\theta)=g_\theta(T(\boldsymbol{x}))h(\boldsymbol{x})$, 于是, $l(\theta;\boldsymbol{x}) = \ln g_\theta(T(\boldsymbol{x})) + \ln h(\boldsymbol{x})$, 由此可见, 为使对数似然达到最大, 只需使 $g_\theta(T(\boldsymbol{x}))$ 达到最大, 所以, MLE 肯定是充分统计量 $T(\boldsymbol{X})$ 的函数.

最大似然估计即使存在, 也可能不唯一, 见下例.

例 2.3.4 设 $X_1, X_2, \cdots, X_n$ 为来自 $U(\theta,\theta+1)$ 的独立同分布样本, $\theta\in\mathbb{R}$, 求 θ 的 MLE.

解 此时其似然函数为

$$L(\theta;\boldsymbol{x})=\begin{cases}1, & \theta\leqslant x_{(1)}\leqslant x_{(n)}\leqslant\theta+1,\\ 0, & \text{其他}.\end{cases}$$

由于此时的似然函数在不为零的区域上是常数, 故只要 θ 不超过 $x_{(1)}$, 且 $\theta+1$ 不小于 $x_{(n)}$, 其似然函数均达到最大值 1, 故 θ 的 MLE 不止一个, 在区间 $[X_{(n)}-1, X_{(1)}]$ 中的任何一个均是 θ 的 MLE. □

例 2.3.5 设 $X_1, X_2, \cdots, X_n$ 为来自 Cauchy 分布 $C(\theta,1)$ 的独立同分布样本, 其总体概率密度为

$$f(x;\theta)=\frac{1}{\pi[1+(x-\theta)^2]},\ x\in\mathbb{R},\theta\in\mathbb{R}.$$

求 θ 的 MLE.

解　由于似然函数

$$L(\theta;\boldsymbol{x})=\frac{1}{\pi^n}\frac{1}{\prod\limits_{i=1}^{n}[1+(x_i-\theta)^2]}$$

非负, 且随着 $\theta\to\infty$, 而趋于 0, 故肯定有最大值.

其对数似然函数为

$$l(\theta;\boldsymbol{x})=-n\ln\pi-\sum_{i=1}^{n}\ln[1+(x_i-\theta)^2],$$

由于它可导, 故其最大值为下面的对数似然方程的解:

$$g(\theta)\overset{\text{def}}{=}\sum_{i=1}^{n}\frac{x_i-\theta}{1+(x_i-\theta)^2}=0. \tag{$*$}$$

由于此对数似然方程没有显式解, 故只能利用迭代法求解. 为求 $(*)$ 式的对数似然方程的解, 我们采用 Newton-Raphon 迭代算法. 由于其导数为

$$g'(\theta)=\frac{\partial g(\theta)}{\partial\theta}=\sum_{i=1}^{n}\frac{(x_i-\theta)^2-1}{[1+(x_i-\theta)^2]^2},$$

故第 $k+1$ 步迭代解为

$$\theta_{k+1}=\theta_k-\frac{g(\theta_k)}{g'(\theta_k)}.$$

重复以上迭代, 直到绝对误差 $|\theta_{k+1}-\theta_k|$ 或相对误差 $\dfrac{|\theta_{k+1}-\theta_k|}{|\theta_k|}$ 满足事先给定的误差. □

但利用迭代法求取 MLE 时必须注意到, 迭代算法的结果依赖于初值的选取, 故无法保证所求得之值确为最大值点, 而可能是局部极大值. 此时, 一个最简单的方法就是尝试多个不同初值, 之后再比较哪个似然函数最大.

由例 2.3.2 知道, 修正的样本方差 S_{n*}^2 是总体方差的 MLE, 一个自然问题是: 修正的样本标准差 S_{n*} 是总体标准差的 MLE 吗? 此时, 一个一般问题是: 如参数 $\boldsymbol{\theta}$ 的 MLE 为 $\hat{\boldsymbol{\theta}}$, 则对于给定的函数 $g(\cdot)$, 参数 $g(\boldsymbol{\theta})$ 的 MLE 是 $g(\hat{\boldsymbol{\theta}})$ 吗?

答案是肯定的. 但如果函数 g 不是一一对应, 需要对似然函数做一简单修正. 设 $\boldsymbol{\theta}\in\Theta\subset\mathbb{R}^k$, 似然函数为 $L(\boldsymbol{\theta})$, 对于函数 $g(\cdot)$, 定义

$$\boldsymbol{\psi}=g(\boldsymbol{\theta})\in\Psi\subset\mathbb{R}^r,$$

其中 $r\leqslant k$. 注意到 $\boldsymbol{\psi}$ 的取值空间可能比 $\boldsymbol{\theta}$ 的取值空间小, 即在空间 Ψ 上的一个点 $\boldsymbol{\psi}$, 可能对应着 Θ 上的许多点. 为了求 $\boldsymbol{\psi}$ 的 MLE, 先定义关于它的似然函数如下:

定义 2.3.3 (导出似然) 对于 $\psi \in \Psi$, 如记 $g^{-1}(\psi) = \{\boldsymbol{\theta} : g(\boldsymbol{\theta}) = \psi\}$, 则参数 ψ 的导出似然定义为

$$L^*(\psi) = \max_{\{\boldsymbol{\theta}: g(\boldsymbol{\theta}) = \psi\}} L(\boldsymbol{\theta}) = \max_{\boldsymbol{\theta} \in g^{-1}(\psi)} L(\boldsymbol{\theta}). \tag{2.3.5}$$

则我们称

$$\hat{\psi} = \arg\max_{\psi \in \Psi} L^*(\psi)$$

为 ψ 的 MLE.

有了上述定义, 则有

$$L^*(\hat{\psi}) = \max_{\boldsymbol{\theta} \in g^{-1}(\hat{\psi})} L(\boldsymbol{\theta}) = \max_{\psi \in \Psi} L^*(\psi) \geqslant \max_{\boldsymbol{\theta} \in g^{-1}(\psi)} L(\boldsymbol{\theta}) = L^*(\psi).$$

从而有如下被称为最大似然估计变换不变的定理:

定理 2.3.1 设样本来自参数分布族 $f(x; \boldsymbol{\theta})$, $\boldsymbol{\theta} \in \Theta \subset \mathbb{R}^k$. 如果参数 $\boldsymbol{\theta}$ 的最大似然估计为 $\hat{\boldsymbol{\theta}}$, 则参数 $\psi = g(\boldsymbol{\theta}) \in \Psi \subset \mathbb{R}^r$ 的 MLE 为 $\hat{\psi} = g(\hat{\boldsymbol{\theta}})$, 其中 $r \leqslant k$.

2.3.2 MLE 的相合性

为简单, 本小节只考虑单参数情况, 且设参数空间 Θ 是一个开区间. 另外, 假设 n 个样本独立同分布, 总体概率分布为 $f(x; \theta)$, 且在参数空间 Θ 上关于 θ 可导. 记对数似然函数为 $l(\theta; \boldsymbol{x}) = \sum\limits_{i=1}^{n} \ln f(x_i; \theta)$.

定理 2.3.2 记 θ_0 为参数真值, 且设

$$E_{\theta_0}(|\ln f(X; \theta_0)|) < \infty. \tag{2.3.6}$$

则以概率 1 当 n 充分大时, 可找到对数似然方程

$$\frac{\partial l(\theta; \boldsymbol{x})}{\partial \theta} = 0 \tag{2.3.7}$$

之一根 $\hat{\theta}_n(\boldsymbol{x})$, 满足

$$\hat{\theta}_n(\boldsymbol{X}) \longrightarrow \theta_0, \text{ a.s. } P_{\theta_0}, \tag{2.3.8}$$

其中 P_{θ_0} 表示样本 $\boldsymbol{X}$ 在参数真值 θ_0 处的概率分布. 又若 (2.3.6) 式对一切 $\theta_0 \in \Theta$ 均成立, 且存在 θ 的一个强 (弱) 相合估计 $\tilde{\theta}_n$, 则存在 θ 的一个强 (弱) 相合估计, 是对数似然方程 (2.3.7) 的一个根.

证明请参见陈希孺 (2009) 第 150—152 页. 另外, 陈希孺 (2009) 也研究了某些情况下, 对数似然方程的解与强相合估计间的关系.

注 2.3.3　"以概率 1 当 n 充分大时 (2.3.8) 式成立" 的含义如下: 存在 $\mathcal{X}^\infty$ 中的一个可测集 A, $P_{\theta_0}^\infty(A)=1$, 且当样本点 $(X_1,X_2,\cdots)\in A$ 时, 存在自然数 N, 使得当 $n>N$ 时, 对数似然方程 (2.3.7) 有一根 $\hat\theta_n(X_1,X_2,\cdots,X_n)$ 满足 $\lim\limits_{n\to\infty}\hat\theta_n(X_1,X_2,\cdots,X_n)=\theta_0$.

我们注意到, 由似然方程的根求得的 MLE 也可能是局部极大值, 也存在不相合的情况. 见下面的例子.

例 2.3.6　设 $X_1,X_2,\cdots,X_n$ 是来自两点分布

$$P(X=1)=1-P(X=0)=\begin{cases}\theta, & \theta\text{为有理数},\\ 1-\theta, & \theta\text{为无理数}\end{cases}$$

的独立同分布样本, 其中 $0<\theta<1$ 为参数. 讨论 θ 的 MLE 的相合性.

解　此时似然函数为

$$L(\theta;\boldsymbol{x})=\begin{cases}\theta^{\sum\limits_{i=1}^n x_i}(1-\theta)^{n-\sum\limits_{i=1}^n x_i}, & \theta\text{为有理数},\\ \theta^{n-\sum\limits_{i=1}^n x_i}(1-\theta)^{\sum\limits_{i=1}^n x_i}, & \theta\text{为无理数}.\end{cases}$$

由此可以求出 θ 的 MLE 为 $\hat\theta=\sum\limits_{i=1}^n X_i/n$. 但由大数定律知,

$$\frac{\sum\limits_{i=1}^n X_i}{n}\xrightarrow{\text{P}}\begin{cases}\theta, & \theta\text{为有理数},\\ 1-\theta, & \theta\text{为无理数},\end{cases}$$

由此可知此时的 MLE 并不是 θ 的相合估计. □

虽然最大似估计的相合性需要一些条件才能成立, 但多数情况下, 存在着强相合的最大似然估计, 关于这方面的结果, 请参见陈希孺 (2009) 之 4.3.3 小节给出的较详细的讨论. 下面给出最大似然估计相合渐近正态性的简洁证明, 严格的论述也请参见陈希孺 (2009).

定理 2.3.3 (最大似然的 CAN)　设总体 X 的概率分布 $f(x;\theta)$ 满足:

(1) 在参数真值 θ_0 的邻域内, $\partial^i\ln f(x;\theta)/\partial\theta^i$, $i=1,2,3$ 存在;

(2) 在参数真值 θ_0 的邻域内, $|\partial^3\ln f(x;\theta)/\partial\theta^3|\leqslant H(x)$, 且 $E[H(X)]<\infty$;

(3) 在参数真值 θ_0 处,

$$E_{\theta_0}\left[\frac{f'(X;\theta_0)}{f(X;\theta_0)}\right]=0,\ E_{\theta_0}\left[\frac{f''(X;\theta_0)}{f(X;\theta_0)}\right]=0,\ I(\theta_0)=E_{\theta_0}\left[\frac{f'(X;\theta_0)}{f(X;\theta_0)}\right]^2>0.$$

则存在 θ 的 BAN 估计 $\hat\theta_n$, 它以概率 1 当 n 充分大时为似然方程的解, 即

$$\sqrt{n}(\hat\theta_n-\theta_0)\xrightarrow{\text{d}}N(0,I^{-1}(\theta_0)).\tag{2.3.9}$$

证明 由已知条件, $\hat{\theta}_n$ 为似然方程的相合解. 将 $\partial l(\theta;\boldsymbol{x})/\partial\theta$ 在 θ_0 处 Taylor 展开, 有

$$\frac{\partial l}{\partial\theta}=\frac{\partial l}{\partial\theta}\Big|_{\theta_0}+\frac{\partial^2 l}{\partial\theta^2}\Big|_{\theta_0}(\theta-\theta_0)+\frac{\partial^3 l}{\partial\theta^3}\Big|_{\theta_1}\frac{(\theta-\theta_0)^2}{2},$$

其中 θ_1 介于 θ 与 θ_0 之间. 在上式中取 θ 的值为 $\hat{\theta}_n$, 由于 $\hat{\theta}_n$ 是 θ_0 的相合估计, 故可知 $\theta_1\xrightarrow{\text{P}}\theta_0$, 于是

$$0=\frac{\partial l}{\partial\theta}\Big|_{\hat{\theta}_n}=\frac{\partial l}{\partial\theta}\Big|_{\theta_0}+(\hat{\theta}_n-\theta_0)\left[\frac{\partial^2 l}{\partial\theta^2}\Big|_{\theta_0}+O_p(\hat{\theta}_n-\theta_0)\right],$$

上式中的 O_p 是由条件 (2) 及上述的相合性得到的. 由此式可以得到

$$\sqrt{n}(\hat{\theta}_n-\theta_0)=\frac{-\sqrt{n}\dfrac{1}{n}\dfrac{\partial l}{\partial\theta}|_{\theta_0}}{\dfrac{1}{n}\left[\dfrac{\partial^2 l}{\partial\theta^2}|_{\theta_0}+O_p(\hat{\theta}_n-\theta_0)\right]}. \tag{$*1$}$$

注意到

$$\frac{\partial l}{\partial\theta}\Big|_{\theta_0}=\sum_{i=1}^n\frac{f'(x_i;\theta_0)}{f(x_i;\theta_0)},\quad \frac{\partial^2 l}{\partial\theta^2}\Big|_{\theta_0}=\sum_{i=1}^n\left\{\frac{f''(x_i;\theta_0)}{f(x_i;\theta_0)}-\left[\frac{f'(x_i;\theta_0)}{f(x_i;\theta_0)}\right]^2\right\}.$$

因为 $E_{\theta_0}\left[\dfrac{f'(X;\theta_0)}{f(X;\theta_0)}\right]=0, \mathrm{Var}_{\theta_0}\left[\dfrac{f'(X;\theta_0)}{f(X;\theta_0)}\right]=I(\theta_0)$, 所以, 由中心极限定理有

$$\frac{1}{\sqrt{n}}\frac{\partial l}{\partial\theta}\Big|_{\theta_0}\xrightarrow{\text{d}}N(0,I(\theta_0)). \tag{$*2$}$$

由条件 (3) 及大数定律知

$$\frac{1}{n}\frac{\partial^2 l}{\partial\theta^2}\Big|_{\theta_0}\xrightarrow{\text{P}}-I(\theta_0). \tag{$*3$}$$

结合 $(*1)$,$(*2)$,$(*3)$ 和 Slutsky(斯卢茨基) 定理, 有 (2.3.9) 式. □

注 2.3.4 当总体分布为 (1.3.6) 式给出的指数型分布, 且自然参数空间有内点时, 陈希孺 (2009) 证明: 在一定条件下, 以概率 1 当 n 充分大时, 对数似然方程有唯一解 $\hat{\theta}_n$, 它是 θ 的强相合估计, 也是 BAN 估计.

例 2.3.7 设 $X_1,X_2,\cdots,X_n$ 为来自正态总体 $N(\mu,\sigma^2)$ 的独立同分布样本, 证明 σ^2 的最大似然估计 S_{n*}^2 是总体方差的 BAN 估计.

证明 由前述内容可知, $nS_{n*}^2/\sigma^2\sim\chi^2(n-1)$, 故

$$E(S_{n*}^2)=\frac{n-1}{n}\sigma^2,\quad \mathrm{Var}(S_{n*}^2)=\frac{2(n-1)\sigma^4}{n^2}.$$

由此可知, S_{n*}^2 是 σ^2 的相合估计. 下证是 BAN 估计.

在定理 1.3.2 中, 通过正交变换后, 修正的样本方差可写成如下形式:

$$nS_{n*}^2 = \sum_{i=2}^{n} Y_i^2,$$

其中 $Y_2, Y_3, \cdots, Y_n \sim N(0, \sigma^2)$, 相互独立. 由中心极限定理可知

$$\frac{\sum\limits_{i=2}^{n} Y_i^2}{\sqrt{2(n-1)\sigma^4}} \xrightarrow{\mathrm{d}} N(0,1).$$

因此,

$$\sqrt{n}S_{n*}^2 \xrightarrow{\mathrm{d}} N(0, 2\sigma^4),$$

即 $S_{n*}^2 \sim AN(0, 2\sigma^4/n)$. 而由例 2.1.10 知, 此时关于 σ^2 的 Fisher 信息量为 $1/(2\sigma^4)$, 由此可知, S_{n*}^2 是 σ^2 的 BAN 估计. □

对于不满足定理 2.3.3 条件的总体分布, 如截断型分布, 其 MLE 的极限分布也不是正态, 比如对于均匀分布 $U(0,\theta)$ 总体, θ 的 MLE 是极大次序统计量 $X_{(n)}$, 可以证明, 它的极限分布不是正态, 而是一种极值分布.

另外, 虽然在多数情况下, MLE 是 BAN 估计, 但它不一定是无偏估计, 而是渐近无偏估计, 故也不一定是 UMVUE. 如对于均匀分布总体 $U(0,\theta)$, $\hat{\theta} = X_{(n)}$ 是 θ 唯一的 MLE, 但由于 $P(X_{(n)} < \theta) = 1$, 故它总是低估 θ.

再者, 最大似然估计强烈依赖总体分布已知, 如在某些问题中, 总体分布未知, 则无法求得参数的最大似然估计. 基于此, A. B. Owen (欧文) 于 1988 年提出了经验似然 (empirical likelihood) 方法, 从某些角度看, 它是似然思想在非参数中的拓展. 有兴趣的读者可参见 Owen (2001).

2.3.3 EM 算法

如例 2.3.5 所示, 在求 MLE 时, 有可能需要迭代方法. 然而在某些情况下, 如分布中有讨厌参数或数据有缺失或截尾, MLE 的求取就比较困难. 于是 Dempster et al. (1977) 提出了 EM 算法, 它把求 MLE 的过程分两步: 第一步求期望, 以便把讨厌的部分去掉; 第二步求极大值. 在某些参考文献中也称之为最大期望算法. 下面以一个例子说明 EM 算法是如何进行的.

例 2.3.8 设总体服从多项分布

$$\begin{pmatrix} 1 & 2 & 3 & 4 \\ \dfrac{1}{2}+\dfrac{\theta}{4} & \dfrac{1-\theta}{4} & \dfrac{1-\theta}{4} & \dfrac{\theta}{4} \end{pmatrix},$$

其中 $\theta \in (0,1)$, 现进行 197 次独立观测, 四种结果出现的次数分别为 125, 18, 20, 34. 求 θ 的 MLE.

解 以 X_1, X_2, X_3, X_4 分别记四种结果在 n 次独立抽样后出现的次数, 则此时似然函数

$$L(\theta;\boldsymbol{x}) \propto \left(\frac{1}{2}+\frac{\theta}{4}\right)^{x_1}\left(\frac{1-\theta}{4}\right)^{x_2}\left(\frac{1-\theta}{4}\right)^{x_3}\left(\frac{\theta}{4}\right)^{x_4} \propto (2+\theta)^{x_1}(1-\theta)^{x_2+x_3}\theta^{x_4},$$

由此可知, 其对数似然方程是关于 θ 的二次三项式. 但可以通过引入一个变量 Z, 使求解变得比较容易.

假设第一种观测结果可以分成两部分, 其发生概率分别为 $1/2$ 和 $\theta/4$, 令 Z 和 X_1-Z 分别表示这两部分出现的次数. 显然, Z 是人为引入的, 它是不可观测的 (在文献中称之为潜在变量 (latent variable)). 数据 $(\boldsymbol{X}, Z)$ 被称为完全数据 (complete data), 观测到的数据 $\boldsymbol{X}$ 称为不完全数据. 此时, 完全数据的似然函数为

$$\begin{aligned}L(\theta|\boldsymbol{x},z) &\propto \left(\frac{1}{2}\right)^{z}\left(\frac{\theta}{4}\right)^{x_1-z}\left(\frac{1-\theta}{4}\right)^{x_2}\left(\frac{1-\theta}{4}\right)^{x_3}\left(\frac{\theta}{4}\right)^{x_4}\\ &\propto \theta^{x_1-z+x_4}(1-\theta)^{x_2+x_3},\end{aligned}$$

其对数似然函数为

$$l(\theta|\boldsymbol{x},z) \propto (x_1-z+x_4)\ln\theta + (x_2+x_3)\ln(1-\theta).$$

如果 $\boldsymbol{X}, Z$ 均能观测到, 则由上式很容易求得 θ 的 MLE, 但遗憾的是, 我们仅观测到了 $\boldsymbol{X}$, 而无法观测到 Z 的值. 然而, 当 $X_1 = x_1$ 及 θ 已知时, $Z \sim B(x_1, 2/(2+\theta))$ (其原因见后面的注 2.3.5). 于是, Dempster 等人建议分如下两步求 θ 的最大似然估计:

E 步: 在给定 $\boldsymbol{X} = \boldsymbol{x}$ 及 $\theta = \theta^{(i)}$ 的条件下, 求完全数据对数似然关于潜在变量 Z 的期望:

$$Q(\theta|\boldsymbol{x},\theta^{(i)}) = E_Z[l(\theta|\boldsymbol{x},Z)]; \tag{2.3.10}$$

M 步: 求 $Q(\theta|\boldsymbol{x},\theta^{(i)})$ 关于 θ 的最大值 $\theta^{(i+1)}$, 即

$$\theta^{(i+1)} = \arg\max_{\theta} Q(\theta|\boldsymbol{x},\theta^{(i)}). \tag{2.3.11}$$

重复 (2.3.10) 和 (2.3.11) 式给出的 E 步与 M 步, 直至收敛即可得到 θ 的 MLE.

对于本问题, 其 E 步为

$$\begin{aligned}Q(\theta|\boldsymbol{x},\theta^{(i)}) &\propto [x_1 - E_Z(Z|\boldsymbol{x},\theta=\theta^{(i)}) + x_4]\ln\theta + (x_2+x_3)\ln(1-\theta)\\ &= \{x_1 - 2x_1/[2+\theta^{(i)}] + x_4\}\ln\theta + (x_2+x_3)\ln(1-\theta),\end{aligned}$$

其 M 步, 即上式两边关于 θ 求导, 并令其等于 0, 可求得

$$\theta^{(i+1)}=\frac{x_1\theta^{(i)}+x_4[\theta^{(i)}+2]}{x_1\theta^{(i)}+(x_2+x_3+x_4)[\theta^{(i)}+2]}=\frac{159\theta^{(i)}+68}{197\theta^{(i)}+144}.$$

如取 $\theta^{(0)}=0.5$, 则四步迭代后可求得 θ 的 MLE 为 0.626 8. □

注 2.3.5 在 $X_1=x_1$ 的条件下, $Z\sim B(x_1,2/(2+\theta))$ 的原因: 以 A_1 表示第一种结果出现的事件, B_1,B_2 分别表示我们所定义的两个事件, $A_1=B_1\cup B_2$. 由定义知它们是独立的, 且 $P(A_1)=\dfrac{1}{2}+\dfrac{\theta}{4}, P(B_1)=1/2, P(B_2)=\theta/4$, 则可知 $P(B_1|A_1)=P(B_1)/P(A_1)=2/(2+\theta)$.

注 2.3.6 在 (2.3.10) 式右边的期望是关于 Z 在 $\theta=\theta^{(i)}$ 的条件下求取的, 而其余的参数不变, 故左边与 $\theta^{(i)}$ 有关.

关于上述算法的收敛性, 有如下的结论:

定理 2.3.4 对于上述的 EM 算法, 有

$$l(\theta^{(i+1)};\boldsymbol{x})\geqslant l(\theta^{(i)};\boldsymbol{x})\geqslant 0, \tag{2.3.12}$$

其中 $l(\theta;\boldsymbol{x})$ 为不完全数据, 即样本 $\boldsymbol{X}$ 的对数似然函数, 即 $l(\theta;\boldsymbol{x})=\ln f(\boldsymbol{x};\theta)$.

证明 为了方便, 改写前面的记号如下:

不完全数据, 即观测数据 $\boldsymbol{X}$ 的概率分布和对数似然函数分别为 $f(\boldsymbol{x}|\theta)$ 和 $l(\theta|\boldsymbol{x})$; 完全数据 $(\boldsymbol{X},Z)$ 的概率分布和对数似然函数分别为 $f(\boldsymbol{x},z|\theta)$ 和 $l(\theta|\boldsymbol{x},z)$.

由条件分布公式知, 在 $(\boldsymbol{X},\theta)$ 已知时, Z 的条件概率分布为 $f(z|\boldsymbol{x},\theta)=\dfrac{f(\boldsymbol{x},z|\theta)}{f(\boldsymbol{x}|\theta)}$, 于是, $f(\boldsymbol{x}|\theta)=\dfrac{f(\boldsymbol{x},z|\theta)}{f(z|\boldsymbol{x},\theta)}$, 两边取对数后有

$$l(\theta|\boldsymbol{x})=l(\theta|\boldsymbol{x},z)-\ln f(z|\boldsymbol{x},\theta),$$

上式两边求 Z 在 $(\boldsymbol{X},\theta=\theta^{(i)})$ 给定下的条件期望:

$$l(\theta|\boldsymbol{x})=Q(\theta|\boldsymbol{x},\theta^{(i)})-\int f(z|\boldsymbol{x},\theta^{(i)})\ln f(z|\boldsymbol{x},\theta)\mathrm{d}z, \tag{$*1$}$$

在 $(*1)$ 式中, 取 $\theta=\theta^{(i)}$ 和 $\theta^{(i+1)}$, 得到

$$l(\theta^{(i)}|\boldsymbol{x})=Q(\theta^{(i)}|\boldsymbol{x},\theta^{(i)})-\int f(z|\boldsymbol{x},\theta^{(i)})\ln f(z|\boldsymbol{x},\theta^{(i)})\mathrm{d}z, \tag{$*2$}$$

$$l(\theta^{(i+1)}|\boldsymbol{x})=Q(\theta^{(i+1)}|\boldsymbol{x},\theta^{(i)})-\int f(z|\boldsymbol{x},\theta^{(i)})\ln f(z|\boldsymbol{x},\theta^{(i+1)})\mathrm{d}z, \tag{$*3$}$$

$(*3)-(*2)$ 式得到

$$l(\theta^{(i+1)}|\boldsymbol{x})-l(\theta^{(i)}|\boldsymbol{x})$$

$$= Q(\theta^{(i+1)}|\boldsymbol{x},\theta^{(i)}) - Q(\theta^{(i)}|\boldsymbol{x},\theta^{(i)}) - \int \ln\frac{f(z|\boldsymbol{x},\theta^{(i+1)})}{f(z|\boldsymbol{x},\theta^{(i)})}f(z|\boldsymbol{x},\theta^{(i)})\mathrm{d}z,$$

由 EM 算法的 M 步知道, $Q(\theta^{(i+1)}|\boldsymbol{x},\theta^{(i)})-Q(\theta^{(i)}|\boldsymbol{x},\theta^{(i)})\geqslant 0$. 对于第二部分, 由 Jensen 不等式 $(E(\ln X)\leqslant \ln E(X))$,

$$\int \ln\frac{f(z|\boldsymbol{x},\theta^{(i+1)})}{f(z|\boldsymbol{x},\theta^{(i)})}f(z|\boldsymbol{x},\theta^{(i)})\mathrm{d}z \leqslant \ln\int \frac{f(z|\boldsymbol{x},\theta^{(i+1)})}{f(z|\boldsymbol{x},\theta^{(i)})}f(z|\boldsymbol{x},\theta^{(i)})\mathrm{d}z = 0,$$

于是, 知道 $l(\theta^{(i+1)}|\boldsymbol{x})-l(\theta^{(i)}|\boldsymbol{x})\geqslant 0$, 即得证. □

此定理告诉我们, 通过 EM 算法得到的序列 $\theta^{(i)}$, 保证观测样本的对数似然函数 $l(\theta^{(i)}|\boldsymbol{x})$ 单增. 详细的严格证明请参见 Wu (1983).

如以 $\hat{\theta}$ 表示 EM 算法所得到的估计, 则在某些条件下, 其渐近方差近似等于观测数据的 Fisher 信息的倒数, 即

$$I_0^{-1} = \left[-E\left(\frac{\partial^2 \ln f(\boldsymbol{X}|\theta)}{\partial\theta^2}\Big|_{\hat{\theta}}\right)\right]^{-1}.$$

下面考虑数据有缺失, 数据有截尾, 以及混合分布时的简单例子.

例 2.3.9 (数据缺失) 设 X_1, X_2 独立且服从 $Exp(\theta)$, 且观测到 $x_1=5$, 但 x_2 的值缺失. 用 EM 算法求 θ 的最大似然估计.

解 完全数据 (X_1,X_2) 的对数似然函数为

$$l(\theta|\boldsymbol{x}) = \ln f_X(\boldsymbol{x}|\theta) = 2\ln\theta - \theta x_1 - \theta x_2.$$

因为 X_1, X_2 独立, 所以 $E[X_2|X_1,\theta^{(k)}]=E[X_2|\theta^{(k)}]=1/\theta^{(k)}$. 于是,

$$Q(\theta|\theta^{(k)}) = E_{X_2}[l(\theta|X_1=x_1,\theta^{(k)})] = 2\ln\theta - 5\theta - \theta/\theta^{(k)}.$$

M 步即求上式关于 θ 的最大值. 对上式求导, 知 $Q(\theta|\theta^{(k)})$ 关于 θ 的最大值点是 $2/\theta-5-1/\theta^{(k)}=0$ 的根. 于是, 得到 θ 求解的迭代方程

$$\theta^{(k+1)} = \frac{2\theta^{(k)}}{5\theta^{(k)}+1}.$$

给定初始值后, 反复应用上述迭代公式直至收敛, 就得到了 $\hat{\theta}=0.2$ 的估计. □

例 2.3.10 (截尾数据) 假设一种灯泡的寿命服从指数分布 $Exp(\theta)$. 现测试了 n 个灯泡直至它们失效, 记失效的时间为 $x_1,x_2,\cdots,x_n$; 另外, 还独立进行了另一组实验, 测试了 m 个灯泡, 但是单个灯泡的失效时间没有被记录, 只记录在时刻 t 时共有 r 个灯泡失效. 试使用 EM 算法求 θ 的最大似然估计.

解 不妨记这些缺失的失效时间数据为 $z_1,z_2,\cdots,z_m$. 则有如下的联合对数似然函数:

$$l(\theta|\boldsymbol{x},\boldsymbol{z}) = n(\ln\theta - \theta\bar{x}) + \sum_{i=1}^{m}(\ln\theta - \theta z_i).$$

关于 $\boldsymbol{Z}$ 取条件期望, 得到

$$\begin{aligned}Q(\theta|\theta^{(k)}) &= E[l(\theta|\boldsymbol{x},\boldsymbol{z}) \mid \boldsymbol{x},\theta^{(k)}]\\ &= (n+m)\ln\theta - \theta\left\{n\bar{x} + (m-r)\left[t+\frac{1}{\theta^{(k)}}\right] + r\left[\frac{1}{\theta^{(k)}} - \theta^{(k)}\right]\right\},\end{aligned}$$

其中

$$r = \frac{\exp\{-t\theta^{(k)}\}}{1-\exp\{-t\theta^{(k)}\}}.$$

由 M 步得到最大值点 $\theta^{(k+1)}$:

$$\theta^{(k+1)} = (n+m)\left\{n\bar{x} + (m-r)\left[t+\frac{1}{\theta^{(k)}}\right] + r\left[\frac{1}{\theta^{(k)}} - \theta^{(k)}\right]\right\}^{-1}.$$ □

例 2.3.11 (混合模型) 设 X 服从有 g 个成分的混合分布, 其概率分布为

$$f(x|\boldsymbol{\psi}) = \sum_{i=1}^{g} \pi_i f_i(x|\theta_i),$$

其中 $\pi_i > 0$, $\sum\limits_{i=1}^{g} \pi_i = 1$, $f_i(\cdot|\cdot)$ 是已知的概率分布. 记 $\boldsymbol{\psi} = (\pi_1, \pi_2, \cdots, \pi_{g-1}, \boldsymbol{\theta}^{\mathrm{T}})^{\mathrm{T}}$ 和 $\boldsymbol{\theta} = (\theta_1, \theta_2, \cdots, \theta_g)^{\mathrm{T}}$. 求 $\boldsymbol{\psi}$ 的最大似然估计.

解 此时对数似然函数为

$$l(\boldsymbol{\psi}|\boldsymbol{x}) = \sum_{j=1}^{n} \ln f(x_j|\boldsymbol{\psi}) = \sum_{j=1}^{n} \ln\left[\sum_{i=1}^{g} \pi_i f_i(x_j|\theta_i)\right].$$

虽然可用常规方法求 $\boldsymbol{\psi}$ 的 MLE, 但由于概率分布可能比较复杂, 故下面利用 EM 算法求解. 为此, 引入潜在变量 $\boldsymbol{Z} = (\boldsymbol{Z}_1, \boldsymbol{Z}_2, \cdots, \boldsymbol{Z}_n)^{\mathrm{T}}$, 其中 $\boldsymbol{Z}_j = (Z_{1j}, Z_{2j}, \cdots, Z_{gj})$, 且

$$Z_{ij} = \begin{cases} 1, & \text{如样本}X_j\text{来自第}i\text{个成分},\\ 0, & \text{否则}. \end{cases}$$

由此可知 $\boldsymbol{Z}_1, \boldsymbol{Z}_2, \cdots, \boldsymbol{Z}_n$ 是来自多点分布 $\mathrm{Mult}_g(1,\pi)$ 的独立同分布样本. 此时, 完全数据 $(\boldsymbol{X}, \boldsymbol{Z})$ 的对数似然函数为

$$l(\boldsymbol{\psi}|\boldsymbol{x},\boldsymbol{z}) = \sum_{i=1}^{g}\sum_{j=1}^{n} z_{ij}\left[\ln\pi_i + \ln f_i(x_j|\theta_i)\right].$$

E 步, 即在给定 $\boldsymbol{X}$ 及 $\boldsymbol{\psi}$ 下, 求 $l(\boldsymbol{\psi}|\boldsymbol{x},\boldsymbol{z})$ 关于 $\boldsymbol{Z}$ 的条件期望:

$$Q(\boldsymbol{\psi}|\boldsymbol{x},\boldsymbol{\psi}^{(k)}) = E_{\boldsymbol{Z}}[l(\boldsymbol{\psi}|\boldsymbol{x},\boldsymbol{z})|\boldsymbol{x},\boldsymbol{\psi}^{(k)}].$$

由 Bayes 公式可得到

$$E\left[Z_{ij}|\boldsymbol{x},\boldsymbol{\psi}^{(k)}\right]=P(Z_{ij}=1|\boldsymbol{x},\boldsymbol{\psi}^{(k)})=\tau_i(x_j|\boldsymbol{\psi}^{(k)}),$$

其中

$$\begin{aligned}\tau_i(x_j|\boldsymbol{\psi}^{(k)})&=\pi_i^{(k)}f_i(x_j|\theta_i^{(k)})/f(x_j|\boldsymbol{\psi}^{(k)})\\&=\pi_i^{(k)}f_i(x_j|\theta_i^{(k)})/\sum_{h=1}^{g}\pi_h^{(k)}f_h(x_j|\theta_h^{(k)}).\end{aligned}$$

则条件期望可写为

$$Q(\boldsymbol{\psi}|\boldsymbol{x},\boldsymbol{\psi}^{(k)})=\sum_{i=1}^{g}\sum_{j=1}^{n}\tau_i(x_j|\boldsymbol{\psi}^{(k)})\left[\ln\pi_i+\ln f_i(x_j|\theta_i)\right].$$

M 步, 可求得

$$\pi_i^{(k+1)}=\sum_{j=1}^{n}\tau_i(x_j|\boldsymbol{\psi}^{(k)})/n,$$

而 $\boldsymbol{\psi}$ 中的剩余部分 $\boldsymbol{\theta}$ 的第 $(k+1)$ 个估计, 可通过极大化下式求得:

$$\boldsymbol{\theta}^{(k+1)}=\arg\max_{\boldsymbol{\theta}}\sum_{i=1}^{g}\sum_{j=1}^{n}\tau_i(x_j|\boldsymbol{\psi}^{(k)})\ln f_i(x_j|\theta_i).$$ □

关于 EM 算法的更多介绍可参见王兆军等 (2023). 实际应用 EM 算法时, 如果其 E 步计算比较困难, 则可采用下面的 Monte Carlo(蒙特卡罗) EM 算法: 由于此时知道潜在变量 Z 在给定 $\boldsymbol{X}$ 及 $\theta=\theta^{(i)}$ 时的分布, 故可用随机模拟近似其期望, 即 E 步由下面两步组成, 其 M 步仍然如 (2.3.11) 式:

E1 步: 由 Z 的条件分布 $f(z|\boldsymbol{x},\theta^{(i)})$ 抽取 m 个随机数 $z_1,z_2,\cdots,z_m$;

E2 步: $Q(\theta|\boldsymbol{x},\theta^{(i)})=\dfrac{1}{m}\sum\limits_{k=1}^{m}l(\theta|\boldsymbol{x},z_k)$.

2.4 Bayes 估计

在前述所有内容中, 我们均假设参数 θ 是给定的一个未知常数, 但知道它在某个区域, 即参数空间中取值. 然而, 在某些实际问题中, 我们对参数 θ 可能会有一定了解, 比如某产品的次品率 p, 虽说它的参数空间为 $(0,1)$, 但基于对这种产品已有的认知, p 可能在 0.05 左右. 然而, 我们在前面讲述的所有方法中, 均无法利用这一信息. 本节讲述的 Bayes 方法则将充分考虑这一点.

2.4.1 Bayes 公式

Bayes 方法来自概率论中学过的 Bayes 公式: 对于 $k+1$ 随机事件 $A, H_1, H_2, \cdots, H_k$, 设 $H_1, H_2, \cdots, H_k$ 互斥, 且 $\bigcup\limits_{i=1}^{k} H_i$ 为必然事件, 则

$$P(H_i|A) = \frac{P(H_i \cap A)}{P(A)} = \frac{P(H_i)P(A|H_i)}{\sum\limits_{j=1}^{k} P(H_j)P(A|H_j)}, \ i = 1, 2, \cdots, k.$$

在概率论中, $P(H_i)$ 称为随机事件 H_i 的先验 (prior) 概率, $P(H_i|A)$ 称为事件 A 发生下的后验 (posterior) 概率. 上述 Bayes 公式来自 Richard Price (普赖斯, 1723—1791) 于 1763 年在英国皇家学会上宣读的 Thomas Bayes 之文章《机遇理论中一个问题的解》, 后来该文在著名期刊 *Biometrika* 上重新刊登, 参见 Bayes (1958).

下面通过一个例子看 Bayes 公式的应用.

例 2.4.1 假设一道选择题有四个选项, 全班只有 5%的学生会做, 且给出正确答案的概率为 0.99. 假设如果学生不会做, 就随机猜答案. 计算一个学生答案正确而是猜对的概率.

解 以 A 表示此学生随机猜答案, 以 B 表示答案正确. 则由题意知

$$P(B|A) = 0.25, \quad P(B|\bar{A}) = 0.99.$$

由 Bayes 公式, 此学生答案正确而是猜对的概率为

$$\begin{aligned} P(A|B) &= \frac{P(A)P(B|A)}{P(A)P(B|A) + P(\bar{A})P(B|\bar{A})} \\ &= \frac{0.95 \times 0.25}{0.95 \times 0.25 + 0.05 \times 0.99} = 0.827\ 5. \end{aligned}$$

□

对于上例, 由 Bayes 公式算得学生答案正确而是猜对的概率为 82.75%, 显然高了些, 这也说明此题有点难. 如果把难度降低到: 全班有 90%的学生会做, 则答案正确而是猜对的概率降为 0.027 3.

2.4.2 Bayes 估计

从形式上看, Bayes 公式只是条件概率的简单应用, 但它却包含了归纳推理的思想. 基于此思想, 后来学者发展形成了一套统计推断的系统理论与方法, 统称为 Bayes 统计.

Bayes 统计与前述统计方法的基本假设有如下两个关键不同:

(1) 假设参数 θ 是随机变量, 且称它所服从的分布为先验分布. 其原因是对参数 θ 已经积累了一些有用信息, 即关于 θ 的先验信息, 且随着对信息积累的不同, 其取值也理应发生变化, 故可用随机变量来衡量此信息.

(2) 把总体 X 的概率分布 $f(x;\theta)$ 理解为给定 θ 下的条件概率分布, 并改记为 $f(x|\theta)$. 这是由于对不同的 θ 值, $f(x;\theta)$ 对应着不同的概率分布; 另外, 总体分布的概率意义为: 对于给定的参数值, 它反映着抽取样本值 x 的概率.

于是, 当有 n 个来自总体 $X \sim f(x|\theta)$ 的样本时, 关于参数 θ 的信息来自三个方面: (1) 先验分布 $\pi(\theta)$; (2) 总体分布 $f(x|\theta)$; (3) 样本 $X_1, X_2, \cdots, X_n$. Bayes 统计的目的就在于如何利用上述三类信息, 对 θ 进行统计推断. 本节仅讲述关于参数 θ 的 Bayes 估计初步. 有关 Bayes 统计的详细内容, 请有兴趣的读者参见 Berger (1985).

设 $X_1, X_2, \cdots, X_n$ 为来自总体 $X \sim f(x|\theta)$ 的样本, $\pi(\theta)$ 为 θ 的先验分布, 样本分布为 $f(\boldsymbol{x}|\theta)$, 则样本 $X_1, X_2, \cdots, X_n$ 与 θ 的联合分布为

$$f(\boldsymbol{x}, \theta) = f(\boldsymbol{x}|\theta)\pi(\theta).$$

由于此时关注的问题在于, 有了样本后如何估计 θ, 故基于上面的联合分布, 可得到给定样本 $X_1, X_2, \cdots, X_n$ 后, θ 的条件分布:

$$\pi(\theta|\boldsymbol{x}) = \frac{f(\boldsymbol{x}, \theta)}{f(\boldsymbol{x})} = \frac{f(\boldsymbol{x}|\theta)\pi(\theta)}{\displaystyle\int_{\Theta} f(\boldsymbol{x}|\theta)\pi(\theta)\mathrm{d}\theta}, \tag{2.4.1}$$

称之为 θ 的后验分布, 其中 $f(\boldsymbol{x})$ 称为样本的边际分布.

我们可以根据 θ 的后验分布 (2.4.1), 对 θ 进行统计推断. 此时, 参数 θ 的 Bayes 估计包括如下几种:

(1) 取后验分布 $\pi(\theta|\boldsymbol{x})$ 的最大值, 即众数作为 θ 的估计, 称之为众数型的 Bayes 估计.

(2) 取后验分布 $\pi(\theta|\boldsymbol{x})$ 的中位数作为 θ 的估计, 称之为中位数型的 Bayes 估计.

(3) 取后验分布 $\pi(\theta|\boldsymbol{x})$ 的期望作为 θ 的估计, 称之为期望型的 Bayes 估计.

在上述三种类型的 Bayes 估计中, 期望型的 Bayes 估计最为常用, 故后面将采用后验期望作为 θ 的 Bayes 估计, 即

$$\hat{\theta}_B(\boldsymbol{X}) = E(\theta|\boldsymbol{X}) = \int_{\Theta} \theta\pi(\theta|\boldsymbol{X})\mathrm{d}\theta. \tag{2.4.2}$$

把后验分布代入上式即得到 θ 的 Bayes 估计:

$$\hat{\theta}_B(\boldsymbol{X}) = \frac{\displaystyle\int_{\Theta} \theta f(\boldsymbol{X}|\theta)\pi(\theta)\mathrm{d}\theta}{\displaystyle\int_{\Theta} f(\boldsymbol{X}|\theta)\pi(\theta)\mathrm{d}\theta}. \tag{2.4.3}$$

(2.4.1) 或 (2.4.3) 式显示, 不同先验分布将得到不同的 Bayes 估计. 因此, 如何选取先验分布就是 Bayes 统计的一个重要挑战. 另外, 在求取 Bayes 估计时, 还将面临积分

计算问题. 如果参数维数高, 特别是现在流行的大模型中, 参数的维数非常高, 则涉及高维积分的计算问题.

从 (2.4.3) 式可以看出, 在求 Bayes 估计时, 不必要求 $\int \pi(\theta)\mathrm{d}\theta = 1$, 即 $\pi(\theta)$ 为标准的概率分布. 实际上, 在许多实际问题中, 应用者可能并不能确定先验分布如何选取, 或没有先验信息, 此时, 一个广泛采用的先验就是“同等无知”或“无信息”先验, 即均匀分布, 或在无穷区间上取定值 1.

例2.4.2　对于例 1.2.1 的次品率估计问题, 即设 $X_1, X_2, \cdots, X_n$ 为来自总体 $B(1,p)$ 的独立同分布样本, 求次品率 p 的 Bayes 估计.

解　如果事先对次品率没有任何有用信息, 则可采用“无信息”先验: 考虑到 $p \in (0,1)$, 故可取 $U(0,1)$ 上的均匀分布作为先验, 即 $\pi(p) = I_{(0,1)}(p)$. 由题意知

$$f(\boldsymbol{x}|p) = p^{\sum\limits_{i=1}^{n} x_i}(1-p)^{n-\sum\limits_{i=1}^{n} x_i},$$

故

$$f(\boldsymbol{x}, p) = p^{\sum\limits_{i=1}^{n} x_i}(1-p)^{n-\sum\limits_{i=1}^{n} x_i} I_{(0,1)}(p),$$

由此可求得

$$f(\boldsymbol{x}) = \int_0^1 p^{\sum\limits_{i=1}^{n} x_i}(1-p)^{n-\sum\limits_{i=1}^{n} x_i}\mathrm{d}p = \beta(n\bar{x}+1, n-n\bar{x}+1),$$

其中 $\beta(a,b) = \dfrac{\Gamma(a)\Gamma(b)}{\Gamma(a+b)}$ 为 β 函数.

于是, p 的后验分布为

$$\pi(p|\boldsymbol{x}) = \frac{\Gamma(n+2)}{\Gamma(n\bar{x}+1)\Gamma(n-n\bar{x}+1)} p^{n\bar{x}}(1-p)^{n-n\bar{x}}, \tag{2.4.4}$$

由此求得 p 的 Bayes 估计为

$$\hat{p}_B = \int_0^1 p\,\pi(p|\boldsymbol{x})\mathrm{d}p = \frac{n\bar{x}+1}{n+2}. \tag{2.4.5}$$

□

关于 p 的估计, 前面给出的无偏估计、UMVUE、MLE 均为 $\hat{p}_{ML} = \bar{X}$, 且它也是 BAN 估计. Bayes 估计与频率估计虽然都是样本均值的函数, 但形式略有不同, 表 2.4.1 列出了几种情况下的数值比较.

表 2.4.1 次品率的两个估计比较

情况	n	$\sum_{i=1}^{n} x_i$	$\hat{p}_{ML}$	$\hat{p}_B$
1	5	5	1	0.857
2	20	20	1	0.955
3	5	0	0	0.143
4	20	0	0	0.045

从表 2.4.1 可以看出: 当抽取 5 个产品都为次品时, 次品率 p 的最大似然估计与 Bayes 估计分别为 1 和 0.857, 而当抽取 20 个也都为次品时, p 的最大似然估计与 Bayes 估计分别为 1 和 0.955. 直观来看, 抽 20 个产品比抽 5 个产品的检测结果的可信度应有所不同. 由此可见, 此时的 Bayes 估计更符合我们的心理预期.

2.4.3 共轭先验

关于先验分布的选取, 常用方法包括:

(1) 客观法: 利用历史资料提供的关于 θ 的信息确定先验分布.

(2) 主观法: 依研究者或应用者主观选择一个先验分布.

(3) 无信息先验 (noninformative prior): 不包含参数 θ 的任何信息的先验. 当 θ 离散且取两个值时, 赋予这两个值各 1/2 概率的先验就是一个无信息先验. 这里经常遵循的一个常用原则就是"同等无知": 以同等概率赋予参数空间 Θ 内每一个值.

(4) 共轭先验 (conjugate prior): 设 $\mathcal{F}$ 为 θ 的一个分布族, 如对任一样本 $\boldsymbol{X}$, 只要先验分布 $\pi \in \mathcal{F}$, 后验分布就属于 $\mathcal{F}$, 则称 $\mathcal{F}$ 为共轭先验分布族.

客观法的好处在于有频率解释, 实际工作者乐于接受; 主观法的好处在于用到了先验, 但又没有特殊对待; 共轭先验的好处是便于计算, 由于从后验分布的定义可能看出, 后验分布的形式依赖于先验与总体分布. 常用的共轭先验分布有:

(1) 当总体分布为两点分布 $B(1,\theta)$ 时, 共轭先验分布为如下的 β 分布 $Beta(a,b)$:

$$\pi(\theta) = \frac{\Gamma(a+b)}{\Gamma(a)\Gamma(b)}\theta^{a-1}(1-\theta)^{b-1},\ \theta \in [0,1], a>0, b>0.$$

此时的后验分布为 $Beta(n\bar{x}+a, n-n\bar{x}+b)$.

(2) 当总体分布为 Poisson 分布 $P(\theta)$ 时, 共轭先验分布为 $\mathit{\Gamma}(a,b)$. 此时后验分布为 $\mathit{\Gamma}(n\bar{x}+a, n+b)$.

(3) 当总体分布为 $N(\mu,\sigma^2)$ 时 (σ 已知), 共轭先验分布为 $N(\mu_0,\tau^2)$. 此时后验分布为 $N\left(\dfrac{\tau^2\bar{x}+\mu_0\sigma^2/n}{\tau^2+\sigma^2/n}, \dfrac{\sigma^2\tau^2}{n\tau^2+\sigma^2}\right)$.

(4) 当总体分布为 $N(\mu,\sigma^2)$ 时 (μ 已知), 共轭先验分布为如下的逆 Γ 分布 $IG(\alpha,\lambda)$:

$$\pi(\sigma^2)=\frac{\lambda^\alpha}{\Gamma(\alpha)}\frac{1}{\sigma^{2(\alpha+1)}}\exp\{-\lambda/\sigma^2\}.$$

此时, 后验分布为 $IG(\alpha+n/2,\lambda+\sum\limits_{i=1}^{n}(x_i-\mu)^2/2)$.

(5) 当总体分布为正态分布 $N(\mu,\sigma^2)$ 时, 参数 (μ,σ^2) 的共轭先验分布的概率密度为

$$\pi(\mu,\sigma)=\sigma^{a-1}\exp\{-b/(2\sigma^2)\}\exp\{-\tau(\mu-\nu)^2/(2\sigma^2)\},$$

记之为 $D(a,b,\nu,\tau)$. 当 $a<-1$ 时, 它是标准的, 否则就是广义分布. 此时, μ,σ 的后验分布为 $D(a-n,b+s^2,(n\bar{x}+\nu\tau)/(n+\tau),n+\tau)$.

(6) 当总体为均匀分布 $U(0,\theta)$ 时, 共轭先验分布为 Pareto 分布 $Pa(\beta,\alpha)$:

$$\pi(\theta)=\frac{\alpha\beta^\alpha}{\theta^{\alpha+1}}I_{[\beta,\infty)}(\theta).$$

此时, 后验分布为 $Pa(\alpha+n,\max\{x_1,x_2,\cdots,x_n,\beta\})$.

在例 2.4.2 中, 如果取共轭先验为 β 分布 $Beta(\alpha,\beta)$, 即

$$\pi(p)=\frac{\Gamma(\alpha+\beta)}{\Gamma(\alpha)\Gamma(\beta)}p^{\alpha-1}(1-p)^{\beta-1},\ 0\leqslant p\leqslant 1,\ \alpha>0,\beta>0,$$

即例 2.4.2 中的无信息先验为上述共轭先验的特例, 则此时的后验分布为

$$\pi(p|\boldsymbol{x})=\frac{\Gamma(\alpha+\beta+n)}{\Gamma(\alpha+n\bar{x})\Gamma(\beta+n-n\bar{x})}p^{\alpha+n\bar{x}-1}(1-p)^{\beta+n-n\bar{x}-1},$$

它仍然是 β 分布 $Beta(\alpha+n\bar{x},\beta+n-n\bar{x})$. 此时的 Bayes 估计为

$$\hat{p}_B=\frac{\alpha+n\bar{x}}{\alpha+\beta+n}. \tag{2.4.6}$$

如取 $\alpha=\beta=1$, 则得到了形如 (2.4.4) 式的后验分布和形如 (2.4.5) 式的 Bayes 估计.

例 2.4.3 设 $X_1,X_2,\cdots,X_n$ 为来自正态总体 $N(\mu,\sigma_0^2)$ 的独立同分布样本, 其中 σ_0^2 已知. 如取共轭先验分布为 $N(\mu_0,\tau^2)$, 其中 μ_0,τ 已知, 求 μ 的 Bayes 估计.

解 由前面给出的共轭先验可知, 此时 μ 的 Bayes 估计为

$$\hat{\mu}_B=\frac{\tau^2}{\tau^2+\sigma_0^2/n}\bar{X}+\frac{\sigma_0^2/n}{\tau^2+\sigma_0^2/n}\mu_0. \tag{2.4.7}$$

从上式可以看出, 此时的 Bayes 估计是样本均值和先验均值的加权平均, 而权重是样本均值的方差及先验方差之和. □

2.4.4 经验 Bayes

从前面内容可以看出, Bayes 估计强烈依赖先验分布或先验分布中的参数. 在文献中, 先验分布中的参数被称为超参数 (hyperparameter). 如果这些超参数已知, 则利用前述方法可以得到参数的 Bayes 估计. 但多数情况下, 这些超参数并不已知, 此时如何估计先验分布中的这些未知参数呢? 一般情况下, 有如下几种处理方法.

1. 经验 Bayes

经验 Bayes(empirical Bayes, 简记为 EB) 方法首先由 H. Robbins (罗宾斯, 1915—2001) 提出的, 参见 Robbins (1956). 为了较清楚地表达, 我们记参数 θ 的先验分布为 $\pi(\theta|\eta)$, 其中 η 为超参数, 此时参数 θ 的后验分布为

$$\pi(\theta|\boldsymbol{x},\eta)=\frac{f(\boldsymbol{x}|\theta)\pi(\theta|\eta)}{\displaystyle\int f(\boldsymbol{x}|\theta)\pi(\theta|\eta)\mathrm{d}\theta}=\frac{f(\boldsymbol{x}|\theta)\pi(\theta|\eta)}{m(\boldsymbol{x}|\eta)}. \tag{2.4.8}$$

如果采用共轭先验, 则 $m(\boldsymbol{x}|\eta)$ 有解析表达式, 它表示给定超参数 η 下样本的边际分布. 于是, 基于此边际分布, 记超参数 η 的最大似然估计为 $\hat{\eta}$. 由此就得到超参数的估计, 也就可以利用 $\pi(\theta|\boldsymbol{x},\hat{\eta})$ 作为后验分布求取 Bayes 估计了.

2. BEB(Bayes 经验 Bayes)

假设先验分布中的超参数 $\eta\sim h(\eta|\lambda)$, 其中 λ 为超参数分布中的参数. 此时, 后验分布为

$$\begin{aligned}\pi(\theta|\boldsymbol{x},\lambda)&=\frac{\displaystyle\int f(\boldsymbol{x}|\theta)\pi(\theta|\eta)h(\eta|\lambda)\mathrm{d}\eta}{\displaystyle\iint f(\boldsymbol{x}|\theta)\pi(\theta|\eta)h(\eta|\lambda)\mathrm{d}\theta\mathrm{d}\eta}\\&=\int\pi(\theta|\boldsymbol{x},\eta)h(\eta|\boldsymbol{x},\lambda)\mathrm{d}\eta.\end{aligned} \tag{2.4.9}$$

上一后验分布是给定 η 下 (2.4.8) 式的后验分布与给定数据 $\boldsymbol{x}$ 后更新的超参数先验的混合. 一般情况下, 多假设超参数的分布已知, 而不包含参数.

2.5 minimax 估计

前述的估计准则与方法, 均是利用样本推断总体中的未知参数, 而不是从统计决策角度讲述的. 统计决策理论是由 A. Wald (沃尔德, 1902—1950) 提出的, 参见 Wald (1950). 这套理论的基本观点与方法已渗入统计的多个分支, 以及机器学习中.

统计决策有三个要素: 样本空间 $\mathcal{X}$ 及定义在样本空间上的分布族 $\{P_\theta:\theta\in\Theta\}$, 行动空间或决策空间 $\mathcal{A}$, 和定义在 $\Theta\times\mathcal{A}$ 上的非负损失函数 $L(\theta,a)$.

对于前述的点估计, 假设 $g(\theta)$ 是待估参数, 如其决策空间为 $\mathbb{R}$, 则一个常用的损失函数为如下的二次损失:

$$L(\theta,a)=[g(\theta)-a]^2,\ \ \theta\in\Theta,\ a\in\mathcal{A}=\mathbb{R}. \tag{2.5.1}$$

一个有用的决策理应是 n 个样本 $X_1,X_2,\cdots,X_n$ 的函数, 记之为 $\delta(X_1,X_2,\cdots,X_n)$, 此时其 损失函数也是样本 $X_1,X_2,\cdots,X_n$ 的函数, 由于样本是随机的, 故定义如下的平均损失, 即风险函数.

定义 2.5.1 (风险函数) 设 $X_1,X_2,\cdots,X_n$ 为来自总体 $X\sim f(x;\theta)$ 的样本, 则称

$$R(\theta,\delta)=E_\theta[L(\theta,\delta(X_1,X_2,\cdots,X_n))]=\int L(\theta,\delta(\boldsymbol{x}))f(\boldsymbol{x};\theta)\mathrm{d}\boldsymbol{x},\ \theta\in\Theta \tag{2.5.2}$$

为决策 δ 的风险函数.

如取 (2.5.1) 式的平方损失, 则决策 $\delta(X)$ 的风险就是其均方误差. 如果 $\delta(X)$ 是 $g(\theta)$ 的无偏估计, 则其风险就是方差. 由此可见, 风险是度量用决策 $\delta(X)$ 估计 $g(\theta)$ 好坏的一个标准. 从风险大小准则来看, 一个最好的估计, 应该具有最小的风险, 这即下面的容许性定义.

定义 2.5.2 (容许性) 对于决策 δ, 如果存在一个决策 δ^*, 严格一致地优于 δ, 即

$$R(\theta,\delta)\geqslant R(\theta,\delta^*),\ \forall\theta\in\Theta,$$

且对某些参数值不等号严格成立, 则称决策 δ 是不容许的, 否则就称为容许的.

容许性研究是统计学理论中最困难的课题之一, 也产生了许多有趣的现象, 如高维时的 Stein 现象等. 这里仅在后面简单给出其与 minimax 估计间的关系.

定义 2.5.3 (Bayes 风险、Bayes 估计) 设 θ 有先验分布 $\pi(\theta)$, 称

$$R_\pi(\delta)=\int R(\theta,\delta)\pi(\theta)\mathrm{d}\theta \tag{2.5.3}$$

为决策 δ 的 Bayes 风险. 如果决策 δ_π 满足

$$R_\pi(\delta_\pi)\leqslant R_\pi(\delta),\ \ \forall\delta,$$

则称 δ_π 为 $g(\theta)$ 的 Bayes 估计.

关于上节的 Bayes 估计, 我们可以从统计决策角度如下叙述: 期望型的 Bayes 估计, 实际上是二次损失时的 Bayes 估计. 如取损失为如下的绝对值:

$$L(\theta,\delta)=E_\theta[|g(\theta)-\delta(\boldsymbol{X})|],$$

则中位数型的 Bayes 估计就是此时的 Bayes 估计. 在不引起混淆的情况下, 本节后面所讲的 Bayes 估计均指平方损失下 Bayes 风险最小的决策.

如果没有先验, 为了避免最坏情况的发生, 我们给出如下的 minimax 估计的定义.

定义 2.5.4 (minimax 估计) 记 $M(\delta)=\sup\limits_{\theta} R(\theta,\delta)$. 如果决策 δ_0 满足

$$M(\delta_0)\leqslant M(\delta),\quad \forall \delta\in\mathcal{A},$$

则称 δ_0 为 $g(\theta)$ 的 minimax 估计.

从 minimax 估计的定义可以看出, minimax 估计就是最大风险最小化的估计. 求解参数 $g(\theta)$ 的 minimax 估计, 相当于在决策空间 $\mathcal{A}$ 中求 $M(\delta)$ 的最小值点. 而由于 $M(\delta)$ 是一元函数, 故一般来说, minimax 估计存在, 但具体求解并不容易. 目前讨论比较多的求解方法一般有两种: 一种是基于 Bayes 方法, 另一种是基于同变估计而展开的. 由于我们并没有涉及同变估计, 故下面仅简单介绍第一种方法.

由于 minimax 估计依赖于损失函数的选取, 故为了易于求取其最大值, 多假设损失函数为凸函数. 对于任意给定的 $\theta\in\Theta$, 称 $L(\theta,\cdot)$ 为凸函数, 是指 $L(\theta,A)$ 是 $\mathcal{A}$ 上的凸函数. 平方损失 $L(\theta,a)=[g(\theta)-a]^2$ 就是凸损失中的重要例子.

Bayes 估计与 minimax 估计间的关系有如下结论:

定理 2.5.1 设 π 为标准的先验分布, δ_π 为 $g(\theta)$ 的 Bayes 估计, 且其风险函数 $R(\theta,\delta_\pi)$ 在参数空间 Θ 上恒等于常数, 则 δ_π 为 $g(\theta)$ 的 minimax 估计. 如果 δ_π 是先验分布 π 下唯一的 Bayes 估计, 则它也是唯一的 minimax 估计.

证明 设 δ 为任一估计, 则

$$M(\delta)\geqslant\int_{\Theta}R(\theta,\delta)\pi(\theta)\mathrm{d}\theta\geqslant\int_{\Theta}R(\theta,\delta_\pi)\pi(\theta)\mathrm{d}\theta=M(\delta_\pi),$$

第一个结论得证. 又如果 δ_π 是唯一的 Bayes 估计, 则上面的第二个 $\geqslant$ 由 $>$ 代替, 因而 δ_π 也是唯一的 minimax 估计. □

关于容许性与 minimax 估计之间, 有如下的结论:

定理 2.5.2 设 δ 是 $g(\theta)$ 的容许估计, 且风险函数为常数 c, 则 δ 是 $g(\theta)$ 的 minimax 估计. 如果损失函数是严格凸的, 则 δ 是唯一的 minimax 估计.

证明 设 δ 是容许估计, 但不是其 minimax 估计, 则存在另一估计 δ_0, 使得

$$M(\delta_0)<M(\delta).$$

由于 δ 的风险函数为常数, 则有

$$R(\theta,\delta_0)\leqslant M(\delta_0)<M(\delta)=R(\theta,\delta),\quad \forall\theta\in\Theta,$$

与 δ 是容许估计矛盾.

设损失函数严格凸, 且 δ_0 是另一 minimax 估计, 则

$$R(\theta,(\delta+\delta_0)/2) < \frac{1}{2}[R(\theta,\delta)+R(\theta,\delta_0)] = c = R(\theta,\delta),\ \forall\theta\in\Theta,$$

与 δ 为容许估计矛盾. 故 δ 唯一. □

由此定理, 我们有如下推论.

推论 2.5.1 如果在某标准先验下的 Bayes 估计是唯一的, 且有常数风险, 则必为容许的 minimax 估计.

例 2.5.1 设 $X_1, X_2, \cdots, X_n$ 为来自总体 $X\sim B(1,\theta)$ 的独立同分布样本, 取二次损失函数 $L(\theta,a)=(\theta-a)^2$, 先验分布为 $Beta(a,b)$ 时, 求其 Bayes 估计的风险. 当 $a=\sqrt{n}/2, b=\sqrt{n}/2$ 时, 求 θ 的 minimax 估计.

解 由上节的 (2.4.6) 式知, 此时 θ 的 Bayes 估计为

$$\hat{\theta}_B = \frac{n\bar{X}+a}{n+a+b},$$

其风险为

$$R(\theta,\hat{\theta}_B) = E_\theta\left[\left(\theta-\frac{n\bar{X}+a}{n+a+b}\right)^2\right] = \frac{n\theta(1-\theta)+[(a+b)\theta-a]^2}{(n+a+b)^2}.$$

当 $a=\sqrt{n}/2, b=\sqrt{n}/2$ 时, 代入上面两式得到, Bayes 估计为

$$\hat{\theta}_B = \frac{n\bar{X}+\sqrt{n}/2}{n+\sqrt{n}},$$

其风险

$$R(\theta,\hat{\theta}_B) = E_\theta\left[\left(\theta-\frac{n\bar{X}+\sqrt{n}/2}{n+\sqrt{n}}\right)^2\right] = \frac{1}{4(1+\sqrt{n})^2}, \tag{2.5.4}$$

由于其风险为常数, 故知 $\hat{\theta}_B$ 是 θ 的 minimax 估计. 且由定理 2.5.2 和推论 2.5.1 知, 此 minimax 估计是容许估计, 也是唯一的. □

对于上例, θ 的 UMVUE 为 $\hat{\theta}=\bar{X}$, 其此时的风险为 $R(\theta,\hat{\theta})=\theta(1-\theta)/n$. 与 (2.5.4) 式比较可以看到, 当

$$\left|\theta-\frac{1}{2}\right| < \frac{1}{2}\sqrt{1-\frac{n}{(1+\sqrt{n})^2}}$$

时, minimax 估计比样本均值有较小的风险, 但二者风险最大差也只是 $\dfrac{2\sqrt{n}+1}{4(n+\sqrt{n})^2}$. 由此可见, 随着 n 的增大, minimax 估计比频率估计好的参数区间长度越来越短, 且二者风险之差也越来越小. 这也表明 minimax 估计是保守的, 它旨在降低最坏情况出现时可能遇到的风险, 但其代价就是通常情况下表现并不理想.

当 $n = 100$ 时, 二者的风险函数如图 2.5.1 所示, 其中风险值扩大了 484 倍, 虚线为 minimax 估计的风险函数, 实线为 UMVUE 的风险函数. 此时, minimax 估计优于样本均值的参数区间为 $(0.5 \pm 0.208\,3)$, 且二者最大差距为 4.34×10^{-4}; 当 $n = 1\,000$ 时, minimax 估计优于样本均值的参数区间为 $(0.5 \pm 0.122\,8)$, 二者最大差距为 1.51×10^{-5}. 可见, 当 n 较大时, minimax 相较于样本均值的风险优势并不明显.

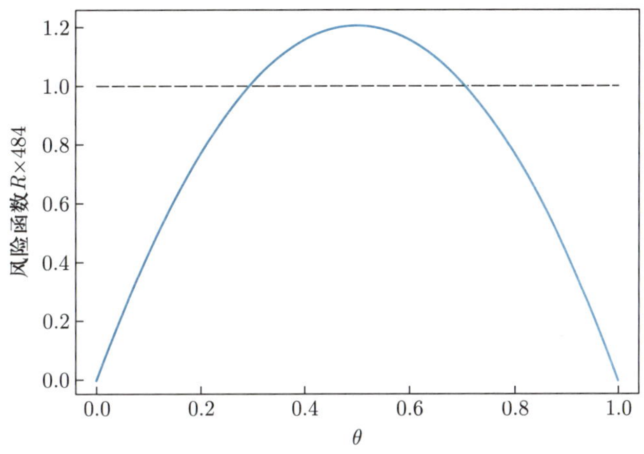

图 2.5.1 minimax 估计与 UMVUE 的风险函数

定理 2.5.2 要求 Bayes 估计的风险为常数, 但这一点并不满足时, 我们无法利用此结论来求取 minimax 估计. 此时, 我们可以利用如下定理.

定理 2.5.3 设 $\{\pi_k\}$ 是标准的先验分布列, δ_k 为先验 π_k 时的 Bayes 估计, 如果估计 δ 满足

$$\infty > M(\delta) \leqslant \limsup_{k\to\infty} R_{\pi_k}(\delta_k) = c < \infty, \tag{2.5.5}$$

则 δ 为 minimax 估计, 其中 $R_{\pi_k}(\delta_k)$ 为决策 δ_k 的 Bayes 风险, c 为常数.

证明 如果 δ 不是 minimax 估计, 则存在 δ^*, 使得 $M(\delta^*) < M(\delta)$. 于是, 由条件 (2.5.5) 知, 存在正整数 K, 使

$$M(\delta^*) < R_{\pi_K}(\delta_K).$$

又由 $M(\delta^*)$ 的定义知, $R_{\pi_K}(\delta^*) \leqslant M(\delta^*)$, 故综合上述有

$$R_{\pi_K}(\delta^*) \leqslant M(\delta^*) < R_{\pi_K}(\delta_K),$$

与 δ_K 为 Bayes 估计矛盾. □

例2.5.2 设 $X_1, X_2, \cdots, X_n$ 为来自总体 $N(\mu, \sigma^2)$ 的独立同分布样本, 其中 $\sigma^2 > 0$ 已知, 取平方损失 $L(\mu, a) = (\mu - a)^2$, 证明样本均值 $\bar{X}$ 是 μ 的 minimax 估计.

证明 取先验分布列 $\{\pi_k\colon \mu \sim N(0, k^2)\}$. 由 (2.4.7) 式可知, 此时的 Bayes 估计为

$$\delta_k = \frac{k^2}{k^2 + \sigma^2/n}\bar{X},$$

其风险函数

$$R(\mu,\delta_k)=E[(\delta_k-\mu)^2]=\frac{nk^4\sigma^2+\sigma^4\mu^2}{(nk^2+\sigma^2)^2},$$

由此求得其 Bayes 风险为

$$R_k(\delta_k)=E_\mu[R(\mu,\delta_k)]=\frac{\sigma^2k^2}{nk^2+\sigma^2}\longrightarrow\frac{\sigma^2}{n},\quad k\to\infty.$$

由于 $\bar{X}$ 的风险函数, 即方差为 $\dfrac{\sigma^2}{n}$, 满足条件 (2.5.5), 故由定理 2.5.3 知, 样本均值 $\bar{X}$ 是 μ 的 minimax 估计. □

习题二

1. 对于 n 个常数 $a_1,a_2,\cdots,a_n$, 取 $l(x)=\sum\limits_{i=1}^{n}|x-a_i|$, 证明: $l(x)$ 的最小值点为 $a_1,a_2,\cdots,a_n$ 的中位数. 如取 $l(x)=\sum\limits_{i=1}^{n}(x-a_i)^2$, 则 $l(x)$ 的最小值点为 $\sum\limits_{i=1}^{n}a_i/n$.

2. 设 $X_1\sim N(\mu_1,1)$, $X_2\sim N(\mu_2,1)$ 且相互独立, 其中 $\mu_1,\mu_2\in\mathbb{R}$. 记 $\theta=\max\{\mu_1,\mu_2\}$. 证明 θ 的无偏估计不存在.

3. 设 $X_1,X_2,\cdots,X_n$ 为来自总体 $X\sim F(x-\theta)$ 的独立同分布样本, 其中 $F(x)$ 为总体累积分布, 且关于原点对称, 其中 $\theta\in\mathbb{R}$ 为参数.

(1) 证明 $\sum\limits_{i=1}^{n}w_iX_{(i)}-\theta$ 关于原点对称, 其中 w_i 为常数且满足 $w_i=w_{n-i+1}$, $\sum\limits_{i=1}^{n}w_i=1$;

(2) 如总体期望存在, 证明上述估计 $\sum\limits_{i=1}^{n}w_iX_{(i)}$ 是 θ 的无偏估计.

4. 设 $X_1,X_2,\cdots,X_n$ 为来自总体 X 的独立同分布样本, 记 $X_{-i}=(X_1,\cdots,X_{i-1},X_{i+1},\cdots,X_n)$, 即不包括 X_i 的样本. 设 $T_n(X)$ 为基于 n 个样本 $X_1,X_2,\cdots,X_n$ 的关于总体参数 θ 的一个估计, 且其偏差 $b_{T_n}(\theta)=O(n^{-1})$. 称

$$T_J(X)=nT_n(X)-\frac{n-1}{n}\sum_{i=1}^{n}T_{n-1}(X_{-i})$$

为 θ 的 jackknife(刀切法) 估计. 证明: $b_{T_J}(\theta)=O(n^{-2})$.

5. 设 $X_1,X_2,\cdots,X_n$ 为来自正态总体 $N(\mu,\sigma^2)$ 的独立同分布样本, 求常数 d_n, 使得 d_nR_n 为 σ 的无偏估计, 其中 $R_n=X_{(n)}-X_{(1)}$ 为极差.

6. 设 X 服从 Poisson 分布 $P(\lambda)$, 求 (1) 关于参数 λ^{-1} 的 Fisher 信息量; (2) $\eta=g(\lambda)$, 使关于 η 的 Fisher 信息量与 λ 无关.

7. 考虑如下的自回归模型: $X_1 \sim N(\theta, \sigma^2/(1-\rho^2))$, 且在给定 $X_1 = x_1, X_2 = x_2, \cdots, X_j = x_j$ 的条件下, $X_{j+1} \sim N(\theta + \rho(x_j - \theta), \sigma^2)$, $j = 1, 2, \cdots, n-1$, 其中 $|\rho| < 1$ 为给定常数, $\theta, \sigma^2 > 0$ 为参数. (1) 基于样本联合分布, 求 (θ, σ^2) 的 Fisher 信息矩阵; (2) 证明样本均值 $\bar{X}$ 是 θ 的无偏估计, 并求其方差; (3) 当 σ 已知, 取 θ 的先验分布为 $N(0, \tau^2)$, 损失为平方损失时, 求 θ 的 Bayes 估计.

8. 设 $X_1, X_2, \cdots, X_n$ 为来自均匀分布 $U(0, \theta)$ 的独立同分布样本. 证明 (1) $\hat{\theta}_1 = X_{(n)} + X_{(1)}$ 是 θ 的一个 UE; (2) 对适当选择的常数 c_n, $\hat{\theta}_2 = c_n X_{(1)}$ 是 θ 的 UE, 但这个估计的方差比另外两个 UE $\hat{\theta}_3 = 2\bar{X}$ 和 $\hat{\theta}_4 = \dfrac{n+1}{n} X_{(n)}$ 都大 (除非 $n = 1$).

9. 设 $X_1, X_2, \cdots, X_n$ 为来自均匀分布 $U(0, \theta)$ 的独立同分布样本, 其中 $\theta > 0$ 为未知参数. (1) 证明 $\hat{\theta}_1 = \dfrac{n+1}{n} X_{(n)}$, $\hat{\theta}_2 = (n+1) X_{(1)}$, $\hat{\theta}_3 = 2\bar{X}$ 均是 θ 的 UE. (2) 上述三个估计中哪个方差最小? (3) 试证明 $\hat{\theta}_1$ 是 θ 的 UMVUE.

10. 设 $X \sim f(x; \theta)$. 记 $Y = g(X) \sim g(y; \theta), Z = h(X) \sim h(z; \theta)$, 设 Y, Z 均满足正则条件 (定理 2.1.6 的条件), 且二者相互独立, 证明: $I_{Y,Z}(\theta) = I_Y(\theta) + I_Z(\theta)$, 其中 $I_{Y,Z}(\theta)$ 表示由 (Y, Z) 联合分布计算得到的 θ 的 Fisher 信息量.

11. 设 $T_i(X)$ 是参数 $g_i(\theta)$ 的 UMVUE($i = 1, 2$). 证明: 对于任意给定的常数 c_i, $c_1 T_1(X) + c_2 T_2(X)$ 是 $c_1 g_1(\theta) + c_2 g_2(\theta)$ 的 UMVUE.

12. 设 $X_1, X_2, \cdots, X_n$ 为总体 X 的独立同分布样本, 记 $E(X) = \mu, \mathcal{T} = \left\{ \sum\limits_{i=1}^{n} c_i X_i : c_i \in \mathbb{R}, i = 1, 2, \cdots, n. \right\}$. (1) 证明 $T(X_1, X_2, \cdots, X_n) \in \mathcal{T}$ 为 μ 的无偏估计的充要条件是 $\sum\limits_{i=1}^{n} c_i = 1$; (2) 在线性无偏估计类 $\mathcal{T}_1 = \left\{ T(x) \in \mathcal{T}, \sum\limits_{i=1}^{n} c_i = 1 \right\}$ 中, 求 μ 的 UMVUE.

13. 设 $X_1, X_2, \cdots, X_n$ 为来自总体 X 的独立同分布样本, 且 X 为 $\{1, 2, \cdots, N\}$ 上的均匀分布, 即

$$P_N(X = k) = \frac{1}{N}, \quad k = 1, 2, \cdots, N.$$

其中 N 未知. (1) 证明 $X_{(n)}$ 是充分完全统计量; (2) 求 N 的 UMVUE.

14. 设 $X_1, X_2, \cdots, X_n$ 相互独立且方差均为 σ^2, $E(X_i) = i\theta$, 其中 θ, σ 均为参数. (1) 在 θ 的所有线性无偏估计中找一个方差最小的无偏估计 $\hat{\theta}$; (2) 如果样本服从正态分布, 则 $\hat{\theta}$ 是 θ 的 UMVUE 吗?

15. 设 $X_1, X_2, \cdots, X_m$ 为来自正态总体 $N(\mu_1, \sigma^2)$ 的独立同分布样本, $Y_1, Y_2, \cdots, Y_n$ 为来自正态总体 $N(\mu_2, \sigma^2)$ 的独立同分布样本, 且 X 样本与 Y 样本独立, μ_1, μ_2, σ^2 为参数. 求 σ^2 及 $(\mu_1 - \mu_2)/\sigma$ 的 UMVUE.

16. 设 $X_1, X_2, \cdots, X_n$ 为来自 Pareto 分布 $Pa(\alpha, \beta)$ 的独立同分布样本, 其中 $\alpha > 0, \beta > 0$ 为参数. (1) 当 β 已知时, 求 α 的 UMVUE; (2) 当 α 已知时, 求 β 的

UMVUE; (3) 求 α,β 的 UMVUE.

17. 设 $X_1,X_2,\cdots,X_n$ 为来自 Laplace 总体的独立同分布样本, 此时总体分布为 $f(\theta)=-\dfrac{1}{2\theta}\exp\{-|x|/\theta\}$, 其中 $\theta>0$. 求 $\theta,\theta^{-1},\theta^r$ 的 UMVUE, 其中 r 为正整数.

18. 设 $X_1,X_2,\cdots,X_n$ 为来自两点分布 $B(1,\theta)$ 的独立同分布样本, 其中 $\theta\in(0,1)$. 设 $m\leqslant n$ 为已知正整数, 求 (1) θ^m 的 UMVUE; (2) $P\left(\sum\limits_{i=1}^{m}X_i=k\right)$ 的 UMVUE, 其中 $k\leqslant m$ 已知.

19. 设 $X_1,X_2,\cdots,X_n$ 相互独立, 且 $X_1\sim N(\mu,\sigma^2),X_j\sim N(0,\sigma^2)(j=2,3,\cdots,n-1),X_n\sim N(0,\beta\sigma^2)$. 求 μ,β,σ^2 的 UMVUE.

20. 设 $X_1,X_2,\cdots,X_n$ 为来自均匀分布 $U(0,\theta)$ 的独立同分布样本, 其中 $\theta>0$. 记 θ 的 MLE 和 UMVUE 分别为 $\hat{\theta}_m=X_{(n)}$ 和 $\hat{\theta}_u=(n+1)\hat{\theta}_m/n$. 如记 $T=(n+2)\hat{\theta}_m/(n+1)$, 请证 $\mathrm{MSE}(T)<\min\{\mathrm{MSE}(\hat{\theta}_m),\mathrm{MSE}(\hat{\theta}_u)\}$.

21. 设某种产品的寿命 X 服从指数分布 $Exp(\lambda)$, t_0 为给定常数, $X_1,X_2,\cdots,X_n$ 是独立观测到的 n 件产品的寿命. 求产品在 t_0 前失效的概率 $P(X\leqslant t_0)=1-\exp\{-\lambda t_0\}=g(\lambda)$ 的 UMVUE.

22. 设 $X_1,X_2,\cdots,X_m$ 和 $Y_1,Y_2,\cdots,Y_n$ 为分别来自 Poisson 分布 $P(\lambda_x)$ 和 $P(\lambda_y)$ 的独立同分布样本, 且全样本独立. 求 $(\lambda_x-\lambda_y)^2$ 的 UMVUE.

23. 设 $X_1,X_2,\cdots,X_n$ 为来自 $N(\mu,1)$ 的独立同分布样本, 记标准正态的累积分布为 $\varPhi(x)$, 求 a_n, 使得 $\varPhi(a_n\bar{X})$ 为 $\varPhi(\mu)$ 的 UMVUE, 并由此求 $P(X_1<c)$ 的 UMVUE, 其中 c 为常数.

24. 设 $X_1,X_2,\cdots,X_n$ 为来自 $N(0,\sigma^2)$ 的独立同分布样本, 求 σ^2 的充分完全统计量, σ 和 $3\sigma^4$ 的 UMVUE, 并证明 $\dfrac{1}{n}\sum\limits_{i=1}^{n}X_i^2$ 是 σ^2 的有效估计和相合估计.

25. 设 $X_1,X_2,\cdots,X_n$ 为某总体的独立同分布样本, 统计量 T_n 是参数 θ 的无偏估计, 且 $\mathrm{Var}(T_n)<\infty$. 如果对于任何 θ 的无偏估计 U_n 都有 $\mathrm{Var}(T_n)\leqslant\mathrm{Var}(U_n)$, 证明 T_n 是 θ 的均方相合估计.

26. 设 $X\sim\chi^2(n)$, 证明:

$$\sqrt{X}-\sqrt{n}\xrightarrow{\mathrm{d}}N(0,1/2).$$

并由此得: $P(X\leqslant x)$ 的值可由 $\varPhi(\sqrt{2x}-\sqrt{2n})$ 来近似 (称之为 Fisher 近似).

27. 设 $X_1,X_2,\cdots,X_n$ 为来自总体 $B(1,\theta)$ 的独立同分布样本, 其中 $0<\theta<1$. 记 $T_n=\sum\limits_{i=1}^{n}X_i$, $Y_n=\ln(T_n)I_{[1,\infty)}(T_n)$. 证明: Y_n 是 $\ln\theta$ 的强相合估计, 也是 CAN 估计.

28. 设 $X_1,X_2,\cdots,X_n$ 和 $Y_1,Y_2,\cdots,Y_n$ 为分别来自总体 X,Y 的独立同分布样本,

且 $P(X>0)=1$, $E(X^2)<\infty, E(Y^2)<\infty$, 记 $\theta=E(Y)/E(X)$, 证明

$$\sqrt{n}(\bar{Y}/\bar{X}-\theta)\xrightarrow{\mathrm{d}}N(0,\sigma^2),$$

并求 σ^2.

29. 设 (X_i,Y_i) 为来自某二维总体的独立同分布样本, $r(X,Y)$ 为 (1.2.8) 式定义的样本相关系数, 即

$$r(X,Y)=\frac{\sum\limits_{i=1}^{n}(X_i-\bar{X})(Y_i-\bar{Y})}{\sqrt{\sum\limits_{i=1}^{n}(X_i-\bar{X})^2\sum\limits_{i=1}^{n}(Y_i-\bar{Y})^2}}.$$

(1) 如 $E(X_1^4)<\infty, E(Y_1^4)<\infty$, 证明:

$$\sqrt{n}[r(X,Y)-\rho]\xrightarrow{\mathrm{d}}N(0,c^2),$$

其中 $\rho=\mathrm{Cov}(X_1,Y_1)/\sqrt{\mathrm{Var}(X_1)\mathrm{Var}(Y_1)}$, c 为不依赖于样本但依赖某些未知参数的常数.

(2) 如 $X_1\sim N(\mu_1,\sigma_1^2), Y_1\sim N(\mu_2,\sigma_2^2)$, 证明: $r(X,Y)$ 的概率密度为

$$f(r)=\frac{\Gamma((n-1)/2)}{\sqrt{\pi}\Gamma(n/2-1)}(1-r^2)^{(n-4)/2}I_{[-1,1]}(r).$$

30. 设 $X_1,X_2,\cdots,X_n$ 相互独立, 且 $E(X_i)=\mu$, 记 $\sigma_n^2=\mathrm{Var}\left(\sum\limits_{i=1}^{n}X_i\right)$. 如果 $\sum\limits_{i=1}^{n}(X_i-\mu)/\sigma_n\xrightarrow{\mathrm{d}}N(0,1)$, 证明: $\bar{X}$ 是 μ 的相合估计当且仅当 $\sigma_n=o(n)$.

31. 设 $X_1,X_2,\cdots,X_n$ 为来自总体 $N(\mu,\sigma^2)$ 的独立同分布样本, 证明: 样本方差 S_n^2 是 σ^2 的均方相合估计.

32. 设 $X_1,X_2,\cdots,X_n$ 为来自均匀分布 $U(\theta-0.5,\theta+0.5)$ 的独立同分布样本, 其中 $\theta\in\mathbb{R}$ 为参数. 证明: $[X_{(1)}+X_{(n)}]/2$ 是 θ 的强相合估计, 也是均方相合估计.

33. 设 $X_1,X_2,\cdots,X_n$ 为来自总体 X 的独立同分布样本, $E(X^4)<\infty$, 记

$$T_n(X)=\frac{\sum\limits_{i=1}^{n}|X_i|/n}{\sum\limits_{i=1}^{n}X_i^2/n}.$$

(1) 证明: $\sqrt{n}(T_n-\nu)\xrightarrow{\mathrm{d}}N(0,c^2)$, 并用 X 的矩给出 ν, c^2 的表达式; (2) 当 $X\sim N(0,\sigma^2)$ 时, 验证 (1) 中的结论.

34. 证明 $T_n(X)$ 是参数 θ 的均方相合估计的充要条件为: $T_n(X)$ 渐近无偏, 且 $\lim\limits_{n\to\infty}\mathrm{Var}_\theta[T_n(X)]=0,\ \forall\theta\in\Theta$.

35. 设 $X_1,X_2,\cdots,X_n$ 为来自总体 X 的独立同分布样本, 且 $E(X)=\theta,\mathrm{Var}(X)=\theta$, 其中 $\theta>0$. 对于参数 $g(\theta)=\sqrt{\theta}$, 设 $T_{1n}=\sqrt{\bar{X}},T_{2n}=\bar{X}/S_n$. 求 T_{1n} 相对于 T_{2n} 的渐近相对效率.

36. 设 $X_1,X_2,\cdots,X_n$ 为来自总体 X 的独立同分布样本, $E(X)=\mu,\mathrm{Var}(X)<\infty$. 记 $T_{1n}=\bar{X},T_{2n}=\dfrac{2}{n(n+1)}\sum\limits_{i=1}^{n}iX_i$. (1) 证明 T_{2n} 是 μ 的相合估计; (2) 求 T_{1n} 相对于 T_{2n} 的渐近相对效率.

37. 设 $X_1,X_2,\cdots,X_n$ 为来自 $N(0,\sigma^2)$ 的独立同分布样本, 其中 $\sigma>0$. 对于参数 $g(\sigma^2)=\sigma$, 求两个估计 $\sqrt{\pi/2}\sum\limits_{i=1}^{n}|X_i|/n,\sqrt{\sum\limits_{i=1}^{n}X_i^2/n}$ 的渐近相对效率.

38. 设 $X_1,X_2,\cdots,X_n$ 为来自 $B(1,p)$ 的独立同分布样本, 其中 $p\in(0,1)$. 考虑估计参数 p, 记 a,b 为两个正常数, 求 $(a+n\bar{X})/(n+a+b)$ 关于 $\bar{X}$ 的渐近相对效率.

39. 设 $X_1,X_2,\cdots,X_n$ 为来自均匀分布 $U(\theta-0.5,\theta+0.5)$ 的独立同分布样本 ($n\geqslant 2$), $\theta\in\mathbb{R}$ 为未知参数. (1) 求 θ 的矩估计 $\hat{\theta}_M$. (2) $\hat{\theta}_M$ 和 $\hat{\theta}_1=[X_{(1)}+X_{(n)}]/2$ 是 θ 的 UE 吗? 为什么? (3) $\hat{\theta}_M$ 和 $\hat{\theta}_1$ 哪个方差较小? 为什么?

40. 设 $Y\sim N(\mu,\sigma^2)$, 称 $X=\mathrm{e}^Y$ 的分布为对数正态分布. (1) 求 X 的概率密度; (2) 设 $X_1,X_2,\cdots,X_n$ 为来自总体 X 的独立同分布样本, 求 μ,σ^2 的矩估计与 MLE.

41. 设 $X_1,X_2,\cdots,X_n$ 为来自总体 X 的独立同分布样本, 概率密度为

$$\frac{1}{2\sigma}\exp\{-|x-\mu|/\sigma\}.$$

(1) 求 μ,σ 的矩估计与 MLE; (2) μ 的矩估计是相合估计吗?

42. 设 $X_1,X_2,\cdots,X_n$ 为来自总体 X 的独立同分布样本, 记 μ,σ^2 分别为总体均值与方差. 证明: 对于任意三阶导数存在且有界的函数 h, 都有

$$E[h(\bar{X})]=h(\mu)+\frac{1}{2n}h''(\mu)\sigma^2+O_p(n^{-2}).$$

43. 设 $X_1,X_2,\cdots,X_n$ 为来自总体 X 的独立同分布样本, 记 μ,σ^2 分别为总体均值与方差, 且总体三阶中心矩 ν_3 存在且有界. 证明: (1) $E(\bar{X}-\mu)^3=\nu_3/n^2$; (2) 对于任意三阶导数存在且有界的函数 h, 都有

$$E\left\{\left\{h(\bar{X})-E[h(\bar{X})]\right\}^3\right\}=\frac{1}{n^2}[h'(\mu)]^3\nu_3+\frac{3}{n^2}h''(\mu)[h'(\mu)]^2\sigma^2+O_p(n^{-3}).$$

44. 设总体 X 的概率分布为

$$P(X=x)=p(1-p)^{x-1},\ x=1,2,\cdots,$$

$X_1, X_2, \cdots, X_n$ 为来自此总体的独立同分布样本, 求 p 的矩估计和 MLE.

45. 设 $X_1, X_2, \cdots, X_n$ 为来自均匀分布 $U(a, b)$ 的独立同分布样本, 求 a^2 的 MLE.

46. 设 $X_1, X_2, \cdots, X_n$ 为来自二项总体 $B(1, p)$ 的独立同分布样本, 求 p 的 MLE. 假设 $p \in [1/3, 1/2]$, 求其 MLE.

47. 设 $X_1, X_2, \cdots, X_n$ 为来自 logistic 分布 $LG(\mu, \sigma)$ 的独立同分布样本, (1) 当 σ 已知, $\mu \in \mathbb{R}$ 时, 试求 μ 的 MLE; (2) 当 μ 已知, $\sigma > 0$ 时, 试求 σ 的 MLE.

48. 设 $X_1, X_2, \cdots, X_n$ 为来自 $N(\mu, \sigma^2)$ 的独立同分布样本. (1) 当 $\mu \in [a, b]$, a, b 已知时, 求 μ, σ^2 的 MLE; (2) 当 σ^2 已知, 且 $\mu \in (0, \infty)$ 时, 求 μ 的 MLE.

49. 设 $X_{i1}, X_{i2}, \cdots, X_{in_i}$ 为来自 $N(\mu_i, \sigma_i^2)$ 的独立同分布样本 $(i = 1, 2)$, 且全样本独立. (1) 求 $\mu_1 - \mu_2$ 的 MLE. (2) 如 $n_1 + n_2 = n$ 已知, 且 σ_1, σ_2 已知, 求使上述 MLE 的均方误差达到最小的 n_1, n_2 的比例.

50. 设 $X_1, \cdots, X_m, X_{m+1}, \cdots, X_{m+n}$ 为来自 Poisson 分布 $P(\lambda)$ 的独立同分布样本, 但由于某种原因, 假设仅观测到前 m 个样本, 以及 $\sum\limits_{i=m+1}^{m+n} X_i$, 求 λ 的 MLE.

51. 设 $X_1, \cdots, X_m, X_{m+1}, \cdots, X_{m+n}$ 为来自指数分布 $Exp(\lambda)$ 的独立同分布样本, 但由于采用定时截尾实验, 即实验进行到 τ 时刻 (τ 为已知正数), 停止实验, 故只观测到前 m 个样本, 以及 $X_i > \tau (i = m+1, m+2, \cdots, m+n)$. 求 λ 的 MLE.

52. 设 $X_1, X_2, \cdots, X_n$ 为来自 Cauchy 分布 $C(\theta, 1)$ 的独立同分布样本. (1) 当 $n = 1$ 时, 证明 θ 的 MLE 为 X_1; (2) 当 $n = 2$ 时, 证明 θ 的 MLE 存在且唯一, 但似然方程有多个根.

53. 设总体 X 服从混合正态分布, 即以均等概率按 $N(0, 1)$ 分布和按 $N(\mu, \sigma^2)$ 分布取值, 其中 $\mu \in \mathbb{R}, \sigma^2 > 0$ 均未知. 此时 X 的概率密度为

$$f(x; \mu, \sigma^2) = \frac{1}{2} \frac{1}{\sqrt{2\pi}} \exp\{-x^2/2\} + \frac{1}{2} \frac{1}{\sqrt{2\pi}\sigma} \exp\{-(x-\mu)^2/2\sigma^2\}.$$

设 $X_1, X_2, \cdots, X_n$ 为来自此混合分布总体的独立同分布样本, 证明 μ, σ^2 不存在 MLE. (提示: 当 $\mu = x_i$, 且 $\sigma^2 \to 0$ 时, 似然函数趋于无穷.)

54. 设样本 $Y_1, Y_2, \cdots, Y_n$ 相互独立, 且 $Y_i \sim B(1, p_i)$, 而 p_i 满足线性方程

$$\ln \frac{p_i}{1 - p_i} = \alpha + \beta x_i, \quad i = 1, 2, \cdots, n,$$

其中 x_i 为已知常数, α, β 为未知参数. 求 α, β 的 MLE.

55. 设 $X_1, X_2, \cdots, X_n$ 为来自两点分布 $B(1, \theta)$ 的独立同分布样本, 其中 $\theta \in (0, 1)$. 求在平方损失时下面估计的风险:

$$T_1(X) = \begin{cases} 0, & \text{样本中等于 0 的个数多于一半}, \\ 1, & \text{样本中等于 1 的个数多于一半}, \\ 1/2, & \text{样本中等于 0 的个数等于一半}. \end{cases}$$

$$T_2(X) = \begin{cases} \bar{X}, & \text{概率 } 1/2, \\ T_1, & \text{概率 } 1/2. \end{cases}$$

56. 设 $X_1, X_2, \cdots, X_n$ 为来自指数分布总体 $Exp(\theta)$ 的独立同分布样本, 在平方损失下, 求 $\bar{X}, cX_{(1)}$ 的风险, 其中 c 为正常数.

57. 设 $X_{ij} = \mu + a_i + \varepsilon_{ij}$, $i = 1, 2, \cdots, m, j = 1, 2, \cdots, n$, 其中 a_i, ε_{ij} 独立, 且 $a_i \sim N(0, \sigma_a^2), \varepsilon_{ij} \sim N(0, \sigma_e^2)$, μ, σ_a, σ_e 未知. 记 $\bar{X}_i = \sum\limits_{j=1}^{n} X_{ij}/n, \bar{X} = \sum\limits_{i=1}^{m} \bar{X}_i/m, \text{MSA} = \sum\limits_{i=1}^{m} (\bar{X}_i - \bar{X})^2/[n(m-1)], \text{MSE} = \sum\limits_{i=1}^{m}\sum\limits_{j=1}^{n} (X_{ij} - \bar{X}_i)^2/[m(n-1)]$. 设 $m(n-1) > 4$, 且记 $\theta = \sigma_a^2/\sigma_e^2$, 及 θ 的估计类:

$$\left\{\hat{\theta}(\delta) = \frac{1}{n}\left[(1-\delta)\frac{\text{MSA}}{\text{MSE}} - 1\right] : \delta \in \mathbb{R}\right\}.$$

(1) 证明 MSA 和 MSE 独立; (2) 求 δ, 使 $\hat{\theta}(\delta)$ 是 θ 的无偏估计; (3) 求平方损失下 $\hat{\theta}(\delta)$ 的风险; (4) 证明存在一个常数 $\delta^* \in \mathbb{R}$, 使得对于任何固定的 θ, $\hat{\theta}(\delta)$ 的风险当 $\delta < \delta^*$ 时关于 δ 递减, 当 $\delta > \delta^*$ 时, 关于 δ 递增.

58. 设 $X_1, X_2, \cdots, X_n$ 为来自两点分布 $B(1, p)$ 的独立同分布样本, 其中 $p \in (0, 1)$. 取 p 的先验分布为 $U(0, 1)$, 且损失 $L(p, a) = (p-1)^2/[p(1-p)]$, 求此时关于 p 的 Bayes 估计.

59. 设 X 为来自 Poisson 分布 $P(\lambda)$ 的一个样本, 参数 λ 的先验密度为 $\pi(\lambda) = \mathrm{e}^{-\lambda} I_{(0,\infty)}(\lambda)$. 求 λ 的 Bayes 估计.

60. 设 $X_1, X_2, \cdots, X_n$ 为来自均匀分布 $U(0, \theta)$ 的独立同分布样本, 其中 $\theta > 0$. 取先验 $\pi(\theta)$ 为 Pareto 分布 $Pa(\beta, \alpha)$, 即 $\pi(\theta) = \alpha\beta^\alpha\theta^{-(\alpha+1)} I_{(\beta,\infty)}(\theta)$, 其中 $\alpha > 0, \beta > 0$ 已知. 求: (1) θ 的后验分布; (2) 在绝对损失 $L(\theta, a) = |\theta - a|$ 下, θ 的 Bayes 估计.

61. 设 $X_1, X_2, \cdots, X_n$ 为来自总体 X 的独立同分布样本, 且总体 X 的概率密度为

$$f(x; \theta) = \theta \mathrm{e}^{-\theta x} I_{[0,\infty)}(x), \quad \theta > c,$$

其中 c 为已知的正常数. 如取先验 $\pi(\theta) = \mathrm{e}^{-(\theta - c)} I_{[c,\infty)}(\theta)$, 求: (1) θ 的后验分布; (2) 在绝对损失 $L(\theta, a) = |\theta - a|$ 下, θ 的 Bayes 估计.

62. 设 $X_1, X_2, \cdots, X_n$ 为来自总体 X 的独立同分布样本, $E(X^2) < \infty$. 记 $\mu = E(X)$, 取平方损失. 证明: (1) 对于任意两个常数 $a > 1, b$, 关于 μ 的形如 $a\bar{X} + b$ 的估计是不容许的; (2) 如 $b \neq 0$, 则形如 $\bar{X} + b$ 的估计是不容许的.

63. 设 $X_1, X_2, \cdots, X_n$ 为来自两点分布 $B(1, \theta)$ 的独立同分布样本, 其中 $\theta \in (0, 1)$. 取损失为二次损失函数 $(\theta - a)^2$, 先验分布为 $P(\theta = \theta_0) = 1 - P(\theta = 1 - \theta_0) = 1/2$. 试决定 θ_0, 使在此先验下 θ 的 Bayes 估计为 minimax 估计.

64. 设 $X_1, X_2, \cdots, X_n$ 为来自指数分布 $Exp(\theta)$ 的独立同分布样本, 其中 $\theta > 0$. 证明: (1) 任给一 $b \geqslant 0$, $(n\bar{X} + b)/(n + 1)$ 是平方损失下 θ^{-1} 的容许估计; (2)$(n\bar{X} + b)/(n + 1)$ 是损失函数 $L(\theta, a) = \theta^2(1 - a/\theta)^2$ 下 θ^{-1} 的 minimax 估计; (3) $\bar{X}$ 不是 θ^{-1} 的容许估计.

65. 设样本 X 来自 Poisson 分布 $P(\theta)$. 证明: 在损失函数为 $L(\theta, a) = (a - \theta)^2/\theta$ 下, X 为 θ 的容许的 minimax 估计.

第三章

假设检验与置信区间

假设检验 (hypothesis test) 是统计推断方法的核心之一, 在当今大数据时代的真伪性判定问题中扮演着重要角色. 它是由 K. Pearson 于 20 世纪初提出的, 之后由 Fisher 进行了细化, 并最终由 Neyman (奈曼, 1894—1981) 和 E. Pearson (埃贡 · 皮尔逊, 或称小皮尔逊, 1895—1980) 建立了较完整的假设检验理论. 假设检验是用于决定样本数据是否支持某个特定假设的统计过程. 在本章中, 我们将介绍假设检验的基本概念、工具, 以及在数据分析中的应用. 首先, 我们将从假设检验的概述开始, 介绍假设检验的基本原理和步骤. 这包括零假设与备择假设的设置, 以及如何通过数据来支持或反驳这些假设. 接着, 我们会讨论正态总体的检验, 详细解释当总体呈现正态分布时如何进行假设检验. 这是统计分析中一个非常常见的场景, 理解这一部分对于掌握后续的统计方法至关重要. 本章还将探讨最大功效检验和似然比检验这两种高级检验方法. 最大功效检验侧重于找到在给定备择假设下, 拒绝零假设的最佳方法. 而似然比检验则利用似然比来评估两个假设中哪一个更可能正确. 这些方法在复杂数据分析中尤其有用. 最后, 我们将研究假设检验与置信区间的对偶性关系. 这部分内容将帮助我们理解这两个概念是如何相互联系的, 以及它们在实际应用中是如何互相补充的. 通过本章的学习, 读者将能够理解假设检验的基本概念, 掌握主要的检验方法, 并应用这些方法来解决实际问题.

3.1 假设检验问题概述

3.1.1 显著性检验思想

我们先看一看 Fisher 的显著性检验思想. 下面是著名的女士品茶试验.

例 3.1.1 (女士品茶试验) 一种饮料由牛奶与茶按一定比例混合而成, 可以先倒茶后倒牛奶 (记为 TM), 也可以反过来 (记为 MT). 某女士声称她可以鉴别是 TM 还是 MT. 为此 Fisher 设计了如下试验来检验她的说法是否可信. 准备八杯饮料, TM 与 MT 各一半, 把它们随机地排在一起, 让她品尝, 并告诉她 TM 与 MT 各四杯, 然后让她指出哪四杯是 TM. 假设她全说对了, 你相信她有这个能力吗?

对此问题, Fisher 先引进一个假设:

$$H_0: \text{该女士并无鉴别能力}. \tag{3.1.1}$$

当 H_0 正确时, 她只能随机地指出四杯是 TM, 而从八杯中选四杯共有 $\binom{8}{4}=70$ 种选法, 其中仅有一种判断是正确的. 于是, 当 H_0 正确时, 这个女士选对四杯的概率为 $1/70$. 此时, 我们必须承认, 下述两种情况必发生其一:

(1) H_0 不成立, 即, 该女士有一定的鉴别力;

(2) 发生了一件概率只有 1/70 的事件.

显然, 由于第二种情况发生比较稀奇, 因而我们有相当的理由认为第一种情况发生了, 或者说, “该女士四杯全选对” 这一事件是一个不利于假设 H_0 的显著性证据. 这样的一个推理过程就叫做显著性检验.

如果该女士只说对了三杯, 则表面上看, 四杯说对了三杯已经很不错, 但我们可以计算一下, 纯粹出于碰巧而得到这个以至更好成绩的机会多大, 即当 H_0 成立时, 从 70 种不同的挑法中, 挑对三杯以上的概率为 $17/70 = 0.243$. 显然发生一个概率为 0.243 的事件并不稀奇. 因此, 试验结果没有提供不利于 H_0 的显著性证据.

那我们凭什么说概率为 1/70 的事件的发生几乎不可能, 而概率为 17/70 的可能性就大了呢? 并且概率小到多少才认为不可能呢? 之所以提出这个问题, 是由于此值的大小与最终的判断结果有着直接的关系. 于是, 为了得到一个大家都认可的判决, 人们就必须事先指定一个临界值 (threshold) α, 比如常取 $0.01, 0.05, 0.1$ 等. 只有当计算所得的概率小于 α 时, 才认为是小概率事件, 即结果是显著的, 也就是说提供了不利于 H_0 的显著性证据. 如在上面的品茶试验中, 如取 $\alpha = 0.01$, 则即使四杯全说对, 那我们也不能认为结果显著, 这是因为 $1/70 > 0.01$. 而如取 $\alpha = 0.05$, 则说对四杯就可以认为显著了. 所以, Fisher 认为, 在做检验之前要先设定好 α. 在后面, 我们称这样的 α 为显著性水平 (significance level), 它越小, 获得显著性结果越难, 即越难拒绝 H_0. 我们称这样的检验为显著性检验.

下面我们介绍几个有关假设检验的基本概念.

3.1.2 基本概念

假设检验在我们的实际生活中有很多应用, 尤其是在现在的商品经济社会中. 在讲述基本概念前, 我们再看一个例子.

例 3.1.2 某电商在把产品卖给用户之前, 与用户约定: 如果此批产品的次品率小于某个给定值, 如 0.05, 则用户接受这批产品, 否则拒收. 同时, 双方同意从此批产品中随机地抽取 n 件产品以估计其次品率 p. 现以 X 记抽取 n 件产品中的次品数, 则用户如何根据 X 的大小来决定是否接受这批产品?

对于此问题, 如我们假设 X 服从二项分布 $B(n,p)$, 则上述问题就可以归结成如下的统计问题: 设有来自二项分布 $B(n,p)$ 的样本 X, 我们如何根据 X 的观测值对命题 $H_0:\ p \leqslant 0.05$ 作出 “对” 或 “不对” 的判断.

在统计或数据科学中, 我们把这种需要根据样本去推断其 “正确” 与否的命题, 称为一个*假设*或*统计假设*. 假设可以是关于某些感兴趣的参数, 也可以是关于分布的. 通过样本对一个假设作出 “对” 或 “不对” 的具体判断规则被称为该假设的一个*检验*. 检验的结果如果是否定该命题, 就称拒绝 (reject) 该假设; 否则, 就称接受 (accept) 该假设. 我们注意到, 这里的“接受”或“拒绝”一个假设的行为, 只是反映了当事者在给定样本之下对该命题所采取的一种 (决策) 态度, 是一种“自愿”行为, 而不是从逻辑上或理论上“证明”该命题正确与否. 于是, 我们经常对“接受”一个假设换一个说法, 称为“不能拒绝” (retain) 此假设. 这是由于我们所应用的样本是随机的, 故我们所采取的决策可能是错误的 (在现代很多应用中, 人们也不再特别纠结这种术语上的区别).

对于例 3.1.2, 我们可以把假设检验问题总结如下: 设有样本 X, 取值于样本空间 $\mathcal{X}$, 且知道样本来自某一个参数分布族 $\{F(x,\theta):\theta\in\Theta\}$, 其中 Θ 为参数空间. 设 $\Theta_0\subset\Theta$, 且 $\Theta_0\neq\varnothing$, 则命题 $H_0:\theta\in\Theta_0$ 称为一个假设或零假设 (null hypothesis) 或原假设. 如记 $\Theta_1=\Theta-\Theta_0$, 则命题 $H_1:\theta\in\Theta_1$ 称为 H_0 的对立假设或备择假设 (alternative hypothesis). 于是, 我们感兴趣的假设就是

$$H_0:\theta\in\Theta_0\longleftrightarrow H_1:\theta\in\Theta_1. \tag{3.1.2}$$

在实际应用中, 零假设的选取很多时候是有技巧的, 要针对所研究的问题具体处理. 比如, 在例 3.1.1的女士品茶试验中, 如我们不取 (3.1.1) 式的假设作为零假设, 而取 H_0 : 该女士有鉴别能力, 作为零假设, 由于我们无法对“有鉴别能力”进行模型处理, 故我们就无法进行上面的统计分析, 也就得不到任何结论. 又如, 对于例 3.1.2, 参数空间 $\Theta=(0,1),\Theta_0=(0,0.05]$, 由于假设完全可由参数表示出来, 故与例 3.1.1有所不同.

对于假设 (3.1.2), 如果 Θ_0 只有一个点, 则我们称之为简单 (simple) 假设, 否则就称之为复合 (composite) 假设. 同样, 备择假设也有简单与复合之别. 当 H_0 为简单假设时, 其形式可写成 $H_0:\theta=\theta_0$. 此时备择假设有两种可能:

$$H_1':\theta\neq\theta_0,\quad H_1'':\theta<\theta_0 \text{ 或 } \theta>\theta_0.$$

我们称 $H_0\leftrightarrow H_1'$ 为双边的 (或双侧的), $H_0\leftrightarrow H_1''$ 为单边的 (或单侧的).

对于假设 (3.1.2) 的检验就是指如下的法则或策略: 当有了具体的样本后, 由该法则或策略就可决定是接受 H_0 还是拒绝 H_0, 即检验就等价于把样本空间 $\mathcal{X}$ 划分成两个互不相交的部分 $\mathcal{W}$ 和 $\mathcal{W}^c$, 当样本属于 $\mathcal{W}^c$ 时, 接受 H_0; 否则拒绝 H_0. 于是, 我们称 $\mathcal{W}$ 为该检验的拒绝域, 而 $\mathcal{W}^c$ 为接受域. 对于例 3.1.2, 其零假设与备择假设均是复合的, 而此检验的拒绝域为 $\{X>c\}$, 其中常数 c 由买卖双方协商决定, 其与前面提到的 α 有关, 称为 α 的临界值.

假设检验类似于法律中的无罪推定. 我们假定某人是无罪的, 除非证据强烈表明他有罪. 类似地, 我们会保留 (不拒绝) 原假设, 除非有强有力的证据来拒绝它. 这时候, 显然我们可能犯两种类型的错误. 在原假设为真时拒绝它被称为第一类错误 (type I error). 在备择假设为真时接受原假设被称为第二类错误 (type II error), 见表 3.1.1.

表 3.1.1 两类错误

决策	H_0 为真	H_1 为真
接受 H_0	正确	第二类错误
拒绝 H_0	第一类错误	正确

我们也常称第一、二类错误为拒真与纳伪. 由于上述两种错误决策受随机样本的影响, 因此我们定义犯第一、二类错误的概率如下:

第一类错误概率: $\alpha = P_\theta\left(X \in \mathcal{W}\right)$, $\theta \in \Theta_0$, 也记为 $P_{H_0}\left(X \in \mathcal{W}\right)$;

第二类错误概率: $\beta = P_\theta\left(X \in \mathcal{W}^c\right)$, $\theta \in \Theta_1$, 也记为 $P_{H_1}\left(X \in \mathcal{W}^c\right)$.

既然一个检验都有如上两类错误, 那我们能否找到一个检验, 使其犯两类错误的概率都尽可能地小呢? 实际上, 我们做不到这一点. 为了说明其原因, 我们先引进如下的功效函数 (power function) 或势函数的概念.

定义 3.1.1 (功效函数) *对于假设 (3.1.2) 的一个检验方法 ψ, 其拒绝域记为 $\mathcal{W}$, 则我们称*

$$\beta_\psi(\theta) = P_\theta\left(X \in \mathcal{W}\right), \ \forall\, \theta \in \Theta \tag{3.1.3}$$

为此检验的功效函数或势函数.

从这一定义可以看出, 当 $\theta \in \Theta_0$ 时, 此检验犯第一类错误的概率等于其功效函数 $\beta_\psi(\theta)$; 而当 $\theta \in \Theta_1$ 时, 检验犯第二类错误的概率等于 $1 - \beta_\psi(\theta)$.

下面我们通过一个例子说明我们无法使一个检验的第一、二类错误概率都尽可能地小.

例 3.1.3 如何判断商家欺骗顾客: 如果买到标记是 500 g 的一袋巧克力, 其实际质量为 400 g, 能告商家欺诈吗?

解 如以 μ 表示商家生产此种巧克力每袋的平均质量, 则我们要检验的假设为

$$H_0 : \mu = 500 \leftrightarrow H_1 : \mu < 500.$$

顾客为了打官司, 就要搜集证据, 假设他又买了 n 袋巧克力, 称其质量为 $X_1, X_2, \cdots, X_n$, 显然如果 $\bar{X} = \sum\limits_{i=1}^{n} X_i/n$ 远小于 500, 这场官司就有胜的把握, 即当 $\bar{X} - 500 < c$ 时, 我们可以拒绝 H_0, 于是, 取拒绝域为 $\{X : \bar{X} - 500 < c\}$ 是合理的. 至于如何确定常数 c, 就要依赖错误概率的选取.

如假设总体服从 $N(\mu, \sigma_0^2)$, 且 σ_0 已知. 由定义 3.1.1知, 这个检验的功效函数为 $\beta(\mu) = P_\mu\left(\bar{X} < 500 + c\right)$. 这样其第一、二类错误概率分别为

$$\alpha = P_{\mu=500}\left(\bar{X} < 500 + c\right) = P_{\mu=500}\left(\frac{\bar{X} - 500}{\sigma_0/\sqrt{n}} < \frac{c}{\sigma_0/\sqrt{n}}\right) = \Phi(\sqrt{n}c/\sigma_0),$$

$$\beta = P_\mu\left(\bar{X} > 500 + c\right) = P_\mu\left(\frac{\bar{X} - \mu}{\sigma_0/\sqrt{n}} > \frac{500 + c - \mu}{\sigma_0/\sqrt{n}}\right) = 1 - \Phi\left(\frac{500 + c - \mu}{\sigma_0/\sqrt{n}}\right).$$

比较一下 α 与 β 可知, 这两类错误概率均依赖于常数 c, 并且对于固定的样本容量, 我们找不到一个 c, 使得二者均尽可能小. □

从上例我们可以看出:

(1) 对于固定的样本容量, 我们找不到一个检验方法, 使得其第一、二类错误概率均达到最小.

(2) 第二类错误概率不易求出, 由于它依赖于未知的备择假设中的参数.

既然我们不可能同时控制一个检验的第一、二类错误概率, 通常的做法就是仅限制第一类错误概率, 即我们有如下的定义.

定义 3.1.2 (显著性水平)　*对于检验 ψ 和给定的 $\alpha \in (0,1)$, 如果它满足*

$$P_\theta\left(X \in \mathcal{W}\right) \leqslant \alpha,\ \forall\ \theta \in \Theta_0,$$

则称 α 是检验 ψ 的水平或显著性水平, 也称 ψ 为显著性水平 α 的检验.

在女士品茶试验中, 当时我们所讲的临界值就是这里的显著性水平. 我们一般取 $\alpha = 0.01, 0.05, 0.1$ 这三个值, 但统计工作者通常根据考虑的问题本身来决定该水平大小. 这里读者还要注意避免将"统计显著" (statistically significant) 和"科学显著" (scientifically significant) 混为一谈. 一个结果可能在统计上是显著的 (根据我们事先设定好的显著性水平), 但其效应大小 (effect size) 可能很小, 即科学上没有显著含义. 在这种情况下, 我们可能得到了一个在统计上显著但在科学或实际上不显著的结果, 因此对于假设检验的设计以及结果解释, 很多时候需要统计工作者根据科学问题进行具体研究和分析.

这种控制第一类错误概率的检验被称为显著性检验. 一般情况下, 求取某假设的显著性检验的步骤如下:

(1) 根据实际问题, 建立统计假设 $H_0 \leftrightarrow H_1$.

(2) 选取一个合适的统计量 $T(X)$, 使当 H_0 成立时, T 的分布已知, 且与参数 θ 无关 (称此分布为统计量 T 的零分布).

(3) 根据 H_0 及 H_1 的特点, 确定拒绝域 $\mathcal{W}$ 的形状.

(4) 对于给定的显著性水平 α, 由统计量的零分布来确定拒绝域 $\mathcal{W}$.

(5) 给定样本观测值 x, 计算统计量 $T(X)$ 的值 $T(x)$, 由 $T(x)$ 是否属于 $\mathcal{W}$, 作出最终判断.

本章后面的内容都将遵循如上步骤求取相应假设的显著性检验.

3.1.3　p 值

在例 3.1.3 中可看到, 对于给定的一组样本, 我们能否拒绝 H_0 取决于事先设定的 α 大小. 如果我们把水平 α 放大或缩小, 其结论可能正好相反. 为了避免两难情况的出现, 并提供更多的信息以助于决策者参考, 人们引入 p 值的概念.

这里我们回顾显著性假设检验基本方法——临界值法: 对于指定的假设 (3.1.2), 先选取一个合适的检验统计量 $T(X)$, 之后根据 $H_0 \leftrightarrow H_1$ 的特点, 确定检验的拒绝域 $\mathcal{W}$. 为了简便, 考虑如下形状的拒绝域:

$$\mathcal{W}=\{X: T(X)>c\}. \tag{3.1.4}$$

定义 3.1.3 对于拒绝域形如 (3.1.4) 式的检验, 当给定样本观测值 x^0 后, 称

$$p(x^0)=\sup_{\theta\in\Theta_0} P_\theta\left(T(X)\geqslant T(x^0)\right) \tag{3.1.5}$$

为此检验的 p 值.

下面的定理说明了 p 值的重要性:

定理 3.1.1 对于给定的 $\alpha\in(0,1)$, 如存在常数 c 满足

$$\sup_{\theta\in\Theta_0} P_\theta\left(T(X)>c\right)=\alpha,$$

则样本 x^0 落入拒绝域 $\mathcal{W}=\{X: T(X)>c\}$ 的充要条件是其 p 值 $p(x^0)$ 小于 α.

证明 对于给定的样本值 x^0, 如果 $p(x^0)<\alpha$, 即 $\sup\limits_{\theta\in\Theta_0} P_\theta\left(T(X)\geqslant T(x^0)\right)<\alpha$, 而由已知条件知常数 c 满足 $\sup\limits_{\theta\in\Theta_0} P_\theta\left(T(X)>c\right)=\alpha$, 则必有 $T(x^0)>c$, 这就是说样本 x^0 落入了拒绝域 $\mathcal{W}$. 反之, 如果样本 x^0 落入拒绝域 $\mathcal{W}$, 即 $T(x^0)>c$, 则存在一个 $\varepsilon>0$, 使得 $T(x^0)-\varepsilon>c$. 于是

$$\begin{aligned}
p(T(x^0)) &= \sup_{\theta\in\Theta_0} P_\theta\left(T(X)\geqslant T(x^0)\right)\\
&\leqslant \sup_{\theta\in\Theta_0} P_\theta\left(T(X)>T(x^0)-\varepsilon\right)\\
&< \sup_{\theta\in\Theta_0} P_\theta\left(T(X)>c\right)=\alpha.
\end{aligned}$$

□

由定理 3.1.1可知, 当且仅当样本值的 p 值小于 α 时拒绝 H_0, 也就是说, **p 值是可以拒绝原假设的水平的最小值**:

$$p(x^0)=\inf\left\{\alpha: T(x^0)\in\mathcal{W}_\alpha\right\},$$

这里 $\mathcal{W}_\alpha$ 表示水平为 α 的拒绝域. 注意到, 引入 p 值的最大优点在于: 做检验时, 我们不需要事先给定此检验的显著性水平 α, 而通过计算当前样本的 p 值知道, 对一切大于此 p 值的 α, 错误拒绝 H_0 的概率不超过 α.

注 3.1.1 不严格地讲, p 值是"衡量反对备择假设的证据的指标": p 值越小, 反对备择假设的证据就越强. 但一定要注意, 大的 p 值并不代表支持原假设. 大的 p 值可能由两个原因造成: 一个原因是原假设确实是真的; 另一个原因是原假设确实是假的, 但我们构造的检验功效低 (检验统计量构造得不够有效或者样本量过少).

例 3.1.4 设有来自总体 $N(\mu,\sigma^2)$ 的 64 个独立同分布样本, 其样本均值为 $\bar{x}=25.9$, 样本方差为 $s^2=17.3$, 则关于假设 $H_0:\mu\leqslant 25 \leftrightarrow H_1:\mu>25$ 的一个可用的 p 值为

$$p=\sup_{\mu\leqslant 25} P_\mu\left(T>\frac{\sqrt{n}(\bar{x}-25)}{s}\right)=0.044,$$

其中 $T=\dfrac{\sqrt{n}(\bar{X}-\mu_0)}{S}$. 如果 $\alpha=0.05$, 则我们有理由拒绝 H_0.

对于双边假设, 给定样本值 x^0, 其 p 值可以定义为

$$p(x^0)=2\min\left\{\sup_{\theta\in\Theta_0} P_\theta\left(T(X)\leqslant T(x^0)\right), \sup_{\theta\in\Theta_0} P_\theta\left(T(X)\geqslant T(x^0)\right)\right\}.$$

此外, 我们注意到, 同确定拒绝域一样, 检验的 p 值依赖于检验统计量的零分布, 因此其计算的核心还是确定 $T(X)$ 的分布.

3.2 正态总体的检验

下面我们以经典的正态总体为例探讨其均值、方差的假设检验问题. 事实上, 本节中介绍的方法对于很多其他问题都有借鉴意义. 在讲述方法之前, 我们先看一个例子:

例 3.2.1 某巧克力厂生产某种袋装巧克力, 如果包装机工作正常, 则每袋的标准质量为 100 g. 根据以往经验, 当生产正常时, 其各袋质量的标准差为 $\sigma=1.15$ g. 为了检测此台包装机是否工作正常, 现从中随机地抽取 9 袋, 测其质量如下 (单位: g):

$$99.3,\ 98.7,\ 100.5,\ 101.2,\ 98.3,\ 99.7,\ 99.5,\ 102.1,\ 100.5.$$

请问此台包装机工作是否正常?

解 当生产正常时, 我们假设每袋的质量 X_i 服从正态分布 $N(\mu,\sigma^2)$, 且 X_i 间是独立的, 其中 μ 是包装机现有状态下每袋的平均质量, 而 $\sigma=1.15$. 如果 $\mu=100$, 就可以认为此包装机工作正常, 否则就不正常. 因此, 此时的假设为 $H_0:\mu=100 \leftrightarrow H_1:\mu\neq 100$, 根据上节的定义, 这是一个双边假设. □

为了对此假设问题进行检验, 我们先考虑如下一般情况下的检验问题:

3.2.1 单样本情形

(一) 均值检验问题

设 $X_1, X_2, \cdots, X_n$ 为来自 $N(\mu, \sigma^2)$ 的独立同分布样本, 现我们感兴趣的是关于其均值 μ 的如下假设:

$$H_0: \mu = \mu_0 \leftrightarrow H_1: \mu \neq \mu_0, \tag{3.2.1}$$

$$H_0: \mu = \mu_0 \leftrightarrow H_1: \mu > \mu_0, \tag{3.2.2}$$

$$H_0: \mu \leqslant \mu_0 \leftrightarrow H_1: \mu > \mu_0, \tag{3.2.3}$$

其中 μ_0 是已知的常数. 注意到另外两个可能感兴趣的检验问题: $H_0: \mu = \mu_0 \leftrightarrow H_1: \mu < \mu_0$ 和 $H_0: \mu \geqslant \mu_0 \leftrightarrow H_1: \mu < \mu_0$ 分别与假设 (3.2.2) 和假设 (3.2.3) 对应, 因此不再赘述. 上述假设有单边的、双边的、简单的及复合的. 另外, σ^2 的已知与否对上述假设检验问题是有影响的 (主要体现在对统计量零分布的确定). 于是, 我们就 σ^2 已知与未知两种情况来考虑上述检验问题.

1. 当 $\sigma^2 = \sigma_0^2$ 已知时

(1) 对于假设 (3.2.1), 我们感兴趣的参数在于总体均值 μ 的大小, 而在第二章我们讲过, 对于正态总体而言, 样本均值 $\bar{X}$ 是 μ 的一个很好的点估计. 于是, 当假设 (3.2.1) 的 H_0 成立, 即 $\mu = \mu_0$ 时, $\bar{X}$ 应与 μ_0 相差不多. 而当 H_1 成立时, $\bar{X}$ 与 μ_0 应相差较大. 这样, 我们可以用 $|\bar{X} - \mu_0|$ 的大小来反映假设 (3.2.1), 并且当 $|\bar{X} - \mu_0| > c$ 时, 我们有理由拒绝 H_0, 即认为 H_1 成立. 故我们可以取此假设的检验统计量为

$$U(X) = \frac{\sqrt{n}(\bar{X} - \mu_0)}{\sigma_0}. \tag{3.2.4}$$

根据上述分析, 此检验的拒绝域为 $\mathcal{W} = \{X : |U(X)| > c\}$. 再根据显著性检验的特点, 上述拒绝域中的常数 c 由其事先给定的显著性水平 α 确定, 即我们要求此检验的第一类错误概率不大于 α, 也就是说, 其常数 c 满足: $P_{H_0}(|U| > c) \leqslant \alpha$. 又由于当 H_0 成立时, $U(X) \sim N(0,1)$, 故上述拒绝域中的常数 c 可取为 $c = u_{\alpha/2}$, 其中 u_γ 表示标准正态分布的上 γ 分位数. 由于此常数是拒绝与接受零假设的分水岭, 故我们称之为检验的临界值 (critical value). 我们把此时关于假设 (3.2.1) 的检验总结如下:

- 检验统计量: $U(X) = \dfrac{\sqrt{n}(\bar{X} - \mu_0)}{\sigma_0}$.
- 拒绝域: $\{X : |U(X)| > u_{\alpha/2}\}$.

对于例 3.2.1, 我们可以利用上述检验来处理它. 此时 $\mu_0 = 100, \sigma_0 = 1.15$, 因为

$$|U| = \left| \frac{\sqrt{9}(99.98 - 100)}{1.15} \right| = |-0.052| < 1.96 = u_{0.05/2},$$

故在水平 0.05 下, 我们没有充分的理由拒绝 H_0, 也就是说, 我们不能认为此台包装机工作不正常.

(2) 对于假设 (3.2.2), 由于它与假设 (3.2.1) 的区别在于备择假设的不同, 故我们仍可采用关于假设 (3.2.1) 的检验统计量, 但此时根据其备择假设的特点, 我们取其拒绝域为 $\mathcal{W}=\{X: U(X)>c\}$, 即此时是一个单边检验. 又由于在 H_0 下, 统计量 $U(X)\sim N(0,1)$, 故在控制其第一类错误概率不超过 α 时, 可取 c 为 u_α. 于是, 关于假设 (3.2.2) 的水平为 α 的检验为: 检验统计量: $U(X)=\dfrac{\sqrt{n}(\bar{X}-\mu_0)}{\sigma_0}$; 拒绝域: $\{X: U(X)>u_\alpha\}$.

(3) 对于假设 (3.2.3), 由于此时我们感兴趣的仍然是均值参数 μ, 故我们仍可以用上述的检验统计量 (3.2.4), 虽然此时它的零分布并不是标准正态分布 $N(0,1)$. 另外, 根据备择假设的特点, 此检验的拒绝域可取为 $\mathcal{W}=\{X: U(X)>c\}$.

为了控制此检验的第一类错误概率为给定的 α, 我们要求临界值 c 满足 $\alpha(\mu)=P_{H_0}(U(X)>c)\leqslant\alpha$. 事实上, $c=u_\alpha$ 即满足上式的要求. 因为当 $H_0:\mu\leqslant\mu_0$ 成立时, 样本均值 $\bar{X}\sim N(\mu,\sigma_0^2/n)$, 故

$$
\begin{aligned}
\alpha(\mu)&=P_{H_0}(U(X)>u_\alpha)\\
&=P_{H_0}\left(\frac{\sqrt{n}(\bar{X}-\mu)}{\sigma_0}>u_\alpha-\frac{\sqrt{n}(\mu-\mu_0)}{\sigma_0}\right)\\
&=1-\Phi\left(u_\alpha-\frac{\sqrt{n}(\mu-\mu_0)}{\sigma_0}\right)\qquad(\text{注意到此时}\mu\leqslant\mu_0)\\
&\leqslant 1-\Phi(u_\alpha)=\alpha.
\end{aligned}
$$

综上所述, 假设 (3.2.2) 的水平为 α 的检验也是假设 (3.2.3) 的水平为 α 的检验.

例 3.2.2　假设某种铝电解电容的耗散因子值服从正态分布, 其期望值不大于 100. 为了检验其生产情况是否正常, 现从中随机地抽取 30 只电解电容, 测得其耗散因子的平均值为 105. 请问最近生产的电解电容的耗散因子是不是增高了? (假设总体方差 $\sigma^2=50$.)

解　对于此问题, 我们感兴趣的假设为 (3.2.3), 且 $\mu_0=100, \sigma_0^2=50, n=30, \bar{X}=105$. 对于 $\alpha=0.05$, 我们有 $U=\dfrac{\sqrt{30}(105-100)}{\sqrt{50}}=3.9>u_{0.05}$, 故我们有理由拒绝零假设, 即认为最近生产的电解电容的耗散因子增高了.　□

2. 当 σ^2 未知时

在上一段的内容中, 我们始终假设正态总体的方差是已知的, 但在许多实际问题中, 总体方差一般是未知的. 我们这里考虑当总体方差未知时关于上述假设的检验问题. 对于假设 (3.2.1), $U(X)$ 中的 σ^2 未知, 而考虑到样本方差 S_n^2 是总体方差 σ^2 的一个好的点估计, 且当 H_0 成立时, 有

$$
T(X)=\frac{\sqrt{n}(\bar{X}-\mu_0)}{S_n}\sim t(n-1), \tag{3.2.5}
$$

于是, 我们可采用它作为检验统计量.

这样, 类似于上一段的方法, 可以得到此时假设 (3.2.1) 的水平为 α 的检验如下:

- 检验统计量: $T(X)=\dfrac{\sqrt{n}(\bar{X}-\mu_0)}{S_n}$.
- 拒绝域: $\{X:|T(X)|>t_{\alpha/2}(n-1)\}$.

由于此时检验统计量 T 的零分布是 t 分布, 且是双边的, 故我们常称之为 (双边) t 检验. 对于其余形式的假设, 我们均可用类似于上一段的方法得到相应检验, 只是这里所用的检验统计量为 (3.2.5) 式的 $T(X)$, 且相应的临界值为 $t(n-1)$ 分布的相应分位数. 对于例 3.2.1, 我们可以利用方差未知时的检验重复做一次, 看结果如何. 当然, 在实际应用中, 我们一定要尽量把已知信息用足, 如果确实知道总体方差, 我们自然使用方差已知时的检验, 这样得到的检验将会有更大的功效.

(二) 方差检验问题

在上一小节的内容中, 我们有一部分内容假设总体方差已知. 由于在许多实际问题中, 这个已知的方差是利用历史数据估计而来的, 故我们有必要对其进行统计检验. 本小节就将介绍正态总体方差的假设检验问题.

假设 $X_1,X_2,\cdots,X_n$ 为来自正态总体 $N(\mu,\sigma^2)$ 的独立同分布样本, 我们感兴趣的是如下假设:

$$H_0:\sigma^2=\sigma_0^2 \leftrightarrow H_1:\sigma^2\neq\sigma_0^2, \tag{3.2.6}$$

$$H_0:\sigma^2=\sigma_0^2 \leftrightarrow H_1:\sigma^2<\sigma_0^2, \tag{3.2.7}$$

$$H_0:\sigma^2\geqslant\sigma_0^2 \leftrightarrow H_1:\sigma^2<\sigma_0^2. \tag{3.2.8}$$

类似于均值的检验, 也可考虑均值已知与未知两种情形, 由于均值已知的情况与均值未知的情况是类似的, 下面我们集中探讨均值未知的情形:

(1) 关于假设 (3.2.6), 由于此时 σ^2 的一个很好的点估计为样本方差, 且当 H_0 成立时, $\sum\limits_{i=1}^{n}(X_i-\bar{X})^2/\sigma^2\sim\chi^2(n-1)$, 于是, 我们可以选取检验统计量为

$$\chi^2=\frac{\sum\limits_{i=1}^{n}(X_i-\bar{X})^2}{\sigma_0^2}. \tag{3.2.9}$$

另外, 由此时零假设与备择假设的特点可知, 其拒绝域为 $\mathcal{W}=\{\chi^2<c_1\}\cup\{\chi^2>c_2\}$, 其中 $c_1<c_2$ 且为两个待定的常数, 并由检验的显著性水平 α 来确定, 即它们满足 $P_{H_0}(X\in\mathcal{W})\leqslant\alpha$, 即

$$P_{H_0}\left(\chi^2<c_1\right)+P_{H_0}\left(\chi^2>c_2\right)\leqslant\alpha. \tag{3.2.10}$$

虽然在 H_0 下, $\chi^2 \sim \chi^2(n-1)$, 但我们并不能由 (3.2.10) 式确定两个未知常数. 于是, 一个常用的选取 c_1, c_2 的方法如下:

$$P_{H_0}\left(\chi^2 < c_1\right) \leqslant \alpha/2,\ P_{H_0}\left(\chi^2 > c_2\right) \leqslant \alpha/2. \tag{3.2.11}$$

这样, 由 χ^2 的零分布及 (3.2.11) 式, 我们得到满足 (3.2.10) 式的临界值 c_1, c_2 为 $c_1 = \chi^2_{1-\alpha/2}(n-1)$ 和 $c_2 = \chi^2_{\alpha/2}(n-1)$. 于是, 我们得到假设 (3.2.6) 的水平为 α 的检验为

- 检验统计量: $\chi^2 = \dfrac{\sum\limits_{i=1}^{n}(X_i - \bar{X})^2}{\sigma_0^2}$.
- 拒绝域: $\mathcal{W} = \{\chi^2 < \chi^2_{1-\alpha/2}(n-1)\} \cup \{\chi^2 > \chi^2_{\alpha/2}(n-1)\}$.

(2) 关于假设 (3.2.7), 我们可以利用类似假设 (3.2.6) 的方法, 求得其水平为 α 的拒绝域为 $\mathcal{W} = \{\chi^2 < \chi^2_{1-\alpha}(n-1)\}$.

(3) 关于假设 (3.2.8), 根据此时备择假设的特点, 其拒绝域仍为 $\mathcal{W} = \{\chi^2 < c\}$. 虽然此时的零假设为复合的, 但我们注意到, 由于在 H_0 成立时, $\sigma^2 \geqslant \sigma_0^2$, 故

$$P_{H_0}\left(\frac{\sum\limits_{i=1}^{n}\left(X_i - \bar{X}\right)^2}{\sigma^2} < c\right) \geqslant P_{H_0}\left(\frac{\sum\limits_{i=1}^{n}\left(X_i - \bar{X}\right)^2}{\sigma^2} < \frac{c\sigma_0^2}{\sigma^2}\right).$$

因此我们仍可取 $c = \chi^2_{1-\alpha}(n-1)$. 于是, 我们可知, 关于假设 (3.2.7) 的水平为 α 的检验也是假设 (3.2.8) 的水平为 α 的检验.

当总体均值 μ 已知时, 我们自然地采用检验统计量

$$\chi^2 = \frac{\sum\limits_{i=1}^{n}(X_i - \mu)^2}{\sigma_0^2}.$$

此时各假设的临界值与 μ 未知时类似, 只需要把自由度 $n-1$ 换成自由度 n 即可.

例 3.2.3　某手机部件工厂生产某种零件, 要求其长度的标准差不得超过 0.4 cm. 现在某日生产的一批零件中随机地抽取了 30 件, 测量其长度如表 3.2.1 所示.

表 3.2.1　零 件 长 度

零件长度 X_i	5.1	5.3	5.6	6.2	6.5	6.8	7.0
频数 n_i	1	3	7	9	6	3	1

试问这批零件的长度的标准差较以往有显著的减小吗? 这里取 $\alpha = 0.05$, 且假设零件的长度服从正态分布 $N(\mu, \sigma^2)$.

解 对于此问题, 需要检验的假设为 $H_0:\sigma^2\leqslant 0.4^2 \leftrightarrow H_1:\sigma^2>0.4^2$.

由于此时不知总体均值的大小, 因此计算

$$\chi^2=\frac{\sum\limits_{i=1}^{n}(X_i-\bar{X})^2}{\sigma_0^2}=\frac{7.987}{0.4^2}=49.919>42.557=\chi^2_{0.05}(29).$$

故我们有理由拒绝 H_0, 即认为在 0.05 的水平下, 零件长度的标准差有显著的增大. □

3.2.2 两样本情形

(一) 两样本均值检验问题

两样本问题在实际中具有广泛的应用, 下面我们先看一个例子:

例3.2.4 为研究正常成年男、女血液中红细胞平均数之差别, 现在某地区随机地抽取正常成年男子 156 人、正常成年女子 74 人, 测得男性红细胞平均数为 465.13万/mm^3, 样本标准差为 54.8万/mm^3, 女性红细胞平均数为 422.16万/mm^3, 样本标准差为 49.2万/mm^3. 请问此地区正常成年人的红细胞数与性别有关吗? ($\alpha=0.01$.)

例 3.2.4 就是一个两样本问题, 为了解答此问题, 我们先考虑一般情形下的假设检验问题. 设 $X_1,X_2,\cdots,X_m$ 为来自正态总体 $N(\mu_1,\sigma_1^2)$ 的独立同分布样本, $Y_1,Y_2,\cdots,Y_n$ 为来自正态总体 $N(\mu_2,\sigma_2^2)$ 的独立同分布样本, 且全样本是独立的.

此时, 我们感兴趣的假设为

$$H_0:\mu_1=\mu_2\leftrightarrow H_1:\mu_1\neq\mu_2, \tag{3.2.12}$$

或类似 $H_0:\mu_1\leqslant\mu_2\leftrightarrow H_1:\mu_1>\mu_2$ 的单边检验.

由于 $\bar{X},\bar{Y}$ 分别是 μ_1,μ_2 的一个很好的点估计, 故我们有理由用两样本均值差 $\bar{X}-\bar{Y}$ 来反映 μ_1 与 μ_2 的区别. 考虑到假设的特点, 我们知道, 当 $|\bar{X}-\bar{Y}|\geqslant c$ 时, 我们有理由拒绝 H_0. 因此我们可考虑形如

$$U=\frac{\bar{X}-\bar{Y}}{\sqrt{\dfrac{\sigma_1^2}{m}+\dfrac{\sigma_2^2}{n}}}$$

的统计量来构造检验.

当 σ_1^2 和 σ_2^2 已知时, 在 H_0 成立时 $U\sim N(0,1)$, 因此假设 (3.2.12) 的水平为 α 的检验拒绝域为 $\{|U|\geqslant u_{\alpha/2}\}$. 而对于形如 $H_0:\mu_1\leqslant\mu_2\leftrightarrow H_1:\mu_1>\mu_2$ 的单边检验, 我们不难看出其水平为 α 的检验拒绝域为 $\{U\geqslant u_\alpha\}$. 事实上, 在 H_0 成立时, 我们有

$$P_{H_0}(U\geqslant u_\alpha)=P_{H_0}\left(\frac{\bar{X}-\bar{Y}-(\mu_1-\mu_2)}{\sqrt{\dfrac{\sigma_1^2}{m}+\dfrac{\sigma_2^2}{n}}}\geqslant u_\alpha-\frac{\mu_1-\mu_2}{\sqrt{\dfrac{\sigma_1^2}{m}+\dfrac{\sigma_2^2}{n}}}\right)$$

$$\leqslant P_{H_0}\left(\frac{\bar{X}-\bar{Y}-(\mu_1-\mu_2)}{\sqrt{\dfrac{\sigma_1^2}{m}+\dfrac{\sigma_2^2}{n}}}\geqslant u_\alpha\right)=\alpha \quad (H_0:\mu_1\leqslant\mu_2).$$

当 $\sigma_1^2=\sigma_2^2=\sigma^2$ 未知时, 利用总的样本方差

$$S^{*2}_{mn}=\frac{\sum_{i=1}^{m}(X_i-\bar{X})^2+\sum_{i=1}^{n}(Y_i-\bar{Y})^2}{m+n-2}$$

来估计 σ^2 并代入到上面的 U 中, 得到一个自然的检验统计量

$$T=\frac{(\bar{X}-\bar{Y})/\sigma\sqrt{(m+n)/(mn)}}{\sqrt{(m+n-2)S^{*2}_{mn}/(\sigma^2(m+n-2))}}=\sqrt{\frac{mn}{m+n}}\frac{\bar{X}-\bar{Y}}{S^{*}_{mn}}, \tag{3.2.13}$$

注意到, $(m+n-2)S^{*2}_{mn}/\sigma^2\sim\chi^2(m+n-2)$, 则当 H_0 成立时, $T\sim t(m+n-2)$. 相应地, 检验拒绝域为 $\mathcal{W}=\{|T|\geqslant t_{\alpha/2}(m+n-2)\}$.

对于例 3.2.4 中的数据, 如假设两总体的方差相等且未知, 则我们可以利用上述方法进行检验. 实际上, 此时我们感兴趣的是要检验 (3.2.12) 的双边假设. 由已知条件知: $S_{1m}^2=54.8, S_{2n}^2=49.20$, 于是, 因为 $T=5.7>2.6=t_{0.01/2}(228)$, 故我们有理由拒绝 H_0, 即认为该地区成年男、女性间的红细胞数有显著差别.

实际应用中, 更常见的情形是没有 σ_1^2,σ_2^2 的信息 (不知道它们是否相等), 此时该检验问题是经典的 Behrens-Fisher (贝伦斯–费希尔) 问题. 此时, 对于假设 (3.2.12) 的一个自然的检验统计量是

$$U=\frac{\bar{X}-\bar{Y}}{\sqrt{\dfrac{S_{1m}^2}{m}+\dfrac{S_{2n}^2}{n}}}. \tag{3.2.14}$$

这里的难度是, 即便在正态总体假设下, 其精确分布不是一个我们熟知的形式, 但我们可以考虑 U 的渐近分布. 利用附录中的中心极限定理 A.3.3 和 Slutsky 定理 A.2.2 可以证明, 该统计量在零假设下是渐近标准正态分布, 故拒绝域为 $\{|U|\geqslant u_{\alpha/2}\}$, 我们称这样的方法为近似水平为 α 的检验. 尽管我们前面大篇幅地介绍了各种正态总体下的精确检验, 即检验统计量的精确分布是我们已知的分布, 但需要强调的是, 在现代统计学的各种应用中, 大量遇到的情况是我们无法得到统计量的精确分布, 相应地, 渐近分布或者利用第七章所介绍的 Bootstrap 法都是构造近似精确检验的常用方法.

当然, 上述渐近检验要求 m,n 都相对较大. Behrens 和 Fisher 提出在原假设下, (3.2.14) 式的统计量近似服从自由度为 r 的 t 分布, 其中

$$r=\frac{S_{mn}^4}{\dfrac{S_{1m}^4}{m^2(m-1)}+\dfrac{S_{2n}^4}{n^2(n-1)}},\quad S_{mn}^2=\frac{S_{1m}^2}{m}+\frac{S_{2n}^2}{n}.$$

当样本量较小时, 这种启发式的近似方法在实际当中有不错的效果.

例 3.2.5 为了比较两种矿石的含铁量, 现分别从甲、乙两矿的矿石中简单随机地抽取 $m=10$ 及 $n=5$ 个样本, 测得其含铁量数据如下:

甲: $\bar{X}=16.01,\ S_{1m}^2=10.8$;

乙: $\bar{Y}=18.98,\ S_{2n}^2=0.27$.

试在水平 $\alpha=0.01$ 下检验甲矿矿石的含铁量不低于乙矿矿石的含铁量.

解 对于此问题, 我们假设甲、乙两矿的含铁量分别服从正态分布 $X\sim N(\mu_1,\sigma_1^2)$, $Y\sim N(\mu_2,\sigma_2^2)$, 则要检验的假设为 $H_0:\mu_1\geqslant\mu_2\leftrightarrow H_1:\mu_1<\mu_2$. 而从样本方差可知, 假设 $\sigma_1^2=\sigma_2^2$ 是不合适的, 且此时 m,n 均不大, 于是, 我们利用 Behrens-Fisher 方法由数据可计算得 $T=-2.79$, 而 t 分布的自由度为 $r=9.88$. 我们可以用自由度为 10 的 t 分布分位数计算得到 -2.77. 因为 $T=-2.79<-2.77$, 故我们有理由拒绝 H_0, 即认为在水平 $\alpha=0.01$ 下, 甲矿矿石的含铁量低于乙矿. □

(二) 两样本方差检验问题

类似地, 我们还可以考虑两样本方差的检验问题. 我们感兴趣下面的假设:

$$H_0:\sigma_1^2=\sigma_2^2\leftrightarrow H_1:\sigma_1^2\neq\sigma_2^2, \tag{3.2.15}$$

形如 $H_0:\sigma_1^2\leqslant\sigma_2^2\leftrightarrow H_1:\sigma_1^2>\sigma_2^2$ 的单边问题在这里不再赘述.

当 μ_1,μ_2 均已知时, 对于假设 (3.2.15), 由于此时 σ_1^2 与 σ_2^2 的合理估计分别为

$$\tilde{S}_{1m}^2=\frac{1}{m}\sum_{i=1}^m(X_i-\mu_1)^2,\quad \tilde{S}_{2n}^2=\frac{1}{n}\sum_{i=1}^n(Y_i-\mu_2)^2,$$

故一个合理的检验统计量为

$$F=\frac{\tilde{S}_{1m}^2}{\tilde{S}_{2n}^2}=\frac{\sum\limits_{i=1}^m(X_i-\mu_1)^2/m}{\sum\limits_{i=1}^n(Y_i-\mu_2)^2/n}, \tag{3.2.16}$$

并且由备择假设的特点知道, 此时的拒绝域为 $\{F\leqslant c_1\}\cup\{F\geqslant c_2\}$, 这里 $c_1\leqslant c_2$. 在 H_0 成立时, (3.2.16) 式的检验统计量 $F\sim F(m,n)$. 为了均衡上下两侧, 我们通常取 $c_1=F_{1-\alpha/2}(m,n),\quad c_2=F_{\alpha/2}(m,n)$. 于是, 我们得到假设 (3.2.15) 的水平为 α 的检验拒绝域: $\{F\leqslant F_{1-\alpha/2}(m,n)\}\cup\{F\geqslant F_{\alpha/2}(m,n)\}$.

而当 μ_1,μ_2 均未知时, 对于上面的假设, 我们自然地采用统计量

$$F=\frac{S_{1m}^2}{S_{2n}^2}=\frac{\sum\limits_{i=1}^m(X_i-\bar{X})^2/(m-1)}{\sum\limits_{i=1}^n(Y_i-\bar{Y})^2/(n-1)},$$

而其拒绝域只需把上一段中的自由度换成 $m-1,n-1$ 即可.

例 3.2.6　有甲、乙两生产线制造同类产品，从两生产线制造的产品中随机地抽取若干件，测得其产品关键特征如下：

甲: 30.5, 29.8, 29.7, 20.4, 20.1, 20.0, 19.0, 19.9;

乙: 16.7, 17.8, 17.5, 16.8, 16.4, 17.6, 16.2.

假设产品特征分别服从正态分布 $N(\mu_1,\sigma_1^2), N(\mu_2,\sigma_2^2)$. 问: 这两条生产线加工的精度有无显著差异? ($\alpha=0.05$.)

解　对于此问题, 此时的假设为 (3.2.15) 式的双边假设, 且均值未知. 因为

$$F=\frac{\sum\limits_{i=1}^{m}(X_i-\bar{X})^2/(m-1)}{\sum\limits_{i=1}^{n}(Y_i-\bar{Y})^2/(n-1)}=69.13>5.7=F_{0.025}(7,6),$$

所以我们有理由认为这两条生产线加工的精度有显著差异. □

3.2.3　多样本问题和方差分析

我们还可以将前面一小节中的两样本推广至多样本问题. 这方面的一个典型场景就是所谓的**方差分析** (analysis of variance, 简记为 ANOVA), 它是 Fisher 于 20 世纪 20 年代在农业试验过程中提出的, 用于分析多样本间是否存在显著差异.

在许多实际问题中, 我们可能会着重考虑一个因素的影响, 比如小麦品种对其亩产量的影响、专业对就业的影响、在校表现对工作收入的影响、听讲对期末成绩的影响等. 此时考虑的因素仅有一个, 但其水平有多个, 这种单因素试验的数据分析就自然对应于一个多样本检验问题 (多水平, 每个水平都收集一组样本进行测量).

以 X 记我们关心的某个量 (下面称为响应), 如收入, 假设某个影响因素有 r 个水平, 试验的目的在于找出这些水平对响应的影响是否有差异. 现独立进行 n 次试验, 其中在 i 水平下进行 n_i 次重复试验, 得到的响应值为

$$\{X_{ij},\ j=1,2,\cdots,n_i,\ i=1,2,\cdots,r\}.$$

为考虑 r 个水平间的差异, 我们假设第 i 个水平下的 n_i 个观测 $\{X_{ij}, j=1,2,\cdots,n_i\}$ 为来自总体 X_i 的独立同分布样本, 且 $E(X_i)=\mu_i, \mathrm{Var}(X_i)=\sigma^2>0$. 则我们感兴趣的问题就是检验假设

$$H_0:\mu_1=\mu_2=\cdots=\mu_r \tag{3.2.17}$$

是否成立. 如果拒绝原假设, 则认为此因素的水平对响应的影响是有显著差异的.

我们也常把上面的假设写成如下的单因素方差分析模型:

$$\begin{cases} X_{ij}=\mu_i+\varepsilon_{ij}, j=1,2,\cdots,n_i,\ i=1,2,\cdots,r, \\ \{\varepsilon_{ij}\}\text{相互独立且来自}N(0,\sigma^2). \end{cases} \tag{3.2.18}$$

事实上, 此模型类似在第五章中介绍的线性模型, 但又不同: 线性模型考虑 p 个协变量对响应变量的影响, 并进行预测, 而上述单因素方差分析模型仅考虑影响响应的各水平间是否有差异, 并找到最好的水平.

在上述模型中, μ_i 表示各水平的影响, 有时我们也以 μ 表示因素的平均影响, 则改写上述模型如下:

$$X_{ij} = \mu + \tau_i + \varepsilon_{ij}, \tag{3.2.19}$$

其中 $\mu = \frac{1}{r}\sum_{i=1}^{r}\mu_i, \tau_i = \mu_i - \mu$. 此时 $\sum_{i=1}^{r}\tau_i = 0$, 在试验设计中 τ_i 称为水平 i 的**效应** (effect), 即反映此水平对总平均的贡献.

由模型 (3.2.18) 可以看出, 反映第 i 个水平平均影响的 μ_i, 我们可以用 $\bar{X}_{i\cdot} = \frac{1}{n_i}\sum_{j=1}^{n_i}X_{ij}$ 来估计. 如果各水平没有差异, 即 H_0 成立, 则它们与其总平均

$$\bar{X}_{\cdot\cdot} = \frac{1}{r}\sum_{i=1}^{r}\bar{X}_{i\cdot} = \frac{1}{n}\sum_{i=1}^{r}\sum_{j=1}^{n_i}X_{ij}$$

非常接近. 于是, 我们可以用统计量

$$SS_A = \sum_{i=1}^{r}n_i(\bar{X}_{i\cdot} - \bar{X}_{\cdot\cdot})^2$$

来检验假设问题 (3.2.17), 且当它很大时拒绝原假设. 由于 SS_A 的分布依赖于 σ, 我们只需要将该统计量进行适当的标准化, 也就是除以估计的方差, 然后推导其精确分布或渐近分布即可进行检验. 显然, $SS_E/(n-r)$ 是 σ^2 的无偏估计, 这里 $SS_E = \sum_{i=1}^{r}\sum_{j=1}^{n_i}(X_{ij} - \bar{X}_{i\cdot})^2$. 因此我们会构造形如 SS_A/SS_E 这样的统计量来检验该问题.

事实上, 上面的想法有着如下另一种直观的解释, 也就是“方差分析”这个名词的由来. 注意到模型 (3.2.18) 包括三部分: 左侧的观测值、右侧第一项各水平的影响、右侧第二项的随机误差. 这就是说, 反映数据 X_{ij} 提供信息的统计量 $\sum_{i=1}^{r}\sum_{j=1}^{n_i}(X_{ij} - \bar{X}_{\cdot\cdot})^2$ 应包括各水平的影响及随机误差两项. 于是, 我们有如下分解:

$$\begin{aligned}
SS_T = \sum_{i=1}^{r}\sum_{j=1}^{n_i}(X_{ij} - \bar{X}_{\cdot\cdot})^2 &= \sum_{i=1}^{r}\sum_{j=1}^{n_i}(X_{ij} - \bar{X}_{i\cdot} + \bar{X}_{i\cdot} - \bar{X}_{\cdot\cdot})^2 \\
&= \sum_{i=1}^{r}n_i(\bar{X}_{i\cdot} - \bar{X}_{\cdot\cdot})^2 + \sum_{i=1}^{r}\sum_{j=1}^{n_i}(X_{ij} - \bar{X}_{i\cdot})^2 \\
&= SS_A + SS_E.
\end{aligned}$$

上述三个平方和分别称为总偏差平方和、组间偏差平方和 (也称为处理平方和、效应平方和)、组内偏差平方和 (也称为误差平方和). 从定义可以看出, SS_T 反映 n 个数据的

总变异性, SS_A 反映第 i 个水平与总平均的差异, SS_E 则反映每个水平内观测值的变异性.

从前述分析知道, 处理平方和 SS_A 反映每个水平的贡献, 且越大越拒绝假设 (3.2.17). 再根据上述平方和分解知, SS_A 越大, SS_E 越小, 故 H_0 的拒绝域可取为

$$\mathcal{W}=\left\{\frac{SS_A}{SS_E}\geqslant C\right\}.$$

要确定上述临界值, 我们需要知道其零分布. 下面我们不加证明地给出如下定理:

定理 3.2.1 在模型 (3.2.18) 下, 我们有如下结论:

(1) $SS_E/\sigma^2\sim\chi^2(n-r)$ 且与 SS_A 独立.

(2) 当 H_0 成立时, $SS_T/\sigma^2\sim\chi^2(n-1)$, $SS_A/\sigma^2\sim\chi^2(r-1)$.

基于上述定理的结论, 我们知道在原假设成立下,

$$\frac{SS_A/(r-1)}{SS_E/(n-r)}\sim F(r-1,n-r). \tag{3.2.20}$$

由此我们可完成该检验的构造.

在统计学中, 我们称 (3.2.20) 式中分子和分母为**均方处理和**及**均方误差和**, 其中 $r-1$ 和 $n-r$ 分别为处理平方和 SS_A 及误差平方和 SS_E 的自由度.

为了便于应用者对上述结果有个全面的认识, Fisher 提出如下的一个方差分析表 (表 3.2.2) 以汇总上述检验过程中的信息:

表 3.2.2 单因素方差分析表

来源	平方和 (SS)	自由度 (df)	均方 (MS)	F 比	显著性
因素	SS_A	$r-1$	$SS_A/(r-1)$	$\dfrac{SS_A/(r-1)}{SS_E/(n-r)}$	**
误差	SS_E	$n-r$	$SS_E/(n-r)$		或 *
总和	SS_T	$n-1$			或—

上表最后一列中的"$**$"表示检验在水平 $\alpha=0.01$ 下显著; "$*$"表示在水平 $\alpha=0.05$ 下显著, 但在水平 $\alpha=0.01$ 下不显著; "—" 表示在水平 $\alpha=0.05$ 下也不显著. 另外, 在有些统计软件中, 最后一列为其 p 值, 且也用上述 "$*$" 号等标出, 其中 "$***$" 对应着在水平 $\alpha=0.001$ 下显著.

例 3.2.7 某高校为分析不同专业人才培养情况, 现对 2021—2023 年间的毕业生进行问卷调查, 调查内容之一就是对现在的工作和生活状况的满意度, 最高满意度为 5 分、最低 1 分. 现从数学、统计学、计算机、物理学、化学 5 个专业收回的问卷中随机各抽取 15 份, 以 A_1,A_2,A_3,A_4,A_5 表示五个水平 (专业), 其满意度如表 3.2.3所示. 请判断上述 5 个专业毕业生的满意度有无显著差异.

表 3.2.3 满意度表

专业	满意度														
A_1	4.5	3.3	4.8	4.6	4.3	4.2	4.0	4.5	4.7	4.4	4.3	4.5	4.5	4.1	5.0
A_2	5.0	4.2	3.9	4.9	4.5	4.1	4.4	3.4	5.0	4.0	4.1	5.0	4.0	4.2	4.2
A_3	4.4	3.8	3.8	5.0	5.0	5.0	3.7	4.2	4.3	4.5	4.1	3.9	4.1	4.9	5.0
A_4	4.3	4.8	4.2	5.0	5.0	3.8	4.1	5.0	4.6	4.6	3.5	4.5	4.7	4.1	3.9
A_5	4.0	4.3	4.8	4.6	3.8	5.0	4.5	5.0	3.8	4.1	4.1	4.4	4.0	4.0	3.3

解 由前述公式求得 $SS_T = 15.207\,2$, $SS_E = 14.964$, $SS_A = 0.243\,1$. 此时的方差分析表为表 3.2.4:

表 3.2.4 方差分析表

来源	平方和 (SS)	自由度 (df)	均方 (MS)	F 比	显著性
因素	0.243 1	4	0.060 8	0.284 3	—
误差	14.964	70	0.213 8		
总和	15.207 2	74			

则 F 检验统计量为

$$F = \frac{0.243\,1/4}{14.964/70} = 0.284\,3 < 2.502\,7 = F_{0.05}(4, 70),$$

故不能认为不同专业毕业生的满意度有显著差异. □

3.3 最大功效检验

在前面章节中我们讨论了显著性检验的基本概念, 其核心是考虑如何控制第一类错误概率. 那么对于一个检验问题来说, 当存在能够控制第一类错误概率的检验时, 我们自然希望寻找第二类错误概率最小的检验. 本节就探讨该问题. 这方面的内容是由 Neyman 和 E. Pearson 在 20 世纪 20 年代提出的, 尽管在现代许多复杂数据问题中, 这种第二类错误概率最小的检验, 也就是最优的检验往往不存在或很难求得, 但本节中所涉及的一些思想和技术仍对我们开发更加有效的检验有借鉴和启示作用.

3.3.1 基本概念

为了本节叙述的方便, 我们再把前面的几个概念简述如下. 针对假设 $H_0 \leftrightarrow H_1$, 一个检验函数或检验法则或检验, 就是设法把样本空间 $\mathcal{X}$ 划分为两个互不相交的可测集: $\mathcal{X} = \mathcal{W} \cup \mathcal{W}^c$, 其中 $\mathcal{W}$ 为拒绝域. 当观测值 $x \in \mathcal{W}$ 时, 拒绝原假设 H_0.

对于拒绝域 $\mathcal{W} \subset \mathcal{X}$, 定义

$$\psi(X) = \begin{cases} 1, & X \in \mathcal{W}, \\ 0, & X \in \mathcal{W}^c. \end{cases}$$

它是 $\mathcal{W}$ 的示性函数, 且仅取 0, 1 两个值. 反之, 对于一个仅取 0, 1 两个值的函数 $\psi(X)$, $\mathcal{W} = \{X : \psi(X) = 1\}$ 也可作为拒绝域. 这样的函数 $\psi(x)$ 就称为检验函数或检验, 其功效函数为 $\beta_\psi(\theta) = P_\theta\left(X \in \mathcal{W}\right) = E_\theta\left[\psi(X)\right]$.

假如我们允许 $\psi(X)$ 可以在 $[0,1]$ 间取值, 则得到了如下检验的定义.

定义 3.3.1 (检验) 设 $\psi(X)$ 是定义在 $\mathcal{X}$ 上的可测函数, 满足 $0 \leqslant \psi(x) \leqslant 1$, 则称 $\psi(X)$ 为检验函数, 简称检验. 如果 $\psi(x)$ 仅取 0, 1 两值, 则称之为非随机化检验, 否则, 就称为随机化检验, 其功效函数为 $\beta_\psi(\theta) = E_\theta\left[\psi(X)\right]$.

之所以引入随机化检验, 是因为有些问题下我们无法得到能够精确达到显著性水平为某个给定 α 的非随机化检验, 比如当检验统计量为离散随机变量时. 对于一个随机化检验 $\psi(x)$, 当其取值为 1 时, 我们拒绝原假设; 当其取值为 0 时, 我们不能拒绝原假设; 当其取值为 $\delta \in (0,1)$ 时, 我们如下处理: 取一个来自$B(1,\delta)$ 的随机数, 如此随机数为 1, 则拒绝原假设, 否则不能拒绝原假设.

既然我们用两类错误概率来衡量一个检验的好坏, 就可以利用其功效函数把检验分类.

定义 3.3.2 设 $\psi_1(X)$ 和 $\psi_2(X)$ 是某检验问题 $H_0 \leftrightarrow H_1$ 的检验函数, 如果它们的功效函数相同, 即 $E_\theta\left[\psi_1(X)\right] = E_\theta\left[\psi_2(X)\right]$, $\forall\, \theta \in \Theta$, 则称检验函数 $\psi_1(X)$ 和 $\psi_2(X)$ 等价.

前面知识告诉我们, 充分统计量在估计中非常有用, 由于它完全包含了样本中关于参数的信息, 那它在检验中又如何呢? 见下面的命题.

命题 3.3.1 设 $X_1, X_2, \cdots, X_n$ 是来自分布族 $\{f(x;\theta) : \theta \in \Theta\}$ 的独立同分布样本. $T(X)$ 是参数 θ 的充分统计量. 则对于任意一个检验函数 $\psi(X)$, 存在另一个只依赖于 $T(X)$ 的检验函数与它等价.

证明 定义一个新统计量 $\phi(t) = E\left[\psi(X) \mid T(X) = t\right]$. 由于 $0 \leqslant \psi(x) \leqslant 1$, 故由条件期望性质知, $\phi(t) \in [0,1]$, 故它也是一个检验函数. 另外, 又由全期望公式有

$$E_\theta\left[\phi(T(X))\right] = E_\theta\{E\left[\psi(X) \mid T(X)\right]\} = E_\theta\left[\psi(X)\right], \ \forall\theta \in \Theta,$$

故知 $\phi(T(X))$ 与 $\psi(x)$ 是等价的. □

这个命题告诉我们, 当 θ 的充分统计量存在时, 关于此参数的检验问题, 我们仅需在由充分统计量构成的检验函数中去寻找就可以了. 这就是假设检验中的"充分性原则".

定义 3.3.3 (MP 检验) 对于参数分布族 $\mathcal{F}=\{f(x,\theta):\theta\in\Theta\}$, 考虑假设

$$H_0:\theta=\theta_0 \leftrightarrow H_1:\theta=\theta_1\ (\theta_1\neq\theta_0), \tag{3.3.1}$$

并设有两个水平为 α 的检验 $\psi_1(X),\psi_2(X)$, 即满足 $E_{\theta_0}[\psi_i(X)]\leqslant\alpha,\ \ i=1,2$. 若

$$\beta_{\psi_1}(\theta_1)\geqslant\beta_{\psi_2}(\theta_1), \tag{3.3.2}$$

则称检验 ψ_1 比 ψ_2 有效. 如果检验 ψ_1 对于任一个水平小于等于 α 的检验 ψ_2, (3.3.2) 式均成立, 则称 ψ_1 是假设 (3.3.1) 的水平 α 的最大功效检验 (most powerful test, 简记为 MPT).

3.3.2 N–P 引理

从前述定义可以看出, 一个 MPT, 是在控制第一类错误概率下犯第二类错误概率最低的检验, 自然是我们寻求的目标, 那这种好的检验存在吗? Neyman 和 E. Pearson 建立了本节讲述的最大功效检验理论, 一般我们称之为 Neyman-Pearson 理论. 本小节将介绍其中最常用的一个定理, 即 N–P 引理.

为了书写方便, 我们有时仅用 X 表示容量为 n 的样本, 用 x 表示其样本值.

定理 3.3.1 (Neyman-Pearson 基本引理 (简记为 N–P 引理)) 对于参数分布族 $\{f(x;\theta):\theta\in\Theta=\{\theta_0,\theta_1\}\}$, 则关于检验问题 (3.3.1), 我们有如下结论:

(1) 对给定的 $\alpha\in(0,1)$, 存在一个检验函数 $\psi(x)$ 及常数 $k\geqslant 0$, 使得

$$\psi(x)=\begin{cases}1, & f(x;\theta_1)>kf(x;\theta_0),\\ 0, & f(x;\theta_1)<kf(x;\theta_0).\end{cases} \tag{3.3.3}$$

且

$$E_{\theta_0}[\psi(X)]=\alpha. \tag{3.3.4}$$

(2) 由 (3.3.3) 和 (3.3.4) 式确定的检验函数 $\psi(x)$ 是检验问题 (3.3.1) 的水平为 α 的 MPT.

(3) 如果 $\psi'(x)$ 是此检验问题的水平 α 的 MPT, 则一定存在常数 $k\geqslant 0$, 使得 $\psi'(x)$ 满足 (3.3.3) 式. 又如果$\psi'(x)$ 满足 $E_{\theta_1}[\psi'(X)]<1$, 则它也满足 (3.3.4) 式.

证明 为方便起见, 定义 $\lambda(x)=f(x;\theta_1)/f(x;\theta_0)$.

(1) 为证明这一点, 只需证明形如 (3.3.3) 式的检验函数存在, 且满足 (3.3.4) 式. 为此, 对于任意实数 $c\geqslant 0$, 定义 $h(c)=P_{\theta_0}(\lambda(X)\leqslant c)$. 由于它是随机变量 $\lambda(X)$ 的分布函

数, 故它是非降、右连续函数, 且 $h(\infty)=\lim\limits_{c\to\infty}h(c)=1$, $h(c)-h(c-0)=P_{\theta_0}(\lambda(X)=c)$. 关于 $h(0)$ 的取值有三种可能:

- $h(0)<1-\alpha$. 此时存在 $k\in(0,\infty)$, 使得 $h(k-0)\leqslant 1-\alpha\leqslant h(k)$. 若 $h(k)=1-\alpha$, 则检验函数

$$\psi(x)=I_{(\lambda(X)>k)} \tag{3.3.5}$$

  同时满足 (3.3.3) 和 (3.3.4) 式. 若 $h(k)>1-\alpha$, 则检验函数

$$\psi(x)=\begin{cases}1, & \lambda(x)>k,\\ \dfrac{h(k)-(1-\alpha)}{h(k)-h(k-0)}, & \lambda(x)=k,\\ 0, & \lambda(x)<k\end{cases} \tag{3.3.6}$$

  同时满足 (3.3.3) 和 (3.3.4) 式.

- $h(0)=1-\alpha$. 则在 (3.3.5) 式中取 $k=0$ 即可, 即

$$\psi(x)=\begin{cases}1, & \lambda(x)>0,\\ 0, & \lambda(x)\leqslant 0\end{cases}$$

  同时满足 (3.3.3) 和 (3.3.4) 式.

- $h(0)>1-\alpha$. 则在 (3.3.6) 式中即 $k=0$, 即

$$\psi(x)=\begin{cases}1, & \lambda(x)>0,\\ \dfrac{h(0)-(1-\alpha)}{h(0)}, & \lambda(x)=0,\\ 0, & \lambda(x)<0\end{cases}$$

  同时满足 (3.3.3) 和 (3.3.4) 式.

(2) 为证满足 (3.3.3) 和 (3.3.4) 式的 $\psi(x)$ 是 (3.3.1) 的 MPT, 设 $\psi'(x)$ 是一个水平为 α 的检验, 即 $E_{\theta_0}[\psi'(X)]\leqslant\alpha$. 由于 $\psi(x)$ 满足 (3.3.3) 式, 故

$$[\psi(x)-\psi'(x)]\,[f(x;\theta_1)-kf(x;\theta_0)]\geqslant 0.$$

这是由于当 $\lambda(x)<k$ 时, $\psi(x)=0\leqslant\psi'(x)$; 当 $\lambda(x)>k$ 时, $\psi(x)=1\geqslant\psi'(x)$. 于是,

$$\int[\psi(x)-\psi'(x)]\,[f(x;\theta_1)-kf(x;\theta_0)]\,\mathrm{d}x\geqslant 0,$$

即

$$E_{\theta_1}[\psi(X)]-E_{\theta_1}[\psi'(X)]\geqslant k\left\{E_{\theta_0}[\psi(X)]-E_{\theta_0}[\psi'(X)]\right\}\geqslant 0,$$

由 $\psi'(x)$ 的任意性知, $\psi(x)$ 是 MPT.

(3) 设 $\psi'(x)$ 是 (3.3.1) 的 MPT, 且由 (1) 可知, 存在检验 $\psi(x)$ 满足 (3.3.3) 和 (3.3.4) 式. 定义

$$\begin{aligned} S^+ &= \{x : \psi(x) > \psi'(x)\} \cap \{x : \lambda(x) \neq k\}, \\ S^- &= \{x : \psi(x) < \psi'(x)\} \cap \{x : \lambda(x) \neq k\}, \\ S &= S^+ \cup S^- = \{\{x : \psi(x) > \psi'(x)\} \cup \{x : \psi(x) < \psi'(x)\}\} \cap \{x : \lambda(x) \neq k\}. \end{aligned} \tag{3.3.7}$$

由 $\psi(x)$ 的定义知, $\forall\, x \in S^+, \lambda(x) > k, \forall\, x \in S^-, \lambda(x) < k$, 且 $\forall\, x \in S$, 有

$$\varphi(x) = [\psi(x) - \psi'(x)]\,[f(x;\theta_1) - kf(x;\theta_0)] > 0.$$

于是,

$$0 < \int_S \varphi(x)\mathrm{d}x = E_{\theta_1}[\psi(X)] - E_{\theta_1}[\psi'(X)] - k\left\{E_{\theta_0}[\psi(X)] - E_{\theta_0}[\psi'(X)]\right\}.$$

又因为 $E_{\theta_0}[\psi(X)] = \alpha \geqslant E_{\theta_0}[\psi'(X)]$, 所以由上式知, $E_{\theta_1}[\psi(X)] > E_{\theta_1}[\psi'(X)]$, 这显然与 $\psi'(x)$ 是 MPT 矛盾. 故可知 S 是空集, 这就是说当 $\psi'(x) \neq \psi(x)$ 时, 必有 $\lambda(x) = k$, 而其他都相等, 于是 $\psi'(x)$ 也满足 (3.3.3) 式.

下证, 如 $E_{\theta_1}[\psi'(X)] < 1$, 则它也满足 (3.3.4) 式. 此时 $\psi'(x)$ 是水平 α 的 MPT, 且满足

$$E_{\theta_1}[\psi'(X)] = \int_{\mathcal{X}} \psi'(x) f(x;\theta_1)\mathrm{d}x < 1.$$

假设 $E_{\theta_0}[\psi'(X)] < \alpha$. 令

$$\varphi(x) = \min\left\{1, \psi'(x) + \alpha - E_{\theta_0}[\psi'(x)]\right\}.$$

则

$$E_{\theta_0}[\varphi(x)] \leqslant \int \left\{\psi'(x) + \alpha - E_{\theta_0}[\psi'(x)]\right\} f(x;\theta_0)\mathrm{d}x = \alpha,$$

即是说上式定义的 $\varphi(x)$ 是水平 α 的检验. 另外, 由其上述定义可知, $\varphi(x) \geqslant \psi'(x)$, 且等号当且仅当 $\psi'(x) = 1$ 时成立 (事实上, 如 $\psi'(x) = 1$, 则 $\varphi(x) = 1$; 如 $\psi'(x) = 0$, 则 $\varphi(x) = \alpha - E_{\theta_0}[\psi'(X)] > 0$; 如 $\psi'(x) = \delta$, 则 $\varphi(x) = \min\{1, \delta + \alpha - E_{\theta_0}[\psi'(x)]\} > \delta$). 由于 $E_{\theta_1}[\psi'(X)] < 1$, 故 $P_{\theta_1}(\psi'(X) = 1) < 1$, 于是

$$E_{\theta_1}[\varphi(X)] > E_{\theta_1}[\psi'(X)].$$

这显然与 $\psi'(x)$ 为水平 α 的 MPT 检验矛盾, 于是 $E_{\theta_0}[\psi'(X)] = \alpha$. □

注 3.3.1 上一定理的证明是构造性, 故它可能用来构造形如假设 (3.3.1) 的 MPT. 从证明可以看出, MPT 是似然比统计量 $\lambda(X)=f(X;\theta_1)/f(X;\theta_0)$ 的函数, 这种检验我们也称为似然比检验. 如果似然比 $\lambda(X)$ 的分布是连续的, 则假设 (3.3.1) 的 MPT 是非随机化检验, 而如果 $\lambda(X)$ 的分布是离散的, 则假设 (3.3.1) 的 MPT 有可能是随机化的.

必须指出的是, 由于 H_0 和 H_1 都是简单假设, 在现在复杂的数据科学问题中这种检验的思想性远大于其实用性: 似然思想扮演重要的作用, 由于其“充分性”, 即包含了样本关于所推断的参数, 基于似然构造的检验统计量也就相应具备一定的最优性质.

推论 3.3.1 如 $\psi(X)$ 为假设 (3.3.1) 的水平 α 的 MPT, 则必有 $\beta_\psi(\theta_1)\geqslant\alpha$. 如 $0<\alpha<1$, 且 $f(x;\theta_1)\neq f(x;\theta_0)$, 则 $\beta_\psi(\theta_1)>\alpha$.

证明 对于本推论的第一个结论, 只要取一个水平为 α 的检验 $\psi^*(x)\equiv\alpha$ 即可. 下证第二个结论. 此时, $\alpha\in(0,1), f(x;\theta_0)\neq f(x;\theta_1)$. 如果 $\beta_\psi(\theta_1)=\alpha$, 则 $\psi'(x)\equiv\alpha$ 也是此假设水平 α 的 MPT. 于是, 由 N–P 引理知, $\psi'(x)\equiv\alpha$ 应满足 (3.3.3) 式. 又因为 $\alpha\in(0,1)$, 所以由 (3.3.3) 式的形式知, 我们必有 $f(x;\theta_1)=kf(x;\theta_0)$, a.e., 又由于 $f(x;\theta_1), f(x;\theta_0)$ 均是概率密度函数, 故只有当 $k=1$ 及 $f(x;\theta_0)=f(x;\theta_1)$ 时上式才有可能成立, 但这与已知条件矛盾. □

例 3.3.1 设 $X_1,X_2,\cdots,X_n$ 是来自 $N(\mu,1)$ 的独立同分布样本, 试考虑假设

$$H_0:\mu=0\leftrightarrow H_1:\mu=\mu_1(>0) \tag{3.3.8}$$

的水平 α 的 MPT.

解 此时样本的联合概率密度函数为

$$f(x;\mu)=(2\pi)^{-n/2}\exp\left\{-\frac{1}{2}\sum_{i=1}^{n}(x_i-\mu)^2\right\},$$

由此可求得似然比统计量为 $\lambda(x)=\exp\{n\mu_1\bar{x}-n\mu_1^2/2\}$, 由此可见, $\lambda(x)$ 与 $\bar{X}$ 成正比, 于是, 由 N–P 引理知, 水平 α 的 MPT 为

$$\psi(X)=\begin{cases}1, & \bar{X}>k,\\ 0, & \bar{X}<k,\end{cases}$$

并满足 $E_{\mu=0}\{\psi(X)\}=\alpha$. 又由于在 H_0 成立时, $\bar{X}\sim N(0,1/n)$, 故上面 MPT 中的 k 满足 $\alpha=P_{H_0}\left(\bar{X}>k\right)=P_{H_0}\left(\sqrt{n}\bar{X}>\sqrt{n}k\right)=1-\varPhi(\sqrt{n}k)$, 即 $k=u_\alpha/\sqrt{n}$, 这里 u_α 为标准正态分布的上 α 分位数.

综上所述, 知此假设的水平 α 的 MPT 为

$$\psi(X)=\begin{cases}1, & \bar{X}>u_\alpha/\sqrt{n},\\ 0, & \bar{X}<u_\alpha/\sqrt{n}.\end{cases} \tag{3.3.9}$$

如我们感兴趣的假设为如下的简单对复合假设:

$$H_0:\mu=0\leftrightarrow H_2:\mu>0, \tag{3.3.10}$$

则由于 (3.3.9) 式的检验 $\psi(X)$ 是假设 (3.3.8) 的水平 α 的 MPT, 故对于 (3.3.8) 的任一水平为 α 的检验 $\psi'(X)$, 均有

$$E_{\mu_1}\left[\psi(X)\right]\geqslant E_{\mu_1}\left[\psi'(X)\right],\ \forall\ \mu_1>0. \tag{3.3.11}$$

我们注意到, (3.3.9) 式的 $\psi(X)$ 与 μ_1 无关, 故它也是 (3.3.10) 的水平 α 的一个检验, 且对于 (3.3.10) 的任一水平为 α 的检验 $\psi''(X)$, 由于它也是 (3.3.8) 的水平为 α 的一个检验, 故由 (3.3.11) 式知,

$$E_{\mu_1}\left[\psi(X)\right]\geqslant E_{\mu_1}\left[\psi''(X)\right],\ \forall\ \mu_1>0, \tag{3.3.12}$$

故由 (3.3.12) 式知, $\psi(X)$ 也是 (3.3.10) 的水平 α 的 MPT, 关于 $\mu>0$ 是一致的. □

例 3.3.2 设 $X_1,X_2,\cdots,X_n$ 为来自 Poisson 分布 $P(\lambda)$ 的独立同分布样本, 求假设 $H_0:\lambda=1\leftrightarrow H_1:\lambda=\lambda_1(>1)$ 的水平为 α 的 MP 检验.

解 此时的似然比统计量为

$$\lambda(x)=\prod_{i=1}^n f(x_i;\lambda_1)\Big/\prod_{i=1}^n f(x_i;1)=\lambda_1^{\sum\limits_{i=1}^n x_i}\exp\{-n(\lambda_1-1)\},$$

由于它关于 $T(x)=\sum\limits_{i=1}^n x_i$ 单调递增, 故由 N–P 引理知, 其水平为 α 的 MP 检验为

$$\psi(x)=\begin{cases}1, & T(x)>k,\\ \delta, & T(x)=k,\\ 0, & T(x)<k.\end{cases}$$

其中 k,δ 满足 $E_{H_0}[\psi(X)]=\alpha$. 由于当 H_0 成立时, $T(X)$ 服从 Poisson 分布 $P(n)$, 故 k 满足

$$\alpha=P_{H_0}\left(T(X)>k\right)+\delta P_{H_0}\left(T(X)=k\right)=\sum_{i=k+1}^{\infty}\frac{\exp\{-n\}n^i}{i!}+\delta\frac{n^k}{k!}\exp\{-n\}.$$

如果存在整数 k_0, 使得 $\sum\limits_{i=k_0+1}^{\infty}\dfrac{\exp\{-n\}n^i}{i!}=\alpha$, 则此时的 MP 检验为

$$\psi(x)=\begin{cases}1, & T(x)>k_0,\\ 0, & T(x)\leqslant k_0.\end{cases}$$

如果存在整数 k_0, 使得

$$c_1=\sum_{i=k_0+1}^{\infty}\frac{\exp\{-n\}n^i}{i!}<\alpha<\sum_{i=k_0}^{\infty}\frac{\exp\{-n\}n^i}{i!}=c_2,$$

则取 $k=k_0,\delta=\dfrac{\alpha-c_1}{c_2-c_1}$ 即可. □

从上面两个例子可以看出, 我们得到的 MP 检验均是充分统计量的函数, 这也与定理 3.3.1 的结论是吻合的.

3.3.3 一致最大功效检验

在 3.3.2 小节中给出的 N–P 引理仅考虑形如 (3.3.1) 的简单假设对简单假设的最大功效检验问题. 事实上, 似然比检验 (或其等价形式) 对于一定的复杂假设检验问题也具有最大功效. 我们先作如下定义:

定义 3.3.4 (一致最大功效检验 (UMPT)) 对于参数分布族 $\{f(x;\theta):\theta\in\Theta\}$, 设感兴趣的假设为

$$H_0:\theta\in\Theta_0\leftrightarrow H_1:\theta\in\Theta_1. \tag{3.3.13}$$

如果对于两个水平为 α 的检验 ψ_1,ψ_2, 即

$$E_\theta(\psi_i)\leqslant\alpha,\ \forall\,\theta\in\Theta_0,\ i=1,2, \tag{3.3.14}$$

且满足

$$\beta_{\psi_1}(\theta)=E_\theta(\psi_1)\geqslant E_\theta(\psi_2)=\beta_{\psi_2}(\theta),\ \forall\,\theta\in\Theta_1, \tag{3.3.15}$$

则称检验 ψ_1 一致优于检验 ψ_2. 如果存在一个检验 ψ_1, 使对任何水平为 α 的检验 ψ_2, 均有 (3.3.15) 式成立, 则称检验 ψ_1 是假设 (3.3.13) 的水平 α 的一致最大功效 (uniformly most powerful, 简记为 UMP) 检验.

通过对定义 3.3.3 与定义 3.3.4 的比较, 我们发现, MP 检验仅是 UMP 检验针对简单假设对简单假设的一种特殊情况, 而这里所说的一致性是关于备择假设下的参数空间而言的.

由 N–P 引理知, 对于简单对简单的假设, MP 检验是存在的, 另外, 通过例 3.3.1 后面的讨论不难看出, 我们可以通过 MP 检验来构造某些假设的 UMP 检验. 但这并不能说对于一般的假设, UMP 检验是存在的. 由定义可证明如下结论.

命题 3.3.2 设 $\psi(x)$ 是假设 (3.3.13) 的水平 α 的检验, 如果对某个 $\theta_0\in\Theta_0$ 及任意一个 $\theta_1\in\Theta_1$, $\psi(x)$ 都是假设 $H_0:\theta=\theta_0\leftrightarrow H_1:\theta=\theta_1$ 的水平 α 的 MPT, 则 $\psi(x)$ 也是 (3.3.13) 的水平 α 的 UMPT.

例 3.3.3 ((n,c) 方案检验) 对于某批产品, 以 p 记其次品率. 现从中随机地抽取 n 件产品, 以检验如下假设: $H_0: p \leqslant p_0 \leftrightarrow H_1: p \geqslant p_1$, 其中 $0 < p_0 < p_1 < 1$ 为两个给定的常数.

解 对于此问题如记 $T(X)$ 为 n 件产品中的次品数, 则由 N–P 引理可知, 此时的 MP 检验 (为方便起见, 我们仅考虑非随机检验的情形) 为

$$\psi(X) = \begin{cases} 1, & T(X) > c, \\ 0, & T(X) \leqslant c. \end{cases}$$

而由命题 3.3.2 可知, 该检验也是 UMPT. 为了既对厂家负责, 又对商店负责, 我们要求上述检验中的 (n,c) 满足下面两个条件:

$$\begin{cases} L(p_0; n, c) \geqslant 1 - \alpha, \\ L(p_1; n, c) \leqslant \beta, \end{cases} \tag{3.3.16}$$

其中 $0 < \alpha, \beta < 1$ 是两个事先给定的常数, 函数 L 如下定义:

$$L(p; n, k) = P\left(T(X) \leqslant k\right) = \sum_{i=0}^{k} \begin{pmatrix} n \\ i \end{pmatrix} p^i (1-p)^{n-i},$$

上一等式成立的原因为 $T \sim B(n,p)$. 另外, 我们称满足 (3.3.16) 式的检验为此假设的 (n,c) 方案检验.

由于二项分布可由正态分布来近似, 即 $(q = 1 - p)$

$$L(p; n, c) = P\left(T(X) \leqslant c\right) = P\left(\frac{T - np}{\sqrt{npq}} \leqslant \frac{c - np}{\sqrt{npq}}\right) \approx \varPhi\left(\frac{c - np}{\sqrt{npq}}\right),$$

故 (3.3.16) 式近似地等价于 $(q_0 = 1 - p_0)$

$$\begin{cases} \dfrac{c - np_0}{\sqrt{np_0 q_0}} \geqslant u_\alpha, \\ \dfrac{c - np_1}{\sqrt{np_1 q_1}} \leqslant u_{1-\beta}. \end{cases}$$

如取 $p_0 = 0.04$, $p_1 = 0.1$, $\alpha = 0.05$, $\beta = 0.1$, 则由上式可求得 $n = 139$, $c = 9.3$, 即如在抽取的 139 个样本中, 当次品数大于 9 时, 此批产品不应出厂, 否则可以出厂. □

命题 3.3.2 告诉我们, 如果简单假设对简单假设的 MPT 不依赖于备择假设中的参数值, 则可适当扩大备择假设而成为复杂假设; 如果简单假设对简单假设的 MPT 的功效函数是单调的, 则也可以适当扩大原假设而成为复杂假设. 也就是说, 似然比检验对于一定的复杂假设是 UMPT. 但是, 我们必须注意到, 并不是所有的复杂假设对复杂假设的 UMPT 都是存在的, 它的存在性不仅依赖于总体分布, 而且还依赖于假设的复杂情况. 我们将在下一节中说明似然比检验对于单调似然比分布族的单边假设和指数型分布族的双边假设问题是一定程度最优的.

3.4 似然比检验

我们在第一节中讲述了 Fisher 提出的显著性检验思想, 并且在第三节中介绍了 N–P 引理, 看到了似然比统计量在其中扮演了重要作用. 事实上, 基于似然比统计量的**似然比检验**是参数检验问题中一个系统性的优良方法, 在 Neyman 和 E.Pearson 于 1928 年提出之后就一直是假设检验里最重要且最常用的方法, 其地位有如 MLE 在点估计中的地位. 因此, 我们在本节中介绍一般情形下的似然比检验并简述其一些最优性质.

3.4.1 基本方法

假设总体服从某参数分布族 $f(x;\theta)$, 考虑一般的假设:

$$H_0:\theta\in\Theta_0 \leftrightarrow H_1:\theta\in\Theta_1=\Theta\setminus\Theta_0. \tag{3.4.1}$$

从似然的角度看, 我们可以得到如下的似然比检验方法.

定义 3.4.1 (似然比统计量) 设 $X_1,X_2,\cdots,X_n$ 为来自分布族 $\mathcal{F}=\{f(x;\theta):\theta\in\Theta\}$ 的独立同分布样本, 对于感兴趣的假设 (3.4.1), 令

$$\lambda(\boldsymbol{X})=\frac{\sup\limits_{\theta\in\Theta_0} f(\boldsymbol{X};\theta)}{\sup\limits_{\theta\in\Theta} f(\boldsymbol{X};\theta)}. \tag{3.4.2}$$

则我们称统计量 $\lambda(\boldsymbol{X})$ 为假设 (3.4.1) 的似然比 (likelihood ratio), 有时也称之为广义似然比.

从 $\lambda(\boldsymbol{X})$ 的定义不难看出, 如果 $\lambda(\boldsymbol{X})$ 的值很小, 则说明 $\theta\in\Theta_0$ 的可能性要比 $\theta\in\Theta_1$ 的可能性小, 于是, 我们有理由认为 H_0 不成立. 这样, 我们有如下的似然比检验.

定义 3.4.2(似然比检验) 当采用 (3.4.2) 式的似然比统计量 $\lambda(\boldsymbol{X})$ 作为假设 (3.4.1) 的检验统计量, 且取其拒绝域为 $\{\lambda(\boldsymbol{X})\leqslant c\}$ 时, 其中临界值 c 满足

$$P_\theta\left(\lambda(\boldsymbol{X})\leqslant c\right)\leqslant\alpha,\ \forall\,\theta\in\Theta_0, \tag{3.4.3}$$

则称此检验为水平 α 的似然比检验 (likelihood ratio test, 简记为 LRT).

我们需要确定 (3.4.3) 式中似然比检验的临界值. 在某些特殊情形下, 存在一个统计量 $T(\boldsymbol{X})$ 关于 $\lambda(\boldsymbol{X})$ 是单调的且它的零分布已知, 此时我们可以给出一个基于 $T(\boldsymbol{X})$ 的精确检验.

例 3.4.1 设 $X_1,X_2,\cdots,X_n$ 是来自正态总体 $N(\mu,\sigma^2)$ 的独立同分布样本, μ,σ^2 均未知. 试求假设 $H_0:\mu=\mu_0\leftrightarrow H_1:\mu\neq\mu_0$ 的水平为 α 的似然比检验.

解 此时样本分布为

$$f(\boldsymbol{X};\theta)=(2\pi\sigma^2)^{-n/2}\exp\left\{-\frac{1}{2\sigma^2}\sum_{i=1}^{n}(X_i-\mu)^2\right\},$$

其参数空间为 $\Theta_0=\{(\mu_0,\sigma^2):\sigma^2>0\}$, $\Theta=\{(\mu,\sigma^2):\mu\in\mathbb{R},\ \sigma^2>0\}$.

利用微分法, 我们容易求得

$$\sup_{\theta\in\Theta_0} f(\boldsymbol{X};\theta)=\left[2\pi\frac{1}{n}\sum_{i=1}^{n}(x_i-\mu_0)^2\right]^{-n/2}\exp\{-n/2\},$$

$$\sup_{\theta\in\Theta} f(\boldsymbol{X};\theta)=\left[2\pi\frac{1}{n}\sum_{i=1}^{n}(x_i-\bar{x})^2\right]^{-n/2}\exp\{-n/2\},$$

于是, 其似然比统计量为

$$\begin{aligned}\lambda(\boldsymbol{X})=\frac{\sup\limits_{\theta\in\Theta_0} f(\boldsymbol{X};\theta)}{\sup\limits_{\theta\in\Theta} f(\boldsymbol{X};\theta)}&=\left(\frac{\sum\limits_{i=1}^{n}(x_i-\bar{x})^2}{\sum\limits_{i=1}^{n}(x_i-\mu_0)^2}\right)^{n/2}\\&=\left(\frac{1}{\frac{\sum\limits_{i=1}^{n}(x_i-\bar{x}+\bar{x}-\mu_0)^2}{\sum\limits_{i=1}^{n}(x_i-\bar{x})^2}}\right)^{n/2}=\left(\frac{1}{1+n\frac{(\bar{x}-\mu_0)^2}{\sum\limits_{i=1}^{n}(x_i-\bar{x})^2}}\right)^{n/2}\\&=\left(1+\frac{T^2}{n-1}\right)^{-n/2},\end{aligned}$$

其中 $T=\dfrac{\sqrt{n}(\bar{x}-\mu_0)}{S_n}$.

从上式可知, 此时的似然比统计量与传统的 t 统计量的平方成反比, 于是, 两个检验统计量的拒绝域有如下关系: $\{\lambda(\boldsymbol{X})\leqslant c\}\iff\{|T(\boldsymbol{X})|\geqslant d\}$. 又因为当 H_0 成立时, $T\sim t(n-1)$, 所以我们取 $d=t_{\alpha/2}(n-1)$ 即可控制其第一类错误概率不超过 α. □

例 3.4.2 设 $X_1,X_2,\cdots,X_n$ 为来自具有概率密度函数

$$f(x;\mu)=\exp\{-(x-\mu)\},\ x\geqslant\mu,\ \mu\in\mathbb{R}$$

的总体的独立同分布样本, 试求假设 $H_0:\mu=0\leftrightarrow H_1:\mu\neq0$ 的水平 α 的似然比检验.

解 此时的样本分布为 $f(\boldsymbol{x};\mu)=\exp\left\{-\sum\limits_{i=1}^{n}(x_i-\mu)\right\}I_{(x_{(1)}\geqslant\mu)}$, 且参数空间为 $\Theta=\mathbb{R}$, $\Theta_0=\{0\}$. 于是, 可以求得

$$\sup_{\mu\in\Theta_0} f(\boldsymbol{x};\mu)=\exp\left\{-\sum_{i=1}^{n}x_i\right\},\quad \sup_{\mu\in\Theta} f(\boldsymbol{x};\mu)=\exp\left\{-\sum_{i=1}^{n}x_i+nx_{(1)}\right\}.$$

此时, 似然比统计量为 $\lambda(\boldsymbol{X}) = \exp\{-nX_{(1)}\} = \exp\left\{-\frac{1}{2}[2nX_{(1)}]\right\}$, 它等价于统计量 $2nX_{(1)}$, 且其拒绝域为 $\{2nX_{(1)} \geqslant c\}$. 又因为在 H_0 成立时, $2nX_{(1)} \sim \chi^2(2)$ (计算其概率密度函数即知), 所以其临界值 $c = \chi^2_\alpha(2)$. 即此时的似然比检验的拒绝域为

$$\{2nX_{(1)} \geqslant \chi^2_\alpha(2)\}.$$

□

由例 3.4.1 和例 3.4.2 我们可以看到, 精确的似然比检验非常依赖于特殊的总体分布形式和似然比统计量的变换, 这对使用者来说是不够友好的. 事实上, 对于绝大部分问题我们通常难以得到似然比检验统计量 (或者其他有效的检验统计量) 的精确零分布. 而似然比检验的强大之处就在于其所谓的**渐近分布无关**性质, 这依赖于通过统计大样本理论帮助我们得到近似 (极限) 分布, 这就是著名的 Wilks (威尔克斯) 定理: 假设在 H_0 下我们对 k 维参数向量 $\boldsymbol{\theta} = (\theta_1, \theta_2, \cdots, \theta_k)^{\mathrm{T}}$ 有 r 个约束 (则 $\boldsymbol{\theta}$ 中只有 $k-r$ 个分量可以是自由的). 在适当条件下, $-2\ln\lambda(\boldsymbol{X})$ 的极限零分布是 χ^2_r 分布, 即收敛到自由度是备择假设和原假设下自由参数个数之差的 χ^2 分布. 该定理在 Wilks (1938) 中有完整阐述, 后人也常称似然比检验统计量的这一特点为 **Wilks 现象**.

为了叙述该定理及其证明, 我们需要给予 Θ_0 一定的参数表示. 不失一般性, 我们可将 $k-r$ 个自由参数分量记为 $\boldsymbol{\vartheta} = (\vartheta_1, \vartheta_2, \cdots, \vartheta_{k-r})$. Θ_0 的这种确定方法又可以等价地通过如下的变换来表示:

$$H_0 : \boldsymbol{\theta} = g(\boldsymbol{\vartheta}), \tag{3.4.4}$$

其中 g 是 $\mathbb{R}^{k-r}$ 到 $\mathbb{R}^k$ 上的某个连续可微函数, 且 $\partial g(\boldsymbol{\vartheta})/\partial\boldsymbol{\vartheta}$ 是满秩的. 举例来说, 考虑 $H_0 : \boldsymbol{\theta}_0 \in \Theta_0 = \{\boldsymbol{\theta} = (\theta_1, \theta_2, \theta_3) : \theta_1 = \theta_{01}\}$. 则我们可以令 $\vartheta_1 = \theta_2$, $\vartheta_2 = \theta_3$, $g_1(\boldsymbol{\vartheta}) = \theta_{01}$, $g_2(\boldsymbol{\vartheta}) = \theta_2$, $g_3(\boldsymbol{\vartheta}) = \theta_3$; 又比如 $\boldsymbol{\theta} = (\theta_1, \theta_2, \theta_3)^{\mathrm{T}}$, $H_0 : \theta_1 = \theta_2$. 这时, $\Theta = \mathbb{R}^3$, $k = 3$, $r = 1$, θ_2 和 θ_3 是两个可以自由变化的参数. 此时我们可取 $\boldsymbol{\vartheta} = (\theta_2, \theta_3)^{\mathrm{T}} \in \mathbb{R}^{k-r} = \mathbb{R}^2$, $g_1(\boldsymbol{\vartheta}) = \theta_2$, $g_2(\boldsymbol{\vartheta}) = \theta_2$, $g_3(\boldsymbol{\vartheta}) = \theta_3$.

定理 3.4.1 假设一些正则条件成立, 且 H_0 由 (3.4.4) 表示, 则在 H_0 下,

$$-2\ln[\lambda(\boldsymbol{X})] \xrightarrow{\mathrm{d}} \chi^2_r.$$

这里的正则条件为: 设参数空间 Θ 是开区间, 概率密度函数 $f(x;\theta)$ 满足:

(1) 在参数真值 θ_0 的邻域内, $\partial^i \ln f/\partial\theta^i, i = 1, 2, 3$ 存在;

(2) 在参数真值 θ_0 的邻域内, $\left|\partial^3 \ln f/\partial\theta^3\right| \leqslant H(x)$, 且 $EH(X) < \infty$;

(3) 在参数真值 θ_0 处,

$$E_{\theta_0}\left[\frac{f'(X;\theta_0)}{f(X;\theta_0)}\right] = 0, E_{\theta_0}\left[\frac{f''(X;\theta_0)}{f(X;\theta_0)}\right] = 0, I(\theta_0) = E_{\theta_0}\left[\frac{f'(X;\theta_0)}{f(X;\theta_0)}\right]^2 > 0.$$

证明 由 MLE 的性质, 我们知道, 存在最大似然估计 $\widehat{\boldsymbol{\theta}}_n$ 使得

$$\sqrt{n}I(\boldsymbol{\theta}_0)(\widehat{\boldsymbol{\theta}}_n-\boldsymbol{\theta}_0)=\sqrt{n}s(\boldsymbol{\theta}_0)+o_p(1),$$

其中 $s(\boldsymbol{\theta})=\dfrac{1}{n}\dfrac{\partial\ln f(\boldsymbol{X};\boldsymbol{\theta})}{\partial\boldsymbol{\theta}}$, 而 $I(\boldsymbol{\theta}_0)$ 是 Fisher 信息矩阵. 则由 Taylor 展开,

$$\begin{aligned}&2\left\{\ln[f(\boldsymbol{X};\widehat{\boldsymbol{\theta}}_n)]-\ln[f(\boldsymbol{X};\boldsymbol{\theta}_0)]\right\}\\&=2n(\widehat{\boldsymbol{\theta}}_n-\boldsymbol{\theta}_0)^{\mathrm{T}}s(\boldsymbol{\theta}_0)+n(\widehat{\boldsymbol{\theta}}_n-\boldsymbol{\theta}_0)^{\mathrm{T}}s'(\boldsymbol{\theta}_0)(\widehat{\boldsymbol{\theta}}_n-\boldsymbol{\theta}_0)+o_p(1)\\&=n(\widehat{\boldsymbol{\theta}}_n-\boldsymbol{\theta}_0)^{\mathrm{T}}I(\boldsymbol{\theta}_0)(\widehat{\boldsymbol{\theta}}_n-\boldsymbol{\theta}_0)+o_p(1).\end{aligned}$$

由此, $2\left\{\ln[f(\boldsymbol{X};\widehat{\boldsymbol{\theta}}_n)]-\ln[f(\boldsymbol{X};\boldsymbol{\theta}_0)]\right\}=ns^{\mathrm{T}}(\boldsymbol{\theta}_0)[I(\boldsymbol{\theta}_0)]^{-1}s(\boldsymbol{\theta}_0)+o_p(1)$. 类似地, 在 H_0 下,

$$2\left\{\ln[f(\boldsymbol{X};g(\widehat{\boldsymbol{\vartheta}}_n))]-\ln[f(\boldsymbol{X};g(\boldsymbol{\vartheta}_0))]\right\}=n\tilde{s}^{\mathrm{T}}(\boldsymbol{\vartheta}_0)[\tilde{I}(\boldsymbol{\vartheta}_0)]^{-1}\tilde{s}(\boldsymbol{\vartheta}_0)+o_p(1),$$

其中, $\tilde{s}(\boldsymbol{\vartheta})=\dfrac{1}{n}\dfrac{\partial\ln f(\boldsymbol{X};g(\boldsymbol{\vartheta}))}{\partial\boldsymbol{\vartheta}}=D(\boldsymbol{\vartheta})s(g(\boldsymbol{\vartheta}))$, $D(\boldsymbol{\vartheta})=\partial g(\boldsymbol{\vartheta})/\partial\boldsymbol{\vartheta}$, 且 $\tilde{I}(\boldsymbol{\vartheta})$ 是关于 $\boldsymbol{\vartheta}$ 的 Fisher 信息矩阵. 综合这些结果我们有

$$\begin{aligned}-2\ln[\lambda(\boldsymbol{X})]&=2\left\{\ln[f(\boldsymbol{X};\widehat{\boldsymbol{\theta}}_n)]-\ln[f(\boldsymbol{X};g(\widehat{\boldsymbol{\vartheta}}_n))]\right\}\\&=n[s(g(\boldsymbol{\vartheta}_0))]^{\mathrm{T}}B(\boldsymbol{\vartheta}_0)s(g(\boldsymbol{\vartheta}_0))+o_p(1).\end{aligned}$$

其中, $B(\boldsymbol{\vartheta})=[I(g(\boldsymbol{\vartheta}))]^{-1}-[D(\boldsymbol{\vartheta})]^{\mathrm{T}}[\tilde{I}(\boldsymbol{\vartheta})]^{-1}D(\boldsymbol{\vartheta})$.

由中心极限定理, $\sqrt{n}[I(\boldsymbol{\theta}_0)]^{-1/2}s(\boldsymbol{\theta}_0)\xrightarrow{\mathrm{d}}\boldsymbol{Z}$, 其中 $\boldsymbol{Z}=N_k(\mathbf{0},I_k)$. 而通过 Slutsky 定理我们知在 H_0 下,

$$-2\ln[\lambda(\boldsymbol{X})]\xrightarrow{\mathrm{d}}\boldsymbol{Z}^{\mathrm{T}}[I(g(\boldsymbol{\vartheta}_0))]^{1/2}B(\boldsymbol{\vartheta}_0)[I(g(\boldsymbol{\vartheta}_0))]^{1/2}\boldsymbol{Z}.$$

最后剩下的就是要研究矩阵 $[I(g(\boldsymbol{\vartheta}_0))]^{1/2}B(\boldsymbol{\vartheta}_0)[I(g(\boldsymbol{\vartheta}_0))]^{1/2}$ 的性质了. 一些简单的代数计算可证明其是一投影矩阵, 且其秩是 r. 则由 Cochran 定理, 我们可证明该定理. □

定理 3.4.1 告诉我们, 一般情况下, 无论总体分布如何, 我们总是可以近似地使用 $c=\chi^2_\alpha(r)$ 作为 H_0 下对参数有 r 个约束的似然比检验统计量的临界值.

3.4.2 最优性、相合性和渐近功效

在 3.3节中我们定义了一致最大功效检验 (UMPT), 这里我们说明似然比检验对于一类问题是 UMPT. 我们先引入如下的单调似然比 (monotone likelihood ratio, 简记为 MLR) 分布族.

定义 3.4.3 (MLR 分布族) 一个参数分布族 $\{f(x;\theta):\theta\in\Theta\}$ 称为关于统计量 $T(X)$ 单增 (减) 似然比分布族, 是指它满足

(1) Θ 是直线上的一个区间.

(2) 对于 $\theta_1 \neq \theta_2$, 有 $f(x;\theta_1) \neq f(x;\theta_2)$.

(3) 似然比 $\lambda(x) = f(x;\theta_2)/f(x;\theta_1)$ $(\theta_2 > \theta_1)$ 是统计量 $T(x)$ 的非降 (增) 函数.

MLR 分布族与单参数指数型分布之间的关系如下: 对于单参数指数型分布

$$f(x;\theta) = c(\theta)\exp\{Q(\theta)T(x)\}h(x),$$

其中 $c(\theta) > 0$, 如果 $Q(\theta)$ 是 θ 的严格单增 (减) 函数, 则它必为关于其充分统计量的单增 (减) 似然比分布族.

于是, 我们常用的分布, 如二项分布、负二项分布、Poisson 分布、单参数正态分布、指数分布等均是 MLR 分布族. 另外, 虽然均匀分布 $U(0,\theta)$ 并不是单参数指数型分布, 但如定义 $0/0 = \infty$, 则它也是关于其充分统计量 $X_{(n)}$ 的 MLR 分布族.

例 3.4.3　考察超几何分布族的单调性.

解　此时的分布函数为

$$p(x;m) = \frac{\dbinom{m}{x}\dbinom{N-m}{n-x}}{\dbinom{N}{n}},$$

其中 $0 < m < N$ 为正整数, 是未知参数.

由于

$$\frac{p(x;m+1)}{p(x;m)} = \frac{\dbinom{m+1}{x}\dbinom{N-m-1}{n-x}}{\dbinom{N}{n}} \frac{\dbinom{N}{n}}{\dbinom{m}{x}\dbinom{N-m}{n-x}}$$

$$= \frac{(m+1)(N-m-n+x)}{(N-m)(m+1-x)}$$

是 x 的单增函数, 故知超几何分布是一单增似然比分布族. □

定理 3.4.2　设单参数分布族 $\{f(x;\theta) : \theta \in \Theta \subset \mathbb{R}\}$ 是关于统计量 $T(x)$ 非降的 MLR 分布族, 则关于单边假设 $H_0 : \theta \leqslant \theta_0 \leftrightarrow H_1 : \theta > \theta_0$, 在水平为 α 的 UMP 检验函数

$$\psi(T) = \begin{cases} 1, & T(x) > c, \\ \delta, & T(x) = c, \\ 0, & T(x) < c. \end{cases}$$

其中常数 δ, c 由 $E_{\theta_0}[\psi(T(X))] = \alpha$ 确定.

对于该定理的证明, 可见王兆军等 (2023). 由此定理我们可以看到, 对于 MLR 分布的单边假设问题, 似然比检验实际上是 UMPT.

例 3.4.4 设 $X_1, X_2, \cdots, X_n$ 为来自 Poisson 分布 $P(\lambda)$ 的独立同分布样本, $\lambda > 0$ 是未知参数, 请给出假设 $H_0: \lambda \leqslant \lambda_0 \leftrightarrow H_1: \lambda > \lambda_0$ 的水平 α 的 UMP 检验.

解 对于此问题, 由于其样本分布为

$$f(\boldsymbol{x};\lambda) = \frac{\lambda^{\sum\limits_{i=1}^{n} x_i}}{\prod\limits_{i=1}^{n} x_i!}\exp\{-n\lambda\} = \left(\prod_{i=1}^{n} x_i!\right)^{-1}\exp\{-n\lambda\}\exp\left\{\sum_{i=1}^{n} x_i \ln\lambda\right\},$$

故知它是单参数指数型分布, 且 $T = \sum\limits_{i=1}^{n} X_i$, $Q(\lambda) = \ln(\lambda)$. 另外, 由于 $Q(\lambda)$ 是 λ 的严格单增函数, 则由指数型分布与 MLR 分布族间的关系知, 似然比检验是 UMPT. □

注意到上述最优性的讨论特别依赖于分布假设, 而在现代复杂统计问题中, 由于 (一致) 最优检验通常无法求得, 因此评判假设检验优良性的最基本策略主要是两个: 一是该检验是否是相合的, 二是通过计算局部备则假设下的渐近功效函数. 下面给予简单讨论.

定义 3.4.4 对于一个具有 (渐近) 水平为 $\alpha \in (0,1)$ 的检验, 如果随着样本量增大其检验功效趋于 1, 则称其为一个相合检验.

也就是称检验 $\psi(X)$ 是相合的, 就是要求:

(1) $\sup\lim\limits_{n\to\infty} E_{H_0}[\psi(X)] \leqslant \alpha$;

(2) $\lim\limits_{n\to\infty} E_{H_1}[\psi(X)] \to 1$.

可以看出, 相合性是对一个有效的检验最基本的要求: 当我们收集到越来越多的样本时, 在零假设错误时, 我们有更充分的理由拒绝它. 在实际中, 在相同或者近似相同的环境下, 对于两个检验来说, 如果其中一个达到相合性所需要的条件相对较弱, 我们可以认为其在**相合性**这一角度上具有优势 (当然我们还可以从其他准则角度评判).

看一个似然比检验的例子.

例 3.4.5 回顾例 3.4.1, 我们知道

$$-2\ln[\lambda(\boldsymbol{X})] = n\ln\left[1 + \frac{\bar{X}^2}{\frac{1}{n}\sum(X_i - \bar{X})^2}\right].$$

考虑备则假设 $\mu \neq 0$. 注意到 $\bar{X}^2 \xrightarrow{\mathrm{P}} \mu^2(>0)$ 而 $n^{-1}\sum(X_i - \bar{X})^2 \xrightarrow{\mathrm{P}} \sigma^2$. 则可知对于任意 $\mu \neq 0$, $-2\ln[\lambda(\boldsymbol{X})] \xrightarrow{\mathrm{P}} \infty$. 因此有 $P(-2\ln[\lambda(\boldsymbol{X})] > \chi^2_\alpha(1)) \to 1$, 该检验是相合的.

再来看下面的例子.

例 3.4.6 假设 $X_1, X_2, \cdots, X_n$ 是来自 Cauchy 分布 $C(\theta, 1)$ 的独立同分布样本. 对于假设检验问题 $H_0: \theta = 0 \leftrightarrow H_1: \theta > 0$, 我们考虑用 $\bar{X}_n$ 作为检验统计量. 由于 $\bar{X}_n$ 的分布也是 $C(\theta,1)$, 因此当 k 为 $C(0,1)$ 的上 α 分位数时, 我们有 $P_{H_0}(\bar{X} > k) = \alpha$. 而

该检验的功效为

$$P_\theta(\bar{X} > k) = P(C(\theta,1) > k) = P(\theta + C(0,1) > k)$$
$$= P(C(0,1) > k - \theta).$$

也就是说, 该功效不趋于 1, 即在这种情况下, 基于样本均值构造的检验不是相合的. 事实上, 可以证明, 对于单样本均值检验问题, 基于 t 统计量形式的相合性需要总体二阶矩这一条件.

如果当两个检验都是相合检验, 如何比较其功效呢? 此时就需要计算**局部备则假设** (local alternative) 下的功效函数. 其基本思想如下: 如果两个检验在固定的备则假设下都是相合的, 那么为比较它们, 我们把检验问题的难度增大, 也就是让备择假设随着样本量增大以一定速度逐渐逼近零假设 (就称为局部备择假设), 使得此时统计量的渐近分布是非退化的, 这样其功效 (称为渐近功效) 就为一个小于 1 的值. 那么对于两个检验而言, 具有更大的渐近功效的被认为是更优的. 仍以似然比检验为例.

例 3.4.7 考虑定理 3.4.1中的假设检验问题和似然比统计量. 此时, 我们取局部备则假设为 $\boldsymbol{\theta}_n = \boldsymbol{\theta}_0 + n^{-1/2}\boldsymbol{\delta}$, 这里 $\boldsymbol{\delta} = (\delta_1, \delta_2, \cdots, \delta_k)^{\mathrm{T}}$. 显然 $\boldsymbol{\theta}_n \to \boldsymbol{\theta}_0$, 这里的速度 $n^{-1/2}$ 是根据在局部备择假设下统计量的渐近分布非退化这一要求所给出的. 可以证明, 此时 $-2\ln[\lambda(\boldsymbol{X})] \xrightarrow{\mathrm{d}} \chi^2(r, \varDelta)$, 其中 $\varDelta > 0$ 依赖于 $\boldsymbol{\delta}$. 由此, 该检验的功效函数可以计算出来.

为了比较对于两个检验的渐近功效, 我们常通过计算二者的渐近相对效率 (ARE) 来进行. 与估计的渐近相对效率不同, 这里通常是用**达到相同的渐近功效所需要的样本量之比**作为 ARE 的, 在这里不做详细展开, 读者可参见 Serfling (2009).

3.4.3 Wald 检验和 Rao 得分检验

在本小节中, 我们介绍与似然比密切相关的另外两种构造参数假设检验的一般化方法, 即 Wald 检验和 Rao 得分检验, 两个检验分别由两位统计学家 Wald (沃尔德) 和 Rao 命名. 回顾假设检验问题

$$H_0 : R(\boldsymbol{\theta}) = \mathbf{0}, \tag{3.4.5}$$

其中假设 $R(\boldsymbol{\theta})$ 是 $\mathbb{R}^k$ 到 $\mathbb{R}^r$ 上连续可微的函数.

Wald 检验统计量定义为

$$W_n = [R(\widehat{\boldsymbol{\theta}}_n)]^{\mathrm{T}} \left\{[C(\widehat{\boldsymbol{\theta}}_n)]^{\mathrm{T}}[I_n(\widehat{\boldsymbol{\theta}}_n)]^{-1}C(\widehat{\boldsymbol{\theta}}_n)\right\}^{-1} R(\widehat{\boldsymbol{\theta}}_n),$$

其中 $\widehat{\boldsymbol{\theta}}_n$ 是 $\boldsymbol{\theta}$ 的最大似然估计, $I_n(\widehat{\boldsymbol{\theta}}_n)$ 是 Fisher 信息矩阵, $C(\boldsymbol{\theta}) = \partial R(\boldsymbol{\theta})/\partial \boldsymbol{\theta}$.

Wald 检验的思想很清晰, 最大似然估计 $\widehat{\boldsymbol{\theta}}_n$ 是总体参数 $\boldsymbol{\theta}$ 的一个良好估计, 因此, 如果原假设成立, 则 $R(\widehat{\boldsymbol{\theta}}_n)$ 与 $\mathbf{0}$ 的距离应该较小. 相应地, 用 W_n 统计量来度量这个差

距, 它是一个 **Mahalanobis(马哈拉诺比斯) 距离**. 事实上, 在 W_n 中,

$$[C(\widehat{\boldsymbol{\theta}}_n)]^{\mathrm{T}}[I_n(\widehat{\boldsymbol{\theta}}_n)]^{-1}C(\widehat{\boldsymbol{\theta}}_n)$$

是 $R(\widehat{\boldsymbol{\theta}}_n)$ 的渐近协方差的估计.

注意到, 对于简单假设 $H_0:\boldsymbol{\theta}=\boldsymbol{\theta}_0$ 来说, $R(\boldsymbol{\theta})$ 变为 $\boldsymbol{\theta}-\boldsymbol{\theta}_0$, 而 W_n 就可以简化为

$$W_n=n(\widehat{\boldsymbol{\theta}}_n-\boldsymbol{\theta}_0)^{\mathrm{T}}I(\widehat{\boldsymbol{\theta}}_n)(\widehat{\boldsymbol{\theta}}_n-\boldsymbol{\theta}_0).$$

Rao (1948) 提出了 Wald 检验的一个相关版本, 称为**得分检验** (score test), 其检验统计量为

$$S_n=n[s(\tilde{\boldsymbol{\theta}}_n)]^{\mathrm{T}}[I(\tilde{\boldsymbol{\theta}}_n)]^{-1}s(\tilde{\boldsymbol{\theta}}_n).$$

当 S_n 较大时我们拒绝原假设. 这里 $\tilde{\boldsymbol{\theta}}_n$ 是 $\boldsymbol{\theta}$ 在 H_0 下的 MLE, 即约束最大似然估计. 之所以称之为得分检验, 就是其思想是从得分出发的, 对于最大似然估计而言 $s(\widehat{\boldsymbol{\theta}}_n)=\mathbf{0}$, 那么如果 H_0 成立, 则约束最大似然估计 $\tilde{\boldsymbol{\theta}}_n$ 应该与 $\widehat{\boldsymbol{\theta}}_n$ 差距不大, 因此 $s(\tilde{\boldsymbol{\theta}}_n)\approx\mathbf{0}$.

注意到对于简单假设 $H_0:\boldsymbol{\theta}=\boldsymbol{\theta}_0$ 而言, S_n 有非常简单的表达

$$S_n=n[s(\boldsymbol{\theta}_0)]^{\mathrm{T}}[I(\boldsymbol{\theta}_0)]^{-1}s(\boldsymbol{\theta}_0).$$

换句话说, 我们不需要求解 MLE, 只需要将 $\boldsymbol{\theta}_0$ 值代入得分函数即可.

下面的定理描述了两个检验统计量的渐近 χ^2(卡方) 性质.

定理 3.4.3 假设 Wilks 定理所需要的正则条件成立. 则在原假设下, $W_n\xrightarrow{\mathrm{d}}\chi_r^2$, $S_n\xrightarrow{\mathrm{d}}\chi_r^2$.

证明 我们仅证明 W_n 的结果, 关于 S_n 结果的证明可参见 Shao (邵军) (2003). 利用多元 Delta 定理可得

$$\sqrt{n}[R(\widehat{\boldsymbol{\theta}}_n)-R(\boldsymbol{\theta}_0)]\xrightarrow{\mathrm{d}}N_r(\mathbf{0},[C(\boldsymbol{\theta}_0)]^{\mathrm{T}}[I(\boldsymbol{\theta}_0)]^{-1}C(\boldsymbol{\theta}_0)).$$

在 H_0 下, $R(\boldsymbol{\theta}_0)=0$. 因此, 由连续映射定理可得

$$n[R(\widehat{\boldsymbol{\theta}}_n)]^{\mathrm{T}}\left\{[C(\boldsymbol{\theta}_0)]^{\mathrm{T}}[I(\boldsymbol{\theta}_0)]^{-1}C(\boldsymbol{\theta}_0)\right\}^{-1}R(\widehat{\boldsymbol{\theta}}_n)\xrightarrow{\mathrm{d}}\chi_r^2.$$

最后, 因为 $I(\boldsymbol{\theta})$ 和 $C(\boldsymbol{\theta})$ 在 $\boldsymbol{\theta}$ 处连续, 所以根据 Slutsky 定理利用 $\widehat{\boldsymbol{\theta}}_n\xrightarrow{\mathrm{p}}\boldsymbol{\theta}_0$ 可得结论. □

注 3.4.1 事实上, Wald 检验、得分检验和似然比检验三者渐近等价 (无论是原假设下还是备择假设下), 因此实际中可根据具体情况确定使用哪个方法. Wald 检验只需要计算最大似然估计 $\widehat{\boldsymbol{\theta}}_n$, 得分检验需要计算约束最大似然估计 $\tilde{\boldsymbol{\theta}}_n$, 而似然比检验则都需要. 经验上来说, 由于似然比检验用到了更多的信息, 很多时候在有限样本下其具有略高的检验功效.

3.4.4 序贯概率比检验

前面的内容中我们始终假设样本容量是给定的. 然而, 我们知道, 样本量越大, 我们对总体的了解就可能越多, 故对总体作出的推断也就越可靠, 当然其抽样所需的费用也可能越大. 于是, 一个合理的提法是: 在保证所得结论有足够可靠性的前提下, 样本量应越小越好. 另外, 对于某些实际问题, 使用固定的样本容量也是没有必要的. 比如, 对于例 3.3.3 中的 (n, c) 方案检验, 如果在未抽到 n 件时就已经有 $c+1$ 件次品, 我们就没有必要再继续往下抽样. 这样, 在 20 世纪 40 年代, 人们普遍认识到样本容量不必事先给定, 而可以根据抽取的样本来决定何时停止抽样, 也就是说样本容量是一个随机变量, 这样得到的样本是一个一个地依次得到的, 我们称之为序贯样本 (sequential sample).

序贯分析正是研究如何得到和利用序贯样本进行统计推断的统计学分支 (有兴趣的读者请参见陈家鼎 (1995)). 最基本的序贯分析方法是序贯分析奠基人 Wald 于 1943 至 1945 年提出的序贯概率比检验 (sequential probability ratio test, 简记为 SPRT). 它是为适应第二次世界大战期间美国军火生产中质量检验工作的需要而提出的, 而这一思想在现代许多问题, 例如多臂老虎机 (multi-armed bandit) 等机器学习的著名问题中都有应用.

在许多实际问题中, 有时我们感兴趣的是依赖于样本判断总体的分布究竟是 $f_1(x)$ 还是 $f_2(x)$, 即如果此时 $X_1, X_2, \cdots$ 独立同分布, 则我们感兴趣的假设为

$$H_1: X_1, X_2, \cdots \text{的密度函数为} f_1(x) \leftrightarrow H_2: X_1, X_2, \cdots \text{的密度函数为} f_2(x). \tag{3.4.6}$$

为检验上述假设, 我们可以利用似然比统计量

$$\lambda_n = \frac{\prod\limits_{i=1}^{n} f_2(x_i)}{\prod\limits_{i=1}^{n} f_1(x_i)} \tag{3.4.7}$$

进行检验. 前面我们讲过的似然比检验的法则是: 对于固定的 n, 当 $\lambda_n \geqslant c$ 时, 拒绝假设 H_1; 否则就接受假设 H_1. 而 Wald 提出的 SPRT 序贯进行.

定义 3.4.5 (SPRT) 对于事先给定的两个常数 $0 < A < 1 < B < \infty$, 我们一个一个地抽取样本, 如在抽得 $X_1, X_2, \cdots, X_{n-1}$ 后, 抽样尚不能停止, 则再抽 X_n, 并计算 λ_n. 当 $\lambda_n \geqslant B$ 时, 停止抽样, 并拒绝假设 H_1; 当 $\lambda_n \leqslant A$ 时, 停止抽样, 并接受假设 H_1; 当 $A < \lambda_n < B$ 时, 抽取第 $n+1$ 个样本, 并计算 λ_{n+1}, 照此依次进行. 我们称这样的检验为一个序贯概率比检验, 并记为 $S(A, B)$. 事实上, 其停止抽样时间 (简称停时) 可以写成

$$\tau^* = \min\{n : \lambda_n \leqslant A, \text{或} \lambda_n \geqslant B, n \geqslant 1\}.$$

从上述 SPRT 的定义不难看出, SPRT 的关键之处在于其判决准则, 即事先给定的两个常数 A, B. 那 A, B 又该如何选择呢? 这就与 SPRT 的性质有关. 关于 SPRT, 主要有如下几个问题需要研究:

- 是否有限步后一定会停止抽样? 即是否成立 $P_{H_i}(\tau^* < \infty) = 1\ (i = 1, 2)$?
- 如何计算其两类错误概率

$$\alpha = P_{H_1}(\tau^* < \infty, \lambda_{\tau^*} \geqslant B),\ \beta = P_{H_2}(\tau^* < \infty, \lambda_{\tau^*} \leqslant A)?$$

我们希望找出 α, β 与常数 A, B 间的关系, 从而根据给定的两类错误概率 α, β 确定常数 A, B.

下面, 我们不加证明地给出一些关于上述问题的相关结论.

定理 3.4.4 对于一个 SPRT$S(A, B)$, 我们有 $P_{H_i}(\tau^* < \infty) = 1$, 且其临界值与两类错误间的关系为

$$\alpha \leqslant \frac{1-\beta}{B}, \quad \beta \leqslant A(1-\alpha). \tag{3.4.8}$$

从 (3.4.8) 式可知, $\dfrac{\beta}{1-\alpha} \leqslant A < B \leqslant \dfrac{1-\beta}{\alpha}$. 于是, 一个常用的近似公式为

$$A \doteq \frac{\beta}{1-\alpha}, \quad B \doteq \frac{1-\beta}{\alpha}.$$

由此, 对于事先给定的第一、二类错误概率, 我们可以很容易地确定 SPRT 的临界值, 而不需要了解总体的分布类型. 当然, 上面的临界值是近似的.

3.4.5 经验似然比检验

前述的参数似然方法的优点是简便易行而且精度高, 缺点是强烈依赖于参数 (分布) 假设, 如果这个假设错误, 那么推断结果会与真实情况相差很远. 经验似然是由美国斯坦福大学统计系教授 A.B.Owen (欧文) 于 1988 年首先提出的一种统计推断方法, 它在不假设数据分布的情形下使用似然 (类似) 的分析方法, 我们在本小节中给予简单介绍.

我们首先来说明经验分布函数是一个非参数最大似然估计 (nonparametric maximum likelihood estimate, 简记为 NPMLE). 对于随机变量 $X \in \mathbb{R}$, 其累积分布函数 $F(x) = P(X \leqslant x), -\infty < x < \infty$. 我们用 $F(x-)$ 表示 $P(X < x)$, 而 $P(X = x) = F(x) - F(x-)$.

定义 3.4.6 给定 $X_1, X_2, \cdots, X_n$ 是来自分布函数为 F_0 的总体的独立同分布样本, 基于某一分布函数 F 的非参数似然为

$$L(F) = \prod_{i=1}^{n} [F(X_i) - F(X_i-)].$$

$L(F)$ 的值就是精确得到观测样本 $X_1, X_2, \cdots, X_n$ 的概率值. 当然, 如果 F 是连续分布, $L(F) = 0$. 为了得到正的 $L(F)$ 值, F 必须在每一个观测点上都有一正概率值. 下面的定理阐述了经验分布函数 F_n 最大化非参数似然.

定理 3.4.5 假设 $X_1, X_2, \cdots, X_n$ 是来自分布函数为 F_0 的总体的独立同分布样本. 令 F_n 为其经验分布函数, 而 $F \in \mathcal{F}$ 是任一分布函数. 如果 $F \neq F_n$, 则 $L(F) < L(F_n)$.

证明　令 $z_1 < z_2 < \cdots < z_m$ 为 $\{X_1, X_2, \cdots, X_n\}$ 中不相同的 m 个值, 而 $n_j \geqslant 1$ 是 X_i 等于 z_j 的个数. 令 $p_j = F(z_j) - F(z_j-)$ 且设 $\hat{p}_j = n_j/n$. 如果对任意的某个 j 有 $p_j = 0$, 则 $L(F) = 0 < L(F_n)$; 所以我们假设 $p_j > 0$ 且至少有一个 j 使得 $p_j \neq \hat{p}_j$. 注意到对任意的 $x > 0$ 有 $\ln(x) \leqslant x - 1$, 且等式仅当 $x = 1$ 时成立. 因此,

$$\ln\left[\frac{L(F)}{L(F_n)}\right] = \sum_{j=1}^{m} n_j \ln\left(\frac{p_j}{\hat{p}_j}\right) = n\sum_{j=1}^{m} \hat{p}_j \ln\left(\frac{p_j}{\hat{p}_j}\right) < n\sum_{j=1}^{m} \hat{p}_j \left(\frac{p_j}{\hat{p}_j} - 1\right) \leqslant 0,$$

所以 $L(F) < L(F_n)$. □

因此, 经验分布函数是 F 的非参数最大似然估计. 类似于参数情形, 我们可使用非参数似然比来构造似然比检验. 对于某个分布 F, 定义非参数似然比为

$$R(F) = \frac{L(F)}{L(F_n)}.$$

假设我们感兴趣的参数是 $\theta = T(F)$, 其中 T 是关于分布的某一函数. 比如, $\theta = \int x\mathrm{d}F(x)$ 或 $\theta = F^{-1}(\alpha)$. 定义 (剖面) 似然比函数为

$$R(\theta) = \sup\left\{R(F) \mid T(F) = \theta, F \in \mathcal{F}\right\}.$$

当 $R(\theta_0) < r_0$ 时, 我们拒绝 $H_0 : T(F_0) = \theta_0$, 其中 r_0 是某一临界值. 相应地, 经验似然置信区间构造如下: $\{\theta \mid R(\theta) \geqslant r_0\}$. 在许多问题下, r_0 可由如下的非参数 Wilks 定理得到.

定理 3.4.6 (一元经验似然定理)　设 $X_1, X_2, \cdots, X_n$ 是来自分布函数为 F_0 的独立同分布样本. 令 $\mu_0 = E(X_i)$, 且假设 $0 < \mathrm{Var}(X_i) < \infty$. 则当 $n \to \infty$ 时,

$$-2\ln[R(\mu_0)] \xrightarrow{\mathrm{d}} \chi_1^2.$$

这个定理告诉我们当 $-2\ln[R(\mu_0)] > \chi_\alpha^2(1)$ 时, 我们以渐近水平为 α 拒绝 $\mu = \mu_0$. 下面我们来看如何计算经验似然. 我们可以将剖面经验似然比函数写为

$$R(\mu) = \max_{w_1, w_2, \cdots, w_n}\left\{\prod_{i=1}^{n} nw_i \,\middle|\, \sum_{i=1}^{n} w_i X_i = \mu, \sum_{i=1}^{n} w_i = 1, w_i \geqslant 0\right\}.$$

记次序统计量为 $X_{(1)} \leqslant X_{(2)} \leqslant \cdots \leqslant X_{(n)}$. 首先我们来排除一种情形, 也就是如果 $\mu < X_{(1)}$ 或 $\mu > X_{(n)}$, 则此时不存在权和为 1 的 $w_i \geqslant 0$ 使得 $\sum\limits_{i=1}^{n} w_i X_i = \mu$. 在此情况下, 我们定义 $\ln[R(\mu)] = -\infty$ 或者 $R(\mu) = 0$.

下面我们考虑一般情形, 即 $X_{(1)} < \mu < X_{(n)}$. 我们需要最大化 $\prod\limits_{i=1}^{n} nw_i$, 或者等价地在约束 $w_i \geqslant 0, \sum\limits_i w_i = 1, \sum\limits_i w_i(X_i - \mu) = 0$ 下最大化 $\sum\limits_{i=1}^{n} \ln(nw_i)$. 目标函数 $\sum\limits_{i=1}^{n} \ln(nw_i)$

是一个定义在凸集合上的严格凹函数. 相应地, 唯一的全局最大值是存在的. 我们也知道达到最大值的 w_i 不会等于零, 因此是定义域内的一内点. 我们可以使用 Lagrange(拉格朗日) 乘子法来求解. 记

$$G = \sum_{i=1}^{n} \ln(nw_i) - n\lambda \sum_{i=1}^{n} w_i(X_i - \mu) - \gamma \left(\sum_{i=1}^{n} w_i - 1 \right),$$

其中 λ 和 γ 是 Lagrange 乘子. 对 G 关于 w_i, γ 和 λ 求偏导得

$$\frac{\partial G}{\partial w_i} = \frac{1}{w_i} - \gamma - n\lambda(X_i - \mu) = 0, \tag{3.4.9}$$

$$\frac{\partial G}{\partial \gamma} = -\sum_{i=1}^{n} w_i + 1 = 0, \tag{3.4.10}$$

$$\frac{\partial G}{\partial \lambda} = n\sum_{i=1}^{n} w_i(X_i - \mu) = 0. \tag{3.4.11}$$

在 (3.4.9) 式两边乘 w_i 得 $1 - \gamma w_i - n\lambda[w_i(X_i - \mu)] = 0$. 对 i 求和并利用 (3.4.10) 式和 (3.4.11) 式可得 $n - \gamma - 0 = 0$. 也就是, $\gamma = n$. 将 $\gamma = n$ 代入 (3.4.9) 式得 $w_i = \dfrac{1}{n[1 + \lambda(X_i - \mu)]}$.

最后, 我们有 $l(\mu) = 2\sum\limits_{i=1}^{n} \ln[1 + \lambda(\mu)(X_i - \mu)]$, 其中 $\lambda(\mu)$ 是方程

$$\sum_{i=1}^{n} \frac{X_i - \mu}{1 + \lambda(X_i - \mu)} = 0 \tag{3.4.12}$$

的解. $\lambda(\mu)$ 的值可通过数值解法得到.

由上述讨论可以看出, 经验似然比检验与参数似然比检验使用类似的思想, 通过比较零假设和备则假设最大似然函数值 (参数或非参数) 的大小来给出零假设正确与否的证据, 而经验似然比也具有类似的 Wilks 现象, 从另一个角度也说明似然比思想具有独特优势. 关于更加复杂情形下的经验似然比检验可参考 Owen (2001).

3.5 置信区间

在第二章中我们介绍了点估计, 点估计仅用一个点的数值来估计参数, 因此估计量恰好等于参数真实值的概率往往不会很高. 我们用一个例子说明, 考虑正态总体 $N(\mu, 1)$, 均值 μ 的最大似然估计 $\bar{X}$ 恰好正确的概率 $P(\bar{X} = \mu) = 0$. 因此这种情况下区间估计是更常用的选择. 而在日常生活中, 我们经常听到这样的说法, “这次大选中, 某位候选

人支持率为 65% 到 75%, 置信水平为 95%”, 或者“某人身高是 180 cm, 以 90% 可能性上下浮动 1 cm”, 这都是常见的区间估计的例子. 区间估计是除点估计外参数估计的另外一种方法, 那么为什么使用区间估计? 如何理解其含义? 怎么构造区间估计? 事实上, 区间估计与假设检验有自然的联系, 我们在这一节中就对区间估计的这些相关问题进行介绍.

区间估计最早由统计学家 Neyman 提出, 顾名思义区间估计给出的是参数的一个区间范围, 并且基于样本统计量的分布能够给出参数落入此范围的概率. 下面我们就将具体介绍区间估计、置信区间的基本概念和一些构造方法, 并用单样本和两样本正态总体作为例子来进行解释说明.

3.5.1　基本概念

我们先给出区间估计的定义:

定义 3.5.1　设总体参数为 θ, $\boldsymbol{X}=(X_1,X_2,\cdots,X_n)$ 是来自总体的一组样本, 如果 $\hat{\theta}_L(\boldsymbol{X})$ 和 $\hat{\theta}_U(\boldsymbol{X})$ 是两个统计量, 且对于样本空间内任意一点 $\boldsymbol{x}$, 满足 $\hat{\theta}_L(\boldsymbol{x})\leqslant\hat{\theta}_U(\boldsymbol{x})$, 则称随机区间 $[\hat{\theta}_L(\boldsymbol{X}),\hat{\theta}_U(\boldsymbol{X})]$ 是 θ 的一个区间估计.

注意, 这里的定义中我们使用的是闭区间, 但实际应用中取决于我们感兴趣的问题, 有时候开区间、半开半闭区间, 甚至单侧区间 (即 $\hat{\theta}_L(\boldsymbol{X}),\hat{\theta}_U(\boldsymbol{X})$ 之一为 ∞) 是更合适的选择. 我们再考虑上文提到的正态总体 $N(\mu,1)$, 均值 μ 的一个区间估计是 $[\bar{X}-1,\bar{X}+1]$. 假设样本量为 3, 则这个区间能覆盖 μ 的概率是

$$\begin{aligned}P(\bar{X}-1\leqslant\mu\leqslant\bar{X}+1)&=P\left(-\sqrt{3}\leqslant\frac{\bar{X}-\mu}{\sqrt{1/3}}\leqslant\sqrt{3}\right)\\&\approx 0.916\,7.\qquad\left(\text{注意到 }\frac{\bar{X}-\mu}{\sqrt{1/3}}\sim N(0,1).\right)\end{aligned}$$

我们从这个例子中看到, 区间估计放弃了点估计的部分精确性, 却使得我们论断正确的概率明显提高. 上述计算的**覆盖概率** (coverage probability) 是对区间估计优劣的一个衡量标准. 在这里我们再次强调, 区间估计量是随机区间, 而参数是确定的值, 对覆盖概率的一个频率解释是: 大量重复抽取样本, 每组样本得到的区间要么覆盖参数真值, 要么不覆盖, 此时谈覆盖概率没有意义, 但平均而言, 覆盖真值的区间所占比例差不多就是覆盖概率. 一种常见的错误说法是“参数以某一概率落入区间”, 这就混淆了区间估计和参数的随机性与确定性.

通常而言, 覆盖概率与参数特定取值有关, 我们更希望的是对参数空间中的任意一个取值, 都有较高的覆盖概率, 换言之, 最低的覆盖概率仍在较高的水平上, 我们将其严格化为下面的**置信系数** (confidence coefficient) 的定义.

定义 3.5.2 设总体参数空间为 Θ, 区间估计量 $[\hat{\theta}_L(\boldsymbol{X}), \hat{\theta}_U(\boldsymbol{X})]$ 的置信系数为

$$\inf_{\theta \in \Theta} P\left(\hat{\theta}_L(\boldsymbol{X}) \leqslant \theta \leqslant \hat{\theta}_U(\boldsymbol{X})\right).$$

可以看到, 如果覆盖概率不依赖于参数取值, 那么置信系数就是覆盖概率.

对于一个区间估计量, 加上其置信系数, 我们就得到了一个**置信区间** (confidence interval).

定义 3.5.3 对于区间估计量 $[\hat{\theta}_L(\boldsymbol{X}), \hat{\theta}_U(\boldsymbol{X})]$ 和固定的 $\alpha \in (0,1)$, 如果

$$\inf_{\theta \in \Theta} P\left(\hat{\theta}_L(\boldsymbol{X}) \leqslant \theta \leqslant \hat{\theta}_U(\boldsymbol{X})\right) \geqslant 1-\alpha,$$

则称 $[\hat{\theta}_L(\boldsymbol{X}), \hat{\theta}_U(\boldsymbol{X})]$ 是置信水平为 $1-\alpha$ 的置信区间, $\hat{\theta}_L(\boldsymbol{X}), \hat{\theta}_U(\boldsymbol{X})$ 称为置信下限和置信上限. 如果是单侧置信区间, 相应地称为单侧置信限.

实际应用中, 上述定义中的“$\geqslant$”一般是直接取“$=$”, 得到的区间称为同等置信区间, 简便起见, 我们简称为置信区间. 同时对于区间估计, 我们关注的基本都是置信区间, 因此在不引起歧义的情况下, 我们也将两个术语交替使用. 下面, 我们介绍置信区间的构造方法.

3.5.2 构造方法

构造置信区间的方法有很多, 一般来说是先得到参数的一个点估计量, 再通过这个估计量的分布确定置信限, 进而获得相应的置信区间. 我们先来看一个例子:

例 3.5.1 考虑一般的正态总体 $N(\mu, \sigma^2)$, 其中方差 σ^2 已知, $X_1, X_2, \cdots, X_n$ 是一组来自该总体的独立同分布样本, $\bar{X}$ 是 μ 的一个点估计, 且服从分布 $N(\mu, \sigma^2/n)$, 也就是 $\dfrac{\sqrt{n}(\bar{X}-\mu)}{\sigma} \sim N(0,1)$, 从而我们有

$$P\left(-u_{\alpha/2} \leqslant \frac{\sqrt{n}(\bar{X}-\mu)}{\sigma} \leqslant u_{\alpha/2}\right) = 1-\alpha,$$

其中, u_α 表示标准正态分布的上 α 分位数. 进一步,

$$P\left(\bar{X} - u_{\alpha/2}\frac{\sigma}{\sqrt{n}} \leqslant \mu \leqslant \bar{X} + u_{\alpha/2}\frac{\sigma}{\sqrt{n}}\right) = 1-\alpha,$$

从而, 均值 μ 的一个置信水平为 $1-\alpha$ 的置信区间为 $\left[\bar{X} - u_{\alpha/2}\dfrac{\sigma}{\sqrt{n}}, \bar{X} + u_{\alpha/2}\dfrac{\sigma}{\sqrt{n}}\right]$.

这个例子中, $\dfrac{\sqrt{n}(\bar{X}-\mu)}{\sigma}$ 是一个特殊的随机变量, 称为**枢轴量** (pivotal quantity), 它是样本和参数的函数, 但是分布与参数无关, 如果枢轴量与参数的关系相对简单, 那么基于枢轴量可以相对容易地求得置信区间. 枢轴量法是最常见的置信区间的构造方法, 我们将枢轴量法构造 $1-\alpha$ 置信水平的置信区间的步骤简要总结如下:

(1) 构造枢轴量 $G(X_1, X_2, \cdots, X_n; \theta)$, 使其分布已知且与 θ 无关;

(2) 确定常数 G_L, G_U 满足 $P(G_L \leqslant G \leqslant G_U) = 1-\alpha$;

(3) 将 $G_L \leqslant G \leqslant G_U$ 变为 $\hat{\theta}_L \leqslant \theta \leqslant \hat{\theta}_U$, 得到区间 $[\hat{\theta}_L, \hat{\theta}_U]$ 即可.

我们再用一个例子说明枢轴量法.

例 3.5.2 考虑均匀分布 $U(0,\theta)$, $X_1, X_2, \cdots, X_n$ 是一组来自该总体的独立同分布样本, 则 $\dfrac{X_{(n)}}{\theta}$ 具有分布函数

$$F(x) = x^n,\ 0 \leqslant x \leqslant 1,$$

与 θ 无关, 所以 $\dfrac{X_{(n)}}{\theta}$ 是一个枢轴量, 对于给定的置信水平 $1-\alpha$, 我们选择 a, b 使得下面的式子成立:

$$P\left(a \leqslant \frac{X_{(n)}}{\theta} \leqslant b\right) = b^n - a^n = 1-\alpha,$$

所得置信区间为 $\left[\dfrac{X_{(n)}}{b}, \dfrac{X_{(n)}}{a}\right]$.

对于一般的总体, 有没有相对比较通用的构造枢轴量的方法呢? 下面我们就介绍一种枢轴量化累积分布函数的方法, 我们以定理的形式给出这一方法.

定理 3.5.1 *设统计量 T 的累积分布函数为 $F_T(t;\theta) = P(T \leqslant t;\theta)$, 且对于每个 t, $F_T(t;\theta)$ 关于 θ 单调递减. 设 $\alpha = \alpha_1 + \alpha_2 \in (0,1)$, 假设对于 $\theta_L(t), \theta_U(t)$, 可以由如下方程定义:*

$$P(T \geqslant t; \theta_L(t)) = \alpha_2, \quad P(T \leqslant t; \theta_U(t)) = \alpha_1,$$

则随机区间 $[\theta_L(T), \theta_U(T)]$ 是 θ 的置信水平为 $1-\alpha$ 的置信区间. 若 $F_T(t;\theta)$ 递增, 只要交换方程中 $\theta_L(T), \theta_U(T)$ 的位置即可.

我们用下面的例子说明这一方法的应用.

例 3.5.3 考虑 $X_1, X_2, \cdots, X_n$ 是从两点分布 $B(1,p)$ 总体中独立抽取的样本, 则统计量 $Y_n = \sum\limits_{i=1}^{n} X_i$ 是 pn 的无偏估计, 服从二项分布 $B(n,p)$. 设 Y_n 的观测值为 y, 则 p 的置信水平为 $1-\alpha$ 的置信区间 $[p_L, p_U]$ 可通过以下方程确定:

$$\sum_{k=0}^{y} \binom{n}{k} p_U^k (1-p_U)^{n-k} = \frac{\alpha}{2}, \qquad \sum_{k=y}^{n} \binom{n}{k} p_L^k (1-p_L)^{n-k} = \frac{\alpha}{2}.$$

方程的解可以通过查二项分布表或软件计算得到.

事实上, 除了枢轴量法以外, 由于置信区间和假设检验的密切联系, 另一种构造置信区间的方法是通过反转检验统计量, 给定一个检验, 自然地就有相对应的置信区间, 我们将在下一章中讨论. 接下来, 我们仍继续关注枢轴量法, 将其应用到单样本、两样本正态总体参数的置信区间构造中.

3.5.3 正态总体参数的置信区间

正态分布 $N(\mu,\sigma^2)$ 是最常见的分布, 我们在这一小节用几个例子展示如何用枢轴量法构造两个参数的置信区间:

例 3.5.4 考虑正态分布 $N(\mu,\sigma^2)$, 假设方差 σ^2 未知, $X_1,X_2,\cdots,X_n$ 是一组来自该总体的独立同分布样本. 由于方差未知, 一个自然的想法是用方差的无偏估计 $S^2=\dfrac{1}{n-1}\sum\limits_{i=1}^{n}(X_i-\bar{X})^2$ 去代替总体方差. 同时我们知道 $\dfrac{\sqrt{n}(\bar{X}-\mu)}{S}\sim t(n-1)$ 是一个枢轴量, 记 $t_\alpha(n-1)$ 为 $t(n-1)$ 的上 α 分位数, 类似例 3.5.1, 均值 μ 的置信水平为 $1-\alpha$ 的置信区间为

$$\left[\bar{X}-t_{\alpha/2}(n-1)\frac{S}{\sqrt{n}},\ \bar{X}+t_{\alpha/2}(n-1)\frac{S}{\sqrt{n}}\right].$$

如果要构造 σ^2 的置信区间, 则只需注意到 $\dfrac{(n-1)S^2}{\sigma^2}\sim\chi^2(n-1)$ 是枢轴量, 篇幅所限, 我们略去细节, 读者可自行推导.

下面我们把讨论拓展到两样本正态总体:

例 3.5.5 考虑正态分布 $N(\mu_1,\sigma_1^2),N(\mu_2,\sigma_2^2)$, $X_1,X_2,\cdots,X_n$ 和 $Y_1,Y_2,\cdots,Y_m$ 分别是来自两个总体的独立同分布样本, 假设方差 σ_1^2,σ_2^2 均已知, 则

$$\frac{(\bar{X}-\bar{Y})-(\mu_1-\mu_2)}{\sqrt{\dfrac{\sigma_1^2}{n}+\dfrac{\sigma_2^2}{m}}}\sim N(0,1),$$

所以它是一个枢轴量, $\mu_1-\mu_2$ 的置信水平为 $1-\alpha$ 的置信区间为

$$\left[\bar{X}-\bar{Y}-u_{\alpha/2}\sqrt{\frac{\sigma_1^2}{n}+\frac{\sigma_2^2}{m}},\ \bar{X}-\bar{Y}+u_{\alpha/2}\sqrt{\frac{\sigma_1^2}{n}+\frac{\sigma_2^2}{m}}\right].$$

例 3.5.6 在例 3.5.5 中, 假设 $\sigma_1^2=\sigma_2^2=\sigma^2$, 但 σ^2 未知, 类似地, 可以得到 $\mu_1-\mu_2$ 的置信水平为 $1-\alpha$ 的置信区间为

$$\left[\bar{X}-\bar{Y}-t_{\alpha/2}(n+m-2)\sqrt{\frac{1}{n}+\frac{1}{m}}S,\ \bar{X}-\bar{Y}+t_{\alpha/2}(n+m-2)\sqrt{\frac{1}{n}+\frac{1}{m}}S\right].$$

例 3.5.7 在例 3.5.5 中, 考虑构造 $\dfrac{\sigma_1^2}{\sigma_2^2}$ 的置信区间. 我们知道 $\dfrac{S_1^2/\sigma_1^2}{S_2^2/\sigma_2^2}\sim F(n-1,m-1)$ 是枢轴量, 经过简单代数变换可以得到置信水平为 $1-\alpha$ 的置信区间为

$$\left[\frac{S_1^2}{S_2^2F_{1-\alpha/2}(n-1,m-1)},\ \frac{S_1^2}{S_2^2F_{\alpha/2}(n-1,m-1)}\right].$$

3.5.4 大样本置信区间

前面的例子中, 我们都可以推导出枢轴量的精确分布, 但在有些情况下, 这一点并不容易做到. 比如著名的 Behrens-Fisher 问题, 即例 3.5.5 中假设方差及方差的关系均未知, 我们仍希望构造 $\mu_1-\mu_2$ 的置信区间, 这时候我们就可以借助统计量的大样本性质, 根据渐近分布构造置信区间. 我们知道, 根据中心极限定理,

$$\frac{(\bar{X}-\bar{Y})-(\mu_1-\mu_2)}{\sqrt{\dfrac{S_1^2}{n}+\dfrac{S_2^2}{m}}}\xrightarrow{\mathrm{d}}N(0,1).$$

所以 $\mu_1-\mu_2$ 的近似置信区间就是

$$\left[\bar{X}-\bar{Y}-u_{\alpha/2}\sqrt{\frac{S_1^2}{n}+\frac{S_2^2}{m}},\ \bar{X}-\bar{Y}+u_{\alpha/2}\sqrt{\frac{S_1^2}{n}+\frac{S_2^2}{m}}\right].$$

我们再举一个例子. 在例 3.5.3 中, 即便我们给出了相应的方程, 获得精确解也很困难, 甚至精确解并不存在. 但我们注意到当 n 足够大时, 仍根据中心极限定理, 有

$$\frac{Y_n-np}{\sqrt{np(1-p)}}\xrightarrow{\mathrm{d}}N(0,1).$$

也就是说,

$$P\left(-u_{\alpha/2}\leqslant\frac{Y_n-np}{\sqrt{np(1-p)}}\leqslant u_{\alpha/2}\right)\to P\left(-u_{\alpha/2}\leqslant N(0,1)\leqslant u_{\alpha/2}\right)=1-\alpha.$$

括号中不等式等价于 $n(Y_n/n-p)^2\leqslant p(1-p)u_{\alpha/2}^2$, 不难证明对应的二次函数有两个不等实根, 记为 $\hat{p}_L,\hat{p}_U$, 则所求置信区间为 $[\hat{p}_L,\hat{p}_U]$. 篇幅所限, 我们略去具体表达式. 类似地, 读者可以考虑 Poisson 分布总体 $P(\lambda)$ 参数 λ 的置信区间的构造.

这一节中我们讨论了置信区间的基本概念、构造方法和大样本置信区间的有关内容, 除此之外, 关于置信区间的优劣性评判准则以及和假设检验的关系, 感兴趣的读者可以参考相关文献, 例如 Berger et al.(2001), 王兆军等 (2023).

3.5.5 反转检验方法

假设检验与置信区间有着自然的联系, 文献中也称之为二者的**对偶性** (duality), 即一个检验的接受域可以被反转给出置信区间或者更一般的置信区域 (多参数情形下).

回顾 3.4节中的假设检验问题, 若 $\boldsymbol{X}=(X_1,X_2,\cdots,X_n)$, 假设 $A(\boldsymbol{\theta}_0)$ 是 $H_0:\boldsymbol{\theta}=\boldsymbol{\theta}_0$ 的水平为 α 的接受域, 定义

$$C(\boldsymbol{X})=\{\boldsymbol{\theta}:\boldsymbol{X}\in A(\boldsymbol{\theta})\}.$$

注意到 $1-P_{\boldsymbol{\theta}}(\boldsymbol{\theta}\in C(\boldsymbol{X}))$ 就是当 $\boldsymbol{\theta}$ 为真时我们拒绝它的概率, 因此其等于 α, 所以

$$P_{\boldsymbol{\theta}}(\boldsymbol{\theta}\in C(\boldsymbol{X}))=1-\alpha.$$

相应地, $C(\boldsymbol{X})$ 就是参数 $\boldsymbol{\theta}$ 的置信水平为 $1-\alpha$ 的置信区域 (confidence region), 有时也称为置信集合 (confidence set). 当这一区域为一个区间时, 则退化为我们前面所讨论的置信区间问题.

当然, 上述结论反之亦然: 如果 $C(\boldsymbol{X})$ 是置信水平为 $1-\alpha$ 的置信区域, 则检验 $I(\boldsymbol{\theta}_0\notin C(\boldsymbol{X}))$ 就是水平为 α 的假设检验.

以似然比检验为例, $\Theta_0=\{\boldsymbol{\theta}:\boldsymbol{\theta}=\boldsymbol{\theta}_0\}$ 对应的似然比检验的接受域为

$$A\left(\boldsymbol{\theta}_0\right)=\left\{\boldsymbol{X}:f\left(\boldsymbol{X};\boldsymbol{\theta}_0\right)\geqslant\exp\{-\chi^2_{k,\alpha}/2\}f(\boldsymbol{X};\widehat{\boldsymbol{\theta}}_n)\right\},$$

则

$$C(\boldsymbol{X})=\{\boldsymbol{\theta}:f(\boldsymbol{X};\boldsymbol{\theta})\geqslant\exp\{-\chi^2_{k,\alpha}/2\}f(\boldsymbol{X};\widehat{\boldsymbol{\theta}}_n)\}$$

就是一个置信水平为 $1-\alpha$ 的渐近置信区域. 事实上, 在 3.4 节中介绍的 Wald 检验和 Rao 得分检验也都可以被用来类似构造置信区域.

可以看到这种获得置信集合的方法仅需要我们构造适当的假设检验即可, 因此从这一角度来说, 该方法为置信区间或者置信区域的求取提供了系统化的解决方案: 只要能够构造有效的假设检验, 我们就能得到相应的置信集合. 特别地, 这样构造出来的置信集合通常与我们的枢轴量法等其他方法构造出来的置信集合等价或者渐近等价, 因此在现代的复杂问题中, 该方法最为标准常用. 我们会在第四章中进一步看到如何使用这种方法求取多元问题下的置信区域.

习题三

1. 假设 $X_1,X_2,\cdots,X_n$ 是来自均值为 θ、方差为 $\sigma^2>0$ 的独立同分布样本. 请证明对于假设检验问题 $H_0:\theta=0\leftrightarrow H_1:\theta>0$, 基于 t 统计量的假设检验是相合检验.

2. 假设例 3.2.1 中的方差是未知的, 试检验包装机是否工作正常.

3. 假设 $X_1,X_2,\cdots,X_n$ 是来自两点分布 $B(1,p)$ 的独立同分布样本, 则对于假设检验问题 $H_0:p=p_0\leftrightarrow H_1:p\neq p_0$, 考虑似然比检验统计量、Wald 检验统计量、得分检验统计量与其对应的拒绝域, 并给出其对应的参数 p 的反转检验方法的置信区间.

4. 在正常情况下, 如乘坐某品牌出租车从南开大学东门到天津火车站需要 23 元左右. 为检验该品牌出租车运营是否规范, 现随机地乘坐其中 15 辆出租车从东门到火车站 (假设路况正常), 其平均花费为 25.4, 标准差为 2.3, 请在水平 0.05 下, 检验该品牌出租车运营是否规范.

5. 为研究硅肺病患者肺功能的变化情况, 某医院对第 I, II 期硅肺病患者各 33 名测定其肺活量, 得到二者的平均值分别为 2 710 ml 和 2 830 ml, 其标准差分别为 147 ml 和 118 ml. 请问: 在水平 0.05 下, 第 I, II 期硅肺病患者的肺活量有无显著差异?

6. 设 $X_1, X_2, \cdots, X_n$ 为来自均匀分布 $U(0,\theta)$ 的独立同分布样本, 其中参数 $\theta > 0$. 如对于假设

$$H_0: \theta \geqslant 2 \leftrightarrow H_1: \theta < 2,$$

取检验统计量为最大次序统计量 $X_{(n)}$, 且拒绝域为 $\mathcal{W} = \{\bar{X}: X_{(n)} \leqslant 1.5\}$, 求此检验犯第一类错误概率的最大值.

7. 设 $X_1, X_2, \cdots, X_n$ 为来自两点分布 $B(1,p)$ 的独立同分布样本.

(1) 试求假设 $H_0: p \leqslant 0.01 \leftrightarrow H_1: p > 0.01$ 的水平为 0.05 的显著性检验;

(2) 如要求这个检验在 $p = 0.08$ 时的第二类错误概率不超过 0.1, 样本容量 n 应为多少?

8. 下列哪些假设是简单的, 哪些是复合的?

(1) X 服从正态分布;

(2) X 服从正态分布 $N(4, 3^2)$;

(3) $E(X) = 2, \mathrm{Var}(X) = 0.5^2$;

(4) X 不服从正态分布;

(5) X 服从参数为 0.5 的两点分布;

(6) X 服从参数为 0.5 的二项分布;

(7) X 服从指数分布 $Exp(3)$.

9. 设 X 是来自均匀分布 $U(\theta - 0.5, \theta + 0.5)$ 的一个样本, 对于假设

$$H_0: \theta \leqslant 3 \leftrightarrow H_1: \theta \geqslant 4,$$

构造一个检验法, 使其功效函数 $\beta(\theta)$ 满足

$$\beta(\theta) = 0, \text{ 当 } \theta \leqslant 3 \text{ 时}; \quad \beta(\theta) = 1, \text{ 当 } \theta \geqslant 4 \text{ 时}.$$

10. 设 $X_1, X_2, \cdots, X_n$ 为来自指数分布 $Exp(\lambda_1)$ 的独立同分布样本, $Y_1, Y_2, \cdots, Y_m$ 为来自指数分布 $Exp(\lambda_2)$ 的独立同分布样本, 且两组样本独立, 其中 λ_1, λ_2 是未知的正参数:

(1) 求假设 $H_0: \lambda_1 = \lambda_2 \leftrightarrow H_1: \lambda_1 \neq \lambda_2$ 的似然比检验;

(2) 证明上述检验法的拒绝域仅依赖于比值 $\sum\limits_{i=1}^{n} X_i / \sum\limits_{i=1}^{m} Y_i$;

(3) 求统计量 $\sum\limits_{i=1}^{n} X_i / \sum\limits_{i=1}^{m} Y_i$ 的零分布.

11. 用甲、乙两种材料的灯丝制造灯泡, 现随机地从中抽取若干个进行寿命试验, 得到如下数据 (单位: h):

甲材料: 1 610, 1 650, 1 680, 1 710, 1 720, 1 800;

乙材料: 1 580, 1 600, 1 640, 1 630, 1 700.

假设寿命服从指数分布, 在水平 0.05 下检验这两种材料生产的灯泡寿命有无显著性差异.

12. 设 $X_1, X_2, \cdots, X_m$ 和 $Y_1, Y_2, \cdots, Y_n$ 是分别来自正态总体 $N(\mu_1, \sigma^2)$ 和 $N(\mu_2, \sigma^2)$ 的独立同分布样本, 且全样本独立, 其中 μ_1, μ_2, σ^2 均未知. 请仿照两样本 t 检验, 构造假设 $H_0: \mu_1 = c\mu_2$ 的水平 α 的显著性检验, 其中 $c \neq 0$ 为常数.

13. 设 $X_1, X_2, \cdots, X_n$ 为来自均匀分布 $U(0, \theta)$ 的独立同分布样本, 其中 $\theta > 0$ 为参数. 对于给定的 $\theta_0 > 0$, 请给出假设 $H_0: \theta \leqslant \theta_0$ 的水平 α 的显著性检验.

14. 设 $X_1, X_2, \cdots, X_n$ 为来自正态总体 $N(\mu, \sigma^2)$ 的独立同分布样本, 其中 μ, σ^2 为未知参数. 试证明关于假设

$$H_0: \sigma^2 = \sigma_0^2 \leftrightarrow H_1: \sigma^2 \neq \sigma_0^2$$

的似然比检验就是检验统计量为 $\chi^2 = (n-1)S_n^2/\sigma_0^2$ 的 χ^2 检验, 其中 S_n^2 为样本方差.

15. 在对一种新的流感疫苗进行人体试验时, 为试验组的 900 位志愿者注射了新疫苗, 在 6 个月内他们中有 9 个人得了流感. 为对照组的 900 位志愿者注射了老疫苗, 在 6 个月内他们中有 19 个人得了流感. 请问新疫苗是否更有效?

16. 在 A 村随机调查了 90 位男村民, 其中有 45 人对现任村委会主任表示满意, 又随机调查了 100 位女村民, 有 69 人对现任村委会主任表示满意. 在显著性水平 0.05 下,

(1) 能否认为男、女村民的态度有明显的差异?

(2) 求村中满意村委会主任的男、女村民的比例 p_1 和 p_2 的置信水平为 95% 的置信区间.

(3) 由 (2) 的区间估计能否认为 $p_1 > p_2$?

17. 设 $X_1, X_2, \cdots, X_n$ 为来自概率密度函数为

$$f(x; \theta) = 2\frac{x}{\theta^2} \exp\left\{-\frac{x^2}{\theta^2}\right\}, \quad x > 0$$

的 Rayleigh (瑞利) 分布的独立同分布样本, 其中 $\theta > 0$ 为未知参数.

(1) 利用此总体的充分完备统计量, 建立一个关于假设

$$H_0:\theta=1 \leftrightarrow H_1:\theta>1$$

的水平近似为 α 的检验;

(2) 验证此检验统计量在 H_1 下比在 H_0 下具有更大的均值.

18. 设 X_1,X_2 相互独立, 且 $X_1\sim N(\mu_1,\sigma^2), X_2\sim N(\mu_2,\sigma^2)$. 当 σ^2 已知时, 求关于假设

$$H_0:\mu_1=\mu_2=0 \leftrightarrow H_1:\mu_1^2+\mu_2^2>0$$

的水平为 α 的检验.

19. 设 X,Y 相互独立, 且 $X\sim N(\mu_1,1), Y\sim N(\mu_2,1)$. 设 $\rho=\mu_1/\mu_2$, $\theta=(\rho,\mu_2)$. 证明

$$T(X,Y;\rho_0)=\begin{cases}1, & |X-\rho_0Y|>\sqrt{1+\rho_0^2}u_{\alpha/2},\\ 0, & \text{否则}\end{cases}$$

是假设 $H_0:\rho=\rho_0$ 的水平为 α 的检验, 其中 $u_{\alpha/2}$ 为标准正态分布的上 $\alpha/2$ 分位数.

20. 设 X 服从二项分布 $B(n,p)$, 证明关于假设 $H_0:p=1/2 \leftrightarrow H_1:p\neq 1/2$ 的似然比检验统计量等价于 $|2X-n|$.

21. 设 $X_1,X_2,\cdots,X_n$ 为来自正态总体 $N(\mu,\sigma^2)$ 的独立同分布样本, 其中 μ,σ^2 未知. 证明关于假设 $H_0:\mu\leqslant\mu_0 \leftrightarrow H_1:\mu>\mu_0$ 的单边 t 检验是似然比检验 (显著性水平 $\alpha<1/2$).

22. 设 $X_1,X_2,\cdots,X_n$ 为来自正态总体 $N(\mu,\sigma^2)$ 的独立同分布样本, 其中 μ,σ^2 未知. 证明关于假设 $H_0:\sigma^2=\sigma_0^2 \leftrightarrow H_1:\sigma^2\neq\sigma_0^2$ 的水平为 α 的似然比检验的拒绝域的补集为

$$\mathcal{W}^c=\left\{c_1\leqslant\frac{1}{\sigma_0^2}\sum_{i=1}^n(X_i-\bar{X})^2\leqslant c_2\right\},$$

其中 c_1,c_2 满足

$$\int_{c_1}^{c_2}\chi^2(x;n-1)\mathrm{d}x=1-\alpha,\quad c_1-c_2=n\ln(c_1/c_2).$$

23. 设 $X_1,X_2,\cdots,X_m$ 和 $Y_1,Y_2,\cdots,Y_n$ 为分别来自正态总体 $N(\mu_1,\sigma^2)$ 和 $N(\mu_2,\sigma^2)$ 的独立同分布样本, 其中 μ_1, μ_2, σ^2 未知. 证明关于假设 $H_0:\mu_1\leqslant\mu_2 \leftrightarrow H_1:\mu_1>\mu_2$ 的似然比检验统计量等价于两样本 t 检验量 $|T|$(统计量 T 的定义见 (3.2.13) 式).

24. 称正态分布随机变量序列 $X_1,X_2,\cdots,X_n$ 为一个自回归 (autoregressive) 序列, 是指 $X_i=\theta X_{i-1}+\varepsilon_i$, $i=1,2\cdots,n$, 其中 $X_0=0$, $\varepsilon_1,\varepsilon_2,\cdots,\varepsilon_n$ 是来自

$N(0,\sigma^2)$ 的独立同分布序列. 证明关于假设 $H_0:\theta=0 \leftrightarrow H_1:\theta\neq 0$ 的似然比检验统计量等价于 $-\left(\sum\limits_{i=2}^{n} X_iX_{i-1}\right)^2 \Big/ \sum\limits_{i=1}^{n-1} X_i^2$.

25. 投 1 000 次硬币, 560 次正面向上, 440 次反面向上, 假设硬币质地均匀是否合理? 证明你的结果.

26. 设 $X_1,X_2,\cdots,X_n$ 为来自 $\{1,2,\cdots,\theta\}$ 上的离散均匀分布的独立同分布样本, 这里 θ 为整数且 $\theta\geqslant 2$, 求水平为 α 的以下假设的似然比检验:

(1) $H_0:\theta\leqslant\theta_0 \leftrightarrow H_1:\theta>\theta_0$, 其中 θ_0 为不小于 2 的已知整数;

(2) $H_0:\theta=\theta_0 \leftrightarrow H_1:\theta\neq\theta_0$.

27. 假设 $X_{i1},X_{i2},\cdots,X_{in_i},i=1,2$ 为两个独立的独立同分布样本, 分布服从均匀分布 $U(0,\theta_i),i=1,2$, 这里 $\theta_1>0,\theta_2>0$ 均未知.

(1) 求水平为 α 的假设 $H_0:\theta_1=\theta_2 \leftrightarrow H_1:\theta_1\neq\theta_2$ 的似然比检验;

(2) 求 $-2\ln(\lambda)$ 的极限分布, 这里 λ 为 (1) 中的似然比.

28. 假设 $(X_{11},X_{12}),(X_{21},X_{22}),\cdots,(X_{n1},X_{n2})$ 为来自二元正态分布的独立同分布样本, 均值和方差矩阵均未知. 假设 $H_0:\rho=0 \leftrightarrow H_1:\rho\neq 0$, 这里 ρ 为相关系数. 证明: $|W|>c$ 为一个似然比检验, 其中

$$W=\sum_{i=1}^{n}(X_{i1}-\bar{X}_1)(X_{i2}-\bar{X}_2)\Bigg/\left[\sum_{i=1}^{n}(X_{i1}-\bar{X}_1)^2+\sum_{i=1}^{n}(X_{i2}-\bar{X}_2)^2\right],$$

并求 W 的分布.

29. (p 值) 假设 X 的分布为 P_θ, 其中 $\theta\in\mathbb{R}$ 为未知参数, 对于拒绝域为 $\mathcal{W}_\alpha$ 的原假设 $H_0:\theta=\theta_0$ (或 $\theta<\theta_0$) 满足 $P_{\theta_0}(X\in\mathcal{W}_\alpha)=\alpha$, $0<\alpha<1$ 和 $\mathcal{W}_{\alpha_1}=\bigcap\limits_{\alpha>\alpha_1}\mathcal{W}_\alpha$, $0<\alpha_1<1$, 考虑 H_0 的一族非随机化水平检验:

(1) 证明 p 值为 $\hat{\alpha}(x)=\inf\{\alpha: x\in\mathcal{W}_\alpha\}$;

(2) 证明当 $\theta=\theta_0$ 时, $\hat{\alpha}(x)$ 服从均匀分布 $U(0,1)$;

(3) 如果拒绝域为 $\mathcal{W}_\alpha$ 的检验是无偏的, 证明在 H_1 下, $P_\theta(\hat{\alpha}(x)\leqslant\alpha)\geqslant\alpha$.

30. 假设 $X_1,X_2,\cdots,X_n$ 是来自正态总体 $N(\theta,\sigma^2)$ 的一组随机样本, σ^2 已知. 假设 $H_0:\theta=\theta_0 \leftrightarrow H_1:\theta\neq\theta_0$ 的一个似然比检验满足: 若 $|\bar{X}-\theta_0|/(\sigma/\sqrt{n})>w$, 则拒绝 H_0.

(1) 求这个检验的功效函数, 用标准正态的概率写出这个表达式;

(2) 试验者希望在 $\theta=\theta_0+\sigma$ 点犯第一类错误的概率是 0.05, 犯第二类错误的最大概率是 0.25. 求为达到这些要求的 n 和 w 的值.

31. 设 $f(x\mid\theta)$ 为具有如下形式的参数分布族:

$$f(x\mid\theta)=\frac{\exp\{x-\theta\}}{(1+\exp\{x-\theta\})^2},\quad -\infty<x<\infty,\quad -\infty<\theta<\infty.$$

(1) 证明这个族是单调似然比分布族.

(2) 假设 X 是一个观测值, 找出 $H_0: \theta=0 \leftrightarrow H_1: \theta=1$ 的水平为 α 的 UMP. 对于 $\alpha=0.2$, 计算第二类错误的大小.

(3) 证明 (2) 中的检验是对于检验 $H_0: \theta \leqslant 0 \leftrightarrow H_1: \theta>0$ 的水平为 α 的 UMP 检验.

32. 设 X 为来自 Cauchy 分布 $C(\theta)$ 的一个观测值.

(1) 证明这个族不是单调似然比分布族;

(2) 证明检验

$$\psi(x)=\begin{cases}1, & 1<x<3, \\ 0, & \text{其他}\end{cases}$$

对于检验 $H_0: \theta=0 \leftrightarrow H_1: \theta=1$ 是 UMP 的, 并计算第一类和第二类错误的概率;

(3) (2) 中的检验对于检验 $H_0: \theta \leqslant 0 \leftrightarrow H_1: \theta>0$ 是 UMP 的吗?

33. 设 X_1, X_2 独立同分布于均匀分布 $U(\theta, \theta+1)$. 对于检验 $H_0: \theta=0 \leftrightarrow H_1: \theta>0$, 我们有两个需要比较的检验:

$$\psi_1\left(X_1\right): \text{ 如果} X_1>0.95, \text{ 则拒绝} H_0;$$

$$\psi_2\left(X_1, X_2\right): \text{ 如果} X_1+X_2>C, \text{ 则拒绝} H_0.$$

(1) 找出 C 的值, 使得 ψ_2 与 ψ_1 具有相同的显著性水平;

(2) 计算每个检验的功效函数;

(3) ψ_2 是一个比 ψ_1 更有力的检验吗?

(4) 举出一个与 ψ_2 具有相同水平但功效更高的检验.

34. 设 $X_1, X_2, \cdots, X_n$ 是来自 $N\left(\theta, \sigma^2\right)$ 总体的独立同分布样本, 考虑检验

$$H_0: \theta_1 \leqslant \theta \leqslant \theta_2 \leftrightarrow H_1: \theta<\theta_1 \text{ 或 } \theta>\theta_2.$$

(1) 如果某检验的拒绝域为

$$C(\bar{X})=\{\bar{X}: \bar{X}>\theta_2+t_{\alpha/2}(n-1) \sqrt{S^2/n} \text{ 或 } \bar{X}<\theta_1-t_{\alpha/2}(n-1) \sqrt{S^2/n}\},$$

证明该检验不是一个水平为 α 的检验;

(2) 证明: 存在一个适当选择的常数 k, 使得一个水平为 α 的拒绝域为

$$C(\bar{X})=\{\bar{X}:|\bar{X}-\tilde{\theta}|>k \sqrt{S^2/n}\},$$

其中 $\bar{\theta}=\left(\theta_1+\theta_2\right)/2$.

35. 设 $\left(X_1, Y_1\right),\left(X_2, Y_2\right), \cdots,\left(X_n, Y_n\right)$ 是来自具有参数 $\left(\mu_X, \mu_Y, \sigma_X^2, \sigma_Y^2, \rho\right)$ 的二元正态分布的独立同分布样本. 我们感兴趣的检验是

$$H_0: \mu_X=\mu_Y \leftrightarrow H_1: \mu_X \neq \mu_Y.$$

(1) 证明随机变量 $W_i = X_i - Y_i$ 服从正态分布并计算其均值和方差;

(2) 证明上述假设可以用统计量

$$T_W = \frac{\bar{W}}{\sqrt{\dfrac{1}{n}S_W^2}}$$

进行检验, 其中 $\bar{W} = \dfrac{1}{n}\sum\limits_{i=1}^{n} W_i$ 和 $S_W^2 = \dfrac{1}{n-1}\sum\limits_{i=1}^{n}\left(W_i - \bar{W}\right)^2$. 进一步证明, 在 H_0 下, T_W 服从 t 分布, 具有 $n-1$ 的自由度 (这个检验被称为配对样本 t 检验).

第四章

多元模型

实证科学中大部分可观察现象都具有多变量的特性. 例如, 股票市场中的资产同时被观察, 并分析它们的联合走势, 以更好地理解一般趋势和跟踪指数. 在医学中, 记录在不同地点的受试者的观察是可靠诊断和药物治疗的基础. 在定量营销中, 收集消费者偏好以构建消费者行为模型. 这些以及许多其他应用科学的定量研究的基本理论结构是多变量的. 现代数据分析很大程度上是围绕多变量 (或称为多元) 问题展开的, 而变量之间的相关性使得我们在建模分析的理论和方法上都需要新的手段. 因此, 在本章中我们考虑如何将前三章中的基本统计推断方法推广至多元情形下.

多元统计分析是统计学的核心课程之一, 由于篇幅所限, 在本书中我们仅选择最核心的部分内容予以介绍, 力图与前三章内容相呼应, 使读者对多元模型统计推断的基本思想建立较为初步的基础, 并作为第五章中线性回归模型的理论基础. 我们将首先回顾多元随机变量及其分布, 之后以多元正态分布这个最为经典的多元分布为例介绍参数多元模型下的统计推断方法, 最后对多重检验 (比较) 问题给予初步探讨.

4.1 多元分布

4.1.1 随机向量

首先我们回顾一下二元随机变量 (X, Y), 其协方差为

$$\sigma_{XY} = \mathrm{Cov}(X, Y) = E[(X - \mu_X)(Y - \mu_Y)] = E(XY) - \mu_X \mu_Y,$$

相应地, 相关系数为

$$\rho_{XY} = \mathrm{Corr}(X, Y) = \frac{\sigma_{XY}}{\sigma_X \sigma_Y}.$$

当 $\sigma_{XY} = 0$ 时, 我们称 X 和 Y 是线性独立的. 进一步地, 当 X 和 Y 是二元正态分布时, 二者不相关与独立等价.

对于随机成对样本 $\{(x_1, y_1), (x_2, y_2), \cdots, (x_n, y_n)\}$, 相应的样本协方差为

$$s_{xy} = \frac{1}{n-1} \sum_{i=1}^{n} (x_i - \bar{x})(y_i - \bar{y}) = \frac{\sum\limits_{i=1}^{n} x_i y_i - n\bar{x}\bar{y}}{n-1},$$

而样本相关系数为 $r_{xy} = \dfrac{s_{xy}}{s_x s_y}$. 由第二章可知 $E(s_{xy}) = \sigma_{XY}$, 因此样本方差度量了变量 X 和 Y 之间的线性相关程度. 而 r_{xy} 可看作是两个 n 维中心化向量 $(x_1 - \bar{x}, x_2 - \bar{x}, \cdots, x_n - \bar{x})^{\mathrm{T}}$ 和 $(y_1 - \bar{y}, y_2 - \bar{y}, \cdots, y_n - \bar{y})^{\mathrm{T}}$ 之间角度的余弦值.

例 4.1.1 表 4.1.1为收集到的 20 位男性的身高 (cm) 和体重 (kg) 数据.

表 4.1.1 20 位男性的身高 (cm) 和体重 (kg) 数据

序号	身高 (X)	体重 (Y)	序号	身高 (X)	体重 (Y)
1	168	64	11	176	59
2	181	74	12	194	115
3	166	65	13	181	79
4	171	56	14	163	46
5	176	73	15	161	59
6	163	63	16	173	63
7	161	47	17	181	70
8	171	57	18	183	79
9	186	86	19	183	90
10	166	54	20	186	95

我们将两个变量 “身高”(X) 和 “体重”(Y) 各自通过散点图表示在图 4.1.1 中, 其中, $\bar{X} = 174.5$, $s_X = 9.633$, $\bar{Y} = 69.7$, $s_Y = 17.196$, 可以看出两个变量有协同变化的趋势. 进一步地, 我们可以将两个变量通过二元散点图表示, 见图 4.1.2, 可以看出其呈现出较强的线性相关性. 通过计算可得 $s_{xy} = 147.684$, $r_{xy} = 0.892$.

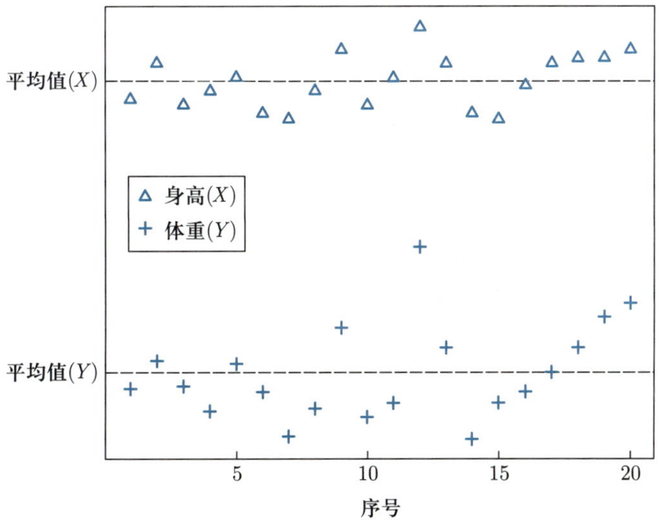

图 4.1.1 身高 (X) 和体重 (Y) 各自的散点图

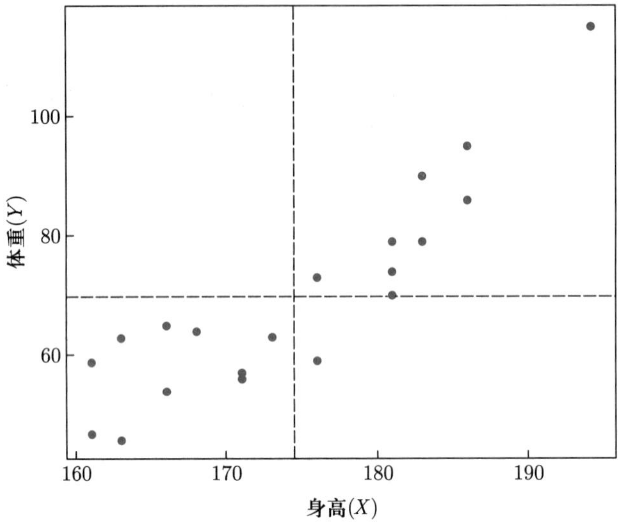

图 4.1.2　身高 (X) 和体重 (Y) 的二元散点图

描述一个 p 维多元数据需要随机向量 $\boldsymbol{X} \in \mathbb{R}^p$, 它是一个分量是随机变量的向量, 即 $\boldsymbol{X} = (X_1, X_2, \cdots, X_p)^{\mathrm{T}}$. $\boldsymbol{X}$ 的期望定义为

$$E(\boldsymbol{X}) = \begin{pmatrix} E(X_1) \\ E(X_2) \\ \vdots \\ E(X_p) \end{pmatrix} = \begin{pmatrix} \mu_1 \\ \mu_2 \\ \vdots \\ \mu_p \end{pmatrix} = \boldsymbol{\mu},$$

而其 $p \times p$ 协方差矩阵 Σ 定义为

$$\Sigma = \mathrm{Cov}(\boldsymbol{X}) = E\left[(\boldsymbol{X} - \boldsymbol{\mu})(\boldsymbol{X} - \boldsymbol{\mu})^{\mathrm{T}}\right] = \begin{pmatrix} \sigma_{11} & \sigma_{12} & \cdots & \sigma_{1p} \\ \sigma_{21} & \sigma_{22} & \cdots & \sigma_{2p} \\ \vdots & \vdots & & \vdots \\ \sigma_{p1} & \sigma_{p2} & \cdots & \sigma_{pp} \end{pmatrix},$$

其中 σ_{jk} 是 X_j 和 X_k 的协方差, 而 $\sigma_{jj} = \sigma_j^2$ 是 X_j 的方差. 由定义可以看出 Σ 是半正定矩阵, 其另一种计算方式是 $\Sigma = E(\boldsymbol{X}\boldsymbol{X}^{\mathrm{T}}) - \boldsymbol{\mu}\boldsymbol{\mu}^{\mathrm{T}}$. 进一步地, 我们还可以定义总体相关矩阵

$$P = (\rho_{jk})_{p \times p} = \begin{pmatrix} 1 & \rho_{12} & \cdots & \rho_{1p} \\ \rho_{21} & 1 & \cdots & \rho_{2p} \\ \vdots & \vdots & & \vdots \\ \rho_{p1} & \rho_{p2} & \cdots & 1 \end{pmatrix},$$

其中$\rho_{jk} = \sigma_{jk}/(\sigma_j \sigma_k)$ 就是 X_j 和 X_k 的相关系数.

此外, 对于两个随机向量 $\boldsymbol{X}=(X_1,X_2,\cdots,X_q)^{\mathrm{T}}$ 和 $\boldsymbol{Y}=(Y_1,Y_2,\cdots,Y_p)^{\mathrm{T}}$, 它们的 $q\times p$ 协方差矩阵为

$$\mathrm{Cov}(\boldsymbol{X},\boldsymbol{Y})=E\left[(\boldsymbol{X}-\boldsymbol{\mu}_{\boldsymbol{X}})(\boldsymbol{Y}-\boldsymbol{\mu}_{\boldsymbol{Y}})^{\mathrm{T}}\right]=E\left(\boldsymbol{X}\boldsymbol{Y}^{\mathrm{T}}\right)-\boldsymbol{\mu}_{\boldsymbol{X}}\boldsymbol{\mu}_{\boldsymbol{Y}}{}^{\mathrm{T}}.$$

当 $q=p$ 时, 我们有 $\mathrm{Cov}(\boldsymbol{X}+\boldsymbol{Y})=\mathrm{Cov}(\boldsymbol{X})+\mathrm{Cov}(\boldsymbol{Y})+\mathrm{Cov}(\boldsymbol{X},\boldsymbol{Y})+\mathrm{Cov}(\boldsymbol{Y},\boldsymbol{X})$. 简单计算可知 $\mathrm{Cov}(A\boldsymbol{X},B\boldsymbol{Y})=A\mathrm{Cov}(\boldsymbol{X},\boldsymbol{Y})B^{\mathrm{T}}$.

4.1.2 多元数据

假设 $\boldsymbol{X}_1,\boldsymbol{X}_2,\cdots,\boldsymbol{X}_n$ 是来自密度函数为 $f(\boldsymbol{X})=f(x_1,x_2,\cdots,x_p)$ 的多元分布的独立同分布样本, 则该数据可以表示为一个 $n\times p$ 的数据矩阵 $\mathbb{X}$:

$$\underset{(n\times p)}{\mathbb{X}}=\begin{pmatrix} X_{11} & \cdots & X_{1j} & \cdots & X_{1p}\\ \vdots & & \vdots & & \vdots\\ X_{i1} & \cdots & X_{ij} & \cdots & X_{ip}\\ \vdots & & \vdots & & \vdots\\ X_{n1} & \cdots & X_{nj} & \cdots & X_{np}\end{pmatrix}=\begin{pmatrix}\boldsymbol{X}_1^{\mathrm{T}}\\ \vdots\\ \boldsymbol{X}_i^{\mathrm{T}}\\ \vdots\\ \boldsymbol{X}_n^{\mathrm{T}}\end{pmatrix}\begin{matrix}\leftarrow \text{第 } 1 \text{ 个观测}\\ \\ \leftarrow \text{第 } i \text{ 个观测}\\ \\ \leftarrow \text{第 } n \text{ 个观测}\end{matrix}$$

其中 $\boldsymbol{X}_i=(X_{i1},X_{i2},\cdots,X_{ip})^{\mathrm{T}}$ 是 $\mathbb{X}$ 的第 i 行.

下面分别计算关于数据 $\mathbb{X}$ 的样本均值向量、样本协方差矩阵和样本相关矩阵. 我们有

$$\bar{\boldsymbol{X}}=\frac{1}{n}\sum_{i=1}^{n}\boldsymbol{X}_i=\left(\bar{X}_1,\bar{X}_2,\cdots,\bar{X}_p\right)^{\mathrm{T}}=\frac{1}{n}\mathbb{X}^{\mathrm{T}}\mathbf{1}_n,$$

其中 $\bar{X}_j=\dfrac{1}{n}\sum\limits_{i=1}^{n}X_{ij}$ 且 $\mathbf{1}_n$ 为各分量全为 1 的 n 维向量. 不难看出样本均值向量 $\bar{\boldsymbol{X}}$ 是总体均值向量 $\boldsymbol{\mu}$ 的无偏估计, 而其协方差矩阵 $\mathrm{Cov}(\bar{\boldsymbol{X}})=\dfrac{1}{n}\Sigma$.

进一步地, 数据 $\mathbb{X}$ 的样本协方差矩阵 S 定义为

$$S=\frac{1}{n-1}\sum_{i=1}^{n}(\boldsymbol{X}_i-\bar{\boldsymbol{X}})(\boldsymbol{X}_i-\bar{\boldsymbol{X}})^{\mathrm{T}}=\begin{pmatrix} s_{11} & s_{12} & \cdots & s_{1p}\\ s_{21} & s_{22} & \cdots & s_{2p}\\ \vdots & \vdots & & \vdots\\ s_{p1} & s_{p2} & \cdots & s_{pp}\end{pmatrix},$$

其中 $s_{jk}=\dfrac{1}{n-1}\sum\limits_{i=1}^{n}(X_{ij}-\bar{X}_j)(X_{ik}-\bar{X}_k)$ 是第 j 个和第 k 个的变量的样本协方差. 我们有如下计算:

$$E(S)=\frac{1}{n-1}\sum_{i=1}^{n}E\left[\left(\boldsymbol{X}_i-\bar{\boldsymbol{X}}\right)\left(\boldsymbol{X}_i-\bar{\boldsymbol{X}}\right)^{\mathrm{T}}\right]$$

$$
\begin{aligned}
&= \frac{1}{n-1}\sum_{i=1}^{n} E\left\{\left[(\boldsymbol{X}_i-\boldsymbol{\mu})-(\bar{\boldsymbol{X}}-\boldsymbol{\mu})\right]\left[(\boldsymbol{X}_i-\boldsymbol{\mu})-(\bar{\boldsymbol{X}}-\boldsymbol{\mu})\right]^{\mathrm{T}}\right\} \\
&= \frac{1}{n-1}\sum_{i=1}^{n} E\left[(\boldsymbol{X}_i-\boldsymbol{\mu})(\boldsymbol{X}_i-\boldsymbol{\mu})^{\mathrm{T}}\right]+\frac{n}{n-1}E\left[(\bar{\boldsymbol{X}}-\boldsymbol{\mu})(\bar{\boldsymbol{X}}-\boldsymbol{\mu})^{\mathrm{T}}\right]- \\
&\quad \frac{2}{n-1}\sum_{i=1}^{n} E\left[(\boldsymbol{X}_i-\boldsymbol{\mu})(\bar{\boldsymbol{X}}-\boldsymbol{\mu})^{\mathrm{T}}\right] \\
&= \frac{n}{n-1}\Sigma+\frac{1}{n-1}\Sigma-\frac{2n}{n-1}E\left[(\bar{\boldsymbol{X}}-\boldsymbol{\mu})(\bar{\boldsymbol{X}}-\boldsymbol{\mu})^{\mathrm{T}}\right] \\
&= \Sigma,
\end{aligned}
$$

即 S 是 Σ 的无偏估计. 我们还有如下另一种计算 S 的方式:

$$
\begin{aligned}
S &= \frac{1}{n-1}\left(\sum_{i=1}^{n}\boldsymbol{X}_i\boldsymbol{X}_i^{\mathrm{T}}-n\bar{\boldsymbol{X}}\bar{\boldsymbol{X}}^{\mathrm{T}}\right) \\
&= \frac{1}{n-1}\left(\mathbb{X}^{\mathrm{T}}\mathbb{X}-n\cdot\frac{1}{n}\mathbb{X}^{\mathrm{T}}\mathbf{1}_n\cdot\frac{1}{n}\mathbf{1}_n^{\mathrm{T}}\mathbb{X}\right) \\
&= \frac{1}{n-1}\mathbb{X}^{\mathrm{T}}\left(I_n-\frac{1}{n}J\right)\mathbb{X},
\end{aligned}
$$

其中 I_n 是 $n\times n$ 单位矩阵, J 是元素均为 1 的 $n\times n$ 矩阵.

类似地, 数据 $\mathbb{X}$ 的样本相关矩阵 R 为

$$
R=(r_{jk})_{p\times p}=\begin{pmatrix} 1 & r_{12} & \cdots & r_{1p} \\ r_{21} & 1 & \cdots & r_{2p} \\ \vdots & \vdots & & \vdots \\ r_{p1} & r_{p2} & \cdots & 1 \end{pmatrix},
$$

其中 r_{jk} 是第 j 个和第 k 个变量的样本相关系数. 注意到, 我们可通过如下方式计算 R:

$$
R=D_s^{-1}SD_s^{-1} \text{ 和 } S=D_sRD_s,
$$

其中 D_s 是 $p\times p$ 对角矩阵,

$$
D_s=\operatorname{diag}(\sqrt{s_{11}},\sqrt{s_{22}},\cdots,\sqrt{s_{pp}})=\operatorname{diag}(s_1,s_2,\cdots,s_p).
$$

注 4.1.1 对于一元数据来说, 我们可以通过样本方差来反映数据分散度. 样本协方差 S 包含了 p 个方差和 $\frac{1}{2}p(p-1)$ 对协方差, 因此它从多方面刻画了数据分散程度. 那么如何用一个量来度量 p 维样本 $\{\boldsymbol{X}_1,\boldsymbol{X}_2,\cdots,\boldsymbol{X}_n\}$ 的整体分散度呢? 常用的量包括广义样本方差 (generalized sample variance)

$|S|$, 即 S 的行列式, 以及总样本方差 (total sample variance) $\mathrm{tr}(S)=\sum\limits_{j=1}^{p}s_{jj}$. 不严格地讲, 这两个值如果较大, 说明 $\bar{\boldsymbol{X}}$ 具有较大的分散度, 而特别小的 $|S|$ 意味着数据的分散度小或者变量间存在较强的共线性关系 (multilinearity).

在多元数据处理中有时候我们需要将 p 维随机向量 $\boldsymbol{X}=(X_1,X_2,\cdots,X_p)^{\mathrm{T}}$ 分为两个维数分别是 q 和 $p-q$ 的子向量, 也就是

$$\boldsymbol{X}=\begin{pmatrix} X_1\\ \vdots \\ X_q \\ X_{q+1} \\ \vdots \\ X_p \end{pmatrix}=\begin{pmatrix} \boldsymbol{X}^{(1)} \\ \boldsymbol{X}^{(2)} \end{pmatrix},$$

其中 $\boldsymbol{X}^{(1)}=(X_1,X_2,\cdots,X_q)^{\mathrm{T}}$, $\boldsymbol{X}^{(2)}=(X_{q+1},X_{q+2},\cdots,X_p)^{\mathrm{T}}$. 相应地, $\boldsymbol{X}$ 的期望可以被分解为 $\boldsymbol{\mu}=\begin{pmatrix}\boldsymbol{\mu}^{(1)}\\ \boldsymbol{\mu}^{(2)}\end{pmatrix}$, 其中 $\boldsymbol{\mu}^{(1)}=E(\boldsymbol{X}^{(1)})=(\mu_1,\mu_2,\cdots,\mu_q)^{\mathrm{T}},\boldsymbol{\mu}^{(2)}=E(\boldsymbol{X}^{(2)})=(\mu_{q+1},\mu_{q+2},\cdots,\mu_p)^{\mathrm{T}}$, 而 $\boldsymbol{X}$ 的协方差矩阵则可以拆分为

$$\varSigma=\begin{pmatrix} (\varSigma_{11})_{q\times q} & (\varSigma_{12})_{q\times(p-q)} \\ (\varSigma_{21})_{(p-q)\times q} & (\varSigma_{22})_{(p-q)\times(p-q)} \end{pmatrix}_{p\times p},$$

其中 $\varSigma_{11}$ 是 $\boldsymbol{X}^{(1)}$ 的协方差矩阵, $\varSigma_{22}$ 是 $\boldsymbol{X}^{(2)}$ 的协方差矩阵, $\varSigma_{12}=\varSigma_{21}^{\mathrm{T}}$ 则包含了 $\boldsymbol{X}^{(1)}$ 和 $\boldsymbol{X}^{(2)}$ 的所有元变量之间的协方差, 即 $\mathrm{Cov}(\boldsymbol{X}^{(1)},\boldsymbol{X}^{(2)})$. 可以看出, 如果 $\boldsymbol{X}^{(1)}$ 和 $\boldsymbol{X}^{(2)}$ 独立, 则 $\varSigma_{12}=\varSigma_{21}^{\mathrm{T}}=\boldsymbol{0}_{q\times(p-q)}$. S, P 和 R 都可以按照此方式进行分解.

最后我们对 $X_1,X_2,\cdots,X_p$ 的线性组合的基本性质给予讨论.

命题 4.1.1 令 $Z=\boldsymbol{a}^{\mathrm{T}}\boldsymbol{X}=\sum\limits_{j=1}^{p}a_jX_j$ 和 $W=\boldsymbol{b}^{\mathrm{T}}\boldsymbol{X}=\sum\limits_{j=1}^{p}b_jX_j$ 是 $X_1,X_2,\cdots,X_p$ 的两个线性组合, 其中 $\boldsymbol{a}=(a_1,a_2,\cdots,a_p)^{\mathrm{T}}$ 和 $\boldsymbol{b}=(b_1,b_2,\cdots,b_p)^{\mathrm{T}}$ 是系数向量. 则我们有

(1) 随机变量 Z 的期望和方差为

$$E(Z)=E(\boldsymbol{a}^{\mathrm{T}}\boldsymbol{X})=\boldsymbol{a}^{\mathrm{T}}\boldsymbol{\mu},\quad \mathrm{Var}(Z)=\mathrm{Var}(\boldsymbol{a}^{\mathrm{T}}\boldsymbol{X})=\boldsymbol{a}^{\mathrm{T}}\varSigma\boldsymbol{a}.$$

(2) Z 和 W 的协方差和相关性可表示为

$$\sigma_{ZW}=\mathrm{Cov}(Z,W)=\boldsymbol{a}^{\mathrm{T}}\varSigma\boldsymbol{b},$$

$$\rho_{ZW} = \text{Corr}(Z, W) = \frac{\boldsymbol{a}^{\text{T}}\Sigma\boldsymbol{b}}{\sqrt{(\boldsymbol{a}^{\text{T}}\Sigma\boldsymbol{a})(\boldsymbol{b}^{\text{T}}\Sigma\boldsymbol{b})}}.$$

证明 下面仅就命题的部分结论给出证明.

$$\begin{aligned}
\text{Var}(Z) &= E\left[\left(\boldsymbol{a}^{\text{T}}\boldsymbol{X} - \boldsymbol{a}^{\text{T}}\boldsymbol{\mu}\right)\left(\boldsymbol{a}^{\text{T}}\boldsymbol{X} - \boldsymbol{a}^{\text{T}}\boldsymbol{\mu}\right)^{\text{T}}\right] \\
&= E\left[\boldsymbol{a}^{\text{T}}\left(\boldsymbol{X} - \boldsymbol{\mu}\right)\left(\boldsymbol{X} - \boldsymbol{\mu}\right)^{\text{T}}\boldsymbol{a}\right] \\
&= \boldsymbol{a}^{\text{T}}E\left[\left(\boldsymbol{X} - \boldsymbol{\mu}\right)\left(\boldsymbol{X} - \boldsymbol{\mu}\right)^{\text{T}}\right]\boldsymbol{a} \\
&= \boldsymbol{a}^{\text{T}}\Sigma\boldsymbol{a},
\end{aligned}$$

而

$$\begin{aligned}
\text{Cov}(Z, W) &= E\left[\left(\boldsymbol{a}^{\text{T}}\boldsymbol{X} - \boldsymbol{a}^{\text{T}}\boldsymbol{\mu}\right)\left(\boldsymbol{b}^{\text{T}}\boldsymbol{X} - \boldsymbol{b}^{\text{T}}\boldsymbol{\mu}\right)\right] \\
&= \boldsymbol{a}^{\text{T}}E\left[\left(\boldsymbol{X} - \boldsymbol{\mu}\right)\left(\boldsymbol{X} - \boldsymbol{\mu}\right)^{\text{T}}\right]\boldsymbol{b} \\
&= \boldsymbol{a}^{\text{T}}\Sigma\boldsymbol{b}.
\end{aligned}$$

□

更一般地, 令 $\boldsymbol{Y} = A\boldsymbol{X} + \boldsymbol{b}$, 其中 $A = (a_{ij})_{q\times p}$, $\boldsymbol{b}$ 是一个 q 维向量. 则类似计算可得

$$\boldsymbol{\mu}_{\boldsymbol{Y}} = E(A\boldsymbol{X} + \boldsymbol{b}) = A\boldsymbol{\mu} + \boldsymbol{b}, \quad \Sigma_{\boldsymbol{Y}} = \text{Cov}(\boldsymbol{Y}) = A\Sigma A^{\text{T}}.$$

4.1.3 多元正态分布

回顾第二、三章中所介绍的很多统计推断方法都是基于一元正态分布的, 其主要原因之一是它具有良好的性质. 因此, 对于多元统计推断而言, 多元正态分布同样扮演着重要作用. 多元正态分布具有的优良性质包括:

(1) 分布完全由其期望向量和协方差矩阵所决定;

(2) 变量不相关与独立等价;

(3) 对于服从多元正态分布的随机向量 $\boldsymbol{X}$, 其线性组合 $A\boldsymbol{X} + \boldsymbol{b}$ 也服从多元正态分布;

(4) 即便数据不服从多元正态分布, 由多元中心极限定理可知一些常用的统计量仍然服从正态分布.

在本小节中, 我们对多元正态分布的性质给予详细讨论. 假设 p 维随机向量 $\boldsymbol{X} = (X_1, X_2, \cdots, X_p)^{\text{T}}$ 服从均值为 $\boldsymbol{\mu}$、协方差为 Σ 的多元正态分布 (其中 $\boldsymbol{\mu}$ 为 p 维常数向量, Σ 为正定矩阵), 记为$\boldsymbol{X} \sim N_p(\boldsymbol{\mu}, \Sigma)$, 其密度函数为

$$f(\boldsymbol{X}) = \frac{1}{(2\pi)^{p/2}|\Sigma|^{1/2}} \exp\left\{-\frac{(\boldsymbol{X} - \boldsymbol{\mu})^{\text{T}}\Sigma^{-1}(\boldsymbol{X} - \boldsymbol{\mu})}{2}\right\}.$$

$\boldsymbol{X}$ 的特征函数为

$$\Phi_{\boldsymbol{X}}(\boldsymbol{t}) = \exp\left\{\mathrm{i}\boldsymbol{t}^{\mathrm{T}}\boldsymbol{\mu} - \frac{1}{2}\boldsymbol{t}^{\mathrm{T}}\Sigma\boldsymbol{t}\right\}.$$

可见, 多元正态分布完全由 $\boldsymbol{\mu}$ 和 Σ 所决定.

例 4.1.2 (二元正态分布) 当 $p=2$ 时, $\boldsymbol{\mu}$ 和 Σ 表示为

$$\boldsymbol{\mu} = \begin{pmatrix} \mu_1 \\ \mu_2 \end{pmatrix}, \quad \Sigma = \begin{pmatrix} \sigma_1^2 & \rho\sigma_1\sigma_2 \\ \rho\sigma_1\sigma_2 & \sigma_2^2 \end{pmatrix}.$$

随机向量 $\boldsymbol{Y} = (Y_1, Y_2)^{\mathrm{T}}$ 服从二元正态分布, 即 $\boldsymbol{Y} \sim BN(\mu_1, \mu_2, \sigma_1^2, \sigma_2^2, \rho)$, 其密度函数为

$$f(y_1, y_2) = \frac{1}{2\pi\sigma_1\sigma_2\sqrt{1-\rho^2}} \cdot \exp\left\{-\frac{\left(\dfrac{y_1-\mu_1}{\sigma_1}\right)^2 + \left(\dfrac{y_2-\mu_2}{\sigma_2}\right)^2 - 2\rho\left(\dfrac{y_1-\mu_1}{\sigma_1}\right)\left(\dfrac{y_2-\mu_2}{\sigma_2}\right)}{2(1-\rho^2)}\right\}.$$

如图 4.1.3 所示.

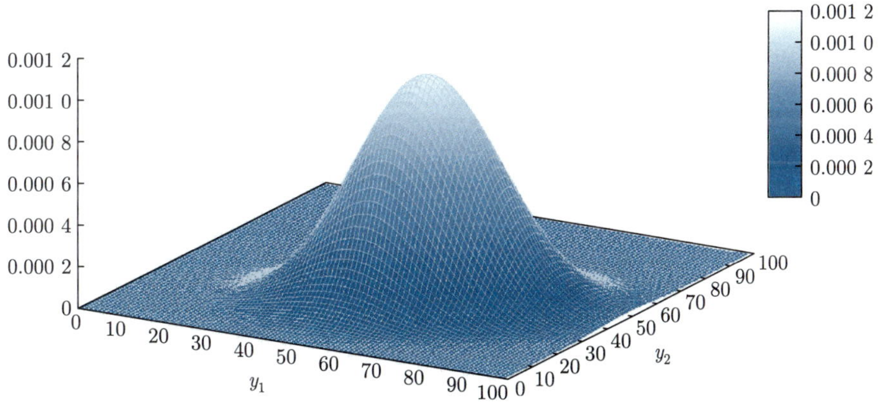

图 4.1.3 二元正态分布的密度函数图

下面给出 $\boldsymbol{X} \sim N_p(\boldsymbol{\mu}, \Sigma)$ 的几个重要性质.

性质 4.1.1 (线性组合) (1) 假设 $\boldsymbol{X} \sim N_p(\boldsymbol{\mu}, \Sigma)$ 且 $\boldsymbol{a} = (a_1, a_2, \cdots, a_p)^{\mathrm{T}}$ 是一常数向量, 则 $\boldsymbol{a}^{\mathrm{T}}\boldsymbol{X} \sim N(\boldsymbol{a}^{\mathrm{T}}\boldsymbol{\mu}, \boldsymbol{a}^{\mathrm{T}}\Sigma\boldsymbol{a})$. 反之, 如果 $\boldsymbol{a}^{\mathrm{T}}\boldsymbol{X} \sim N(\boldsymbol{a}^{\mathrm{T}}\boldsymbol{\mu}, \boldsymbol{a}^{\mathrm{T}}\Sigma\boldsymbol{a})$, $\forall \boldsymbol{a}$, 则 $\boldsymbol{X} \sim N_p(\boldsymbol{\mu}, \Sigma)$.

(2) 假设 $\boldsymbol{X} \sim N_p(\boldsymbol{\mu}, \Sigma)$ 且 $A \in \mathbb{R}^{q\times p}$, 其秩为 $q(\leqslant p)$, 则对于 $\boldsymbol{b} \in \mathbb{R}^q$,

$$A\boldsymbol{X} + \boldsymbol{b} \sim N_q(A\boldsymbol{\mu} + \boldsymbol{b}, A\Sigma A^{\mathrm{T}}).$$

证明 (1) 可由多元正态分布的特征函数性质证明 (留作习题).

(2) 对任意的 $\boldsymbol{b} \in \mathbb{R}^q$, 令 $\boldsymbol{b}^{\mathrm{T}} A\boldsymbol{X} \xlongequal{\text{记为}} \boldsymbol{a}^{\mathrm{T}}\boldsymbol{X}$. 根据 (1), $\boldsymbol{b}^{\mathrm{T}}A\boldsymbol{X}$ 是正态分布的. 由此再根据 (1), $A\boldsymbol{X}$ 也服从多元正态分布. □

例 4.1.3 特别地, 考虑 $\boldsymbol{a} = (1, 0, 0, \cdots, 0)^{\mathrm{T}}$, 则我们可知 $X_1 \sim N(\mu_1, \sigma_{11})$.

性质 4.1.2 (子向量的正态性) 假设 $\boldsymbol{X}$, $\boldsymbol{\mu}$ 及 Σ 从第 r 个分量进行分块:

$$\boldsymbol{X} = \begin{pmatrix} \boldsymbol{X}_1 \\ \boldsymbol{X}_2 \end{pmatrix} \begin{matrix} \}r \\ \}p-r \end{matrix}, \quad \boldsymbol{\mu} = \begin{pmatrix} \boldsymbol{\mu}_1 \\ \boldsymbol{\mu}_2 \end{pmatrix}, \quad \Sigma = \begin{pmatrix} \Sigma_{11} & \Sigma_{12} \\ \Sigma_{21} & \Sigma_{22} \end{pmatrix},$$

其中 $\boldsymbol{X}_1$ 和 $\boldsymbol{\mu}_1$ 为 r 维向量, Σ_{11} 为 $r \times r$ 矩阵. 则有

$$\boldsymbol{X}_1 \sim N_r(\boldsymbol{\mu}_1, \Sigma_{11}), \quad \boldsymbol{X}_2 \sim N_{p-r}(\boldsymbol{\mu}_2, \Sigma_{22}).$$

证明 由性质 4.1.1 (2), 令 $\underset{(r\times p)}{A} = (\underset{(r\times r)}{I_r} \quad \underset{(r\times(p-r))}{\boldsymbol{0}})$ 可得. □

特别地, $\boldsymbol{X} = (X_1, X_2, \cdots, X_p)^{\mathrm{T}}$ 的第 j 个分量服从一元正态分布: $X_j \sim N(\mu_j, \sigma_{jj})$, $j = 1, 2, \cdots, p$. 一般情况下, $\boldsymbol{X}$ 的任意子向量均服从正态分布.

性质 4.1.3 (子向量的独立性) 同性质 4.1.2, 考虑将 $\boldsymbol{X}$, $\boldsymbol{\mu}$ 及 Σ 的分量进行分块.

(1) 当且仅当 $\Sigma_{12} = \boldsymbol{0}$ 时, $\boldsymbol{X}_1$ 与 $\boldsymbol{X}_2$ 相互独立.

(2) 当且仅当 $\sigma_{jk} = 0$ 时, X_j 和 X_k 相互独立.

(3) 如果 $\boldsymbol{Y} \sim N_q(\boldsymbol{\mu}_1, \Sigma_{11})$, $\boldsymbol{X} \sim N_p(\boldsymbol{\mu}_2, \Sigma_{22})$, 并且 $\boldsymbol{Y}$ 与 $\boldsymbol{X}$ 相互独立, 则

$$\begin{pmatrix} \boldsymbol{Y} \\ \boldsymbol{X} \end{pmatrix} \sim N_{p+q}\left(\begin{pmatrix} \boldsymbol{\mu}_1 \\ \boldsymbol{\mu}_2 \end{pmatrix}, \begin{pmatrix} \Sigma_{11} & \boldsymbol{0} \\ \boldsymbol{0} & \Sigma_{22} \end{pmatrix}\right).$$

注: 对于非正态变量, (1), (2) 不成立.

证明 (1) 利用密度函数性质, 即, 当 $\boldsymbol{X}_1$ 和 $\boldsymbol{X}_2$ 独立时, $f(\boldsymbol{x}) = f(\boldsymbol{x}_1, \boldsymbol{x}_2) = f(\boldsymbol{x}_1)f(\boldsymbol{x}_2)$, 故由

$$\begin{aligned} &\frac{1}{(2\pi)^{p/2}|\Sigma|^{1/2}} \exp\left\{-\frac{(\boldsymbol{x}-\boldsymbol{\mu})^{\mathrm{T}}\Sigma^{-1}(\boldsymbol{x}-\boldsymbol{\mu})}{2}\right\} \\ =& \frac{1}{(2\pi)^{p/2}|\Sigma_{11}|^{1/2}|\Sigma_{22}|^{1/2}} \cdot \\ &\exp\left\{-\frac{(\boldsymbol{x}_1-\boldsymbol{\mu})^{\mathrm{T}}\Sigma_{11}^{-1}(\boldsymbol{x}_1-\boldsymbol{\mu}) + (\boldsymbol{x}_2-\boldsymbol{\mu})^{\mathrm{T}}\Sigma_{22}^{-1}(\boldsymbol{x}_2-\boldsymbol{\mu})}{2}\right\} \end{aligned}$$

可知 $\Sigma_{12} = \boldsymbol{0}$.

(2), (3) 利用以上性质同样得证 (留作习题). □

例 4.1.4 将 $\boldsymbol{X}$, $\boldsymbol{\mu}$ 及 Σ 同上做分块定义. 令 B 为 $r \times (p-r)$ 常数矩阵, 现考虑对于子向量做线性变换,

$$\boldsymbol{Y} = \begin{pmatrix} \boldsymbol{Y}_1 \\ \boldsymbol{Y}_2 \end{pmatrix} = \begin{pmatrix} \boldsymbol{X}_1 + B\boldsymbol{X}_2 \\ \boldsymbol{X}_2 \end{pmatrix}.$$

(1) $\boldsymbol{Y}$ 服从什么分布?

(2) 如果 $|\Sigma_{22}|>0$, 找到一个矩阵 B 使得 $\mathrm{Cov}(\boldsymbol{Y}_1,\boldsymbol{Y}_2)=0$.

解 (1) 定义一个 $p\times p$ 矩阵 $A=\begin{pmatrix} I_r & B \\ \mathbf{0} & I_{p-r}\end{pmatrix}$, 则有 $\boldsymbol{Y}=A\boldsymbol{X}\sim N_p(A\boldsymbol{\mu},A\Sigma A^{\mathrm{T}})$, 其中

$$A\boldsymbol{\mu}=\begin{pmatrix} \boldsymbol{\mu}_1+B\boldsymbol{\mu}_2 \\ \boldsymbol{\mu}_2 \end{pmatrix},$$

$$A\Sigma A^{\mathrm{T}}=\begin{pmatrix} \Sigma_{11}+B\Sigma_{12}+\Sigma_{21}B^{\mathrm{T}}+B\Sigma_{22}B^{\mathrm{T}} & \Sigma_{12}+B\Sigma_{22} \\ \Sigma_{21}+\Sigma_{22}B^{\mathrm{T}} & \Sigma_{22} \end{pmatrix}.$$

(2) 若 $\mathrm{Cov}(\boldsymbol{Y}_1,\boldsymbol{Y}_2)=0$, 则有 $\Sigma_{12}+B\Sigma_{22}=0$, 即 $B=-\Sigma_{22}^{-1}\Sigma_{12}$. □

性质 4.1.4 (子向量的条件正态性) 再次考虑 $\boldsymbol{X},\boldsymbol{\mu}$ 及 Σ 的分块情况. 假设 $|\Sigma_{22}|>0$. 则在给定 $\boldsymbol{X}_2$ 的条件下, $\boldsymbol{X}_1$ 的条件分布为多元正态分布:

$$(\boldsymbol{X}_1|\boldsymbol{X}_2)\sim N_r(\boldsymbol{\mu}_1+\Sigma_{12}\Sigma_{22}^{-1}(\boldsymbol{X}_2-\boldsymbol{\mu}_2),\Sigma_{11}-\Sigma_{12}\Sigma_{22}^{-1}\Sigma_{21}).$$

证明 1 (直接方法) 已知条件密度函数的定义为

$$f_{\boldsymbol{X}_1|\boldsymbol{X}_2}(\boldsymbol{x}_1|\boldsymbol{x}_2)=\frac{f(\boldsymbol{x}_1,\boldsymbol{x}_2)}{f_{\boldsymbol{X}_2}(\boldsymbol{x}_2)}=\frac{\dfrac{1}{(2\pi)^{p/2}|\Sigma|^{1/2}}\exp\left\{-\dfrac{(\boldsymbol{x}-\boldsymbol{\mu})^{\mathrm{T}}\Sigma^{-1}(\boldsymbol{x}-\boldsymbol{\mu})}{2}\right\}}{\dfrac{1}{(2\pi)^{(p-r)/2}|\Sigma_{22}|^{1/2}}\exp\left\{-\dfrac{(\boldsymbol{x}_2-\boldsymbol{\mu}_2)^{\mathrm{T}}\Sigma_{22}^{-1}(\boldsymbol{x}_2-\boldsymbol{\mu}_2)}{2}\right\}}. \tag{4.1.1}$$

注意到 Σ^{-1} 可有如下分块表达. 我们考虑矩阵

$$A=\begin{pmatrix} I_r & -\Sigma_{12}\Sigma_{22}^{-1} \\ \mathbf{0}_{(p-r)\times r} & I_{p-r}\end{pmatrix}.$$

于是, 我们有

$$\begin{aligned} A\Sigma A^{\mathrm{T}}&=\begin{pmatrix} I_r & -\Sigma_{12}\Sigma_{22}^{-1} \\ \mathbf{0}_{(p-r)\times r} & I_{p-r}\end{pmatrix}\begin{pmatrix} \Sigma_{11} & \Sigma_{12} \\ \Sigma_{21} & \Sigma_{22}\end{pmatrix}\begin{pmatrix} I_r & \mathbf{0}_{r\times(p-r)} \\ -\Sigma_{22}^{-1}\Sigma_{21} & I_{p-r}\end{pmatrix} \\ &=\begin{pmatrix} \Sigma_{11}-\Sigma_{12}\Sigma_{22}^{-1}\Sigma_{21} & \mathbf{0}_{r\times(p-r)} \\ \mathbf{0}_{(p-r)\times r} & \Sigma_{22}\end{pmatrix} \xlongequal{\text{记为}} D. \end{aligned}$$

因此, 得到 Σ^{-1} 如下:

$$\Sigma^{-1}=[A^{-1}D(A^{\mathrm{T}})^{-1}]^{-1}=A^{\mathrm{T}}D^{-1}A$$

$$
= \begin{pmatrix} \Sigma_{11\cdot 2}^{-1} & -\Sigma_{11\cdot 2}^{-1}\Sigma_{12}\Sigma_{22}^{-1} \\ -\Sigma_{22}^{-1}\Sigma_{21}\Sigma_{11\cdot 2}^{-1} & \Sigma_{22}^{-1}+\Sigma_{22}^{-1}\Sigma_{21}\Sigma_{11\cdot 2}^{-1}\Sigma_{12}\Sigma_{22}^{-1} \end{pmatrix},
$$

其中 $\Sigma_{11\cdot 2}=\Sigma_{11}-\Sigma_{12}\Sigma_{22}^{-1}\Sigma_{21}$. 同理可得,

$$
\Sigma^{-1} = \begin{pmatrix} \Sigma_{11}^{-1}+\Sigma_{11}^{-1}\Sigma_{12}\Sigma_{22\cdot 1}^{-1}\Sigma_{21}\Sigma_{11}^{-1} & -\Sigma_{11}^{-1}\Sigma_{12}\Sigma_{22\cdot 1}^{-1} \\ -\Sigma_{22\cdot 1}^{-1}\Sigma_{21}\Sigma_{11}^{-1} & \Sigma_{22\cdot 1}^{-1} \end{pmatrix},
$$

其中 $\Sigma_{22\cdot 1}=\Sigma_{22}-\Sigma_{21}\Sigma_{11}^{-1}\Sigma_{12}$. 由此可得,

$$
\begin{aligned}
&\Sigma_{11\cdot 2}^{-1}=\Sigma_{11}^{-1}+\Sigma_{11}^{-1}\Sigma_{12}\Sigma_{22\cdot 1}^{-1}\Sigma_{21}\Sigma_{11}^{-1},\\
&\Sigma_{22\cdot 1}^{-1}=\Sigma_{22}^{-1}+\Sigma_{22}^{-1}\Sigma_{21}\Sigma_{11\cdot 2}^{-1}\Sigma_{12}\Sigma_{22}^{-1},\\
&\Sigma_{11\cdot 2}^{-1}\Sigma_{12}\Sigma_{22}^{-1}=\Sigma_{11}^{-1}\Sigma_{12}\Sigma_{22\cdot 1}^{-1},\\
&|\Sigma|=|\Sigma_{11\cdot 2}||\Sigma_{22}|=|\Sigma_{11}||\Sigma_{22\cdot 1}|.
\end{aligned}
$$

将上述所有结果代入 (4.1.1), 可得,

$$
\begin{aligned}
&(\boldsymbol{X}-\boldsymbol{\mu})^{\mathrm{T}}\Sigma^{-1}(\boldsymbol{X}-\boldsymbol{\mu})-(\boldsymbol{X}_2-\boldsymbol{\mu}_2)^{\mathrm{T}}\Sigma_{22}^{-1}(\boldsymbol{X}_2-\boldsymbol{\mu}_2),\\
=&(\boldsymbol{X}_1-\boldsymbol{\mu}_1)^{\mathrm{T}}\Sigma_{11\cdot 2}^{-1}(\boldsymbol{X}_1-\boldsymbol{\mu}_1)-2(\boldsymbol{X}_1-\boldsymbol{\mu}_1)^{\mathrm{T}}\Sigma_{11\cdot 2}^{-1}\Sigma_{12}\Sigma_{22}^{-1}(\boldsymbol{X}_2-\boldsymbol{\mu}_2)+\\
&(\boldsymbol{X}_2-\boldsymbol{\mu}_2)^{\mathrm{T}}\Sigma_{22}^{-1}\Sigma_{21}\Sigma_{11\cdot 2}^{-1}\Sigma_{12}\Sigma_{22}^{-1}(\boldsymbol{X}_2-\boldsymbol{\mu}_2)\\
=&\left[\boldsymbol{X}_1-\boldsymbol{\mu}_1-\Sigma_{12}\Sigma_{22}^{-1}(\boldsymbol{X}_2-\boldsymbol{\mu}_2)\right]^{\mathrm{T}}\Sigma_{11\cdot 2}^{-1}\left[\boldsymbol{X}_1-\boldsymbol{\mu}_1-\Sigma_{12}\Sigma_{22}^{-1}(\boldsymbol{X}_2-\boldsymbol{\mu}_2)\right]\\
\xlongequal{\text{记为}}&(\boldsymbol{X}_1-\boldsymbol{\mu}_{1\cdot 2})^{\mathrm{T}}\Sigma_{11\cdot 2}^{-1}(\boldsymbol{X}_1-\boldsymbol{\mu}_{1\cdot 2}),
\end{aligned}
$$

其中 $\boldsymbol{\mu}_{1\cdot 2}=\boldsymbol{\mu}_1+\Sigma_{12}\Sigma_{22}^{-1}(\boldsymbol{X}_2-\boldsymbol{\mu}_2)$. 同时,

$$
f_{\boldsymbol{X}_1|\boldsymbol{X}_2}(\boldsymbol{x}_1|\boldsymbol{x}_2)=\frac{1}{(2\pi)^{r/2}|\Sigma_{11\cdot 2}|^{1/2}}\exp\left\{-\frac{(\boldsymbol{x}_1-\boldsymbol{\mu}_{1\cdot 2})^{\mathrm{T}}\Sigma_{11\cdot 2}^{-1}(\boldsymbol{x}_1-\boldsymbol{\mu}_{1\cdot 2})}{2}\right\},
$$

也就是 $(\boldsymbol{X}_1|\boldsymbol{X}_2)\sim N_r(\boldsymbol{\mu}_{1\cdot 2},\Sigma_{11\cdot 2})$. 同理, 我们可得 $(\boldsymbol{X}_2|\boldsymbol{X}_1)\sim N_r(\boldsymbol{\mu}_{2\cdot 1},\Sigma_{22\cdot 1})$, 其中 $\boldsymbol{\mu}_{2\cdot 1}=\boldsymbol{\mu}_2+\Sigma_{21}\Sigma_{11}^{-1}(\boldsymbol{X}_1-\boldsymbol{\mu}_1)$. □

证明 2 (间接方法) 由例 4.1.4, 考虑 $A\boldsymbol{X}$,

$$
A(\boldsymbol{X}-\boldsymbol{\mu})=\begin{pmatrix}\boldsymbol{X}_1-\boldsymbol{\mu}_1-\Sigma_{12}\Sigma_{22}^{-1}(\boldsymbol{X}_2-\boldsymbol{\mu}_2)\\ \boldsymbol{X}_2-\boldsymbol{\mu}_2\end{pmatrix},
$$

$$
\mathrm{Cov}(\boldsymbol{X}_1-\boldsymbol{\mu}_1-\Sigma_{12}\Sigma_{22}^{-1}(\boldsymbol{X}_2-\boldsymbol{\mu}_2),\boldsymbol{X}_2-\boldsymbol{\mu}_2)=D_{12}=\mathbf{0}_{(p-r)\times r}.
$$

由于 $\mathrm{Cov}[A(\boldsymbol{X}-\boldsymbol{\mu})]=A\Sigma A^{\mathrm{T}}=D$. 因此, $\boldsymbol{X}_1-\boldsymbol{\mu}_1-\Sigma_{12}\Sigma_{22}^{-1}(\boldsymbol{X}_2-\boldsymbol{\mu}_2)$ 和 $\boldsymbol{X}_2-\boldsymbol{\mu}_2$ 是独立的. 并且, $\boldsymbol{X}_1-\boldsymbol{\mu}_1-\Sigma_{12}\Sigma_{22}^{-1}(\boldsymbol{X}_2-\boldsymbol{\mu}_2)$ 服从分布 $N_r(\mathbf{0},\Sigma_{11\cdot 2})$. 已知 $\boldsymbol{X}_2=\boldsymbol{x}_2$, 则 $\boldsymbol{\mu}_1+\Sigma_{12}\Sigma_{22}^{-1}(\boldsymbol{x}_2-\boldsymbol{\mu}_2)$ 为常数. 因此, 在 $\boldsymbol{X}_2=\boldsymbol{x}_2$ 条件下, $\boldsymbol{X}_1$ 服从分布 $N_r(\boldsymbol{\mu}_{1\cdot 2},\Sigma_{11\cdot 2})$.

□

由该性质可知, $E(\boldsymbol{X}_1|\boldsymbol{X}_2)$ 为 $\boldsymbol{X}_2$ 的线性函数向量, 而 $\mathrm{Cov}(\boldsymbol{X}_1|\boldsymbol{X}_2)$ 不依赖于 $\boldsymbol{X}_2$. 此外, 当我们由 $\boldsymbol{X}_2$ 对 $\boldsymbol{X}_1$ 做线性回归时 (参见第五章), $\Sigma_{12}\Sigma_{22}^{-1}$ 被称为**回归系数矩阵**, 即

$$\mu_1 + \beta_{1,r+1}(y_{r+1} - \mu_{r+1}) + \cdots + \beta_{1,p}(y_p - \mu_p),$$
$$\vdots$$
$$\mu_r + \beta_{r,r+1}(y_{r+1} - \mu_{r+1}) + \cdots + \beta_{r,p}(y_p - \mu_p),$$

其中 $\boldsymbol{\beta}$ 可以如下给出定义:

$$\Sigma_{12}\Sigma_{22}^{-1} = \begin{pmatrix} \beta_{1,r+1} & \beta_{1,r+2} & \cdots & \beta_{1,p} \\ \beta_{2,r+1} & \beta_{2,r+2} & \cdots & \beta_{2,p} \\ \vdots & \vdots & & \vdots \\ \beta_{r,r+1} & \beta_{r,r+2} & \cdots & \beta_{r,p} \end{pmatrix}.$$

此外, 该性质还启示我们, 为检查 $\boldsymbol{X}$ 的正态性, 可以利用 $\boldsymbol{X}$ 所有配对的二元散点图探查其中的线性或非线性趋势.

这里的 $\Sigma_{11\cdot 2}$ 通常被称为 $\boldsymbol{X}_1$ 的**偏协方差矩阵** (partial covariance matrix), 这里所谓“偏”意指在排除了其余部分 (即 $\boldsymbol{X}_2$) 情形下的净协方差, 也就是在 $\boldsymbol{X}_2$ 取给定值的情形下的条件协方差. 我们有如下定义.

定义 4.1.1 令 $\Sigma_{11\cdot 2} = \Sigma_{11} - \Sigma_{12}\Sigma_{22}^{-1}\Sigma_{21}$,

(1) $\sigma_{jk\cdot r+1,\cdots,p}$: $\Sigma_{11\cdot 2}$ 的第 j,k 个元素, 称为偏协方差;

(2) $\sigma_{jj\cdot r+1,\cdots,p}$: $\Sigma_{11\cdot 2}$ 的第 j,j 个元素, 称为偏方差;

(3) 在给定 $\boldsymbol{X}_2 = (X_{r+1}, X_{r+2}, \cdots, X_p)^{\mathrm{T}}$ 的条件下, X_j 与 X_k 的偏相关系数 (partial correlation coefficient) 为

$$\rho_{jk\cdot r+1,\cdots,p} = \frac{\sigma_{jk\cdot r+1,\cdots,p}}{(\sigma_{jj\cdot r+1,\cdots,p}\sigma_{jj\cdot r+1,\cdots,p})^{1/2}},\ j,k = 1,2,\cdots,r.$$

矩阵 Σ^{-1}, $\Sigma_{11\cdot 2}$ 在 Gauss 图模型、因果推断等领域都发挥着重要作用, 在这里我们不再展开, 有兴趣的读者可参见 Edwards(2000).

性质 4.1.5 (两个多元正态向量和) 考虑 p 维随机向量 $\boldsymbol{X} \sim N_p(\boldsymbol{\mu}_{\boldsymbol{X}}, \Sigma_{\boldsymbol{X}})$ 和 $\boldsymbol{Y} \sim N_p(\boldsymbol{\mu}_{\boldsymbol{Y}}, \Sigma_{\boldsymbol{Y}})$, 且二者相互独立, 则 $\boldsymbol{X} \pm \boldsymbol{Y} \sim N_p(\boldsymbol{\mu}_{\boldsymbol{X}} \pm \boldsymbol{\mu}_{\boldsymbol{Y}}, \Sigma_{\boldsymbol{X}} + \Sigma_{\boldsymbol{Y}})$.

证明 由性质 4.1.3 (3) 可得, $(\boldsymbol{X}^{\mathrm{T}}, \boldsymbol{Y}^{\mathrm{T}})^{\mathrm{T}}$ 的联合分布为

$$\begin{pmatrix} \boldsymbol{X} \\ \boldsymbol{Y} \end{pmatrix} \sim N_{2p}\left(\begin{pmatrix} \boldsymbol{\mu}_{\boldsymbol{X}} \\ \boldsymbol{\mu}_{\boldsymbol{Y}} \end{pmatrix}, \begin{pmatrix} \Sigma_{\boldsymbol{X}} & \boldsymbol{0}_{p\times p} \\ \boldsymbol{0}_{p\times p} & \Sigma_{\boldsymbol{Y}} \end{pmatrix}\right).$$

因此, 结论可由 $\boldsymbol{X}+\boldsymbol{Y}=(I_p, I_p)_{p\times 2p}\begin{pmatrix}\boldsymbol{X}\\ \boldsymbol{Y}\end{pmatrix}$ 得到. □

该性质也可以容易地推广到 $a\boldsymbol{X}\pm b\boldsymbol{Y}$ 或 $\sum\limits_{j=1}^{m} a_j\boldsymbol{X}_j$ 所服从的分布.

性质 4.1.6 随机向量 $\boldsymbol{X}_1, \boldsymbol{X}_2, \cdots, \boldsymbol{X}_m$ 来自分布 $N_p(\boldsymbol{\mu}_j, \Sigma)$ 且相互独立, a_1, $a_2, \cdots, a_m$ 与 $b_1, b_2, \cdots, b_m$ 为两组常数. 定义

$$\boldsymbol{Z}_1=a_1\boldsymbol{X}_1+a_2\boldsymbol{X}_2+\cdots+a_m\boldsymbol{X}_m,$$

$$\boldsymbol{Z}_2=b_1\boldsymbol{X}_1+b_2\boldsymbol{X}_2+\cdots+b_m\boldsymbol{X}_m,$$

则有

(1) $\boldsymbol{Z}_1\sim N_p\left(\sum\limits_{i=1}^{m} a_i\boldsymbol{\mu}_i, \sum\limits_{i=1}^{m} a_i^2\Sigma\right)$ 并且 $\boldsymbol{Z}_2\sim N_p\left(\sum\limits_{i=1}^{m} b_i\boldsymbol{\mu}_i, \sum\limits_{i=1}^{m} b_i^2\Sigma\right)$.

(2) 当且仅当 $\boldsymbol{a}^{\mathrm{T}}\boldsymbol{b}=\sum\limits_{i=1}^{m} a_ib_i=0$ 时, $\boldsymbol{Z}_1$ 与 $\boldsymbol{Z}_2$ 相互独立.

证明 再次利用性质 4.1.3 (3), $(\boldsymbol{X}_1^{\mathrm{T}}, \boldsymbol{X}_2^{\mathrm{T}}, \cdots, \boldsymbol{X}_m^{\mathrm{T}})^{\mathrm{T}}$ 的联合分布函数为

$$\begin{pmatrix}\boldsymbol{X}_1\\ \boldsymbol{X}_2\\ \vdots\\ \boldsymbol{X}_m\end{pmatrix}_{mp\times 1}\sim N_{mp}\left(\begin{pmatrix}\boldsymbol{\mu}_1\\ \boldsymbol{\mu}_2\\ \vdots\\ \boldsymbol{\mu}_m\end{pmatrix}_{mp\times 1}, \begin{pmatrix}\Sigma & \boldsymbol{0} & \cdots & \boldsymbol{0}\\ \boldsymbol{0} & \Sigma & \cdots & \boldsymbol{0}\\ \vdots & \vdots & & \vdots\\ \boldsymbol{0} & \boldsymbol{0} & \cdots & \Sigma\end{pmatrix}_{mp\times mp}\right),$$

因此, 我们有

$$\begin{pmatrix}\boldsymbol{Z}_1\\ \boldsymbol{Z}_2\end{pmatrix}_{2p\times 1}=\begin{pmatrix}a_1I_p & a_2I_p & \cdots & a_mI_p\\ b_1I_p & b_2I_p & \cdots & b_mI_p\end{pmatrix}_{2p\times mp}\begin{pmatrix}\boldsymbol{X}_1\\ \boldsymbol{X}_2\\ \vdots\\ \boldsymbol{X}_m\end{pmatrix}.$$

即

- $\boldsymbol{\mu}_{\boldsymbol{Z}_1}=(a_1I_p, a_2I_p, \cdots, a_mI_p)\begin{pmatrix}\boldsymbol{\mu}_1\\ \boldsymbol{\mu}_2\\ \vdots\\ \boldsymbol{\mu}_m\end{pmatrix}=\sum\limits_{i=1}^{m} a_i\boldsymbol{\mu}_i,$
- $\Sigma_{\boldsymbol{Z}_1}=(a_1I_p, a_2I_p, \cdots, a_mI_p)\begin{pmatrix}\Sigma & \boldsymbol{0} & \cdots & \boldsymbol{0}\\ \boldsymbol{0} & \Sigma & \cdots & \boldsymbol{0}\\ \vdots & \vdots & & \vdots\\ \boldsymbol{0} & \boldsymbol{0} & \cdots & \Sigma\end{pmatrix}\begin{pmatrix}a_1I_p\\ a_2I_p\\ \vdots\\ a_mI_p\end{pmatrix}=\sum\limits_{i=1}^{m} a_i^2\Sigma,$

- $\mathrm{Cov}(\boldsymbol{Z}_1,\boldsymbol{Z}_2)=(a_1I_p,a_2I_p,\cdots,a_mI_p)\begin{pmatrix}\Sigma & \mathbf{0} & \cdots & \mathbf{0}\\ \mathbf{0} & \Sigma & \cdots & \mathbf{0}\\ \vdots & \vdots & & \vdots\\ \mathbf{0} & \mathbf{0} & \cdots & \Sigma\end{pmatrix}\begin{pmatrix}b_1I_p\\ b_2I_p\\ \vdots\\ b_mI_p\end{pmatrix}$

$$=\sum_{i=1}^m a_ib_i\Sigma.$$

最后我们由 $\sum\limits_{i=1}^m a_ib_i=0$, 可得 $\mathrm{Cov}(\boldsymbol{Z}_1,\boldsymbol{Z}_2)=0$. 由性质 4.1.3 (1) 可知性质的第二部分成立. □

性质 4.1.7 (标准化多元正态向量) 对于任意向量 $\boldsymbol{X}$, 均值为 $\boldsymbol{\mu}$, 协方差矩阵为 Σ, 一个**标准化向量** $\boldsymbol{Z}$ 可以通过如下两种方式获得:

(1) $\boldsymbol{Z}=(T^{\mathrm{T}})^{-1}(\boldsymbol{X}-\boldsymbol{\mu})$, 其中 T 为来自 Σ 的 Cholesky (楚列斯基) 分解的非奇异上三角形矩阵, 即 $\Sigma=T^{\mathrm{T}}T$.

(2) $\boldsymbol{Z}=(\Sigma^{1/2})^{-1}(\boldsymbol{X}-\boldsymbol{\mu})$, 其中 $\Sigma^{1/2}$ 为 Σ 的对称方根矩阵, 即 $(\Sigma^{1/2})^2=\Sigma$.

经标准化后, $\boldsymbol{Z}$ 的均值为 $\mathbf{0}_p$, 协方差矩阵为 I_p. 进而, 如果 $\boldsymbol{X}\sim N_p(\boldsymbol{\mu},\Sigma)$, 则 $\boldsymbol{Z}\sim N_p(\mathbf{0}_p,I_p)$.

性质 4.1.8 (多元正态向量的二次型) 如果 $\boldsymbol{X}\sim N_p(\boldsymbol{\mu},\Sigma)$, 则

$$(\boldsymbol{X}-\boldsymbol{\mu})^{\mathrm{T}}\Sigma^{-1}(\boldsymbol{X}-\boldsymbol{\mu})\sim\chi^2(p).$$

证明 根据 χ^2 分布的定义和标准化多元正态向量可直接得证 (留作习题). □

此二次型可以看作是 $\boldsymbol{X}$ 到 $\boldsymbol{\mu}$ 的 **Mahalanobis 距离**, 相比于标准的 Euclid(欧几里得) 距离, 它考虑了 $\boldsymbol{X}$ 的协方差带来的影响: 其具有刻度不变性, 也就是说不同方差大小的变量被以“公平”的方式在该距离中进行了整合, 而两个高度相关的变量贡献少于两个几乎不相关的变量.

性质 4.1.9 (二次型的相关结论)

(1) 令 $\boldsymbol{X}\sim N_p(\mathbf{0}_p,\sigma^2I_p)$, A 为 $p\times p$ 对称、正半定矩阵, 且 $\mathrm{rank}(A)=r$, 则当且仅当 $A^2=A$ 有 $\dfrac{\boldsymbol{X}^{\mathrm{T}}A\boldsymbol{X}}{\sigma^2}\sim\chi^2(r)$.

(2) 令 $\boldsymbol{X}\sim N_p(\mathbf{0}_p,\sigma^2I_p)$, A,B 为两个 $p\times p$ 对称、正半定矩阵, 则当且仅当 $AB=0$ 时 $\boldsymbol{X}^{\mathrm{T}}A\boldsymbol{X}$ 与 $\boldsymbol{X}^{\mathrm{T}}B\boldsymbol{X}$ 相互独立.

(3) 令 $\boldsymbol{X}\sim N_p(\mathbf{0}_p,\sigma^2I_p)$, A 为 $p\times p$ 对称、正半定矩阵, B 为 $q\times p$ 矩阵 $(q\leqslant p)$, 则当且仅当 $BA=0$ 时, $\boldsymbol{X}^{\mathrm{T}}A\boldsymbol{X}$ 与 $B\boldsymbol{X}$ 相互独立.

(4) 令 $\boldsymbol{X}\sim N_p(\boldsymbol{\mu},\Sigma)$, A 为 $p\times p$ 对称矩阵, 则有

$$E(\boldsymbol{X}^{\mathrm{T}}A\boldsymbol{X})=\mathrm{tr}(A\Sigma)+\boldsymbol{\mu}^{\mathrm{T}}A\boldsymbol{\mu},$$

$$\mathrm{Var}(\boldsymbol{X}^{\mathrm{T}}A\boldsymbol{X})=2\mathrm{tr}(A\Sigma A\Sigma)+4\boldsymbol{\mu}^{\mathrm{T}}A\Sigma A\boldsymbol{\mu}.$$

证明　利用对于 A 或 B 的谱分解.

(1) 由谱分解, 我们有 $A=CDC^{\mathrm{T}}$, 其中 C 为正交矩阵, 由于 $\operatorname{rank}(A)=r$, $D=\operatorname{diag}(\lambda_1,\cdots,\lambda_r,0,\cdots,0)$. 令 $\boldsymbol{Y}=C^{\mathrm{T}}\boldsymbol{X}$, 则有 $\boldsymbol{Y}\sim N_p(\mathbf{0}_p,\sigma^2 I_p)$ 且

$$\xi=\frac{\boldsymbol{X}^{\mathrm{T}}A\boldsymbol{X}}{\sigma^2}=\frac{\boldsymbol{Y}^{\mathrm{T}}D\boldsymbol{Y}}{\sigma^2}=\frac{\sum\limits_{i=1}^{r}\lambda_i Y_i^2}{\sigma^2}.$$

- "充分性": 由于 $A^2=A$, $\lambda_1=\lambda_2=\cdots=\lambda_r=1$. 因此 $\xi\sim\chi^2(r)$.
- "必要性": $\chi^2(k)$ 的特征函数为 $\varPhi(t)=(1-2\mathrm{i}t)^{-k/2}$. 注意到 $Y_i^2/\sigma^2\sim\chi^2(1)$, 因此 ξ 的特征函数为

$$\begin{aligned}\varPhi_\xi(t)=E\left(\exp\{\mathrm{i}t\xi\}\right)&=\prod_{i=1}^{r}E\left(\exp\left\{\mathrm{i}t\lambda_i Y_i^2/\sigma^2\right\}\right)\\&=\prod_{i=1}^{r}(1-2\mathrm{i}t\lambda_i)^{-1/2}=(1-2\mathrm{i}t)^{-r/2}.\end{aligned}$$

  因此, $\lambda_i=1$, $i=1,2,\cdots,r$, 并且 $A^2=A$.

(2) 利用谱分解, 我们有 $A=C_1D_1C_1^{\mathrm{T}}$, $B=C_2D_2C_2^{\mathrm{T}}$. 令 $\widetilde{\boldsymbol{Y}}_1=D_1^{1/2}C_1^{\mathrm{T}}\boldsymbol{X}\sim N_p(\mathbf{0}_p,\sigma^2D_1)$, $\widetilde{\boldsymbol{Y}}_2=D_2^{1/2}C_2^{\mathrm{T}}\boldsymbol{X}\sim N_p(\mathbf{0}_p,\sigma^2D_2)$. 即 $\widetilde{\boldsymbol{Y}}_1^{\mathrm{T}}\widetilde{\boldsymbol{Y}}_1=\boldsymbol{X}^{\mathrm{T}}A\boldsymbol{X}$, 且 $\widetilde{\boldsymbol{Y}}_2^{\mathrm{T}}\widetilde{\boldsymbol{Y}}_2=\boldsymbol{X}^{\mathrm{T}}B\boldsymbol{X}$. 我们仅需证明当且仅当 $AB=0$ 时, $\widetilde{\boldsymbol{Y}}_1$ 与 $\widetilde{\boldsymbol{Y}}_2$ 相互独立.

- "充分性": 由 $0=AB=C_1D_1C_1^{\mathrm{T}}C_2D_2C_2^{\mathrm{T}}$ 可知 $D_1C_1^{\mathrm{T}}C_2D_2=0$. 可得

$$\operatorname{Cov}(\widetilde{\boldsymbol{Y}}_1,\widetilde{\boldsymbol{Y}}_2)=\sigma^2D_1^{1/2}C_1^{\mathrm{T}}C_2^{\mathrm{T}}D_2^{1/2}=0.$$

  因此, $\widetilde{\boldsymbol{Y}}_1$ 与 $\widetilde{\boldsymbol{Y}}_2$ 独立, $\widetilde{\boldsymbol{Y}}_1^{\mathrm{T}}\widetilde{\boldsymbol{Y}}_1$ 和 $\widetilde{\boldsymbol{Y}}_2^{\mathrm{T}}\widetilde{\boldsymbol{Y}}_2$ 亦独立.
- "必要性": 由于 $\widetilde{\boldsymbol{Y}}_1$ 与 $\widetilde{\boldsymbol{Y}}_2$ 相互独立, 因此 $\operatorname{Cov}(\widetilde{\boldsymbol{Y}}_1,\widetilde{\boldsymbol{Y}}_2)=0$.

(3) 与 (2) 证明类似.

(4) 首先,

$$\begin{aligned}E\left(\boldsymbol{X}^{\mathrm{T}}A\boldsymbol{X}\right)&=E\left[(\boldsymbol{X}-\boldsymbol{\mu}+\boldsymbol{\mu})^{\mathrm{T}}A\left(\boldsymbol{X}-\boldsymbol{\mu}+\boldsymbol{\mu}\right)\right]\\&=E\left\{\operatorname{tr}\left[(\boldsymbol{X}-\boldsymbol{\mu})^{\mathrm{T}}A\left(\boldsymbol{X}-\boldsymbol{\mu}\right)\right]\right\}+\boldsymbol{\mu}^{\mathrm{T}}A\boldsymbol{\mu}\\&=E\left\{\operatorname{tr}\left[A\left(\boldsymbol{X}-\boldsymbol{\mu}\right)\left(\boldsymbol{X}-\boldsymbol{\mu}\right)^{\mathrm{T}}\right]\right\}+\boldsymbol{\mu}^{\mathrm{T}}A\boldsymbol{\mu}\\&=\operatorname{tr}\left\{AE\left[\left(\boldsymbol{X}-\boldsymbol{\mu}\right)\left(\boldsymbol{X}-\boldsymbol{\mu}\right)^{\mathrm{T}}\right]\right\}+\boldsymbol{\mu}^{\mathrm{T}}A\boldsymbol{\mu}\\&=\operatorname{tr}\left(A\varSigma\right)+\boldsymbol{\mu}^{\mathrm{T}}A\boldsymbol{\mu}.\end{aligned}$$

对于 $\boldsymbol{X}^{\mathrm{T}}A\boldsymbol{X}$ 的方差, 我们首先考虑 $\boldsymbol{Y}^{\mathrm{T}}A\boldsymbol{Y}$ 的方差, 其中 $\boldsymbol{Y}\sim N_p(\mathbf{0}_p,I_p)$, 利用 $\boldsymbol{X}=\varSigma^{1/2}\boldsymbol{Y}+\boldsymbol{\mu}$ 来寻找 $\operatorname{Var}(\boldsymbol{X}^{\mathrm{T}}A\boldsymbol{X})$.

注意到 $E(\boldsymbol{Y}^{\mathrm{T}}A\boldsymbol{Y})=\operatorname{tr}(A)$，且 $\operatorname{Var}(\boldsymbol{Y}^{\mathrm{T}}A\boldsymbol{Y})=E\left[(\boldsymbol{Y}^{\mathrm{T}}A\boldsymbol{Y})^2\right]-E^2(\boldsymbol{Y}^{\mathrm{T}}A\boldsymbol{Y})$. 为计算第一个期望, 我们将二次型重写为 $\boldsymbol{Y}^{\mathrm{T}}A\boldsymbol{Y}=\sum\limits_{i,j}a_{ij}Y_iY_j$, 得到

$$(\boldsymbol{Y}^{\mathrm{T}}A\boldsymbol{Y})^2=\sum_{i,j,k,l}a_{ij}a_{kl}Y_iY_jY_lY_k.$$

可见

$$E(Y_iY_jY_lY_k)=\begin{cases}3, & \text{如果 } i=j=k=l;\\ 1, & \text{如果 } i=j,k=l;\ \text{或者 } i=k,j=l;\ \text{或者 } i=l,j=k;\\ 0, & \text{否则}.\end{cases} \tag{4.1.2}$$

进而, 我们有

$$\begin{aligned}E\left[\left(\boldsymbol{Y}^{\mathrm{T}}A\boldsymbol{Y}\right)^2\right]&=3\sum_i a_{ii}^2+\sum_i\left(\sum_{k\neq i}a_{ii}a_{kk}+\sum_{j\neq i}a_{ij}^2+\sum_{j\neq i}a_{ij}a_{ji}\right)\\&=\sum_i a_{ii}^2+\sum_i\sum_{k\neq i}a_{ii}a_{kk}+2\left(\sum_i a_{ii}^2+\sum_{j\neq i}a_{ij}^2\right)\\&=\operatorname{tr}^2(A)+2\operatorname{tr}(A^2).\end{aligned}$$

因此, 可得 $\operatorname{Var}(\boldsymbol{Y}^{\mathrm{T}}A\boldsymbol{Y})=2\operatorname{tr}(A^2)$. 注意到

$$\begin{aligned}\boldsymbol{X}^{\mathrm{T}}A\boldsymbol{X}&=(\Sigma^{1/2}\boldsymbol{Y}+\boldsymbol{\mu})^{\mathrm{T}}A(\Sigma^{1/2}\boldsymbol{Y}+\boldsymbol{\mu})\\&=\boldsymbol{Y}^{\mathrm{T}}\Sigma^{1/2}A\Sigma^{1/2}\boldsymbol{Y}+2\boldsymbol{\mu}^{\mathrm{T}}A\Sigma^{1/2}\boldsymbol{Y}+\boldsymbol{\mu}^{\mathrm{T}}A\boldsymbol{\mu}.\end{aligned}$$

因此, 我们有

$$\begin{aligned}\operatorname{Var}(\boldsymbol{X}^{\mathrm{T}}A\boldsymbol{X})&=2\operatorname{tr}(\Sigma^{1/2}A\Sigma^{1/2}\Sigma^{1/2}A\Sigma^{1/2})+4\boldsymbol{\mu}^{\mathrm{T}}A\Sigma^{1/2}\Sigma^{1/2}A\boldsymbol{\mu}+\\&\quad\operatorname{Cov}(\boldsymbol{Y}^{\mathrm{T}}\Sigma^{1/2}A\Sigma^{1/2}\boldsymbol{Y},2\boldsymbol{\mu}^{\mathrm{T}}A\Sigma^{1/2}\boldsymbol{Y})\\&=2\operatorname{tr}(A\Sigma A\Sigma)+4\boldsymbol{\mu}^{\mathrm{T}}A\Sigma A\boldsymbol{\mu}.\end{aligned}$$

(需要检查 $\operatorname{Cov}(\boldsymbol{Y}^{\mathrm{T}}\Sigma^{1/2}A\Sigma^{1/2}\boldsymbol{Y},2\boldsymbol{\mu}^{\mathrm{T}}A\Sigma^{1/2}\boldsymbol{Y})=0$. 同 (4.1.2) 方法类似).

(另一种寻找 $\operatorname{Var}(\boldsymbol{Y}^{\mathrm{T}}A\boldsymbol{Y})$ 的方法) 由谱分解, 我们有 $A=CDC^{\mathrm{T}}$, 其中 $D=\operatorname{diag}(\lambda_1,\lambda_2,\cdots,\lambda_p)$, $\lambda_1\geqslant\lambda_2\geqslant\cdots\geqslant\lambda_p\geqslant 0$. 令 $\boldsymbol{Z}=C^{\mathrm{T}}\boldsymbol{Y}$, 则 $\boldsymbol{Z}\sim N_p(\boldsymbol{0}_p,I_p)$, 且

$$\boldsymbol{Y}^{\mathrm{T}}A\boldsymbol{Y}=\boldsymbol{Z}^{\mathrm{T}}D\boldsymbol{Z}=\sum_{i=1}^p\lambda_iZ_i^2,$$

$$(\boldsymbol{Y}^{\mathrm{T}}A\boldsymbol{Y})^2=(\boldsymbol{Z}^{\mathrm{T}}D\boldsymbol{Z})^2=\sum_{i=1}^p\lambda_i^2Z_i^4+\sum_{i=1}^p\sum_{j\neq i}\lambda_i\lambda_jZ_i^2Z_j^2.$$

注意到如下事实:

- $Z_1, Z_2, \cdots, Z_p$ 独立同分布于 $N(0,1)$.
- $Z_i^2 \sim \chi^2(1)$, $E(Z_i^2)=1$ 且 $E(Z_i^4)=\mathrm{Var}(Z_i^2)+E^2(Z_i^2)=3$.

于是, 我们有

$$\begin{aligned}
E\left[\left(\boldsymbol{Y}^{\mathrm{T}} A \boldsymbol{Y}\right)^2\right]=E\left[\left(\boldsymbol{Z}^{\mathrm{T}} D \boldsymbol{Z}\right)^2\right] &= 3\sum_{i=1}^{p} \lambda_i^2+\sum_{i=1}^{p} \sum_{i \neq j} \lambda_i \lambda_j \\
&= 2\sum_{i=1}^{p} \lambda_i^2+\sum_{i=1}^{p} \sum_{j=1}^{p} \lambda_i \lambda_j \\
&= 2\mathrm{tr}(A^2)+\mathrm{tr}^2(A).
\end{aligned}$$

进而得到 $\mathrm{Var}(\boldsymbol{Y}^{\mathrm{T}} A \boldsymbol{Y})=2\mathrm{tr}(A^2)$.

同理可证 $\mathrm{Cov}(\boldsymbol{Y}^{\mathrm{T}} \Sigma^{1/2} A \Sigma^{1/2} \boldsymbol{Y}, 2\boldsymbol{\mu}^{\mathrm{T}} A \Sigma^{1/2} \boldsymbol{Y})=0$. □

4.2 多元模型的统计推断

在本节中, 我们以前述的多元正态分布为例, 介绍多元模型下的统计推断问题和方法, 包括估计、假设检验以及置信区域等.

4.2.1 多元正态的最大似然估计

由第二、三章可知, 在分布给定下, 似然方法为我们提供了进行统计推断的系统化工具, 因此这里我们就基于似然方法展开. 当总体为多元正态分布时, 对于参数 $\boldsymbol{\mu}$ 和 Σ 的估计可以基于观测向量 $\boldsymbol{X}_1, \boldsymbol{X}_2, \cdots, \boldsymbol{X}_n$, 使得最大化**似然函数**获得:

$$\begin{aligned}
L(\boldsymbol{\mu}, \Sigma; \mathbb{X}) &= \prod_{i=1}^{n} f(\boldsymbol{x}_i; \boldsymbol{\mu}, \Sigma) \\
&= \prod_{i=1}^{n} \frac{1}{(2\pi)^{p/2}|\Sigma|^{1/2}} \exp\left\{-\frac{(\boldsymbol{x}_i-\boldsymbol{\mu})^{\mathrm{T}} \Sigma^{-1}(\boldsymbol{x}_i-\boldsymbol{\mu})}{2}\right\} \\
&= \frac{1}{(2\pi)^{np/2}|\Sigma|^{n/2}} \exp\left\{-\frac{\sum\limits_{i=1}^{n}(\boldsymbol{x}_i-\boldsymbol{\mu})^{\mathrm{T}} \Sigma^{-1}(\boldsymbol{x}_i-\boldsymbol{\mu})}{2}\right\}.
\end{aligned}$$

相应的对数似然方程为

$$\ell(\boldsymbol{\mu}, \Sigma; \mathbb{X})=\ln\left[L\left(\boldsymbol{\mu}, \Sigma; \mathbb{X}\right)\right]$$

$$= -\frac{np}{2}\ln(2\pi) - \frac{n}{2}\ln(|\Sigma|) - \frac{1}{2}\sum_{i=1}^{n}(\boldsymbol{x}_i - \boldsymbol{\mu})^{\mathrm{T}}\Sigma^{-1}(\boldsymbol{x}_i - \boldsymbol{\mu}). \tag{4.2.1}$$

为证明上述结论, 我们引入如下引理.

引理 4.2.1 设 A 为 $p \times p$ 对称矩阵, $\boldsymbol{v}$ 为 p 维向量. 则有

(1) $\boldsymbol{v}^{\mathrm{T}}A\boldsymbol{v} = \mathrm{tr}(\boldsymbol{v}^{\mathrm{T}}A\boldsymbol{v}) = \mathrm{tr}(\boldsymbol{v}\boldsymbol{v}^{\mathrm{T}}A) = \mathrm{tr}(A\boldsymbol{v}\boldsymbol{v}^{\mathrm{T}})$.

(2) 如果 A 正定, 则当且仅当 $A = I_p$ 时, $\mathrm{tr}(A) - \ln(|A|) \geqslant p$ 成立.

证明 利用 $|A| = \prod_{i=1}^{p}\lambda_i$ 及 $\mathrm{tr}(A) = \sum_{i=1}^{p}\lambda_i$. 注意到对于任意 $x > 0$, $x - \ln(x) \geqslant 1$. □

我们固定 Σ, 并考虑 $\max\limits_{\boldsymbol{\mu}} \ell(\boldsymbol{\mu}, \Sigma)$.

$$\begin{aligned}
\frac{\partial \ell(\boldsymbol{\mu}, \Sigma)}{\partial \boldsymbol{\mu}} &= \sum_{i=1}^{n}\Sigma^{-1}(\boldsymbol{x}_i - \boldsymbol{\mu}) = \mathbf{0} \\
\Longleftrightarrow & \sum_{i=1}^{n}\boldsymbol{x}_i - n\boldsymbol{\mu} = \mathbf{0} \\
\Longleftrightarrow & \ \hat{\boldsymbol{\mu}} = \bar{\boldsymbol{x}}.
\end{aligned}$$

接下来, 我们考虑最大化 $\ell(\bar{\boldsymbol{x}}, \Sigma)$,

$$\begin{aligned}
\ell(\bar{\boldsymbol{x}}, \Sigma) &= -\frac{np}{2}\ln(2\pi) - \frac{n}{2}\ln(|\Sigma|) - \frac{1}{2}\sum_{i=1}^{n}(\boldsymbol{x}_i - \bar{\boldsymbol{x}})^{\mathrm{T}}\Sigma^{-1}(\boldsymbol{x}_i - \bar{\boldsymbol{x}}) \\
&= -\frac{np}{2}\ln(2\pi) - \frac{n}{2}\ln(|\Sigma|) - \frac{1}{2}\mathrm{tr}\left[\Sigma^{-1}\sum_{i=1}^{n}(\boldsymbol{x}_i - \bar{\boldsymbol{x}})(\boldsymbol{x}_i - \bar{\boldsymbol{x}})^{\mathrm{T}}\right] \\
&= -\frac{np}{2}\ln(2\pi) - \frac{n}{2}\ln(|\Sigma|) - \frac{1}{2}\mathrm{tr}\left[\Sigma^{-1}\cdot(n-1)S\right] \\
&= -\frac{np}{2}\ln(2\pi) - \frac{n}{2}\ln(|\Sigma|) - \\
&\quad \frac{n}{2}\left[\mathrm{tr}\left(\Sigma^{-1/2}A\Sigma^{-1/2}\right) - \ln\left(|\Sigma^{-1/2}A\Sigma^{-1/2}|\right)\right] - \\
&\quad \frac{n}{2}\ln\left(|\Sigma^{-1/2}A\Sigma^{-1/2}|\right) \\
\Longleftrightarrow &\ \ \text{最小化}\ \ \mathrm{tr}\left(\Sigma^{-1/2}A\Sigma^{-1/2}\right) - \ln\left(|\Sigma^{-1/2}A\Sigma^{-1/2}|\right) \\
\Longleftrightarrow &\ \ \Sigma^{-1/2}A\Sigma^{-1/2} = I_p \\
\Longleftrightarrow &\ \ \hat{\Sigma} = A = \frac{1}{n}\sum_{i=1}^{n}(\boldsymbol{x}_i - \bar{\boldsymbol{x}})(\boldsymbol{x}_i - \bar{\boldsymbol{x}})^{\mathrm{T}},
\end{aligned}$$

其中 $A = \dfrac{n-1}{n}S$. 同时注意到

$$\ln\left(|\Sigma^{-1/2}A\Sigma^{-1/2}|\right) = \ln\left(|\Sigma|^{-1/2}|A||\Sigma|^{-1/2}\right) = -\ln(|\Sigma|) + \ln(|A|).$$

简单计算可得 (4.2.1) 式.

由 (4.2.1) 式可知, 对于多元正态分布而言, $\boldsymbol{\mu}$ 和 Σ 的**最大似然估计**分别为

$$\hat{\boldsymbol{\mu}} = \bar{\boldsymbol{X}}, \quad \hat{\Sigma} = \frac{1}{n}\sum_{i=1}^{n}(\boldsymbol{X}_i - \bar{\boldsymbol{X}})(\boldsymbol{X}_i - \bar{\boldsymbol{X}})^{\mathrm{T}} = \frac{n-1}{n}S.$$

回顾 S 为 Σ 的无偏估计, 现在实际数据分析中 S 和 $\hat{\Sigma}$ 二者效果差异不大, 都很常用.

此外, 我们这里还考虑相关系数的最大似然估计. 我们有如下的简单推论.

推论 4.2.1　如果 $\widehat{\theta}_1, \widehat{\theta}_2, \cdots, \widehat{\theta}_m$ 为分布参数 $\theta_1, \theta_2, \cdots, \theta_m$ 的最大似然估计, 则当 $\theta_1, \theta_2, \cdots, \theta_m$ 到 $\psi_1, \psi_2, \cdots, \psi_m$ 的变换为一一映射时, $\psi_1(\widehat{\theta}_1, \widehat{\theta}_2, \cdots, \widehat{\theta}_m), \psi_2(\widehat{\theta}_1, \widehat{\theta}_2, \cdots, \widehat{\theta}_m), \cdots, \psi_m(\widehat{\theta}_1, \widehat{\theta}_2, \cdots, \widehat{\theta}_m)$ 为 $\psi_1(\theta_1, \theta_2, \cdots, \theta_m), \psi_2(\theta_1, \theta_2, \cdots, \theta_m), \cdots, \psi_m(\theta_1, \theta_2, \cdots, \theta_m)$ 的最大似然估计. 如果 $\theta_1, \theta_2, \cdots, \theta_m$ 的估计是唯一的, 则 $\psi_1, \psi_2, \cdots, \psi_m$ 的估计也是唯一的.

由此, “一一映射” 使得似然函数由 $\psi_1, \psi_2, \cdots, \psi_m$ 唯一定义, 因此相关系数 ρ_{jk} 的最大似然估计为

$$\widehat{\rho}_{jk} = \frac{\sum\limits_{i=1}^{n}(X_{ij} - \bar{X}_j)(X_{ik} - \bar{X}_k)}{\sqrt{\sum\limits_{i=1}^{n}(X_{ij} - \bar{X}_j)^2}\sqrt{\sum\limits_{i=1}^{n}(X_{ik} - \bar{X}_k)^2}}.$$

下面我们要进一步考虑上述估计的抽样分布, 由此我们需要引入 χ^2 分布的多元推广——**Wishart(威沙特) 分布**.

定义 4.2.1(Wishart 分布)　假设 p 维向量 $\boldsymbol{Z}_i, i = 1, 2, \cdots, q$ 独立同分布于 $N_p(\boldsymbol{0}_p, \Sigma)$, 则

$$\sum_{i=1}^{q}\boldsymbol{Z}_i\boldsymbol{Z}_i^{\mathrm{T}} \sim W_p(q, \Sigma),$$

其中 q 为自由度.

Wishart 分布的性质如下:

(1) 假设有两个独立的 $p \times p$ 随机矩阵 $\boldsymbol{W}_1$ 和 $\boldsymbol{W}_2$ 分别服从分布 $W_p(q_1, \Sigma)$ 和 $W_p(q_2, \Sigma)$, 则 $\boldsymbol{W}_1 + \boldsymbol{W}_2 \sim W_p(q_1 + q_2, \Sigma)$.

(2) 如果 $\boldsymbol{W} \sim W_p(q, \Sigma)$, 则 $C\boldsymbol{W}C^{\mathrm{T}} \sim W_k(q, C\Sigma C^{\mathrm{T}})$, 其中 C 为 $k \times p$ 常数矩阵.

(3) 如果 $\boldsymbol{W} \sim W_p(q, \Sigma)$, 则当 $\boldsymbol{a}^{\mathrm{T}}\Sigma\boldsymbol{a} \neq 0$ 时, $\dfrac{\boldsymbol{a}^{\mathrm{T}}\boldsymbol{W}\boldsymbol{a}}{\boldsymbol{a}^{\mathrm{T}}\Sigma\boldsymbol{a}} \sim \chi^2(q)$.

(4) 如果 $\boldsymbol{W} \sim W_p(q, \Sigma)$, 则 $E(\boldsymbol{W}) = q\Sigma$.

(5) 如果 $p = 1$, $W_1(q, \sigma^2)$ 即为 $\sigma^2\chi^2(q)$.

证明　(1) 令 $\boldsymbol{W}_1 = \sum\limits_{i=1}^{q_1}\boldsymbol{Z}_i\boldsymbol{Z}_i^{\mathrm{T}}$, $\boldsymbol{W}_2 = \sum\limits_{i=q_1+1}^{q_1+q_2}\boldsymbol{Z}_i\boldsymbol{Z}_i^{\mathrm{T}}$, 其中 $\boldsymbol{Z}_1, \cdots, \boldsymbol{Z}_{q_1}$, $\boldsymbol{Z}_{q_1+1}, \cdots, \boldsymbol{Z}_{q_1+q_2}$ 独立同分布于 $N_p(\boldsymbol{0}, \Sigma)$. 因此 $\boldsymbol{W}_1 + \boldsymbol{W}_2 = \sum\limits_{i=1}^{q_1+q_2}\boldsymbol{Z}_i\boldsymbol{Z}_i^{\mathrm{T}} \sim W_p(q_1 + q_2, \Sigma)$.

(2) $\boldsymbol{W}=\sum\limits_{i=1}^{q}\boldsymbol{Z}_i\boldsymbol{Z}_i^{\mathrm{T}}$, 且 $C\boldsymbol{W}C^{\mathrm{T}}=\sum\limits_{i=1}^{q}C\boldsymbol{Z}_i\boldsymbol{Z}_i^{\mathrm{T}}C^{\mathrm{T}}$. 同时 $C\boldsymbol{Z}_i\sim N_k(\mathbf{0},C\Sigma C^{\mathrm{T}})$. 由定义可得结论.

(3) 由于 $\boldsymbol{a}^{\mathrm{T}}\boldsymbol{W}\boldsymbol{a}=\sum\limits_{i=1}^{q}\boldsymbol{a}^{\mathrm{T}}\boldsymbol{Z}_i\boldsymbol{Z}_i^{\mathrm{T}}\boldsymbol{a}=\sum\limits_{i=1}^{q}(\boldsymbol{a}^{\mathrm{T}}\boldsymbol{Z}_i)^2$. 注意到 $\boldsymbol{a}^{\mathrm{T}}\boldsymbol{Z}_i\sim N(0,\boldsymbol{a}^{\mathrm{T}}\Sigma\boldsymbol{a})$, 因此, $\boldsymbol{a}^{\mathrm{T}}\boldsymbol{Z}_i/\sqrt{\boldsymbol{a}^{\mathrm{T}}\Sigma\boldsymbol{a}}\sim N(0,1)$, 进而得到结论.

(4) $E(\boldsymbol{W})=E\left(\sum\limits_{i=1}^{q}\boldsymbol{Z}_i\boldsymbol{Z}_i^{\mathrm{T}}\right)=q\Sigma$. □

定理 4.2.1 假设 $\{\boldsymbol{X}_1,\boldsymbol{X}_2,\cdots,\boldsymbol{X}_n\}$ 是来自 $N_p(\boldsymbol{\mu},\Sigma)$ 的独立同分布样本. 则有,

(1) 样本均值 $\bar{\boldsymbol{X}}\sim N_p(\boldsymbol{\mu},\Sigma/n)$.

(2) 样本协方差 S 满足 $(n-1)S\sim W_p(n-1,\Sigma)$.

(3) $\bar{\boldsymbol{X}}$ 与 S 相互独立.

证明 1 (1) 由性质 4.1.6 可得.

(2) (经典方法) 构造正交矩阵 R, 使得 $RR^{\mathrm{T}}=R^{\mathrm{T}}R=I_n$,

$$R_{n\times n}=\begin{pmatrix} r_{1,1} & \cdots & r_{1,n-1} & 1/\sqrt{n}\\ r_{2,1} & \cdots & r_{2,n-1} & 1/\sqrt{n}\\ \vdots & & \vdots & \vdots\\ r_{n,1} & \cdots & r_{n,n-1} & 1/\sqrt{n}\end{pmatrix}\xlongequal{\text{记为}}\left(\boldsymbol{r}_1,\boldsymbol{r}_2,\cdots,\boldsymbol{r}_{n-1},\frac{1}{\sqrt{n}}\mathbf{1}_n\right).$$

注意到

$$\underset{(n\times p)}{\mathbb{X}-\mathbf{1}_n\boldsymbol{\mu}^{\mathrm{T}}}=\begin{pmatrix} X_{1,1}-\mu_1 & \cdots & X_{1,p}-\mu_p\\ X_{2,1}-\mu_1 & \cdots & X_{2,p}-\mu_p\\ \vdots & & \vdots\\ X_{n,1}-\mu_1 & \cdots & X_{n,p}-\mu_p\end{pmatrix}\xlongequal{\text{记为}}\begin{pmatrix}\boldsymbol{X}_1^{\mathrm{T}}\\ \boldsymbol{X}_2^{\mathrm{T}}\\ \vdots\\ \boldsymbol{X}_n^{\mathrm{T}}\end{pmatrix}.$$

考虑 $\boldsymbol{Z}^{\mathrm{T}}=(\mathbb{X}-\mathbf{1}_n\boldsymbol{\mu}^{\mathrm{T}})^{\mathrm{T}}R$, 其中 $\boldsymbol{Z}_j=(\mathbb{X}-\mathbf{1}_n\boldsymbol{\mu}^{\mathrm{T}})^{\mathrm{T}}\boldsymbol{r}_j=\sum\limits_{i=1}^{n}r_{ji}\boldsymbol{X}_i$, $j=1,2,\cdots,n$. 我们已知如下事实:

(i) $\boldsymbol{Z}_j$ 服从正态分布, 其中 $E(\boldsymbol{Z}_j)=\mathbf{0}$.

(ii) $\mathrm{Cov}(\boldsymbol{Z}_j,\boldsymbol{Z}_k)=\sum\limits_{i=1}^{n}r_{ji}r_{ki}\mathrm{Cov}(\boldsymbol{X}_i)=\begin{cases}0, & j\neq k,\\ \Sigma, & j=k.\end{cases}$

(iii) $\sum\limits_{i=1}^{n}\boldsymbol{Z}_i\boldsymbol{Z}_i^{\mathrm{T}}=\boldsymbol{Z}^{\mathrm{T}}\boldsymbol{Z}=(\mathbb{X}-\mathbf{1}_n\boldsymbol{\mu}^{\mathrm{T}})^{\mathrm{T}}(\mathbb{X}-\mathbf{1}_n\boldsymbol{\mu}^{\mathrm{T}})=\sum\limits_{i=1}^{n}(\boldsymbol{X}_i-\mathbf{1}_n\boldsymbol{\mu}^{\mathrm{T}})(\boldsymbol{X}_i-\mathbf{1}_n\boldsymbol{\mu}^{\mathrm{T}})^{\mathrm{T}}$.

(iv) $\boldsymbol{Z}_n\boldsymbol{Z}_n^{\mathrm{T}}=n(\bar{\boldsymbol{X}}-\mathbf{1}_n\boldsymbol{\mu}^{\mathrm{T}})(\bar{\boldsymbol{X}}-\mathbf{1}_n\boldsymbol{\mu}^{\mathrm{T}})^{\mathrm{T}}$.

由事实 (iii) 和 (iv), 我们有 $(n-1)S=\sum\limits_{i=1}^{n-1}\boldsymbol{Z}_i\boldsymbol{Z}_i^{\mathrm{T}}\sim W_p(n-1,\Sigma)$.

(3) 利用事实 (ii), $\boldsymbol{Z}_n$ 与 $\boldsymbol{Z}_1,\boldsymbol{Z}_2,\cdots,\boldsymbol{Z}_{n-1}$, 即 S, 相互独立. □

证明 2 (另一种方法: 首先证明 (3), 然后证明 (2).)

(3) 构造如下随机变量序列,

$$\begin{aligned}\boldsymbol{Z}_1&=\bar{\boldsymbol{X}},\\ \boldsymbol{Z}_2&=\boldsymbol{X}_2-\bar{\boldsymbol{X}},\\ &\cdots,\\ \boldsymbol{Z}_n&=\boldsymbol{X}_n-\bar{\boldsymbol{X}}.\end{aligned}$$

可知 $\boldsymbol{Z}_i,\ i=1,2,\cdots,n$ 服从正态分布并且

$$\mathrm{Cov}(\boldsymbol{Z}_1,\boldsymbol{Z}_i)=\mathrm{Cov}(\bar{\boldsymbol{X}},\boldsymbol{X}_i-\bar{\boldsymbol{X}})=\frac{1}{n}\Sigma-\frac{1}{n}\Sigma=0,\quad i=2,3,\cdots,n.$$

即说明 $\boldsymbol{Z}_1$ 与 $\{\boldsymbol{Z}_2,\boldsymbol{Z}_3,\cdots,\boldsymbol{Z}_n\}$ 相互独立.

由于 $\sum\limits_{i=1}^{n}(\boldsymbol{X}_i-\bar{\boldsymbol{X}})=\boldsymbol{0}$, 我们有 $\boldsymbol{X}_1-\bar{\boldsymbol{X}}=-\sum\limits_{i=2}^{n}(\boldsymbol{X}_i-\bar{\boldsymbol{X}})=-\sum\limits_{i=2}^{n}\boldsymbol{Z}_i$. 注意到

$$\begin{aligned}(n-1)S&=\sum_{i=1}^{n}(\boldsymbol{X}_i-\bar{\boldsymbol{X}})(\boldsymbol{X}_i-\bar{\boldsymbol{X}})^{\mathrm{T}}\\ &=\sum_{i=2}^{n}(\boldsymbol{X}_i-\bar{\boldsymbol{X}})(\boldsymbol{X}_i-\bar{\boldsymbol{X}})^{\mathrm{T}}+(\boldsymbol{X}_1-\bar{\boldsymbol{X}})(\boldsymbol{X}_1-\bar{\boldsymbol{X}})^{\mathrm{T}}\\ &=\sum_{i=2}^{n}\boldsymbol{Z}_i\boldsymbol{Z}_i^{\mathrm{T}}+\left(\sum_{i=2}^{n}\boldsymbol{Z}_i\right)\left(\sum_{i=2}^{n}\boldsymbol{Z}_i\right)^{\mathrm{T}},\end{aligned}$$

其仅依赖于 $\{\boldsymbol{Z}_2,\boldsymbol{Z}_3,\cdots,\boldsymbol{Z}_n\}$.

因此, $\bar{\boldsymbol{X}}$ 与 S 相互独立.

(2) 进而, 我们将 $(n-1)S$ 如下展开,

$$\begin{aligned}(n-1)\,S&=\sum_{i=1}^{n}\left(\boldsymbol{X}_i-\bar{\boldsymbol{X}}\right)\left(\boldsymbol{X}_i-\bar{\boldsymbol{X}}\right)^{\mathrm{T}}\\ &=\sum_{i=1}^{n}\left(\boldsymbol{X}_i-\boldsymbol{\mu}+\boldsymbol{\mu}-\bar{\boldsymbol{X}}\right)\left(\boldsymbol{X}_i-\boldsymbol{\mu}+\boldsymbol{\mu}-\bar{\boldsymbol{X}}\right)^{\mathrm{T}}\\ &=\sum_{i=1}^{n}\left(\boldsymbol{X}_i-\boldsymbol{\mu}\right)\left(\boldsymbol{X}_i-\boldsymbol{\mu}\right)^{\mathrm{T}}-n\left(\bar{\boldsymbol{X}}-\boldsymbol{\mu}\right)\left(\bar{\boldsymbol{X}}-\boldsymbol{\mu}\right)^{\mathrm{T}}.\end{aligned}$$

由 Wishart 分布的定义, 可知展式中的第一项和第二项分别服从分布 $W_p(n,\Sigma)$ 和 $W_p(1,\Sigma)$. 于是, 由 Wishart 分布的性质, 可得 $(n-1)S\sim W_p(n-1,\Sigma)$ 成立. □

注 4.2.1 类似一元情形 (见习题一 36), 多元情形的样本相关系数也有相应的分布, 但其精确分布较为复杂 (见 Fisher(1915)), 通常我们使用其渐近分布. 假设 ρ 和 $\hat{\rho}$ 分别为二元正态向量 $(X,Y)^{\mathrm{T}}$ 的总体和样本相关系数, 由附

录 A.4 的内容, 基于多元 Delta 方法可证明,

$$\sqrt{n}(\hat{\rho}-\rho) \xrightarrow{\mathrm{d}} N(0,(1-\rho^2)^2).$$

4.2.2 多元正态下的假设检验和置信区域

多元总体参数的检验问题在实际中有很多应用, 其主要包含均值向量的检验问题和协方差矩阵的检验问题. 在本小节中, 我们主要以均值向量为例来进行阐述, 最后对协方差矩阵的检验给予简单探讨.

例如, 在评估治疗后基因表达水平平均值的变化或者比较肿瘤基因表达组与正常基因表达组水平时, 多个基因的表达水平值即是我们考虑的多元向量, 检验问题就是形如 $H_0:\boldsymbol{\mu}=\mathbf{0}$ 或 $H_0:\boldsymbol{\mu}_1=\boldsymbol{\mu}_2$. 一个自然的问题是: 我们是否可以通过一元检验过程单独对每一维度变量做一元检验? 即, 对于 $\mu_1,\mu_2,\cdots,\mu_p$ 做 p 个假设. 首先, 盲目地使用一元检验会使得第一类错误概率不受控. 例如, 如果我们分别按照 0.05 的显著性水平进行 $p=10$ 个一元检验, 至少一个错误拒绝的概率将大于 0.05. 如果变量相互独立 (极少情况), 我们有 (在 H_0 下)

$$\begin{aligned}P(\text{至少一个拒绝}) &= 1-P(\text{接受全部 10 个检验 } H_0)\\ &= 1-0.95^{10}=0.4.\end{aligned}$$

此外, 一元检验完全忽略变量间的相关性, 而多元检验可以比分别进行一元检验具有更高的势——较小的个体效应形成显著的联合效应.

一、单样本均值向量的多元检验和置信区域

假设 $\{\boldsymbol{X}_1,\boldsymbol{X}_2,\cdots,\boldsymbol{X}_n\}$ 为来自 $N_p(\boldsymbol{\mu},\Sigma)$ 的 p 维独立同分布样本. 先考虑最简单的情形, 在 Σ 已知的情况下, 关于 $\boldsymbol{\mu}$ 的检验:

$$H_0:\ \boldsymbol{\mu}=\boldsymbol{\mu}_0 \leftrightarrow H_1:\ \boldsymbol{\mu}\neq\boldsymbol{\mu}_0.$$

此时, 我们自然会考虑用 $\bar{\boldsymbol{X}}-\boldsymbol{\mu}_0$ 的大小作为 H_0 正确与否的度量, 但是它是一个向量, 我们更希望用一个单值统计量进行检验. 如果直接取这个向量的 Euclid 模, 得到的统计量又不是尺度不变的. 回顾在性质 4.1.8中介绍的 Mahalanobis 距离可很好地衡量 $\bar{\boldsymbol{X}}-\boldsymbol{\mu}_0$ 的大小, 而注意到在 H_0 下, $Z^2=n(\bar{\boldsymbol{X}}-\boldsymbol{\mu}_0)^{\mathrm{T}}\Sigma^{-1}(\bar{\boldsymbol{X}}-\boldsymbol{\mu}_0)\sim\chi^2(p)$. 因此, 在显著性水平 α 下, 如果 $Z^2>\chi^2_\alpha(p)$, 则拒绝 H_0.

在实际中, Σ 一般是未知的. 当 Σ 未知时, 应该如何调整检验统计量? 如同一元 t 统计量, 我们考虑使用 Σ 的估计 S 或 $\hat{\Sigma}$ 进行替代, 就得到了著名的 Hotelling(霍特林)

T^2 检验统计量:

$$T^2 = n(\bar{\boldsymbol{X}} - \boldsymbol{\mu}_0)^{\mathrm{T}} S^{-1} (\bar{\boldsymbol{X}} - \boldsymbol{\mu}_0).$$

在 H_0 下: $\boldsymbol{\mu} = \boldsymbol{\mu}_0$, T^2 服从参数为 p 和 $n-1$ 的 Hotelling T^2 分布, 记为 $T^2 \sim T^2(p, n-1)$. 事实上, 由后面探讨的 Hotelling T^2 性质可知, 尺度变换后它是一个 F 分布, 即 $\dfrac{(n-1)-p+1}{(n-1)p} T^2 \sim F(p, n-p)$. 因此, 此时检验为: 如果 $\dfrac{(n-1)-p+1}{(n-1)p} T^2 > F_\alpha(p, n-p)$, 则拒绝 H_0.

定义 4.2.2 (Hotelling T^2 分布) 假设 $\boldsymbol{X} \sim N_p(\boldsymbol{0}_p, \Sigma)$, $\boldsymbol{W} \sim W_p(n, \Sigma)$, 其中 Σ 正定且 $n \geqslant p$, $\boldsymbol{X}$ 与 $\boldsymbol{W}$ 相互独立, 则$T^2 = n\boldsymbol{X}^{\mathrm{T}} \boldsymbol{W}^{-1} \boldsymbol{X}$ 的分布被称为 Hotelling T^2 分布, 记作 $T^2 \sim T^2(p, n)$.

性质 4.2.1 (Hotelling T^2 分布) $T^2 \sim T^2(p, n)$, 则

$$\frac{n-p+1}{np} T^2 \sim F(p, n-p+1).$$

注意到 T^2 分布仅依赖于 p 和 n, 不依赖于 Σ.

证明 回顾自由度为 d_1 和 d_2 的 F 分布的定义为 $X = \dfrac{S_1/d_1}{S_2/d_2}$ 的分布, 其中 $S_1 \sim \chi^2(d_1)$ 与 $S_2 \sim \chi^2(d_2)$ 相互独立. 由定义, $\dfrac{n-p+1}{np} T^2 = \dfrac{n-p+1}{p} \boldsymbol{X}^{\mathrm{T}} \boldsymbol{W}^{-1} \boldsymbol{X}$, 其中 $\boldsymbol{X} \sim N_p(\boldsymbol{0}_p, \Sigma)$, $\boldsymbol{W} \sim W_p(n, \Sigma)$, 且 $\boldsymbol{X}$ 与 $\boldsymbol{W}$ 相互独立. 我们注意到给定 $\boldsymbol{X} = \boldsymbol{x}$, $\dfrac{\boldsymbol{x}^{\mathrm{T}} \Sigma^{-1} \boldsymbol{x}}{\boldsymbol{x}^{\mathrm{T}} \boldsymbol{W}^{-1} \boldsymbol{x}} \sim \chi^2(n-p+1)$, 不依赖于 $\boldsymbol{x}$. 因此, $\boldsymbol{X}^{\mathrm{T}} \Sigma^{-1} \boldsymbol{X}$ 与 $\dfrac{\boldsymbol{X}^{\mathrm{T}} \Sigma^{-1} \boldsymbol{X}}{\boldsymbol{X}^{\mathrm{T}} \boldsymbol{W}^{-1} \boldsymbol{X}}$ 相互独立, 且 $\boldsymbol{X}^{\mathrm{T}} \Sigma^{-1} \boldsymbol{X} \sim \chi^2(p)$. 进而, 结论成立. □

注 4.2.2 T^2 具有仿射不变性, 即在 $\boldsymbol{Y}_i = A\boldsymbol{X}_i + \boldsymbol{a}$ 变换下所得到的 T^2 值相同, 其中 A 为 $p \times p$ 非奇异矩阵, $\boldsymbol{a}$ 为 p 维向量. 事实上,

$$\bar{\boldsymbol{Y}} = A\bar{\boldsymbol{X}} + \boldsymbol{a} \quad 且 \quad S_{\boldsymbol{Y}} = \frac{1}{n-1} \sum_{i=1}^{n} \left(\boldsymbol{Y}_i - \bar{\boldsymbol{Y}}\right) \left(\boldsymbol{Y}_i - \bar{\boldsymbol{Y}}\right)^{\mathrm{T}} = A S_{\boldsymbol{X}} A^{\mathrm{T}}.$$

进而, 我们有 $\boldsymbol{\mu}_{\boldsymbol{Y}} = A\boldsymbol{\mu}_{\boldsymbol{X}} + \boldsymbol{a}$. 因此, 可以计算 $T^2_{\boldsymbol{Y}}$,

$$\begin{aligned}
T^2_{\boldsymbol{Y}} &= n\left(\bar{\boldsymbol{Y}} - \boldsymbol{\mu}_{\boldsymbol{Y}}\right)^{\mathrm{T}} S_{\boldsymbol{Y}}^{-1} \left(\bar{\boldsymbol{Y}} - \boldsymbol{\mu}_{\boldsymbol{Y}}\right) \\
&= n\left(A\bar{\boldsymbol{X}} - A\boldsymbol{\mu}_{\boldsymbol{X}}\right)^{\mathrm{T}} \left(A S_{\boldsymbol{X}} A^{\mathrm{T}}\right)^{-1} \left(A\bar{\boldsymbol{X}} - A\boldsymbol{\mu}_{\boldsymbol{X}}\right) \\
&= n\left(\bar{\boldsymbol{X}} - \boldsymbol{\mu}_{\boldsymbol{X}}\right)^{\mathrm{T}} A^{\mathrm{T}} \left(A^{\mathrm{T}}\right)^{-1} S_{\boldsymbol{X}}^{-1} A^{-1} A \left(\bar{\boldsymbol{X}} - \boldsymbol{\mu}_{\boldsymbol{X}}\right) \\
&= n\left(\bar{\boldsymbol{X}} - \boldsymbol{\mu}_{\boldsymbol{X}}\right)^{\mathrm{T}} S_{\boldsymbol{X}}^{-1} \left(\bar{\boldsymbol{X}} - \boldsymbol{\mu}_{\boldsymbol{X}}\right) = T^2_{\boldsymbol{X}}.
\end{aligned}$$

此外, 由 F 分布的性质我们知道, 当 n 趋于无穷时, T^2 统计量的分布趋于 χ^2 分布. 事实上, 由多元中心极限定理和连续映射定理可证明, 当 $\boldsymbol{X}_1, \boldsymbol{X}_2, \cdots, \boldsymbol{X}_n \sim (\boldsymbol{\mu}_0, \Sigma)$ 时,

$$T^2 \xrightarrow{\mathrm{d}} \chi^2_p.$$

也就是说, 即使样本不是多元正态分布, T^2 仍然是渐近 χ^2 分布的. 因此, 实际应用中, 当样本量较大时, 我们常使用 $\chi^2_\alpha(p)$ 作为临界值.

下面, 我们换个思路, 从似然比检验的角度来考察如何构造多元检验. 这里仅考虑 Σ 未知的情形.

命题 4.2.1 假设 $\boldsymbol{X}_1, \boldsymbol{X}_2, \cdots, \boldsymbol{X}_n$ 独立同分布于 $N_p(\boldsymbol{\mu}, \Sigma)$, 其中 $\boldsymbol{\mu}$, Σ 未知. 对于 $H_0: \boldsymbol{\mu} = \boldsymbol{\mu}_0 \leftrightarrow H_1: \boldsymbol{\mu} \neq \boldsymbol{\mu}_0$ 的假设检验问题的似然比检验统计量为

$$\Lambda = \frac{\max\limits_{\boldsymbol{\mu}=\boldsymbol{\mu}_0, \Sigma} L(\boldsymbol{\mu}_0, \Sigma; \mathbb{X})}{\max\limits_{\boldsymbol{\mu}, \Sigma} L(\boldsymbol{\mu}, \Sigma; \mathbb{X})} = \left(\frac{|\hat{\Sigma}|}{|\hat{\Sigma}_0|}\right)^{n/2},$$

其中 $\hat{\Sigma} = \frac{1}{n}\sum\limits_{i=1}^{n}\left(\boldsymbol{X}_i - \bar{\boldsymbol{X}}\right)\left(\boldsymbol{X}_i - \bar{\boldsymbol{X}}\right)^{\mathrm{T}}$, $\hat{\Sigma}_0 = \frac{1}{n}\sum\limits_{i=1}^{n}(\boldsymbol{X}_i - \boldsymbol{\mu}_0)(\boldsymbol{X}_i - \boldsymbol{\mu}_0)^{\mathrm{T}}$.

证明 似然函数可写为

$$\begin{aligned} L(\boldsymbol{\mu}, \Sigma; \mathbb{X}) &= \frac{1}{\left(\sqrt{2\pi}\right)^{np}|\Sigma|^{n/2}} \exp\left\{-\frac{\sum\limits_{i=1}^{n}(\boldsymbol{x}_i - \boldsymbol{\mu})^{\mathrm{T}}\Sigma^{-1}(\boldsymbol{x}_i - \boldsymbol{\mu})}{2}\right\} \\ &= \frac{1}{\left(\sqrt{2\pi}\right)^{np}|\Sigma|^{n/2}} \exp\left\{-\frac{\operatorname{tr}\left[\sum\limits_{i=1}^{n}(\boldsymbol{x}_i - \boldsymbol{\mu})^{\mathrm{T}}\Sigma^{-1}(\boldsymbol{x}_i - \boldsymbol{\mu})\right]}{2}\right\} \\ &= \frac{1}{\left(\sqrt{2\pi}\right)^{np}|\Sigma|^{n/2}} \exp\left\{-\frac{\operatorname{tr}\left[\Sigma^{-1}\sum\limits_{i=1}^{n}(\boldsymbol{x}_i - \boldsymbol{\mu})(\boldsymbol{x}_i - \boldsymbol{\mu})^{\mathrm{T}}\right]}{2}\right\}. \end{aligned}$$

对于分子: 当 $\boldsymbol{\mu} = \boldsymbol{\mu}_0$ 和 $\hat{\Sigma}_0 = \frac{1}{n}\sum\limits_{i=1}^{n}(\boldsymbol{x}_i - \boldsymbol{\mu}_0)(\boldsymbol{x}_i - \boldsymbol{\mu}_0)^{\mathrm{T}}$ 时, 可以取到最大值, 且最大值为

$$\begin{aligned} \max_{\boldsymbol{\mu}=\boldsymbol{\mu}_0, \Sigma} L(\boldsymbol{\mu}_0, \Sigma; \mathbb{X}) &= \frac{1}{\left(\sqrt{2\pi}\right)^{np}|\hat{\Sigma}_0|^{n/2}} \exp\left\{-\frac{\operatorname{tr}(nI_p)}{2}\right\} \\ &= \frac{1}{\left(\sqrt{2\pi}\right)^{np}|\hat{\Sigma}_0|^{n/2}} \exp\left\{-\frac{np}{2}\right\}. \end{aligned}$$

对于分母: 当 $\boldsymbol{\mu} = \bar{\boldsymbol{x}}$ 和 $\hat{\Sigma} = \frac{1}{n}\sum\limits_{i=1}^{n}(\boldsymbol{x}_i - \bar{\boldsymbol{x}})(\boldsymbol{x}_i - \bar{\boldsymbol{x}})^{\mathrm{T}}$ 时, 可以取到最大值, 且最大值为

$$\begin{aligned} \max_{\boldsymbol{\mu}, \Sigma} L(\boldsymbol{\mu}, \Sigma; \mathbb{X}) &= \frac{1}{\left(\sqrt{2\pi}\right)^{np}|\hat{\Sigma}|^{n/2}} \exp\left\{-\frac{\operatorname{tr}(nI_p)}{2}\right\} \\ &= \frac{1}{\left(\sqrt{2\pi}\right)^{np}|\hat{\Sigma}|^{n/2}} \exp\left\{-\frac{np}{2}\right\}. \end{aligned}$$

计算后可得到结论. □

我们有如下结论.

命题 4.2.2 $\Lambda^{2/n}=\left(1+\dfrac{T^2}{n-1}\right)^{-1}$.

证明 注意到

$$\begin{aligned}\hat{\Sigma}_0&=\frac{1}{n}\sum_{i=1}^{n}(\boldsymbol{X}_i-\boldsymbol{\mu}_0)(\boldsymbol{X}_i-\boldsymbol{\mu}_0)^{\mathrm{T}}\\&=\frac{1}{n}\sum_{i=1}^{n}\left(\boldsymbol{X}_i-\bar{\boldsymbol{X}}+\bar{\boldsymbol{X}}-\boldsymbol{\mu}_0\right)\left(\boldsymbol{X}_i-\bar{\boldsymbol{X}}+\bar{\boldsymbol{X}}-\boldsymbol{\mu}_0\right)^{\mathrm{T}}\\&=\frac{1}{n}\sum_{i=1}^{n}\left(\boldsymbol{X}_i-\bar{\boldsymbol{X}}\right)\left(\boldsymbol{X}_i-\bar{\boldsymbol{X}}\right)^{\mathrm{T}}+\left(\bar{\boldsymbol{X}}-\boldsymbol{\mu}_0\right)\left(\bar{\boldsymbol{X}}-\boldsymbol{\mu}_0\right)^{\mathrm{T}}\\&=\hat{\Sigma}+\left(\bar{\boldsymbol{X}}-\boldsymbol{\mu}_0\right)\left(\bar{\boldsymbol{X}}-\boldsymbol{\mu}_0\right)^{\mathrm{T}}.\end{aligned}$$

考虑一个 $(p+1)\times(p+1)$ 矩阵,

$$A=\begin{pmatrix}\hat{\Sigma} & -(\bar{\boldsymbol{X}}-\boldsymbol{\mu}_0)\\(\bar{\boldsymbol{X}}-\boldsymbol{\mu}_0)^{\mathrm{T}} & 1\end{pmatrix}=\begin{pmatrix}A_{11} & A_{12}\\A_{21} & A_{22}\end{pmatrix}.$$

由条件多元正态分布的证明, 我们有 $|\hat{\Sigma}_0|=|A|=|A_{11}||A_{22}-A_{21}A_{11}^{-1}A_{12}|$, 因此

$$\begin{aligned}|\hat{\Sigma}_0|&=|\hat{\Sigma}||1+\left(\bar{\boldsymbol{X}}-\boldsymbol{\mu}_0\right)^{\mathrm{T}}\hat{\Sigma}^{-1}\left(\bar{\boldsymbol{X}}-\boldsymbol{\mu}_0\right)|\\&=|\hat{\Sigma}|\left|1+\frac{n\left(\bar{\boldsymbol{X}}-\boldsymbol{\mu}_0\right)^{\mathrm{T}}S^{-1}\left(\bar{\boldsymbol{X}}-\boldsymbol{\mu}_0\right)}{n-1}\right|.\end{aligned}$$

由此结论成立. □

因此, $-2\ln(\Lambda^{2/n})$ 与 T^2 具有一一映射关系, 故基于似然比的检验与 T^2 检验等价. 这再次说明, 对于参数推断问题, 分布已知时, 似然方法可以作为我们默认使用的机制. 事实上, 根据第三章中的 Wilks 定理可知, 在 H_0 下,

$$-2\ln\left(\Lambda^{2/n}\right)\xrightarrow{\mathrm{d}}\chi^2(p).$$

这与前述 T^2 统计量的零假设渐近分布吻合 (也可通过二者的关系由 Taylor 展开直接得到).

在第三章中我们主要讨论了对于单参数的置信区间的概念, 而对于多元问题来说, 这一概念可相应地拓展为置信区域或更一般地成为置信集. 这里当

$$P\left(\boldsymbol{\mu}\in R\left(\mathbb{X}\right)\right)\geqslant 1-\alpha$$

满足时, 我们称 $R(\mathbb{X})$ 为 $\boldsymbol{\mu}$ 的 $1-\alpha$ **置信区域**.

由 3.5.5 小节中所介绍的通过假设检验求取置信区间的方法我们不难看出, 对于来自 $N_p(\boldsymbol{\mu}, \Sigma)$ 的独立同分布样本 $\boldsymbol{X}_1, \boldsymbol{X}_2, \cdots, \boldsymbol{X}_n$,

$$\left\{\boldsymbol{\mu} : n\left(\bar{\boldsymbol{X}} - \boldsymbol{\mu}\right)^{\mathrm{T}} S^{-1}\left(\bar{\boldsymbol{X}} - \boldsymbol{\mu}\right) \leqslant \frac{(n-1)p}{n-p} F_\alpha(p, n-p)\right\} \tag{4.2.2}$$

是关于 $\boldsymbol{\mu}$ 的 $1-\alpha$ 置信区域.

这个区域依赖于观测值 (即随机区域, 它随样本不同而改变). 对于具体给定的一组样本, 我们有 $1-\alpha$ 的概率保证所得的 $\boldsymbol{\mu}$ 可以满足 (4.2.2). 注意, 不等式 (4.2.2) 表示的是 p 维空间中关于 $\boldsymbol{\mu}$ 的一个椭圆圆周及其内部, 其中心为 $\bar{\boldsymbol{X}}$, 其大小和形状取决于 S 和 α, 而 (4.2.2) 中的 $\boldsymbol{\mu}$ 可以看作是依赖于随机样本的随机椭圆.

由 (4.2.2) 的置信区域出发, 我们还可以给出所有变量的线性组合构成的置信区域, 即 $\boldsymbol{a}^{\mathrm{T}}\boldsymbol{\mu}$ 的置信区间, 其中 $\boldsymbol{a} \in \mathbb{R}^p$ 是一非零常数向量. 注意到

$$t_{\boldsymbol{a}} = \frac{\sqrt{n}(\boldsymbol{a}^{\mathrm{T}}\bar{\boldsymbol{X}} - \boldsymbol{a}^{\mathrm{T}}\boldsymbol{\mu})}{\sqrt{\boldsymbol{a}^{\mathrm{T}}S\boldsymbol{a}}} \sim t(n-1).$$

因此,

$$\left[\boldsymbol{a}^{\mathrm{T}}\bar{\boldsymbol{X}} - t_{\alpha/2}(n-1)\frac{\sqrt{\boldsymbol{a}^{\mathrm{T}}S\boldsymbol{a}}}{\sqrt{n}},\ \boldsymbol{a}^{\mathrm{T}}\bar{\boldsymbol{X}} + t_{\alpha/2}(n-1)\frac{\sqrt{\boldsymbol{a}^{\mathrm{T}}S\boldsymbol{a}}}{\sqrt{n}}\right]$$

就是 $\boldsymbol{a}^{\mathrm{T}}\boldsymbol{\mu}$ 的 $1-\alpha$ 置信区间.

特别地, 如果我们希望得到每个变量的置信区间, 我们可以令 $\boldsymbol{a}^{\mathrm{T}} = (1, 0, \cdots, 0)$, $\boldsymbol{a}^{\mathrm{T}} = (0, 1, \cdots, 0)$ 或者 $\boldsymbol{a}^{\mathrm{T}} = (0, \cdots, 0, 1)$, 但如果我们同时构造了上述 p 个置信区间, 就无法保证它们同时覆盖真实参数值的概率为 $1-\alpha$. 我们应该做何种调整呢? 这里我们利用如下引理.

引理 4.2.2 令 A 为一个 $p \times p$ 正定矩阵, $\boldsymbol{a}$ 为一个 p 维向量. 则对于任意非零向量 $\boldsymbol{v}$,

$$\max_{\boldsymbol{v} \neq \boldsymbol{0}} \frac{(\boldsymbol{v}^{\mathrm{T}}\boldsymbol{a})^2}{\boldsymbol{v}^{\mathrm{T}}A\boldsymbol{v}} = \boldsymbol{a}^{\mathrm{T}}A^{-1}\boldsymbol{a}.$$

证明 由推广的 Cauchy-Schwarz 不等式,

$$\begin{aligned}(\boldsymbol{v}^{\mathrm{T}}\boldsymbol{a})^2 &= (\boldsymbol{v}^{\mathrm{T}}A^{1/2}A^{-1/2}\boldsymbol{a})^2 \\ &\leqslant (\boldsymbol{v}^{\mathrm{T}}A^{1/2}A^{1/2}\boldsymbol{v})(\boldsymbol{a}^{\mathrm{T}}A^{-1/2}A^{-1/2}\boldsymbol{a}) = (\boldsymbol{v}^{\mathrm{T}}A\boldsymbol{v})(\boldsymbol{a}^{\mathrm{T}}A^{-1}\boldsymbol{a}).\end{aligned}$$

当 $\boldsymbol{v}^{\mathrm{T}}A^{1/2} = cA^{-1/2}\boldsymbol{a}$ 时, 等式成立, 即 $\boldsymbol{v} = cA^{-1}\boldsymbol{a}$. □

根据该引理, 我们有

$$\max_{\boldsymbol{a} \neq \boldsymbol{0}} t_{\boldsymbol{a}}^2 = \max_{\boldsymbol{a} \neq \boldsymbol{0}} \frac{n(\boldsymbol{a}^{\mathrm{T}}\bar{\boldsymbol{X}} - \boldsymbol{a}^{\mathrm{T}}\boldsymbol{\mu})^2}{\boldsymbol{a}^{\mathrm{T}}S\boldsymbol{a}} = n(\bar{\boldsymbol{X}} - \boldsymbol{\mu})^{\mathrm{T}}S^{-1}(\bar{\boldsymbol{X}} - \boldsymbol{\mu}) = T^2,$$

而最大值在 $\boldsymbol{a}$ 与 $S^{-1}(\bar{\boldsymbol{X}}-\boldsymbol{\mu})$ 成比例时取得. 因此我们可以给出均值向量线性组合的一致置信区间:

$$\begin{aligned}\boldsymbol{a}^{\mathrm{T}}\bar{\boldsymbol{X}}-\sqrt{\frac{p(n-1)}{n(n-p)}F_\alpha(p,n-p)\boldsymbol{a}^{\mathrm{T}}S\boldsymbol{a}}\leqslant \boldsymbol{a}^{\mathrm{T}}\boldsymbol{\mu}\\ \leqslant \boldsymbol{a}^{\mathrm{T}}\bar{\boldsymbol{X}}+\sqrt{\frac{p(n-1)}{n(n-p)}F_\alpha(p,n-p)\boldsymbol{a}^{\mathrm{T}}S\boldsymbol{a}}.\end{aligned}$$

由此结论, 我们可知对于 $k=1,2,\cdots,p$, 我们有如下类似一元正态样本时的置信区间,

$$\left[\bar{X}_k-\sqrt{\frac{p(n-1)}{n-p}F_\alpha(p,n-p)}\sqrt{\frac{s_{kk}}{n}},\ \bar{X}_k+\sqrt{\frac{p(n-1)}{n-p}F_\alpha(p,n-p)}\sqrt{\frac{s_{kk}}{n}}\right].$$

这 k 个置信区间以不低于 $1-\alpha$ 的概率同时分别覆盖 μ_k, $k=1,2,\cdots,p$.

此外, 我们还可以令 $\boldsymbol{a}=(0,\cdots,0,a_i,0,\cdots,0,a_k,0,\cdots,0)^{\mathrm{T}}$, 这样可以给出形如 $\mu_i-\mu_k$ 的置信区间, 也就是取 $a_i=1$ 和 $a_k=-1$. 在此情况下, $\boldsymbol{a}^{\mathrm{T}}S\boldsymbol{a}=s_{ii}-2s_{ik}+s_{kk}$, 我们有

$$P\left((\mu_i-\mu_k)\in\left[\bar{Y}_i-\bar{Y}_k\pm\sqrt{\frac{p(n-1)}{n-p}F_\alpha(p,n-p)}\sqrt{\frac{s_{ii}-2s_{ik}+s_{kk}}{n}}\right],\forall i,k\right)$$
$$\geqslant 1-\alpha.$$

二、两样本和多样本均值向量的多元检验

我们先考虑成对样本的检验问题. 假设 p 维样本 $\{\boldsymbol{X}_i\}_{i=1}^n$ 与 $\{\boldsymbol{Y}_i\}_{i=1}^n$ 为成对多元正态样本. 目标是考察二者均值向量的差异 $\boldsymbol{\mu_d}=\boldsymbol{\mu_X}-\boldsymbol{\mu_Y}$. 可知 $\boldsymbol{d}_i=\boldsymbol{X}_i-\boldsymbol{Y}_i$ 独立同分布于 $N_p(\boldsymbol{\mu_d},\Sigma_{\boldsymbol{d}})$. 则对于假设检验问题

$$H_0:\ \boldsymbol{\mu_d}=\mathbf{0}\leftrightarrow H_1:\ \boldsymbol{\mu_d}\neq\mathbf{0}.$$

我们自然地构造检验统计量:

$$T^2=n\bar{\boldsymbol{d}}^{\mathrm{T}}S_{\boldsymbol{d}}^{-1}\bar{\boldsymbol{d}}\sim T^2(p,n-1),\quad \text{当 } H_0 \text{ 成立时},$$

其中 $\bar{\boldsymbol{d}}=\dfrac{1}{n}\sum\limits_{i=1}^n\boldsymbol{d}_i$ 为差异样本均值, $S_{\boldsymbol{d}}=\dfrac{1}{n-1}\sum\limits_{i=1}^n(\boldsymbol{d}_i-\bar{\boldsymbol{d}})(\boldsymbol{d}_i-\bar{\boldsymbol{d}})^{\mathrm{T}}$ 为差异的样本协方差. 如果 $\dfrac{n-p}{(n-1)p}T^2>F_\alpha(p,n-p)$, 则拒绝 H_0. 相应地, $\boldsymbol{\mu_d}$ 的置信区域为

$$\left\{\boldsymbol{\mu_d}:(\bar{\boldsymbol{d}}-\boldsymbol{\mu_d})^{\mathrm{T}}S_{\boldsymbol{d}}^{-1}(\bar{\boldsymbol{d}}-\boldsymbol{\mu_d})\leqslant\frac{(n-1)p}{n(n-p)}F_\alpha(p,n-p)\right\}.$$

例 4.2.1 为了比较两种类型的涂层的耐腐蚀性, 每种类型对 15 根管道进行了涂层. 两条管道, 每种涂层一根, 埋在一起, 在 15 个不同的位置放置相同的时间. 第一种涂层的腐蚀程度通过如下两个量描述:

$$y_1 = \text{凹坑的最大深度 (千分之一英寸}^{①}\text{)},$$
$$y_2 = \text{凹坑的数量},$$

同时 x_1 与 x_2 为第二种涂层中的对应度量定义. 如何比较两种涂层?

解 数据及差值如表 4.2.1给出.

表 4.2.1 例 4.2.1中的涂层数据及差值

	第一种涂层		第二种涂层		差值	
	深度	数量	深度	数量	深度	数量
位置	y_1	y_2	x_1	x_2	d_1	d_2
1	73	31	51	35	22	−4
2	43	19	41	14	2	5
3	47	22	43	19	4	3
4	53	26	41	29	12	−3
5	58	36	47	34	11	2
6	47	30	32	26	15	4
7	52	29	24	19	28	10
8	38	36	43	37	−5	−1
9	61	34	53	24	8	10
10	56	33	52	27	4	6
11	56	19	57	14	−1	5
12	34	19	44	19	−10	0
13	55	26	57	30	−2	−4
14	65	15	40	7	25	8
15	75	18	68	13	7	5

基于 15 个差值向量, 可计算得到

$$\bar{\boldsymbol{d}} = \begin{pmatrix} 8.000 \\ 3.067 \end{pmatrix}, \quad S_{\boldsymbol{d}} = \begin{pmatrix} 121.571 & 17.071 \\ 17.071 & 21.781 \end{pmatrix}.$$

于是

$$T^2 = 15(8.000, 3.067) \begin{pmatrix} 121.571 & 17.071 \\ 17.071 & 21.781 \end{pmatrix}^{-1} \begin{pmatrix} 8.000 \\ 3.067 \end{pmatrix} = 10.819. \qquad \square$$

① 1 英寸 =2.54 cm.

下面考虑两样本均值比较问题. 假设我们有两个独立的样本 $\{\boldsymbol{X}_i\}_{i=1}^{n_1}$ 和 $\{\boldsymbol{Y}_i\}_{i=1}^{n_2}$, 两者分别为来自 $N_p(\boldsymbol{\mu}_1,\Sigma)$ 和 $N_p(\boldsymbol{\mu}_2,\Sigma)$ 的独立同分布样本, 其中 Σ 为共同但未知的协方差矩阵. 检验问题为

$$H_0:\ \boldsymbol{\mu}_1=\boldsymbol{\mu}_2 \leftrightarrow H_1:\ \boldsymbol{\mu}_1\neq\boldsymbol{\mu}_2.$$

显然, 我们可以用 $\bar{\boldsymbol{X}}-\bar{\boldsymbol{Y}}$ 估计 $\boldsymbol{\mu}_1-\boldsymbol{\mu}_2$. 则 $E(\bar{\boldsymbol{X}}-\bar{\boldsymbol{Y}})=\boldsymbol{\mu}_1-\boldsymbol{\mu}_2$, $\mathrm{Cov}(\bar{\boldsymbol{X}}-\bar{\boldsymbol{Y}})=\left(\dfrac{1}{n_1}+\dfrac{1}{n_2}\right)\Sigma$. 由于已知两个样本具有相同的协方差, 因此合并两样本信息来估计 Σ:

$$\begin{aligned}S_{pl}&=\frac{\sum\limits_{i=1}^{n_1}(\boldsymbol{X}_i-\bar{\boldsymbol{X}})(\boldsymbol{X}_i-\bar{\boldsymbol{X}})^{\mathrm{T}}+\sum\limits_{i=1}^{n_2}(\boldsymbol{Y}_i-\bar{\boldsymbol{Y}})(\boldsymbol{Y}_i-\bar{\boldsymbol{Y}})^{\mathrm{T}}}{n_1+n_2-2}\\&=\frac{(n_1-1)S_1+(n_2-1)S_2}{n_1+n_2-2},\end{aligned}$$

它是 Σ 的无偏估计. 由此, 可构造检验统计量:

$$\begin{aligned}T^2&=(\bar{\boldsymbol{X}}-\bar{\boldsymbol{Y}})^{\mathrm{T}}\left[\left(\frac{1}{n_1}+\frac{1}{n_2}\right)S_{pl}\right]^{-1}(\bar{\boldsymbol{X}}-\bar{\boldsymbol{Y}})\\&=\frac{n_1n_2}{n_1+n_2}(\bar{\boldsymbol{X}}-\bar{\boldsymbol{Y}})^{\mathrm{T}}S_{pl}^{-1}(\bar{\boldsymbol{X}}-\bar{\boldsymbol{Y}})\sim T^2(p,n_1+n_2-2).\end{aligned} \tag{4.2.3}$$

可见, 相应的拒绝域为 $\dfrac{n_1+n_2-p-1}{(n_1+n_2-2)p}T^2>F_\alpha(p,n_1+n_2-p-1)$.

记 $c^2=\dfrac{(n_1+n_2-2)p}{n_1+n_2-p-1}F_\alpha(p,n_1+n_2-p-1)$. $\boldsymbol{\mu}_1-\boldsymbol{\mu}_2$ 的置信区域为

$$\left\{\boldsymbol{\mu}_1-\boldsymbol{\mu}_2:\big[(\bar{\boldsymbol{X}}-\bar{\boldsymbol{Y}})-(\boldsymbol{\mu}_1-\boldsymbol{\mu}_2)\big]^{\mathrm{T}}\left[\left(\frac{1}{n_1}+\frac{1}{n_2}\right)S_{pl}\right]^{-1}\big[(\bar{\boldsymbol{X}}-\bar{\boldsymbol{Y}})-(\boldsymbol{\mu}_1-\boldsymbol{\mu}_2)\big]\leqslant c^2\right\}.$$

下面考虑两个样本的协方差不相同时如何处理. 我们有如下关于 (4.2.3) 式所定义的两样本 T^2 的渐近零分布性质.

定理 4.2.2 *在 H_0 下, 当 $n_1,n_2\to\infty$ 时,*

$$T^2=(\bar{\boldsymbol{X}}-\bar{\boldsymbol{Y}})^{\mathrm{T}}\left(\frac{1}{n_1}S_1+\frac{1}{n_2}S_2\right)^{-1}(\bar{\boldsymbol{X}}-\bar{\boldsymbol{Y}})\xrightarrow{\mathrm{d}}\chi^2(p).$$

因此我们有大样本检验: 当 $T^2>\chi^2_\alpha(p)$ 时, 拒绝 H_0 .

最后, 我们再来考察一下多样本情形下的多元检验问题, 也就是**单因素多元方差分析** (MANOVA). 这里我们假设 $\boldsymbol{X}_{\ell1},\boldsymbol{X}_{\ell2},\cdots,\boldsymbol{X}_{\ell n_\ell}$ 分别为来自 $N_p(\boldsymbol{\mu}_\ell,\Sigma)$ 的独立同分布样本, $\ell=1,2,\cdots,k$, 且所有样本相互独立. 单因素方差分析问题就是

$$H_0:\ \boldsymbol{\mu}_1=\boldsymbol{\mu}_2=\cdots=\boldsymbol{\mu}_k \leftrightarrow H_1:\ \boldsymbol{\mu}_i\ \text{不全相等}.$$

等价地, 令 $\boldsymbol{\mu}_\ell=\boldsymbol{\mu}+\boldsymbol{\tau}_\ell$, 其中 $\boldsymbol{\mu}=\dfrac{1}{n}\sum\limits_{\ell=1}^{k}n_\ell\boldsymbol{\mu}_\ell$, 记 $n=\sum\limits_{\ell=1}^{k}n_\ell$, 其约束为 $\sum\limits_{\ell=1}^{k}n_\ell\boldsymbol{\tau}_\ell=0$,

$$H_0:\ \text{对所有}\ell,\quad \boldsymbol{\tau}_\ell=0\leftrightarrow H_1:\ \boldsymbol{\tau}_\ell\neq 0.$$

由此我们可以记 $\boldsymbol{X}_{\ell i}=\boldsymbol{\mu}+(\boldsymbol{\mu}_\ell-\boldsymbol{\mu})+\boldsymbol{\varepsilon}_{\ell i}=\boldsymbol{\mu}+\boldsymbol{\tau}_\ell+\boldsymbol{\varepsilon}_{\ell i}$. 类似于 3.2.3 小节中的一元单因素方差分析表, 我们有如下的单因素多元方差分析表 (表 4.2.2).

表 4.2.2 单因素多元方差分析表

变差源	平方和矩阵 (SS)	自由度 (df)
处理	$\boldsymbol{B}=\sum\limits_{\ell=1}^{k}n_\ell(\bar{\boldsymbol{X}}_\ell-\bar{\boldsymbol{X}})(\bar{\boldsymbol{X}}_\ell-\bar{\boldsymbol{X}})^{\mathrm{T}}$	$k-1$
残差 (误差)	$\boldsymbol{W}=\sum\limits_{\ell=1}^{k}\sum\limits_{i=1}^{n_\ell}(\boldsymbol{X}_{\ell i}-\bar{\boldsymbol{X}}_\ell)(\boldsymbol{X}_{\ell i}-\bar{\boldsymbol{X}}_\ell)^{\mathrm{T}}$	$\sum\limits_{\ell=1}^{k}(n_\ell-1)$
总和 (均值校正)	$\boldsymbol{B}+\boldsymbol{W}=\sum\limits_{\ell=1}^{k}\sum\limits_{i=1}^{n_\ell}(\boldsymbol{X}_{\ell i}-\bar{\boldsymbol{X}})(\boldsymbol{X}_{\ell i}-\bar{\boldsymbol{X}})^{\mathrm{T}}$	$\sum\limits_{\ell=1}^{k}n_\ell-1$

其中

- $\bar{\boldsymbol{X}}=\dfrac{1}{\sum\limits_{\ell=1}^{k}n_\ell}\sum\limits_{\ell=1}^{k}\sum\limits_{i=1}^{n_\ell}\boldsymbol{X}_{\ell i},\ \bar{\boldsymbol{X}}_\ell=\dfrac{1}{n_\ell}\sum\limits_{i=1}^{n_\ell}\boldsymbol{X}_{\ell i}$.
- $\mathrm{Cov}(\boldsymbol{X}_{\ell i}-\bar{\boldsymbol{X}}_\ell,\bar{\boldsymbol{X}}_\ell-\bar{\boldsymbol{X}})=\dfrac{1}{n_\ell}\varSigma-\dfrac{1}{\sum\limits_{\ell=1}^{k}n_\ell}\varSigma-\dfrac{1}{n_\ell}\varSigma+\dfrac{n_\ell}{n_\ell\sum\limits_{\ell=1}^{k}n_\ell}\varSigma=0.$
- $\boldsymbol{B}\sim W_p(k-1,\varSigma)$ 与 $\boldsymbol{B}+\boldsymbol{W}\sim W_p\left(\sum\limits_{\ell=1}^{k}n_\ell-1,\varSigma\right)$ 相互独立.

考虑使用似然比检验. 类似单样本均值的似然比检验, 计算可得似然比统计量 $\varLambda$ 可表示为 $\varLambda^{\frac{2}{n}}=\dfrac{|\boldsymbol{W}|}{|\boldsymbol{B}+\boldsymbol{W}|}$. 再次使用 Wilks 定理, 可知在 H_0 下,

$$-2\ln(\varLambda)\to\chi^2\left(p\left(k-1\right)\right).$$

因此, 如果 $-2\ln(\varLambda)>\chi^2_\alpha\left(p\left(k-1\right)\right)$, 则拒绝 H_0. 这是一个显著性水平为 α 的大样本检验.

三、协方差矩阵检验

考虑单样本协方差矩阵检验问题. 假设 $\boldsymbol{X}_1,\boldsymbol{X}_2,\cdots,\boldsymbol{X}_n$ 为来自 $N_p(\boldsymbol{\mu},\varSigma)$ 的 p 维独立同分布样本. 欲检验 $\varSigma$ 是否等于某一给定的矩阵, 如单位矩阵, 即

$$H_0:\ \varSigma=\varSigma_0\ (\varSigma_0\ \text{正定且已知})\leftrightarrow H_1:\ \varSigma\neq\varSigma_0.$$

此时的似然比检验统计量为

$$\varLambda=\frac{\max\limits_{\boldsymbol{\mu}}L(\boldsymbol{\mu},\varSigma_0)}{\max\limits_{\boldsymbol{\mu},\varSigma}L(\boldsymbol{\mu},\varSigma)}=\exp\left\{-\frac{1}{2}\mathrm{tr}\left(A\varSigma_0^{-1}\right)\right\}|A\varSigma_0^{-1}|^{n/2}(\mathrm{e}/n)^{np/2}.$$

其中 $A=(n-1)S=\sum_{i=1}^{n}(\boldsymbol{X}_i-\bar{\boldsymbol{X}})(\boldsymbol{X}_i-\bar{\boldsymbol{X}})^{\mathrm{T}}$. 可知, 当 $n\to\infty$ 时, $-2\ln(\Lambda)\to\chi^2\left(p\left(p+1\right)/2\right)$. 则当 $-2\ln(\Lambda)>\chi^2_{\alpha}\left(p\left(p+1\right)/2\right)$ 时拒绝 H_0.

最后再考虑多样本情形下的推广. 假设有 k 组独立同分布样本

$$\boldsymbol{X}_{\ell 1},\boldsymbol{X}_{\ell 2},\cdots,\boldsymbol{X}_{\ell n_\ell}\sim N_p(\boldsymbol{\mu}_\ell,\Sigma_\ell),\ \ell=1,2,\cdots,k,$$

且所有样本相互独立. 假设检验问题为

$$H_0:\ \Sigma_1=\Sigma_2=\cdots=\Sigma_k\leftrightarrow H_1:\ \Sigma_i\neq\Sigma_j,\ \text{对于某些}\ i\neq j.$$

此时的似然比检验统计量为

$$\begin{aligned}\Lambda&=\frac{\max\limits_{\boldsymbol{\mu}_\ell,\Sigma}\prod\limits_{\ell=1}^{k}L(\boldsymbol{\mu}_\ell,\Sigma)}{\max\limits_{\boldsymbol{\mu}_\ell,\Sigma_\ell}\prod\limits_{\ell=1}^{k}L(\boldsymbol{\mu}_\ell,\Sigma_\ell)}=\frac{\prod\limits_{\ell=1}^{k}L(\bar{\boldsymbol{X}}_\ell,\widehat{\Sigma})}{\prod\limits_{\ell=1}^{k}L(\bar{\boldsymbol{X}}_\ell,\widehat{\Sigma}_\ell)}\\&=\frac{|\widehat{\Sigma}|^{-n/2}}{\prod\limits_{\ell=1}^{k}|\widehat{\Sigma}_\ell|^{-n_\ell/2}}=\prod_{\ell=1}^{k}\left(\frac{|\widehat{\Sigma}_\ell|}{|\widehat{\Sigma}|}\right)^{n_\ell/2},\end{aligned}$$

其中 $n_\ell\widehat{\Sigma}_\ell=\sum_{i=1}^{n_\ell}(\boldsymbol{X}_{\ell i}-\bar{\boldsymbol{X}}_\ell)(\boldsymbol{X}_{\ell i}-\bar{\boldsymbol{X}}_\ell)^{\mathrm{T}}=(n_\ell-1)S_\ell$, $\widehat{\Sigma}=\frac{1}{n}\sum_{\ell=1}^{k}n_\ell\widehat{\Sigma}_\ell$. 由 Wilks 定理可知, $-2\ln(\Lambda)\xrightarrow{\mathrm{d}}\chi^2\left(\frac{1}{2}p(p+1)(k-1)\right)$, 这里的自由度仍为备择假设下和原假设下自由参数个数的差异.

4.3 多重检验

在 4.2.2 小节中, 我们考虑的多元检验问题通常是单一检验问题, 如多元均值检验问题 $H_0:\boldsymbol{\mu}=\boldsymbol{\mu}_0$, 但在很多时候, 我们可能 (或者说在 H_0 被拒绝后) 需要同时考察每个变量 (分量) 的检验问题, 也就是 $H_{0k}:\mu_k=\mu_{0k}$, 此时我们将同时做多个假设检验. 我们可以容易地构造检验来控制每个检验的第一类错误概率为 α, 但是不难看出同时做多个检验时, 至少有一个检验犯拒真错误的概率就不再是 α 了. 因此, 我们需要对检验方法 (包括错误准则和临界值选取) 进行修正, 这就是所谓的多重检验 (multiple testing) 问题. 在文献中, 很多时候又把前面的多元情形下单一检验问题称作**全局检验** (global testing) 以示区别.

4.3.1 基本概念

我们先来看一个例子.

例 4.3.1 (DNA 微阵列数据的检验问题) DNA 微阵列允许研究人员测量表达成千上万的基因水平. 数据是每一个基因的 mRNA(信使 RNA) 的表达水平, 其被认为是基因产生的蛋白质的一个度量. 大致上, 这个数字越大, 基因就越活跃. 这里我们考虑急性心肌梗死患者的实证分析问题 (Bourgon (布尔贡) 等, 2010). 该问题中我们有一组淋巴母细胞白血病数据, 包括 79 名参加意大利 GIMEMA 中心临床试验的成人患者的 12 256 个基因的表达水平, 该数据可在网上下载得到. 这 79 名患者根据其临床表现被分为两组, 分别有 37 和 42 名患者. 我们的目标就是探究两组患者在每个基因上的差异, 此时我们将同时进行 12 256 个假设检验. 假设每一个检验的水平为 α. 则对任何一个检验来说, 被错误拒绝原假设 (即两组患者在这一基因上的表达水平没有差别) 的可能性就是 α. 但是, 在这一万多次检验中, 至少有一次错误拒绝的概率要高得多.

例 4.3.2 (多重比较 (multiple comparison)) 事实上, 多重检验问题的历史可追溯到 20 世纪 50 年代由 Tukey (图基) 提出的多重比较问题, 后者就是前者的一个特例. 多重比较来自我们在 3.2.3小节中考虑的方差分析问题. 假设因素 A 有 r 个水平, 在第 i 个水平下独立做了 n_i 次试验, 收集到的数据为

$$\{y_{ij}, j = 1, 2, \cdots, n_i;\ i = 1, 2, \cdots, r\},$$

假设数据来自单因素方差分析模型:

$$\begin{cases} Y_{ij} = \mu_i + \varepsilon_{ij}, j = 1, 2, \cdots, n_i,\ i = 1, 2, \cdots, r, \\ \varepsilon_{ij}\ \text{相互独立且来自} N(0, \sigma^2). \end{cases} \tag{4.3.1}$$

单因素方差检验的假设问题为

$$H_0 : \mu_1 = \mu_2 = \cdots = \mu_r.$$

这是一个单一检验问题, 也可以被看作是我们前述的全局检验问题. 那么, 如果我们需要检验上述任两个水平间是否有显著差异, 也就是进行两两比较, 即需要检验如下 $\binom{r}{2}$(多重) 个假设问题 (比较):

$$H_0^{ij} : \mu_i = \mu_j,\ i < j, \tag{4.3.2}$$

所以这就是一个多重检验问题.

这类问题在现代许多大数据问题中都会遇到, 我们可能经常同时做数百甚至数百万个检验. 我们记 m 个假设检验为

$$H_{0i} \leftrightarrow H_{1i},\ i = 1, 2, \cdots, m.$$

下面以 m_0 表示 m 个检验中的零假设是正确的检验的个数, 并记 $m_1 = m - m_0$. 令 $\mathcal{H}_0 = \{i: 真实的H_{0i}\}$, $\mathcal{H}_1 = \{i: 真实的H_{1i}\}$, 用 $p_1, p_2, \cdots, p_m$ 表示这 m 个检验的 p 值.

此时, 控制一个检验的第一类错误概率 α, 比如 0.05, 意义并不大, 必须对全部检验统一来考虑. 我们需要新的准则以及针对新准则开发出确定拒绝域的方法. 这里我们仅用两个最常用的错误率准则, 也就是总体错误率和错误发现率为例进行阐述.

4.3.2 总体错误率的控制

第一类方法是考虑 family-wise error rate (FWER), 一般也称为总体错误率, 其定义就是错误拒绝任何一个零假设的概率.

下面我们以例 4.3.2 中的多重比较问题来探讨如何选取临界值控制 FWER. 为方便讨论, 我们假设每个水平下的观测次数相等, 即 $n_i = t, i = 1, 2, \cdots, r, n = rt$. 此时两样本均值检验统计量为

$$T_{ij} = \frac{\sqrt{t}(\bar{Y}_{i\cdot} - \bar{Y}_{j\cdot})}{\hat{\sigma}\sqrt{2}}, \tag{4.3.3}$$

其中 $\bar{Y}_{i\cdot} = \sum_{j=1}^{n_i} Y_{ij}$, $\hat{\sigma}^2 = (n-r)^{-1} \sum_{i=1}^{r} \sum_{j=1}^{n_i} (Y_{ij} - \bar{Y}_{i\cdot})^2$, $n = \sum_{i=1}^{r} n_i$.

为控制该多重检验的 FWER, 我们需要寻找适当的临界值 L 使得 $P(W) \leqslant \alpha$, 这里

$$W = \bigcup_{i<j} \left\{ \frac{\sqrt{t}|\bar{Y}_{i\cdot} - \bar{Y}_{j\cdot}|}{\hat{\sigma}} \geqslant L \right\}.$$

注意到

$$\begin{aligned}
P(W) &= 1 - P\left(\bigcap_{i<j} \left\{ \frac{\sqrt{t}|\bar{Y}_{i\cdot} - \bar{Y}_{j\cdot}|}{\hat{\sigma}} \leqslant L \right\} \right) \\
&= 1 - P\left(\max_{i<j} \frac{\sqrt{t}|\bar{Y}_{i\cdot} - \bar{Y}_{j\cdot}|}{\hat{\sigma}} \leqslant L \right) \\
&= P\left(\max_{i<j} \frac{\sqrt{t}|\bar{Y}_{i\cdot} - \bar{Y}_{j\cdot}|}{\hat{\sigma}} \geqslant L \right) \\
&= P\left(\max_{i<j} \frac{\sqrt{t}|(\bar{Y}_{i\cdot} - \mu_i) - (\bar{Y}_{j\cdot} - \mu_j)|}{\hat{\sigma}} \geqslant L \right) \\
&= P\left(\max_{i} \frac{\sqrt{t}(\bar{Y}_{i\cdot} - \mu_i)}{\hat{\sigma}} - \min_{i} \frac{\sqrt{t}(\bar{Y}_{i\cdot} - \mu_i)}{\hat{\sigma}} \geqslant L \right).
\end{aligned}$$

由于在模型 (4.3.1) 下,

$$\frac{\sqrt{t}(\bar{Y}_{i\cdot} - \mu_i)}{\hat{\sigma}} \sim t(n-r),$$

因此, L 可选取为如下随机变量 $SR(r,n-r)$ 分布的上 α 分位数: 设 $T_1,T_2,\cdots,T_r$ 为来自 $t(m)$ 的独立同分布样本, 记其次序统计量为 $T_{(1)}\leqslant T_{(2)}\leqslant\cdots\leqslant T_{(r)}$. 定义

$$SR(r,m)=T_{(r)}-T_{(1)}. \tag{4.3.4}$$

在文献中, $SR(r,m)$ 被称为 **Tukey 学生化极差**, 其分布称为**学生化极差分布** (studentized range distribution).

例 4.3.3 为研究四种防锈剂 (记 A_1,A_2,A_3,A_4) 的防锈能力, 现把 40 件同一厂家生产的大小、形状、质地相同的铁件随机分成四组, 每组 10 件, 随机分配防锈剂给每组铁件, 最后把涂好防锈剂的 40 件铁件放置到相同环境中. 一段时间后请 5 位专家对每一铁件的锈迹程度打分: 没有锈迹的 100 分, 全锈的 0 分. 每一铁件的 5 位专家打分的平均值如表 4.3.1 所示.

表 4.3.1 例 4.3.3 中四种防锈剂的防锈能力分数

序号	A_1	A_2	A_3	A_4
1	43.9	89.8	68.4	36.2
2	39.0	87.1	69.3	45.2
3	46.7	92.7	68.5	40.7
4	43.8	90.6	66.4	40.5
5	44.2	87.7	70.0	39.3
6	47.7	92.4	68.1	40.3
7	43.6	86.1	70.6	43.2
8	38.9	88.1	65.2	38.7
9	43.6	90.8	63.8	40.9
10	40.0	89.1	69.2	39.7

请问四种防锈剂的防锈能力是否存在差异? 如存在差异, 哪种最好? (见茆诗松等 (2012).)

解 方差分析显示这四种防锈剂间存在显著差异. 另外, 它们的估计值分别为

$$\hat{\mu}_1=\bar{y}_{1\cdot}=43.13,\ \hat{\mu}_2=\bar{y}_{2\cdot}=89.44,\ \hat{\mu}_3=\bar{y}_{3\cdot}=67.95,\ \hat{\mu}_4=\bar{y}_{4\cdot}=40.47,$$

可见第二种防锈剂的防锈能力最强.

下面应用上述多重比较方法检验两两间的差异如何. 此时, $r=4$, $s=10$, $n=40$, $\hat{\sigma}^2=6.148$. 对于 $\alpha=0.05$, 可知 $L=3.82$, 故有

$$\frac{\hat{\sigma}}{\sqrt{s}}L=\frac{\sqrt{6.148}}{\sqrt{10}}\times 3.82=2.995.$$

而两两水平均值之差为

$$|\bar{y}_{1\cdot}-\bar{y}_{2\cdot}|=46.3,$$

$$|\bar{y}_{1\cdot}-\bar{y}_{3\cdot}|=24.8,$$

$$|\bar{y}_{1\cdot}-\bar{y}_{4\cdot}|=2.66<2.995,$$

$$|\bar{y}_{2\cdot}-\bar{y}_{3\cdot}|=21.49,$$

$$|\bar{y}_{2\cdot}-\bar{y}_{4\cdot}|=48.97,$$

$$|\bar{y}_{3\cdot}-\bar{y}_{4\cdot}|=27.48,$$

故由多重比较知, 仅接受 H_0^{14}, 即可以把四种防锈剂分为三类: 第一类为 A_2; 第二类为 A_3; 第三类为 A_1, A_4. □

对于本问题来说, 在最理想的假设下, 即 r 个水平所对应的样本相互独立以及正态分布情形下, 我们可以有严格控制 FWER 等于 α 的方法. 是否有更加一般化的控制 FWER 的手段呢? 著名的 Bonferroni (邦费罗尼) 方法就是最常用、最简单的用于控制检验 FWER 的工具, 即

$$\text{如果 } p_i<\alpha/m, \text{则拒绝原假设 } H_{0i}.$$

我们有如下的定理.

定理 4.3.1 使用 Bonferroni 方法, 错误地拒绝任何一个零假设的概率小于或等于 α.

证明 令 R 表示至少有一个零假设被错误拒绝的事件, 而 R_i 表示第 i 个零假设被错误拒绝的事件. 则由经典的 Bonferroni 不等式, 我们有

$$P(R)=P\left(\bigcup_{i=1}^{m}R_i\right)\leqslant\sum_{i=1}^{m}P(R_i)=\sum_{i=1}^{m}\frac{\alpha}{m}=\alpha.$$

注意到, Bonferroni 方法不要求各个检验是独立的, 我们仅需要知道每个检验统计量的零分布即可, 这在实际使用上是非常方便的. 控制 FWER 还有一种改进的方法, 其是序贯进行的, 被称为 Holm (霍尔姆) 方法, 其检验过程如下:

(1) 如果 $p_{(1)}\leqslant\alpha/m$, 则拒绝 $H_{(1)}$, 转到第二步; 否则接受 $H_{(1)}, H_{(2)}, \cdots, H_{(m)}$ 并停止.

(2) 如果 $p_{(i)}\leqslant\alpha/(m-i+1)$, 则拒绝 $H_{(i)}$, 转到第 $i+1$ 步; 否则接受 $H_{(i)}, \cdots, H_{(m)}$ 并停止.

当 $p_{(i)}$ 超过临界值 $\alpha_i=\alpha/(m-i+1)$ 时, Holm 方法就停止了. 可以看出, 该方法比 Bonferroni 方法具有更高的势, 这是因为 Bonferroni 方法中每个 p 值的临界值都是 α/m. 下面我们证明该方法的有效性.

记 i_0 是所有零假设中 p 值最小的所对应的秩, 此处的秩指数据从小到大排序后所对应的次序, 也就是在 Holm 方法中我们会在第 i_0 步第一次遇到真实的零假设. 显然有,

$$i_0\leqslant m-m_0+1.$$

也就是说, 在 Holm 方法的步骤中第一个真实的零假设会在最多 $m-m_0$ 个假设前遇到.

注意到, 我们做出一个错误的拒绝当且仅当

$$p_{(1)} \leqslant \frac{\alpha}{m}, p_{(2)} \leqslant \frac{\alpha}{m-1}, \cdots, p_{(i_0)} \leqslant \frac{\alpha}{m-i_0+1}.$$

这就意味着

$$p_{(i_0)} \leqslant \frac{\alpha}{m-i_0+1} \leqslant \frac{\alpha}{m_0}.$$

因此, 错误拒绝的概率就被下式所控制:

$$P\left(\min_{i\in\mathcal{H}_0} p_i \leqslant \frac{\alpha}{m_0}\right) \leqslant \sum_{i\in\mathcal{H}_0} P(p_i \leqslant \alpha/m_0) = \alpha.$$

□

4.3.3 错误发现率的控制

在例 4.3.1 中, 如果我们使用考虑控制 FWER 低于 $\alpha = 0.05$ 并使用 Bonferroni 方法, 则对每一个检验我们等价于需要使用显著性水平 $0.05/12\ 256 \approx 4\times 10^{-6}$. 因此得到, 对于任何一个基因, 只有其 p 值小于 4×10^{-6}, 我们才能说该基因在两组患者中有不同的表达水平.

显然, 控制 FWER, 或者说 Bonferroni 方法在这样同时做成千上万个检验的时候是非常保守的, 这是因为它试图使你不可能做出一次错误的拒绝. 即便使用 Holm 改进方法, 当 m 非常大时, 改进非常有限. 此时, 我们可能需要换个思路: 保守不是因为检验统计量不好, 而是我们的这个“至少错误拒绝一个”的要求在实际中可能太过苛刻了. 由此, 在 Benjamini et al.(1995) 中 Benjamini 和 Hochberg 提出了一个更加合理的策略, 即控制所谓的 false discovery rate (FDR), 一般称之为错误发现率, 其定义是*在所有拒绝的检验中错误拒绝比例的期望*.

假设给定一个临界值, 我们拒绝掉所有 p 值小于该临界值的零假设. 所有的检验可以被划分在如表 4.3.2 中.

表 4.3.2 判 断 表

	H_0 没有被拒绝	H_0 被拒绝	总和
H_0 是正确的	U	V	m_0
H_0 是错误的	T	S	m_1
总和	$m-R$	R	m

此时, 我们定义错误拒绝比例 (false discovery proportion, 简记为 FDP) 为

$$\text{FDP} = \frac{V}{R} I(R>0).$$

注意到这个 FDP 是一个随机变量, 其依赖于 $p_1, p_2, \cdots, p_m$, 代表了所有拒绝的决策中错误的比例, 而错误发现率就是其期望, 即 $\text{FDR} = E(\text{FDP})$. 使用这样的准则, 例如, 在一次性检验成千上万的假设时, 是合理的, 因为我们很多时候可以接受一定数量的拒真错误 (也就是假阳性), 而找到更多的真实信号 (备择假设) 从而带来更多的收益. 当然, 这并不意味着 FWER 不再有用, 当检验个数较少, 或者对拒真错误的风险较为敏感时 (比如确定几种不同的治疗方案), 统计工作者需要根据问题来选定相应的准则.

FDR 这一概念在著名论文 Benjamini et al.(1995) 中被提出, 由于其简单直观, 在诸多的大数据推断问题中体现出了强大的功效, 因此很快成了一个标准的多重检验度量, 获得了极高的引用 (该论文是迄今为止统计科学史上引用率最高的论文). 尽管经过了二十多年的发展, 已有大量的 FDR 理论分析和控制方法, 但该领域仍是现代统计的一个非常热门的方向, 新思想、新方法仍然层出不穷.

这里的核心问题有两个, 一是如何选取临界值, 从而控制 FDR; 二是如何利用 m 个检验的 (其他) 信息, 如相关性等, 来提高检验的功效. 在这里我们仅探讨最经典的 Benjamini-Hochberg(简称 BH) 控制方法, 其在今天仍是大家最常用的、最标准的方法. BH 检验过程如下:

(1) 令 $p_{(1)} < p_{(2)} < \cdots < p_{(m)}$ 表示 p 值 $p_1, p_2, \cdots, p_m$ 的次序统计量.

(2) 定义 $\ell_i = i\alpha/(mC_m)$, $R = \max\{i : p_{(i)} < \ell_i\}$, 其中如果 m 个检验独立则令 $C_m = 1$; 否则取 $C_m = \sum\limits_{i=1}^{m}(1/i)$.

(3) 令 $T = p_{(R)}$; 此时 T 就是 BH 方法的临界值.

(4) 拒绝所有满足 $p_i \leqslant T$ 的 H_{0i}.

我们有如下结论.

定理 4.3.2 假设 p 个检验独立. 使用 BH 方法, 无论 H_0 正确的个数是多少, 也无论 H_0 错误的时候 p 值的分布如何, 我们总是有

$$\text{FDR} = E(\text{FDP}) = \frac{m_0}{m}\alpha \leqslant \alpha.$$

关于该结论的证明以及其各种推广在最近二十年的文献中有很多讨论, 这里我们采用在 FDR 文献中常用的"leave-one-out"方法.

证明 当 $m_0 = 0$ 时结论自然成立, 我们假设 $m_0 \geqslant 1$. 定义

$$V_i = I(H_{0i}\ \text{被拒绝}), i \in \mathcal{H}_0,$$

因此我们可表示 FDP 为

$$\text{FDP} = \sum_{i \in \mathcal{H}_0} \frac{V_i}{R \vee 1}.$$

我们将证明 $E\left[V_i/\left(R\vee 1\right)\right]=\alpha/n$. 如果该式成立, 则立即有

$$\mathrm{FDR}=\sum_{i\in\mathcal{H}_0}E\left(\frac{V_i}{R\vee 1}\right)=\sum_{i\in\mathcal{H}_0}\frac{\alpha}{n}=\frac{n_0}{n}\alpha.$$

由定义有 $\dfrac{V_i}{R\vee 1}=\sum\limits_{k=1}^{m}\dfrac{V_iI(R=k)}{k}$. 当 $R=0$ 时, 我们得到 $V_i/(R\vee 1)=0$, 则结论自然成立, 下面考虑 $R\neq 0$.

注意到在 BH 方法中的两个事实:

- 当共有 k 个拒绝时, H_{0i} 被拒绝当且仅当 $p_i\leqslant \alpha k/m$. 因此, $V_i=I(p_i\leqslant \alpha k/m)$.
- 假设 $p_i\leqslant \alpha k/m$, 我们将 p_i 的值置为零. 将此时的拒绝总数记为 $R(p_i\to 0)$. 此时, 这个值精确等于 R, 因为, 我们置零这一操作仅影响前 k 个 p 值的顺序, 所有这 k 个值仍然低于临界值 $\alpha k/m$. 另一方面, 如果 $p_i>\alpha k/m$, 则我们不拒绝 p_i, 因此 $V_i=0$. 所以我们总是有 $V_iI(R=k)=V_iI\left(R\left(p_i\to 0\right)=k\right)$.

基于如上事实, 取关于 $\mathcal{F}_i=\{p_1,\cdots,p_{i-1},p_{i+1},\cdots,p_m\}$ 的条件期望, 我们有

$$\begin{aligned}E\left(\frac{V_i}{R\vee 1}\middle|\mathcal{F}_i\right)&=\sum_{k=1}^{m}\frac{E\left[I(p_i\leqslant \alpha k/m)I(R(p_i\to 0)=k)\mid \mathcal{F}_i\right]}{k}\\&=\sum_{k=1}^{m}\frac{I(R(p_i\to 0)=k)\alpha k/m}{k},\end{aligned}$$

其中第二个等式是因为在给定 $\mathcal{F}_i$ 和 $p_i=0$ 下 $I\left(R\left(p_i\to 0\right)=k\right)$ 是确定的. 这里我们也用到了 $p_i\sim U(0,1)$ 且相互独立.

最后, 我们有结论

$$E\left(\frac{V_i}{R\vee 1}\middle|\mathcal{F}_i\right)=\frac{\alpha}{m}\sum_{k=1}^{m}I(R(p_i\to 0)=k)=\frac{\alpha}{m}.$$

这里利用了事实 $\sum\limits_{k=1}^{m}I(R(p_i\to 0)=k)=1$. 这是因为当我们置一个真实零假设的 p_i 为零时, 则至少做了一次错误拒绝——我们总是会拒绝 H_{0i}. 因此, $R(p_i\to 0)\geqslant 1$, 并且 $R(p_i\to 0)$ 取 $[1,m]$ 中的一个值. □

注意到, 上面的标准 BH 方法的有效性是基于所有真实零假设对应的 p 值是独立这一前提的. 事实上, 当这些 p 值的相关性不是很强时, 可以证明相应的 FDR 是能够被渐近地控制在 α 水平的 $(m\to\infty)$, 参见 Storey et al.(2004). 对于有限样本的情形, 就需要更为具体的相关性假设. 这里介绍文献中著名的 PRDS 假设. 下面的叙述中我们用 $x=(x_1,x_2,\cdots,x_n)\geqslant y=(y_1,y_2,\cdots,y_n)$ 表示 $x_i\geqslant y_i,\forall i$.

定义 4.3.1 如果 $x\in D$ 且 $y\geqslant x$ 意味着 $y\in D$, 则集合 $D\in\mathbb{R}^m$ 被称作是单增的.

定义 4.3.2 如果对于任意单增集合和所有的 $i \in G_0$, $P((X_1, X_2, \cdots, X_m) \in D \mid X_i = x)$ 是关于 x 单增的, 则我们称随机向量 $\boldsymbol{X} = (X_1, X_2, \cdots, X_m)^{\mathrm{T}}$ 是在 G_0 上 PRDS (positive regression dependence on each of a subset) 的.

如果 X 是在 $\mathcal{H}_0$ 上 PRDS 的, 则基于样本均值构造的 t 统计量所对应的 p 值也是 PRDS 的.

我们看一个经典的 PRDS 例子.

命题 4.3.1 假设 $\boldsymbol{X} \sim N_m(\boldsymbol{\mu}, \Sigma)$. 如果对 $i \in \mathcal{H}_0$ 和所有的 j 都有 $\sigma_{ij} > 0$, 则 $\boldsymbol{X}$ 是在 $\mathcal{H}_0$ 上 PRDS 的.

证明 令 $\boldsymbol{X}_1 = (X_1, X_2, \cdots, X_{m-1})$, 注意到

$$\boldsymbol{X} = \begin{pmatrix} \boldsymbol{X}_1 \\ X_m \end{pmatrix}, \quad \Sigma = \begin{pmatrix} \Sigma_{11} & \Sigma_{12} \\ \Sigma_{21} & \Sigma_{22} \end{pmatrix},$$

$$(\boldsymbol{X}_1 \mid X_m = x) \sim N_{m-1}\left(\boldsymbol{\mu}_1 + \Sigma_{12}\Sigma_{22}^{-1}(x - \boldsymbol{\mu}_2), \Sigma_{11\cdot 2}\right),$$

$$\Sigma_{11\cdot 2} = \Sigma_{11} - \Sigma_{12}\Sigma_{22}^{-1}\Sigma_{21},$$

注意到协方差不依赖于 x, 因此如果 Σ_{12} 是正定的, 则上面的条件分布是关于 x (随机) 单增的. 因此, 对于非降函数 f, $x \leqslant x'$ 意味着

$$E\left[f(X) \mid X_m = x\right] \leqslant E\left[f(X) \mid X_m = x'\right].$$

取 f 为单增集合的示性函数则可得到结论. □

我们有如下在 PRDS 假设下的 FDR 控制结论.

定理 4.3.3 如果检验统计量的联合分布 (或者 p 值的联合分布) 是在 $\mathcal{H}_0$ 上 PRDS 的, 则 BH 方法控制 FDR 在 $\alpha \dfrac{m_0}{m}$ 水平上.

证明 回顾 $\mathrm{FDR} = E\left(\sum\limits_{i \in \mathcal{H}_0} \dfrac{V_i}{R \vee 1}\right)$. 下面我们证明 $E[V_i/(R \vee 1)] \leqslant \alpha/m$. 令 $\alpha_k = \alpha k/m$, 我们有

$$\begin{aligned}
\frac{V_i}{R \vee 1} &= \sum_{k \geqslant 1} \frac{I(p_i \leqslant \alpha_k) I(R = k)}{k} \\
&= \sum_{k \geqslant 1} \frac{I(p_i \leqslant \alpha_k)\left[I(R \leqslant k) - I(R \leqslant k-1)\right]}{k} \\
&= \sum_{k=1}^{m-1} \left[\frac{I(p_i \leqslant \alpha_k)}{k} - \frac{I(p_i \leqslant \alpha_{k+1})}{k+1}\right] I(R \leqslant k) + \frac{I(R \leqslant m) I(p_i \leqslant \alpha)}{m}.
\end{aligned}$$

注意到 $E\left[\dfrac{I(R \leqslant m) I(p_i \leqslant \alpha)}{m}\right] = \dfrac{\alpha}{m}$ 总是成立的. 对于每个 k, 我们有

$$E\left\{\left[\frac{I(p_i \leqslant \alpha_k)}{k} - \frac{I(p_i \leqslant \alpha_{k+1})}{k+1}\right] I(R \leqslant k)\right\}$$

$$
\begin{aligned}
&= \frac{P(p_i \leqslant \alpha_k, R \leqslant k)}{k} - \frac{P(p_i \leqslant \alpha_{k+1}, R \leqslant k)}{k+1} \\
&= \frac{P(R \leqslant k \mid p_i \leqslant \alpha_k) P(p_i \leqslant \alpha_k)}{k} - \frac{P(R \leqslant k \mid p_i \leqslant \alpha_{k+1}) P(p_i \leqslant \alpha_{k+1})}{k+1} \\
&\leqslant \frac{P(R \leqslant k \mid p_i \leqslant \alpha_{k+1}) P(p_i \leqslant \alpha_k)}{k} - \frac{P(R \leqslant k \mid p_i \leqslant \alpha_{k+1}) P(p_i \leqslant \alpha_{k+1})}{k+1} = 0.
\end{aligned}
$$

这里的不等式就利用了 PRDS 性质: 对于 $t \leqslant t'$, 如果 i 属于 $\mathcal{H}_0$ 且 D 是单增的, 则 $P(D \mid p_i \leqslant t) \leqslant P(D \mid p_i \leqslant t')$. 事实上, $\{R \leqslant k\}$ 确实是一个单增集合, 这是因为当 p_i 增大, R 就会降低 (我们将会拒绝更少的假设). □

最后, 我们讨论在不对相关性做任何假设下, 如何调整 BH 方法使其仍然能够控制 FDR.

命题 4.3.2 当检验之间存在相关性时, BH 方法的 FDR 水平上界为 $\alpha \cdot a(m) \cdot \dfrac{m_0}{m}$, 这里 $a(m) = 1 + 1/2 + 1/3 + \cdots + 1/m \approx \ln m + 0.577$.

证明 回顾 $\mathrm{FDP} = \sum\limits_{i \in \mathcal{H}_0} \dfrac{V_i}{R \vee 1}$. 如果我们证明对于任意的真实零假设都有

$$
E\left(\frac{V_i}{R \vee 1}\right) \leqslant \frac{\alpha}{m} a(m),
$$

则 $\mathrm{FDR} \leqslant \alpha \cdot a(m) \cdot \dfrac{m_0}{m}$.

令 $\alpha_k = \alpha k / m$, 我们有

$$
\begin{aligned}
\frac{V_i}{1 \vee R} &= \sum_{k=1}^{m} \frac{I(p_i \leqslant \alpha_k) I(R = k)}{k} \\
&= \sum_{k=1}^{m} \sum_{\ell=1}^{k} \frac{I\left(p_i \in (\alpha_{\ell-1}, \alpha_\ell)\right) I(R = k)}{k} \\
&= \sum_{\ell=1}^{m} \sum_{k \geqslant \ell}^{m} \frac{I(R = k)}{k} I\left(p_i \in (\alpha_{\ell-1}, \alpha_\ell)\right) \\
&= \sum_{\ell=1}^{m} \frac{I(R \geqslant \ell)}{R} I\left(p_i \in (\alpha_{\ell-1}, \alpha_\ell)\right) \\
&\leqslant \sum_{\ell=1}^{m} \frac{1}{\ell} I\left(p_i \in (\alpha_{\ell-1}, \alpha_\ell)\right).
\end{aligned}
$$

取期望后就可以得到结论. □

由该命题可知, 当没有任何相关性信息且对有限样本下的 FDR 控制要求较为严格时, 我们可以在 BH 方法中用 $\alpha / a(m)$ 取代 α 来进行检验, 此时相应的 FDR 被控制在 α 以下. 当然, 这是个保守的策略, 这再次体现了统计学中的“平衡”——精确性和一般性之间总是要进行一定的“妥协”.

习题四

1. 如果 $\boldsymbol{X}=(X_1,X_2,X_3)^{\mathrm{T}}\sim N_3(\boldsymbol{\mu},\Sigma)$, 且

$$\Sigma=\begin{pmatrix}4&1&0\\1&3&0\\0&0&2\end{pmatrix},$$

则 X_1 与 X_2 是否相互独立? (X_1,X_2) 与 X_3 是否独立?

2. 如果 A 为 $p\times p$ 对称常数矩阵, $\boldsymbol{X}\sim N_p(\boldsymbol{\mu},\Sigma)$, 证明:

$$\mathrm{Cov}(\boldsymbol{X},\boldsymbol{X}^{\mathrm{T}}A\boldsymbol{X})=2\Sigma A\boldsymbol{\mu}. \tag{4.1}$$

3. 考虑一个多元正态分布 $N_3(\boldsymbol{\mu},\Sigma)$, 请用矩阵语言 $A\boldsymbol{\mu}=\boldsymbol{a}$ 叙述假设 $H_0:\mu_1=\mu_2=\mu_3$.

4. 模拟一个具有 $\boldsymbol{\mu}=\begin{pmatrix}1\\2\end{pmatrix}$ 和 $\Sigma=\begin{pmatrix}1&0.5\\0.5&2\end{pmatrix}$ 的正态样本, 首先在 Σ 已知的情况下, 然后在 Σ 未知的情况下, 检验 $H_0:2\mu_1-\mu_2=0.2$.

5. 假设 $X_1,X_2,\cdots,X_n$ 是从 $N_p(\boldsymbol{\mu},\Sigma)$ 总体中抽取的独立同分布样本. 在 Σ 未知且 $\boldsymbol{\mu}=\boldsymbol{\mu}_0$ 的条件下, 证明对数似然函数的最大值为

$$\ell_0^*=\ell\left(\boldsymbol{\mu}_0,\hat{\Sigma}+\boldsymbol{d}\boldsymbol{d}^{\mathrm{T}}\right),\quad \boldsymbol{d}=\bar{\boldsymbol{x}}-\boldsymbol{\mu}_0.$$

6. 假设 $\boldsymbol{X}_1,\boldsymbol{X}_2,\cdots,\boldsymbol{X}_n$ 是从 $N_p(\boldsymbol{\mu},\Sigma)$ 总体中抽取的独立同分布样本, 并考虑在 Σ 未知的条件下检验 $H_0:\boldsymbol{\mu}=\boldsymbol{\mu}_0\leftrightarrow H_1:\boldsymbol{\mu}\neq\boldsymbol{\mu}_0$. 证明似然比检验的统计量等于

$$-2\ln\lambda=n\ln\left(1+\boldsymbol{d}^{\mathrm{T}}\hat{\Sigma}^{-1}\boldsymbol{d}\right),\quad \boldsymbol{d}=\bar{\boldsymbol{X}}-\boldsymbol{\mu}_0.$$

7. 考虑 $\boldsymbol{X}\sim N_3(\boldsymbol{\mu},\Sigma)$. 一个大小为 $n=10$ 的独立同分布样本给出:

$$\bar{\boldsymbol{X}}=(1,0,2)^{\mathrm{T}}\quad 和\quad \hat{\Sigma}=\begin{pmatrix}3&2&1\\2&3&1\\1&1&4\end{pmatrix}.$$

(1) 计算 μ_1,μ_2 和 μ_3 的同时置信区间.

(2) 我们可以断言 μ_1 是 μ_2 和 μ_3 的平均值吗?

8. 假设 $\boldsymbol{X}\sim N_2(\boldsymbol{\mu},\Sigma)$, 其中 $\Sigma=\begin{pmatrix}2&-1\\-1&2\end{pmatrix}$, 我们有一个大小为 $n=6$ 的独立同分布样本, 根据其计算得到了 $\bar{\boldsymbol{X}}^{\mathrm{T}}=\left(1,\dfrac{1}{2}\right)$. 解决以下检验问题 $(\alpha=0.05)$:

(1) $H_0: \boldsymbol{\mu} = \left(2, \dfrac{2}{3}\right)^{\mathrm{T}} \leftrightarrow H_1: \boldsymbol{\mu} \neq \left(2, \dfrac{2}{3}\right)^{\mathrm{T}}$.

(2) $H_0: \mu_1 + \mu_2 = \dfrac{7}{2} \leftrightarrow H_1: \mu_1 + \mu_2 \neq \dfrac{7}{2}$.

(3) $H_0: \mu_1 - \mu_2 = \dfrac{1}{2} \leftrightarrow H_1: \mu_1 - \mu_2 \neq \dfrac{1}{2}$.

(4) $H_0: \mu_1 = 2 \leftrightarrow H_1: \mu_1 \neq 2$.

对于每一种情况, 计算拒绝域.

9. 同习题 8 的设定, 但 Σ 未知且样本协方差矩阵为 $\hat{\Sigma} = \begin{pmatrix} 2 & -1 \\ -1 & 2 \end{pmatrix}$, 比较结果.

10. 考虑来自两个二元正态总体的两个独立的同分布样本, 每个样本大小为 10, 从样本计算的结果如下:

$$\bar{\boldsymbol{X}}_1 = (3,1)^{\mathrm{T}}; \quad \bar{\boldsymbol{X}}_2 = (1,1)^{\mathrm{T}};$$

$$\hat{\Sigma}_1 = \begin{pmatrix} 4 & -1 \\ -1 & 2 \end{pmatrix}; \quad \hat{\Sigma}_2 = \begin{pmatrix} 2 & -2 \\ -2 & 4 \end{pmatrix}.$$

对以下假设检验提供解决方案:

(1) $H_0: \mu_1 = \mu_2 \leftrightarrow H_1: \mu_1 \neq \mu_2$.

(2) $H_0: \mu_{11} = \mu_{21} \leftrightarrow H_1: \mu_{11} \neq \mu_{21}$.

(3) $H_0: \mu_{12} = \mu_{22} \leftrightarrow H_1: \mu_{12} \neq \mu_{22}$.

比较这些解决方案.

11. 假设 $\boldsymbol{X} \sim N_p(\boldsymbol{\mu}, \Sigma)$, 其中 Σ 未知.

(1) 导出用于检验 p 个分量是否独立的对数似然比检验, 即 $H_0: \Sigma$ 是对角矩阵.

(2) 假设 Σ 是对角矩阵 (所有变量都是独立的). 能否导出针对 $H_0: \boldsymbol{\mu} = \boldsymbol{\mu}_0$ 的对立假设 $H_1: \boldsymbol{\mu} \neq \boldsymbol{\mu}_0$ 的渐近检验? 这与对每个 μ_j 进行的 p 个独立的单变量 t 检验相比如何?

(3) 提供一个检验 p 个均值相等的渐近检验的简易导出方法. 将此与简单的方差分析 (ANOVA) 比较.

12. Olkin (奥尔金) 和 Vaeth (维斯) (1981) 观察了在一天中三个不同时间点, 遵循不同饮食的两组患者的血浆柠檬酸浓度的变化. (患者在平衡设计下随机分配到每组, $n_1 = n_2 = 5$). 数据集在表 4.1 中给出, 检验两组的血浆柠檬酸浓度曲线是否平行变化.

13. 在 30 个地块中测量小麦产量, 这些地块随机分配给三个使用三种不同肥料 A, B 和 C 处理的批次. 数据集在表 4.2 中给出, 利用习题 11, 完成以下要求:

(1) 测试三列数据之间的独立性.

(2) 检验 $\boldsymbol{\mu} = (2,6,4)^{\mathrm{T}}$ 并将此与三个单变量 t 检验进行比较.

(3) 使用简单的方差分析 (ANOVA) 和 χ^2 近似测试是否 $\mu_1=\mu_2=\mu_3$.

表 4.1　血浆柠檬酸浓度

组别	8:00	11:00	15:00
I	125	137	121
	144	173	147
	105	119	125
	151	149	128
	137	139	109
II	93	121	107
	116	135	106
	109	83	100
	89	95	83
	116	128	100

表 4.2　小 麦 产 量

肥料 A	肥料 B	肥料 C
4	6	2
3	7	1
2	7	1
5	5	1
4	5	3
4	5	4
3	8	3
3	9	3
3	9	2
1	6	2

14. 设 $\boldsymbol{X}_1,\boldsymbol{X}_2,\cdots,\boldsymbol{X}_n$ 为来自总体 $N_p(\boldsymbol{\mu},\Sigma)$ 的独立同分布样本, 其中

$$\Sigma=\sigma^2\begin{pmatrix}1&\rho&\cdots&\rho\\ \rho&1&\cdots&\rho\\ \vdots&\vdots&&\vdots\\ \rho&\rho&\cdots&1\end{pmatrix}.$$

令 $Q_H=\sum\limits_{j=1}^{p}\left(\bar{X}_{\cdot j}-\bar{X}_{\cdot\cdot}\right)^2,Q_E=\sum\limits_{i=1}^{n}\sum\limits_{j=1}^{p}\left(X_{ij}-\bar{X}_{i\cdot}-\bar{X}_{\cdot j}+\bar{X}_{\cdot\cdot}\right)^2$, 其中 X_{ij} 为

$\boldsymbol{X}_i$ 的第 j 个元素. 证明: 检验 $H_0:\mu_1=\mu_2=\cdots=\mu_p$ 可用统计量 $F=(n-1)Q_H/Q_E$, 当 H_0 为真时 $F\sim F(p-1,(n-1)(p-1))$.

15. 表 4.3 的数据为 38 个人的体重和身高, 试检验假设 $H_0:\boldsymbol{\mu}=(63.64, 1\,615.38)^{\mathrm{T}}$.

表 4.3　体重、身高数据

体重/kg	71.0	56.5	56.0	61.0	65.0	62.0	53.0	53.0	65.0	71.0
身高/mm	1 629	1 569	1 561	1 619	1 566	1 639	1 494	1 568	1 610	1 572
体重/kg	65.0	57.0	66.5	59.1	64.0	69.5	64.0	56.5	60.2	55.0
身高/mm	1 540	1 530	1 622	1 486	1 578	1 645	1 648	1 521	1 534	1 536
体重/kg	57.0	55.0	57.0	58.0	59.5	61.0	57.0	57.5	70.0	64.0
身高/mm	1 547	1 505	1 473	1 538	1 513	1 653	1 566	1 580	1 630	1 640
体重/kg	74.0	72.0	62.5	68.0	63.4	68.0	69.0	73.0		
身高/mm	1 647	1 620	1 637	1 528	1 647	1 605	1 625	1 615		

16. (1) 测量了 35 只雌性青蛙的头骨长和宽的数据后, 得到下面的统计量:

$$\bar{\boldsymbol{X}}=\begin{pmatrix}22.860\\24.397\end{pmatrix},\quad S_1=\begin{pmatrix}17.178&19.710\\19.710&23.710\end{pmatrix},$$

检验假设 $H_0:\mu_1=\mu_2$.

(2) 对 14 只雄性青蛙进行同样的测量得到统计量

$$\bar{\boldsymbol{X}}=\begin{pmatrix}21.821\\22.843\end{pmatrix},\quad S_2=\begin{pmatrix}17.159&17.731\\17.731&19.273\end{pmatrix},$$

检验假设 $H_0:\mu_1=\mu_2$.

(3) 求上面数据综合起来后的协方差矩阵, 并检验雄性和雌性青蛙是否相同 $(\mu_1=\mu_2)$.

17. 为了研究某城市男性高中学生吸烟问题, 随机抽取了 300 名高中男生, 调查每天吸烟量, 结果如表 4.4 所示.

表 4.4　吸 烟 数 据

吸烟量	不吸烟	少量 (1 ~ 4 支)	中等 (5 ~ 10 支)	严重 (10 支以上)
人数	168	85	30	17

试对这四种情况的人的比例 $p_i, i=1,2,3,4, \sum\limits_{i=1}^{4}p_i=1$, 作出 95% 的联立置信区间.

18. 在地质勘探中, 在三个不同的地区 (A, B 和 C) 采集了一些岩石, 测得它们的化学成分如表 4.5 所示.

表 4.5 岩石化学成分数据

A			B			C		
SiO_2	FeO	K_2O	SiO_2	FeO	K_2O	SiO_2	FeO	K_2O
47.22	5.06	0.10	54.33	6.22	0.12	43.12	10.33	0.05
47.45	4.35	0.15	56.17	3.31	0.15	42.05	9.67	0.08
47.52	6.85	0.12	48.40	2.43	0.22	42.50	9.62	0.02
47.86	4.19	0.17	52.62	5.92	0.12	40.77	9.68	0.04
47.31	7.57	0.18						

假定这三个地区岩石的三个成分服从 $N_3(\boldsymbol{\mu}_i, \Sigma_i), i = 1, 2, 3$.

(1) 检验 $H_0 : \Sigma_1 = \Sigma_2 = \Sigma_3 \leftrightarrow H_1$: 存在 $i \neq j$ 使 $\Sigma_i \neq \Sigma_j$.

(2) 检验 $H_0 : \boldsymbol{\mu}_1 = \boldsymbol{\mu}_2 \leftrightarrow H_1 : \boldsymbol{\mu}_1 \neq \boldsymbol{\mu}_2$.

(3) 检验 $H_0 : \boldsymbol{\mu}_1 = \boldsymbol{\mu}_2 = \boldsymbol{\mu}_3 \leftrightarrow H_1$: 存在 $i \neq j$ 使 $\boldsymbol{\mu}_i \neq \boldsymbol{\mu}_j$.

(4) 给出 $\boldsymbol{\mu}_1 - \boldsymbol{\mu}_2$ 的置信区间.

19. 设 $\boldsymbol{X} = (\boldsymbol{X}_1, \boldsymbol{X}_2, \cdots, \boldsymbol{X}_n)$ 为来自总体 $N_p(\boldsymbol{\mu}, \Sigma)$ 的独立同分布样本, Σ 正定并未知, $p = 2k$. 设 $\boldsymbol{\mu} = \left(\boldsymbol{\mu}_{(1)}^{\mathrm{T}}, \boldsymbol{\mu}_{(2)}^{\mathrm{T}}\right)^{\mathrm{T}}$, $\boldsymbol{\mu}_{(i)}^{\mathrm{T}}$ 的维数为 k. 试导出检验假设 $H_0 : \boldsymbol{\mu}_{(1)}^{\mathrm{T}} = \boldsymbol{\mu}_{(2)}^{\mathrm{T}}$ 的 LRT 统计量和分布.

20. 设 $\boldsymbol{X}$ 为来自 $N_p\left(\boldsymbol{\mu}, \sigma^2 I_p\right)$ 的观测, 其中 σ^2 已知, 试基于这一观测求出检验假设 $H_0 : \boldsymbol{\mu}^{\mathrm{T}}\boldsymbol{\mu} = 1$ 的 LRT 统计量.

21. 为了判断两个不同产地的鸢尾花是否属于一个种, 各取 50 个样品测量了 $X_1 =$ 花的萼片长, $X_2 =$ 花的萼片宽, $X_3 =$ 花瓣长, $X_4 =$ 花瓣宽, 希望比较这些形态上的差异是否显著, 作为一个分类的依据, 由测得的数据算得两地的样本均值向量为

$$\bar{\boldsymbol{X}}^{(1)} = (5.936, 2.770, 4.260, 1.328)^{\mathrm{T}}, \quad \bar{\boldsymbol{X}}^{(2)} = (5.006, 3.428, 1.462, 0.246)^{\mathrm{T}}$$

及样本协方差矩阵为

$$\begin{aligned} \hat{\Sigma}_1 &= \sum_{i=1}^{50} \left[\boldsymbol{X}_i^{(1)} - \bar{\boldsymbol{X}}^{(1)}\right] \left[\boldsymbol{X}_i^{(1)} - \bar{\boldsymbol{X}}^{(1)}\right]^{\mathrm{T}} \\ &= \begin{pmatrix} 9.601\,2 & & & \\ 5.006\,7 & 5.882\,3 & & \\ 4.765\,4 & 2.801\,1 & 6.191\,9 & \\ 1.801\,1 & 1.302\,5 & 1.902\,6 & 1.311\,8 \end{pmatrix}, \end{aligned}$$

$$
\begin{aligned}
\hat{\Sigma}_2 &= \sum_{i=1}^{50}\left[\boldsymbol{X}_i^{(2)}-\bar{\boldsymbol{X}}^{(2)}\right]\left[\boldsymbol{X}_i^{(2)}-\bar{\boldsymbol{X}}^{(2)}\right]^{\mathrm{T}} \\
&= \begin{pmatrix} 9.542\,2 & & & \\ 4.928\,9 & 5.983\,5 & & \\ 4.998\,0 & 1.823\,1 & 6.105\,9 & \\ 1.438\,3 & 1.172\,1 & 1.976\,8 & 1.148\,6 \end{pmatrix}.
\end{aligned}
$$

(1) 设两种鸢尾花形态的协方差矩阵相等, 对于 $\alpha=0.05$, 判断两地鸢尾花形态均值向量是否有显著差异.

(2) 检验两地的鸢尾花形态的协方差矩阵是否相等 ($\alpha=0.05$).

22. 设 $\boldsymbol{X}_i, i=1,2,\cdots,n(n>p)$ 为总体 $N_p(\boldsymbol{\mu},\Sigma)$, ($\Sigma$正定, $\boldsymbol{\mu},\Sigma$ 都未知) 的独立同分布样本, 试证明检验假设

$$
H_0:\Sigma=\operatorname{diag}\{\sigma_{11},\sigma_{22},\cdots,\sigma_{pp}\} \leftrightarrow H_1:\Sigma\neq\operatorname{diag}\{\sigma_{11},\sigma_{22},\cdots,\sigma_{pp}\}
$$

的似然比统计量为 $\lambda=|R|^{n/2}$, 其中 R 为样本相关系数.

23. 设 $\boldsymbol{X}_1,\boldsymbol{X}_2,\cdots,\boldsymbol{X}_n$ 为来自总体 $N_d(\boldsymbol{\mu},\Sigma)$ 的独立同分布样本, $d\leqslant n-1$, 设 H_0 为线性假设 $\boldsymbol{\mu}\in V$, 其中 V 为 d 维 Euclid 空间的一个 p 维子空间, 证明当 H_0 成立时有

$$
\min_{\boldsymbol{\mu}\in V} n(\bar{\boldsymbol{X}}-\boldsymbol{\mu})^{\mathrm{T}}S^{-1}(\bar{\boldsymbol{X}}-\boldsymbol{\mu})\sim T^2(d-p,n-1).
$$

第五章

线性模型与logistic回归

第四章介绍的多元分布中并没有区别不同变量的作用. 然而, 在实际应用中, 需研究某些变量取值的改变, 怎么影响其他变量的变化. 例如, 考虑身高对体重影响. 在该问题中有很多可以变化的量, 如身高、腰围、体重等统称变量. 其中身高是探究的因素, 称为协变量, 而体重会因身高这个协变量而变化, 所以称作响应. 有时也称协变量为特征 (feature). 又例如医生根据患者的各类检查指标, 来判断是否存在某种疾病. 此时, 各类检查指标为协变量, 而疾病是否存在为响应. 这两个例子中, 响应的类型不一样, 前例中体重这一响应可以连续取值, 而后例中是否存在某种疾病为一个二元离散取值的响应. 为了分析不同类型的响应, 可以建立不同的模型. 通常地, 前例中的协变量和响应之间可建立线性回归模型, 后例中的协变量和响应之间可建立 logistic (逻辑斯谛) 回归模型. 在本章中, 将介绍线性回归模型和 logistic 回归模型, 从而进一步分析多元分布中不同变量之间的关系. 通常, 线性回归模型用于处理连续响应的回归问题, logistic 回归模型用于处理离散响应的分类问题. logistic 回归模型也是一类特殊的广义线性模型. 线性模型是一类简单有效的模型, 具有广泛用途, 也是复杂的深度学习模型的基础.

5.1 最小二乘估计

先考虑只有一个协变量和一个响应的情形.

例 5.1.1 考察某地区便利店的商品零售额 (x) 与商品流通费率 (y) 之间的关系, 抽样得到的数据如下:

商品零售额/万元	9.5	11.5	13.5	15.5	17.5	19.5	21.5	23.5	25.5	27.5
商品流通费率/%	6.0	4.6	4.0	3.2	2.8	2.5	2.4	2.3	2.2	2.1

该数据的散点图见图 5.1.1. 从中可见, 协变量 x 与响应 y 之间存在某种趋势性的关系. 如何刻画两者之间的关系是值得研究的问题.

给定样本 $\{(x_i, y_i), i=1,2,\cdots,n\}$, 建立协变量和响应之间关系的最简单方法是考虑如下的简单线性模型:

$$y = \beta_0 + \beta_1 x + \varepsilon,$$

其中 $\varepsilon \sim (0, \sigma^2)$. 令每个观测点处的拟合误差 $e_i = y_i - \beta_0 - \beta_1 x_i$, 见图 5.1.1(a). 记 $\boldsymbol{\beta} = (\beta_0, \beta_1)^{\mathrm{T}}$, 样本数为 n. 为了得到参数 $\boldsymbol{\beta}$ 合适的估计, 一种直观的方法是使得拟合误差的绝对值之和最小化, 即

$$\hat{\boldsymbol{\beta}} = \arg\min_{\boldsymbol{\beta}} \sum_{i=1}^{n} |e_i| = \arg\min_{\beta_0,\beta_1} \sum_{i=1}^{n} |y_i - \beta_0 - \beta_1 x_i|. \tag{5.1.1}$$

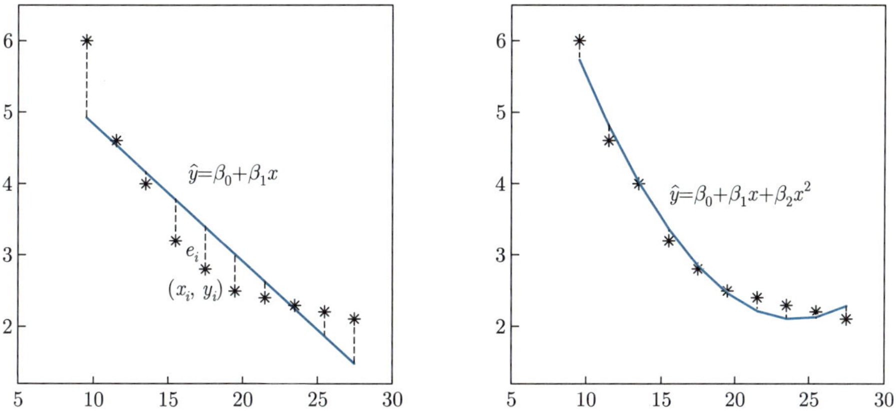

(a) 简单线性回归模型 (b) 二次回归模型

图 5.1.1 例 5.1.1 数据的散点图和回归模型

这种估计 $\boldsymbol{\beta}$ 的方法为**最小一乘法**. 然而, 由于 (5.1.1) 式中存在绝对值函数, 并不容易得到估计值 $\hat{\boldsymbol{\beta}}$. 为此, 考虑最小化拟合误差平方和, 即

$$\hat{\boldsymbol{\beta}} = \arg\min_{\boldsymbol{\beta}} \sum_{i=1}^{n} e_i^2 = \arg\min_{\beta_0,\beta_1} \sum_{i=1}^{n} (y_i - \beta_0 - \beta_1 x_i)^2. \tag{5.1.2}$$

称估计 $\boldsymbol{\beta}$ 的这种方法为最小二乘法, 相应的 $\hat{\boldsymbol{\beta}}$ 为 $\boldsymbol{\beta}$ 的**最小二乘估计** (least squares estimation, LSE).

为了得到 (5.1.2) 式中参数的估计, 一个自然的想法是分别对 β_0 和 β_1 求导并令其为 0, 即

$$\begin{cases} -2\sum_{i=1}^{n}(y_i - \beta_0 - \beta_1 x_i) = 0, \\ -2\sum_{i=1}^{n}(y_i - \beta_0 - \beta_1 x_i)x_i = 0. \end{cases}$$

从而可得 β_0 和 β_1 的最小二乘估计为

$$\begin{cases} \hat{\beta}_0 = \bar{y} - \hat{\beta}_1 \bar{x}, \\ \hat{\beta}_1 = \dfrac{\sum\limits_{i=1}^{n} x_i y_i - n\bar{x}\bar{y}}{\sum\limits_{i=1}^{n} x_i^2 - n\bar{x}^2}, \end{cases} \tag{5.1.3}$$

其中 $\bar{x} = \frac{1}{n}\sum\limits_{i=1}^{n} x_i$, $\bar{y} = \frac{1}{n}\sum\limits_{i=1}^{n} y_i$. 对于例 5.1.1 的数据, 可得 $\hat{\beta}_0 = 6.747\,4$, $\hat{\beta}_1 = -0.191\,2$, 从而拟合模型为

$$\hat{y} = 6.747\,4 - 0.191\,2x, \tag{5.1.4}$$

相应的线性回归模型见图 5.1.1(a). 从中可见, 简单线性回归模型 (5.1.4) 从某种程度上刻画了协变量与响应之间的关系.

给定拟合模型后, 对于任意 x 可以得到其预测值. 特别地, 当 $x = x_i, i = 1, 2, \cdots, n$ 时, 称相应的 $\hat{y}_i$ 为该点的拟合值, $e_i = y_i - \hat{y}_i$ 为该处的**残差** (residual). 表 5.1.1 给出例 5.1.1 中简单线性拟合模型在不同 x_i 处的残差, 相应的残差点图见图 5.1.2(a). 从残差点图中可以直观地判断拟合模型是否合理. 一个表现良好的拟合模型的残差点图应具有以下特点:

- 各残差点应均匀地分布在横轴上下, 即一半左右的点在横轴上方, 另一半在横轴下方.
- 大部分点靠近横轴.
- 残差点图没有明显的趋势.

表 5.1.1　例 5.1.1 中简单线性拟合模型的残差

y_i	6.0	4.6	4.0	3.2	2.8	2.5	2.4	2.3	2.2	2.1
$\hat{y}_i$	4.930 9	4.548 5	4.166 1	3.783 6	3.401 2	3.018 8	2.636 4	2.253 9	1.871 5	1.489 1
e_i	1.069 1	0.051 5	−0.166 1	−0.583 6	−0.601 2	−0.518 8	−0.236 4	0.046 1	0.328 5	0.610 9

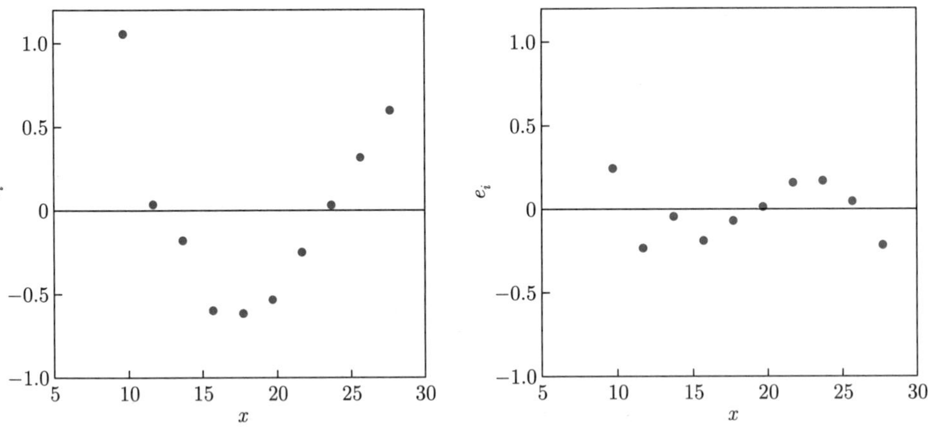

(a) 简单线性回归模型　　(b) 二次回归模型

图 5.1.2　例 5.1.1 不同拟合模型的残差

根据这些要求, 由图 5.1.2(a) 可知, 简单线性回归模型的拟合效果并不理想, 因为其中存在某种趋势性. 因此需要考虑其他拟合模型. 一般地, 给定样本 $\{(x_i, y_i), i = 1, 2, \cdots, n\}$, 可以考虑以下的多项式回归模型:

$$y = \beta_0 + \beta_1 x + \beta_2 x^2 + \cdots + \beta_p x^p + \varepsilon, \tag{5.1.5}$$

其中 p 为次数. 则 (5.1.5) 式中参数 $\boldsymbol{\beta} = (\beta_0, \beta_1, \beta_2, \cdots, \beta_p)^{\mathrm{T}}$ 的最小二乘估计为最小

化下面的目标函数:

$$\sum_{i=1}^{n}(y_i-\beta_0-\beta_1x_i-\beta_2x_i^2-\cdots-\beta_px_i^p)^2,$$

上式分别对参数 $\beta_0,\beta_1,\beta_2,\cdots,\beta_p$ 求导并令其为 0, 则得到 $p+1$ 个方程, 从而得到 $\beta_0,\beta_1,\beta_2,\cdots,\beta_p$ 这 $p+1$ 个参数的估计. 例如, 取 $p=2$ 时, 则可得拟合模型为

$$\hat{y}=11.989\ 4-0.818\ 4x+0.017\ 0x^2,$$

其拟合效果见图 5.1.1(b), 相应的残差点图见图 5.1.2(b). 从中可见, 二次模型的拟合效果比简单线性模型有明显改进, 因为残差点更靠近横轴且没有很明显的趋势. 然而, 进一步观测可见, 在样本中随着协变量的增大, 响应有变小的趋势, 而二次回归模型在右边尾部有翘尾的表现, 因此二次回归模型在右边尾部的拟合效果并不理想. 从而, 需要更合理的拟合模型. 提高拟合次数是一种可能的方法, 但也可能出现类似的问题.

在例 5.1.1 中, 协变量的个数只有一个, 更一般的情形是存在多个协变量和一个响应. 例如, 在实际经济问题中, 家庭消费支出, 除了受家庭可支配收入的影响外, 还受诸如家庭所有的财富、物价水平、金融机构存款利息等多种因素的影响. 又例如人体的体重, 除了受身高影响外, 还可能受到腰围、臂围、性别、年龄等因素的影响. 对于多变量的情形, 除了研究协变量之间是否存在某些关系, 更关心这些协变量是怎么影响响应的.

考虑多个协变量的情形. 给定样本数据 $\{(x_{i1},x_{i2},\cdots,x_{ip},y_i),i=1,2,\cdots,n\}$, 我们希望建立协变量的函数来拟合数据, 即

$$y=f(x_1,x_2,\cdots,x_p)+\varepsilon. \tag{5.1.6}$$

基于样本数据, 由不同方法得到函数 $f(x_1,x_2,\cdots,x_p)$ 的估计 $\hat{f}(x_1,x_2,\cdots,x_p)$ 后, 即可预测协变量在其他点处的响应值. 如何得到合适的 $\hat{f}(x_1,x_2,\cdots,x_p)$ 是统计学的关键问题之一, 其贯穿统计学的诸多分支. 在后续的回归分析、多元统计分析、非参数统计等统计学课程中都有详细的介绍. 一类方法是假设 $f(x_1,x_2,\cdots,x_p)$ 具有某种参数结构, 即

$$y=f(x_1,x_2,\cdots,x_p;\boldsymbol{\beta})+\varepsilon, \tag{5.1.7}$$

其中 $f(x_1,x_2,\cdots,x_p;\boldsymbol{\beta})$ 的形式已知, 而这里参数 $\boldsymbol{\beta}$ 未知. 例如,

$$y=\beta_0+\beta_1x_1+\cdots+\beta_px_p+\varepsilon, \tag{5.1.8}$$

其即为多元线性回归模型且 $\boldsymbol{\beta}=(\beta_0,\beta_1,\cdots,\beta_p)^{\mathrm{T}}$, 或者

$$y=\beta_0+\sum_{i=1}^{p}\beta_ix_i+\sum_{1\leqslant i\leqslant j\leqslant p}\beta_{ij}x_ix_j+\varepsilon, \tag{5.1.9}$$

其为多元二次回归模型, 这里 β_i 为线性项系数, β_{ii} 为二次项系数, $\beta_{ij}(i \neq j)$ 为交互项系数. 基于样本, 可给出参数模型 (5.1.7) 中参数 $\boldsymbol{\beta}$ 的估计. 称这类方法为**参数估计法**. 另一种估计 f 的方法是不限定其具体形式, 也不具有特殊的参数结构, 即 $f(x_1, x_2, \cdots, x_p)$ 的形式未知, 则称相应的方法为**非参数估计法**.

基于样本 $\{(x_{i1}, x_{i2}, \cdots, x_{ip}, y_i), i = 1, 2, \cdots, n\}$, 估计参数模型 (5.1.7) 中参数 $\boldsymbol{\beta}$ 的常用方法是寻找合适的 $\hat{\boldsymbol{\beta}}$ 使得残差平方和达到最小, 即

$$\hat{\boldsymbol{\beta}} = \arg\min_{\boldsymbol{\beta}} \sum_{i=1}^{n} [y_i - f(x_{i1}, x_{i2}, \cdots, x_{ip}; \boldsymbol{\beta})]^2.$$

则 $\hat{\boldsymbol{\beta}}$ 为参数 $\boldsymbol{\beta}$ 的最小二乘估计. 为了得到 $\hat{\boldsymbol{\beta}}$, 通常的做法是由目标函数分别对各参数 β_i 求导并令其为 0, 建立方程组求解. 下一节将详细给出当 $f(x_1, x_2, \cdots, x_p; \boldsymbol{\beta})$ 为线性模型时的求解过程和性质. 当 f 的形式未知时, 估计 f 的非参数估计法则是非参数统计这一后续课程的重要内容.

5.2　线性模型的估计与检验

若协变量和响应之间的拟合模型中不同参数之间满足线性的要求, 则称该拟合模型为线性模型. 记 p 个协变量 $\boldsymbol{x} = (x_1, x_2, \cdots, x_p)$, 则线性模型可写成以下形式:

$$y = \beta_1 f_1(\boldsymbol{x}) + \beta_2 f_2(\boldsymbol{x}) + \cdots + \beta_m f_m(\boldsymbol{x}) + \varepsilon, \tag{5.2.1}$$

其中 $f_i(\boldsymbol{x})$ 为 $\boldsymbol{x}$ 的确定性函数, β_i 为待估参数, $i = 1, 2, \cdots, m$. 在该定义下, 线性模型不仅包括 (5.1.6) 式, 其中 $f_i(\boldsymbol{x}) = x^{i-1}, i = 1, 2, \cdots, p+1$, 也包括 (5.1.8) 式和 (5.1.9) 式. 若记 $f_i(\boldsymbol{x})$ 为新的协变量, 则线性模型都可以表示为 (5.1.8) 式的形式. 不失一般性, 下面考虑线性模型 (5.1.8) 的参数估计和检验.

5.2.1　模型估计

给定样本 $\{(x_{i1}, x_{i2}, \cdots, x_{ip}, y_i), i = 1, 2, \cdots, n\}$, 拟合的线性模型为

$$y_i = \beta_0 + \beta_1 x_{i1} + \cdots + \beta_p x_{ip} + \varepsilon_i, \ i = 1, \cdots, n. \tag{5.2.2}$$

对于线性模型 (5.2.2) 中的误差项 ε_i, 可以有不同的限制. 一种方式是对误差项的分布不做假设而对其相关性和方差齐性做限制, 常见的约束是使其满足 Gauss-Markov (高斯–马尔可夫) 条件; 另一种方式是对误差项的分布做进一步的假设, 例如服从正态分布.

前者情形下, 可以应用最小二乘估计方法估计模型参数; 而对于后者, 还可以应用最大似然估计方法来估计模型参数, 因为最大似然估计中需要分布的假设. 特别地, 在后续的模型参数的显著性检验中, 可进一步要求误差项服从正态分布. 下面分别针对误差项满足 Gauss-Markov 条件和进一步的正态分布的约束, 给出模型参数 $\{\beta_0, \beta_1, \cdots, \beta_p, \sigma^2\}$ 的估计方法以及相应性质.

1. Gauss-Markov 条件

在线性模型 (5.2.2) 中, 通常假设 $x_{i1}, x_{i2}, \cdots, x_{ip}$ 是事先给定的, 因此是固定值而没有随机性; 误差项 ε_i 具有随机性, 从而响应 y_i 也是随机的. 对于误差项 ε_i, 首先考虑以下约束:

(1) 误差项的期望值为 0, 即 $E(\varepsilon_i) = 0$.

(2) 误差项的方差相同, 即 $\mathrm{Var}(\varepsilon_i) = \sigma^2$, 其中 $\sigma^2 > 0$.

(3) 不同处的误差项之间不相关, 即 $\mathrm{Corr}(\varepsilon_i, \varepsilon_j) = 0$, $i \neq j$.

上面三个条件被称为 **Gauss-Markov 条件**. 显然, 条件 (1) 容易满足, 若 $E(\varepsilon_i) = a \neq 0$, 则可设 $\varepsilon_i' = \varepsilon_i - a$ 且把 a 并入 β_0 即可使 $E(\varepsilon_i') = 0$. 而给定数据后, 条件 (2) 和条件 (3) 是否满足并不容易判断. 通常, 可通过数据的直观分析以及假设检验的方法来判断这两个条件是否满足. 若条件 (2) 或/和条件 (3) 不满足, 则需要做一些处理才能得到参数的良好估计, 相应的估计方法为广义最小二乘估计或加权最小二乘估计, 其在后续的回归分析等课程中将给出详细过程. 这里, 假设误差项满足 Gauss-Markov 条件.

记

$$Y = \begin{pmatrix} y_1 \\ y_2 \\ \vdots \\ y_n \end{pmatrix}, \quad X = \begin{pmatrix} 1 & x_{11} & \cdots & x_{1p} \\ 1 & x_{21} & \cdots & x_{2p} \\ \vdots & \vdots & & \vdots \\ 1 & x_{n1} & \cdots & x_{np} \end{pmatrix}, \quad \boldsymbol{\beta} = \begin{pmatrix} \beta_0 \\ \beta_1 \\ \vdots \\ \beta_p \end{pmatrix}, \quad \boldsymbol{\varepsilon} = \begin{pmatrix} \varepsilon_1 \\ \varepsilon_2 \\ \vdots \\ \varepsilon_n \end{pmatrix},$$

则 (5.2.2) 式可写为如下的矩阵形式:

$$Y = X\boldsymbol{\beta} + \boldsymbol{\varepsilon}. \tag{5.2.3}$$

参数 $\boldsymbol{\beta}$ 的最小二乘估计 $\hat{\boldsymbol{\beta}}$ 即为最小化下面的目标函数:

$$L(\boldsymbol{\beta}) = \sum_{i=1}^{n} [y_i - (\beta_0 + \beta_1 x_{i1} + \cdots + \beta_p x_{ip})]^2 = (Y - X\boldsymbol{\beta})^{\mathrm{T}}(Y - X\boldsymbol{\beta}). \tag{5.2.4}$$

根据对向量求导的性质, 上式对向量 $\boldsymbol{\beta}$ 求导并令其为 $\mathbf{0}$ 可得

$$\frac{\partial L(\boldsymbol{\beta})}{\partial \boldsymbol{\beta}} = -2X^{\mathrm{T}}(Y - X\boldsymbol{\beta}) = \mathbf{0},$$

则

$$(X^{\mathrm{T}}X)\boldsymbol{\beta} = X^{\mathrm{T}}Y.$$

若方阵 $X^{\mathrm{T}}X$ 可逆, 则参数 $\boldsymbol{\beta}$ 的最小二乘估计为

$$\hat{\boldsymbol{\beta}} = (X^{\mathrm{T}}X)^{-1}X^{\mathrm{T}}Y. \tag{5.2.5}$$

通常, 称 $X^{\mathrm{T}}X$ 为**信息矩阵**. 显然, $X^{\mathrm{T}}X$ 是半正定矩阵, 若使其可逆, 只需 X 为列满秩矩阵, 且 $X^{\mathrm{T}}X$ 为正定矩阵. 列满秩的要求说明 X 中不存在某一列可被其他列线性表出. 若协变量的个数 $p \geqslant n$, 则 X 不可能是列满秩的. 此时, 有两种方法解决: 一是应用伪逆这一工具; 二是做变量选择, 选出部分重要变量. 第一种方法对于后续的性质讨论有较大影响, 因此常用第二种方法来解决这类问题, 并在 5.3 节中给出详细处理过程. 此外, 由 (5.2.5) 式可知, $\hat{\boldsymbol{\beta}}$ 是 Y 的线性函数, 该性质在后续的理论证明中将发挥重要作用.

例 5.2.1　当协变量个数 $p = 1$ 时, 模型 (5.2.2) 退化为一元线性回归,

$$y_i = \beta_0 + \beta_1 x_i + \varepsilon_i,\ i = 1, 2, \cdots, n.$$

此时

$$X = \begin{pmatrix} 1 & x_1 \\ 1 & x_2 \\ \vdots & \vdots \\ 1 & x_n \end{pmatrix}, \boldsymbol{\beta} = \begin{pmatrix} \beta_0 \\ \beta_1 \end{pmatrix}, X^{\mathrm{T}}X = \begin{pmatrix} n & \sum x_i \\ \sum x_i & \sum x_i^2 \end{pmatrix}, X^{\mathrm{T}}Y = \begin{pmatrix} \sum y_i \\ \sum x_i y_i \end{pmatrix},$$

其中求和都是从 1 到 n 的, 则

$$(X^{\mathrm{T}}X)^{-1} = \frac{1}{n\sum x_i^2 - (\sum x_i)^2} \begin{pmatrix} \sum x_i^2 & -\sum x_i \\ -\sum x_i & n \end{pmatrix},$$

$$\hat{\boldsymbol{\beta}} = \frac{1}{n\sum x_i^2 - (\sum x_i)^2} \begin{pmatrix} \sum x_i^2 \sum y_i - \sum x_i \sum x_i y_i \\ n\sum x_i y_i - \sum x_i y_i \end{pmatrix}, \tag{5.2.6}$$

易验证 (5.2.6) 式与 (5.1.3) 式是相同的.

例 5.2.2　设某试验的三个协变量 x_1, x_2, x_3 和响应 y 的数据如下:

x_1	x_2	x_3	y
−1	−1	−1	−20
−1	0	0	−44
−1	1	1	4
0	−1	0	15
0	0	1	−5
0	1	−1	10
1	−1	1	55
1	0	−1	30
1	1	0	40

前三列协变量的数据是列正交的. 对于线性模型

$$y = \beta_0 + \beta_1 x_1 + \beta_2 x_2 + \beta_3 x_3 + \varepsilon, \tag{5.2.7}$$

我们有

$$X^{\mathrm{T}}X = \begin{pmatrix} 9 & & & \\ & 6 & & \\ & & 6 & \\ & & & 6 \end{pmatrix}, \quad X^{\mathrm{T}}Y = \begin{pmatrix} 85 \\ 185 \\ 4 \\ 34 \end{pmatrix},$$

$$\hat{\boldsymbol{\beta}} = (X^{\mathrm{T}}X)^{-1}X^{\mathrm{T}}Y = \left(\frac{85}{9}, \frac{185}{6}, \frac{2}{3}, \frac{17}{3}\right)^{\mathrm{T}}. \tag{5.2.8}$$

在本例中, 信息矩阵 $X^{\mathrm{T}}X$ 很特殊, 是一个对角矩阵. 不过, 在一般情形下, 信息矩阵不是对角的.

在试验设计等统计学课程中, 称例 5.2.2 中三个协变量相应的数据是一个正交表, 其为一个特殊的正交设计. 在试验设计中, 数据量往往不大. 此时, 由于线性回归模型中参数个数不多, 是建立协变量和响应之间关系的合适模型.

现考虑 (5.2.5) 式中最小二乘估计 $\hat{\boldsymbol{\beta}}$ 的相关性质.

定理 5.2.1 若线性模型 (5.2.2) 满足 Gauss-Markov 条件, 且 X 为列满秩矩阵, 则关于 $\hat{\boldsymbol{\beta}}$ 有以下结果:

(1) $\hat{\boldsymbol{\beta}}$ 是 $\boldsymbol{\beta}$ 的无偏估计.

(2) $\mathrm{Var}(\hat{\boldsymbol{\beta}}) = \sigma^2(X^{\mathrm{T}}X)^{-1}$.

(3) 令 $Q(\hat{\boldsymbol{\beta}}) = (Y - X\hat{\boldsymbol{\beta}})^{\mathrm{T}}(Y - X\hat{\boldsymbol{\beta}})$, 则

$$E[Q(\hat{\boldsymbol{\beta}})] = (n-p-1)\sigma^2. \tag{5.2.9}$$

证明 (1) 由于 $E(Y)=E(X\boldsymbol{\beta}+\boldsymbol{\varepsilon})=X\boldsymbol{\beta}$, 则

$$E(\hat{\boldsymbol{\beta}})=E[(X^{\mathrm{T}}X)^{-1}X^{\mathrm{T}}Y]=(X^{\mathrm{T}}X)^{-1}X^{\mathrm{T}}E(Y)=(X^{\mathrm{T}}X)^{-1}X^{\mathrm{T}}X\boldsymbol{\beta}=\boldsymbol{\beta}.$$

(2) 由于不同的误差项之间互不相关, 故

$$\mathrm{Var}(\boldsymbol{\varepsilon})=\mathrm{Cov}(\boldsymbol{\varepsilon},\boldsymbol{\varepsilon})=\begin{pmatrix}\mathrm{Cov}(\varepsilon_1,\varepsilon_1) & \mathrm{Cov}(\varepsilon_1,\varepsilon_2) & \cdots & \mathrm{Cov}(\varepsilon_1,\varepsilon_n)\\ \mathrm{Cov}(\varepsilon_2,\varepsilon_1) & \mathrm{Cov}(\varepsilon_2,\varepsilon_2) & \cdots & \mathrm{Cov}(\varepsilon_2,\varepsilon_n)\\ \vdots & \vdots & & \vdots\\ \mathrm{Cov}(\varepsilon_n,\varepsilon_1) & \mathrm{Cov}(\varepsilon_n,\varepsilon_2) & \cdots & \mathrm{Cov}(\varepsilon_n,\varepsilon_n)\end{pmatrix}=\sigma^2 I_n,$$

其中 I_n 为 n 阶单位矩阵, 且 $\mathrm{Var}(Y)=\mathrm{Var}(X\boldsymbol{\beta}+\boldsymbol{\varepsilon})=\mathrm{Var}(\boldsymbol{\varepsilon})=\sigma^2 I_n$. 则

$$\begin{aligned}\mathrm{Var}(\hat{\boldsymbol{\beta}})&=\mathrm{Cov}((X^{\mathrm{T}}X)^{-1}X^{\mathrm{T}}Y,(X^{\mathrm{T}}X)^{-1}X^{\mathrm{T}}Y)\\&=(X^{\mathrm{T}}X)^{-1}X^{\mathrm{T}}\mathrm{Cov}(Y,Y)[(X^{\mathrm{T}}X)^{-1}X^{\mathrm{T}}]^{\mathrm{T}}\\&=\sigma^2(X^{\mathrm{T}}X)^{-1}X^{\mathrm{T}}I_nX(X^{\mathrm{T}}X)^{-1}\\&=\sigma^2(X^{\mathrm{T}}X)^{-1}.\end{aligned}$$

(3) 由于

$$\begin{aligned}Q(\hat{\boldsymbol{\beta}})&=(Y-X\hat{\boldsymbol{\beta}})^{\mathrm{T}}(Y-X\hat{\boldsymbol{\beta}})\\&=[Y-X(X^{\mathrm{T}}X)^{-1}X^{\mathrm{T}}Y]^{\mathrm{T}}[Y-X(X^{\mathrm{T}}X)^{-1}X^{\mathrm{T}}Y]\\&=Y^{\mathrm{T}}[I_n-X(X^{\mathrm{T}}X)^{-1}X^{\mathrm{T}}][I_n-X(X^{\mathrm{T}}X)^{-1}X^{\mathrm{T}}]Y\\&=Y^{\mathrm{T}}[I_n-X(X^{\mathrm{T}}X)^{-1}X^{\mathrm{T}}]Y,\end{aligned}$$

故

$$\begin{aligned}E[Q(\hat{\boldsymbol{\beta}})]&=E\{Y^{\mathrm{T}}[I_n-X(X^{\mathrm{T}}X)^{-1}X^{\mathrm{T}}]Y\}\\&=\mathrm{tr}\{\sigma^2[I_n-X(X^{\mathrm{T}}X)^{-1}X^{\mathrm{T}}]I_n\}+\\&\quad(X\boldsymbol{\beta})^{\mathrm{T}}[I_n-X(X^{\mathrm{T}}X)^{-1}X^{\mathrm{T}}](X\boldsymbol{\beta})\\&=\sigma^2\mathrm{tr}[I_n-X(X^{\mathrm{T}}X)^{-1}X^{\mathrm{T}}]\\&=\sigma^2\{n-\mathrm{tr}[X(X^{\mathrm{T}}X)^{-1}X^{\mathrm{T}}]\}\\&=\sigma^2\{n-\mathrm{tr}[(X^{\mathrm{T}}X)^{-1}X^{\mathrm{T}}X]\}\\&=\sigma^2(n-p-1),\end{aligned}$$

其中最后一个等式成立的原因为 $X^{\mathrm{T}}X$ 是一个 $(p+1)\times(p+1)$ 正定矩阵, 则 $(X^{\mathrm{T}}X)^{-1}X^{\mathrm{T}}X=I_{p+1}$. □

定理 5.2.1 说明最小二乘估计 $\hat{\boldsymbol{\beta}}$ 是一个无偏估计, 其协方差矩阵只和 σ^2 以及 $X^{\mathrm{T}}X$ 的逆矩阵有关. 模型给定后, σ^2 是固定值, 不能优化; 不过对 X 是可以事先做出选择的. 若记矩阵 $(X^{\mathrm{T}}X)^{-1}=(c_{ij})_{(p+1)\times(p+1)}$, 则

$$\mathrm{Var}(\hat{\beta}_i)=c_{ii},\ \mathrm{Cov}(\hat{\beta}_i,\hat{\beta}_j)=c_{ij},\ i\neq j,$$

特别地, 若 X 是列正交矩阵, 则 $X^{\mathrm{T}}X$ 为对角矩阵, 即得 $c_{ij}=0,\ i\neq j$. 在试验设计这一统计学的重要分支中, 将介绍如何选择合适的试验数据 X 使得 $\hat{\boldsymbol{\beta}}$ 尽可能地好, 即使 $(X^{\mathrm{T}}X)^{-1}$ 尽可能地小. 然而, $(X^{\mathrm{T}}X)^{-1}$ 是一个矩阵, 评价一个矩阵的优良性有诸多准则, 例如考虑其行列式等. 试验设计中的最优设计部分将详细讨论这些准则, 以及相应的选择试验点的方法.

记 $\hat{Y}=(\hat{y}_1,\hat{y}_2,\cdots,\hat{y}_n)^{\mathrm{T}}$, 则由定理 5.2.1(3) 的证明可知,

$$\hat{Y}=X(X^{\mathrm{T}}X)^{-1}X^{\mathrm{T}}Y=HY, \tag{5.2.10}$$

其中 $H=X(X^{\mathrm{T}}X)^{-1}X^{\mathrm{T}}$ 被称为**帽子矩阵** (hat matrix). 由此可见, 拟合值 $\hat{Y}$ 也是 Y 的线性函数. 由于帽子矩阵 H 具有 $H^2=H$ 的性质, 因而 H 也是一个投影矩阵. 从某种意义上讲, $\hat{Y}$ 是 Y 的一种投影.

记残差向量 $E=Y-X\hat{\boldsymbol{\beta}}$, 则

$$E=Y-X(X^{\mathrm{T}}X)^{-1}X^{\mathrm{T}}Y=(I_n-H)Y, \tag{5.2.11}$$

从而说明残差向量 E 也是 Y 的线性函数.

此外, 由 (5.2.9) 式可知, 若记

$$\hat{\sigma}^2=\frac{1}{n-p-1}(Y-X\hat{\boldsymbol{\beta}})^{\mathrm{T}}(Y-X\hat{\boldsymbol{\beta}}), \tag{5.2.12}$$

则 $E(\hat{\sigma}^2)=\sigma^2$, 这说明 $\hat{\sigma}^2$ 是 σ^2 的无偏估计. 因此, 对于线性模型 (5.2.2), 由 (5.2.5) 式给出参数 β_i 的估计, 由 (5.2.12) 式给出误差方差 σ^2 的估计.

定理 5.2.1 给出了 $\hat{\boldsymbol{\beta}}$ 的部分性质. 进一步地, $\hat{\boldsymbol{\beta}}$ 还有其他优良性质. 为此, 先给出最佳线性无偏估计 (best linear unbiased estimation, BLUE) 这一概念.

定义 5.2.1 设 A,C 是 $p\times n$ 矩阵, 且线性模型 (5.2.2) 中误差项 ε_i 满足 Gauss-Markov 条件, 记 $\tilde{\boldsymbol{\beta}}=CY$. 若 $\tilde{\boldsymbol{\beta}}$ 是参数 $\boldsymbol{\beta}$ 的无偏估计, 且对于 $\boldsymbol{\beta}$ 的其他线性无偏估计 $\breve{\boldsymbol{\beta}}=AY$, 即 $E(\breve{\boldsymbol{\beta}})=E(AY)=\boldsymbol{\beta}$, 都有

$$\mathrm{Var}(\tilde{\boldsymbol{\beta}})\leqslant\mathrm{Var}(\breve{\boldsymbol{\beta}}),$$

则称 $\tilde{\boldsymbol{\beta}}$ 是 $\boldsymbol{\beta}$ 的 BLUE.

下面的定理说明, 线性模型 (5.2.2) 的最小二乘估计 $\hat{\boldsymbol{\beta}}$ 具有 BLUE 的优良统计性质.

定理 5.2.2 若线性模型 (5.2.2) 满足 Gauss-Markov 条件且 X 是列满秩的, 则 (5.2.5) 式中的最小二乘估计 $\hat{\boldsymbol{\beta}}$ 是 $\boldsymbol{\beta}$ 的 BLUE.

证明 定理 5.2.1 已证明了 $\hat{\boldsymbol{\beta}}$ 的线性无偏性, 下证其方差在所有线性无偏估计中是最小的. 设 $\breve{\boldsymbol{\beta}} = AY$ 是 $\boldsymbol{\beta}$ 的一个线性无偏估计. 则对于任意 $\boldsymbol{\beta}$, 根据无偏性, 有

$$\boldsymbol{\beta} = E(\breve{\boldsymbol{\beta}}) = E(AY) = E[A(X\boldsymbol{\beta} + \boldsymbol{\varepsilon})] = AX\boldsymbol{\beta} + AE(\boldsymbol{\varepsilon}) = AX\boldsymbol{\beta},$$

则 $AX = I_{p+1}$, 且 $\breve{\boldsymbol{\beta}}$ 的方差为

$$\begin{aligned}\mathrm{Var}(\breve{\boldsymbol{\beta}}) =& \mathrm{Var}(AY) = E[(AY - \hat{\boldsymbol{\beta}} + \hat{\boldsymbol{\beta}} - \boldsymbol{\beta})(AY - \hat{\boldsymbol{\beta}} + \hat{\boldsymbol{\beta}} - \boldsymbol{\beta})^{\mathrm{T}}]\\ =& \mathrm{Var}(AY - \hat{\boldsymbol{\beta}}) + \mathrm{Var}(\hat{\boldsymbol{\beta}}) - 2\mathrm{Cov}(AY - \hat{\boldsymbol{\beta}}, \hat{\boldsymbol{\beta}} - \boldsymbol{\beta}).\end{aligned}$$

由于 $E(AY - \hat{\boldsymbol{\beta}}) = \mathbf{0}$, $\boldsymbol{\beta}$ 是确定值, 且 $\mathrm{Var}(Y) = \sigma^2 I_n$, 故可得

$$\begin{aligned}\mathrm{Cov}(AY - \hat{\boldsymbol{\beta}}, \hat{\boldsymbol{\beta}} - \boldsymbol{\beta}) =& \mathrm{Cov}([A - (X^{\mathrm{T}}X)^{-1}X^{\mathrm{T}}]Y, (X^{\mathrm{T}}X)^{-1}X^{\mathrm{T}}Y)\\ =& [A - (X^{\mathrm{T}}X)^{-1}X^{\mathrm{T}}]\mathrm{Var}(Y)[(X^{\mathrm{T}}X)^{-1}X^{\mathrm{T}}]^{\mathrm{T}}\\ =& \sigma^2[AX - (X^{\mathrm{T}}X)^{-1}X^{\mathrm{T}}X](X^{\mathrm{T}}X)^{-1} = 0.\end{aligned}$$

因此, $\mathrm{Var}(\breve{\boldsymbol{\beta}}) = \mathrm{Var}(AY - \hat{\boldsymbol{\beta}}) + \mathrm{Var}(\hat{\boldsymbol{\beta}})$, 从而可知 $\mathrm{Var}(\breve{\boldsymbol{\beta}}) \geqslant \mathrm{Var}(\hat{\boldsymbol{\beta}})$, 且等号成立的充要条件是 $\mathrm{Var}(AY - \hat{\boldsymbol{\beta}}) = 0$, 即在几乎处处意义下 $AY = \hat{\boldsymbol{\beta}}$. 因此, 在几乎处处意义下, $\boldsymbol{\beta}$ 的最小二乘估计 $\hat{\boldsymbol{\beta}}$ 是唯一的 BLUE. □

进一步地, 可能感兴趣的是 $\boldsymbol{\beta}$ 的线性组合 $\boldsymbol{a}^{\mathrm{T}}\boldsymbol{\beta}$, 其中 $\boldsymbol{a} \in \mathbb{R}^{p+1}$, 例如, 只考虑 $\boldsymbol{\beta}$ 的第 i 个分量, 则只需取 $\boldsymbol{a} = (0, \cdots, 0, 1, 0, \cdots, 0)^{\mathrm{T}}$, 其中第 i 个元素为 1, 其他都为 0. 对于线性组合 $\boldsymbol{a}^{\mathrm{T}}\boldsymbol{\beta}$, 有下面的结论.

定理 5.2.3 若线性模型 (5.2.2) 满足 Gauss-Markov 条件且 X 是列满秩的, 则对于任意的 $\boldsymbol{a} \in \mathbb{R}^{p+1}$, 在几乎处处意义下, $\boldsymbol{a}^{\mathrm{T}}\hat{\boldsymbol{\beta}}$ 是 $\boldsymbol{a}^{\mathrm{T}}\boldsymbol{\beta}$ 的唯一的 BLUE.

定理 5.2.3 的证明与定理 5.2.2 的证明类似, 留作习题.

由定理 5.2.3 知, $\hat{\boldsymbol{\beta}}$ 的任一分量均是其对应参数的 BLUE.

2. 正态条件

在前面的讨论中, 只要求误差项服从 Gauss-Markov 条件, 而没有假设数据的分布形式. 进一步地, 假设误差项除了服从 Gauss-Markov 条件, 还服从正态分布, 即 $\varepsilon_i \sim N(0, \sigma^2), i = 1, 2, \cdots, n$. 可知 $\boldsymbol{\varepsilon} \sim N_n(\mathbf{0}, \sigma^2 I_n)$, 其中 I_n 为 n 阶单位矩阵, 由于 $E(Y) = X\boldsymbol{\beta}$, $\mathrm{Var}(Y) = \sigma^2 I_n$, 则

$$Y \sim N_n(X\boldsymbol{\beta}, \sigma^2 I_n), \tag{5.2.13}$$

即第 i 个响应 $y_i \sim N(X_i\boldsymbol{\beta}, \sigma^2)$, 其中 $X_i = (1, x_{i1}, \cdots, x_{ip})$, 而且不同的 y_i 和 y_j 是相互独立的, $i \neq j$, 因为在正态情形下, 不相关和独立是等价的. 确定随机向量 Y 的分布后, 可以应用最大似然估计方法来估计参数 $\boldsymbol{\beta}$ 和 σ^2.

定理 5.2.4 若线性模型 (5.2.2) 满足 Gauss-Markov 条件, X 是列满秩的, 且 $\varepsilon_i \sim N(0, \sigma^2)$, 则

(1) $\boldsymbol{\beta}$ 的最大似然估计 $\hat{\boldsymbol{\beta}} = (X^{\mathrm{T}}X)^{-1}X^{\mathrm{T}}Y$.

(2) σ^2 的最大似然估计 $\hat{\sigma}_n^2 = \dfrac{1}{n}Q(\hat{\boldsymbol{\beta}})$, 其中 $Q(\hat{\boldsymbol{\beta}}) = (Y - X\hat{\boldsymbol{\beta}})^{\mathrm{T}}(Y - X\hat{\boldsymbol{\beta}})$.

(3) $\hat{\boldsymbol{\beta}} \sim N_{p+1}(\boldsymbol{\beta}, \sigma^2(X^{\mathrm{T}}X)^{-1})$.

(4) $\hat{\boldsymbol{\beta}}$ 与 $\hat{\sigma}_n^2$ 相互独立.

证明 根据 (5.2.13) 式, Y 的联合密度函数为

$$f(Y; \boldsymbol{\beta}, \sigma^2) = (2\pi)^{-n/2}(\sigma^2)^{n/2}\exp\left\{-\frac{1}{2\sigma^2}(Y - X\boldsymbol{\beta})^{\mathrm{T}}(Y - X\boldsymbol{\beta})\right\}.$$

其对数似然函数为

$$\begin{aligned} l(\boldsymbol{\beta}, \sigma^2) &= \ln f(Y; \boldsymbol{\beta}, \sigma^2) \\ &= -\frac{n}{2}\ln(2\pi) + \frac{n}{2}\ln(\sigma^2) - \frac{1}{2\sigma^2}(Y - X\boldsymbol{\beta})^{\mathrm{T}}(Y - X\boldsymbol{\beta}). \end{aligned}$$

则 $\boldsymbol{\beta}$ 和 σ^2 的最大似然估计即使得上式最大化的估计. 上式分别对 $\boldsymbol{\beta}$ 和 σ^2 求导, 并令其为 $\mathbf{0}$, 则得

$$\begin{cases} \dfrac{\partial l(\boldsymbol{\beta}, \sigma^2)}{\partial \boldsymbol{\beta}} = -\dfrac{1}{\sigma^2}X^{\mathrm{T}}(Y - X\boldsymbol{\beta}) = \mathbf{0}, \\ \dfrac{\partial l(\boldsymbol{\beta}, \sigma^2)}{\partial \sigma^2} = \dfrac{n}{2\sigma^2} + \dfrac{1}{2\sigma^4}(Y - X\boldsymbol{\beta})^{\mathrm{T}}(Y - X\boldsymbol{\beta}) = \mathbf{0}. \end{cases}$$

因此

$$\begin{cases} \hat{\boldsymbol{\beta}} = (X^{\mathrm{T}}X)^{-1}X^{\mathrm{T}}Y, \\ \hat{\sigma}^2 = \dfrac{1}{n}(Y - X\hat{\boldsymbol{\beta}})^{\mathrm{T}}(Y - X\hat{\boldsymbol{\beta}}). \end{cases}$$

从而证明了 (1) 和 (2). 此外, 由于 Y 服从多元正态分布, $\hat{\boldsymbol{\beta}}$ 是 Y 的线性函数, 因此 $\hat{\boldsymbol{\beta}}$ 也服从多元正态分布. 由定理 5.2.1 可知 $E(\hat{\boldsymbol{\beta}}) = \boldsymbol{\beta}$, $\mathrm{Var}(\hat{\boldsymbol{\beta}}) = \sigma^2(X^{\mathrm{T}}X)^{-1}$, 从而证明了 (3).

下证 (4). 对于残差向量 $E = Y - X\hat{\boldsymbol{\beta}}$, 由 (5.2.11) 式可知 E 也是 Y 的线性函数, 从而 E 也服从正态分布. 根据 (5.2.13) 式,

$$\begin{aligned} \mathrm{Cov}(\hat{\boldsymbol{\beta}}, E) &= \mathrm{Cov}((X^{\mathrm{T}}X)^{-1}X^{\mathrm{T}}Y, \quad [I_n - X(X^{\mathrm{T}}X)^{-1}X^{\mathrm{T}}]Y) \\ &= (X^{\mathrm{T}}X)^{-1}X^{\mathrm{T}}\mathrm{Var}(Y)(I_n - H)^{\mathrm{T}} \end{aligned}$$

$$
\begin{aligned}
&= \sigma^2 (X^{\mathrm{T}}X)^{-1}X^{\mathrm{T}}(I_n - H) \\
&= \sigma^2[(X^{\mathrm{T}}X)^{-1}X^{\mathrm{T}} - (X^{\mathrm{T}}X)^{-1}X^{\mathrm{T}}] \\
&= 0.
\end{aligned}
$$

这说明 $\hat{\boldsymbol{\beta}}$ 和 E 这两个正态分布向量之间是不相关的, 从而也是独立的. 因此, $\hat{\boldsymbol{\beta}}$ 和 $E^{\mathrm{T}}E$ 也是独立的, 从而 $\hat{\boldsymbol{\beta}}$ 和 $\hat{\sigma}_n^2$ 相互独立. □

根据 (5.2.5) 式和定理 5.2.4(1), $\boldsymbol{\beta}$ 的最小二乘估计和最大似然估计是一样的, 而结合 (5.2.12) 式和定理 5.2.4(2) 可知, σ^2 的最大似然估计并不是无偏估计. 在实际应用中, 常用 (5.2.12) 式作为参数 σ^2 的估计.

5.2.2 模型检验

前一小节给出了线性模型 (5.2.2) 中参数 $\boldsymbol{\beta}$ 和 σ^2 的最小二乘估计和最大似然估计. 本小节给出参数 $\beta_1, \beta_2, \cdots, \beta_p$ 的显著性检验. 考虑以下的检验:

$$
H_0: \beta_1 = \beta_2 = \cdots = \beta_p = 0 \quad \leftrightarrow \quad H_1: \text{至少存在某个 } i,\ \beta_i \neq 0. \tag{5.2.14}
$$

若假设问题 (5.2.14) 中 H_0 被接受, 则每个 β_i 都为 0, 这说明线性模型 (5.2.2) 是不显著的. 下面将构造检验问题 (5.2.14) 的检验统计量, 并确定其在 H_0 成立时的分布, 从而确定其接受域和拒绝域.

为了构造检验统计量, 假设线性模型 (5.2.2) 满足 Gauss-Markov 条件, $\varepsilon_i \sim N(0, \sigma^2)$, 且 X 是列满秩的. 这里对误差项做正态性假设的目的是得到检验统计量的分布. 此时,

$$
y_i \sim N\left(\beta_0 + \sum_{j=1}^{p} \beta_j x_{ij}, \sigma^2\right),\ i = 1, 2, \cdots, n.
$$

记

$$
\bar{y} = \frac{1}{n}\sum_{i=1}^{n} y_i,\ \hat{y}_i = \hat{\beta}_0 + \sum_{j=1}^{p} \hat{\beta}_j x_{ij},
$$

其中 $\hat{\boldsymbol{\beta}} = (\hat{\beta}_0, \hat{\beta}_1, \cdots, \hat{\beta}_p)^{\mathrm{T}}$ 是 $\boldsymbol{\beta}$ 的最小二乘估计. 令

$$
SS_T = \sum_{i=1}^{n}(y_i - \bar{y})^2,\quad SS_R = \sum_{i=1}^{n}(\hat{y}_i - \bar{y})^2,\quad SS_E = \sum_{i=1}^{n}(y_i - \hat{y}_i)^2. \tag{5.2.15}
$$

由于 SS_T 表示响应每个取值 y_i 对于响应的总均值的偏离程度的平方和, 故在回归分析中被称为总平方和; SS_R 表示回归值对于响应的总均值的偏离程度的平方和, 故被称为回归平方和; SS_E 表示观测值和回归值的误差的平方之和, 故被称为残差平方和或误差平方和. 实际上 SS_E 即为定理 5.2.4 中的 $Q(\hat{\boldsymbol{\beta}})$.

定理 5.2.5 若线性模型 (5.2.2) 满足 Gauss-Markov 条件, 且 X 是列满秩的, 则

$$SS_T = SS_R + SS_E.$$

证明 由于

$$\begin{aligned} SS_T &= \sum_{i=1}^n (y_i - \bar{y})^2 = \sum_{i=1}^n (y_i - \hat{y}_i + \hat{y}_i - \bar{y})^2 \\ &= \sum_{i=1}^n (\hat{y}_i - \bar{y})^2 + \sum_{i=1}^n (y_i - \hat{y}_i)^2 + 2\sum_{i=1}^n (y_i - \hat{y}_i)(\hat{y}_i - \bar{y}) \\ &= SS_R + SS_E + 2\sum_{i=1}^n (y_i - \hat{y}_i)(\hat{y}_i - \bar{y}). \end{aligned}$$

下面只需证 $\sum\limits_{i=1}^n (y_i - \hat{y}_i)(\hat{y}_i - \bar{y}) = 0.$

令 $\hat{Y} = (\hat{y}_1, \hat{y}_2, \cdots, \hat{y}_n)^{\mathrm{T}}$, 由 (5.2.10) 式以及帽子矩阵的性质可知

$$\begin{aligned} \sum_{i=1}^n (y_i - \hat{y}_i)\hat{y}_i &= (Y - \hat{Y})^{\mathrm{T}}\hat{Y} \\ &= (Y - HY)^{\mathrm{T}} HY = Y^{\mathrm{T}}[(I_n - H)H]Y = 0. \end{aligned} \tag{5.2.16}$$

此外, 由误差向量 $E = Y - \hat{Y} = (I_n - H)Y$ 可知,

$$X^{\mathrm{T}}E = X^{\mathrm{T}}(I_n - H)Y = [X^{\mathrm{T}} - X^{\mathrm{T}}X(X^{\mathrm{T}}X)^{-1}X^{\mathrm{T}}]Y = \mathbf{0}.$$

由于 X 的第一列是元素都为 1 的列, 可记为 $\mathbf{1}_n$, 故 $\mathbf{1}_n^{\mathrm{T}}E = 0$, 即 $\mathbf{1}_n^{\mathrm{T}}(Y - \hat{Y}) = 0$, 从而 $\mathbf{1}_n^{\mathrm{T}}Y = \mathbf{1}_n^{\mathrm{T}}\hat{Y}$. 因此,

$$\sum_{i=1}^n (y_i - \hat{y}_i)\bar{y} = \bar{y}\sum_{i=1}^n (y_i - \hat{y}_i) = \bar{y}(\mathbf{1}_n^{\mathrm{T}}Y - \mathbf{1}_n^{\mathrm{T}}\hat{Y}) = 0. \tag{5.2.17}$$

由 (5.2.16) 和 (5.2.17) 式可知 $\sum\limits_{i=1}^n (y_i - \hat{y}_i)(\hat{y}_i - \bar{y}) = 0.$ □

定理 5.2.5 表明当线性模型 (5.2.2) 满足 Gauss-Markov 条件且 X 是列满秩的时, 总平方和都可以分解为回归平方和与残差平方和. 由回归平方和、残差平方和以及总平方和的定义可知, 若一个模型可以很好地拟合数据, 则回归平方和应该比较接近总平方和. 由此, 定义一个评价模型拟合效果的 R^2 准则如下:

$$R^2 = \frac{SS_R}{SS_T} = 1 - \frac{SS_E}{SS_T}. \tag{5.2.18}$$

显然, $R^2 \in [0, 1]$, R^2 越接近 1, 拟合效果越好. R^2 在回归分析中是衡量拟合效果的最重要准则之一, 其不仅可以评价线性回归模型的拟合效果, 还可以评价非线性回归模型.

在实际应用中, 推荐使用 R^2 大的拟合模型. 然而, R^2 大的模型也可能存在过拟合的现象, 以至于模型的预测能力不佳. 为了避免这类现象, 可以综合评价回归模型的其他准则来选择模型.

进一步地, 若误差还服从正态分布, 则可得到下面的结论.

定理 5.2.6 若线性模型 (5.2.2) 满足 Gauss-Markov 条件, X 是列满秩的, 且 $\varepsilon_i \sim N(0,\sigma^2)$, 则

(1) SS_R 与 SS_E 独立.

(2) $SS_E/\sigma^2 \sim \chi^2(n-p-1)$.

(3) 假设 (5.2.14) 中 H_0 为真, 则 $SS_R/\sigma^2 \sim \chi^2(p)$.

定理 5.2.6 的证明留为习题.

根据定理 5.2.6 可知, 当误差项服从正态分布时, SS_R 与 SS_E 独立且根据这两项的分布, 可以构造假设检验问题 (5.2.14) 的检验统计量, 即

$$F=\frac{SS_R/p}{SS_E/(n-p-1)}=\frac{\dfrac{SS_R}{\sigma^2}/p}{\dfrac{SS_E}{\sigma^2}/(n-p-1)}\overset{H_0}{\sim} F(p,n-p-1). \tag{5.2.19}$$

从而当 H_0 为真时, 构造的 F 检验统计量服从自由度为 p 和 $n-p-1$ 的 F 分布. 通常记 $MS_R=SS_R/p$, $MS_E=SS_E/(n-p-1)$, 并被称为回归均方和误差均方. 可以证明, MS_E 是误差方差 σ^2 的无偏估计. 给定检验水平 α 时, 可确定相应的检验临界值 $F_\alpha(p,n-p-1)$. 当实际数据代入检验统计量后大于 $F_\alpha(p,n-p-1)$ 时, 认为线性模型 (5.2.2) 是显著的, 否则模型不显著. 同时也可以计算出相应的 p 值, 当 $p<\alpha$ 时, 认为模型显著, 否则模型不显著. 上述过程通常用表 5.2.1 的方差分析表来表示.

表 5.2.1　检验线性模型 (5.2.2) 是否显著的方差分析表

来源	平方和	自由度	均方	检验统计量	p 值
回归	SS_R	p	$MS_R=\dfrac{SS_R}{p}$	$F_0=\dfrac{MS_R}{MS_E}$	$p(F\geqslant F_0)$
误差	SS_E	$n-p-1$	$MS_E=\dfrac{SS_E}{n-p-1}$		
总计	SS_T	$n-1$			

显然, p 值越小, 模型的显著性越强, 即其更好地拟合数据. 因此, 若有多个线性模型同时拟合同一批数据, 往往选取 p 值最小的模型作为拟合模型.

例 5.2.3 (例 5.2.2 续)　由数据可得 $\bar{y}=9.444\,4$, 对于多元线性模型 (5.2.7), 根据 $\boldsymbol{\beta}$ 的估计 (5.2.8) 式, 可得

$$\hat{Y}=X\hat{\boldsymbol{\beta}}=(-27.722,\ -21.389,\ -15.056,\ 8.778,\ 15.111,\ 4.444,\ 45.278,\ 34.611,\ 40.944)^{\mathrm{T}},$$

则根据 (5.2.15) 式可得总平方和 SS_T, 回归平方和 SS_R, 残差平方和 SS_E, 以及相应的均方, 从而得到方差分析表如下:

来源	平方和	自由度	均方	检验统计量	p 值
回归	5 899.500	3	1 966.500	6.449	0.036
误差	1 524.722	5	304.944		
总计	7 424.222	8			

若取检验水平 $\alpha = 0.05$, 则 p 值小于 α, 从而说明线性模型 (5.2.7) 是显著的.

即使某回归模型通过方差分析表的检验可得其为显著的, 也不能说明该回归模型中的任一参数都是显著的. 进一步地, 还希望检验线性模型 (5.2.2) 的参数 $\beta_1, \beta_2, \cdots, \beta_p$ 是否显著. 显然, 如果某个协变量 x_j 对 y 的作用不显著, 则在线性模型 (5.2.2) 中相应的系数 β_j 可以取值为零. 因此, 检验 x_j 是否显著, 等价于检验假设

$$H_0: \ \beta_j = 0 \quad \leftrightarrow \quad H_1: \ \beta_j \neq 0. \tag{5.2.20}$$

下面考虑相应的检验统计量.

当线性模型 (5.2.2) 满足 Gauss-Markov 条件, X 是列满秩的, 且 $\varepsilon_i \sim N(0, \sigma^2)$ 时, 可知 $\hat{\boldsymbol{\beta}} \sim N(\boldsymbol{\beta}, \sigma^2(X^{\mathrm{T}}X)^{-1})$. 记矩阵 $(X^{\mathrm{T}}X)^{-1}$ 的第 j 个对角元素为 c_{jj}, 则 $\hat{\beta}_j \sim N(\beta_j, c_{jj}\sigma^2)$, 从而

$$\frac{\hat{\beta}_j - \beta_j}{\sqrt{c_{jj}\sigma^2}} \sim N(0,1), \quad \frac{(\hat{\beta}_j - \beta_j)^2}{c_{jj}\sigma^2} \sim \chi^2(1).$$

由定理 5.2.6 可知, $SS_E/\sigma^2 \sim \chi^2(n-p-1)$. 又由定理 5.2.4 可知, $\hat{\boldsymbol{\beta}}$ 与 $\hat{\sigma}_n^2 = SS_E/n$ 相互独立, 从而 $\hat{\boldsymbol{\beta}}$ 与 SS_E 独立. 因此,

$$F = \frac{(\hat{\beta}_j - \beta_j)^2/c_{jj}}{SS_E/(n-p-1)} \sim F(1, n-p-1),$$

即 F 服从自由度为 1 和 $n-p-1$ 的 F 分布, 其等价于

$$t = \frac{(\hat{\beta}_j - \beta_j)/\sqrt{c_{jj}}}{\sqrt{SS_E/(n-p-1)}} \sim t(n-p-1),$$

其服从自由度为 $n-p-1$ 的 t 分布. 对于检验问题 (5.2.20), 在 H_0 成立时, 可取检验统计量

$$F = \frac{\hat{\beta}_j^2/c_{jj}}{SS_E/(n-p-1)}, \tag{5.2.21}$$

或

$$t=\frac{\hat{\beta}_j}{\sqrt{c_{jj}SS_E/(n-p-1)}}. \tag{5.2.22}$$

在 H_0 成立时, 检验统计量 $F\sim F(1,n-p-1)$, $t\sim t(n-p-1)$. 给定检验水平 α 后, 可确定检验临界值, 从而判断是否接受检验 (5.2.20).

例 5.2.4 (例 5.2.2 续) 对于线性模型 (5.2.7) 相应的参数估计值 (5.2.8), 根据检验统计量 (5.2.22), 可得以下结果:

参数	估计值	检验统计量	p 值
β_1	30.833	4.325	0.008
β_2	0.667	0.094	0.929
β_3	5.667	0.795	0.463

由此可见, 若取检验水平 $\alpha=0.05$, 则只有参数 β_1 是显著的, 而 β_2 和 β_3 都不显著. 这说明, 对于线性模型 (5.2.7) 而言, 协变量 x_1 对结果有显著影响, 而 x_2 和 x_3 对结果没有显著影响. 由上面的检验结果可知, 该线性模型不一定很好地拟合这批数据. 为此, 需要考虑更复杂的模型.

5.3 变量选择

例 5.2.4 说明多元线性模型有时并不能很好地拟合数据, 而且其中的部分回归项可能不显著. 因此, 可以考虑下面的二次回归模型:

$$y=\beta_0+\sum_{i=1}^{s}\beta_i x_i+\sum_{i=1}^{s}\beta_{ii}x_i^2+\sum_{1\leqslant i<j\leqslant s}\beta_{ij}x_i x_j+\varepsilon, \tag{5.3.1}$$

其中 ε 为均值为 0, 方差为 σ^2 的随机误差, β_i 是线性项的回归参数, β_{ii} 是平方项的回归参数, β_{ij} 是交互项的回归参数. 二次回归模型 (5.3.1) 中待估参数为 $p=1+s+s+\frac{1}{2}s(s-1)=\frac{1}{2}(s+1)(s+2)$ 个. 若令 $x_{s+i}=x_i^2, i=1,2,\cdots,s$, 且 $x_{2s+i}, i=1,2,\cdots,s(s-1)/2$ 表示交互项, 则模型 (5.3.1) 也可以看成多元线性回归模型

$$y=\beta_0+\beta_1x_1+\cdots+\beta_px_p+\varepsilon \tag{5.3.2}$$

的一种特殊情形. 换句话说, 模型 (5.3.1) 也是一类特殊的线性模型.

当试验次数 n 小于 p 时, 不能估计模型 (5.3.1) 中的全部参数. 此时, 可以选取部分回归项来拟合数据, 从而使得模型可估. 当试验次数 n 不小于 p 时, 模型 (5.2.2) 也可能

不可估, 因为信息矩阵 $X^{\mathrm{T}}X$ 可能不可逆, 其原因在于部分协变量可由其他部分协变量线性表出. 为了避免这种情形, 需要选择合适的回归项使得模型可估. 此外, 协变量的作用大小不一, 也需要剔除那些作用不是很大的协变量. 下面考虑对于模型 (5.2.2), 通过一些方法选择部分协变量. 称相应的方法为变量选择方法. 通过变量选择, 有以下两个好处: 一是提高模型的预测准确性. 过于复杂的模型可能会导致过拟合, 从而其预测能力不好. 通过变量选择方法使变量少一点, 从而简化模型以提升模型的预测能力. 二是提高模型的可解释性. 对于模型 (5.2.2) 中, 当特征个数 p 达到几百、几千甚至几万时, 通常并非每一个特征都是显著的. 若把这些特征全部放到模型中进行回归, 则难以对回归结果进行解释. 此外, 协变量的作用大小不一, 剔除那些作用不是很大的协变量, 并筛选出作用大的协变量, 可以更好地解释哪些协变量起到的影响更大.

常见的变量选择方法有向前法 (forward selection method)、向后法 (backward selection method)、逐步回归法 (stepwise regression method) 以及 Lasso (least absolute shrinkage and selection operator) 回归法等. 这里前三类方法属于子集选择 (subset selection) 法, 即选择 p 个协变量的合适子集, 而 Lasso 回归法是属于正则化 (regularization) 的一类方法. 本节将分别介绍这些方法.

5.3.1 子集选择法

一种最简单的变量选择方法是最优子集法. 该方法的思想是遍历所有可能的协变量组合, 用所有可能的子集来进行建模, 然后根据一些方法或者准则选出最优的模型. 对于模型 (5.2.2) 的 p 个协变量, 有 2^p 种子集. 因此, 该方法至少要拟合 2^p 次, 其计算量很大. 向前法、向后法和逐步回归法等可以减少计算量. 下面分别介绍这三种方法.

1. 向前法

考虑模型 (5.2.2) 中 p 个协变量 $x_1, x_2, \cdots, x_p$ 与响应 y 之间的线性关系. 一个自然的想法是把所有协变量按相关性或重要性排序, 哪个变量最重要, 则考虑把该变量先选进来. 具体做法如下: 对于变量 $x_1, x_2, \cdots, x_p$, 逐个检验模型

$$y = \beta_0 + \beta_1 x_i + \varepsilon, \tag{5.3.3}$$

其中 $i = 1, 2, \cdots, p$. 由 (5.2.19) 式可知, 检验 β_1 是否等于 0 的检验统计量 F 在原假设成立时服从 $F(1, n-2)$. 给出这 p 个一元线性模型的显著性检验的 F 值, 记为 $F_1, F_2, \cdots, F_p$. 若 $F_1, F_2, \cdots, F_p$ 中的最大值不大于 $F_\alpha(1, n-2)$, 则说明没有一个变量是重要的, 整个流程结束; 若 $F_1, F_2, \cdots, F_p$ 中的最大值不小于 $F_\alpha(1, n-2)$, 说明所对应的模型是显著的, 则把相应的变量选进来.

现假设有 t 个变量已被选进来, 不失一般性, 假设这 t 个变量为 $x_1, x_2, \cdots, x_t$. 可

以得到相应的回归模型的残差平方和, 记为 $SS_E^{(t)}$. 现考虑下面的 $t+1$ 元线性回归模型:

$$y=\beta_0+\beta_1x_1+\cdots+\beta_tx_t+\beta_{t+j}x_{t+j}+\varepsilon,\ j\in\{1,2,\cdots,p-t\}. \tag{5.3.4}$$

对于每个 $j\in\{1,2,\cdots,p-t\}$, 计算上面的 $t+1$ 元线性回归模型的残差平方和, 从而得到 $p-t$ 个残差平方和, 以及其中的最小值, 记为 $SS_E^{(t+1)}$. 此外, 可以检验每个 $t+1$ 元线性回归模型中回归系数 β_{t+j} 是否显著不等于 0, 相应的检验统计量类似于 (5.2.21) 的 F 检验统计量或 (5.2.22) 的 t 检验统计量, 只需把其中的 p 改为 $t+1$. 若 $SS_E^{(t+1)}$ 相比 $SS_E^{(t)}$ 有显著下降, 而且经检验模型系数 β_{t+j} 显著不等于 0, 则把这个变量选进来. 否则整个流程结束. 这里残差平方和显著下降是指 $SS_E^{(t)}-SS_E^{(t+1)}$ 大于给定的临界值 ε, 而 β_{t+j} 是否显著可与给定检验水平 α 后的临界值相比较. 重复上面的过程直到没有新的变量被选出. 因此, 对于 p 个变量的回归模型 (5.3.2), 向前法的过程总结为下面的算法.

算法 5.1 (向前法)

步骤 1 给定残差平方和显著下降的临界值 ε 和检验水平 α.

步骤 2 得到 p 个一元线性回归模型 (5.3.3) 中参数 β_1 显著性检验的 F 值, 并取其最大值, 记为 $F^{(1)}$. 若 $F^{(1)}\geqslant F_\alpha(1,n-2)$, 则把相应的变量选出, 并得到该模型下的残差平方和 $SS_E^{(1)}$, 令 $t=1$, 转步骤 3; 否则算法中止.

步骤 3 设已选出 t 个协变量及相应的 $SS_E^{(t)}$, 不妨记为 $x_1,x_2,\cdots,x_t$. 分别得到 $p-t$ 个 $t+1$ 元线性回归模型 (5.3.3) 的残差平方和, 并取其最小值, 记为 $SS_E^{(t+1)}$; 若 $SS_E^{(t)}-SS_E^{(t+1)}\leqslant\varepsilon$, 则算法中止; 否则转步骤 4.

步骤 4 得到使残差平方和最小的模型回归参数 β_{t+j} 的检验统计量, 记为 F. 若 $F\geqslant F_\alpha(1,n-t-2)$, 则算法中止; 否则令 $t=t+1$, 转步骤 3.

由向前法的步骤可知, 其构建的线性回归模型的协变量是从无到有, 逐个纳入进来的. 从几何直观来看, 向前法先将 y 往与其相关性最大的协变量 x_i 上作投影, 假设与 x_1 最近, 得到 β_1 的估计 $\hat\beta_1$ 和相应的残差; 接着, 把残差向剩余的 $p-1$ 个变量中最相关的协变量上作投影, 不妨设与 x_2 最近, 从而得到 β_2 的估计 $\hat\beta_2$, 依次得到相应的参数估计.

例 5.3.1(例 5.2.2 续) 对于该数据, 前面已说明简单的多元线性回归模型 (5.2.7) 并不一定合适, 因为其中仅有 x_1 这一项是显著的. 下面考虑二次回归模型 (5.3.1), 把线性项、平方项和交互项都看成协变量, 并用向前法选择部分变量. 设定检验水平 $\alpha=0.05$, 向前法得到 5 个协变量, 按顺序分别为 x_1, x_2^2, x_1x_2, x_2x_3 和 x_3^2, 回归模型如下:

$$\hat y=-8.355+35.387x_1+23.667x_2^2-11.269x_1x_2+9.108x_2x_3+3.032x_3^2,$$

该模型的方差分析表如下所示:

来源	平方和	自由度	均方	检验统计量	p 值
回归	7 421.168	5	1 484.234	1 458.103	0.000
误差	3.054	3	1.018		
总计	7 424.222	8			

上述方差分析表中 p 值 0.000 表示该值很小, 其不等于 0. 从中可见, 该模型可以很好地拟合这批数据. 这 5 个协变量相应的检验结果如下所示:

参数	对应协变量	估计值	估计标准差	检验统计量	p 值
β_1	x_1	35.387	0.533	66.335	0.000
β_{22}	x_2^2	23.667	0.713	33.174	0.000
β_{12}	x_1x_2	−11.269	0.573	−19.665	0.000
β_{23}	x_2x_3	9.108	0.678	13.433	0.001
β_{33}	x_3^2	3.032	0.769	3.944	0.029

从中可见这 5 个协变量都是显著的.

向前法适用于任意变量个数 p, 不过也存在一个缺点, 即其没有剔除机制. 每加入一个新协变量, 可能会使此前已存在于模型中的协变量变得不显著, 但在该方法中这样的协变量会被保留下来.

2. 向后法

与向前法相反, 向后法是先用全部变量进行建模, 再逐步地删除变量. 向后法的思路如下: 先对响应 y 拟合包括所有 p 个协变量的线性回归模型. 逐个考察去掉一个协变量而保留其他 $p-1$ 个协变量的回归模型, 分别计算其残差平方和 SS_E; 使模型的 SS_E 值减小最少的协变量被挑选出来并从模型中剔除. 持续这种迭代过程, 一直将协变量从模型中剔除, 直至剔除回归模型中任一协变量都不会使 SS_E 显著减小为止. 此时, 模型中所剩协变量的 t 检验都是显著的. 向后法的具体步骤如下所示.

算法 5.2 (向后法)

步骤 1 给定残差平方和显著下降的临界值 ε 和检验水平 α.

步骤 2 得到 p 元线性回归模型 (5.3.2) 的残差平方和 $SS_E^{(p)}$, 令 $t=p$.

步骤 3 设当前回归模型有 t 个协变量及相应的 $SS_E^{(t)}$, 对当前模型去掉一个变量, 从而得到 t 个 $t-1$ 元回归模型及其相应的残差平方和, 并取其最小值, 记为 $SS_E^{(t-1)}$; 若 $SS_E^{(t)}-SS_E^{(t-1)}\leqslant\varepsilon$, 则算法中止; 否则令 $t=t-1$, 重复本步骤.

向后法对试验次数有要求, 即试验次数 n 应大于协变量的个数 p, 否则整个过程一开始就无法进行. 例如例 5.2.2 中只有 9 次试验点, 因此向后法不能应用于二次回归模型 (5.3.1), 其有 9 个协变量. 而且, 向后法中从模型中剔除某个变量后, 它就不能在下一步再重新进入模型. 实际中, 有些被踢掉的协变量可能在某个阶段时可以重新加入模型, 而向后法无法做到这点.

3. 逐步回归法

为了兼顾向前法和向后法的优点而避免这两个方法的缺点, 逐步回归法是最常用的子集选择法. 逐步回归法的思路是先按照向前法一个接着一个引入新变量; 当引入一个新变量后, 再按照向后法的步骤对回归模型中包括该变量的所有变量进行剔除变量的操作, 直到保留的每个变量都是显著的; 重复这样的过程, 直到既没有显著的协变量选入回归方程, 也没有不显著的协变量从回归方程中剔除为止. 逐步回归法的步骤如下所示.

算法 5.3 (逐步回归法)

步骤 1　给定残差平方和显著下降的临界值 ε 和检验水平 α.

步骤 2　应用算法 5.1 的向前法引入一个变量.

步骤 3　对于当前回归模型, 应用算法 5.2 的向后法剔除不显著的变量.

步骤 4　重复步骤 2 和步骤 3, 直到没有新的变量被引入且没有已有的变量被剔除.

在逐步回归的算法中, 步骤 2 引入新变量后, 当前回归模型中的部分变量可能变得不显著, 因为该变量可能与新变量以及其他变量的某种线性组合具有高度线性性, 从而该变量变得不重要. 此外, 在步骤 3 中被剔除的变量, 有可能后面在步骤 2 中重新被引入.

例 5.3.2　已知影响石墨炉原子吸光度的主要因素有灰化温度 x_1、灰化时间 x_2、原子化温度 x_3 和原子化时间 x_4. 做了 12 次试验并得到相应的吸光度 y, 具体数据如表 5.3.1 所示. 表中这 4 个协变量的取值已标准化, 即按照各协变量的取值范围均匀地取 12 个值, 并用 $1,2,\cdots,12$ 表示.

对于该数据, 首先考虑这 4 个变量的线性回归模型

$$y=\beta_0+\beta_1x_1+\beta_2x_2+\beta_3x_3+\beta_4x_4+\varepsilon.$$

则可得拟合模型如下:

$$\hat{y}=0.125\,3-0.009\,8x_1-0.003\,2x_2+0.009\,5x_3+0.001\,3x_4,$$

相应的方差分析表如表 5.3.2 所示. 由于 p 值等于 0.000 6, 若取检验水平 $\alpha=0.05$, 0.01 甚至 0.001, 该拟合模型都是显著的. 进一步地, 考虑每个协变量的显著性检验, 其结果见表 5.3.3. 从中可知, 若取检验水平 $\alpha=0.05$ 或 0.1, 则协变量 x_2 和 x_4 都不显著.

表 5.3.1 例 5.3.2 的吸光度试验数据

试验点	x_1	x_2	x_3	x_4	y
1	1	6	8	10	0.151
2	2	12	3	7	0.113
3	3	5	11	4	0.199
4	4	11	6	1	0.116
5	5	4	1	11	0.091
6	6	10	9	8	0.142
7	7	3	4	5	0.099
8	8	9	12	2	0.135
9	9	2	7	12	0.128
10	10	8	2	9	0.029
11	11	1	10	6	0.116
12	12	7	5	3	0.016

表 5.3.2 例 5.3.2 中多元线性回归模型的方差分析表

来源	平方和	自由度	均方	检验统计量	p 值
回归	0.025 3	4	0.006 3	19.644 4	0.000 6
误差	0.002 3	7	0.000 3		
总计	0.027 5	11			

表 5.3.3 例 5.3.2 中多元线性回归模型的协变量显著性检验表

参数	对应协变量	估计值	估计标准差	检验统计量	p 值
β_1	x_1	−0.009 8	0.001 7	−5.782 3	0.000 7
β_2	x_2	−0.003 2	0.001 9	−1.688 7	0.135 1
β_3	x_3	0.009 5	0.001 7	5.623 5	0.000 8
β_4	x_4	0.001 3	0.001 9	0.679 6	0.518 6

为此, 考虑用逐步回归法进行变量选择. 首先进来的是协变量 x_3, 接着依次进来的协变量是 x_1 和 x_2, 而 x_4 没有被选入. 这说明逐步回归法的第一次拟合模型是 $y = \beta_0 + \beta_1 x_3 + \varepsilon$, 第二次的拟合模型是 $y = \beta_0 + \beta_1 x_3 + \beta_2 x_1 + \varepsilon$, 第三次的拟合模型是 $y = \beta_0 + \beta_1 x_3 + \beta_2 x_1 + \beta_3 x_2 + \varepsilon$. 由数据可得拟合模型为

$$\hat{y} = 0.143\,3 - 0.010\,1x_1 - 0.003\,8x_2 + 0.009\,0x_3,$$

其相应的系数显著性检验结果如下所示:

协变量	估计值	估计标准差	检验统计量	p 值
x_3	0.009 0	0.001 5	6.171 8	0.000 3
x_1	−0.010 1	0.001 6	−6.502 6	0.000 2
x_2	−0.003 8	0.001 6	−2.425 3	0.041 5

若取检验水平 $\alpha = 0.05$, 则这 3 个变量都是显著的. 在该逐步回归的过程中, 没有出现在某一步的拟合模型中剔除不显著的变量. 这 3 次回归模型相应的方差分析表见表 5.3.4. 从中可知, 随着选入模型的变量个数的增加, 模型的 F 检验统计量的取值越来越大, 相应的 p 值越来越小, 而且包括 $\{x_3\}$, $\{x_3, x_1\}$ 和 $\{x_3, x_1, x_2\}$ 的线性模型对应的 R^2 值分别为 0.452, 0.849 和 0.913. 这说明, 逐步得到的模型拟合效果越来越好.

表 5.3.4 例 5.3.2 中多元线性回归模型的逐步回归中的方差分析表

模型变量	来源	平方和	自由度	均方	检验统计量	p 值
x_3	回归	0.012 4	1	0.012 4	8.245 5	0.016 6
	误差	0.015 1	10	0.001 5		
	总计	0.027 5	11			
x_3, x_1	回归	0.023 4	2	0.011 7	25.241 6	0.000 2
	误差	0.004 2	9	0.000 5		
	总计	0.027 5	11			
x_3, x_1, x_2	回归	0.025 1	3	0.008 4	27.916 5	0.000 1
	误差	0.002 4	8	0.000 3		
	总计	0.027 5	11			

实际上, 在本线性模型中用向前法得到的结果和逐步回归法是一样的, 即依次选入 x_3, x_1 和 x_2; 此外, 若用向后法, 则第一步剔除 x_4 后, 得到的拟合模型也和逐步回归法或向前法得到的结果是一致的.

进一步地, 考虑 (5.3.1) 式的二次回归模型. 在显著性水平 $\alpha = 0.05$ 下, 用向前法和逐步回归法, 依次选入的变量都为 x_3, x_1^2, x_2x_3 和 x_1x_4, 相应的拟合模型为

$$\hat{y} = 0.084\ 6 + 0.012\ 6x_3 - 0.000\ 9x_1^2 - 0.000\ 5x_2x_3 + 0.000\ 3x_1x_4,$$

相应的方差分析表如下所示:

来源	平方和	自由度	均方	检验统计量	p 值
回归	0.027 1	4	0.006 8	111.522 6	0.000 0
误差	0.000 4	7	0.000 1		
总计	0.027 5	11			

从中可知, F 统计量值 111.522 6 比表 5.3.4 中的 27.916 5 更大, p 值更小. 这说明对于二次模型再做逐步回归, 得到的拟合模型效果更好. 若用向后法进行变量选择, 由于二次模型中变量个数为 15, 超过 12 个试验次数. 直接用向后法是无法进行变量选择的. 不过, 若剔除最不显著的一些变量后, 可再应用向后法. 这样做之后最终入选的协变量, 往往和逐步回归法得到的协变量不完全相同.

在回归分析中, 人们也常用 AIC、BIC 等准则, 以及计算每个模型的预测误差的交叉验证法等方法得到最优子集. 这里不再详细展开介绍.

5.3.2 正则化法

前一小节介绍的向前法、向后法、逐步回归法、最优子集法等子集选择法, 往往是针对数据集较小的情形. 然而随着时代的发展, 数据集变得越来越大而且协变量的个数也越来越多, 例如协变量的个数达到几百、几千甚至几万的量级, 此时子集选择法不是最好的选择, 而正则化法是更常用的方法.

对于回归模型 (5.3.2), 若对响应变量 y 和 p 个协变量都做中心化处理, 即分别减去其均值, 则可以去掉常数项 β_0, 而不影响回归参数 $\beta_1, \beta_2, \cdots, \beta_p$. 不失一般性, 仍记中心化后的协变量和响应变量为 $x_1, x_2, \cdots, x_p$ 和 y, 则中心化后的回归模型为

$$y = \beta_1 x_1 + \beta_2 x_2 + \cdots + \beta_p x_p + \varepsilon, \tag{5.3.5}$$

其残差平方和用矩阵的形式表示仍为 $(Y - X\boldsymbol{\beta})^{\mathrm{T}}(Y - X\boldsymbol{\beta})$, 其中 $\boldsymbol{\beta} = (\beta_1, \beta_2, \cdots, \beta_p)^{\mathrm{T}}$. 下面仅考虑中心化后的数据. 正则化的主要思想是在残差平方和上加一个惩罚项 (penalty), 其形式如下:

$$J(\boldsymbol{\beta}) = (Y - X\boldsymbol{\beta})^{\mathrm{T}}(Y - X\boldsymbol{\beta}) + p(\boldsymbol{\beta}), \tag{5.3.6}$$

其中 $p(\boldsymbol{\beta})$ 是对参数 $\boldsymbol{\beta}$ 的某种惩罚, 其目的是用于惩罚模型的复杂度. 这个惩罚项也叫正则化项. 常见的惩罚函数有

$$p(\boldsymbol{\beta}) = \lambda \boldsymbol{\beta}^{\mathrm{T}} \boldsymbol{\beta}, \tag{5.3.7}$$

其中 λ 是惩罚系数. 本质上, $\boldsymbol{\beta}^{\mathrm{T}}\boldsymbol{\beta}$ 是 $\boldsymbol{\beta}$ 的 L_2 范数的平方, 即 $\boldsymbol{\beta}^{\mathrm{T}}\boldsymbol{\beta} = \| \boldsymbol{\beta} \|_2^2 = \beta_1^2 + \beta_2^2 + \cdots + \beta_p^2$. 为了简单起见, 把 $\| \boldsymbol{\beta} \|_2^2$ 简记为 $\| \boldsymbol{\beta} \|^2$. 也可以取其他的 $p(\boldsymbol{\beta})$, 例如

$$p(\boldsymbol{\beta}) = \lambda \| \boldsymbol{\beta} \|_1, \tag{5.3.8}$$

其中 $\| \boldsymbol{\beta} \|_1 = |\beta_1| + |\beta_2| + \cdots + |\beta_p|$ 为 $\boldsymbol{\beta}$ 的 L_1 范数. 在 (5.3.7) 式和 (5.3.8) 式中的惩罚系数 λ 决定了对参数 $\boldsymbol{\beta}$ 的惩罚力度. λ 越大, 对于参数的惩罚就越大; λ 越小, 惩罚就越小. 例如, 当 λ=0 时, (5.3.6) 式就退化为最简单的线性回归. 当 $p(\boldsymbol{\beta})$ 取 (5.3.7) 式且

$\lambda > 0$ 时, 称相应的估计为岭回归 (ridge regression) 估计; 当 $p(\boldsymbol{\beta})$ 取 (5.3.8) 式且 $\lambda > 0$ 时, 称相应的估计为 Lasso 回归估计. 岭回归估计是 1970 年由 Hoerl 和 Kennard 提出的, 参见 Hoerl et al. (1970), 其主要目的并不是用于解决变量选择的问题, 而是解决信息矩阵 $X^{\mathrm{T}}X$ 接近退化甚至不可逆的情形. Lasso 回归估计由 Robert Tibshirani (蒂施莱尼) 于 1996 年提出, 其为第一个可应用于变量选择的正则化方法, 参见 Tibshirani (1996). 下面分别介绍这两种常用的正则化方法.

1. 岭回归

使最小化 (5.2.4) 式的 $\boldsymbol{\beta}$ 存在且唯一的条件是 $X^{\mathrm{T}}X$ 列满秩. 然而, 当数据特征中存在共线性的情形, 即部分特征之间的相关性比较大时, 会使得标准最小二乘求解式 (5.2.5) 不稳定, 即信息矩阵 $X^{\mathrm{T}}X$ 的行列式接近零从而其接近退化, 计算 $X^{\mathrm{T}}X$ 的误差会变大.

例 5.3.3　设真实模型为 $y = 5 + 2x_1 + 3x_2 + \varepsilon$. 在某 10 次试验中的 x_1, x_2, ε 和相应的 y 分别如下所示:

x_1	1.1	1.4	1.7	1.7	1.8	1.8	1.9	2.0	2.3	2.4
x_2	1.2	1.3	1.8	1.7	1.9	1.8	2.0	2.1	2.4	2.5
ε	0.7	−0.5	0.4	−0.5	0.2	1.5	1.1	0.6	−1.5	−0.5
y	11.5	11.2	14.2	13.0	14.5	15.5	15.9	15.9	15.3	16.8

由最小二乘估计 (5.2.5) 式, 可得

$$\hat{y} = 6.921\,4 - 2.819\,7x_1 + 6.717\,8x_2.$$

分别对 x_1 和 x_2 减去其样本均值 1.81 和 1.87, 对 y 减去其样本均值 14.38 后, 仍记为 x_1, x_2 和 y, 则由最小二乘估计 (5.2.5) 式, 可得

$$\hat{y} = -2.819\,7x_1 + 6.717\,8x_2.$$

因此, x_1 和 x_2 相应的系数估计很不准确, 其原因在于 x_1 和 x_2 的相关系数为 0.988, 这说明这两个变量之间相关性很强. 进一步地, $X^{\mathrm{T}}X$ 的特征根分别为 2.872 7 和 0.017 3, 这说明该矩阵接近退化. 从而导致估计不准确.

从例 5.3.3 可知, 当信息矩阵接近退化时, 直接用最小二乘估计方法并不能得到好的估计. 对于 (5.3.7) 式的惩罚函数, 根据对向量求导的性质, 目标函数

$$J(\boldsymbol{\beta}) = (Y - X\boldsymbol{\beta})^{\mathrm{T}}(Y - X\boldsymbol{\beta}) + \lambda\boldsymbol{\beta}^{\mathrm{T}}\boldsymbol{\beta}$$

对向量 $\boldsymbol{\beta}$ 求导并令其为 $\mathbf{0}$, 可得

$$\frac{\partial J(\boldsymbol{\beta})}{\partial \boldsymbol{\beta}} = -2X^{\mathrm{T}}(Y - X\boldsymbol{\beta}) + 2\lambda\boldsymbol{\beta} = \mathbf{0},$$

则

$$(X^{\mathrm{T}}X+\lambda I_p)\boldsymbol{\beta}=X^{\mathrm{T}}Y,$$

其中 I_p 为 $p+1$ 阶单位矩阵. 由于方阵 $X^{\mathrm{T}}X$ 是非负定矩阵, 而当 $\lambda>0$ 时, $X^{\mathrm{T}}X+\lambda I_p$ 一定是正定矩阵, 故参数 $\boldsymbol{\beta}$ 的岭估计为

$$\hat{\boldsymbol{\beta}}_\lambda=(X^{\mathrm{T}}X+\lambda I_p)^{-1}X^{\mathrm{T}}Y. \tag{5.3.9}$$

也称 $\hat{\boldsymbol{\beta}}_\lambda$ 为**岭迹**, 即关于不同的 λ 对应于不同的 $\hat{\boldsymbol{\beta}}_\lambda$. 因此, 岭估计仍是 Y 的线性函数. 若 Y 服从多元正态分布, 则 $\hat{\boldsymbol{\beta}}_\lambda$ 也服从多元正态分布.

为了评价多元估计量的好坏, 可以考虑均方误差这一准则. 对于参数 $\boldsymbol{\beta}$ 的任一估计 $\boldsymbol{b}$, 其均方误差定义为 $E[(\boldsymbol{b}-\boldsymbol{\beta})^{\mathrm{T}}(\boldsymbol{b}-\boldsymbol{\beta})]$, 它是一个数. 设 $\mathrm{tr}(A)$ 表示方阵 A 的迹. 由于

$$\begin{aligned}E[(\boldsymbol{b}-\boldsymbol{\beta})^{\mathrm{T}}(\boldsymbol{b}-\boldsymbol{\beta})]&=\mathrm{tr}(\boldsymbol{b}-\boldsymbol{\beta})(\boldsymbol{b}-\boldsymbol{\beta})^{\mathrm{T}}\\&=\mathrm{tr}\{[\boldsymbol{b}-E(\boldsymbol{b})][\boldsymbol{b}-E(\boldsymbol{b})]^{\mathrm{T}}+[E(\boldsymbol{b})-\boldsymbol{\beta}][E(\boldsymbol{b})-\boldsymbol{\beta}]^{\mathrm{T}}\}\\&=\mathrm{trVar}(\boldsymbol{b})+[E(\boldsymbol{b})-\boldsymbol{\beta}]^{\mathrm{T}}[E(\boldsymbol{b})-\boldsymbol{\beta}],\end{aligned} \tag{5.3.10}$$

故当 $\boldsymbol{b}$ 为 $\boldsymbol{\beta}$ 的最小二乘估计 $\hat{\boldsymbol{\beta}}$ 时, 均方误差为 $\sigma^2\mathrm{tr}(X^{\mathrm{T}}X)^{-1}$.

定理 5.3.1 当 $\lambda>0$ 时, 岭估计有以下性质:

(1) $\hat{\boldsymbol{\beta}}_\lambda$ 是有偏估计.

(2) $\hat{\boldsymbol{\beta}}_\lambda$ 将部分参数向 0 收缩.

(3) 当 $\lambda\leqslant\dfrac{2\sigma^2}{\boldsymbol{\beta}^{\mathrm{T}}\boldsymbol{\beta}}$ 时, $\hat{\boldsymbol{\beta}}_\lambda$ 的均方误差比最小二乘估计 $\hat{\boldsymbol{\beta}}$ 的均方误差更小.

证明 显然, 当 $\lambda>0$ 时, 由 $\hat{\boldsymbol{\beta}}$ 的无偏性, 可得

$$\begin{aligned}E(\hat{\boldsymbol{\beta}}_\lambda)&=E[(X^{\mathrm{T}}X+\lambda I_p)^{-1}X^{\mathrm{T}}Y]\\&=(X^{\mathrm{T}}X+\lambda I_p)^{-1}X^{\mathrm{T}}E(Y)\\&=(X^{\mathrm{T}}X+\lambda I_p)^{-1}X^{\mathrm{T}}X\boldsymbol{\beta}\\&=(X^{\mathrm{T}}X+\lambda I_p)^{-1}(X^{\mathrm{T}}X+\lambda I_p-\lambda I_p)\boldsymbol{\beta}\\&=\boldsymbol{\beta}-\lambda(X^{\mathrm{T}}X+\lambda I_p)^{-1}\boldsymbol{\beta}.\end{aligned}$$

因此, 岭估计 $\hat{\boldsymbol{\beta}}_\lambda$ 并不是 $\boldsymbol{\beta}$ 的无偏估计, 且偏差为

$$E(\hat{\boldsymbol{\beta}}_\lambda)-\boldsymbol{\beta}=-\lambda(X^{\mathrm{T}}X+\lambda I_p)^{-1}\boldsymbol{\beta}. \tag{5.3.11}$$

从而证明了性质 (1).

若记信息矩阵 $M = X^{\mathrm{T}}X$, $Z_\lambda = (I_p + \lambda M^{-1})^{-1}$, 则

$$\begin{aligned}\hat{\boldsymbol{\beta}}_\lambda &= (M + \lambda I_p)^{-1} M M^{-1} X^{\mathrm{T}} Y \\ &= (I_p + \lambda M^{-1})^{-1}(M^{-1}X^{\mathrm{T}}Y) = Z_\lambda \hat{\boldsymbol{\beta}},\end{aligned} \tag{5.3.12}$$

其中 $\hat{\boldsymbol{\beta}}$ 为 (5.2.5) 式的最小二乘估计. 由于 M 为非负定对称矩阵, 其特征根不小于 0, 且存在一个正交矩阵 Q, 使得 $M = Q\varDelta Q^{\mathrm{T}}$, 其中 $\varDelta = \mathrm{diag}(\delta_1, \delta_2, \cdots, \delta_p)$ 为对角矩阵, 其对角元素是 M 的特征根. 从而,

$$Z_\lambda = [I_p + \lambda(Q\varDelta Q^{\mathrm{T}})^{-1}]^{-1} = Q(I_p + \lambda\varDelta^{-1})^{-1}Q^{\mathrm{T}} = Q\varGamma Q^{\mathrm{T}},$$

其中 $\varGamma$ 为对角矩阵, 即 $\varGamma = \mathrm{diag}(\gamma_1, \gamma_2, \cdots, \gamma_p)$, 其中

$$\gamma_i = \frac{\delta_i}{\delta_i + \lambda}, \ i = 1, 2, \cdots, p.$$

则当 $\lambda > 0$ 时, Z_λ 的特征根为不大于 1 的正数. 因此,

$$\| \hat{\boldsymbol{\beta}}_\lambda \|^2 = \| Z_\lambda \hat{\boldsymbol{\beta}} \|^2 = \| Q\varLambda Q\hat{\boldsymbol{\beta}} \|^2 = \| \varLambda Q\hat{\boldsymbol{\beta}} \|^2 .$$

则当 $\lambda > 0$ 时,

$$\| \hat{\boldsymbol{\beta}}_\lambda \|^2 < \| Q\hat{\boldsymbol{\beta}} \|^2 = \| \hat{\boldsymbol{\beta}} \|^2 .$$

因此, 参数 $\boldsymbol{\beta}$ 的岭估计更趋于将部分参数向 0 收缩. 从而证明了性质 (2).

根据 (5.3.12) 式, 有

$$E(\hat{\boldsymbol{\beta}}_\lambda) = E(Z_\lambda \hat{\boldsymbol{\beta}}) = Z_\lambda E(\hat{\boldsymbol{\beta}}) = Q\varGamma Q^{\mathrm{T}}\boldsymbol{\beta}.$$

从而 $\hat{\boldsymbol{\beta}}_\lambda - E(\hat{\boldsymbol{\beta}}_\lambda) = Q\varGamma Q^{\mathrm{T}}(\hat{\boldsymbol{\beta}} - \boldsymbol{\beta})$, 根据定理 5.2.1(2), 可得

$$\begin{aligned}\mathrm{Var}(\hat{\boldsymbol{\beta}}_\lambda) &= E\{[\hat{\boldsymbol{\beta}}_\lambda - E(\hat{\boldsymbol{\beta}}_\lambda)][\hat{\boldsymbol{\beta}}_\lambda - E(\hat{\boldsymbol{\beta}}_\lambda)]^{\mathrm{T}}\} \\ &= Q\varGamma Q^{\mathrm{T}} E[(\hat{\boldsymbol{\beta}} - \boldsymbol{\beta})(\hat{\boldsymbol{\beta}} - \boldsymbol{\beta})^{\mathrm{T}}] Q\varGamma Q^{\mathrm{T}} \\ &= \sigma^2 Q\varGamma Q^{\mathrm{T}} M^{-1} Q\varGamma Q^{\mathrm{T}} \\ &= \sigma^2 Q\varGamma \varDelta^{-1} \varGamma Q^{\mathrm{T}} \\ &= \sigma^2 Q\varTheta Q^{\mathrm{T}},\end{aligned} \tag{5.3.13}$$

其中 $\varTheta$ 为对角矩阵,

$$\varTheta = \begin{pmatrix} \dfrac{\delta_1}{(\delta_1+\lambda)^2} & & & \\ & \dfrac{\delta_2}{(\delta_2+\lambda)^2} & & \\ & & \ddots & \\ & & & \dfrac{\delta_p}{(\delta_p+\lambda)^2} \end{pmatrix}.$$

根据 (5.3.11) 式可知, $[E(\hat{\boldsymbol{\beta}}_\lambda)-\boldsymbol{\beta}]^{\mathrm{T}}[E(\hat{\boldsymbol{\beta}}_\lambda)-\boldsymbol{\beta}]=\lambda^2\boldsymbol{\beta}^{\mathrm{T}}(M+\lambda I_p)^{-2}\boldsymbol{\beta}$. 记 $\hat{\boldsymbol{\beta}}_\lambda$ 的均方误差为 $H(\lambda)$, 则由 (5.3.10) 式和 (5.3.13) 式可知,

$$
\begin{aligned}
H(\lambda) &= E[(\hat{\boldsymbol{\beta}}_\lambda-\boldsymbol{\beta})^{\mathrm{T}}(\hat{\boldsymbol{\beta}}_\lambda-\boldsymbol{\beta})] \\
&= \mathrm{trVar}(\hat{\boldsymbol{\beta}}_\lambda)+[E(\hat{\boldsymbol{\beta}}_\lambda)-\boldsymbol{\beta}]^{\mathrm{T}}[E(\hat{\boldsymbol{\beta}}_\lambda)-\boldsymbol{\beta}] \\
&= \mathrm{trVar}(\hat{\boldsymbol{\beta}}_\lambda)+\lambda^2\boldsymbol{\beta}^{\mathrm{T}}(M+\lambda I_p)^{-2}\boldsymbol{\beta} \\
&= \mathrm{tr}(\sigma^2 Q\Theta Q^{\mathrm{T}})+\lambda^2\boldsymbol{\beta}^{\mathrm{T}}(M+\lambda I_p)^{-2}\boldsymbol{\beta} \\
&= \sigma^2\sum_{i=1}^{p}\frac{\delta_i}{(\delta_i+\lambda)^2}+\lambda^2\boldsymbol{\beta}^{\mathrm{T}}(M+\lambda I_p)^{-2}\boldsymbol{\beta}.
\end{aligned}
$$

显然, $\lambda=0$, $\hat{\boldsymbol{\beta}}_\lambda$ 退化为最小二乘估计, 相应的均方误差为 $H(0)$. 因此, 通过优化理论可知, 当 $\lambda\leqslant\dfrac{2\sigma^2}{\boldsymbol{\beta}^{\mathrm{T}}\boldsymbol{\beta}}$ 时, $H(\lambda)<H(0)$. 从而证明了性质 (3). □

当 $\lambda=0$, 岭回归 $\hat{\boldsymbol{\beta}}_\lambda$ 即为最小二乘估计 $\hat{\boldsymbol{\beta}}$; 当 $\lambda=\infty$, 岭回归 $\hat{\boldsymbol{\beta}}_\lambda=\mathbf{0}$, 即所有参数都收缩到 0. 由定理 5.3.1 可知, 岭回归是对最小二乘估计的参数做某种程度的收缩, 可认为是一种改良的最小二乘估计法. 岭估计放弃了最小二乘法的无偏性, 来获得均方误差更小的收缩估计. 从而, 岭估计可以缓解多重共线问题, 以及过拟合问题. 然而, 由 $\hat{\boldsymbol{\beta}}_\lambda$ 的定义可知, 其元素并不等于 0. 因此, 岭估计并不能直接做变量选择, 而且牺牲一些模型的解释性, 也无法从根本上解决多重共线问题.

定理 5.3.1(3) 说明在某些情形下, 岭估计的均方误差比最小二乘估计的要小, 但具体求最优的 λ 依赖于未知参数 σ^2 和 $\boldsymbol{\beta}$. 而在实际应用中必须通过样本来确定 λ. 然而, 由于最优的 λ 对未知参数 σ^2 和 $\boldsymbol{\beta}$ 的依赖关系未知, 理论上并不能给出最优 λ 的明确回答. 实际应用中, 确定 λ 的常用方法是**岭迹法**. 称估计向量 $\hat{\boldsymbol{\beta}}_\lambda$ 中每个元素随着 λ 的变化作图而得到的曲线为相应的岭迹. 通过岭迹图可以观察较佳的 λ 的取值, 即选择使每条岭迹都比较平稳的 λ 作为其取值. 此外, 还可以观察变量是否有多重共线性; 若不存在多重共线性, 则岭迹图应稳定地逐渐趋于 0.

例如, 对于例 5.3.3 的数据, 参数 $\hat{\boldsymbol{\beta}}_\lambda=(\hat{\beta}_{\lambda,1},\hat{\beta}_{\lambda,2})^{\mathrm{T}}$ 的岭迹分别如图 5.3.1 所示. 从中可见, 当 λ 取 0.3 左右时, 岭迹基本稳定. 此外, $\hat{\beta}_{\lambda,1}$ 的最小二乘估计是负数, 即协变量 x_1 对 y 的影响是负的; 然而, 随着 λ 的增大, $\hat{\beta}_{\lambda,1}$ 的取值变为正的, 这更好地反映该协变量和 y 的关系. 由于岭迹并不能稳定地趋于 0, 说明该数据存在多重共线性. 因此, 存在多重共线性时, 从某种意义上来说, 岭估计比最小二乘估计可能更好.

进一步地, 从优化的角度来看, 求解岭回归估计的目标函数 $J(\boldsymbol{\beta})$ 等价于下面的优化问题:

$$
\begin{aligned}
&\min\ (Y-X\boldsymbol{\beta})^{\mathrm{T}}(Y-X\boldsymbol{\beta}) \qquad (5.3.14)\\
&\text{s.t.}\ \ \boldsymbol{\beta}^{\mathrm{T}}\boldsymbol{\beta}\leqslant t.
\end{aligned}
$$

这里 t 预先给定. 显然, 若 t 取无穷大, 优化问题 (5.3.14) 变为普通的最小二乘估计, 若 t 趋于 0, 优化问题 (5.3.14) 把所有参数压缩到 0. 由于 $(Y-X\boldsymbol{\beta})^{\mathrm{T}}(Y-X\boldsymbol{\beta})$ 是关于参数 $\boldsymbol{\beta}$ 的二次函数, 其在 p 维空间中为椭球体, 而 $\boldsymbol{\beta}^{\mathrm{T}}\boldsymbol{\beta}\leqslant t$ 的几何含义是在 p 维空间中以原点为球心的超球体内部. 当 $p=2$ 时, 优化问题 (5.3.14) 的示意图如图 5.3.2(a) 所示. 椭圆等高线和半径为 $\sqrt{t}$ 的圆的交点即为参数的岭回归估计. 此外, 这个交点不同于参数的最小二乘估计 $\hat{\boldsymbol{\beta}}$.

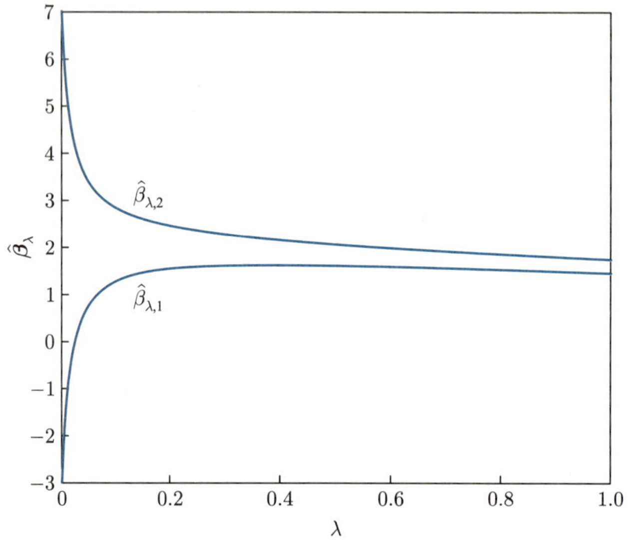

图 5.3.1 例 5.3.3 的岭迹图

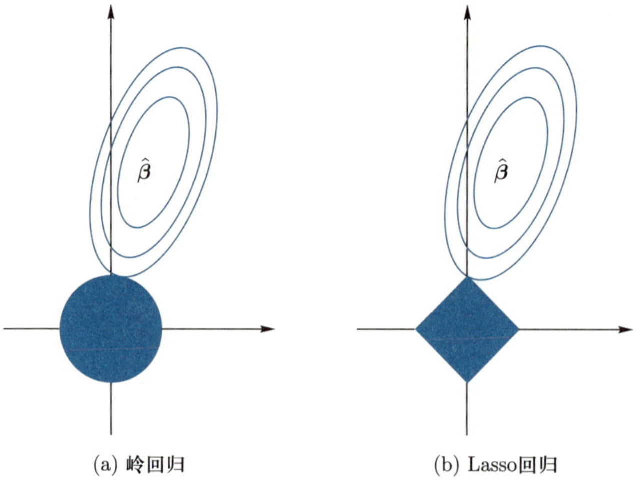

(a) 岭回归　　(b) Lasso回归

图 5.3.2 岭回归和 Lasso 回归的几何示意图

2. Lasso 回归

前面的岭估计是用 L_2 范数对参数 $\boldsymbol{\beta}$ 进行惩罚, 而 Lasso 回归用 L_1 范数对参数 $\boldsymbol{\beta}$ 进行惩罚, 即最小化下面的目标函数:

$$J(\boldsymbol{\beta}) = (Y - X\boldsymbol{\beta})^{\mathrm{T}}(Y - X\boldsymbol{\beta}) + \lambda \parallel \boldsymbol{\beta} \parallel_1 \tag{5.3.15}$$
$$= \sum_{i=1}^{n}(y_i - \beta_1 x_{i1} - \beta_2 x_{i2} - \cdots - \beta_p x_{ip}) + \lambda \sum_{j=1}^{p} |\beta_j|.$$

从优化的角度来看, 求解 Lasso 估计的目标函数 $J(\boldsymbol{\beta})$ 等价于下面的优化问题:

$$\min \ (Y - X\boldsymbol{\beta})^{\mathrm{T}}(Y - X\boldsymbol{\beta}) \tag{5.3.16}$$
$$\text{s.t.} \ \parallel \boldsymbol{\beta} \parallel_1 \leqslant t.$$

这里 t 预先给定. 类似于岭估计, 若 t 取无穷大, 优化问题 (5.3.16) 变为普通的最小二乘估计, 若 t 趋于 0, 优化问题 (5.3.16) 把所有参数压缩到 0. 当 $p = 2$ 时, 优化问题 (5.3.16) 的示意图如图 5.3.2(b) 所示. 椭圆等高线和菱形 $|\beta_1| + |\beta_2| \leqslant t$ 的交点即为参数的 Lasso 回归估计. 对比图 5.3.2(a) 可知, 岭回归不易使参数变为 0, 而 Lasso 回归有较大可能使得部分参数收缩到 0. 不管 Lasso 估计还是岭估计, 加了约束条件后, 它们都是有偏估计, 因此与通过最小二乘法得到的无偏估计有差距.

Lasso 估计可以起到变量选择作用的具体原理涉及一些凸优化理论. 一个函数 $f(\cdot)$ 被称为凸函数, 是指其定义域是凸集, 且对于定义域中任意两点 x 和 y, 和任意的 $\alpha \in (0,1)$, $f(\alpha x + (1-\alpha)y) \leqslant \alpha f(x) + (1-\alpha)f(y)$. 对于凸优化问题, 最小值总是出现在极值点 (extreme point) 处, 而对于参数空间, 极值点一般是落在坐标轴上的点. 从优化理论的角度来看, 在 (5.3.15) 式中的目标函数 $J(\boldsymbol{\beta})$ 是一个凸函数. 相应地, 求解该问题也是一个凸优化问题. 这也从某种意义上解释了 Lasso 回归可得到变量选择的效果. 由于 Lasso 估计的目标函数 $J(\boldsymbol{\beta})$ 中有绝对值函数, 因此不能通过求导的方法得到参数 $\boldsymbol{\beta}$ 的解, 从而优化理论中常规的解法如梯度下降法、Newton (牛顿) 法无法使用. 实际上, 该问题并没有显式解, 且往往需应用迭代算法进行求解. 常用的求解方法有以下两种: 坐标轴下降法与最小角回归法 (least angle regression), 后者是 Bradley Efron 于 2004 年提出的.

坐标轴下降法是一种迭代算法, 其是在当前坐标轴上搜索函数最小值, 而不需求目标函数的导数. 先以 2 维为例介绍坐标轴下降法的主要思路. 对于目标函数 $J(\beta_1, \beta_2)$, 给定初始值 $\boldsymbol{\beta}^{(0)} = (\beta_1^{(0)}, \beta_2^{(0)})$, 固定 $\beta_1^{(0)}$, 找使得 $J(\beta_1^{(0)}, \beta_2)$ 达到最小的 β_2, 记为 $\beta_2^{(1)}$; 固定 $\beta_2^{(1)}$, 找使得 $J(\beta_1, \beta_2^{(1)})$ 达到最小的 β_1, 记为 $\beta_1^{(1)}$, 从而得到 $\boldsymbol{\beta}^{(1)} = (\beta_1^{(1)}, \beta_2^{(1)})$; 这样一直迭代下去, 直到收敛. 收敛的判断条件为 $\boldsymbol{\beta}^{(t+1)}$ 和 $\boldsymbol{\beta}^{(t)}$ 的距离小于给定的临界值. 对于 p 维参数 $\boldsymbol{\beta} = (\beta_1, \beta_2, \cdots, \beta_p)$, 类似地, 固定 $p-1$ 个参数, 计算剩下的那个参数使得凸函数 $J(\boldsymbol{\beta})$ 达到最小的点, 依次更新这 p 个参数, 得到该次迭代的最小值点; 迭代直到收敛. 具体步骤如下所示.

算法 5.4 (Lasso 回归估计的坐标轴下降法)

步骤 1 给定初始值 $\boldsymbol{\beta}^{(0)} = \left(\beta_1^{(0)}, \beta_2^{(0)}, \cdots, \beta_p^{(0)}\right)$.

步骤 2 固定 $\beta_2^{(k-1)},\beta_3^{(k-1)},\cdots,\beta_p^{(k-1)}$, 计算使得 $J\left(\beta_1,\beta_2^{(k-1)},\cdots,\beta_p^{(k-1)}\right)$ 达到最小的 β_1, 得到 $\beta_1^{(k)}$; 依次往后计算, 得到 $\beta_p^{(k)}$ 为止, 一共执行 p 次运算:

$$\begin{aligned}
\beta_1^{(k)} &= \arg\min_{\beta_1} J\left(\beta_1,\beta_2^{(k-1)},\beta_3^{(k-1)},\cdots,\beta_p^{(k-1)}\right),\\
\beta_2^{(k)} &= \arg\min_{\beta_2} J\left(\beta_1^{(k)},\beta_2,\beta_3^{(k-1)},\cdots,\beta_p^{(k-1)}\right),\\
\beta_3^{(k)} &= \arg\min_{\beta_3} J\left(\beta_1^{(k)},\beta_2^{(k)},\beta_3,\cdots,\beta_p^{(k-1)}\right),\\
&\cdots,\\
\beta_p^{(k)} &= \arg\min_{\beta_p} J\left(\beta_1^{(k)},\beta_2^{(k)},\beta_3^{(k)},\cdots,\beta_p\right),
\end{aligned}$$

从而得到第 k 次迭代 $\boldsymbol{\beta}^{(k)}=\left(\beta_1^{(k)},\beta_2^{(k)},\cdots,\beta_p^{(k)}\right)$.

步骤 3 若 p 维向量 $\boldsymbol{\beta}^{(k)}$ 和 $\boldsymbol{\beta}^{(k-1)}$ 的距离 $||\boldsymbol{\beta}^{(k)}-\boldsymbol{\beta}^{(k-1)}||\leqslant\varepsilon$, 其中 ε 是预先给定的临界值, 迭代结束; 否则继续迭代.

一般地, 坐标轴下降法会收敛到局部最优解. 幸运的是, 对于凸函数, 局部最优解即为全局最优解. 理论上可以证明, Lasso 回归估计的坐标轴下降法可以收敛到全局最优解. 不过坐标轴下降法的收敛速度可以进一步提高. 最小角回归法有更好的效果.

最小角回归法与向前法的思想比较接近. 以 2 维为例, 其主要思想如图 5.3.3 所示: 设 y 与 x_1 之间的夹角比与 x_2 的更小, 即 y 与 x_1 的相关性更大, 则沿着 x_1 的方向走, 走到 x_1 使 x_2 和当前残差相关性相等的地方, 开始沿着 x_1, x_2 的角平分线前进, 即图中 μ_2 的方向, 直到与 y 最靠近之处停止. 这里可选择 Pearson 相关系数, 其在数值上等于角的余弦值. 由解析几何可知, 两向量同方向, 夹角为 0, 余弦值为 1, Pearson 相关系数为 1, 若两向量垂直, 则余弦值与 Pearson 相关系数为 0; 若完全反方向, 则余弦值与 Pearson 相关系数为 −1. 因此, 夹角越小, 说明相关性越大.

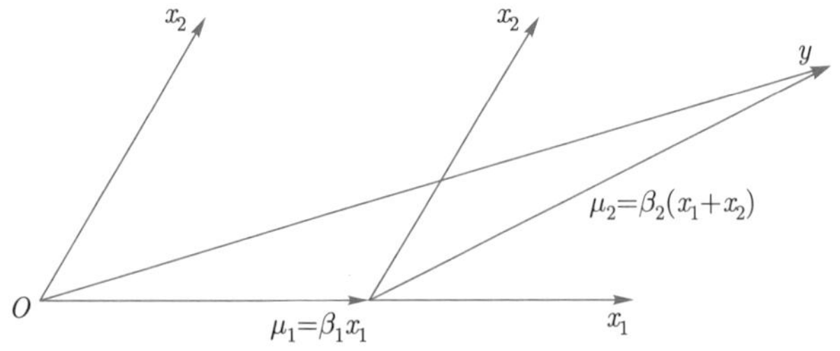

图 5.3.3 Lasso 回归的最小角回归法的示意图

类似地, 对于 p 维情形, 所有的 p 个参数都从 0 开始, 首先找到与响应变量 y 最相关的预测变量 x, 比如 x_1; 接着, 朝着这个预测变量的方向尽可能地迈出最大的一步, 直到另一个预测变量, 比如 x_2, 它与当前残差有与 x_1 相同的相关性. 此时, 沿着 x_1 和 x_2

这两者的角平分线前进, 直到第三个变量 x_3 与当前残差有与 x_1, x_2 相同的相关性, 然后沿着 x_1, x_2, x_3 的角平分线前进; 直到第四个变量进入, 然后以同样的方式继续下去. 由于每次都沿着角平分线前进, 其为最小角方向, 故称为最小角回归. 给定样本 $\{(x_{i1}, x_{i2}, \cdots, x_{ip}, y_i), i=1,2,\cdots,n\}$ 后, 最小角回归法的详细步骤如下所示.

算法 5.5 (Lasso 回归估计的最小角回归法)

步骤 1 标准化协变量, 使每个协变量变化后的均值都为 0, 其平方和为 1. 设初始残差向量 $r=y-\bar{y}$, 令 $\beta_1,\beta_2,\cdots,\beta_p$ 的初始值均为 0.

步骤 2 找出与 r 最相关的协变量 x_j.

步骤 3 把 β_j 从 0 沿着最小二乘估计系数 $\langle x_j, r\rangle$ 的方向移动, 直到当前残差和其他协变量 x_k 的相关性跟其与 x_j 的相关性相同.

步骤 4 把 β_j 和 β_k 沿着当前残差与 (x_j, x_k) 的最小二乘估计系数的方向移动, 直到与另一个协变量 x_l 有同样的相关性.

步骤 5 若某个估计系数接近 0, 则把该变量剔除, 并重新计算其他已选入的变量的最小二乘估计, 得到新的方向.

步骤 6 持续上述过程, 直到 p 个协变量都被考虑. 经过 $\min\{n-1,p\}$ 步后, 得到保留的协变量的估计系数.

在算法 5.5 中, 步骤 3 是和向前法不同的, 向前法是把 β_j 从 0 变为最小二乘估计系数 $\langle x_j, r\rangle$, 而最小角回归法中 β_j 从 0 沿着最小二乘估计系数 $\langle x_j, r\rangle$ 的方向移动, 可能不到 $\langle x_j, r\rangle$ 时, 就改变方向了. 步骤 5 中, 当某个变量相应的系数接近 0 时, 即把该变量剔除, 从而起到变量选择的效果. 步骤 6 中, 迭代步数与样本量 n 和维数 p 有关, 可使得每步的最小二乘估计的系数是有意义的.

在 Lasso 回归估计中, 目标函数 (5.3.15) 中的参数 λ 严重影响估计结果. 当 λ 很大时, 把各参数基本上都压缩到 0; 当 λ 很小时, 参数会趋于最小二乘估计. λ 的选择是 Lasso 回归估计中重要的问题. 一般地, 按照预测均方误差准则来选择最优的 λ, 例如可考虑 k–折叠交叉验证方法. 该方法的主要思路如下: 把 n 个样本均分为 k 份. 给定某个 λ 之后, 每次用 $k-1$ 份样本得到参数 $\boldsymbol{\beta}$ 的估计 $\hat{\boldsymbol{\beta}}_\lambda$, 从而用剩下的那一份样本得到预测误差; 这样, 每次选不同的 $k-1$ 份样本估计参数, 再得到剩下那份样本的预测误差; 从而, 可得到每一份样本上的预测误差, 综合而成为该 λ 对应的预测误差; 选择不同的 λ 得到不同的预测误差, 故往往选择使预测误差最小的 λ 为所求的 λ. 有时, 也取 λ 使预测误差稍大些从而可剔除更多的变量. 通常选 $k=5$ 或 10.

例 5.3.4 设 $x_1,x_2,\cdots,x_8$ 独立且均服从标准正态分布, 令

$$y=2x_2-3x_4+3x_7+\varepsilon,$$

其中 $\varepsilon \sim N(0,\sigma^2)$, 即协变量 x_1, x_3, x_5, x_6, x_8 是不显著的. 分别取 $\sigma = 0.2$ 和 2, 产生 100 个随机样本. 应用 Lasso 回归估计, 并用 10–折叠交叉验证方法. 图 5.3.4(a) 给出 $\sigma = 0.2$ 的情形, 其横坐标 λ 取了 ln 变换, 图形上方的数字 $1 \sim 8$ 的位置表示随着 λ 的减少, 第几个变量进入模型. 当随机误差方差比较小时, 随着 λ 逐渐变小, 对参数 $\boldsymbol{\beta}$ 的约束越来越小, β_2, β_4 和 β_7 逐渐往其真值靠拢, 而其他不显著的变量的参数也接近 0. 10–折叠交叉验证的结果显示, 使预测误差最小的 $\lambda = 0.007\,4$, 对应于图中 “minMSE” 处, 这时选入线性模型的变量个数为 5 个, 剔除了 3 个变量. 若取 λ 使预测误差控制在离最小值的 1 倍标准差, 即 λ 为图中 “1SE” 处, 此时 $\lambda = 0.043\,4$, 且恰好保留了 3 个重要变量. 类似地, 图 5.3.4(b) 给出 $\sigma = 2$ 的情形, 使预测误差最小的 $\lambda = 0.036\,7$, 使预测均方误差控制在离最小值的 1 倍标准差的 $\lambda = 0.544\,5$; 前者保留了全部 8 个变量, 而后者保留了 3 个重要变量. 此外, 图 5.3.5 给出 $\sigma = 2$ 时, 用 10–折叠交叉验证得到不同 λ 的预测均方误差. 从中可知, λ 严重影响预测效果. 不过 λ 从取 “1SE” 处后, 预测 MSE 变化不大.

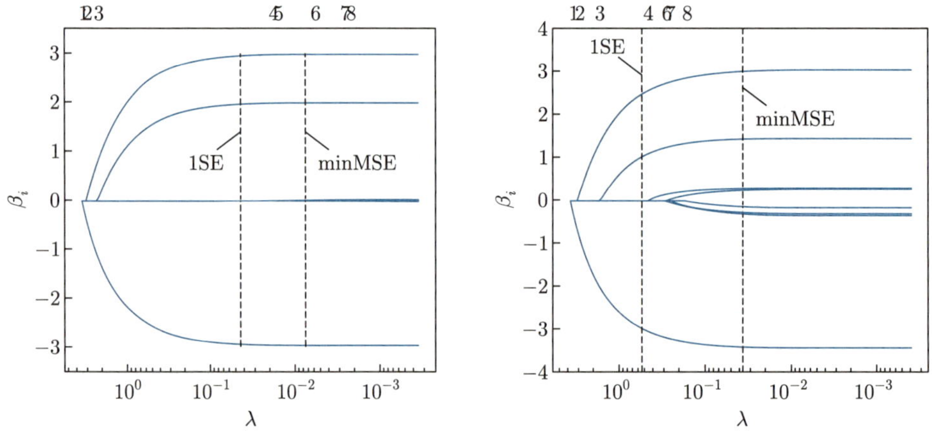

(a) σ=0.2　　(b) σ=2

图 5.3.4　例 5.3.4 的 Lasso 回归结果

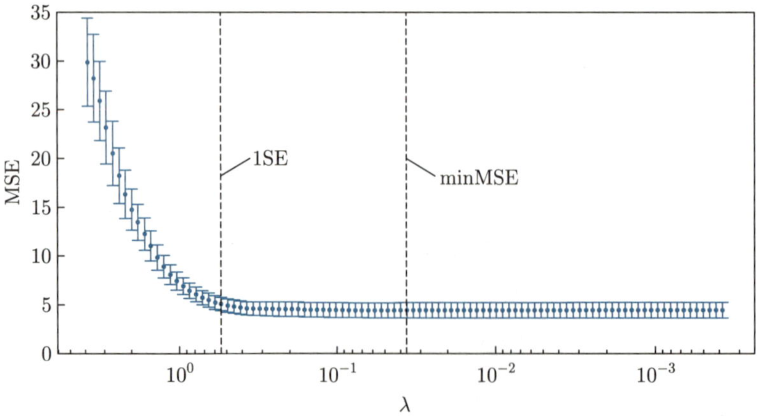

图 5.3.5　例 5.3.4 中 $\sigma = 2$ 时 Lasso 回归的预测误差

由例 5.3.4 可知, Lasso 回归估计可以起到变量选择的效果, 而参数 λ 严重影响预测效果. 一般地, Lasso 回归估计可把显著的变量选出来, 不过保留的协变量个数往往比真实的参数个数稍多, 即部分不显著的变量也被纳入回归模型. 对于变量个数达到几百、几千甚至几万的情形, 这个缺点尤为突出. 此外, 在 Lasso 回归估计的求解路径中, 对于 $n\times p$ 的设计矩阵, 最多只能选出 $\min\{n,p\}$ 个变量, 当 $p>n$ 时, 最多只能选出 n 个预测变量, 因此, 对于 $p>n$ 的情况, Lasso 回归估计方法不能很好地选出真实模型.

为此, 不同的研究人员对 (5.3.6) 式中的惩罚项 $p(\boldsymbol{\beta})$ 做了其他定义, 使估计效果更好. 例如, Zou et al. (2005) 提出弹性网 (elastic net) 回归方法, 其惩罚项为岭回归估计和 Lasso 回归估计的惩罚项的加权, 即

$$p(\boldsymbol{\beta})=\lambda\left[\alpha\parallel\boldsymbol{\beta}\parallel_1+(1-\alpha)\parallel\boldsymbol{\beta}\parallel^2\right],$$

其中权重 $\alpha\in[0,1]$. 当 $\alpha=0$ 时, 弹性网回归即为岭回归; 当 $\alpha=1$ 时, 弹性网回归即为 Lasso 回归. 因此, 弹性网回归兼有 Lasso 回归和岭回归的优点, 既能达到变量选择的目的, 又具有对重要特征选择的作用. 此外, Fan et al. (2001) 提出了 SCAD (smoothly clipped absolute deviation) 这一变量选择的新方法, 其惩罚函数为

$$p(\boldsymbol{\beta})=\sum_{i=1}^{p}p_\lambda(|\beta_i|),$$

其中函数 $p_\lambda(\beta)$ 的导函数为

$$p'_\lambda(\beta)=\lambda\left[I(\beta\leqslant\lambda)+\frac{(a\lambda-\beta)_+}{(a-1)\lambda}I(\beta>\lambda)\right],$$

且 $a>2$, $\beta>0$. 这里 $I(\cdot)$ 是示性函数,

$$b_+=\begin{cases}b, & b>0,\\ 0, & \text{否则}.\end{cases}$$

对于该惩罚函数中的两个参数 λ 和 a, 可以通过交叉验证来得到. 不过该文中也给出了一个较为通用的值, $\lambda=\sqrt{2\ln(p)}$, 在 $p<100$ 时, 可取 $a=3.7$. 他们证明了在该惩罚函数下, 兼具变量选择一致性和与经典最小二乘估计相同的收敛速度. 前者是指不仅可以把显著的变量选出来, 而且尽量避免不显著的变量被纳入模型. 不过由于 SCAD 回归模型的形式过于复杂, 以至于迭代算法运行速度较慢, 因此比较适合于维数在一百以内的情形; 此外, 该方法在低噪声水平的情况下表现较优, 但在高噪声水平的情况下表现一般. 除了前面提到的弹性网回归和 SCAD 回归, 人们还提出自适应 Lasso (adaptive Lasso) 回归、群组 Lasso (group Lasso) 回归等变量选择方法.

在实际应用时, 没有一种变量选择算法是万能的. 对于不同的数据集, 需寻找合适的变量选择算法. 对于超高维的情形, 也有研究人员推荐把 Lasso 和 SCAD 两种方法结合起来使用, 即先用 Lasso 法在超高维的协变量中筛选出部分变量, 再用 SCAD 法筛选重要变量.

5.4 logistic 回归

前面讨论的回归模型中, 响应 y 取值往往是连续的, 然而在实际应用中, 经常遇到 y 是离散的情形, 即 y 是分类数据. 最常见的是二分类问题, 即 y 的取值仅为 0 和 1. 二分类的问题可以推广到多分类问题. 例如, 在疾病研究中, 经常需要分析疾病的发生与各危险因素之间的定量关系. 例如, 研究胃癌的发生与吸烟、饮酒、不良饮食习惯等危险因素的关系. 对于二分类问题, 由于响应 y 为分类变量, 不满足正态分布和方差齐性等条件, 若采用多元线性回归分析, 则其预测值可能会大于 1 或小于 0, 从而无法给出合理的解释. logistic 回归模型较好地解决了上述问题. 由于该方法简单、实用、高效, 因此在医学、大数据分析等诸多领域都有十分广泛的应用. logistic 回归通常用于解决分类问题, 例如客户是否会购买某个商品, 借款人是否会违约等.

5.4.1 二分类

首先考虑 y 取值为 0 和 1 的二分类问题. 给定数据集

$$D=\{(\boldsymbol{x}_i,y_i):\boldsymbol{x}_i=(x_{i1},x_{i2},\cdots,x_{ip}),y_i\in\{0,1\},i=1,2,\cdots,n\},$$

一个自然的做法是直接对该数据集用多元线性回归模型 (5.1.8) 式来拟合数据. 如图 5.4.1(a) 所示, 一个只有一个协变量的二分类数据, 若直接用线性回归模型来拟合, 得到的拟合模型

$$\hat{f}(x)=-0.295\,0+1.433\,7x$$

并不能保证其预测值落在 $[0,1]$, 而且线性回归拟合的曲线似乎和数据点没有关系, 从而没有意义. 一种简单的处理方式是通过下面的阶跃函数:

$$\hat{y}=\begin{cases}1, & \hat{f}(x)>0.5,\\ 0, & \hat{f}(x)\leqslant 0.5\end{cases}$$

把数据的预测值强行变为 0 或 1. 对于该拟合数据, 当 $x>0.554\,5$ 时, 令 $\hat{y}=1$, 否则 $\hat{y}=0$. 然而, 阶跃函数不是连续函数. 为此, 希望像线性回归的函数一样, 使协变量

和响应 Y 之间的关系用一个单调可导的函数来描述. 常见的拟合函数为 sigmoid 函数:

$$f(z)=\frac{1}{1+\mathrm{e}^{-z}},$$

该函数在机器学习中的神经网络中有诸多应用. 该函数图形是一条 S 形曲线, 如图 5.4.1(b) 所示, 其有个平滑的过渡且可导. 从中可见, sigmoid 函数曲线将取值范围 $(-\infty,\infty)$ 映射到 $(0,1)$. 从而, sigmoid 函数值更适宜表示预测的概率.

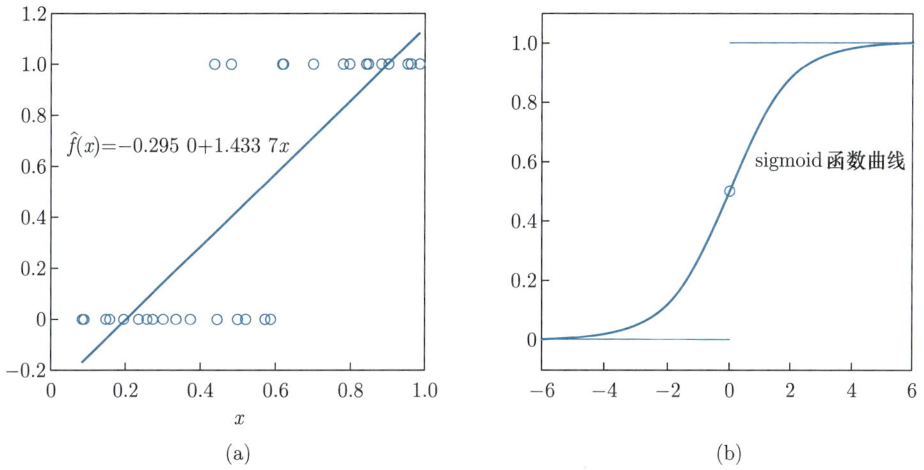

图 5.4.1 logistic 回归示意图

令 y 取值为 1 的概率为 $P(y=1|\boldsymbol{x})$, 则 $P(y=0|\boldsymbol{x})=1-P(y=1|\boldsymbol{x})$. 两者的比值称为几率 (odds), 其指该事件发生与不发生的概率比值. 则对数几率为

$$\ln(\text{odds})=\ln\frac{P(y=1|\boldsymbol{x})}{1-P(y=1|\boldsymbol{x})}.$$

对于 p 维变量 $x_1,x_2,\cdots,x_p$, 在不混淆的情形下, 令 $\boldsymbol{x}=(x_0,x_1,\cdots,x_p)^{\mathrm{T}}$, 其中 $x_0=1$, $\boldsymbol{\beta}=(\beta_0,\boldsymbol{\beta}_1)^{\mathrm{T}}$, $\boldsymbol{\beta}_1=(\beta_1,\beta_2,\cdots,\beta_p)^{\mathrm{T}}$. 则线性回归项 $\boldsymbol{\beta}^{\mathrm{T}}\boldsymbol{x}=\beta_0+\beta_1x_1+\cdots+\beta_px_p$, 对线性回归项 $\boldsymbol{\beta}^{\mathrm{T}}\boldsymbol{x}$ 经过 sigmoid 函数变换后, 令其为 $y=1$ 的概率, 即

$$P(y=1|\boldsymbol{x})=\frac{1}{1+\exp\{-\boldsymbol{\beta}^{\mathrm{T}}\boldsymbol{x}\}}=\frac{\exp\{\boldsymbol{\beta}^{\mathrm{T}}\boldsymbol{x}\}}{1+\exp\{\boldsymbol{\beta}^{\mathrm{T}}\boldsymbol{x}\}}.$$

因此,

$$P(y=0|\boldsymbol{x})=1-P(y=1|\boldsymbol{x})=\frac{1}{1+\exp\{\boldsymbol{\beta}^{\mathrm{T}}\boldsymbol{x}\}},$$

且

$$\ln\frac{P(y=1|\boldsymbol{x})}{1-P(y=1|\boldsymbol{x})}=\boldsymbol{\beta}^{\mathrm{T}}\boldsymbol{x}=\beta_0+\beta_1x_1+\cdots+\beta_px_p, \tag{5.4.1}$$

该式即为 logistic 回归模型, 即输出 $y=1$ 的对数几率由输入 $\boldsymbol{x}$ 的线性函数表示. 当 (5.4.1) 式右边的取值越接近 $+\infty$ 时, $y=1$ 的概率越接近 1. 因此 logistic 回归的思路是, 先拟合决策边界, 再建立这个边界与分类的概率联系, 从而得到二分类情况下的概率.

给定数据集 D 后, 需要估计 logistic 回归模型 (5.4.1) 的参数 $\boldsymbol{\beta}$. 下面考虑最大似然估计方法. 由于 $P(y=1|\boldsymbol{x})$ 与 $\boldsymbol{\beta}$ 有关, 为方便记, 可设 $P(y=1|\boldsymbol{x})=P(y=1|\boldsymbol{x},\boldsymbol{\beta})=p(\boldsymbol{x},\boldsymbol{\beta})$, 则 $P(y=0|\boldsymbol{x})=1-p(\boldsymbol{x},\boldsymbol{\beta})$, 且 $P(y|\boldsymbol{x},\boldsymbol{\beta})=[p(\boldsymbol{x},\boldsymbol{\beta})]^y[1-p(\boldsymbol{x},\boldsymbol{\beta})]^{1-y}$. 因此, 似然函数为

$$L(\boldsymbol{\beta})=\prod_{i=1}^n[p(\boldsymbol{x}_i,\boldsymbol{\beta})]^{y_i}[1-p(\boldsymbol{x}_i,\boldsymbol{\beta})]^{1-y_i}. \tag{5.4.2}$$

相应的对数似然函数为

$$l(\boldsymbol{\beta})=\ln L(\boldsymbol{\beta})=\sum_{i=1}^n\{y_i\ln p(\boldsymbol{x}_i,\boldsymbol{\beta})+(1-y_i)\ln[1-p(\boldsymbol{x}_i,\boldsymbol{\beta})]\}.$$

把 $p(\boldsymbol{x}_i,\boldsymbol{\beta})$ 的表达式代入 $l(\boldsymbol{\beta})$ 可得

$$l(\boldsymbol{\beta})=\sum_{i=1}^n\left[y_i\boldsymbol{\beta}^{\mathrm{T}}\boldsymbol{x}_i-\ln(1+\exp\{\boldsymbol{\beta}^{\mathrm{T}}\boldsymbol{x}_i\})\right].$$

为了最大化 $l(\boldsymbol{\beta})$, 将上式分别对 $\beta_0,\beta_1,\cdots,\beta_p$ 求偏导并令其为 0. 由于

$$\begin{aligned}\frac{\partial l(\boldsymbol{\beta})}{\partial\beta_j}&=\sum_{i=1}^n y_ix_{ij}-\sum_{i=1}^n\frac{x_{ij}\exp\{\boldsymbol{\beta}^{\mathrm{T}}\boldsymbol{x}_i\}}{1+\exp\{\boldsymbol{\beta}^{\mathrm{T}}\boldsymbol{x}_i\}}=\sum_{i=1}^n y_ix_{ij}-\sum_{i=1}^n p(\boldsymbol{x}_i,\boldsymbol{\beta})x_{ij}\\&=\sum_{i=1}^n x_{ij}[y_i-p(\boldsymbol{x}_i,\boldsymbol{\beta})],\qquad j=0,1,\cdots,p,\end{aligned}$$

写成矩阵形式, 可得

$$\frac{\partial l(\boldsymbol{\beta})}{\partial\boldsymbol{\beta}}=\sum_{i=1}^n\boldsymbol{x}_i[y_i-p(\boldsymbol{x}_i,\boldsymbol{\beta})],$$

因此, 最大似然估计即为求解这 $p+1$ 个非线性方程

$$\frac{\partial l(\boldsymbol{\beta})}{\partial\beta_j}=0,\qquad j=0,1,\cdots,p.$$

该方程组没有显式解, 其可通过 Newton-Raphson (牛顿–拉弗森) 算法求解. 为此, 求出它的二阶导数, 即得

$$\frac{\partial^2 l(\boldsymbol{\beta})}{\partial\beta_j\partial\beta_k}=-\sum_{i=1}^n\frac{(1+\exp\{\boldsymbol{\beta}^{\mathrm{T}}\boldsymbol{x}_i\})\exp\{\boldsymbol{\beta}^{\mathrm{T}}\boldsymbol{x}_i\}x_{ij}x_{ik}-(\exp\{\boldsymbol{\beta}^{\mathrm{T}}\boldsymbol{x}_i\})^2x_{ij}x_{ik}}{(1+\exp\{\boldsymbol{\beta}^{\mathrm{T}}\boldsymbol{x}_i\})^2}$$

$$
\begin{aligned}
&= -\sum_{i=1}^{n}\left[x_{ij}x_{ik}p(\boldsymbol{x}_i,\boldsymbol{\beta}) - x_{ij}x_{ik}p(\boldsymbol{x}_i,\boldsymbol{\beta})^2\right] \\
&= -\sum_{i=1}^{n} x_{ij}x_{ik}p(\boldsymbol{x}_i,\boldsymbol{\beta})[1-p(\boldsymbol{x}_i,\boldsymbol{\beta})].
\end{aligned}
$$

从而其 Hesse (黑塞) 矩阵为

$$
\frac{\partial^2 l(\boldsymbol{\beta})}{\partial\boldsymbol{\beta}\partial\boldsymbol{\beta}^{\mathrm{T}}} = -\sum_{i=1}^{n}\boldsymbol{x}_i\boldsymbol{x}_i^{\mathrm{T}}p(\boldsymbol{x}_i,\boldsymbol{\beta})[1-p(\boldsymbol{x}_i,\boldsymbol{\beta})].
$$

从某个 $\boldsymbol{\beta}^{\mathrm{old}}$ 开始, 一个 Newton-Raphson 更新如下:

$$
\boldsymbol{\beta}^{\mathrm{new}} = \boldsymbol{\beta}^{\mathrm{old}} - \left[\frac{\partial^2 l(\boldsymbol{\beta})}{\partial\boldsymbol{\beta}\partial\boldsymbol{\beta}^{\mathrm{T}}}\right]^{-1}\frac{\partial l(\boldsymbol{\beta})}{\partial\boldsymbol{\beta}},
$$

其中的导数是在 $\boldsymbol{\beta}^{\mathrm{old}}$ 处计算的. 这个迭代过程可用矩阵来表示. 令 $\boldsymbol{y}$ 为响应 y_i 组成的列向量, X 为 $n\times(p+1)$ 系数矩阵, $\boldsymbol{p}$ 为 n 维向量且其第 i 个元素为 $p(\boldsymbol{x}_i,\boldsymbol{\beta}^{\mathrm{old}})$, W 为 $n\times n$ 对角矩阵且其第 i 个对角元素为 $p(\boldsymbol{x}_i,\boldsymbol{\beta}^{\mathrm{old}})[1-p(\boldsymbol{x}_i,\boldsymbol{\beta}^{\mathrm{old}})]$. 则可得

$$
\begin{aligned}
\frac{\partial l(\boldsymbol{\beta})}{\partial\boldsymbol{\beta}} &= X^{\mathrm{T}}(\boldsymbol{y}-\boldsymbol{p}), \\
\frac{\partial^2 l(\boldsymbol{\beta})}{\partial\boldsymbol{\beta}\partial\boldsymbol{\beta}^{\mathrm{T}}} &= -X^{\mathrm{T}}WX.
\end{aligned}
$$

因此, Newton-Raphson 迭代式为

$$
\begin{aligned}
\boldsymbol{\beta}^{\mathrm{new}} &= \boldsymbol{\beta}^{\mathrm{old}} + (X^{\mathrm{T}}WX)^{-1}X^{\mathrm{T}}(\boldsymbol{y}-\boldsymbol{p}) \\
&= (X^{\mathrm{T}}WX)^{-1}X^{\mathrm{T}}W[X\boldsymbol{\beta}^{\mathrm{old}} + W^{-1}(\boldsymbol{y}-\boldsymbol{p})] \\
&= (X^{\mathrm{T}}WX)^{-1}X^{\mathrm{T}}W\boldsymbol{z},
\end{aligned}
$$

其中 $\boldsymbol{z} \stackrel{\mathrm{def}}{=} X\boldsymbol{\beta}^{\mathrm{old}} + W^{-1}(\boldsymbol{y}-\boldsymbol{p})$. 因此, 求解 logistic 回归模型参数的迭代过程如算法 5.6 所示.

算法 5.6 (logistic 回归模型参数的最大似然估计迭代算法)

步骤 1 令初始值 $\boldsymbol{\beta}=\mathbf{0}$.

步骤 2 计算 $\boldsymbol{p}$, 其元素为

$$
p(\boldsymbol{x}_i,\boldsymbol{\beta}) = \frac{\exp\{\boldsymbol{\beta}^{\mathrm{T}}\boldsymbol{x}_i\}}{1+\exp\{\boldsymbol{\beta}^{\mathrm{T}}\boldsymbol{x}_i\}}, \quad i=1,2,\cdots,n.
$$

步骤 3 计算对角矩阵 W, 其第 i 个对角元素为 $p(\boldsymbol{x}_i,\boldsymbol{\beta})[1-p(\boldsymbol{x}_i,\boldsymbol{\beta})]$, $i=1,2,\cdots,n$.

步骤 4　令 $\boldsymbol{z} = X\boldsymbol{\beta} + W^{-1}(\boldsymbol{y} - \boldsymbol{p})$.

步骤 5　更新 $\boldsymbol{\beta} = (X^{\mathrm{T}}WX)^{-1}X^{\mathrm{T}}W\boldsymbol{z}$.

步骤 6　若满足停止准则, 则中止算法; 否则回到步骤 2.

在算法 5.6 的步骤 6 中, 停止准则可定义为更新后的 $\boldsymbol{\beta}$ 与更新前的没有太多变化, 即 $||\boldsymbol{\beta}^{\mathrm{new}} - \boldsymbol{\beta}^{\mathrm{old}}|| < \varepsilon$, 其中 ε 为给定的小常数. 由算法 5.6 可知, logistic 回归模型参数的最大似然估计通过 Newton-Raphson 迭代算法容易求出. 得到模型参数的估计 $\hat{\boldsymbol{\beta}}$ 之后, 则概率 $P(y=1|\boldsymbol{x})$ 和 $P(y=0|\boldsymbol{x})$ 的估计分别为

$$p(\boldsymbol{x}, \hat{\boldsymbol{\beta}}) = \frac{\exp\{\hat{\boldsymbol{\beta}}^{\mathrm{T}}\boldsymbol{x}\}}{1+\exp\{\hat{\boldsymbol{\beta}}^{\mathrm{T}}\boldsymbol{x}\}}, \quad 1 - p(\boldsymbol{x}, \hat{\boldsymbol{\beta}}) = \frac{1}{1+\exp\{\hat{\boldsymbol{\beta}}^{\mathrm{T}}\boldsymbol{x}\}}.$$

显然, 给定样本 $\boldsymbol{x}$, 当 $\boldsymbol{\beta}^{\mathrm{T}}\boldsymbol{x} > 0$ 时, 相应的 $\hat{y} = 1$; 否则 $\hat{y} = 0$. 因此, 确定响应变量 y 属于哪一类的判别边界仍是一个线性函数.

例 5.4.1　对于某个具有两个协变量的二分类数据, 根据算法 5.6 得到 $\boldsymbol{\beta}$ 的估计 $\hat{\boldsymbol{\beta}} = (0.767\ 9, -0.681\ 6, -0.366\ 4)^{\mathrm{T}}$, 从而

$$P(y=1|\boldsymbol{x}) = \frac{\exp\{0.767\ 9 - 0.681\ 6x_1 - 0.366\ 4x_2\}}{1+\exp\{0.767\ 9 - 0.681\ 6x_1 - 0.366\ 4x_2\}},$$

$$P(y=0|\boldsymbol{x}) = \frac{1}{1+\exp\{0.767\ 9 - 0.681\ 6x_1 - 0.366\ 4x_2\}},$$

且对数几率

$$\ln(\text{odds}) = 0.767\ 9 - 0.681\ 6x_1 - 0.366\ 4x_2.$$

因此, 对于给定样本 $\boldsymbol{x}$, 其判别函数为

$$\hat{y} = \begin{cases} 1, & 0.767\ 9 - 0.681\ 6x_1 - 0.366\ 4x_2 > 0, \\ 0, & \text{否则}. \end{cases}$$

由该式可知, 判别边界是一个线性函数.

由例 5.4.1 可知, logistic 回归模型可用于解决二分类的问题. 此外, 若某个协变量 x_i 是定类数据, 则可对其进行伪变量处理. logistic 回归模型中估计的参数有直观解释. 例如, 在研究肺癌与吸烟、饮酒的关系时, 设响应 y 表示是否患肺癌, 吸烟 x_1 和饮酒 x_2 为协变量. 令 $y=1$ 表示患肺癌, $y=0$ 表示未患肺癌; $x_1=1$ 表示吸烟, $x_1=0$ 表示不吸烟; $x_2=1$ 表示饮酒, $x_2=0$ 表示不饮酒. 实际上, 吸烟和饮酒这两个变量都是定性变量, 经 x_1 和 x_2 这样设定后变为伪变量, 可代入 logistic 回归模型中进行回归. 根据数据, 假设得到如下的 logistic 回归模型:

$$\ln(\text{odds}) = \hat{\beta}_0 + \hat{\beta}_1 x_1 + \hat{\beta}_2 x_2,$$

此时, 模型中各参数的解释如下: $\hat{\beta}_0$ 表示不吸烟且不饮酒的人患肺癌与不患肺癌概率之比的对数值; 控制饮酒因素后, 吸烟者患肺癌的概率是不吸烟者的 $\exp\{\hat{\beta}_1\}$ 倍; 控制吸烟因素后, 饮酒者患肺癌的概率是不饮酒者的 $\exp\{\hat{\beta}_2\}$ 倍. 由此可见, logistic 回归模型在医学中可以很好地解释二分类的问题, 因此得以大量应用.

进一步地, 需要检验 logistic 回归模型 (5.4.1) 是否显著. 此时, 原假设和备择假设分别如下:

$$H_0: \beta_1 = \beta_2 = \cdots = \beta_p = 0 \quad \leftrightarrow \quad H_1: \text{至少存在某个 } i,\ \beta_i \neq 0.$$

似然比检验法是检验上述问题的常用方法. 似然比检验统计量 G 为

$$G = -2(\ln L_1 - \ln L_0).$$

其中 L_1 为 (5.4.2) 式包含所有协变量 $\beta_0, \beta_1, \cdots, \beta_p$ 的回归模型的似然函数, L_0 为仅包含常数项 β_0 的回归模型的似然函数. 根据似然比检验理论, 可知在原假设 H_0 成立时, G 统计量的极限分布服从自由度为 p 的 χ^2 分布. 从而, 给定样本后, 可得相应的 p 值. 若 p 值小于给定的显著性水平 α, 则该 logistic 回归模型是显著的. 当模型显著时, 还需对模型中的每一个协变量的回归系数进行假设检验, 以检验每个协变量是否显著, 其原假设和备择假设分别如下所示:

$$H_0:\ \beta_j = 0 \quad \leftrightarrow \quad H_1:\ \beta_j \neq 0.$$

常用的假设检验方法为 Wald χ^2 检验, 相应的检验统计量为

$$\chi^2 = (\hat{\beta}_j / S_{\hat{\beta}_j})^2,$$

其中 $S_{\hat{\beta}_j}$ 为 $\hat{\beta}_j$ 的估计标准差. 在原假设 H_0 成立时, Wald χ^2 检验统计量服从自由度为 1 的 χ^2 分布.

5.4.2 多分类

在实际应用中, 经常遇到多分类的情形, 即最终的分类结果中类别数会大于 2. 例如, 新闻可以分为体育、财经、其他等三个类别, 目标是根据某一个用户的各种特征, 判断其更喜欢哪一类新闻. 这是一个典型的多分类任务.

一般地, 对于多分类问题, 设类别为 $\{1, 2, \cdots, K\}$. 对于任一点 $\boldsymbol{x}$, 可以估计其落入每个类的概率, 从而可以定义一个判别函数 G 如下:

$$\hat{G}(\boldsymbol{x}) = \arg\max_k P(G = k | \boldsymbol{x}),$$

即判别函数 G 是依据最大概率原则来确定其分类. 由于响应 y 为多类别数据, 研究协变量 $\boldsymbol{x}$ 对 y 的影响时, 通常做两两比较来得到相对信息. 对于第 k 和第 l 类, 其判别边界为

$$P(G=k|\boldsymbol{x})=P(G=l|\boldsymbol{x}).$$

对上式两边都除以 $P(G=l|\boldsymbol{x})$ 并取对数, 可得

$$\ln\frac{P(G=k|\boldsymbol{x})}{P(G=l|\boldsymbol{x})}=0.$$

若希望判别边界是线性的, 则类似于 (5.4.1) 式的二分类 logistic 模型, 可设

$$\ln\frac{P(G=k|\boldsymbol{x})}{P(G=l|\boldsymbol{x})}=a_0^{(k,l)}+\sum_{j=1}^{p}a_j^{(k,l)}x_j.$$

显然, 给定某个样本 $\boldsymbol{x}$, 其一定属于某个类, 因此对于不同的 (k,l), $a^{(k,l)}$ 之间存在某些约束, 故可设

$$\ln\frac{P(G=j|\boldsymbol{x})}{P(G=K|\boldsymbol{x})}=\boldsymbol{\beta}_j^{\mathrm{T}}\boldsymbol{x},\quad j=1,2,\cdots,K-1, \tag{5.4.3}$$

其中 $\boldsymbol{\beta}_j^{\mathrm{T}}\boldsymbol{x}=\beta_{j0}+\beta_{j1}x_1+\cdots+\beta_{jp}x_p$. 称 (5.4.3) 式为多分类 logistic 模型. 从而, 对于任一对 (k,l), 有

$$\ln\frac{P(G=k|\boldsymbol{x})}{P(G=l|\boldsymbol{x})}=(\boldsymbol{\beta}_k-\boldsymbol{\beta}_l)^{\mathrm{T}}\boldsymbol{x}.$$

因此, 只需以第 K 类作为基准, 考虑其他 $K-1$ 类与第 K 类的比较, 就可以得到任意对 (k,l) 之间的关系. 从而, 在整个模型中需要估计的参数个数为 $(K-1)(p+1)$, 记为 $\boldsymbol{\beta}=\{\beta_{10},\beta_{11},\cdots,\beta_{1p},\beta_{20},\beta_{21},\cdots,\beta_{2p},\cdots,\beta_{(K-1)0},\beta_{(K-1)1},\cdots,\beta_{(K-1)p}\}$. 易得

$$P(G=k|\boldsymbol{x})=\frac{\exp\{\boldsymbol{\beta}_k^{\mathrm{T}}\boldsymbol{x}\}}{1+\sum\limits_{l=1}^{K-1}\exp\{\boldsymbol{\beta}_l^{\mathrm{T}}\boldsymbol{x}\}},\qquad k=1,2,\cdots,K-1,$$

$$P(G=K|\boldsymbol{x})=\frac{1}{1+\sum\limits_{l=1}^{K-1}\exp\{\boldsymbol{\beta}_l^{\mathrm{T}}\boldsymbol{x}\}}.$$

显然, $\sum\limits_{k=1}^{K}P(G=k|\boldsymbol{x})=1$.

给定样本 $\{(\boldsymbol{x}_i,g_i),i=1,2,\cdots,N\}$, 其中类别 $g_i\in\{1,2,\cdots,K\}$, 令 $P(G=g_i|\boldsymbol{x}_i)=P(G=g_i|\boldsymbol{x}_i,\boldsymbol{\beta})=p_{g_i}(\boldsymbol{x}_i,\boldsymbol{\beta})$. 则对数最大似然估计为

$$l(\boldsymbol{\beta})=\sum_{i=1}^{N}\ln p_{g_i}(\boldsymbol{x}_i,\boldsymbol{\beta})=\sum_{i=1}^{N}\ln\frac{\exp\{\boldsymbol{\beta}_{g_i}^{\mathrm{T}}\boldsymbol{x}_i\}}{1+\sum\limits_{l=1}^{K-1}\exp\{\boldsymbol{\beta}_l^{\mathrm{T}}\boldsymbol{x}_i\}}$$

$$= \sum_{i=1}^{N} \left[\boldsymbol{\beta}_{g_i}^{\mathrm{T}} \boldsymbol{x}_i - \ln \left(1 + \sum_{l=1}^{K-1} \exp\{\boldsymbol{\beta}_l^{\mathrm{T}} \boldsymbol{x}_i\} \right) \right].$$

类似于二分类的情形, 用 Newton-Raphson 算法求解. 令 $I(\cdot)$ 为示性函数, 即条件满足时取值为 1, 否则为 0. 则 $l(\boldsymbol{\beta})$ 的一阶偏导数为

$$\begin{aligned} \frac{\partial l(\boldsymbol{\beta})}{\partial \beta_{kj}} &= \sum_{i=1}^{N} \left[I(g_i = k) x_{ij} - \frac{\exp\{\boldsymbol{\beta}_k^{\mathrm{T}} \boldsymbol{x}_i\} x_{ij}}{1 + \sum\limits_{l=1}^{K-1} \exp\{\boldsymbol{\beta}_l^{\mathrm{T}} \boldsymbol{x}_i\}} \right] \\ &= \sum_{i=1}^{N} x_{ij} \left[I(g_i = k) - p_k(\boldsymbol{x}_i, \boldsymbol{\beta}) \right], \end{aligned}$$

而二阶偏导数为

$$\begin{aligned} &\frac{\partial^2 l(\boldsymbol{\beta})}{\partial \beta_{kj} \partial \beta_{mn}} \\ &= -\sum_{i=1}^{N} x_{ij} \frac{1}{\left(1 + \sum\limits_{l=1}^{K-1} \exp\{\boldsymbol{\beta}_l^{\mathrm{T}} \boldsymbol{x}_i\}\right)^2} \cdot \\ &\quad \left[-\exp\{\boldsymbol{\beta}_k^{\mathrm{T}} \boldsymbol{x}_i\} I(k = m) x_{in} \left(1 + \sum_{l=1}^{K-1} \exp\{\boldsymbol{\beta}_l^{\mathrm{T}} \boldsymbol{x}_i\} \right) + \exp\{\boldsymbol{\beta}_k^{\mathrm{T}} \boldsymbol{x}_i\} \exp\{\boldsymbol{\beta}_m^{\mathrm{T}} \boldsymbol{x}_i\} x_{in} \right] \\ &= \sum_{i=1}^{N} x_{ij} x_{in} \left[-p_k(\boldsymbol{x}_i, \boldsymbol{\beta}) I(k = m) + p_k(\boldsymbol{x}_i, \boldsymbol{\beta}) p_m(\boldsymbol{x}_i, \boldsymbol{\beta}) \right] \\ &= -\sum_{i=1}^{N} x_{ij} x_{in} p_k(\boldsymbol{x}_i, \boldsymbol{\beta}) \left[I(k = m) - p_m(\boldsymbol{x}_i, \boldsymbol{\beta}) \right]. \end{aligned}$$

上述式子也可以用矩阵形式表示. 令 $\boldsymbol{y}$ 是下面由示性函数构成的 $N(K-1)$ 维列向量,

$$\boldsymbol{y} = \begin{pmatrix} \boldsymbol{y}_1 \\ \boldsymbol{y}_2 \\ \vdots \\ \boldsymbol{y}_{K-1} \end{pmatrix}, \quad \boldsymbol{y}_k = \begin{pmatrix} I(g_1 = k) \\ I(g_2 = k) \\ \vdots \\ I(g_N = k) \end{pmatrix}, \ 1 \leqslant k \leqslant K-1.$$

令 $\boldsymbol{p}$ 为 $N(K-1)$ 维的拟合概率

$$\boldsymbol{p} = \begin{pmatrix} \boldsymbol{p}_1 \\ \boldsymbol{p}_2 \\ \vdots \\ \boldsymbol{p}_{K-1} \end{pmatrix}, \quad \boldsymbol{p}_k = \begin{pmatrix} p_k(\boldsymbol{x}_1, \boldsymbol{\beta}) \\ p_k(\boldsymbol{x}_2, \boldsymbol{\beta}) \\ \vdots \\ p_k(\boldsymbol{x}_N, \boldsymbol{\beta}) \end{pmatrix}, \ 1 \leqslant k \leqslant K-1.$$

记 X 为 $N \times (p+1)$ 的系数矩阵, $\tilde{\boldsymbol{X}}$ 为 $N(K-1) \times (p+1)(K-1)$ 的块对角矩阵:

$$\tilde{\boldsymbol{X}} = \begin{pmatrix} X & 0 & \cdots & 0 \\ 0 & X & \cdots & 0 \\ \vdots & \vdots & & \vdots \\ 0 & 0 & \cdots & X \end{pmatrix}.$$

令 $\boldsymbol{W}$ 为 $N(K-1) \times N(K-1)$ 的方阵:

$$W = \begin{pmatrix} W_{11} & W_{12} & \cdots & W_{1(K-1)} \\ W_{21} & W_{22} & \cdots & W_{2(K-1)} \\ \vdots & \vdots & & \vdots \\ W_{(K-1)1} & W_{(K-1)2} & \cdots & W_{(K-1)(K-1)} \end{pmatrix},$$

其中 $W_{km}, 1 \leqslant k, m \leqslant K-1$ 为 $N \times N$ 的对角矩阵, 且当 $k = m$ 时, W_{kk} 的第 i 个对角元素为 $p_k(\boldsymbol{x}_i, \boldsymbol{\beta}^{\mathrm{old}})[1 - p_k(\boldsymbol{x}_i, \boldsymbol{\beta}^{\mathrm{old}})]$, 当 $k \neq m$ 时, W_{km} 的第 i 个对角元素为 $-p_k(\boldsymbol{x}_i, \boldsymbol{\beta}^{\mathrm{old}}) p_m(\boldsymbol{x}_i, \boldsymbol{\beta}^{\mathrm{old}})$. 从而, 类似于二分类问题, 可得

$$\frac{\partial l(\boldsymbol{\beta})}{\partial \boldsymbol{\beta}} = \tilde{\boldsymbol{X}}^{\mathrm{T}}(\boldsymbol{y} - \boldsymbol{p}),$$

$$\frac{\partial^2 l(\boldsymbol{\beta})}{\partial \boldsymbol{\beta} \partial \boldsymbol{\beta}^{\mathrm{T}}} = -\tilde{\boldsymbol{X}}^{\mathrm{T}} \boldsymbol{W} \tilde{\boldsymbol{X}},$$

则 $\boldsymbol{\beta}^{\mathrm{new}}$ 的更新式子和二分类的一样, 即

$$\boldsymbol{\beta}^{\mathrm{new}} = (\tilde{\boldsymbol{X}}^{\mathrm{T}} \boldsymbol{W} \tilde{\boldsymbol{X}})^{-1} \tilde{\boldsymbol{X}}^{\mathrm{T}} \boldsymbol{W} \boldsymbol{z},$$

其中 $\boldsymbol{z} \overset{\mathrm{def}}{=\!=} \tilde{\boldsymbol{X}} \boldsymbol{\beta}^{\mathrm{old}} + \boldsymbol{W}^{-1}(\boldsymbol{y} - \boldsymbol{p})$, 或等价地,

$$\boldsymbol{\beta}^{\mathrm{new}} = \boldsymbol{\beta}^{\mathrm{old}} + (\tilde{\boldsymbol{X}}^{\mathrm{T}} \boldsymbol{W} \tilde{\boldsymbol{X}})^{-1} \tilde{\boldsymbol{X}}^{\mathrm{T}}(\boldsymbol{y} - \boldsymbol{p}).$$

由此, 可类似于算法 5.6, 得到多分类的迭代算法. 此外, 多分类 logistic 回归模型的显著性检验类似于二分类的情形.

对于多分类 logistic 回归模型 (5.4.3) 中回归参数进行物理解释时, 需要做两两比较, 即可以把第 K 类作为基准, 再用类似于二分类模型的解释方法. 此外, 在实际应用中, 若响应 y 的类别个数较多, 例如为 10 个, 则可对类别进行某种组合, 以减少类别数量, 从而便于后续进行分析.

习题五

1. 下面是 7 个地区 2000 年的人均国内生产总值 (GDP) 和人均消费水平的统计数据:

地区	北京	辽宁	上海	江西	河南	贵州	陕西
人均 GDP/元	22 460	11 226	34 547	4 851	5 444	2 662	4 549
人均消费水平/元	7 326	4 490	11 546	2 396	2 208	1 608	2 035

(1) 人均 GDP 作协变量, 人均消费水平作响应, 绘制散点图, 并说明二者之间的关系形态;

(2) 计算两个变量之间的线性相关系数, 说明两个变量之间的关系强度;

(3) 求出估计的回归方程, 并解释回归系数的实际意义;

(4) 计算 R^2, 并解释其意义;

(5) 检验回归方程线性关系的显著性 ($\alpha = 0.05$);

(6) 如果某地区的人均 GDP 为 5 000 元, 预测其人均消费水平;

(7) 求人均 GDP 为 5 000 元时, 人均消费水平 95%的置信区间和预测区间.

2. 设 $H = X(X^{\mathrm{T}}X)^{-1}X^{\mathrm{T}}$ 是秩为 k 的 $n \times n$ 矩阵 ($n \geqslant k$), 试证明

(1) H 是秩为 k 的投影矩阵;

(2) $I_n - H$ 是秩为 $n-k$ 的投影矩阵, 其中 I_n 为 n 阶单位矩阵;

(3) $H(I_n - H) = 0$.

3. 对于拟合模型

$$y = \beta x^2 + \varepsilon,$$

试根据数据 $(x_i, y_i), i = 1, 2, \cdots, n$, 估计参数 β, 并证明给出的估计为最小二乘估计.

4. 对于随机样本 $\{(x_i, y_i), i = 1, 2, \cdots, n\}$, 对协变量进行中心化, 得到一元线性回归模型

$$y_i = \alpha + (x_i - \bar{x})\beta + \varepsilon_i,\ i = 1, 2, \cdots, n.$$

其中 $\bar{x}$ 为协变量的样本均值. 求 α 和 β 的最小二乘估计.

5. 一个试验容器靠蒸汽供应热量, 使其保持恒温, 协变量 X 表示容器周围空气单位时间的平均温度 (单位: ℃), Y 表示单位时间内消耗的蒸汽量 (单位: L). 观测了 25 个单位时间的数据如表 5.1 所示.

表 5.1 容器蒸汽量数据

序号	Y	X	序号	Y	X	序号	Y	X
1	10.98	35.3	10	9.14	57.5	19	6.83	70.0
2	11.13	29.7	11	8.24	46.4	20	8.88	74.5
3	12.51	30.8	12	12.19	28.9	21	7.68	72.1
4	8.40	58.8	13	11.88	28.1	22	8.47	58.1
5	9.27	61.4	14	9.57	39.1	23	8.86	44.6
6	8.73	71.3	15	10.94	46.8	24	10.36	33.4
7	6.36	74.4	16	9.58	48.5	25	11.08	28.6
8	8.50	76.7	17	10.09	59.3			
9	7.82	70.7	18	8.11	70.0			

画出散点图, 并估计相应的一元线性回归模型.

6. 表 5.2 是教育学家测试的 21 个儿童的记录, 其中 x 是儿童的年龄 (以月为单位), y 表示某种智力指标. 通过这些数据, 建立智力随年龄变化的关系.

表 5.2 智力指标数据

序号	x	y	序号	x	y	序号	x	y
1	15	95	8	11	100	15	11	102
2	26	71	9	8	104	16	10	100
3	10	83	10	10	94	17	12	105
4	9	91	11	7	113	18	42	57
5	15	102	12	9	96	19	17	121
6	20	87	13	10	83	20	11	86
7	18	93	14	11	84	21	10	100

7. 证明定理 5.2.6.

8. 证明残差平方和 $SS_E = Y^{\mathrm{T}}\left[\mathbf{1}_n - X(X^{\mathrm{T}}X)^{-1}X^{\mathrm{T}}\right]Y$, 且 $\hat{\sigma}^2 = SS_E/(n-p-1)$ 是 σ^2 的无偏估计.

9. 考虑求出 k 个物体的质量 $\mu_1, \mu_2, \cdots, \mu_k$. 一种方法是将每个物体称 m 次再求平均. 假定称量的误差方差都为 σ^2. 用 y_{ij} 表示第 i 个物体第 j 次称量时得到的质量, $i = 1, 2, \cdots, k; j = 1, 2, \cdots, m$.

(1) 试写出相应的线性模型;

(2) 求出 μ_i 的最小二乘估计 $\hat{\mu}_i$;

(3) 计算 $\mathrm{Var}(\hat{\mu}_i)$.

10. 设 $y_1 = 2a + b + e_1$, $y_2 = 2a - b + e_2$, $y_3 = a + b + e_3$, 其中 a, b 为未知参数, e_1, e_2, e_3 相互独立, $E(e_i) = 0, \mathrm{Var}(e_i) = \sigma^2, i = 1, 2, 3$. 试求出 a, b 的最小二乘

估计.

11. 设 $X_1, X_2, \cdots, X_n$ 是来自 $N(\theta, \sigma^2)$ 的独立同分布样本, 求 θ 的最小方差线性无偏估计 $\hat{\theta}$, 并求 $\mathrm{Var}(\hat{\theta})$.

12. 研究用电高峰时居民家庭每时的用电量 y 与每月总用电量 x 之间的关系, 收集的 53 户居民某月用电记录如表 5.3 所示.

表 5.3 用电高峰时居民家庭数据

序号	x	y	序号	x	y	序号	x	y
1	679	0.79	19	1 748	4.88	37	745	0.77
2	292	0.44	20	1 381	3.48	38	435	1.39
3	1 012	0.56	21	1 428	7.58	39	540	0.56
4	493	0.79	22	1 255	2.63	40	874	1.56
5	582	2.70	23	1 777	4.99	41	1 543	5.28
6	1 156	3.64	24	370	0.59	42	1 029	0.64
7	997	4.73	25	2 316	8.19	43	710	4.00
8	2 189	9.50	26	1 130	4.79	44	1 434	0.31
9	1 097	5.34	27	463	4.51	45	837	4.20
10	2 078	6.85	28	770	1.74	46	468	0.64
11	1 818	5.84	29	724	4.10	47	1 114	1.90
12	1 700	5.21	30	808	3.94	48	413	0.51
13	747	3.25	31	790	0.96	49	1 787	8.33
14	2 030	4.43	32	783	3.24	50	3 560	14.94
15	1 643	3.16	33	406	0.44	51	1 495	5.11
16	414	0.50	34	1 242	3.24	52	2 221	3.85
17	354	0.17	35	658	2.14	53	1 526	3.93
18	127 4	1.88	36	1 746	5.71			

试编程完成下面的统计分析:

(1) 应用最小二乘法估计回归模型;

(2) 以拟合值 $\hat{y}_i$ 为横坐标, 残差 $\hat{\varepsilon}_i$ 为纵坐标, 作残差图, 分析 Gauss-Markov 条件对本例的适用性;

(3) 考虑响应的变换 $U = y^{1/2}$, 再对新变量 U 和 x 重复 (1) 和 (2) 的统计分析;

(4) 考虑响应 y 的 Box-Cox 变换如下:

$$y(\lambda) = \begin{cases} \dfrac{y^\lambda - 1}{\lambda}, & y \neq 0, \\ \ln y, & y = 0, \end{cases}$$

其中 λ 为待估参数. Box-Cox 变换引入参数 λ, 可以一定程度上减小不可观测的误差和预测变量的相关性, 可以明显地改善数据的正态性、对称性和方差相等性. 估计参数 λ 的通常方法是假设经过转换后的响应服从正态分布, 再画出关于 λ 的似然函数, 使其最大的 λ 即为估计值. 查询 Box-Cox 变换的相关理论后编程实现, 并做讨论.

13. 对于随机样本 $\{(x_{i1}, x_{i2}, \cdots, x_{ip}, y_i), i = 1, 2, \cdots, n\}$, 若对协变量中心化, 即设 $X_j = (x_{1j}, x_{2j}, \cdots, x_{nj})^{\mathrm{T}}$, $\bar{x}_j = \frac{1}{n}\sum\limits_{i=1}^{n} x_{ij}$, $X_c = (X_1 - \bar{x}_1\mathbf{1}_n, X_2 - \bar{x}_2\mathbf{1}_n, \cdots, X_p - \bar{x}_p\mathbf{1}_n)$, 则对于中心化的线性模型

$$Y = \alpha\mathbf{1}_n + X_c\boldsymbol{\beta} + \boldsymbol{\varepsilon}, \tag{5.1}$$

其中 $Y = (y_1, y_2, \cdots, y_n)^{\mathrm{T}}, \boldsymbol{\beta} = (\beta_1, \beta_2, \cdots, \beta_p)^{\mathrm{T}}$, 令 $\hat{\alpha} = \bar{y} = \frac{1}{n}\sum\limits_{i=1}^{n} y_i$, $\hat{\boldsymbol{\beta}} = (X_c^{\mathrm{T}}X_c)^{-1}X_c^{\mathrm{T}}Y$, 证明

(1) $E(\hat{\alpha}) = \alpha$, $E(\hat{\boldsymbol{\beta}}) = \boldsymbol{\beta}$;

(2) $\mathrm{Cov}\begin{pmatrix} \hat{\alpha} \\ \hat{\boldsymbol{\beta}} \end{pmatrix} = \sigma^2 \begin{pmatrix} \frac{1}{n} & 0 \\ 0 & (X_c^{\mathrm{T}}X_c)^{-1} \end{pmatrix}$;

(3) 若进一步假设 $\boldsymbol{\varepsilon} \sim N(0, \sigma^2 I_n)$, 则

$$\hat{\alpha} \sim N\left(\alpha, \frac{\sigma^2}{n}\right), \quad \hat{\boldsymbol{\beta}} \sim N(\boldsymbol{\beta}, \sigma^2(X_c^{\mathrm{T}}X_c)^{-1}).$$

14. 根据经验知, 在人的身高相等的条件下, 其血压的收缩压 y 与体重 x_1、年龄 x_2 有关. 现收集了 13 名男子的测量数据如表 5.4 所示.

表 5.4　男子测量数据

序号	x_1	x_2	y	序号	x_1	x_2	y
1	152	50	120	8	158	50	125
2	183	20	141	9	170	40	132
3	171	20	124	10	153	55	123
4	165	30	126	11	164	40	132
5	158	30	117	12	190	40	155
6	161	50	125	13	185	20	147
7	149	60	123				

(1) 根据线性回归模型 (5.2.2), 建立 y 关于 x_1, x_2 的线性回归方程. 给出相应的方差分析表, 并计算 R^2.

(2) 根据中心化线性回归模型 (5.1), 建立 y 关于 x_1, x_2 的线性回归方程. 给出相应的方差分析表, 计算 R^2, 并与未中心化的线性模型做比较.

15. 对于线性回归模型 (5.2.3), 设参数 $\boldsymbol{\beta}$ 的最小二乘估计为 $\hat{\boldsymbol{\beta}}$, 令残差向量 $\hat{\boldsymbol{\varepsilon}} = Y - \hat{Y}$, 其中 $\hat{Y} = (X^{\mathrm{T}}X)^{-1}X^{\mathrm{T}}Y$, 证明

(1) $E(\hat{\boldsymbol{\varepsilon}}) = \boldsymbol{\varepsilon}$, $\mathrm{Var}(\hat{\boldsymbol{\varepsilon}}) = \sigma^2(I_n - H)$, 其中 H 为帽子矩阵;

(2) 若进一步假设 $\boldsymbol{\varepsilon} \sim N(\mathbf{0}, \sigma^2 I_n)$, 则

$$\hat{\boldsymbol{\varepsilon}} \sim N(\boldsymbol{\varepsilon}, \sigma^2(I_n - H)).$$

16. 对于正态线性模型

$$y = X\boldsymbol{\beta} + \boldsymbol{\varepsilon}, \quad \boldsymbol{\varepsilon} \sim N(\mathbf{0}, \sigma^2 I_n),$$

证明 $\boldsymbol{\beta}$ 的最小二乘估计与最大似然估计是一致的.

17. 对于回归模型 (5.2.3), 若增加约束条件

$$H\boldsymbol{\beta} = \boldsymbol{c},$$

其中 H 为 $q \times (p+1)$ 矩阵, $\boldsymbol{c}$ 为 q 维向量, 证明

(1) $\boldsymbol{\beta}$ 的最小二乘估计为

$$\hat{\boldsymbol{\beta}}_H = \hat{\boldsymbol{\beta}} + (X^{\mathrm{T}}X)^{-1}H^{\mathrm{T}}[H(X^{\mathrm{T}}X)^{-1}H^{\mathrm{T}}]^{-1}(\boldsymbol{c} - H\hat{\boldsymbol{\beta}}),$$

其中 $\hat{\boldsymbol{\beta}}$ 为无约束时 $\boldsymbol{\beta}$ 的最小二乘估计;

(2) 有约束时的残差平方和不小于无约束时的残差平方和;

(3) $\mathrm{Var}(\hat{\boldsymbol{\beta}}_H) = \sigma^2(X^{\mathrm{T}}X)^{-1}\left\{I_n - H^{\mathrm{T}}[H(X^{\mathrm{T}}X)^{-1}H^{\mathrm{T}}]^{-1}H(X^{\mathrm{T}}X)^{-1}\right\}$.

18. 研究一地区土壤内所含植物可给态磷 y 的情况, 观测数据如表 5.5 所示, 其中 x_1 是土壤内所含无机磷浓度; x_2 是土壤内溶于 K_2CO_3 溶液并受溴化物水解的有机磷; x_3 是土壤内溶于 K_2CO_3 溶液, 但不溶于溴化物的有机磷. y 是在 35℃ 土壤内的植物可给态磷.

(1) 求 y 对 x_1, x_2, x_3 的线性回归模型, 并估计误差方差 σ^2;

(2) 给出相应的方差分析表;

(3) 检验每个协变量是否显著.

19. 对于表 5.5 的土壤数据, 考虑二次回归模型 (5.3.1),

(1) 分别应用向前法、向后法和逐步回归法得到相应的回归方程, 并通过 R^2 等准则做比较;

(2) 应用 Lasso 方法做变量选择, 得到相应的回归方程.

表 5.5 土壤数据

序号	x_1	x_2	x_3	y	序号	x_1	x_2	x_3	y
1	0.4	52	158	64	10	12.6	58	112	51
2	0.4	23	163	60	11	10.9	37	111	76
3	3.1	19	37	71	12	23.1	46	114	96
4	0.6	34	157	61	13	23.1	50	134	77
5	4.7	24	59	54	14	21.6	44	73	93
6	1.7	65	123	77	15	23.1	56	168	95
7	9.4	44	46	81	16	1.9	36	143	54
8	10.1	31	117	93	17	26.8	58	202	168
9	11.6	29	173	93	18	29.9	51	124	99

20. 在网络上查找一个样本数不少于 1 000, 变量个数不少于 10 的数据集, 建立多元线性回归模型, 分别应用向前法、向后法、逐步回归法、Lasso 方法得到相应的估计模型, 并做比较.

21. 假设已知 x_1, x_2 与 y 的关系服从线性回归模型

$$y = 10 + 2x_1 + 3x_2 + \varepsilon.$$

给定 x_1, x_2 的 10 个值, 如下所示:

	1	2	3	4	5	6	7	8	9	10
x_1	1.1	1.4	1.7	1.7	1.8	1.8	1.9	2.0	2.3	2.4
x_2	1.1	1.5	1.8	1.7	1.9	1.8	1.8	2.1	2.4	2.5
ε	0.8	−0.5	0.4	−0.5	0.2	1.9	1.9	0.6	−1.5	−1.5
y	16.3	16.8	19.2	18.0	19.5	20.9	21.1	20.9	20.3	22.0

(1) 假设回归系数与误差项未知, 用普通最小二乘法求回归系数的估计值;

(2) 判断协变量之间是否存在多重共线性;

(3) 画出这两个协变量的岭迹图;

(4) 确定合适的参数 λ, 并得到相应岭估计回归模型.

22. 表 5.6 是研究法国经济问题时收集的 1949 年至 1959 年共 11 年的数据, 其中响应为进口总额 y, 三个协变量分别为国内生产总值 x_1、储蓄量 x_2、总消费量 x_3 (单位均为 10 亿法郎).

(1) 直接估计线性回归模型, 给出方差分析表, 并判断该模型是否合适;

(2) 判断协变量之间是否存在多重共线性;

(3) 画出这三个协变量的岭迹图;

(4) 确定合适的参数 λ, 并得到相应岭估计回归模型.

表 5.6 法国经济数据

年份	x_1	x_2	x_3	y	年份	x_1	x_2	x_3	y
1949	149.3	4.2	108.1	15.9	1955	202.1	2.1	146.0	22.7
1950	171.5	4.1	114.8	16.4	1956	212.4	5.6	154.1	26.5
1951	175.5	3.1	123.2	19.0	1957	226.1	5.0	162.3	28.1
1952	180.8	3.1	126.9	19.1	1958	231.9	5.1	164.3	27.6
1953	190.7	1.1	132.1	18.8	1959	239.0	0.7	167.6	26.3
1954	202.1	2.2	137.7	20.4					

23. 在一次住房展销会上, 与房地产商签订初步购房意向书的共有 313 名顾客, 在随后的 3 个月的时间内, 只有一部分顾客确实购买了房屋. 购买了房屋的顾客记为 1, 没有购买房屋的顾客记为 0. 以顾客的家庭年收入为协变量 x, 家庭年收入按照高低不同分成了 9 组, 具体数据如表 5.7 所示.

表 5.7 顾 客 数 据

序号	家庭年收入 x/万元	签订意向书人数 n_i	实际购房人数 m_i
1	3.5	25	8
2	5.5	32	13
3	7.5	58	26
4	9.5	52	22
5	11.5	43	20
6	13.5	39	22
7	15.5	28	16
8	17.5	21	12
9	19.5	15	15

(1) 试通过 logistic 模型建立签订意向的顾客最终买房的概率与家庭年收入之间的关系, 以分析家庭年收入对最终购买住房的影响;

(2) 估计一个家庭年收入为 15 万元的顾客签订意向书后最终买房与不买房的可能性大小之比值;

(3) 估计一个家庭年收入为 15 万元的顾客签订意向书后最终买房的赔率是年收入为 10 万元的顾客的多少倍.

24. 探讨肾细胞癌转移有关的因素研究中, 收集了 26 例进行根治性肾切除术患者的

肾细胞癌标本资料 (表 5.8), 有关变量说明如下, 试进行 logistic 回归分析, 并得到相应结论:

X_1: 确诊时患者的年龄 (岁);

X_2: 肾细胞癌血管内皮生长因子, 其阳性表达由低到高共 3 个等级, 分别赋值 1、2、3;

X_3: 肾细胞癌组织内微血管数;

X_4: 肾细胞癌细胞核组织学分级, 由低到高共 4 级, 分别赋值 1、2、3、4;

X_5: 肾细胞癌分期, 由低到高共 4 期, 分别赋值 1、2、3、4;

Y: 肾细胞癌转移情况, 有转移记为 1, 无转移记为 0.

表 5.8　患者标本资料

序号	X_1	X_2	X_3	X_4	X_5	Y	序号	X_1	X_2	X_3	X_4	X_5	Y
1	59	2	43.4	2	1	0	14	31	1	47.8	2	1	0
2	36	1	57.2	1	1	0	15	36	3	31.6	3	1	1
3	61	2	190.0	2	1	0	16	42	1	66.2	2	1	0
4	58	3	128.0	4	3	1	17	14	3	138.6	3	3	1
5	55	3	80.0	3	4	1	18	32	1	114.0	2	3	0
6	61	1	94.4	2	1	0	19	35	1	40.2	2	1	0
7	38	1	76.0	1	1	0	20	70	3	177.2	4	3	1
8	42	1	240.0	3	2	0	21	65	2	51.6	4	4	1
9	50	1	74.0	1	1	0	22	45	2	124.0	2	4	0
10	58	3	68.6	2	2	0	23	68	3	127.2	3	3	1
11	68	3	132.8	4	2	0	24	31	2	124.8	2	3	0
12	25	2	94.6	4	3	1	25	58	1	128.0	4	3	0
13	52	1	56.0	1	1	0	26	60	3	149.8	4	3	1

25. 生物学家希望了解种子的发芽数 y 是否受水分值 x_1 及是否加盖 x_2 的影响, 为此, 在加盖 $x_2=1$ 与不加盖 $x_2=0$ 两种情况下对不同水分值情况分别观察 100 粒种子是否发芽, 记录发芽数. 令 $y=1$ 表示发芽, $y=0$ 表示不发芽. 相应数据如表 5.9 所示.

(1) 建立关于 x_1, x_2 和 x_1x_2 的 logistic 回归方程;

(2) 分别求加盖与不加盖的情况下发芽率为 50% 的水分值;

(3) 在水分值为 4 的条件下, 分别估计加盖与不加盖的情况下发芽与不发芽的概率之比值, 并估计加盖对不加盖发芽的概率之比值.

表 5.9 种子数据

序号	x_1	x_2	y	频数	序号	x_1	x_2	y	频数
1	1	0	1	24	11	1	1	1	43
2	1	0	0	76	12	1	1	0	57
3	3	0	1	46	13	3	1	1	75
4	3	0	0	54	14	3	1	0	25
5	5	0	1	67	15	5	1	1	76
6	5	0	0	33	16	5	1	0	24
7	7	0	1	78	17	7	1	1	52
8	7	0	0	22	18	7	1	0	48
9	9	0	1	73	19	9	1	1	37
10	9	0	0	27	20	9	1	0	63

第六章

非参数方法

在一个统计推断问题中, 如果总体分布的具体形式已知, 例如假设其为正态分布等, 则只需对其中含有的若干个未知参数作出估计或进行某种形式的假设检验, 这类推断方法称为参数方法. 在前面的章节中, 通常假设样本是来自某个特定的参数分布或参数模型, 用参数方法进行推断. 然而, 参数方法具有一些局限性, 例如假定的参数分布并不一定正确. 在许多实际问题中, 对总体分布的形式可能所知甚少, 甚至一无所知. 这时, 往往只对分布做一些很弱的假设, 例如可设总体分布为连续型分布或总体分布关于均值对称等, 且使用不依赖于总体分布具体形式的统计推断方法, 此类推断方法即为**非参数方法** (non-parametric method).

非参数方法具有更少的模型假设, 其大致可以分为非参数估计和非参数检验两部分. 本章将介绍一些常用的非参数估计方法和非参数检验方法. 非参数估计方面将介绍直方图及核密度估计方法, 得到总体密度函数的估计, 并应用经验分布函数来估计总体分布函数. 非参数检验方面将介绍拟合优度检验、独立性检验和秩检验等方法. 对于给定数据, 若知道其总体服从的参数模型, 则参数检验方法的检验功效一般会比非参数检验方法的更高, 因为非参数方法不能充分利用信息. 然而, 在实际中总体分布往往未知, 可采用非参数检验方法.

6.1 概率密度函数估计

对于连续型随机变量 X, 给定其独立同分布样本 $X_1, X_2, \cdots, X_n$ 后, 一个自然的问题是估计其概率密度函数. 人们可以通过分析样本 $X_1, X_2, \cdots, X_n$ 的一些图形初步了解总体的一些信息. 直方图是一种常用的图形, 可展示数据的分布情况, 诸如众数、中位数的大致位置, 数据是否存在缺口或异常值等, 也可以大概判断总体的密度函数的形状. 进一步地, 本节将介绍核密度方法估计总体的密度函数.

6.1.1 直方图

作为描述数据分布的常用工具之一的直方图, 是根据具体数据的分布情况, 画成以组距为底长、以频数为高度的一系列连接起来的直方型矩形图. 具体而言, 在构造直方图时, 先把数据值域分成若干个等长区间, 之后利用这些区间把数据分组, 每组作一个矩形, 其高是数据落入该组的频数, 其底为所属区间. 有时, 也把直方图的高标准化, 即其高和数据落入该组的频数成比例. 对于样本 $X_1, X_2, \cdots, X_n$, 选择两个适当的常数 X_0 和 $h(>0)$, 把 $(-\infty, \infty)$ 分成若干个小区间 $\varDelta_i = [X_0 + (i-1)h, X_0 + ih), i = 0, \pm 1, \pm 2, \cdots$, 并以 n_i 记样本落入区间 $\varDelta_i$ 的个数. 如以 $\varDelta_i$ 为底, $\dfrac{n_i}{nh}$ 为高作一矩形, 则这些矩形就

构成一个直方图. 因此直方图可表示为如下的函数:

$$\hat{f}_h(x) = \frac{1}{nh}\sum_{i=1}^{n}\sum_{j} I(X_i \in \Delta_j)I(x \in \Delta_j), \tag{6.1.1}$$

其中 $I(\cdot)$ 为示性函数. 可证直方图 (6.1.1) 的线下面积为 1, 具体证明留作习题. 直方图的形状依赖于初值 X_0 及窗宽 h 的选取. 此外, 可证直方图 $\hat{f}_h(x)$ 并不是总体密度函数 $f(x)$ 的无偏估计, 具体证明留作习题.

直方图与柱状图有所不同. 柱状图是通过矩形的长度表示数值, 宽度往往表示类别, 因此其更适合于定性变量且样本量较小的数据集; 直方图也是通过矩形的长度表示数值, 不过其宽度用于表示各组的组距, 因此其高度与宽度均有意义, 更适合展示大数据集的统计结果.

图 6.1.1 给出不同数据类型各 1 000 个样本的直方图, 其中图 6.1.1 (a)—(c) 是以频数为高, 而图 6.1.1 (d)—(f) 是使得阴影部分面积为 1 的相应图形. 通过直方图, 可以判断数据的总体分布是左偏、右偏、正态的, 或是多峰的. 例如, 图 6.1.1 (a) 的总体分布是一个右偏分布, 图 6.1.1 (b) 的总体分布比较接近正态分布, 图 6.1.1 (c) 所对应的总体是一个多峰分布. 在图 6.1.1 (d)—(f) 中, 每个直方图中的小矩形面积之和等于 1, 其可以作为总体密度函数的估计. 然而, 直方图是不光滑的, 需要一种光滑化的技术来估计总体密度函数.

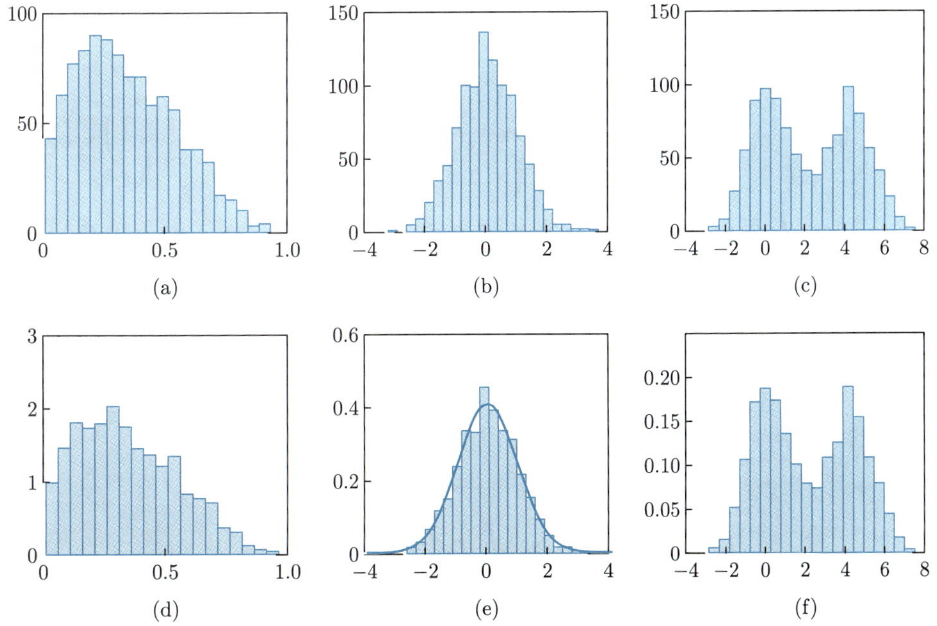

图 6.1.1 不同数据的直方图

参数方法是常用的估计密度函数的光滑化方法. 在参数方法中, 会假定总体密度有一个确定的参数结构 $f(x,\beta)$, 例如, 设其服从正态分布 $N(\mu,\sigma^2)$, 其参数为 $\beta=(\mu,\sigma^2)$,

则只需根据样本估计得到参数 β 的估计值 $\hat{\beta}$, 即可得密度函数 $f(x,\hat{\beta})$ 的形式, 从而可得任一点 x 处的密度函数值 $f(x,\hat{\beta})$. 图 6.1.1(e) 即假设密度函数服从正态分布, 可得到较好的拟合效果. 然而, 当给定的参数结构与真实的总体密度函数不符合时, 参数方法的效果不佳, 例如图 6.1.1(d) 中总体密度是偏态的, 若用正态分布来拟合, 则估计不太准确. 此时, 可采用其他的参数分布族, 也可采用非参数方法. 在非参数估计中, 不限定密度函数的参数结构, 而是估计任一点 x 处的密度函数值 $\hat{f}(x)$, 从而通过逐点估计的方式得到密度函数的估计. 这种方法是由数据本身驱动的. 估计总体密度函数常用的非参数方法为核密度估计 (kernel density estimation, KDE) 法, 其将核光滑方法应用于总体的密度函数估计.

6.1.2 核密度估计

首先考虑一维情形. 设 $x_1,x_2,\cdots,x_n$ 是从密度函数为 $f(x)$ 的总体中抽取的独立同分布样本. 对于任一点 x, 希望得到密度函数 $f(x)$ 的估计值. 根据密度函数的定义,

$$f(x)=\lim_{h\to 0}\frac{F(x+h)-F(x-h)}{2h},$$

其中, $h>0$ 且 $F(x)$ 为总体分布函数. 一个自然的想法是类似于直方图, 选一个 x 附近的小区间 $[x-h,x+h]$, 计算落入该区间的样本数, 再除以总样本数, 可作为 $F(x+h)-F(x-h)$ 的近似, 从而得到 $f(x)$ 的估计, 即

$$\hat{f}_h(x)=\frac{1}{2h}\frac{\sum\limits_{i=1}^{n}I(x_i\in[x-h,x+h])}{n}=\frac{1}{nh}\sum_{i=1}^{n}\frac{1}{2}\cdot I\left(\frac{|x_i-x|}{h}\leqslant 1\right),$$

其中 $I(A)$ 为示性函数, 当 A 为真时取值为 1, 否则为 0. 记 $K_0(t)=\dfrac{1}{2}\cdot I(|t|\leqslant 1)$, 上式可改写为

$$\hat{f}_h(x)=\frac{1}{nh}\sum_{i=1}^{n}K_0\left(\frac{x_i-x}{h}\right). \tag{6.1.2}$$

由于 $\int K_0(t)\mathrm{d}t=1$, 故

$$\begin{aligned}\int\hat{f}_h(x)\mathrm{d}x&=\frac{1}{nh}\sum_{i=1}^{n}\int K_0\left(\frac{x_i-x}{h}\right)\mathrm{d}x\\&=\frac{1}{n}\sum_{i=1}^{n}\int K_0(t)\mathrm{d}t=\int K_0(t)\mathrm{d}t=1,\end{aligned}$$

因此 (6.1.2) 式的估计可以保证其积分等于 1. 这也使得估计 (6.1.2) 是一种可行的估计. $K_0(t)$ 是一种特殊的权重函数, 即落在区间 $[x-h,x+h]$ 里的 x_i 具有相同的权重, 而在

区间外的点的权重都为 0. 然而, 该估计得到的密度函数不是光滑的, 其本质原因在于函数 $K_0(t)$ 是一个阶跃函数. 进一步地, 可推广 $K_0(t)$ 至其他权重函数 $K(t)$, 并称 $K(t)$ 为**核函数**. 令 $K_h(t)=\frac{1}{h}K\left(\frac{t}{h}\right)$, 则得到密度函数 $f(x)$ 的核密度估计:

$$\hat{f}(x)=\frac{1}{n}\sum_{i=1}^{n}K_h(x_i-x)=\frac{1}{nh}\sum_{i=1}^{n}K\left(\frac{x_i-x}{h}\right). \tag{6.1.3}$$

这里, $\frac{x_i-x}{h}$ 可视为 x_i 与 x 距离的关于 h 的倍数, x_i 距离 x 越近, 则 $\frac{x_i-x}{h}$ 距离原点越近. 称 h 为**窗宽**. 在核密度估计 (6.1.3) 中, 需要确定核函数 K 和窗宽 h.

核函数 K 可看成一个权重函数, x_i 越接近 x 则分配的权重越大, 因此 K 一般以原点为中心, 且是单峰的. 此外, 根据密度函数的积分为 1 的要求, 有

$$\int\hat{f}(x)\mathrm{d}x=\frac{1}{nh}\sum_{i=1}^{n}\int K\left(\frac{x_i-x}{h}\right)\mathrm{d}x=\frac{1}{n}\sum_{i=1}^{n}\int K(t)\mathrm{d}t=\int K(t)\mathrm{d}t.$$

从而, 只要 $K(t)$ 的积分等于 1 即可. 因此, 核函数 K 可为一个以原点为中心、单峰的密度函数. 常见的核函数有

$$\text{均匀核: } K(t)=\frac{1}{2}I(|t|\leqslant 1),$$

$$\text{Gauss 核: } K(t)=\frac{1}{\sqrt{2\pi}}\exp\left\{-\frac{t^2}{2}\right\},$$

$$\text{Epanechnikov 核: } K(t)=\frac{3}{4}(1-t^2)I(|t|\leqslant 1),$$

$$\text{四次核: } K(t)=\frac{15}{16}(1-t^2)^2I(|t|\leqslant 1).$$

在 (6.1.2) 式中的核函数即为均匀核, Gauss 核函数即为标准正态分布的密度函数. 图 6.1.2 给出前面提到的四种核函数. Gauss 核、Epanechnikov 核和四次核在整个实数空间上是连续函数, 而且满足单峰、关于原点对称且远离原点的取值非常小或为 0. 因此, 当 x 和 x' 相距很小时, $K\left(\frac{x_i-x}{h}\right)$ 和 $K\left(\frac{x_i-x'}{h}\right)$ 相差很小, 从而 $\hat{f}(x)$ 和 $\hat{f}(x')$ 也相差不大, 即采用这三种核函数可使核密度估计较光滑. 常用的核函数有 Gauss 核和 Epanechnikov 核.

在核密度估计 (6.1.3) 中, 窗宽 h 决定核密度估计的光滑程度, 即最终得到的密度估计图形是否平滑. 窗宽 h 越大, 则任一样本 x_i 经变换 $\frac{x_i-x}{h}$ 后离原点距离越小, 从而 x_i 和其他样本 x_j 的权重接近相同. 特别地, 当 $h\to\infty$ 时, 对于任一点 x, $\frac{x_i-x}{h}\to 0$, 则每个样本的权重都趋于相同且 $\hat{f}(x)$ 的取值趋于相同, 从而总体密度函数的估计变为均匀分布. 当 $h\to 0$ 时, 只在已有样本点 x_i 处才有 $\frac{x_i-x}{h}\neq 0$, 其他处都趋于 0. 从而不同样本赋予的权重差异很大, 使得总体密度函数的估计图形起伏很大. 因此, 窗宽严重影响密度函数的估计. 这是非参数估计里面典型的偏差–方差平衡 (bias-variance tradeoff):

如果 h 太大, 可以减小方差, 但偏差可能会比较大; 如果 h 太小, 偏差变小, 但是邻域中的点太少, 使得方差变大. 因此需要选择合适的窗宽.

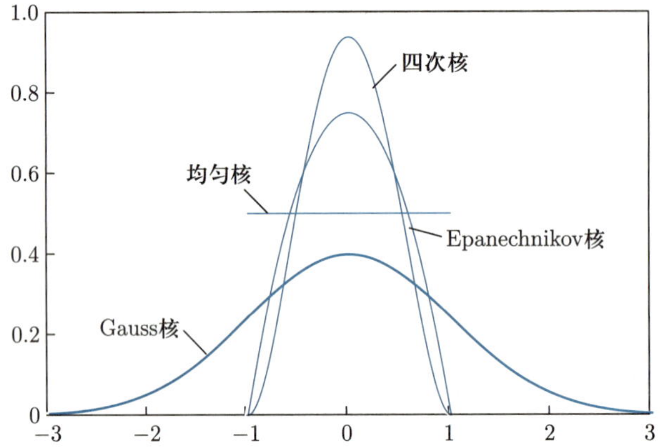

图 6.1.2 不同核函数

设 $X_1, X_2, \cdots, X_n$ 为总体 X 的密度函数为 $f(x)$ 的随机样本. 均方误差是评价估计好坏的一种常用指标, 它同时考虑偏差和方差, 即 $\mathrm{MSE}[\hat{f}(x)] = \{\mathrm{Bias}[\hat{f}(x)]\}^2 + \mathrm{Var}[\hat{f}(x)]$. 遍历 x 可得 **积分均方误差** (mean integrated squared error, MISE),

$$\mathrm{MISE}(\hat{f}(x)) = \int \mathrm{MSE}[\hat{f}(x)]\mathrm{d}x = E\left\{\int [\hat{f}(x) - f(x)]^2 \mathrm{d}x\right\}.$$

需要选择最优的窗宽和核函数, 使积分均方误差达到最小.

定理 6.1.1 假设 $h \to 0, nh \to \infty$, $f(x)$ 存在连续二阶导数, 对于核函数 K, $c_K = \int K^2(u)\mathrm{d}u$, $d_K = \int K(u)u^2\mathrm{d}u$ 有限. 则在核密度估计 (6.1.3) 中, 使得 $\mathrm{MISE}[\hat{f}(x)]$ 达到最小的窗宽 h 为

$$h_{\mathrm{opt}} = \left\{\frac{c_K}{n d_K^2 \int [f''(x)]^2 \mathrm{d}x}\right\}^{\frac{1}{5}}. \tag{6.1.4}$$

证明 核密度估计 $\hat{f}(x)$ 的期望:

$$E[\hat{f}(x)] = \frac{1}{h}E\left[\frac{\sum\limits_{i=1}^{n} K\left(\dfrac{X_i - x}{h}\right)}{n}\right] = \frac{1}{h}\frac{\sum\limits_{i=1}^{n} E\left[K\left(\dfrac{X_i - x}{h}\right)\right]}{n} = \frac{1}{h}E\left[K\left(\frac{X_1 - x}{h}\right)\right]$$

$$= \frac{1}{h}\int K\left(\frac{x_1 - x}{h}\right) f(x_1)\mathrm{d}x_1 = \int K(u) f(uh + x)\mathrm{d}u.$$

上式中最后一个等式成立是做了变量替换 $u = \dfrac{x_1 - x}{h}$. 根据 Taylor 展式, $\hat{f}(x)$ 的偏差为

$$\mathrm{Bias}[\hat{f}(x)] = E[\hat{f}(x)] - f(x) = \int K(u) f(uh + x)\mathrm{d}u - f(x)\int K(u)\mathrm{d}u$$

$$\begin{aligned}
&= \int K(u)[f(uh+x)-f(x)]\mathrm{d}u \\
&= \int K(u)\left[f'(x)uh+f''(x)\frac{u^2h^2}{2}+o(u^2h^2)\right]\mathrm{d}u \\
&= hf'(x)\int K(u)u\mathrm{d}u+\frac{h^2}{2}f''(x)\int K(u)u^2\mathrm{d}u+o(h^2) \\
&= \frac{h^2}{2}f''(x)d_K+o(h^2).
\end{aligned}$$

上式最后一个等式成立的原因是核函数 K 是关于原点对称的, 则 $\int K(u)u\mathrm{d}u=0$. $\hat{f}(x)$ 的方差为

$$\begin{aligned}
\mathrm{Var}[\hat{f}(x)] &= \mathrm{Var}\left[\frac{1}{nh}\sum_{i=1}^{n}K\left(\frac{X_i-x}{h}\right)\right]=\frac{1}{nh^2}\mathrm{Var}\left[K\left(\frac{X_i-x}{h}\right)\right] \\
&= \frac{1}{nh^2}\left\{E\left[K\left(\frac{X_i-x}{h}\right)\right]^2-E^2\left[K\left(\frac{X_i-x}{h}\right)\right]\right\} \\
&= \frac{1}{nh^2}\left\{h\int K^2(u)f(uh+x)\mathrm{d}u-h^2\left[\int K(t)f(th+x)\mathrm{d}t\right]^2\right\} \\
&= \frac{1}{nh}\int K^2(u)[f(x)+o(1)]\mathrm{d}u-\frac{1}{n}\left[\int K(t)f(th+x)\mathrm{d}t\right]^2 \\
&= \frac{1}{nh}c_Kf(x)+o\left(\frac{1}{nh}\right)-\frac{1}{n}E_T^2[f(Th+x)] \\
&= \frac{1}{nh}c_Kf(x)+o\left(\frac{1}{nh}\right)-\frac{1}{n}o\left(\frac{1}{h}\right) \\
&= \frac{1}{nh}c_Kf(x)+o\left(\frac{1}{nh}\right).
\end{aligned}$$

上式倒数第三个等式中, 由于 $K(t)$ 也是一个对称的密度函数, $\int K(t)f(th+x)\mathrm{d}t$ 可视为 $f(Th+x)$ 的期望. 上式倒数第二个等式成立是因为 $E_T^2[f(Th+x)]<\infty$. 因此核函数估计的均方误差为

$$\begin{aligned}
\mathrm{MSE}[\hat{f}(x)] &= \{\mathrm{Bias}[\hat{f}(x)]\}^2+\mathrm{Var}[\hat{f}(x)] \\
&= \left[\frac{h^2}{2}f''(x)d_K+o(h^2)\right]^2+\frac{1}{nh}c_Kf(x)+o\left(\frac{1}{nh}\right) \\
&= \frac{1}{4}h^4d_K^2[f''(x)]^2+\frac{1}{nh}c_Kf(x)+o(h^4)+o\left(\frac{1}{nh}\right).
\end{aligned}$$

核函数估计的积分均方误差为

$$\mathrm{MISE}[\hat{f}(x)]=\int \mathrm{MSE}[\hat{f}(x)]\mathrm{d}x$$

$$
\begin{aligned}
&= \frac{1}{4}h^4 d_K^2 \int [f''(x)]^2 \mathrm{d}x + \frac{1}{nh}c_K \int f(x)\mathrm{d}x + o(h^4) + o\left(\frac{1}{nh}\right) \\
&= \frac{1}{4}h^4 d_K^2 \int [f''(x)]^2 \mathrm{d}x + \frac{1}{nh}c_K + o(h^4) + o\left(\frac{1}{nh}\right).
\end{aligned}
$$

求解可以使得 $\mathrm{MISE}[\hat{f}(x)]$ 达到最小的窗宽 h, 即得 (6.1.4) 式. □

由 (6.1.4) 式可知, 当核函数确定后, 最优窗宽 $h_{\mathrm{opt}} = O(n^{-1/5})$, 即 $h_{\mathrm{opt}} = Cn^{-1/5}$, 其中 C 为待定的正的常数. 当 $h = h_{\mathrm{opt}}$ 时,

$$
\begin{aligned}
\mathrm{MISE}[\hat{f}(x)] &= \frac{5}{4}c_K^{\frac{4}{5}} d_K^{\frac{2}{5}} \left\{\int [f''(x)]^2 \mathrm{d}x\right\}^{\frac{1}{5}} n^{-\frac{4}{5}} + o(n^{-\frac{4}{5}}) \\
&= \frac{5}{4}(c_K^2 d_K)^{\frac{2}{5}} \left\{\int [f''(x)]^2 \mathrm{d}x\right\}^{\frac{1}{5}} n^{-\frac{4}{5}} + o(n^{-\frac{4}{5}}).
\end{aligned}
$$

由此可见, 应选择核函数 K 使得 $c_K^2 d_K = \left[\int K^2(u)\mathrm{d}u\right]^2 \int u^2 K(u)\mathrm{d}u$ 尽可能小. 文献中已证明, Epanechnikov 核恰好是使得 $c_K^2 d_K$ 达到最小的核函数. 由于最优窗宽 (6.1.4) 是在积分均方误差准则下且要求 $f(x)$ 存在连续二阶导数的条件下得到的, 但在实际应用中 $f(x)$ 往往未知, 因此 h_{opt} 难以应用到实际问题中.

Silverman (1986) 提出了一个选择 h 的正态参考规则: 若 $f(x)$ 为正态分布 $N(0,\sigma^2)$ 的密度函数, 选取 Gauss 核, 此时可选择窗宽 $\hat{h}_{\mathrm{opt}} = 1.06\hat{\sigma}n^{-\frac{1}{5}}$, 其中 $\hat{\sigma} = \min\left\{S, \dfrac{Q}{1.34}\right\}$, S 为样本标准差, Q 为样本的 75% 分位数与 25% 分位数的差.

若总体不是正态的情形, 可用交叉验证法得到一个对最优窗宽的良好估计. 考虑下面的积分平方误差 (integrated squared error, ISE) 作为评价指标, 即

$$
\mathrm{ISE}[\hat{f}(x)] = \int [\hat{f}(x) - f(x)]^2 \mathrm{d}x = \int \hat{f}^2(x)\mathrm{d}x - 2\int \hat{f}(x)f(x)\mathrm{d}x + \int f^2(x)\mathrm{d}x,
$$

由于等式右边第三项与估计 $\hat{f}(x)$ 无关, 故只需考虑前两项, 并设为 $M(h)$. 选择窗宽使 $M(h)$ 达到最小. 下面分别考虑第一项和第二项. 对于第一项, 设 $t = \dfrac{x_j - x}{h}$, $K^*(u) = \int K(u+t)K(t)\mathrm{d}t$, 则

$$
\begin{aligned}
\int \hat{f}^2(x)\mathrm{d}x &= \frac{1}{n^2h^2}\sum_{i=1}^n\sum_{j=1}^n \int K\left(\frac{x_i - x}{h}\right)K\left(\frac{x_j - x}{h}\right)\mathrm{d}x \\
&= \frac{1}{n^2h}\sum_{i=1}^n\sum_{j=1}^n \int K\left(\frac{x_i - x_j}{h} + t\right)K(t)\mathrm{d}t \\
&= \frac{1}{n^2h}\sum_{i=1}^n\sum_{j=1}^n K\left(\frac{x_i - x_j}{h}\right).
\end{aligned}
$$

对于第二项, $\int \hat{f}(x)f(x)\mathrm{d}x = E_X[\hat{f}(X)]$, 而 $\frac{1}{n}\sum_{i=1}^{n}\hat{f}(x_i)$ 是 $E_X[\hat{f}(X)]$ 的无偏估计. 应用交叉验证法时, 需要对每个样本都剔除过一次后分别计算其效果. 设 $\hat{f}^{-i}(x_i)$ 为将第 i 个样本剔除后的核密度估计, 则 $\sum_{i=1}^{n}\hat{f}^{-i}(x_i)$ 均匀地对每个样本都剔除过一次, 且 $\frac{1}{n}\sum_{i=1}^{n}\hat{f}^{-i}(x_i)$ 也是 $E_X[\hat{f}(X)]$ 的无偏估计. 由于 $\hat{f}^{-i}(x_i) = \frac{1}{(n-1)h}\sum_{i\neq j}K\left(\frac{x_j - x_i}{h}\right)$,

$$
\begin{aligned}
\frac{1}{n}\sum_{i=1}^{n}\hat{f}^{-i}(x_i) &= \frac{1}{n(n-1)h}\sum_{i=1}^{n}\sum_{j\neq i}K\left(\frac{x_j - x_i}{h}\right)\\
&= \frac{1}{n(n-1)h}\sum_{i=1}^{n}\left[\sum_{j=1}^{n}K\left(\frac{x_j - x_i}{h}\right) - K\left(\frac{x_j - x_i}{h}\right)I(i=j)\right]\\
&= \frac{1}{n(n-1)h}\sum_{i=1}^{n}\sum_{j=1}^{n}K\left(\frac{x_j - x_i}{h}\right) - \frac{K(0)}{(n-1)h}.
\end{aligned}
$$

因此,

$$
\begin{aligned}
M(h) &= \int \hat{f}^2(x)\mathrm{d}x - 2\int \hat{f}(x)f(x)\mathrm{d}x\\
&= \frac{1}{n^2h}\sum_{i=1}^{n}\sum_{j=1}^{n}K\left(\frac{x_i - x_j}{h}\right) - \frac{2}{n(n-1)h}\sum_{i=1}^{n}\sum_{j=1}^{n}K\left(\frac{x_j - x_i}{h}\right) + \frac{2K(0)}{(n-1)h}\\
&\approx -\frac{1}{n^2h}\sum_{i=1}^{n}\sum_{j=1}^{n}K\left(\frac{x_i - x_j}{h}\right) + \frac{2K(0)}{(n-1)h}.
\end{aligned}
$$

最后一个式子是用 n 代替 $n-1$. 对于样本 $x_1, x_2, \cdots, x_n$, 当核函数 K 给定时, $M(h)$ 是关于 h 的一元函数. 通过优化求解该一元函数, 可得最优的窗宽 h, 即交叉验证法下的最优窗宽为

$$
h_{\mathrm{opt2}} = \arg\min_{h} M(h), \tag{6.1.5}
$$

其可通过数值求解法得到. Stone (1984) 证明了当 $f(x)$ 有界时, 该窗宽 h_{opt2} 是渐近最优的.

例 6.1.1 考虑由 500 个服从 $N(0,1)$ 的样本和 500 个服从 $N(4,1.2^2)$ 的样本合在一起的混合正态总体的样本, 其直方图如图 6.1.3 所示. 考虑不同的窗宽 h, 图 6.1.3 中给出 $h = 0.1, 0.234, 0.768$ 和 2 的核密度估计, 其中 $h = 0.768$ 是假设总体服从正态分布而用正态参考规则给出的推荐窗宽, $h = 0.234$ 是由交叉验证法得到近似最优窗宽 (6.1.5). 从中可见, $h = 2$ 时, 核密度估计变为单峰的, 而这与真实的情形不符; 太小的窗宽, 如 $h = 0.1$, 则估计的密度函数变化剧烈; 若总体不是正态或近似正态的, 则并不适合用正态参考规则.

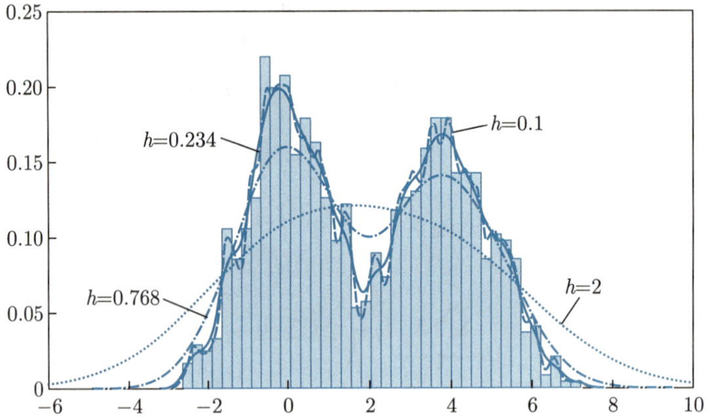

图 6.1.3 双峰密度函数在不同窗宽下的核密度估计

一维的核密度估计可推广至 d 维. 对于 d 维样本 $x_1, x_2, \cdots, x_n$, 其核密度估计为

$$\hat{f}_h(x) = \frac{1}{nh^d}\sum_{i=1}^{n} K\left(\frac{x_i - x}{h}\right),$$

其中 d 为 x 的维数, K 为多维核函数. 通常令 $K(t) = \prod_{i=1}^{d} K_i(t_i)$, 其中 $t = (t_1, t_2, \cdots, t_d)$, $K_i(t_i)$ 为一维核函数. 在实际应用中, 经常使用多维 Gauss 乘积核, 即 K_i 都是一维的 Gauss 核. d 维核密度估计中窗宽会严重影响估计结果. 类似于一维情形的最优窗宽 (6.1.4), 应用 Taylor 展式等方法也可以得到 d 维核密度估计最优窗宽, 其与 $n^{-1/(4+d)}$ 同阶. 同样地, 可用交叉验证法得到近似的最优窗宽.

下面给出核密度估计的大样本性质. 具体证明可参薛留根 (2015).

定理 6.1.2 设核函数 $K(u)$ 为概率密度函数, $x \in \mathbb{R}^d$, 窗宽 $h \to 0$, $E[\hat{f}(x)]$ 存在, 则 $\hat{f}(x)$ 有以下性质:

渐近无偏性: $\lim\limits_{n\to\infty} E[\hat{f}(x)]$ 存在且等于 $f(x)$ 的充要条件是 $(1 + ||x||^d)K(x)$ 几乎处处有界;

弱相合性: $(1 + ||x||^d)K(x)$ 几乎处处有界, 且 $nh^d \to \infty$, 则对任意连续点 x, 有 $\lim\limits_{n\to\infty} E[\hat{f}(x) - f(x)]^2 = 0$, 从而 $\hat{f}(x) \xrightarrow{\text{P}} f(x)$;

强相合性: $(1 + ||x||^d)K(x)$ 几乎处处有界, 且 $\dfrac{nh^d}{\ln n} \to \infty$, 则对任意连续点 x, 有 $\hat{f}(x) \xrightarrow{\text{a.s.}} f(x)$

在一维情况下有下面的渐近正态性.

定理 6.1.3 设核函数 $K(u)$ 为 $\mathbb{R}$ 上对称的概率密度函数, 且满足 $\sup\limits_{u}(1+|u|)K(u) \leqslant c_1 < \infty$, $\int u^2 K(u)\mathrm{d}u \leqslant c_2 < \infty$, 其中 c_1、c_2 均为正的常数; 窗宽 $nh \to \infty, nh^5 \to 0$; $f(x)$ 存在有界的二阶导数, 则对任意满足 $f(x_i) > 0 (i = 1, 2, \cdots, k)$ 的 k 个不同点

$x_1, x_2, \cdots, x_k$, 有

$$\sqrt{nh}(\hat{f}(x_1) - f(x_1), \hat{f}(x_2) - f(x_2), \cdots, \hat{f}(x_k) - f(x_k))^{\mathrm{T}} \xrightarrow{\mathrm{d}} N(\mathbf{0}, B),$$

其中 $B = \operatorname{diag}(b_{11}, b_{22}, \cdots, b_{kk}), b_{ii} = f(x_i) \int K^2(u)\mathrm{d}u, i = 1, 2, \cdots, k.$

通过核密度估计法, 得到总体的密度函数的估计之后, 可以基于估计的密度做更多的统计推断. 例如, 可对数据做非参数回归. 这里不再展开详细的介绍.

6.2 经验分布与替代原理

由概率论的知识可知, 分布函数包含了总体的所有的统计信息. 根据总体的样本 $X_1, X_2, \cdots, X_n$ 对总体分布进行估计, 可了解数据的性质、形态和概率特征, 从而更好地分析总体的统计规律. 分布估计可作为进一步数据分析的基础. 此外, 分位数也是一类非常有用的数字特征. 基于样本 $X_1, X_2, \cdots, X_n$, 可以给出分位数合理的估计.

6.2.1 经验分布函数

在 (1.2.9) 式中已给出经验分布函数的定义, 本小节进一步讨论经验分布函数的性质并给出详细的证明. 给定独立同分布随机变量 $X_1, X_2, \cdots, X_n$, 它们均服从总体分布 $F(x)$, 经验分布函数

$$F_n(x) = \begin{cases} 0, & x < X_{(1)}, \\ \dfrac{k}{n}, & X_{(k)} \leqslant x < X_{(k+1)}, k = 1, 2, \cdots, n-1, \\ 1, & x \geqslant X_{(n)}, \end{cases} \tag{6.2.1}$$

其中 $X_{(1)} \leqslant X_{(2)} \leqslant \cdots \leqslant X_{(n)}$ 为次序统计量. 由于 $F_n(x)$ 是一个非降的右连续函数, 故可作为总体分布 $F(x)$ 的一个估计. 这里并没有要求总体分布的具体参数结构, 因此 $F_n(x)$ 是 $F(x)$ 的一个非参数估计. 下面的定理说明 $F_n(x)$ 是 $F(x)$ 的一个良好估计.

定理 6.2.1 对于总体分布为 $F(x)$ 的独立同分布随机样本 $X_1, X_2, \cdots, X_n$, 其经验分布函数有如下性质:

(1) 依概率收敛: $F_n(x) \xrightarrow{\mathrm{p}} F(x)$, $\forall\, x \in \mathbb{R}$.

(2) 均方收敛: $E[F_n(x) - F(x)]^2 \longrightarrow 0$, $\forall\, x \in \mathbb{R}$.

(3) 几乎处处收敛: $P\left(\lim\limits_{n\to\infty} F_n(x) = F(x)\right) = 1$, $\forall\, x \in \mathbb{R}$.

(4) 渐近正态性: $\dfrac{F_n(x) - F(x)}{\sqrt{F(x)[1-F(x)]/n}} \xrightarrow{\mathrm{d}} N(0,1)$, $\forall\, x \in \mathbb{R}$.

证明 对于示性函数 $I(X_i \leqslant x)$, 其等于 1 若 $X_i \leqslant x$, 否则为 0, 由于 X_i 是随机变量, 故 $I(X_i \leqslant x)$ 也是随机变量, 而且 $P(I(X_i \leqslant x)=1)=P(X_i \leqslant x)=F(x)$, 相应地, $P(I(X_i \leqslant x)=0)=P(X_i > x)=1-F(x)$. 从而,

$$
\begin{aligned}
E[I(X_i \leqslant x)] &= 1 \cdot F(x) + 0 \cdot [1-F(x)] = F(x), \\
\operatorname{Var}[I(X_i \leqslant x)] &= E[I(X_i \leqslant x)]^2 - \{E[I(X_i \leqslant x)]\}^2 \\
&= F(x) - [F(x)]^2 = F(x)[1-F(x)].
\end{aligned}
$$

对于独立同分布的 $X_1, X_2, \cdots, X_n$, $I(X_i \leqslant x)$ 为两点分布 $B(1, F(x))$ 的独立同分布样本. 因此, 经验分布函数 $F_n(x)$ 可视为独立同分布的随机变量 $I(X_i \leqslant x)$ 的样本均值, 即 $F_n(x)=\frac{1}{n}\sum\limits_{i=1}^{n} I(X_i \leqslant x)$, 则

$$
\begin{aligned}
E[F_n(x)] &= \frac{1}{n}\sum_{i=1}^{n} E[I(X_i \leqslant x)] = F(x), \\
\operatorname{Var}[F_n(x)] &= \frac{1}{n^2}\sum_{i=1}^{n} \operatorname{Var}[I(X_i \leqslant x)] = \frac{1}{n}F(x)[1-F(x)].
\end{aligned}
$$

因此, 由 Bernoulli 大数定律可得 $F_n(x)$ 依概率收敛于 $F(x)$, 即得 (1). 由于

$$
E[F_n(x)-F(x)]^2 = \operatorname{Var}[F_n(x)] = \frac{1}{n}F(x)[1-F(x)] \leqslant \frac{1}{4n} \longrightarrow 0(n \to \infty),
$$

故得 (2). 根据 Borel (博雷尔) 强大数定律, 可得 (3). 根据 De Moivre-Laplace (棣莫弗–拉普拉斯) 中心极限定理, 可得 (4). □

由定理 6.2.1(1) 可进一步地推出对于任意 x, 经验分布函数依分布收敛于分布函数, 即 $F_n(x) \xrightarrow{F} F(x)$, $\forall\ x \in \mathbb{R}$. 从定理 6.2.1 可知, 对于任意给定的实数 x, 经验分布函数 $F_n(x)$ 依分布、依概率、均方、几乎处处收敛于 $F(x)$. 因此, 当 n 充分大时, $F_n(x)$ 与 $F(x)$ 的值, 在概率意义下是非常接近的. 同时, 根据定理 6.2.1(4) 可以构造大样本性质下的置信区间. 对于任意点 x, 其分布函数 $F(x)$ 的一个可能的近似 $1-\alpha$ 置信区间为 $[L_n, U_n]$, 其中

$$
\begin{aligned}
L_n &= \max\left\{0, F_n(x) - u_{\alpha/2}\sqrt{\frac{F_n(x)[1-F_n(x)]}{n}}\right\}, \\
U_n &= \min\left\{1, F_n(x) - u_{\alpha/2}\sqrt{\frac{F_n(x)[1-F_n(x)]}{n}}\right\},
\end{aligned}
\tag{6.2.2}
$$

且 $u_{\alpha/2}$ 为标准正态分布的上 $\alpha/2$ 分位数. 这里, 渐近标准差中用 $F_n(x)$ 代替未知的 $F(x)$, 置信下界与 0 取大的原因在于经验分布函数不小于 0, 置信上界与 1 取小的原因在于经验分布函数不大于 1. 图 6.2.1 展示标准正态分布 $N(0,1)$ 的 50 个随机样本所对

应的经验分布函数及其近似 95% 置信区间, 其中窄的近似置信区间是用渐近正态性得到的, 宽的是用后面的定理 6.2.4 得到的. 从中可见, 经验分布函数在已有的数据点上有个跳跃, 其跳跃高度为 $1/n$. 用渐近正态性得到的近似置信区间在部分 x 处并没有包含真值, 而宽的没有这个问题.

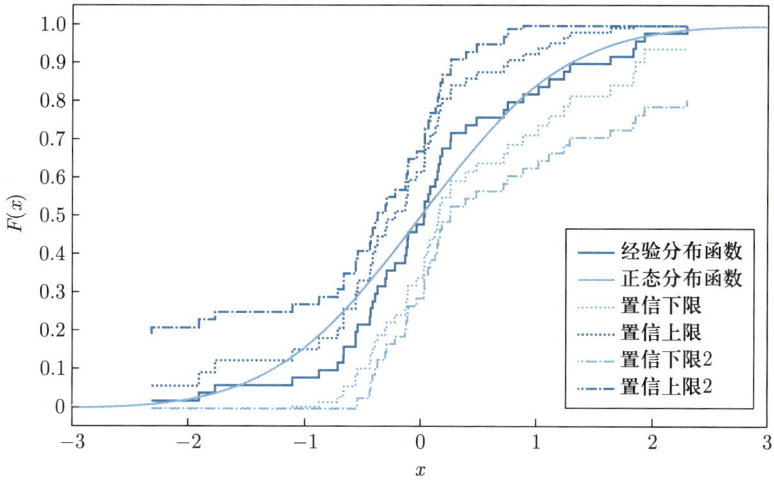

图 6.2.1 标准正态分布的经验分布函数及其置信区间

下一定理进一步给出了经验分布函数和分布函数之间的接近程度的大样本度量.

定理 6.2.2 (Glivenko-Cantelli (格利文科–坎泰利) 定理) 对于任意给定的正整数 n, 设 $X_1, X_2, \cdots, X_n$ 为取自总体分布 $F(x)$ 的独立同分布样本, $F_n(x)$ 为其经验分布函数, 记

$$D_n = \sup_x |F_n(x) - F(x)|,$$

则有 $P\left(\lim_{n\to\infty} D_n = 0\right) = 1$.

证明 将 x 取值分段. 对任意正整数 r, 取 $x_{r,k}$ 为满足下述不等式的最小 x:

$$F(x-0) \leqslant \frac{k}{r} \leqslant F(x) = F(x+0), k = 1, 2, \cdots, r. \tag{6.2.3}$$

由定理 6.2.1(3) 的强大数定律可知

$$P\left(\lim_{n\to\infty} F_n\left(x_{r,k}\right) = F\left(x_{r,k}\right)\right) = 1.$$

类似地, 考虑示性函数并结合定理 6.2.1 的证明思路, 可得

$$P\left(\lim_{n\to\infty} F_n\left(x_{r,k}-0\right) = F\left(x_{r,k}-0\right)\right) = 1.$$

下面构造概率为 1 的事件 A, 使其包含所证的事件. 令

$$A_k^r = \left\{\lim_{n\to\infty} F_n\left(x_{r,k}\right) = F\left(x_{r,k}\right)\right\} = \left\{\lim_{n\to\infty} \left|F_n\left(x_{r,k}\right) - F\left(x_{r,k}\right)\right| = 0\right\},$$

$$
\begin{aligned}
B_k^r &= \left\{\lim_{n\to\infty} F_n\left(x_{r,k}-0\right)=F\left(x_{r,k}-0\right)\right\} \\
&= \left\{\lim_{n\to\infty} \left|F_n\left(x_{r,k}-0\right)-F\left(x_{r,k}-0\right)\right|=0\right\}, \\
A^r &= \bigcap_{k=1}^{r}\left(A_k^r \bigcap B_k^r\right) \\
&= \left\{\lim_{n\to\infty} \max_{1\leqslant k\leqslant r}\{\max\{|F_n(x_{r,k})-F(x_{r,k})|, |F_n(x_{r,k}-0)-F(x_{r,k}-0)|\}\}=0\right\}, \\
A &= \bigcap_{r=1}^{\infty} A^r.
\end{aligned}
$$

由强大数定律, 有 $P\left(A_k^r\right)=P\left(B_k^r\right)=1$. 根据和事件概率小于各事件概率之和, 可得

$$
P(\overline{A^r})=P\left(\bigcup_{k=1}^{r}(\overline{A_k^r}\cup\overline{B_k^r})\right)\leqslant\sum_{k=1}^{r}[P(\overline{A_k^r})+P(\overline{B_k^r})]=0,
$$

其中 $\overline{A^r}$ 表示事件 A^r 的补事件. 从而

$$
\begin{aligned}
P(\bar{A}) &= P\left(\bigcup_{r=1}^{\infty}\overline{A^r}\right)=P\left(\lim_{n\to\infty}\bigcup_{r=1}^{n}\overline{A^r}\right) \\
&= \lim_{n\to\infty} P\left(\bigcup_{r=1}^{n}\overline{A^r}\right)\leqslant\lim_{n\to\infty}\sum_{r=1}^{n}P(\overline{A^r})=0,
\end{aligned}
$$

即得事件 A 的概率为 1. 下面说明 A 包含所证的事件. 根据经验分布函数与总体分布函数的非降性质, 对满足 $x_{r,k}\leqslant x<x_{r,k+1}(k=1,2,\cdots,r-1)$ 的 x 有如下不等式成立:

$$
F_n\left(x_{r,k}\right)\leqslant F_n(x)\leqslant F_n\left(x_{r,k+1}-0\right),
$$

$$
F\left(x_{r,k}\right)\leqslant F(x)\leqslant F\left(x_{r,k+1}-0\right).
$$

因此, 由 (6.2.3) 式可知, 当 $k=1,2,\cdots,r-1$ 时,

$$
\begin{aligned}
F_n(x)-F(x) &\leqslant F_n\left(x_{r,k+1}-0\right)-F\left(x_{r,k}\right) \\
&= F_n\left(x_{r,k+1}-0\right)-F\left(x_{r,k+1}-0\right)+F\left(x_{r,k+1}-0\right)-F\left(x_{r,k}\right) \\
&\leqslant \max_k\left|F_n\left(x_{r,k}-0\right)-F\left(x_{r,k}-0\right)\right|+\frac{1}{r}.
\end{aligned}
$$

类似地

$$
\begin{aligned}
F(x)-F_n(x) &\leqslant F\left(x_{r,k+1}-0\right)-F_n\left(x_{r,k}\right) \\
&= F\left(x_{r,k+1}-0\right)-F\left(x_{r,k}\right)+F\left(x_{r,k}\right)-F_n\left(x_{r,k}\right) \\
&\leqslant \frac{1}{r}+\max_k\left|F\left(x_{r,k}\right)-F_n\left(x_{r,k}\right)\right|.
\end{aligned}
$$

此外, 当 $k=0,r$ 时也有类似的式子成立, 从而得到

$$\begin{aligned}&\sup_{x\in\mathbb{R}}|F_n(x)-F(x)|\\ \leqslant&\max_{1\leqslant k\leqslant r}\{\max\{|F_n(x_{r,k}-0)-F(x_{r,k}-0)|,|F_n(x_{r,k})-F(x_{r,k})|\}\}+\frac{1}{r}.\end{aligned}$$

由于当事件 A 发生时, 事件 A^r 发生, 因此

$$\begin{aligned}&\lim_{n\to\infty}\sup_{x\in\mathbb{R}}|F_n(x)-F(x)|\\ \leqslant&\lim_{n\to\infty}\max_{1\leqslant k\leqslant r}\{\max\{|F_n(x_{r,k}-0)-F(x_{r,k}-0)|,|F_n(x_{r,k})-F(x_{r,k})|\}\}+\frac{1}{r}\\ =&0+\frac{1}{r}.\end{aligned}$$

令 r 趋于无穷, 则事件 $\lim\limits_{n\to\infty}\sup\limits_{x\in\mathbb{R}}|F_n(x)-F(x)|$ 发生的概率为 0, 因此事件 A 包含所证事件, 定理证毕. □

Glivenko-Cantelli 定理由 Glivenko (1933) 证明了 F 为连续的情况, Cantelli (1933) 证明了 F 为一般的情况. D_n 实际上是下一节中讨论的 Kolmogorov-Smirnov (科尔莫戈罗夫–斯米尔诺夫) 检验统计量, 其在非参数检验中有重要应用. 特别地, 当总体分布为均匀分布时, D_n 变为星偏差这一种特殊的均匀性度量. 星偏差在高维积分的近似计算以及均匀试验设计等方面都有重要应用, 详细讨论参见 Fang et al. (2018).

此外, Kolmogorov (1933) 给出了 D_n 在一维且连续时的极限分布; Dvoretzky et al. (1956) 给出 D_n 的取值范围, Massart (1990) 进一步地明确了 D_n 的取值范围. 下面不加证明地给出他们的结论.

定理 6.2.3 (Kolmogorov) 当 F 为一维且连续时, 有

$$\lim_{n\to\infty}P(\sqrt{n}D_n\leqslant d)=1-2\sum_{j=1}^{\infty}(-1)^{j+1}\exp\{-2j^2d^2\},\ \forall\, d>0.$$

定理 6.2.4 (Dvoretzky, Kiefer, Wolfowitz) 对于独立同分布样本 $X_1,X_2,\cdots,X_n$, 存在一个不依赖于分布函数 F 的正常数 C, 使得

$$P(D_n>d)\leqslant C\mathrm{e}^{-2nd^2},\ \forall\, d>0.$$

进一步地, Massart 证明了

$$P(D_n>d)\leqslant 2\mathrm{e}^{-2nd^2},\ \forall\, d>0.$$

定理 6.2.4 给出的结论并不是极限性质, 而是直接对 D_n 的取值进行讨论, 这个不等式形式简单, 并给出经验分布函数关于 x 一致的概率上界, 且其是指数衰减的. 由定

理 6.2.4, 可构造 $F(x)$ 的另一种置信区间. 只需令 $\alpha=2\mathrm{e}^{-2nd^2}$, 反解出

$$d=\sqrt{\frac{\ln\left(\frac{2}{\alpha}\right)}{2n}}.$$

因此, 对于任意 x, $F(x)$ 的一个近似 $1-\alpha$ 置信区间为

$$\left[\max\left\{0,F_n(x)-\sqrt{\frac{\ln\left(\frac{2}{\alpha}\right)}{2n}}\right\},\min\left\{1,F_n(x)+\sqrt{\frac{\ln\left(\frac{2}{\alpha}\right)}{2n}}\right\}\right]. \tag{6.2.4}$$

根据 D_n 的定义, $F(x)$ 落入上面置信区间的概率不小于 $1-\alpha$. 而 (6.2.2) 式给出的近似置信区间并不能保证 $F(x)$ 落入的概率不小于 $1-\alpha$. 因此, (6.2.4) 式给出的置信区间往往比 (6.2.2) 式给出的要宽, 也更合理.

6.2.2 替代原理

参数统计中, 常需要估计与总体分布 F 有关的参数, 例如均值、方差、中位数等. 这些参数是从总体分布函数 F 出发而得到的, 也可以看成定义在某分布函数空间取值为实数的泛函 $T(F)$, 称 F 为函数参数 (functional parameter), 其为某个随机变量的分布函数. 所谓的泛函, 简单地说, 就是以函数为自变量的函数.

例 6.2.1 对于分布函数为 F 的随机变量,

$$\begin{aligned}
&\text{均值: } \mu=T(F)=\int_{-\infty}^{\infty}x\mathrm{d}F(x),\\
&\text{方差: } \sigma^2=T(F)=\int_{-\infty}^{\infty}x^2\mathrm{d}F(x)-\left[\int_{-\infty}^{\infty}x\mathrm{d}F(x)\right]^2,\\
&\text{中位数: } \mathrm{med}(F)=T(F)=F^{-1}(0.5)=\inf\{x:F(x)\geqslant 1/2\},\\
&\text{密度: } f(x)=T(F)=F'(x),
\end{aligned}$$

其中 $\inf\{x:F(x)\geqslant 1/2\}$ 表示满足条件 $F(x)\geqslant 1/2$ 的最小的 x. 在均值、方差和中位数的定义中, $F(x)$ 可以是任意类型的随机变量的分布函数. 当随机变量为连续型时, 存在密度函数 $f(x)$, 则 $\mathrm{d}F(x)=f(x)\mathrm{d}x$, 相应的均值 $\mu=E(X)=\int_{-\infty}^{\infty}xf(x)\mathrm{d}x$, 方差 $\sigma^2=E(X^2)-[E(X)]^2=\int_{-\infty}^{\infty}x^2f(x)\mathrm{d}x-\left[\int_{-\infty}^{\infty}xf(x)\mathrm{d}x\right]^2$. 当随机变量为离散型时, 其相应的分布函数即退化为 (6.2.1) 式的经验分布函数, 则对于离散总体的样本

$x_1, x_2, \cdots, x_n$,

$$\int_{-\infty}^{\infty} x\mathrm{d}F(x) = \frac{1}{n}\sum_{i=1}^{n} x_i, \quad \int_{-\infty}^{\infty} x^2\mathrm{d}F(x) = \frac{1}{n}\sum_{i=1}^{n} x_i^2,$$

因为微分 $\mathrm{d}F(x)$ 只有在 x_i 处才有取值 $\frac{1}{n}$, 其余的地方都为 0.

设 $X_1, X_2, \cdots, X_n$ 为来自分布函数为 $F(x)$ 的总体的独立同分布样本, F 或者完全未知或者依赖于某些有限参数. 现在考虑参数 $\theta = T(F)$ 的估计问题. 由于 $T(F)$ 为 F 的泛函, 因此启示 θ 的估计可以分两步: 先找到 F 的一个好的估计 $\hat{F}$, 然后用 $\hat{\theta} = T(\hat{F})$ 来估计 $\theta = T(F)$. 这种用 $\hat{F}$ 代替 F 得到 θ 的估计方法称为**替代原理**. 替代原理有两个基本问题:

(1) 怎样估计 F?

(2) 替代原理能否得到好的估计 $\hat{\theta}$?

根据前一小节的讨论可知, 经验分布函数 $F_n(x)$ 是总体分布函数 F 一个较好的估计. 由于 $F_n(x)$ 是一个阶梯函数, 有时 $F_n(x)$ 并不适合来估计 F, 例如对于密度函数 $f(x)$ 的估计, 不能由 $F_n(x)$ 求导而得到. 对于密度函数, 可用 6.1 节的核密度估计方法来估计. 不过对于很多情形, 用 $F_n(x)$ 来估计 F 后, 可以得到 θ 较好的估计 $\hat{\theta}$.

例 6.2.2 设总体 X 的分布为 $F(x)$, $X_1, X_2, \cdots, X_n$ 是其独立同分布样本. 待估参数 $\theta = T(F) = E[h(X)] = \int_{-\infty}^{\infty} h(x)\mathrm{d}F(x)$. 用经验分布函数 $F_n(x)$ 代替 F 后, 可得

$$\hat{\theta} = T(F_n) = \int_{-\infty}^{\infty} h(x)\mathrm{d}F_n(x) = \frac{1}{n}\sum_{i=1}^{n} h(X_i),$$

即用 $h(X_1), h(X_2), \cdots, h(X_n)$ 的样本均值来估计 $E[h(X)]$. 这里 $h(x)$ 可取 $x^k, k \geqslant 1$, 或其他函数. 通过替代原理, 可得总体 k 阶矩 $E(X^k)$ 的估计为样本 k 阶原点矩 $a_k = \frac{1}{n}\sum\limits_{i=1}^{n} X_i^k$, $k \geqslant 1$.

此外, 对于方差 $\sigma^2 = T(F)$, 应用替代原理可得其估计为

$$\hat{\theta} = T(F_n) = \frac{1}{n}\sum_{i=1}^{n} X_i^2 - \left(\frac{1}{n}\sum_{i=1}^{n} X_i\right)^2 = \frac{1}{n}\sum_{i=1}^{n}(X_i - \bar{X})^2,$$

其中 $\bar{X} = \frac{1}{n}\sum\limits_{i=1}^{n} X_i$ 为样本均值.

例 6.2.3 替代原理也可以应用于参数 $\theta = T(F)$ 不是显式形式的情形. 设 $X \sim F$, θ 满足 $\int_{-\infty}^{\infty} g(x;\theta)\mathrm{d}F(x) = 0$, 即 $E[g(X;\theta)] = 0$. 则由替代原理, 估计 $\hat{\theta} = T(F_n)$ 满足

$$\int_{-\infty}^{\infty} g(x; T(F_n))\mathrm{d}F_n(x) = \frac{1}{n}\sum_{i=1}^{n} g(X_i;\hat{\theta}) = 0.$$

由上式求得 $\hat{\theta}$ 即可.

进一步地, 可以利用替代原理去估计参数统计模型中的未知参数. 设 $X_1, X_2, \cdots, X_n$ 为总体 $X \sim F_\theta(x)$ 的独立同分布样本, 其中 $\theta = (\theta_1, \theta_2, \cdots \theta_p)^{\mathrm{T}}$ 为 p 个总体参数. 为用替代原理, 找关于 F 且依赖 θ 的 p 个泛函 $\eta_1(F), \eta_2(F), \cdots, \eta_p(F)$, 即 $\eta_k(F) = g_k(\theta), k = 1, 2, \cdots, p$, 其中 $g_1, g_2, \cdots, g_p$ 为已知函数. 这样给定 $\eta_1(F), \eta_2(F), \cdots, \eta_p(F)$, 由 p 个方程可求解出 θ. 利用替代原理, 先找 F 的估计 F_n, 定义 θ 的估计为 $\hat{\theta}$ 满足

$$\eta_k(F_n) = g_k(\hat{\theta}), \quad k = 1, 2, \cdots, p.$$

对于给定的 $\eta_k(F)$, 相应的 $\eta_k(F_n)$ 的形式往往已知, $k = 1, 2, \cdots, p$. 由此, 可根据这 p 个方程解得 θ 的估计 $\hat{\theta}$. 选取 $\eta_k(F)$ 的一个通常做法是取

$$\eta_k(F) = \int_{-\infty}^{\infty} x^k \mathrm{d}F_\theta(x) = E(X^k), k = 1, 2, \cdots, p.$$

此时, 根据替代原理可知, θ 的估计 $\hat{\theta}$ 满足

$$\frac{1}{n}\sum_{i=1}^{n} X_i^k = g_k(\hat{\theta}), \quad k = 1, 2, \cdots, p.$$

从而可得估计 $\hat{\theta}$. 上述估计总体参数 θ 的做法即为矩估计方法. 因此, 矩估计可以认为是替代原理的一种应用.

6.3 拟合优度检验

在参数统计中, 往往假设样本服从特定的概率分布, 如正态分布、对数正态分布、Poisson 分布或其他分布, 并基于分布假设导出许多统计检验和方法. 例如, t 检验和方差分析假设样本来自正态总体. 然而, 首先需要检验来自某个特定分布的假设是否成立, 即检验样本分布是否与假设分布一致. 所谓的**拟合优度检验** (goodness of fit test) 是确定样本数据与分布之间的差异是否具有统计学意义. 下面分别介绍对于离散数据和连续数据的拟合优度检验方法.

6.3.1 分类数据的 χ^2 拟合优度检验

对于分类数据或离散总体的情形, K. Pearson 提出了 χ^2 拟合优度检验方法, 其为现代统计学的奠基性工作之一. 先看一个在生物中很有名的例子.

例 6.3.1 在 19 世纪, Mendel 按颜色与形状把豌豆分为四类: 黄圆、青圆、黄皱和青皱. 在 Mendel 观测的 556 颗豌豆中, 这四类豌豆的颗数分别为 315, 108, 101, 32. 于是, Mendel 判断这四类的比例为 9∶3∶3∶1. 请问这个比例符合遗传规律吗?

上一例子是关于分类数据的检验问题. 更一般地, 根据某项指标, 总体被分成 r 类: $A_1, A_2, \cdots, A_r$. 此时, 考虑下面关于各类所占比例的假设:

$$H_0: \text{第}i\text{ 类}A_i\text{ 所占的比例为 } p_i,\ i=1,2,\cdots,r, \tag{6.3.1}$$

其中 $\sum\limits_{i=1}^{r} p_i = 1$. 记 $X_1, X_2, \cdots, X_n$ 为从此总体抽出的 n 个独立同分布样本, 且以 n_i 记这 n 个样本中属于 A_i 的样本个数. 由于当 H_0 成立时, 在 n 个样本中属于 A_i 类的"理论频次"或"期望频次"为 np_i, 而我们实际观测到的值为 n_i, 因此当 H_0 成立时, n_i 与 np_i 应相差不大. 于是, K. Pearson 提出用统计量

$$\chi^2 = \sum_{i=1}^{r} \frac{(n_i - np_i)^2}{np_i} \tag{6.3.2}$$

来衡量"理论频次"与实际观测频次之间的差别. 式中除以分母 np_i 是为了标准化, 因为不同的类别所占比例不同. 可以把 χ^2 拟合优度检验统计量概括如下:

$$\chi^2 = \sum_{i=1}^{r} \frac{(O_i - E_i)^2}{E_i},$$

其中 O_i, E_i 分别表示观测值和期望值. 对于 χ^2 统计量 (6.3.2), 观测频次和理论频次差异越小, 则统计量值越小, 越应接受假设的分布; 观测频次和理论频次差异越大, 则统计量值越大, 越应拒绝假设的分布. 因此, 该检验统计量的拒绝域为 $\{\chi^2 \geqslant c\}$.

对于 χ^2 统计量 (6.3.2) 的一种自然推广是采用检验统计量 $\sum\limits_{i=1}^{r} c_{ni}(n_i - np_i)^2$. 但只有取 $c_{ni} = 1/np_i$ 时, 上述检验统计量的极限分布总存在且形式最简单 (陈希孺 (2009)).

为了控制上述检验的第一类错误, 必须知道此检验统计量的零分布, 为此, K. Pearson 证明了如下定理.

定理 6.3.1 当 H_0 成立且 p_i 均已知时, 有

$$\chi^2 \xrightarrow{\text{d}} \chi^2(r-1).$$

证明 当 H_0 成立时, 由于 $(n_1, n_2, \cdots, n_r)$ 服从如下的多项分布:

$$\frac{n!}{n_1!n_2!\cdots n_r!} p_1^{n_1} p_2^{n_2} \cdots p_r^{n_r},$$

于是, 当 $r=2$ 时, $n_1 \sim B(n, p_1)$, 且

$$\chi^2 = \frac{(n_1 - np_1)^2}{np_1} + \frac{(n_2 - np_2)^2}{np_2} = \frac{(n_1 - np_1)^2}{np_1 p_2}.$$

而由中心极限定理可知,

$$\frac{n_1-np_1}{\sqrt{np_1p_2}}\xrightarrow{\mathrm{d}}N(0,1),$$

故 $\chi^2\xrightarrow{\mathrm{d}}\chi^2(1)$, 即定理结论成立. 下证 $r>2$ 的情形.

当 $r>2$ 时, 令

$$Y_i=\frac{n_i-np_i}{\sqrt{np_i}},\ i=1,2,\cdots,r,$$

于是 $\chi^2=\sum\limits_{i=1}^{r}Y_i^2$. 因为 $\sum n_i=n,\sum p_i=1$, 故 $\sum\limits_{i=1}^{r}\sqrt{p_i}Y_i=0$, 即不同的 Y_i 之间并不独立.

因为 $(n_1,n_2,\cdots,n_r)$ 的特征函数为

$$\begin{aligned}\psi(t_1,t_2,\cdots,t_r)&=E(\exp\{\mathrm{i}t_1n_1+\mathrm{i}t_2n_2+\cdots+\mathrm{i}t_rn_r\})\\&=\sum_{n_1+n_2+\cdots+n_r=n}\frac{n!}{n_1!n_2!\cdots n_r!}\left(p_1\mathrm{e}^{\mathrm{i}t_1}\right)^{n_1}\left(p_2\mathrm{e}^{\mathrm{i}t_2}\right)^{n_2}\cdots\left(p_r\mathrm{e}^{\mathrm{i}t_r}\right)^{n_r}\\&=\left(\sum_{k=1}^{r}p_k\mathrm{e}^{\mathrm{i}t_k}\right)^n,\end{aligned}$$

所以, $(Y_1,Y_2,\cdots,Y_r)$ 的特征函数为

$$\begin{aligned}\psi_y(t_1,t_2,\cdots,t_r)&=E(\exp\{\mathrm{i}t_1Y_1+\mathrm{i}t_2Y_2+\cdots+\mathrm{i}t_rY_r\})\\&=E\left(\exp\left\{\mathrm{i}\sum_{k=1}^{r}\frac{t_k(n_k-np_k)}{\sqrt{np_k}}\right\}\right)\\&=\exp\left\{-\mathrm{i}\sum_{k=1}^{r}t_k\sqrt{np_k}\right\}\left(\sum_{k=1}^{r}p_k\exp\left\{\frac{\mathrm{i}t_k}{\sqrt{np_k}}\right\}\right)^n,\end{aligned}$$

两边取对数后得到

$$\ln[\psi_y(t_1,t_2,\cdots,t_r)]=-\mathrm{i}\sum_{k=1}^{r}t_k\sqrt{np_k}+n\ln\left(\sum_{k=1}^{r}p_k\exp\left\{\frac{\mathrm{i}t_k}{\sqrt{np_k}}\right\}\right).$$

由 Taylor 展开知, $\mathrm{e}^x=1+x+\dfrac{x^2}{2}+o(x^2)$, $\ln(1+x)=x-\dfrac{x^2}{2}+o(x^2)$, 故对于充分大的 n, 有

$$\exp\left\{\frac{\mathrm{i}t_k}{\sqrt{np_k}}\right\}=1+\frac{\mathrm{i}t_k}{\sqrt{np_k}}-\frac{t_k^2}{2np_k}+o(n^{-1}),$$

$$\sum_{k=1}^{r}p_k\exp\left\{\frac{\mathrm{i}t_k}{\sqrt{np_k}}\right\}=1+\mathrm{i}\sum_{k=1}^{r}\frac{t_k\sqrt{p_k}}{\sqrt{n}}-\frac{1}{2n}\sum_{k=1}^{r}t_k^2+o(n^{-1}),$$

$$\ln\left(\sum_{k=1}^{r}p_k\exp\left\{\frac{\mathrm{i}t_k}{\sqrt{np_k}}\right\}\right)=\mathrm{i}\sum_{k=1}^{r}\frac{t_k\sqrt{p_k}}{\sqrt{n}}-\frac{1}{2n}\sum_{k=1}^{r}t_k^2-\frac{1}{2}\left(\mathrm{i}\sum_{k=1}^{r}\frac{t_k\sqrt{p_k}}{\sqrt{n}}\right)^2+o(n^{-1}),$$

于是

$$\ln[\psi_y(t_1,t_2,\cdots,t_r)] = -\frac{1}{2}\left[\sum_{k=1}^{r} t_k^2 - \left(\sum_{k=1}^{r} t_k\sqrt{p_k}\right)^2\right] + o(1).$$

作如下的正交变换:

$$\begin{cases} Z_k = \sum_{j=1}^{r} a_{kj} Y_j,\ k=1,2,\cdots,r-1, \\ Z_r = \sum_{j=1}^{r} \sqrt{p_j} Y_j. \end{cases}$$

若再令

$$\begin{cases} u_k = \sum_{j=1}^{r} a_{kj} t_j,\ k=1,2,\cdots,r-1, \\ u_r = \sum_{j=1}^{r} \sqrt{p_j} t_j, \end{cases}$$

则

$$\sum_{j=1}^{r} t_j^2 - \left(\sum_{j=1}^{r} t_j\sqrt{p_j}\right)^2 = \sum_{k=1}^{r-1} u_k^2,$$

于是, 当 $n\to\infty$ 时, $(Z_1,Z_2,\cdots,Z_r)$ 的特征函数为

$$\lim_{n\to\infty} \psi_z(u_1,u_2,\cdots,u_r) = \exp\left\{-\frac{1}{2}\sum_{k=1}^{r-1} u_k^2\right\},$$

这是 $r-1$ 个独立的标准正态随机向量的特征函数. 由此可以看出, $Z_1,Z_2,\cdots,Z_{r-1}$ 是 $r-1$ 个独立的标准正态随机变量, Z_r 依概率收敛于 0. 于是可得

$$\chi^2 = \sum_{k=1}^{r} Y_k^2 = \sum_{k=1}^{r} Z_k^2 \xrightarrow{\mathrm{d}} \chi^2(r-1). \qquad \square$$

于是, 对于假设 (6.3.1), 可以根据其极限分布采取如下的水平近似为 α 的显著性检验, 即其拒绝域为

$$\mathcal{W} = \{\chi^2 \geqslant \chi^2_\alpha(r-1)\}.$$

这就是 K. Pearson 最早提出的一个检验方法, 称之为 Pearson χ^2 拟合优度检验.

例 6.3.2 (例 6.3.1 续) 针对给出的数据, 可以做如下的 χ^2 拟合优度检验. 注意到, 此时

$$n=556,\quad n_1=315,\quad n_2=108,\quad n_3=101,\quad n_4=32,$$

待检验的假设为

$$H_0: p_1=\frac{9}{16},\quad p_2=\frac{3}{16},\quad p_3=\frac{3}{16},\quad p_4=\frac{1}{16}.$$

由于

$$\chi^2 = 0.47 < 7.81 = \chi^2_{0.05}(4-1),$$

故在水平 0.05 下, 没有理由拒绝 H_0, 即可以认为 Mendel 的结论是可接受的.

Pearson χ^2 拟合优度检验提供了一种对于分类总体的概率分布的检验方法. 该方法可以应用于检验下面一般的分布假设:

$$H_0: F(x) = F_0(x), \quad H_1: F(x) \neq F_0(x), \tag{6.3.3}$$

其中 $F_0(x)$ 为一个形式及参数均已知的分布函数. $F_0(x)$ 可以是连续型分布或离散型分布. 此时, 可以把 $(-\infty, \infty)$ (或样本空间) 分成 r 个互不相交的区间:

$$(-\infty, \infty) = \bigcup_{i=1}^{r} I_i = (-\infty, a_1) \cup [a_1, a_2) \cup \cdots \cup [a_{r-1}, \infty),$$

且记 n_i 为落在第 i 个区间 I_i 内的样本个数, 再记

$$\begin{aligned}
&p_1 = F(a_1), && p_{10} = F_0(a_1),\\
&p_2 = F(a_2) - F(a_1), && p_{20} = F_0(a_2) - F_0(a_1),\\
&\quad\cdots,\\
&p_r = 1 - F(a_{r-1}), && p_{r0} = 1 - F_0(a_{r-1}),
\end{aligned}$$

则可以利用统计量

$$\chi^2 = \sum_{i=1}^{r} \frac{(n_i - np_{i0})^2}{np_{i0}}$$

及定理 6.3.1的结论来检验假设 (6.3.3).

注 6.3.1 拟合优度检验的分组不能过多或者过少. 在一般情形下, 分点的选取应保证落在每个区间内的样本点个数不小于 5, 且总的样本量不应小于 30.

注 6.3.2 通过上面分析, 可以看到, 当 F_0 中含有未知参数时, 上述 χ^2 拟合优度检验无法实施.

虽然上述的 χ^2 拟合优度检验可以用来检验一般的分布假设 (6.3.3), 但通过上面的分析不难看出, 此时检验的假设仅为

$$H_0: p_i = p_{i0}, \ i = 1, 2, \cdots, r$$

而不是真正想检验的假设 (6.3.3). 上面的假设问题与假设 (6.3.3) 有着一定的区别. 如果分点选得不是很好, χ^2 拟合优度检验可能会把两个有一定差别的分布检验为没有区别. 例如, 图 6.3.1 给出了两个累积分布函数, 可选取合适的分点, 使得这两个不同的分

布在每个区间的概率值是相同的, 从而 Pearson χ^2 拟合优度检验统计量无法区分这两个分布.

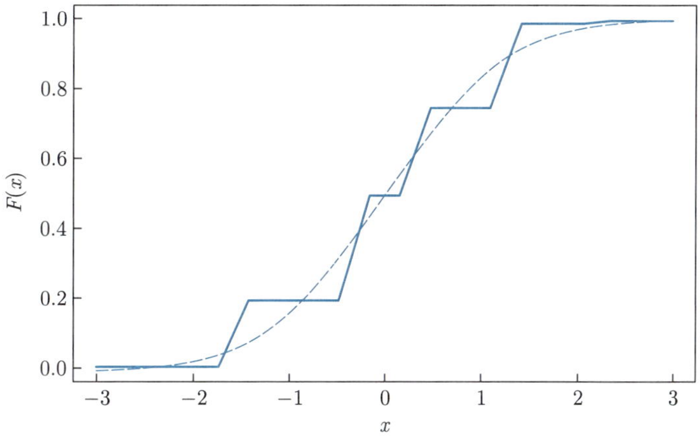

图 6.3.1 针对连续情形的 χ^2 拟合优度检验

例 6.3.3 从标准正态分布 $N(0,1)$ 中产生 30 个随机样本如下:

0.276,	0.459,	−0.218,	0.796,	−1.518,	−1.075,	−3.072,	0.521,	−0.991,	−0.253
1.009,	0.051,	−0.440,	−0.849,	−0.241,	0.603,	−1.516,	−0.068,	0.782,	−1.421
0.669,	0.683,	−0.882,	−1.505,	0.433,	0.808,	0.579,	0.763,	−1.182,	0.584

若将 $-1,-0.5,0,0.5,1$ 作为分点, 把 $(-\infty,\infty)$ 分为 6 部分, 则相应的 p_i 分别为 0.159, 0.150, 0.191, 0.191, 0.150, 0.159. 得到 χ^2 拟合优度检验统计量 (6.3.2) 的取值为 11.8842, 其大于检验临界值 $\chi^2_{0.05}(6-1)=11.07$, 则要拒绝原假设, 即认为这批数据不来自标准正态分布. 因此, 犯了第一类错误. 这批数据落入这 6 个区间的个数分别为 7, 3, 5, 4, 10, 1, 这与注 6.3.1 的第一个要求不符合. 出现错误的主要原因是这批数据的分布不太符合标准正态分布. 若产生另外 30 个标准正态分布的随机样本, 则很有可能接受原假设.

6.3.2 带有未知参数的 χ^2 拟合优度检验

在许多实际问题中, 感兴趣的假设可能为

$$H_0: F(x)=F_0(x;\theta_1,\theta_2,\cdots,\theta_k),$$

其中 $F_0(x;\theta_1,\theta_2,\cdots,\theta_k)$ 是依赖于 k 个未知参数的形式已知的分布, 如一般的正态分布、二项分布、Poisson 分布等. 此时, 无法计算 (6.3.2)式的 χ^2 统计量. K. Pearson 在其 1900 年的论文中注意到了这个问题, 并建议用样本估计未知参数后, 再得到 $\hat{p}_{i0}$ 的值, 之后可利用下面的统计量:

$$\chi^2=\sum_{i=1}^{r}\frac{(n_i-n\hat{p}_{i0})^2}{n\hat{p}_{i0}}$$

作为检验统计量, 且当 H_0 成立及 $n \to \infty$ 时, 仍然成立 $\chi^2 \xrightarrow{\mathrm{d}} \chi^2(r-1)$.

但是, Fisher 在 20 世纪 20 年代发现了上述结论是错误的. Fisher 指出, 当 H_0 成立时, 估计参数后的 χ^2 统计量在一定条件下有如下的极限零分布:

$$\chi^2 = \sum_{i=1}^{r} \frac{(n_i - n\hat{p}_{i0})^2}{n\hat{p}_{i0}} \xrightarrow{\mathrm{d}} \chi^2(r-1-k), \tag{6.3.4}$$

Fisher 还指出, 并不是所有的参数估计都能满足 (6.3.4) 式的要求, 比如一般情况下的矩估计等, 而 MLE 是近似可行的 (请参见陈希孺 (1997)). 故对于此类问题, 将采用 MLE 先估计未知参数, 之后再利用 (6.3.4) 式的结论进行检验.

例 6.3.4 现在某地区随机地抽取 1 000 人, 检查其性别与色盲的数据如下左表所示. 按照遗传学规律, 这些数据具有右表的规律 (其中 $p+q=1$).

性别与色盲的数据

	男	女
正常	442	514
色盲	38	6

性别与色盲模型

	男	女
正常	$p/2$	$p^2/2+pq$
色盲	$q/2$	$q^2/2$

请问这些数据符合遗传学规律吗? ($\alpha = 0.05$.)

解 对于本问题, 所需检验的假设为

$$H_0: p_1 = \frac{p}{2}, \quad p_2 = \frac{p^2}{2} + pq = \frac{p(2-p)}{2}, \quad p_3 = \frac{1-p}{2}, \quad p_4 = \frac{(1-p)^2}{2},$$

其中参数 p 是未知的, 故需要估计. 由于当 H_0 成立时, 数据 $(442, 514, 38, 6)$ 服从一个多项分布, 故其似然函数为

$$\begin{aligned} L(p) &\propto \left(\frac{p}{2}\right)^{442} \left[\frac{p(2-p)}{2}\right]^{514} \left(\frac{1-p}{2}\right)^{38} \left[\frac{(1-p)^2}{2}\right]^{6} \\ &= p^{956}(2-p)^{514}(1-p)^{50}/2^{1\ 000}. \end{aligned}$$

于是, 由 $\partial L(p)/\partial p = 0$ 可求得 p 的 MLE 为 $\hat{p} = 0.91$. 由此可算得 χ^2 的值为

$$\chi^2 = \sum_{i=1}^{4} \frac{(n_i - n\hat{p}_i)^2}{n\hat{p}_i} = 3.056 < 5.99 = \chi^2_{0.05}(4-1-1),$$

因此, 在水平 0.05 下, 没有理由拒绝 H_0, 即认为此地区的数据符合遗传学规律. □

例 6.3.5 某工厂生产一种滚珠, 现随机地抽取了 50 件产品, 测得其直径为 (单位: mm)

15.0, 15.8, 15.2, 15.1, 15.9, 14.7, 14.8, 15.5, 15.6, 15.3, 15.1, 15.3, 15.0, 15.6,

15.7, 15.8, 14.5, 14.9, 14.9, 15.2, 15.0, 15.3, 15.6, 15.1, 14.9, 14.2, 14.6, 15.8,

15.2, 15.9, 15.2, 15.0, 14.9, 14.8, 15.1, 15.5, 15.5, 15.1, 15.1, 15.0, 15.3, 14.7,

14.5, 15.5, 15.0, 14.7, 14.6, 14.2, 14.2, 14.5

问: 滚珠直径是否服从正态分布? ($\alpha = 0.05$.)

解 设滚珠直径为 X, 其分布函数为 $F(x)$, 现感兴趣的假设为

$$H_0 : F(x) \in \left\{ \varPhi\left(\frac{x-\mu}{\sigma}\right):\ \mu \in \mathbb{R},\ \sigma > 0 \right\}.$$

对于此问题, 首先由数据求得 μ, σ^2 的 MLE 为 $\hat{\mu} = 15.1$, $\hat{\sigma}^2 = 0.432\ 5^2$. 另外, 由于 50 个数据的最小值为 14.2, 最大值为 15.9, 故取分点为

$$a_0 = 14.05, a_1 = 14.35, a_2 = 14.65, a_3 = 14.95,$$

$$a_4 = 15.25, a_5 = 15.55, a_6 = 15.85, a_7 = 16.15.$$

由此, 可利用公式

$$\hat{p}_i = \varPhi\left(\frac{a_i - 15.1}{0.432\ 5}\right) - \varPhi\left(\frac{a_{i-1} - 15.1}{0.432\ 5}\right),\ i = 1, 2, \cdots, 7,$$

求得

$$\hat{p}_1 = 0.041\ 4,\ \hat{p}_2 = 0.107\ 7,\ \hat{p}_3 = 0.215\ 4,$$

$$\hat{p}_4 = 0.271\ 0,\ \hat{p}_5 = 0.215\ 4,\ \hat{p}_6 = 0.107\ 7,\ \hat{p}_7 = 0.041\ 4.$$

由于

$$\chi^2 = 1.728\ 4 < 9.49 = \chi^2_{0.05}(7-1-2),$$

故不能拒绝 H_0. □

6.3.3 Kolmogorov-Smirnov 检验

前面两小节的 χ^2 拟合优度检验是针对离散型数据, 或把连续型分布离散化之后的数据. 然而, χ^2 拟合优度检验具有如图 6.3.1 所示的不足. 因此需要一个直接针对连续型分布的检验统计量. Kolmogorov-Smirnov 检验即可满足要求, 其可以用来很好地检验形如 (6.3.3) 式的假设.

由于样本经验分布函数 $F_n(x)$ 是 $F(x)$ 的一个很好的估计, 故当 (6.3.3)式的 H_0 成立时, $F_n(x)$ 与 $F_0(x)$ 应相差不大, 于是, 可以用统计量

$$D_n = \sup_x |F_n(x) - F_0(x)|$$

来衡量经验分布函数 $F_n(x)$ 与理论分布 $F_0(x)$ 之间的差别, 且拒绝域为 $\{D_n \geqslant c\}$, 其中 c 是临界值. 此检验是由 Kolmogorov (1933) 针对单样本提出的, 并给出了 D_n 的极限零分布, 见定理 6.2.3. Smirnov (1939) 把单样本推广至两样本的情形. 因此, 称之为 Kolmogorov-Smirnov 检验. 对于单样本的情形, D_n 的精确分布见下面的定理.

定理 6.3.2 如果 $F_0(x)$ 连续, 则当 H_0 成立时, 有

$$P(D_n < \lambda) = \begin{cases} 0, & \lambda < \dfrac{1}{2n}, \\ n! \displaystyle\prod_{i=1}^{n} \int_{\max\{0, \frac{n-i+1}{n} - t\}}^{\min\{u_{n-i+2}, \frac{n-i}{n} + t\}} \mathrm{d}u_1 \mathrm{d}u_2 \cdots \mathrm{d}u_n, & \dfrac{1}{2n} \leqslant \lambda < 1, \\ 1, & \lambda \geqslant 1. \end{cases} \tag{6.3.5}$$

定理 6.3.2 的详细证明可参见陈希孺 (1997). 从中可见, D_n 的分布与真实分布 F_0 无关. 虽然定理 6.2.3 和定理 6.3.2 的结论较复杂, 但是现在已有现成的分位数表可供大家查找.

从 D_n 的定义可知, 对于某些连续型分布检验, Kolmogorov-Smirnov 检验优于 χ^2 拟合优度检验. 但是, 它的计算看起来比较复杂. 然而, 由于 $F(x)$ 及 $F_n(x)$ 均是单增的, 且 $F_n(x)$ 是一阶梯函数, 于是其上确界仅可能在 n 个点 $x_{(i)}$ 处达到. 如果 F_0 连续,

$$D_n = \max_{1 \leqslant i \leqslant n} \left\{ F_0(x_{(i)}) - \frac{i-1}{n}, \quad \frac{i}{n} - F_0(x_{(i)}) \right\}.$$

类似地, 如果 F_0 是右连续的, 则 D_n 可以写成如下便于计算的公式:

$$D_n = \max_{1 \leqslant i \leqslant n} \left\{ F_0(x_{(i)} - 0) - \frac{i-1}{n}, \quad \frac{i}{n} - F_0(x_{(i)}) \right\}.$$

关于前面讲述的两个分布检验方法: χ^2 拟合优度检验与 Kolmogorov-Smirnov 检验, 有如下几点注解:

注 6.3.3 当 F_0 为完全已知的连续型分布时, Kolmogorov-Smirnov 检验优于 χ^2 拟合优度检验. 但如果 F_0 是离散的或含有未知参数, 则 Kolmogorov-Smirnov 检验无法应用.

注 6.3.4 当 F_0 为含有未知参数的连续型分布时, 如用样本去估计未知参数, 则定理 6.2.3和定理 6.3.2 的结论均不成立, 故此时无法利用 Kolmogorov-Smirnov 检验, 但 χ^2 拟合优度检验是可以的.

注 6.3.5 Kolmogorov 检验很难处理高维数据的分布检验, 而 χ^2 拟合优度检验则与一维的类似.

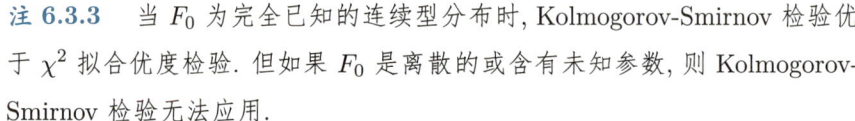

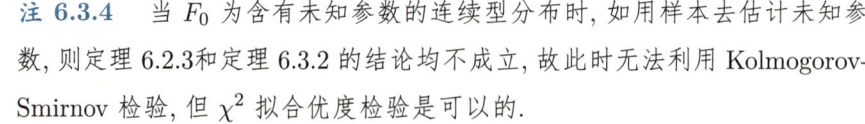

例 6.3.6 问在水平 $\alpha = 0.1$ 下是否可以认为下列 10 个数:

$$0.437,\ 0.863,\ 0.034,\ 0.964,\ 0.366,\ 0.469,\ 0.637,\ 0.623,\ 0.804,\ 0.261$$

来自均匀分布 $U(0,1)$?

解 对于此组数据, 为了便于计算, 表 6.3.1 给出了相应的数据, 其中

$$\delta_i = \max\left\{F_0(x_{(i)}) - \frac{i-1}{n}, \frac{i}{n} - F_0(x_{(i)})\right\}.$$

从表 6.3.1 可以看出, 本问题的 Kolmogorov-Smirnov 统计量的值为 $D_n = 0.166 < 0.368\,7 = D_{0.1}(10)$, 故没有理由拒绝 H_0, 即可以认为这组数是来自 $U(0,1)$ 的样本. □

表 6.3.1 例 6.3.6 的计算表

i	$x_{(i)}$	$F_0(x_{(i)})$	$\frac{i-1}{n}$	$\frac{i}{n}$	δ_i	i	$x_{(i)}$	$F_0(x_{(i)})$	$\frac{i-1}{n}$	$\frac{i}{n}$	δ_i
1	0.034	0.034	0.0	0.1	0.066	6	0.623	0.623	0.5	0.6	0.123
2	0.261	0.261	0.1	0.2	0.161	7	0.637	0.637	0.6	0.7	0.063
3	0.366	0.366	0.2	0.3	0.166	8	0.804	0.804	0.7	0.8	0.104
4	0.437	0.437	0.3	0.4	0.137	9	0.863	0.863	0.8	0.9	0.063
5	0.469	0.469	0.4	0.5	0.069	10	0.964	0.964	0.9	1.0	0.064

前面讨论的是单样本的 Kolmogorov-Smirnov 检验, 该结果可以推广至两样本的分布检验, 即检验相互独立的两个总体分布是否相同. 对于两样本分布假设检验问题, 即设 $X_1, X_2, \cdots, X_m$ 和 $Y_1, Y_2, \cdots, Y_n$ 为分别来自总体 F 和 G 的独立同分布样本, 且全样本独立, 则可以用统计量

$$D_{m,n} = \sup_x |F_m(x) - G_n(x)|$$

进行分布检验, 且拒绝域为 $\{D_{m,n} \geqslant c\}$, 其中 F_m, G_n 分别表示总体 X, Y 的经验分布函数. 检验统计量 $D_{m,n}$ 的极限分布如下:

$$\lim_{m,n\to\infty} P(\sqrt{mn/(m+n)}D_{m,n} \leqslant t) = \sum_{j=-\infty}^{\infty} (-1)^{j-1} \exp\{-2j^2t^2\},\ t > 0.$$

根据该极限分布, 有相应的分布表可供查询.

关于 Kolmogorov-Smirnov 检验还有许多更深入的结论, 有兴趣的读者请参见 Serfling(1980) 等有关大样本的书籍. 关于分布检验, 有许多类似于 Kolmogorov-Smirnov 统计量的检验统计量, 如

- $\sup_x |w(x)[F_n(x) - F_0(x)]|$, 其中 $w(x)$ 为给定的权函数.

- Cramér-von Mises (克拉默–冯•米泽斯) 统计量: $C_n = \int [F_n(x) - F_0(x)]^2 \mathrm{d}F_0(x)$.
- Anderson-Darling (安德森–达林) 统计量: $n\int w(x)[F_n(x) - F_0(x)]^2 \mathrm{d}F_0(x)$, 其中 $w(x) = [x(1-x)]^{-1/2}$.

Kolmogorov-Smirnov 统计量度量了经验分布函数和总体分布的差异的最大值, Cramér-von Mises 检验统计量考虑经验分布函数和总体分布的差异在密度函数意义下的加权平均. Cramér-von Mises 检验统计量有下面的极限分布:

$$nC_n \xrightarrow{\mathrm{d}} \sum_{j=0}^{\infty} j^{-2}\pi^{-2}\chi_{1j}^2,$$

其中 χ_{1j}^2 独立同分布于 χ_1^2 分布. Anderson-Darling 统计量采用更灵活的加权平均.

6.3.4 正态性检验

前面提到的 χ^2 拟合优度检验和 Kolmogorov-Smirnov 检验方法等方法对于总体分布没有做特殊限制, 即其可适用于正态分布, 也可适用于其他分布类型. 正态分布在统计学中占有特殊地位. 许多统计推断方法都是基于正态总体的, 因此检验数据是否服从正态分布是很有意义的. 有必要针对数据是否服从正态分布给出特殊的检验方法. 本小节介绍另两种有更高检验功效的常用检验方法, 即 Shapiro-Wilk 的 W 检验和 D'Agostino 的 D 检验. 我国已把这两个方法列入了国家标准. 当样本量 $n \leqslant 50$ 时, 用 W 检验; 当样本量 $n > 50$ 时, 用 D 检验.

为了方便, 本小节始终假设 $X_1, X_2, \cdots, X_n$ 为来自总体为 F 的独立同分布样本, 现感兴趣的假设为

$$H_0 : F(x) \in \left\{\varPhi\left(\frac{x-\mu}{\sigma}\right) : \mu \in \mathbb{R}, \sigma > 0\right\}.$$

1. W 检验

W 检验是 S. Shapiro (夏皮罗) 和 M. Wilk (威尔克) 提出的, 参见 Shapiro et al. (1965). W 检验的检验统计量为

$$W = \frac{\left(\sum\limits_{k=1}^{[n/2]} a_k(n)(X_{(n+1-k)} - X_{(k)})\right)^2}{\sum\limits_{i=1}^{n}(X_{(i)} - \bar{X})^2},$$

其中 $X_{(1)} \leqslant X_{(2)} \leqslant \cdots \leqslant X_{(n)}$ 为次序统计量, $\{a_k(n)\}$ 是一组给定的与 n 有关的常数, 可查表求得. W 检验的拒绝域为

$$\{W < c\},$$

其中临界值 c 满足 $P(W < c|H_0) = \alpha$.

此检验的理由大致如下:

设 $X_1, X_2, \cdots, X_n$ 为来自 $N(\mu, \sigma^2)$ 的独立同分布样本, 如记 $Y_i = \dfrac{X_{(i)} - \mu}{\sigma}, m_i = E(Y_i)$, $\varepsilon_i = X_{(i)} - E[X_{(i)}]$, 则知 m_i 是与 μ, σ 无关的常数, 且有

$$X_{(i)} = \mu + \sigma m_i + \varepsilon_i.$$

由于当 n 较大时, $X_{(i)} \approx E[X_{(i)}]$, 因而 ε_i 较小. 于是 n 个点 $\{(X_{(i)}, m_i) : i = 1, 2, \cdots, n\}$ 近似在一条直线上.

为区别这 n 个点是否在一条直线上, 可采用下面的 R^2 统计量:

$$R^2 = \left\{ \frac{\sum\limits_{i=1}^{n} [X_{(i)} - \bar{X}](m_i - \bar{m})}{\sqrt{\sum\limits_{i=1}^{n} [X_{(i)} - \bar{X}]^2 \sum\limits_{i=1}^{n} (m_i - \bar{m})^2}} \right\}^2, \tag{6.3.6}$$

其中 $\bar{m} = \sum\limits_{i=1}^{n} m_i / n$. 当 H_0 成立时, 即 X_i 服从 $N(\mu, \sigma^2)$ 时, (6.3.6) 式的 R^2 应接近 1. 于是, 当 R^2 远离 1 时, 有理由拒绝 H_0.

由于 $N(0,1)$ 是对称分布, 故当 H_0 成立时, $(Y_1, Y_2, \cdots, Y_n)$ 与 $(-Y_1, -Y_2, \cdots, -Y_n)$ 有相同的联合分布, 从而 Y_k 与 $-Y_{n+1-k}$ 也有相同的分布, 故 $m_k = -m_{n+1-k}$, $\bar{m} = 0$. 于是,

$$R^2 = \frac{\left(\sum\limits_{i=1}^{n} X_{(i)} m_i \right)^2}{\sum\limits_{i=1}^{n} (X_{(i)} - \bar{X})^2 \sum\limits_{i=1}^{n} m_i^2} = \frac{\left(\sum\limits_{k=1}^{[n/2]} m_{n+1-k} (X_{(n+1-k)} - X_{(k)}) \right)^2}{\sum\limits_{i=1}^{n} (X_{(i)} - \bar{X})^2 \sum\limits_{i=1}^{n} m_i^2}, \tag{6.3.7}$$

如取

$$a_k(n) = \frac{m_{n+1-k}}{\left(\sum\limits_{i=1}^{n} m_i^2 \right)^{1/2}},$$

则知 $W = R^2$.

为理解 (6.3.7) 式, 定义

$$Q^2 = \sum_{i=1}^{n} (X_{(i)} - \bar{X})^2, \ \hat{\sigma} = \sum_{i=1}^{n} b_i X_{(i)}, \ b_i = m_i \bigg/ \sum_{i=1}^{n} m_i^2,$$

则 R^2 可以重写成

$$R^2 = \sum_{i=1}^{n} m_i^2 \hat{\sigma}^2 / Q^2.$$

注意到, 无论样本是否正态, Q^2 经修正后都可以成为 σ^2 的一个 UE, 而分子 $\hat{\sigma}$ 是样本的线性函数, 且当 H_0 成立时它是 σ 的 UE, 于是 $\hat{\sigma}^2$ 也可成为 σ^2 的一个估计. 这样, 在正态性假设下, 二者的差别不应很大. 这就是采用 R^2 来检验正态性假设的一个直观解释. 为了扩大这个差异, Shapiro 和 Wilk 把上述的 $\hat{\sigma}$ 换为 σ 的 BLUE

$$\hat{\sigma}' = \sum_{i=1}^{n} c_i X_{(i)}, \tag{6.3.8}$$

就得到了 W 检验统计量.

2. D 检验

W 检验虽有效, 但可惜的是它只适用于容量 3—50 的样本, 其主要原因是, 对超过 50 的样本容量 n, 很难计算其分位数值. 为此, D'Agostino (1971) 提出了 D 检验.

由 W 统计量的定义不难看出, 如果不计常数因子, 它是正态分布的标准差 σ 的 BLUE 与样本标准差的比值的平方, 即关于 σ 的两个估计量的比值的平方. 由于 BLUE 的系数计算是繁杂的, 且随着样本量的增加, 这种繁杂在增加. 随着样本量的增加, 不得不放弃用 BLUE 来构造检验统计量. 因此, D'Agostino 建议, 在样本容量超过 50 时, 用 $i - \dfrac{n+1}{2}$ 来代替 BLUE (6.3.8) 式中的 c_i, 即考虑用

$$T = \sum_{i=1}^{n} \left(i - \frac{n+1}{2} \right) X_{(i)}$$

作为 σ 的一个线性无偏估计. 再考虑到 n 的阶, 用统计量

$$D_n = \frac{\sum\limits_{i=1}^{n} \left(i - \dfrac{n+1}{2} \right) X_{(i)}}{n^{3/2}\sqrt{\sum\limits_{i=1}^{n}(X_i - \bar{X})^2}},$$

作为正态性检验统计量, 且当它远离 1 时, 有理由拒绝正态性假设.

为求取其极限零分布, 可以证明, 当 H_0 成立时,

$$E(D_n) = 0.282\ 094\ 79, \quad \sqrt{\mathrm{Var}(D_n)} = 0.029\ 985\ 98/\sqrt{n},$$

故采用如下的标准化随机变量

$$Y_n = \frac{\sqrt{n}(D_n - 0.282\ 094\ 79)}{0.029\ 985\ 98}$$

作为检验统计量, 且其拒绝域为

$$\{Y_n < c_1\} \cup \{Y_n > c_2\},$$

其中 $c_1 < c_2$.

关于 D 检验的分位数现已有表可查.

6.4 独立性检验

当研究两个分类变量 A 和 B 之间是否独立时, 即考虑如下的假设:

$$H_0: \text{变量}A\text{ 与}B\text{ 独立}, \tag{6.4.1}$$

此时, 常用的检验方法是使用列联表, 其为这两个变量交叉分类的频数分布表. 交叉分类的目的是将多个变量分组, 然后比较各组的分布状况, 以寻找变量间是否存在相关性等关系. 列联表的方法也可以检验多个分类变量之间是否独立.

按两个变量交叉分类的列联表称为二维列联表, 如例 6.3.4 中的色盲和性别是两个变量; 若按三个变量交叉分类, 所得的列联表称为三维列联表, 以此类推. 三维及以上的列联表称为“多维列联表”或“高维列联表”. 列联表分析主要包括两个任务: 一是根据收集的样本数据, 产生二维或多维列联表; 二是在列联表的基础上, 通过检验统计量对变量间是否存在相关性进行检验.

一般的二维列联表数据如表 6.4.1 所示, 其中, 变量 A, B 分别有 r, s 个水平, 且以 n_{ij} 表示在 n 个样本中属于 $A_i \cap B_j$ 的样本个数, $n_{i\cdot} = \sum\limits_{j=1}^{s} n_{ij}$ 和 $n_{\cdot j} = \sum\limits_{i=1}^{r} n_{ij}$ 分别表示 A 取第 i 个水平和 B 取第 j 个水平的样本个数. 记

$$p_{ij} = P(X \in A_i \cap B_j),\ i = 1, 2, \cdots, r,\ j = 1, 2, \cdots, s,$$

表 6.4.1 二维列联表数据

A	B				总计
	B_1	B_2	$\cdots$	B_s	
A_1	n_{11}	n_{12}	$\cdots$	n_{1s}	$n_{1\cdot}$
A_2	n_{21}	n_{22}	$\cdots$	n_{2s}	$n_{2\cdot}$
$\vdots$	$\vdots$	$\vdots$		$\vdots$	$\vdots$
A_r	n_{r1}	n_{r2}	$\cdots$	n_{rs}	$n_{r\cdot}$
总计	$n_{\cdot 1}$	$n_{\cdot 2}$	$\cdots$	$n_{\cdot s}$	n

则这 n 个样本可以看成是来自多项分布 X 的样本. 令

$$p_{i\cdot} = P(X \in A_i),\ i = 1, 2, \cdots, r,$$

$$p_{\cdot j} = P(X \in B_j),\ j = 1, 2, \cdots, s,$$

则有

$$p_{i\cdot} = \sum_{j=1}^{s} p_{ij},\ p_{\cdot j} = \sum_{i=1}^{r} p_{ij}.$$

另外, 还要注意到如下两个约束:

$$\sum_{i=1}^{r} p_{i\cdot} = \sum_{j=1}^{s} p_{\cdot j} = 1. \tag{6.4.2}$$

当 H_0 成立时, 对于 A 和 B 这两个离散型随机变量, 应有 $p_{ij} = p_{i\cdot}p_{\cdot j}$. 于是, (6.4.1) 式的零假设等价于如下假设:

$$H_0 : p_{ij} = p_{i\cdot}p_{\cdot j},\ i = 1, 2, \cdots, r,\ j = 1, 2, \cdots, s. \tag{6.4.3}$$

由于可以把上述列联表数据看作是多项分布的样本, 故可以用 χ^2 拟合优度检验对其独立性假设 (6.4.3) 进行显著性检验. 由于 $p_{i\cdot}$ 和 $p_{\cdot j}$ 是未知的, 且有两个约束 (6.4.2), 故当 H_0 成立时共有 $r + s - 2$ 个未知参数. 此时, 其未知参数的最大似然估计为

$$\hat{p}_{i\cdot} = \frac{n_{i\cdot}}{n},\ \hat{p}_{\cdot j} = \frac{n_{\cdot j}}{n},\ i = 1, 2, \cdots, r,\ j = 1, 2, \cdots, s.$$

于是, 对于二维列联表, χ^2 拟合优度检验统计量为

$$\chi^2 = n\sum_{i=1}^{r}\sum_{j=1}^{s}\frac{\left(n_{ij} - \dfrac{n_{i\cdot}n_{\cdot j}}{n}\right)^2}{n_{i\cdot}n_{\cdot j}},$$

且当 H_0 成立及 $n \to \infty$ 时, 根据 (6.3.4) 式的结果, 有

$$\chi^2 \xrightarrow{\text{d}} \chi^2(rs - r - s + 2 - 1) = \chi^2((r-1)(s-1)),$$

于是, 此检验的近似水平为 α 的检验拒绝域为

$$\{\chi^2 \geqslant \chi^2_{\alpha}((r-1)(s-1))\}.$$

对于例 6.3.4中的数据, 由于 $r = s = 2, n = 1\ 000, \chi^2 = 27.4 > 6.64 = \chi^2_{0.01}(1)$, 故有理由拒绝 H_0, 即认为色盲与性别之间存在着显著性的相关关系.

注 6.4.1 当分类指标为连续型变量时, 仍然可以先用前面的离散化方法对变量离散后, 再用 χ^2 拟合优度检验对二者的独立性进行检验.

可以将上述结果推广到多维的情况. 下面考虑三维列联表的独立性检验问题. 假设一个观测包含三个指标: A, B, C, 且分别有 r, s, t 个水平. 记 $n_{ijk}(i = 1, 2, \cdots, r, j = 1, 2, \cdots, s, k = 1, 2, \cdots, t)$ 表示在 n 个样本中属于 $A_i \cap B_j \cap C_k$ 的样本个数; $n_{i\cdot\cdot}(i = 1, 2, \cdots, r)$ 表示在 n 个样本中属于 A_i 的样本个数, $n_{\cdot j\cdot}(j = 1, 2, \cdots, s)$ 表示在 n 个样本中属于 B_j 的样本个数, $n_{\cdot\cdot k}(k = 1, 2, \cdots, t)$ 表示在 n 个样本中属于 C_k 的样本个数, 即

$$n_{i\cdot\cdot} = \sum_{j=1}^{s}\sum_{k=1}^{t} n_{ijk},\quad n_{\cdot j\cdot} = \sum_{i=1}^{r}\sum_{k=1}^{t} n_{ijk},\quad n_{\cdot\cdot k} = \sum_{i=1}^{r}\sum_{j=1}^{s} n_{ijk}.$$

令 $n_{ij\cdot}(i=1,2,\cdots,r,j=1,2,\cdots,s)$ 表示在 n 个样本中属于 $A_i\cap B_j$ 的样本个数, $n_{i\cdot k}(i=1,2,\cdots,r,k=1,2,\cdots,t)$ 表示在 n 个样本中属于 $A_i\cap C_k$ 的样本个数, $n_{\cdot jk}(j=1,2,\cdots,s,k=1,2,\cdots,t)$ 表示在 n 个样本中属于 $B_j\cap C_k$ 的样本个数, 即

$$n_{ij\cdot}=\sum_{k=1}^{t}n_{ijk},\quad n_{i\cdot k}=\sum_{j=1}^{s}n_{ijk},\quad n_{\cdot jk}=\sum_{i=1}^{r}n_{ijk}.$$

分别对 $n_{i\cdot\cdot}, n_{\cdot j\cdot}, n_{\cdot\cdot k}, n_{ij\cdot}, n_{i\cdot k}, n_{\cdot jk}$ 和 n_{ijk} 除以样本总数 n, 得到相应的概率 $p_{i\cdot\cdot}, p_{\cdot j\cdot}$, $p_{\cdot\cdot k}, p_{ij\cdot}, p_{i\cdot k}, p_{\cdot jk}$ 和 p_{ijk} 等概率值. 从而, 有

$$\sum_{i=1}^{r}\sum_{j=1}^{s}\sum_{k=1}^{t}p_{ijk}=1,\ \sum_{i=1}^{r}p_{i\cdot\cdot}=1,\ \sum_{j=1}^{s}p_{\cdot j\cdot}=1,\ \sum_{k=1}^{t}p_{\cdot\cdot k}=1,$$

$$\sum_{i=1}^{r}\sum_{j=1}^{s}p_{ij\cdot}=1,\sum_{i=1}^{r}\sum_{k=1}^{t}p_{i\cdot k}=1,\sum_{j=1}^{s}\sum_{k=1}^{t}p_{\cdot jk}=1.$$

此时感兴趣的假设可能有三类:

- 三个指标相互独立, 即检验

$$H_0:\quad p_{ijk}=p_{i\cdot\cdot}\ p_{\cdot j\cdot}\ p_{\cdot\cdot k}. \tag{6.4.4}$$

- 部分独立性检验, 即检验某个分组变量独立于其他分组变量. 例如, 指标 A 与指标 B、C 之间独立, 即检验

$$H_0:\quad p_{ijk}=p_{i\cdot\cdot}\ p_{\cdot jk}. \tag{6.4.5}$$

  类似地, 可检验 $H_0:\ p_{ijk}=p_{\cdot j\cdot}\ p_{i\cdot k}$ 或 $H_0:\ p_{ijk}=p_{\cdot\cdot k}\ p_{ij\cdot}$.

- 条件独立性检验, 即检验其中两个变量在第三个变量的每一水平上独立. 例如, 给定指标 C 下, 指标 A 与 B 独立, 即检验

$$H_0:\quad p_{ijk}=p_{i\cdot k}\ p_{\cdot jk}/p_{\cdot\cdot k}. \tag{6.4.6}$$

对于这三个检验, 可以用似然比检验方法.

对于三个指标相互独立的检验问题 (6.4.4), 似然比统计量为

$$\Lambda_1=\frac{\prod\limits_{i=1}^{r}\prod\limits_{j=1}^{s}\prod\limits_{k=1}^{t}\left(\frac{n_{i\cdot\cdot}}{n}\right)^{n_{i\cdot\cdot}}\left(\frac{n_{\cdot j\cdot}}{n}\right)^{n_{\cdot j\cdot}}\left(\frac{n_{\cdot\cdot k}}{n}\right)^{n_{\cdot\cdot k}}}{\prod\limits_{i=1}^{r}\prod\limits_{j=1}^{s}\prod\limits_{k=1}^{t}\left(\frac{n_{ijk}}{n}\right)^{n_{ijk}}},$$

且当 H_0 成立及 $n\to\infty$ 时, 有

$$-2\ln\Lambda_1\xrightarrow{\mathrm{d}}\chi^2(rst-1-(r-1)-(s-1)-(t-1)).$$

对于部分独立性检验问题 (6.4.5), 似然比统计量为

$$\Lambda_2 = \frac{\prod_{i=1}^{r}\prod_{j=1}^{s}\prod_{k=1}^{t}\left(\frac{n_{i\cdot\cdot}}{n}\right)^{n_{i\cdot\cdot}}\left(\frac{n_{\cdot jk}}{n}\right)^{n_{\cdot jk}}}{\prod_{i=1}^{r}\prod_{j=1}^{s}\prod_{k=1}^{t}\left(\frac{n_{ijk}}{n}\right)^{n_{ijk}}},$$

且当 H_0 成立及 $n \to \infty$ 时, 有

$$-2\ln \Lambda_2 \xrightarrow{\mathrm{d}} \chi^2(rst-1-(r-1)-(st-1)).$$

对于条件独立性检验问题 (6.4.6), 可以得到此时的似然比统计量为

$$\Lambda_3 = \frac{\prod_{i=1}^{r}\prod_{j=1}^{s}\prod_{k=1}^{t}\left(\frac{n_{i\cdot k}n_{\cdot jk}}{nn_{\cdot\cdot k}}\right)^{n_{ijk}}}{\prod_{i=1}^{r}\prod_{j=1}^{s}\prod_{k=1}^{t}\left(\frac{n_{ijk}}{n}\right)^{n_{ijk}}},$$

且当 H_0 成立及 $n \to \infty$ 时, 有

$$-2\ln \Lambda_3 \xrightarrow{\mathrm{d}} \chi^2(t(r-1)(s-1)).$$

需要指出的是, 也可以把三维列联表合并为一个二维列联表来处理. 不过, 这种处理会损失掉许多信息. 因此, 在一些情形下, 合并的列联表中认为变量之间是独立的, 但在三维列联表的检验中是不独立的.

6.5　U 统计量与秩检验

U 统计量 (U-statistic) 是一类特定的、具有对称性的统计量, 它是由 Hoeffding (1948) 引进的一种非参数统计量, 是样本均值的推广. U 统计量在非参数估计和非参数检验中都有重要应用, 其名称中的 "U" 为无偏 (unbiased) 之意. 本节将介绍 U 统计量的性质及其应用. 此外, 本节还介绍秩和检验等非参数检验.

6.5.1　U 统计量

先看下面的可靠性统计中的一个例子.

例 6.5.1　对于某种电子元器件的寿命 X, 在参数统计中, 常设 X 服从某类特殊的参数分布, 例如指数分布、Weibull 分布, 或对数正态分布等; 在非参数统计中, 往往仅

假设 X 服从非负值连续分布 $F(x)$. 如果对任意的 $s>0, t>0$, 都有 $P(X>s+t|X>t)<P(X>s)$, 则称该元器件老化; 若有 $P(X>s+t|X>t)=P(X>s)$, 则称该元器件无老化. 在可靠性统计中, 一个重要的检验问题如下:

$$H_0: \text{元器件无老化} \quad \leftrightarrow \quad H_1: \text{元器件老化}. \tag{6.5.1}$$

令生存函数 $\bar{F}(x)=1-F(x)$, 则 $P(X>s+t|X>t)=P(X>s)$ 等价于 $\bar{F}(s+t)=\bar{F}(s)\cdot\bar{F}(t)$, $P(X>s+t|X>t)<P(X>s)$ 等价于 $\bar{F}(s+t)<\bar{F}(s)\cdot\bar{F}(t)$. 令

$$\omega=\int_0^{\infty}\int_0^{\infty}[\bar{F}(s)\cdot\bar{F}(t)-\bar{F}(s+t)]\mathrm{d}F(s)\mathrm{d}F(t).$$

则检验问题 (6.5.1) 可简化为关于参数 ω 的检验问题

$$H_0:\omega=0 \quad \leftrightarrow \quad H_1:\omega>0.$$

设 X_1, X_2, X_3 是该元器件的寿命试验的三次随机试验结果, 即独立同分布于 $F(x)$. 因为

$$\int_0^{\infty}\int_0^{\infty}\bar{F}(s)\cdot\bar{F}(t)\mathrm{d}F(s)\mathrm{d}F(t)=\int_0^1\int_0^1(1-u)\cdot(1-v)\mathrm{d}u\mathrm{d}v=\frac{1}{4},$$

$$\begin{aligned}\int_0^{\infty}\int_0^{\infty}\bar{F}(s+t)\mathrm{d}F(s)\mathrm{d}F(t)&=\int_0^{\infty}\int_0^{\infty}P(X_1>x_2+x_3)\mathrm{d}F(x_2)\mathrm{d}F(x_3)\\&=P(X_1>X_2+X_3),\end{aligned}$$

所以 $\omega=\dfrac{1}{4}-P(X_1>X_2+X_3)$. 若令 $\theta=P(X_1>X_2+X_3)$, 则检验问题 (6.5.1) 可进一步简化为关于参数 θ 的检验问题

$$H_0:\theta=\frac{1}{4} \quad \leftrightarrow \quad H_1:\theta<\frac{1}{4}.$$

因此, 一个非参数检验问题也可以简化为关于某个参数的检验问题.

为了寻求检验统计量, 首先要估计 θ. 一种自然的想法是寻找 θ 的无偏估计. 根据两点分布的性质, 可知

$$\psi(X_1,X_2,X_3)=\begin{cases}1, & X_1>X_2+X_3,\\0, & X_1\leqslant X_2+X_3\end{cases}$$

是 θ 的一个无偏估计. 考虑到样本中各个分量的地位是相同的, 故定义对称函数

$$\phi(X_1,X_2,X_3)=\frac{\sum\psi(X_{i_1},X_{i_2},X_{i_3})}{3!},$$

它也是 θ 的一个无偏估计, 其中 (i_1,i_2,i_3) 是 $(1,2,3)$ 的一个置换, $\sum$ 表示对所有这种置换求和. $\psi(X_1,X_2,X_3)$ 和 $\phi(X_1,X_2,X_3)$ 都是 θ 的无偏估计, 但 $\phi(X_1,X_2,X_3)$ 的方

差不会比 $\psi(X_1,X_2,X_3)$ 的方差大. 进一步地, 设 $X_1,X_2,\cdots,X_n$ 为来自总体分布 $F(x)$ 的独立同分布样本,

$$U(X_1,X_2,\cdots,X_n)=\frac{\sum\phi(X_{i_1},X_{i_2},X_{i_3})}{\mathrm{C}_n^3},$$

其中 $1\leqslant i_1<i_2<i_3\leqslant n$, $\sum$ 表示对所有组合 (i_1,i_2,i_3) 求和. 则 $U(X_1,X_2,\cdots,X_n)$ 仍是 θ 的一个无偏估计, 其方差不比 $\phi(X_1,X_2,X_3)$ 的方差大. 由于 H_1 为真时, θ 的值比较小, 因此当 $U(X_1,X_2,\cdots,X_n)\leqslant c$ 时拒绝原假设, 认为元器件老化. 这里临界值 c 由统计量 $U(X_1,X_2,\cdots,X_n)$ 的分布决定.

在例 6.5.1 中, 统计量 $U(X_1,X_2,\cdots,X_n)$ 是待估参数 θ 特殊的无偏估计. 称其为 U 统计量. 若能得到该统计量的分布或极限分布, 则可解决检验问题 (6.5.1). 下面给出 U 统计量的定义.

定义 6.5.1 设 $X_1,X_2,\cdots,X_n$ 为来自总体分布 $F(x)$ 的独立同分布样本, 其中未知总体 F 来自非参数族 $\mathcal{F}$. 设对称函数 $\phi(X_1,X_2,\cdots,X_m)$ 是待估参数 $\theta=T(F)$ 的一个无偏估计, 其中 $m\leqslant n$, 且对任意 $F\in\mathcal{F}$, 有 $E[|\phi(X_1,X_2,\cdots,X_m)|]<\infty$. 称 θ 的一个对称无偏估计

$$U_n=\frac{1}{\mathrm{C}_n^m}\sum_c\phi(X_{i_1},X_{i_2},\cdots,X_{i_m})$$

为具有 m 阶核 ϕ 的 U **统计量**. 这里, $\sum\limits_c$ 表示对全部 C_n^m 个有不同元素的 $\{i_1,i_2,\cdots,i_m\}\subset\{1,2,\cdots,n\}$ 求和.

令 $\theta=E[\phi(X_1,X_2,\cdots,X_m)]$. 基于核函数 $\phi(X_1,X_2,\cdots,X_m)$, 定义

$$\phi_k(x_1,x_2,\cdots,x_k)=E[\phi(x_1,\cdots,x_k,X_{k+1},\cdots,X_m)],\ 0\leqslant k\leqslant m,$$

则 $\phi_0=E[\phi(X_1,X_2,\cdots,X_m)]$, $\phi_m=E[\phi(x_1,x_2,\cdots,x_m)]$, 且对于任意 k, 我们有 $E[\phi_k(X_1,X_2,\cdots,X_k)]=\theta$. 记 ϕ_k 的方差为 $\sigma_k^2=\mathrm{Var}[\phi_k(X_1,X_2,\cdots,X_k)]$, 则 $\sigma_0^2=0$, $\sigma_m^2=\mathrm{Var}[\phi_m(X_1,X_2,\cdots,X_m)]$. 由条件方差分解, 有 $0=\sigma_0^2\leqslant\sigma_1^2\leqslant\cdots\leqslant\sigma_m^2$.

定理 6.5.1 U 统计量有以下性质:

(1) 数学期望 $E(U_m)=E[\phi(X_1,X_2,\cdots,X_m)]=\theta$.

(2) 方差

$$\mathrm{Var}(U_n)=\frac{1}{\mathrm{C}_n^m}\sum_{k=1}^m\mathrm{C}_m^k\mathrm{C}_{n-m}^{m-k}\sigma_k^2,$$

特别地, 当 $\sigma_m^2<\infty$ 时, $\mathrm{Var}(U_k)=\dfrac{m^2}{n}\cdot\sigma_1^2+O(n^{-2})$.

(3) 渐近正态性. 当 $\sigma_m^2<\infty$ 且 $\sigma_1^2>0$ 时,

$$\sqrt{n}(U_n-\theta)\xrightarrow{\mathrm{d}}N(0,m^2\sigma_1^2).$$

证明 数学期望可由 U 统计量的定义以及期望的可加性得到. 下面, 计算 U 统计量的方差. 根据 σ_k^2 的定义, 对于 U_n 的方差计算中每一个小单元,

$$\mathrm{Cov}(\phi(X_{i_1}, X_{i_2}, \cdots, X_{i_m}), \phi(X_{j_1}, X_{j_2}, \cdots, X_{j_m})) = \sigma_k^2,$$

其中 $i_1, i_2, \cdots, i_m$ 和 $j_1, j_2, \cdots, j_m$ 为 $X_1, X_2, \cdots, X_n$ 中选出的 m 个元素, k 为 i_1, $i_2, \cdots, i_m$ 和 $j_1, j_2, \cdots, j_m$ 中相同的对数. 则

$$\begin{aligned}
&\mathrm{Var}(U_n)\\
&= \mathrm{Var}\left[\frac{1}{\mathrm{C}_n^m} \sum_{1 \leqslant i_1 < i_2 < \cdots < i_m \leqslant n} \phi(X_{i_1}, X_{i_2}, \cdots, X_{i_m})\right]\\
&= \frac{1}{(\mathrm{C}_n^m)^2} \sum_{i_1 < i_2 < \cdots < i_m} \sum_{j_1 < j_2 < \cdots < j_m} \mathrm{Cov}(\phi(X_{i_1}, X_{i_2}, \cdots, X_{i_m}), \phi(X_{j_1}, X_{j_2}, \cdots, X_{j_m}))\\
&= \frac{1}{\mathrm{C}_n^m} \sum_{j_1 < j_2 < \cdots < j_m} \mathrm{Cov}(\phi(X_1, X_2, \cdots, X_m), \phi(X_{j_1}, X_{j_2}, \cdots, X_{j_m}))\\
&= \frac{1}{\mathrm{C}_n^m} \sum_{k=1}^{m} \mathrm{C}_m^k \mathrm{C}_{n-m}^{m-k} \sigma_k^2.
\end{aligned}$$

由此可知, 当 $\sigma_m^2 < \infty$ 时, $\mathrm{Var}(U_k) = \dfrac{m^2}{n} \cdot \sigma_1^2 + O(n^{-2})$. 下面来证明渐近正态性. 由于 $\phi_1(X_1), \phi_1(X_2), \cdots, \phi_1(X_n)$ 是独立同分布于均值为 θ, 方差为 $\sigma_1^2(\sigma_1^2 \in (0, \infty))$ 的分布, 若令 $U_n^* = \dfrac{1}{n} \sum\limits_{i=1}^{n} \phi_1(X_i)$, 则根据中心极限定理,

$$\sqrt{n}(U_n^* - \theta) \xrightarrow{\mathrm{d}} N(0, \sigma_1^2).$$

再令

$$T_n = \sqrt{n}(U_n - \theta) - m\sqrt{n}(U_n^* - \theta),$$

则可证 $E(T_n) = 0$, 且

$$\begin{aligned}
\mathrm{Var}(T_n) &= n\mathrm{Var}(U_n) + m^2 n \mathrm{Var}(U_n^*) - 2mn\mathrm{Cov}(U_n, U_n^*)\\
&= \frac{n}{\mathrm{C}_n^m} \sum_{k=1}^{m} \mathrm{C}_m^k \mathrm{C}_{n-m}^{m-k} \sigma_k^2 + m^2\sigma_1^2 - 2m^2\sigma_1^2\\
&= m^2\sigma_1^2(1 + o(1)) - m^2\sigma_1^2\\
&= o(1).
\end{aligned}$$

由 Markov 不等式, 有 $T_n \xrightarrow{\mathrm{P}} 0$, 因此, 由 Slutsky 定理, 可知

$$\sqrt{n}(U_n - \theta) \xrightarrow{\mathrm{d}} N(0, m^2\sigma_1^2). \qquad \square$$

根据定理 6.5.1 的渐近正态性, 可知 U 统计量具有相合性. 进一步地, 可以构造 U 统计量来做一些非参数检验.

例 6.5.2 设总体 X 的分布函数为 $F(x-\theta)$, 其中 $F(x)$ 是关于原点对称的连续型分布, 具体形式未知. 考虑检验问题

$$H_0:\theta=0 \quad \leftrightarrow \quad H_1:\theta>0,$$

即检验对称分布的对称中心在原点, 还是在原点的右边. 设 $X_1,X_2,\cdots,X_n$ 是来自总体 X 的一个样本. 当原假设 $H_0:\theta=0$ 成立时, $P(X_1+X_2>0)=0.5$; 当备择假设 $H_1:\theta>0$ 成立时, $P(X_1+X_2>0)>0.5$. 令 $\omega=P(X_1+X_2>0)$, 则上述检验问题可简化为关于参数 ω 的检验问题,

$$H_0:\omega=0.5 \quad \leftrightarrow \quad H_1:\omega>0.5.$$

根据两点分布的性质,

$$\phi(X_1,X_2)=\begin{cases}1, & X_1+X_2>0,\\ 0, & X_1+X_2\leqslant 0\end{cases}$$

是 ω 的一个无偏估计. 由对称函数 $\phi(X_1,X_2)$ 可构造 U 统计量,

$$U=U(X_1,X_2,\cdots,X_n)=\frac{\sum\phi(X_{i_1},X_{i_2})}{\mathrm{C}_n^2},$$

其中 $1\leqslant i_1<i_2\leqslant n$, $\sum$ 表示对所有组合 (i_1,i_2) 求和. 根据定理 6.5.1 可知, U 也是 ω 的一个无偏估计. 由于在备择假设成立时, ω 的值较大, 则当 $U(X_1,X_2,\cdots,X_n)\geqslant c$ 时, 拒绝原假设. 具体的 c 由下面的方式确定. 由于 $m=2$, 当 H_0 为真时, $E[U(X_1,X_2,\cdots,X_n)]=0.5$, 且 $\phi_1(x_1)=F(x_1),\sigma_1^2=\dfrac{1}{12}$, $\phi_2(x_1,x_2)=\phi(x_1,x_2)$, $\sigma_2^2=\dfrac{1}{4}$. 则

$$\mathrm{Var}[U(X_1,X_2,\cdots,X_n)]=\frac{2n-1}{6n(n-1)}=\frac{1}{3n}+O(n^{-2}),$$

在原假设成立时, $\sqrt{n}\cdot\left(U-\dfrac{1}{2}\right)\xrightarrow{\mathrm{d}}N\left(0,\dfrac{1}{3}\right), n\to\infty$. 因此, 在大样本场合下检验问题的拒绝域为

$$U\geqslant\frac{1}{2}+\sqrt{\frac{1}{3n}}\cdot u_\alpha,$$

其中 u_α 是标准正态分布的上 α 分位数. □

前面的单样本的 U 统计量可以推广至两样本的情形. 考虑两个相互独立的总体, 其分布分别为 F 和 G, 关心的参数 $\theta=\theta(F,G)$. 类似地, 设 $X_1,X_2,\cdots,X_{n_1}$, 和 Y_1, Y_2, $\cdots,Y_{n_2}$ 是分别来自 F 和 G 的随机样本. 设 $\phi(X,Y)$ 为 θ 的无偏估计. 在 $X_1,X_2,\cdots,X_{n_1}$ 给定时, $\phi(X_1,X_2,\cdots,X_{n_1},Y_1,Y_2,\cdots,Y_{n_2})$ 为 $Y_1,Y_2,\cdots,Y_{n_2}$ 的对称

函数, 而在 $Y_1,Y_2,\cdots,Y_{n_2}$ 给定时, $\phi(X_1,X_2,\cdots,X_{n_1},Y_1,Y_2,\cdots,Y_{n_2})$ 为 $X_1,X_2,\cdots,X_{n_1}$ 的对称函数. 令

$$U_{n_1,n_2}=\frac{1}{\mathrm{C}_{n_1}^{m_1}}\frac{1}{\mathrm{C}_{n_2}^{m_2}}\sum_{i_1<i_2<\cdots<i_{m_1}}\sum_{j_1<j_2<\cdots<j_{m_2}}\phi(X_{i_1},X_{i_2},\cdots,X_{i_{m_1}},Y_{j_1},Y_{j_2},\cdots,Y_{j_{m_2}}),$$

则称 U_{n_1,n_2} 是以 $\phi(X_1,X_2,\cdots,X_{m_1},Y_1,Y_2,\cdots,Y_{m_2})$ 为核的两样本 U 统计量. 这里的对称化, 使得所有 X_i 地位是一样的, 所有 Y_j 地位是一样的, 但是两者不一定可以交换. 类似地, 也可以定义:

$$\begin{aligned}\sigma_{ij}^2=\mathrm{Cov}\,(&\phi(X_1,\cdots,X_i,X_{i+1},\cdots,X_{m_1},Y_1,\cdots,Y_j,Y_{j+1},\cdots,Y_{m_2}),\\&\phi(X_1,\cdots,X_i,X_{i+1}^*,\cdots,X_{m_1}^*,Y_1,\cdots,Y_j,Y_{j+1}^*,\cdots,Y_{m_2}^*)).\end{aligned}$$

这里 $X_1,\cdots,X_i,X_{i+1},\cdots,X_{m_1},X_{i+1}^*,\cdots,X_{m_1}^*$ 是来自总体分布 F 的独立同分布样本, $Y_1,\cdots,Y_j,Y_{j+1},\cdots,Y_{m_2},Y_{j+1}^*,\cdots,Y_{m_2}^*$ 是来自总体分布 G 的独立同分布样本. 类似于一元的情形, 有下面的结论.

定理 6.5.2 两样本 U 统计量 U_{n_1,n_2} 的数学期望为 $E(U_{n_1,n_2})=\theta$, 其方差

$$\mathrm{Var}(U_{n_1,n_2})=\sum_{k=0}^{m_1}\sum_{l=0}^{m_2}\frac{\mathrm{C}_{m_1}^k\mathrm{C}_{n_1-m_1}^{m_1-k}}{\mathrm{C}_{n_1}^{m_1}}\frac{\mathrm{C}_{m_2}^l\mathrm{C}_{n_2-m_2}^{m_2-l}}{\mathrm{C}_{n_2}^{m_2}}\sigma_{kl}^2.$$

进一步地, 若 $\sigma_{m_1m_2}^2<\infty$, $n_1+n_2\to\infty$ 且 $n_1/(n_1+n_2)\to p\in(0,1)$, 则

$$\sqrt{n_1+n_2}(U_{n_1,n_2}-\theta)\xrightarrow{\mathrm{d}}N(0,\sigma^2),\quad \sigma^2=\frac{m_1^2}{p}\sigma_{10}^2+\frac{m_2^2}{p}\sigma_{01}^2.$$

6.5.2 秩检验

除了 U 统计量检验方法外, 秩检验方法也是非常重要的非参数检验方法. Wilcoxon (1945) 提出秩和检验方法之后, 秩和检验和其他秩方法逐渐受到人们的重视. 秩和检验方法不考虑总体的参数和总体的分布类型, 而是对样本所代表的总体的分布和分布位置进行假设检验, 其在应用上有很大的意义. 秩检验方法是建立在秩与秩统计量基础上的非参数方法.

例 6.5.3 对于某生物实验中的对照实验, 设 $(X_1,Y_1),(X_2,Y_2),\cdots,(X_n,Y_n)$, 其中 $X_1,X_2,\cdots,X_n$, $Y_1,Y_2,\cdots,Y_n$ 分别是实验组和对照组的结果. 假设实验组服从连续分布 $F(x)$, 对照组的分布为 $F(x-\theta)$. 设 $Z_i=Y_i-X_i$, 则 Z_i 的分布是对称的连续分布, 对称点为 θ. 现关心实验效果 θ 是否为 0, 即检验

$$H_0:\theta=0\quad\leftrightarrow\quad H_1:\theta\neq0.$$

若原假设 $H_0:\theta=0$ 成立, 则 Z_i 的取值中应接近一半的值大于 0, 一半的值小于 0; 若大部分 Z_i 的取值大于 (或小于) 0, 则可以拒绝原假设. 令 $\phi_i=I\left(Z_i>0\right)$,

$$S^{+}=\sum_{i=1}^{n}\phi_i=\#\{Z_i>0,i=1,2,\cdots,n\}$$

其中记号 # 表示计数. 原假设 H_0 成立时, $\phi_i\sim B(1,0.5)$, 则 $S^{+}\sim B(n,0.5)$. 于是当 S^{+} 比较小或比较大时拒绝原假设, 认为 $\theta\neq 0$. 检验临界值分别为 $B_{1-\alpha/2}(n,0.5)$ 和 $B_{\alpha/2}(n,0.5)$, α 为检验水平.

在例 6.5.3 中, 所用的检验方法称为**符号检验**. 然而, 符号检验仅仅使用样本是正数还是负数的信息, 而没有使用样本数据值大小的信息. 为了更有效地解决对称中心 θ 是否等于 0 的检验问题, 不仅应用正负号信息, 还应该使用其数值大小的信息. Wilcoxon (威尔科克森) 提出的秩和检验方法可改进符号检验方法. 为此, 下面首先介绍秩与秩统计量.

定义 6.5.2 设 $X_1,X_2,\cdots,X_n$ 为来自连续型分布 F 的独立同分布样本, 得到次序统计量 $X_{(1)}<X_{(2)}<\cdots<X_{(n)}$. 若 $X_i=X_{(R_i)}$, 则称 $X_i(i=1,2,\cdots,n)$ 在 $X_1,X_2,\cdots,X_n$ 中的秩为 R_i, 简称 X_i 的秩为 R_i, $R_i=1,2,\cdots,n$. $R=(R_1,R_2,\cdots,R_n)$ 以及 R 的任意可测函数称为秩统计量. 基于秩统计量的检验方法为秩检验.

由于随机样本 $X_1,X_2,\cdots,X_n$ 来自连续型分布 F, 从而以概率 1 保证, 样本 X_1, $X_2,\cdots,X_n$ 互不相等. R 为离散型随机变量, 它取 $n!$ 个值, 且取 $1,2,\cdots,n$ 的任意一排列 $(r_1,r_2,\cdots,r_n)$ 的概率都是 $1/n!$, 即 R 服从均匀分布. 因此, 秩统计量的分布和总体分布 F 没有关系. 对于单个秩统计量 R_i, 有

$$R_i=\sum_{k=1}^{n}I(X_k\leqslant X_i),\ i=1,2,\cdots,n.$$

由于 R 服从均匀分布, 单个的秩 $R_i(i=1,2,\cdots,n)$ 也服从均匀分布:

$$P(R_i=r)=1/n,r=1,2,\cdots,n,$$

且 R_i 和 $R_j(i\neq j)$ 的联合分布也是均匀分布:

$$P(R_i=r_1,R_j=r_2)=\frac{1}{n(n-1)},r_1\neq r_2.$$

从而, 可得 $E(R_i)=\dfrac{n+1}{2}$, $\operatorname{Var}(R_i)=\dfrac{n^2-1}{12}$, $\operatorname{Cov}(R_i,R_j)=-\dfrac{n+1}{12}$.

定义 6.5.3 对于随机样本 $X_1,X_2,\cdots,X_n$, 设 R_i^{+} 为 $|X_i|$ 在 $|X_1|,|X_2|,\cdots,|X_n|$ 中的秩, $\phi_i=I\left(X_i>0\right)$, 则称

$$R^{+}=\left(\phi_1R_1^{+},\phi_2R_2^{+},\cdots,\phi_nR_n^{+}\right)$$

为 $(X_1, X_2, \cdots, X_n)$ 的符号秩, 称

$$W^+ = \sum_{i=1}^{n} \phi_i R_i^+$$

为符号秩和统计量.

由于符号秩涉及符号, 对于不同的分布 F, ϕ 取 0 或者 1 的情况完全不同, 因此一般的符号秩统计量应该与 F 密切相关. 特别地, 若 F 连续且关于 0 对称, 可以证明, $\phi_1, |X_1|, \phi_2, |X_2|, \cdots, \phi_n, |X_n|$ 相互独立, 且 $P(\phi_i = 0) = P(\phi_i = 1) = 1/2$. 应用符号秩和统计量可以做一些非参数检验. 例如, 在例 6.5.3 中, 记 R_i 为 Z_i 的秩, 则可以考虑符号秩和统计量:

$$W_n^+ = \sum_{i=1}^{n} \phi_i R_i.$$

当 W_n^+ 偏大或偏小时, 都可以拒绝原假设 H_0. 为了求检验的 p 值和检验的临界值, 下面研究原假设 $H_0: \theta = 0$ 成立, 即总体的分布关于原点 0 对称时, 符号秩和检验统计量 W_n^+ 的分布的性质.

W_n^+ 服从离散型分布, 它可能取 $0, 1, 2, \cdots, \dfrac{n(n+1)}{2}$ 各个值. 令 $t_{n,d}$ 表示从 $1, 2, \cdots, n$ 这 n 个数字中任取若干个数, 其和恰为 d 的取法种数, 其中 $d = 0, 1, 2, \cdots, \dfrac{n(n+1)}{2}$. 则在总体 X 的分布是关于原点 0 对称的连续型分布时, $R_1, R_2, \cdots, R_n$ 给定后 $W_n^+ = d$ 的条件概率为

$$\begin{aligned} P(W_n^+ = d | R_1, R_2, \cdots, R_n) &= P\left(\sum_{i=1}^{n} \phi_i R_i = d \middle| R_1, R_2, \cdots, R_n \right) \\ &= t_{n,d}/2^n, \quad d = 0, 1, 2, \cdots, \frac{n(n+1)}{2}. \end{aligned}$$

这个条件概率和 $R_1, R_2, \cdots, R_n$ 没有关系. 这说明在 $R_1, R_2, \cdots, R_n$ 给定后 $W_n^+ = d$ 的条件概率就是 $W_n^+ = d$ 的概率. 由此, 对于检验水平 α, 即可得检验临界值.

例 6.5.3 中的配对问题可以推广至更一般的情形. 设 $X_1, X_2, \cdots, X_m$ 为来自总体 $F(x)$ 的独立同分布样本, $Y_1, Y_2, \cdots, Y_n$ 为来自总体 $G(x)$ 的独立同分布样本, 且两总体相互独立. 令 $\gamma = P(X < Y)$, 感兴趣的问题是检验

$$\gamma = \frac{1}{2} \ \leftrightarrow \ \gamma \neq \frac{1}{2}. \tag{6.5.2}$$

当 $F(x)$ 为连续型对称分布且 $G(x) = F(x - \theta)$ 时, 该检验问题也等价于检验

$$\theta = 0 \ \leftrightarrow \ \theta \neq 0, \tag{6.5.3}$$

其假设两个分布的类型相同, 而对称点可能不同. 若把 X_i 对应的秩相加:

$$W_n = \sum_{k=1}^{m} R_k, \tag{6.5.4}$$

其中 $(R_1, R_2, \cdots, R_{m+n})$ 为样本 $(X_1, X_2, \cdots, X_m, Y_1, Y_2, \cdots, Y_n)$ 的秩统计量, 则当 γ 太大或者太小时, 有理由认为 W_n 很大或者很小. 这里把 X_i 对应的秩相加, 等价地, 也可以考虑把 Y_j 对应的秩相加. 从而, 可以通过统计量 W_n 来检验两总体是否相同. 这种检验方法即为 Wilcoxon 秩和检验方法, 称 (6.5.4) 式为 Wilcoxon 秩和统计量. 拒绝域为

$$\left\{W_n \leqslant W_{1-\alpha/2}(m,n) \quad \text{或} \quad W_n \geqslant W_{\alpha/2}(m,n)\right\}.$$

具体的临界值可参见现成的分布表. 实际上, 可以证明 W_n 的分布关于 $\dfrac{1}{2}m(m+n+1)$ 是对称的, 且 $E(W_n) = \dfrac{m(m+n+1)}{2}$, $\operatorname{Var}(W_n) = \dfrac{mn(m+n+1)}{12}$. 在样本容量较大时,

$$W^* = \frac{W_n - \dfrac{m(m+n+1)}{2}}{\sqrt{\dfrac{mn(m+n+1)}{12}}} \dot\sim N(0,1). \tag{6.5.5}$$

在 m, n 都大于等于 20 时, 近似效果已很好.

对于检验问题 (6.5.2), 也可以从 U 统计量的角度, 构造参数 $\gamma = P(X < Y)$ 的 U 统计量:

$$U_n = \frac{1}{mn} \sum_{i=1}^{m} \sum_{j=1}^{n} I\left(X_i < Y_j\right).$$

这里核函数为 $\phi(x,y) = I(x < y)$. 则根据上一小节的内容, 可得

$$\sigma_{11}^2 = \operatorname{Var}[I(X<Y)] = P(X<Y)[1-P(X<Y)] = \gamma(1-\gamma) < \infty,$$

$$\sigma_{01}^2 = \operatorname{Cov}\left(I(X<Y), I\left(X<Y_1\right)\right) = \int [1-G(x)]^2 \, \mathrm{d}F(x) - \gamma^2,$$

$$\sigma_{10}^2 = \operatorname{Cov}\left(I(X<Y), I\left(X_1<Y\right)\right) = \int F(x)^2 \mathrm{d}G(x) - \gamma^2.$$

当 $m+n \to \infty$ 且 $m/(m+n) \to p \in (0,1)$ 时, 由定理 6.5.2 中两样本 U 统计量的渐近结果, 有

$$\sqrt{m+n}\left(U_n - \gamma\right) \xrightarrow{\mathrm{d}} N\left(0, \sigma^2\right), \sigma^2 = \frac{1}{p}\sigma_{10}^2 + \frac{1}{1-p}\sigma_{01}^2.$$

若再用一次 U 统计量的方法, 可以构造出 σ^2 的相合估计 $\hat{\sigma}^2$. 由 Slutsky 定理, 可得

$$\frac{\sqrt{m+n}\,(U_n-\gamma)}{\hat{\sigma}^2}\xrightarrow{\mathrm{d}}N(0,1). \tag{6.5.6}$$

从而, 得到检验的接受域: $A=\left\{u_{\alpha/2}\leqslant\dfrac{\sqrt{m+n}\,(U_n-1/2)}{\hat{\sigma}^2}\leqslant u_{1-\alpha/2}\right\}$. 若对于检验问题 (6.5.3), 当原假设成立时, 两个分布相同, 则可以直接计算出 σ^2, 代入即可. 这种方法即为 Mann-Whitney (曼–惠特尼) 检验方法.

此外, 还可以通过 U 统计量的工具得到秩和检验统计量 (6.5.4) 的极限分布. 对于秩统计量, 有

$$R_i=\sum_{k=1}^{m}I\left(X_k\leqslant X_i\right)+\sum_{j=1}^{n}I\left(Y_j\leqslant X_i\right),\quad i=1,2,\cdots,m.$$

则

$$\begin{aligned}W_n=\sum_{i=1}^{m}R_i&=\sum_{i=1}^{m}\left(\sum_{k=1}^{m}I\left(X_k\leqslant X_i\right)+\sum_{j=1}^{n}I\left(Y_j\leqslant X_i\right)\right)\\&=\sum_{i=1}^{m}\sum_{j=1}^{m}I\left(X_i\leqslant X_j\right)+\sum_{i=1}^{m}\sum_{j=1}^{n}I\left(Y_j\leqslant X_i\right)\\&=\frac{m(m+1)}{2}+mn-\sum_{i=1}^{m}\sum_{j=1}^{n}I\left(X_i<Y_j\right).\end{aligned}$$

因此, $W_n=\dfrac{m(m+1)}{2}+mn\,(1-U_n)$. 由 U_n 的极限分布 (6.5.6), 可得

$$\sqrt{m+n}\left(1+\frac{m+1}{2n}-\frac{1}{mn}W_n-\gamma\right)\xrightarrow{\mathrm{d}}N(0,\sigma^2).$$

这即是经典的 Wilcoxon 两样本秩和检验.

例 6.5.4　在某小学随机采集 12 岁男童和女童各 10 名的头发样品, 检测发样中钙含量 (单位: μg/g), 数据见表 6.5.1. 检验男童与女童头发中钙含量有无差异?

首先对男童和女童的数据进行正态性检验. 经检验, 在检验水平 0.05 下, 认为这两组数据都不符合正态分布. 因此, 下面考虑用非参数检验中的秩和检验方法. 把这 20 个数据放在一起得到相应的秩, 见表 6.5.1, 从而得到男童的秩和为 $W_1=77$, 选其作为 Wilcoxon 秩和检验统计量 W. 在原假设 H_0 成立的情况下, W 的均值和方差分别为

$$E(W)=\frac{m(m+n+1)}{2}=105,\quad \mathrm{Var}(W)=\frac{mn(m+n+1)}{12}=175.$$

根据 (6.5.5) 式, 男童的秩和 $W=77$ 与 $E(W)$ 之差的绝对值约为标准差的 2 倍: $(77-105)/13.229=-2.117$, 因此, 在检验水平 $\alpha=0.05$ 下, 认为两组数据是有差异的.

表 6.5.1 12 岁小学生发样中的钙含量

男童		女童	
1843	18	842	14
383	4	336	2
406	5	742	12
334	1	1367	15
443	6	1623	16
676	11	597	8
771	13	1976	19
358	3	1818	17
607	9	643	10
484	7	4534	20
$m=10$	$W_1=77$	$n=10$	$W_2=133$

由前面的分析可知, Wilcoxon 秩和检验具有如下优点: (1) 不受总体分布限制, 适用面广; (2) 适用于等级数据及两端无确定值的数据; (3) 易于理解, 易于计算. 秩方法的内容非常丰富. 除了符号秩和检验与秩和检验这两种方法之外, 还可以对秩进行函数变换, 例如线性秩统计量等. 对于秩方法更深入的介绍, 可参考陈希孺 (2012).

习题六

1. 证明直方图 6.1.1 的线下面积为 1.

2. 证明直方图 $\hat{f}_h(x)$ 不是总体密度函数 $f(x)$ 的无偏估计, 而且

$$\operatorname{Var}[\hat{f}_h(x)]=\frac{1}{nh^2}\int_{\Delta_j} f(u)\mathrm{d}u\left[1-\int_{\Delta_j} f(u)\mathrm{d}u\right]\approx\frac{1}{nh}f(x).$$

3. 生成 $N(0,1)$ 的 200 个随机样本.

(1) 作直方图;

(2) 根据这些数据, 尝试不同的窗宽, 得到核密度估计的最优窗宽;

(3) 计算得到的核密度估计和真实密度之间的差异.

4. 对于均匀核、Gauss 核、Epanechnikov 核和四次核这四种核函数 $K(u)$, 分别计算

$$\int K^2(u)\mathrm{d}u,\quad \int u^2K(u)\mathrm{d}u.$$

5. 验证下面的函数为一个密度函数:

$$f(x) = \frac{2}{3}\left[\left(\frac{x}{2}+1\right)I(x \in [-2,0)) + (1-x)I(x \in [0,1))\right],$$

计算 $||f'||^2$, 并计算估计该密度函数的核估计的最优窗宽.

6. 生成 $\frac{2}{3}N_2(\boldsymbol{\mu}_1, \Sigma) + \frac{1}{3}N_2(\boldsymbol{\mu}_2, \Sigma)$ 的 600 个二维随机样本, 其中 $\boldsymbol{\mu}_1 = \begin{pmatrix} 0.4 \\ 0.4 \end{pmatrix}$, $\boldsymbol{\mu}_2 = \begin{pmatrix} 0.6 \\ 0.6 \end{pmatrix}$, $\Sigma = \begin{pmatrix} 0.1 & \\ & 0.1 \end{pmatrix}$, 试用核密度方法估计其密度函数.

7. 对于标准正态分布 $N(0,1)$, 证明其核密度估计的最优窗宽为 $h_0 = (24\sqrt{\pi})^{1/3}n^{-1/3}$. 若分布变为 $N(0,\sigma^2)$ 和 $N(\mu,\sigma^2)$, 其最优窗宽有什么变化?

8. 设 $f(x)$ 是正态分布 $N(\mu,\sigma^2)$ 的概率密度函数. $X_1, X_2, \cdots, X_n$ 为来自 $f(x)$ 的独立同分布样本, $\hat{f}_n(x)$ 是具有 Gauss 核 $K(u)$ 和窗宽 h_n 的 $f(x)$ 的核估计. 求 $E[\hat{f}_n(x)]$ 和 $\mathrm{Var}[\hat{f}_n(x)]$.

9. 设 $X_1, X_2, \cdots, X_n$ 为来自总体 F 的独立同分布样本, 并令 F_n 为经验分布函数, $a < b$ 为固定数, 定义 $\theta = T(F) = F(b) - F(a)$, 令 $\hat{\theta} = T(F_n) = F_n(b) - F_n(a)$, 试求 θ 的标准误差, 进而给出 θ 的一个渐近 $1-\alpha$ 置信区间.

10. 有人制造一个含六个面的骰子, 并声称是均匀的. 现设计一个试验来检验此命题: 连续投掷 600 次, 发现出现六个面的频数分别为 97, 104, 82, 110, 93, 114. 问能否在显著性水平 0.2 下认为骰子是均匀的?

11. 下面是某车间生产的一批轴的实际直径 (单位: mm):

9.967, 10.001, 9.994, 10.023, 9.969, 10.013, 9.992, 9.954, 9.934, 9.965

分别用 Kolmogorov-Smirnov 检验和 χ^2 拟合优度检验, 检验该尺寸是否服从均值为 10, 标准差为 0.022 的正态分布.

12. 设总体分布关于原点对称, 且 $X_1, X_2, \cdots, X_n$ 为来自此总体的独立同分布样本, $X_{(1)} \leqslant X_{(2)} \leqslant \cdots \leqslant X_{(n)}$ 为次序统计量, 并记

$$E[X_{(i)}] = m_i, \quad \mathrm{Cov}(X_{(i)}, X_{(j)}) = v_{ij}, \ i,j = 1,2,\cdots,n.$$

请证明:

(1) $m_i = -m_{n+1-i}$, 且 $\sum\limits_{i=1}^{n} m_i = 0$;

(2) $v_{ij} = v_{n+1-i,n+1-j}$, 且 $V = (v_{ij})$ 不仅关于主对角线对称, 而且还关于副对角线对称.

13. 请检验下面 18 个数据是否来自 $N(0,1)$:

−2.01,	−1.58 ,	−1.16,	−0.83,	−0.53,	−0.29,	0.02,	0.28,	0.51,
−1.75,	−1.33,	−0.98,	−0.82,	−0.29,	−0.26,	0.03,	0.35,	1.13.

14. 从正态分布 $N(1,4)$ 中随机产生 n 个随机样本. 对于 $n=10$, 20, 30, 50 等不同情形, 分别用 Kolmogorov-Smirnov 检验和 χ^2 拟合优度检验, 检验该样本是否服从正态分布. 重复前面的过程 100 次, 试分析随着样本量 n 的提高, 拒绝样本服从正态分布的概率的变化情况.

15. 在 π 的前 800 位小数的数字中, 0 至 9 十个数字分别出现了 74, 92, 83, 79, 80, 73, 77, 75, 76 和 91 次. 试在水平 0.05 下检验这十个数字出现的可能性相等.

16. 证明当 $n=3$ 时, 正态性 W 检验的统计量 W 的密度函数为

$$\frac{3}{\pi}[w(1-w)]^{-1/2},\ 3/4 \leqslant w \leqslant 1.$$

17. 从某连续总体中抽取一个样本量为 100 的样本, 发现样本均值和样本标准差分别为 −0.225 和 1.282, 落在不同区间的频数如下表所示:

区间	$(-\infty,-1)$	$[-1,-0.5)$	$[-0.5,0)$	$[0,0.5)$	$[0.5,1)$	$[1,\infty)$
观测频数	25	10	18	24	10	13
理论频数	27	14	16	14	12	17

可否在显著性水平 0.05 下认为该总体服从正态分布?

18. 为研究患慢性气管炎与吸烟量的关系, 现调查了 272 人, 其结果如下:

是否患慢性气管炎	每日吸烟量/支			和
	0–9	10–19	$\geqslant 20$	
是	22	98	25	145
否	22	89	16	127
和	44	187	41	272

请问患慢性气管炎与每日的吸烟量有关吗 ($\alpha=0.05$)?

19. 美国在 1995 年因几种违法行为而被捕的人数按照性别为

性别	男	女
谋杀	13 927	1 457
抢劫	116 741	12 068
恶性攻击	328 476	70 938
偷盗	236 495	29 866
非法侵占	704 565	351 580
偷盗机动车	119 175	18 058
纵火	11 413	2 156

从这些违法行为的组合看来, 是否与性别无关? 如果只考虑谋杀与抢劫罪, 结论是否一样?

20. 设 $X_1, X_2, \cdots, X_n$ 为来自总体 F 的独立同分布样本, 若 F 连续且关于 0 对称, 证明 $\phi_1, |X_1|, \phi_2, |X_2|, \cdots, \phi_n, |X_n|$ 相互独立, 且 $P(\phi_i = 0) = P(\phi_i = 1) = 1/2$.

21. 设 $X_1, X_2, \cdots, X_n$ 为来自总体 X 的独立同分布样本, 令 $p = P(X > 0)$, 则对参数 $\theta = p(1-p)$, 求

(1) θ 的 U 统计量 U^*;

(2) $\mathrm{Var}(U^*)$;

(3) U^* 的渐近方差.

22. 设 $X_1, X_2, \cdots, X_n$ 为来自总体 $X \sim F$ 的独立同分布样本, $X_{(1)}, X_{(2)}, \cdots, X_{(n)}$ 为其次序统计量. 对于总体分布 F 的某个参数 $\theta(F)$, 设 $\varphi(x_1, x_2, \cdots, x_m)$ 满足条件

$$E_F[\varphi(X_1, X_2, \cdots, X_m)] = \theta(F), \ \forall F,$$

证明

$$\begin{aligned} & E[\varphi(X_1, X_2, \cdots, X_m)|(X_{(1)}, X_{(2)}, \cdots, X_{(n)})] \\ = & \frac{1}{n(n-1)\cdots(n-m+1)} \sum{}' \varphi(X_{\alpha_1}, X_{\alpha_2}, \cdots, X_{\alpha_m}) \end{aligned}$$

为 $\theta(F)$ 的 UMVUE. 这里 $\sum{}'$ 表示求和的范围为

$$\{(\alpha_1, \alpha_2, \cdots, \alpha_m) : \alpha_1, \alpha_2, \cdots, \alpha_m \text{ 互不相同}, 1 \leqslant \alpha_i \leqslant n, i = 1, 2, \cdots, m\}.$$

23. 设 $X_1, X_2, \cdots, X_n$ 和 $Y_1, Y_2, \cdots, Y_m$ 为分别来自连续分布 $F(z)$ 和 $G(y)$ 的独立同分布样本, 两样本之间也相互独立. $\theta = P(X_1 + X_2 < Y_1 + Y_2)$.

(1) 证明在 $H_0 : F = G$ 下, $\theta = 1/2$;

(2) 试求关于 θ 的 U 统计量.

24. 证明 (6.5.4) 式的 Wilcoxon 秩和统计量 W_n 的分布关于 $\dfrac{1}{2}m(m+n+1)$ 是对称的, 且 $E(W_n) = \dfrac{m(m+n+1)}{2}$, $\mathrm{Var}(W_n) = \dfrac{mn(m+n+1)}{12}$.

25. 在研究计算器是否影响学生手算能力的试验中, 13 个没有计算器的学生 (A 组) 和 10 个拥有计算器的学生 (B 组) 对一些计算题进行了手算测试, 这两组学生得到正确答案的时间 (单位: min) 分别如下:

A 组: 28, 20, 20, 27, 3, 29, 25, 19, 16, 24, 29, 16, 29

B 组: 40, 31, 25, 29, 30, 25, 16, 30, 39, 25

能否说 A 组学生比 B 组学生算得更快? 利用所学的检验来得出你的结论.

26. 调查某公司产品在两个不同国家的认可程度, 被调查人员对该产品打分结果如下:

国家 A: 21, 34, 56, 45, 58, 80, 32, 46, 50, 21, 11, 18, 38, 52, 47, 19, 60, 57, 72, 82, 29, 25, 89, 46, 39, 29, 67, 75, 31, 48, 45.

国家 B: 68, 77, 51, 51, 64, 43, 41, 20, 44, 57, 60, 82, 86, 92, 54, 33, 18, 39, 52, 66, 78, 77, 54, 63, 48, 40, 29, 56, 45, 21, 50, 48, 20.

取 $\alpha = 0.05$, 问该公司产品在两个国家的认可程度有无差别.

27. 假设总体 $X \sim N(0, \sigma^2)$, 总体 $Y \sim N(\theta, \sigma^2)$, 其中 θ 和 σ^2 为未知参数. 对假设检验问题 $H_0: \theta = 0 \quad \leftrightarrow \quad H_1: \theta > 0$, 使用计算机从两个总体中分别生成 100 个随机数.

(1) 在重复随机数意义下, 考察 Wilcoxon 秩和检验在 $\theta = 0.1, 0.5, 1, 1.5$ 时的拒绝率;

(2) 对比两样本 t 检验方法, 你能得出什么结论?

第七章

bootstrap

本章介绍在统计学分析中常用的一个方法——bootstrap (自助法). 总的来说, bootstrap 方法通过对原始样本数据进行重复抽样, 以估计样本统计量的分布特性. bootstrap 方法具有广泛的应用领域, 包括参数估计、置信区间构造、假设检验等. 它不需要对总体分布做出特定的假设, 因此具有很高的灵活性和实用性. 同时, bootstrap 方法还可以用于处理复杂的数据结构和非参数问题, 为研究者提供了更多的分析工具.

7.1 bootstrap 原理

设 $\boldsymbol{X} = (X_1, X_2, \cdots, X_n)$ 是一组来自分布函数 F 的独立同分布的样本. 令 $\boldsymbol{\theta} = T(F)$ 为我们感兴趣的关于分布函数 $F(x)$ 的某一特征, 比如期望 $T(F) = \int z\mathrm{d}F(z)$. 常见的参数 $\boldsymbol{\theta}$ 的一个估计可以表示为 $\hat{\boldsymbol{\theta}} = T(\hat{F}_n)$, 其中 $\hat{F}_n$ 表示观测数据的经验分布函数. 比如当 θ 是一元总体均值时, 估计为样本均值, $\hat{\theta} = \int z\mathrm{d}\hat{F}_n(z) = \sum\limits_{i=1}^{n} X_i/n$. 一般来说, 我们通过大样本理论推导出参数估计 $\hat{\boldsymbol{\theta}}$ 的理论分布. 但是在实际中, $\hat{\boldsymbol{\theta}}$ 的理论分布可能难以处理或者根本就是未知的, 或许也依赖于未知分布函数 F. 因此我们希望提出一种在 $\hat{\boldsymbol{\theta}}$ 的渐近分布未知的情况下仍然有效的统计推断方法.

斯坦福大学教授 Bradley Efron (布莱德利 • 埃夫隆) 在 1979 年提出了著名的 bootstrap 方法, 提供了关于 $\hat{\boldsymbol{\theta}}$ 的分布的一种近似计算方法. 由 Glivenko 定理知, 当 $n \to \infty$ 时, $\hat{F}_n \overset{\text{a.s.}}{\to} F$. 因此, 直观上讲, 当我们产生一组来自经验分布函数 $\hat{F}_n$ 的独立同分布的随机变量 $\{X_1^*, X_2^*, \cdots, X_n^*\}$ 时, $\hat{\boldsymbol{\theta}}^* = T(\hat{F}_n^*)$ 应该与 $\hat{\boldsymbol{\theta}}$ 的分布近似, 其中 $\hat{F}_n^*$ 表示观测 $\{X_i^*, X_2^*, \cdots, X_n^*\}$ 的样本分布函数.

定义 7.1.1 设 $X_1, X_2, \cdots, X_n$ 是来自分布函数 F 的独立同分布样本, 且 $T(X_1, X_2, \cdots, X_n, F)$ 是一个给定的函数. 则定义 T 的原始分布和 bootstrap 分布分别为

$$
\begin{aligned}
H_n(x) =& P_F(T(X_1, X_2, \cdots, X_n, F) \leqslant x), \\
H_{\text{boot}}(x) =& P_{F_n}(T(X_1^*, X_2^*, \cdots, X_n^*, F_n) \leqslant x),
\end{aligned}
$$

其中 $(X_1^*, X_2^*, \cdots, X_n^*)$ 是一组来自经验分布函数 F_n 的独立同分布样本.

定义 7.1.2 对于任意的两个分布函数 $F(x), G(x)$, 定义

(1) Kolmogorov 距离为

$$K(F, G) = \sup_{-\infty<x<\infty} |F(x) - G(x)|;$$

(2) Wasserstein (沃瑟斯坦) 距离为

$$\ell_2(F, G) = \inf_{\Gamma_{2,F,G}} \left(E(|Y - X|^2)\right)^{\frac{1}{2}},$$

其中 $X \sim F, Y \sim G$, $\Gamma_{2,F,G}$ 为所有具有有限二阶矩且边际分布为 F 和 G 的 (X,Y) 的联合分布的集合.

$\ell_2(F_n, F) \to 0$ 当且仅当 $F_n \xrightarrow{\mathrm{d}} F$ 且 $E_{F_n}(X^k) \to E_F(X^k)$, $k=1,2$. 由于我们在运用 bootstrap 方法时常常考虑分布函数、均值、方差等特征, 因此我们只需证明 bootstrap 分布 $H_{\text{boot}}(x)$ 在 Wasserstein 距离下收敛到原始分布 $H_n(x)$.

定义 7.1.3 对任意的一个距离函数 $\rho(\cdot,\cdot)$,

(1) 如果 $\rho(H_n, H_{\text{boot}}) \xrightarrow{\mathrm{p}} 0$, 则称对于函数 T, bootstrap 在距离 ρ 下是 (弱) 相合的.

(2) 如果 $\rho(H_n, H_{\text{boot}}) \xrightarrow{\text{a.s.}} 0$, 则称对于函数 T, bootstrap 在距离 ρ 下是强相合的.

下面我们对一些特殊情况给出 bootstrap 方法的相合性. 我们首先考虑均值函数.

定理 7.1.1 假设 $X_1, X_2, \cdots, X_n$ 是来自分布函数 $F(x)$ 的一组独立同分布样本且 $E(X)=\mu, E(X^2)<\infty$. 设 $T(X_1, X_2, \cdots, X_n, F)=\sqrt{n}(\bar{X}-\mu)$, 则当 $n \to \infty$ 时,

$$K(H_n, H_{\text{boot}}) \xrightarrow{\text{a.s.}} 0, \ell_2(H_n, H_{\text{boot}}) \xrightarrow{\text{a.s.}} 0.$$

bootstrap 在 Kolmogorov 距离下的强相合性由 Singh (1981) 给出, 在 Wasserstein 距离下的强相合性由 Bickel et al. (1981) 证明.

例 7.1.1 设 $X_i, i=1,2,\cdots,n$ 是来自分布 $F(x)$ 的独立同分布样本. 我们考虑统计量 $T=\sqrt{n}[\bar{X}-E(X)]$. 表 7.1.1 给出了不同分布下 bootstrap 和中心极限定理 (CLT) 对概率值的逼近效果. 在 bootstrap 中我们采用重抽样次数 $B=500$. 从表中我们可以看到两种方法都可以对概率值进行较好的估计, 尤其是当样本量增大时.

在多元情形下, 我们同样有如下结论.

定理 7.1.2 假设 $\boldsymbol{X}_1, \boldsymbol{X}_2, \cdots, \boldsymbol{X}_n$ 是来自分布函数 $F(x)$ 的一组独立同分布样本且 $E(\boldsymbol{X})=\boldsymbol{\mu}, \operatorname{Cov}(\boldsymbol{X})=\Sigma$ 是正定的. 设 $T(\boldsymbol{X}_1, \boldsymbol{X}_2, \cdots, \boldsymbol{X}_n, F)=\sqrt{n}(\bar{\boldsymbol{X}}-\boldsymbol{\mu})$, 则当 $n \to \infty$ 时, $K(H_n, H_{\text{boot}}) \xrightarrow{\text{a.s.}} 0$.

由 Delta 定理, 我们知道, 如果统计量 T 服从渐近正态分布, 那么对于光滑函数 $g(\cdot)$, $g(T)$ 仍然满足渐近正态性. 下面的定理说明如果对于统计量 T, bootstrap 是相合的, 那么对于统计量 $g(T)$, bootstrap 仍然具有相合性.

定理 7.1.3 假设 $\boldsymbol{X}_1, \boldsymbol{X}_2, \cdots, \boldsymbol{X}_n$ 是来自分布函数 $F(x)$ 的一组独立同分布样本且 $E(\boldsymbol{X})=\boldsymbol{\mu}, \operatorname{Cov}(\boldsymbol{X})=\Sigma$ 是正定的. 设 $T(\boldsymbol{X}_1, \boldsymbol{X}_2, \cdots, \boldsymbol{X}_n, F)=\sqrt{n}(\bar{\boldsymbol{X}}-\boldsymbol{\mu})$. 对于一个函数 $g: \mathbb{R}^p \to \mathbb{R}^m, m \geqslant 1$, $\nabla g(\cdot)$ 在 $\boldsymbol{\mu}$ 的一个邻域内存在且在 $\boldsymbol{\mu}$ 处连续, $\nabla g(\boldsymbol{\mu}) \neq \mathbf{0}$. 则当 $n \to \infty$ 时, 对于函数 $\sqrt{n}[g(\bar{\boldsymbol{X}})-g(\boldsymbol{\mu})]$, $K(H_n, H_{\text{boot}}) \xrightarrow{\text{a.s.}} 0$.

除了均值函数, 我们再给出分位数和 U 统计量的 bootstrap 相合性结论.

定理 7.1.4 设 $X_1, X_2, \cdots, X_n$ 是来自分布函数 $F(x)$ 的一组独立同分布样本, $0<p<1$. 定义分位数 $\xi_p=F^{-1}(p)$ 且 F 在 ξ_p 处具有正的导数 $f(\xi_p)$. 设

$$T_n=T(X_1, X_2, \cdots, X_n, F)=\sqrt{n}\left[F_n^{-1}(p)-\xi_p\right],$$

$$T_n^* = T\left(X_1^*, X_2^*, \cdots, X_n^*, F_n\right) = \sqrt{n}\left[F_n^{*-1}(p) - F_n^{-1}(p)\right],$$

其中 F_n^* 是 $X_1^*, X_2^*, \cdots, X_n^*$ 的经验分布函数. 定义 $H_n(x) = P_F\left(T_n \leqslant x\right)$, $H_{\text{boot}}(x) = P_*\left(T_n^* \leqslant x\right)$. 则

$$K\left(H_n, H_{\text{boot}}\right) = O\left(n^{-1/4}\sqrt{\ln\ln n}\right), \text{a.s.}$$

表 7.1.1 bootstrap 方法和 CLT 近似法对均值分布的概率值的估计

	$N(0,1)$			$Exp(1)$			$t(3)$		
x	$H_n(x)$	CLT	$H_{\text{boot}}(x)$	$H_n(x)$	CLT	$H_{\text{boot}}(x)$	$H_n(x)$	CLT	$H_{\text{boot}}(x)$
					$n=20$				
-2	0.022	0.023	0.026	0.010	0.023	0.000	0.106	0.124	0.106
-1	0.159	0.159	0.146	0.160	0.159	0.062	0.261	0.282	0.300
0	0.500	0.500	0.480	0.533	0.500	0.542	0.501	0.500	0.538
1	0.842	0.841	0.838	0.845	0.841	0.950	0.739	0.718	0.770
2	0.977	0.977	0.954	0.967	0.977	0.998	0.894	0.876	0.902
					$n=50$				
-2	0.022	0.023	0.044	0.015	0.023	0.014	0.111	0.124	0.030
-1	0.158	0.159	0.176	0.158	0.159	0.134	0.269	0.282	0.188
0	0.497	0.500	0.490	0.520	0.500	0.476	0.501	0.500	0.494
1	0.840	0.841	0.816	0.840	0.841	0.844	0.731	0.718	0.790
2	0.977	0.977	0.960	0.970	0.977	0.974	0.888	0.876	0.942
					$n=100$				
-2	0.022	0.023	0.016	0.017	0.023	0.020	0.114	0.124	0.072
-1	0.158	0.159	0.148	0.159	0.159	0.146	0.271	0.282	0.230
0	0.500	0.500	0.478	0.512	0.500	0.540	0.500	0.500	0.468
1	0.842	0.841	0.852	0.841	0.841	0.822	0.728	0.718	0.718
2	0.978	0.977	0.968	0.972	0.977	0.976	0.885	0.876	0.906

例 7.1.2 由大样本理论, 在定理 7.1.4 的条件下, 当 $n \to \infty$ 时,

$$\sqrt{n}\left[F_n^{-1}(p) - \xi_p\right] \xrightarrow{\text{d}} N\left(0, \frac{p(1-p)}{[F'(\xi_p)]^2}\right).$$

但是在实际问题中分布函数 $F(x)$ 的信息常常未知, 因此我们可以采用 bootstrap 方法来近似样本分位数的分布. 设 $X_1, X_2, \cdots, X_n \sim N(0,1)$, $n = 2\ 000$, $B = 1\ 000$. 考虑三个分位数 $p = 0.3, 0.5, 0.7$, 表 7.1.2 列出了不同分位数情况下 bootstrap 方法对样本分位数的分布近似情况.

表 7.1.2 bootstrap 方法对分位数分布的概率值的估计

p	0.3		0.5		0.7	
x	$H_n(x)$	$H_{\text{boot}}(x)$	$H_n(x)$	$H_{\text{boot}}(x)$	$H_n(x)$	$H_{\text{boot}}(x)$
-0.5	0.424	0.392	0.399	0.343	0.323	0.274
0	0.573	0.497	0.557	0.499	0.470	0.467
0.5	0.714	0.716	0.706	0.654	0.620	0.651
0.8	0.788	0.795	0.783	0.779	0.703	0.726

由定理 7.1.4, 我们知道 H_{boot} 收敛到 H_n 的速度只有 $n^{-1/4}$, 因此在上述例 7.1.2 中我们设定样本数 n 很大. 模拟结果显示当 n 较小时, bootstrap 方法的近似效果很不稳定. 但是在例 7.1.1 中当样本数很小时, bootstrap 方法仍然有很好的近似效果. 这是因为对于均值函数, H_{boot} 收敛到 H_n 的速度可以达到 $n^{-1/2}$.

定理 7.1.5 设 $X_1, X_2, \cdots, X_n$ 是来自分布函数 $F(x)$ 的一组独立同分布样本, 其中 $F(x)$ 是连续函数且 $E_F(X^6) < \infty$. 定义 t 检验统计量

$$T_n = \frac{\sqrt{n}(\bar{X} - \mu)}{S_n}$$

和 bootstrap t 检验统计量

$$T_n^* = \frac{\sqrt{n}(\bar{X}^* - \bar{X})}{S_n^*},$$

其中 S_n, S_n^* 分别是原始样本和 bootstrap 样本的样本标准差. 则对于 $H_n(x) = P_F(T_n \leqslant x), H_{\text{boot}}(x) = P_*(T_n^* \leqslant x)$, 有 $\sqrt{n}K(H_n, H_{\text{boot}}) \stackrel{\text{a.s.}}{\to} 0$.

定理 7.1.5 也为后续利用 bootstrap 构造置信区间提供理论依据. 对于一般情况下的多元均值函数, 我们也有类似的结论.

定理 7.1.6 假设 $\boldsymbol{X}_1, \boldsymbol{X}_2, \cdots, \boldsymbol{X}_n$ 是来自分布函数 $F(x)$ 的一组独立同分布样本且 $E(\boldsymbol{X}) = \boldsymbol{\mu}, \operatorname{cov}(\boldsymbol{X}) = \Sigma$ 是正定的. 对于一个函数 $g : \mathbb{R}^p \to \mathbb{R}$, $\nabla g(\cdot)$ 在 $\boldsymbol{\mu}$ 的一个邻域内存在且在 $\boldsymbol{\mu}$ 处连续, $\nabla g(\boldsymbol{\mu}) \neq \mathbf{0}$. 定义

$$T_n = \frac{\sqrt{n}[g(\bar{\boldsymbol{X}}) - g(\boldsymbol{\mu})]}{\sqrt{(\nabla g(\boldsymbol{\mu}))^{\mathrm{T}} \Sigma (\nabla g(\boldsymbol{\mu}))}}$$

且

$$T_n^* = \frac{\sqrt{n}\left[g\left(\bar{\boldsymbol{X}}^*\right) - g(\bar{\boldsymbol{X}})\right]}{\sqrt{(\nabla g(\bar{\boldsymbol{X}}))^{\mathrm{T}} S_B (\nabla g(\bar{\boldsymbol{X}}))}},$$

其中 S_B 是 bootstrap 的样本协方差矩阵. 则对于 $H_n(x) = P_F(T_n \leqslant x)$, $H_{\text{boot}}(x) = P_*(T_n^* \leqslant x)$, 有

$$\sqrt{n}K(H_n, H_{\text{boot}}) \stackrel{\text{a.s.}}{\to} 0.$$

最后, 我们给出 U 统计量的 bootstrap 方法的相合性.

定理 7.1.7 设 $X_1, X_2, \cdots, X_n$ 是来自分布函数 $F(x)$ 的一组独立同分布样本. 设 $U_n = U_n(X_1, X_2, \cdots, X_n)$ 是一个二阶核 h 的 U 统计量. 定义 $\theta = E_F(U_n) = E_F[h(X_1, X_2)]$. 假设

(1) $E_F\left[h^2(X_1, X_2)\right] < \infty$.

(2) $\tau^2 = \mathrm{Var}_F[\tilde{h}(X)] > 0$, 其中 $\tilde{h}(x) = E_F[h(X_1, X_2) \mid X_2 = x]$.

(3) $E_F[|h(X_1, X_1)|] < \infty$.

设 $T_n = \sqrt{n}(U_n - \theta)$, $T_n^* = \sqrt{n}(U_n^* - U_n)$, 其中 $U_n^* = U_n(X_1^*, X_2^*, \cdots, X_n^*)$, $H_n(x) = P_F(T_n \leqslant x)$ 且 $H_{\text{boot}}(x) = P_*(T_n^* \leqslant x)$. 则 $K(H_n, H_{\text{boot}}) \xrightarrow{\text{a.s.}} 0$.

定理 7.1.7 的一个直接应用就是方差函数的 bootstrap 方法相合性, 因为方差函数可以表示为一个二阶 U 统计量, 即 $\mathrm{Var}(X) = \dfrac{1}{2}E[(X_1 - X_2)^2]$. 下面一节内容将单独介绍运用 bootstrap 方法对方差进行估计.

定理 7.1.2—定理 7.1.7 的证明参见 Shao et al. (1995).

7.2 bootstrap 常见应用

bootstrap 提供了一种无须进行参数假设就能进行分析和推断的方法. 对于那些难以找到解析解的问题, 它提供了一种解决方案, 并且能够提供比传统的标准参数理论更精确的答案. 下面我们给出 bootstrap 常见的几个应用.

7.2.1 bootstrap 方差估计

在常见的统计学问题中, 我们需要估计参数估计 $\hat{\boldsymbol{\theta}}$ 的方差 $\mathrm{Var}(\hat{\boldsymbol{\theta}})$. 一般我们先需要借助大样本理论去计算 $\mathrm{Var}(\hat{\boldsymbol{\theta}})$ 的精确表达式, 再利用新的估计量去估计这个精确表达式中的未知参数. 如考虑样本中位数 $\hat{\xi}_{\frac{1}{2}}$ 的方差估计问题. 由大样本理论可知

$$\mathrm{Var}(\hat{\xi}_{\frac{1}{2}}) = \frac{1}{4nf^2(\xi_{\frac{1}{2}})} + o(n^{-1}). \tag{7.2.1}$$

在公式 (7.2.1) 中, 我们需要进一步估计未知参数 $f(\xi_{\frac{1}{2}})$. 一般地, 我们需要再利用核函数方法去估计 $f(\xi_{\frac{1}{2}})$. 另一方面, $\mathrm{Var}(\hat{\boldsymbol{\theta}})$ 的精确表达式在大多数时候并不容易计算. bootstrap 方法则让我们可以直接进行方差估计而避免再去估计一个新的参数, 也并不需要得到 $\mathrm{Var}(\hat{\boldsymbol{\theta}})$ 的精确表达式.

例 7.2.1 设 $X_1, X_2, \cdots, X_n$ 是来自 $N(0,1)$ 的独立同分布样本. 我们通过 bootstrap 方法来计算样本中位数 $\hat{\xi}_{\frac{1}{2}}$ 的方差 σ^2. 设定 $n = 200, 2\ 000, B = 500$. 定义运用 bootstrap 方法计算出的样本中位数的方差为 σ_*^2. 图 7.2.1 表示 10 000 次模拟的 σ_*^2/σ^2

的结果. 由图 7.2.1可知, 大部分的比值在 1 附近. 并且对样本量 $n = 200, 2\,000$, 10 000 次模拟的比值的均值分别为 1.06,1.02, 方差分别为 0.41,0.23. 当样本量 n 变得更大时, 方差比值的均值更接近 1, 方差变小, 表示 σ_*^2 在概率意义上可以很好地近似 σ^2.

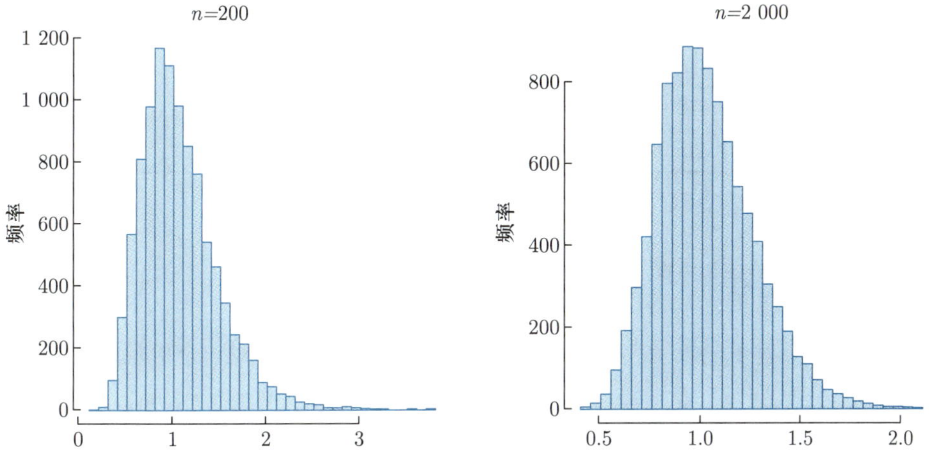

图 7.2.1 方差比值 σ_*^2/σ^2 的直方图

注意到, bootstrap 不是对于所有问题都能起到作用的. 通常来说, 如果我们感兴趣的是 $T\left(\widehat{F}_n\right)$ 的某些可以通过样本 $\boldsymbol{X}$ 直接进行估计的数字特征, 则是否使用 bootstrap 所得结果没有区别. 比如说, 如果感兴趣的 $T\left(\widehat{F}_n\right)$ 是样本均值, 则上面的 bootstrap 方差估计将收敛到 $\widehat{\mathrm{Var}}(X)/n(B \to \infty)$, 其中 $\widehat{\mathrm{Var}}(X)$ 是 $\boldsymbol{X}$ 的样本方差 (有偏的). 在这种情况下, bootstrap 没有带来更多的帮助. 事实上, 假设 $\bar{X}_i^*$ 是一个 bootstrap 估计, 则

$$\widehat{\mathrm{Var}}(\bar{X}) = \mathrm{Var}_*\left(\bar{X}_i^*\right) = \frac{1}{n^2}\sum_{i=1}^{n}\frac{1}{n}\sum_{i=1}^{n}\left(X_i - \bar{X}\right)^2 = \widehat{\mathrm{Var}}(X)/n.$$

7.2.2 bootstrap 偏差修正

设统计量 T_n 是参数 θ 的一个估计量. 在很多情况下, 虽然在理论上我们可以得到统计量 T_n 的相合性, 但是在实际中, 尤其是当样本数 n 较小时, T_n 会产生一个偏差, 即 $T_n - \theta$ 的期望并不是 0. 为此, 我们可以通过 $E_{F_n}(T_n^* - T_n)$ 来估计这个偏差, 其中 T_n^* 是相应基于 bootstrap 样本的统计量.

例 7.2.2 设 $X_1, X_2, \cdots, X_n \overset{\text{iid}}{\sim} \chi_1^2$. 考虑 t 检验统计量 $T_n = \dfrac{\sqrt{n}(\bar{X}-1)}{S_n}$. 当 $n = 30$ 时, 我们通过模拟得出 $E(T_n) = -0.296$, $\mathrm{Var}(T_n) = 1.594$. 通过 bootstrap 方法, 我们可以得到这个偏差和方差的估计值分别为 -0.270 和 1.448. 我们发现 bootstrap 方法可以较好地估计偏差和方差, 而如果我们采用中心极限定理近似的方法则会对 T_n 的推断产生较大的偏差. 表 7.2.1 列出了 bootstrap 方法和 CLT 近似法对 T_n 的不同分位数

的估计值. 我们发现 CLT 近似法得到的分位数和真实的分位数偏差较大, 而 bootstrap 方法效果很好.

表 7.2.1 bootstrap 方法和 CLT 近似法对 T_n 的分位数的估计

α	0.05	0.25	0.50	0.75	0.95
T_n	−2.618	−0.927	−0.092	0.566	1.345
bootstrap	−2.472	−0.989	−0.129	0.592	1.374
CLT	−1.645	−0.674	0.000	0.674	1.645

7.2.3 bootstrap 置信区间

一般来说, 对于参数 θ, 我们构造置信区间的方法往往是找一个枢轴量, 如 $T_n = \dfrac{\hat{\theta}_n - \theta}{\hat{\sigma}_n}$ 使得 $T_n \xrightarrow{\mathrm{d}} T$, 其中 T 的分布是一个已知的分布 G. 为此, 我们构造如下置信区间:

$$\hat{\theta}_n - G^{-1}(1-\alpha/2)\hat{\sigma}_n \leqslant \theta \leqslant \hat{\theta}_n - G^{-1}(\alpha/2)\hat{\sigma}_n.$$

上述构造置信区间的过程依赖于参数估计值 $\hat{\theta}_n$ 的渐近方差的估计和已知的分布函数 G. 在实际中渐近方差的估计和分布函数可能未知或计算复杂. 这时我们可以采用 bootstrap 方法来构造置信区间. 常见的 bootstrap 构造置信区间的方法有如下两种:

(1) bootstrap 分位数置信区间 (percentile interval) 假设 $\hat{\theta}_n$ 为 θ 的一个点估计, 我们可从观测数据的经验分布函数中随机抽取 B 个独立的 bootstrap 伪–数据集. 将它们定义为 $\boldsymbol{X}_i^*$. 之后, 计算基于这 B 个的 $\hat{\theta}_n^* - \hat{\theta}_n$ 值, $\{R_1^*, R_2^*, \cdots, R_B^*\}$. 那么利用 $\{R_1^*, R_2^*, \cdots, R_B^*\}$ 的经验分布函数 $\widehat{G}_B^*$, 可求得 $\left(\widehat{G}_B^*(1-\alpha/2), \widehat{G}_B^*(\alpha/2)\right)$, 其中 $\widehat{G}_B^*(p)$ 是 $\{R_1^*, R_2^*, \cdots, R_B^*\}$ 的第 $[Bp]$ 个次序统计量. 则按照前述的 bootstrap 思想,

$$\left(\hat{\theta}_n - \widehat{G}_B^*(1-\alpha/2), \hat{\theta}_n - \widehat{G}_B^*(\alpha/2)\right)$$

即为我们欲求的区间估计的一种近似.

(2) bootstrap-t 置信区间 设 $T_n = \dfrac{\hat{\theta}_n - \theta}{\hat{\sigma}_n}$, 其中 $\hat{\sigma}_n^2$ 是 $\hat{\theta}_n$ 的渐近方差的一个估计. $T_n^* = \dfrac{\hat{\theta_n^*} - \hat{\theta_n}}{\hat{\sigma_n^*}}$ 是对应的 bootstrap 样本的统计量. 同样的, 设 $\hat{G}_B^*(x)$ 是 B 个 bootstrap 样本计算出的 T_n^* 统计量的经验分布函数. 则 bootstrap-t 置信区间为

$$(\hat{\theta}_n - \hat{G}_B^*\,(1-\alpha/2)\,\hat{\sigma}_n, \hat{\theta}_n - \hat{G}_B^*\,(\alpha/2)\,\hat{\sigma}_n).$$

很多问题下, $\hat{\sigma}_n^2$ 都没有简单的表达式, 我们自然也可以用前面介绍的 bootstrap 方差估计来近似之. 注意 $\hat{G}_B^*$ 是需要通过 bootstrap 由标准化的统计量来重抽样得到的, 因此此时两个 bootstrap 层叠在一起, 这时计算量相对会大很多.

注意到, 前面关于 bootstrap 构造置信区间的讨论与假设检验也密切相关. 一个原假设下的参数值落在置信度为 $(1-\alpha)100\%$ 的置信区间外, 则以 α 的显著性水平拒绝原假设. 当然我们亦可类似地计算出基于 bootstrap 的 p 值估计.

例 7.2.3 设 $X_1, X_2, \cdots, X_n$ 为来自 $F(x)$ 的独立同分布样本. 我们考虑均值 μ 的置信区间. 设定 $n=20, B=200$, 置信水平为 0.9, 模拟次数为 10 000 次. 表 7.2.2 显示不同分布下各种方法构造的置信区间的覆盖率和区间长度.

表 7.2.2 置信区间的覆盖率和区间长度

	$N(0,1)$		$t(4)$		χ_1^2	
	覆盖率	区间长度	覆盖率	区间长度	覆盖率	区间长度
RT	0.898	0.765	0.907	1.041	0.841	1.013
BP	0.865	0.699	0.859	0.949	0.814	0.921
BT	0.889	0.760	0.921	1.076	0.804	1.274

注: RT: 常规 t 置信区间; BP: bootstrap 分位数置信区间; BT: bootstrap-t 置信区间.

7.2.4 bootstrap 残差法

在回归模型中, bootstrap 方法的运用和上述独立同分布观测下的情况有所不同, 一般要依据具体的情况采用具体的方法. 我们在这里仅介绍针对线性模型的 bootstrap 残差法.

考虑如下典型多重回归模型: $Y_i = \boldsymbol{x}_i^{\mathrm{T}}\boldsymbol{\beta} + \varepsilon_i, i=1,2,\cdots,n$, 其中假设 ε_i 是均值为零、方差为常数的独立同分布随机变量. 这里, $\boldsymbol{x}_i$ 和 $\boldsymbol{\beta}$ 分别是 p 维的协变量和参数. 一种简单但是错误的 bootstrap 方法描述如下. 我们从响应值集合中重抽样来构成一个新的伪–数据, 也就是对于每一个观测的 $\boldsymbol{x}_i$ 有 Y_i^*, 从而可得到一个新的回归数据集. 然后可以由这些伪–数据来计算 bootstrap 参数向量估计 $\widehat{\boldsymbol{\beta}}^*$. 重复重抽样和估计的步骤很多次后, $\widehat{\boldsymbol{\beta}}^*$ 经验分布可用于推断 $\boldsymbol{\beta}$. 这样做错误的原因是 $Y_i \mid \boldsymbol{x}_i$ 不是独立同分布的样本, 它们具有不同的边际分布. 因此, 用这种方生成 bootstrap 回归数据集是不恰当的. 为了确定一个正确的 bootstrap 方法, 我们必须要找到合适的独立同分布的变量. 模型中的 ε_i 是独立同分布的. 因此, 更恰当的策略是如下所描述的 bootstrap 残差法.

我们先由观测数据拟合回归模型, 然后获得响应 $\widehat{Y}_i$ 和残差 $\widehat{\varepsilon}_i$. 从拟合残差集合中有放回随机抽取得到 bootstrap 残差集合 $\widehat{\varepsilon}_1^*, \widehat{\varepsilon}_2^*, \cdots, \widehat{\varepsilon}_n^*$. (注意实际上 $\widehat{\varepsilon}_i^*$ 不是独立的, 尽管通常来说它们近似独立.) 生成一个伪–响应 bootstrap 集合, $Y_i^* = \widehat{Y}_i + \widehat{\varepsilon}_i^*, i = 1,2,\cdots,n$. 对 $\boldsymbol{x}$ 回归 Y^* 从而获得 bootstrap 参数估计 $\widehat{\boldsymbol{\beta}}^*$. 重复多次该过程可得到 $\widehat{\boldsymbol{\beta}}^*$ 的经验分布函数, 然后我们用它进行推断. 由线性模型知识我们知道, 若采用 $\widehat{\boldsymbol{\beta}} = \left(\boldsymbol{X}^{\mathrm{T}}\boldsymbol{X}\right)^{-1}\boldsymbol{X}^{\mathrm{T}}\boldsymbol{y}$, 则所得到的 $\widehat{\boldsymbol{\beta}}^*$ 定满足 $E\left(\widehat{\boldsymbol{\beta}}^*\right) = \boldsymbol{\beta}$.

对于简单线性模型 $y=\alpha+\beta x+\varepsilon$, 运用 bootstrap 方法我们也可以构造 β 的置信区间.

标准的基于正态假设下的置信区间

$$\left[\widehat{\beta}-\mathrm{sd}(\widehat{\beta})t_{1-\alpha/2}(n-2),\quad \widehat{\beta}+\mathrm{sd}(\widehat{\beta})t_{1-\alpha/2}(n-2)\right],$$

其中 $\mathrm{sd}(\widehat{\beta})=\widehat{\sigma}\sqrt{c_{22}}$ 为 $\widehat{\beta}$ 的标准差, c_{jj} 是 $\left(\boldsymbol{X}^{\mathrm{T}}\boldsymbol{X}\right)^{-1}$ 的对角线上的第 j 个元素.

通过 bootstrap 残差法进行抽样并构造相应的 bootstrap-t 置信区间和 bootstrap 分位数置信区间. 即计算残差 $\widehat{\varepsilon}_i=y_i-\widehat{\alpha}-\widehat{\beta}x_i$. 从拟合残差集合中有放回随机地抽取得到 bootstrap 残差集合 $\widehat{\varepsilon}_1^*,\widehat{\varepsilon}_2^*,\cdots,\widehat{\varepsilon}_n^*$, 再计算获得 bootstrap 响应 $y_i^*=\widehat{y}_i+\widehat{\varepsilon}_i^*$. 以 $\{x_i,y_i^*\}_{i=1}^n$ 为一组 bootstrap 回归样本.

(1) bootstrap 分位数置信区间. 对第 j 次生成的 bootstrap 回归样本计算 $\widehat{\beta}_j^*-\widehat{\beta}, j=1,2,\cdots,B$. 之后求得 $\left(t_{\alpha/2}^*,t_{1-\alpha/2}^*\right)$, 其中 t_p^* 是 $\left\{\widehat{\beta}_1^*,\widehat{\beta}_2^*,\cdots,\widehat{\beta}_B^*\right\}$ 的第 $\lceil Bp\rceil$ 个次序统计量. 则 $\left(\widehat{\beta}-t_{\alpha/2}^*,\widehat{\beta}-t_{1-\alpha/2}^*\right)$ 为我们所求.

(2) bootstrap-t 置信区间. 同上但每次不仅计算 $\widehat{\beta}_j^*$, 还需要计算 $\widehat{\sigma}_j^*$, 之后计算标准化统计量 $\left(\widehat{\beta}_j^*-\widehat{\beta}\right)/\left(\widehat{\sigma}_j^*\sqrt{c_{22}}\right)$. 之后类似前种方法求得相应的 $\left(t_{\alpha/2}^*,t_{1-\alpha/2}^*\right)$, 则构造的 bootstrap-t 置信区间为

$$\left(\widehat{\beta}-\widehat{\sigma}\sqrt{c_{22}}t_{1-\alpha/2}^*,\quad \widehat{\beta}-\widehat{\sigma}\sqrt{c_{22}}t_{\alpha/2}^*\right).$$

例 7.2.4 考虑简单线性模型 $y_i=\alpha+\beta x_i+\varepsilon_i, i=1,2,\cdots,n$, 其中 $\alpha=1,\beta=2$. 自变量 x 设为固定值 $x_i=i/n$. 残差考虑三种分布: (1) $N(0,1)$; (2) $t(5)$; (3) χ_1^2-1. 设定 $n=20, B=200$, 置信水平为 0.9, 模拟次数为 10 000. 表 7.2.3 显示不同分布下各种方法构造的置信区间的覆盖率和区间长度. 从表中我们发现 bootstrap-t 置信区间的效果比 bootstrap 分位数置信区间更好. 这并不奇怪, 因为在这种情况下, bootstrap-t 置信区间的收敛速度比 bootstrap 分位数置信区间的更快.

表 7.2.3 置信区间的覆盖率和区间长度

	$N(0,1)$		$t(5)$		χ_1^2-1	
	覆盖率	区间长度	覆盖率	区间长度	覆盖率	区间长度
RT	0.894	2.572	0.893	3.277	0.888	3.431
BP	0.857	2.349	0.857	2.994	0.852	3.145
BT	0.895	2.612	0.894	3.322	0.889	3.463

注: RT: 常规 t 置信区间; BP: bootstrap 分位数置信区间; BT: bootstrap-t 置信区间.

7.3 bootstrap 失效的情况

尽管在上述每节中我们发现 bootstrap 方法具有良好的性质, 但是 bootstrap 也并不是万能的. 在一些情况下, bootstrap 方法会失效. 一般来说有如下几种情况:

(1) $T_n=\sqrt{n}(\bar{X}-\mu)$, 但是 $\mathrm{Var}(X)=\infty$.

(2) $T_n=\sqrt{n}[g(\bar{X})-g(\mu)]$, 但是 $\nabla g(\mu)=0$.

(3) $T_n=\sqrt{n}[g(\bar{X})-g(\mu)]$, 但是 $g(\cdot)$ 在 μ 点不可导.

(4) $T_n=\sqrt{n}\left[F_n^{-1}(p)-F^{-1}(p)\right]$, 但是 $f\left(F^{-1}(p)\right)=0$ 或者 F 在 $F^{-1}(p)$ 点的左、右导数不相等.

(5) 分布函数 F_θ 的支撑集依赖于参数 θ.

(6) 真实参数 θ_0 在分布函数 F_θ 的支撑集的边界上.

下面我们举两个 bootstrap 方法失效的例子.

例 7.3.1 设 $X_1,X_2,\cdots,X_n$ 为来自 $F(x)$ 的独立同分布样本且 $E(X)=0$, $\mathrm{Var}(X)=1$. 设 $g(x)=|x|$, $T_n=\sqrt{n}[g(\bar{X})-g(0)]$. 由大样本理论知 $T_n\xrightarrow{\mathrm{d}}|N(0,1)|$. 但是 bootstrap 统计量 $T_n^*=\sqrt{n}(\bar{X}^*-\bar{X})\xrightarrow{\mathrm{d}}|Z_1+Z_2|-|Z_1|$, 其中 Z_1,Z_2 是来自 $N(0,1)$ 的独立同分布样本. 这种情况下 bootstrap 统计量 T_n^* 的渐近分布和原始统计量 T_n 的渐近分布并不一致.

例 7.3.2 设 $X_1,X_2,\cdots,X_n$ 为来自 $U(0,1)$ 的独立同分布样本, $T_n=n[1-X_{(n)}]$, $T_n^*=n[X_{(n)}-X_{(n)}^*]$. 由大样本理论知, $T_n\xrightarrow{\mathrm{d}}Exp(1)$. 但是, 对任意的 $t>0$,

$$\begin{aligned}
P_{F_n}\left(T_n^*\leqslant t\right)&\geqslant P_{F_n}\left(T_n^*=0\right)\\
&=P_{F_n}\left(X_{(n)}^*=X_{(n)}\right)\\
&=1-P_{F_n}\left(X_{(n)}^*<X_{(n)}\right)\\
&=1-\left(\frac{n-1}{n}\right)^n\\
&\xrightarrow{n\to\infty}1-\mathrm{e}^{-1}.
\end{aligned}$$

如果 $t=0.000\,1$, 则 $\lim\limits_n P_{F_n}\left(T_n^*\leqslant t\right)\geqslant 1-\mathrm{e}^{-1}$, 但是 $\lim\limits_n P_F\left(T_n\leqslant t\right)=1-\mathrm{e}^{-0.000\,1}\approx 0$. 因此 $P_{F_n}\left(T_n^*\leqslant t\right)\nrightarrow P_F\left(T_n\leqslant t\right)$.

习题七

1. 生成 $n = 20, 30, 50$ 个来自 $Exp(1)$ 的随机变量, 比较样本均值 $\bar{X}$ 的精确分布、CLT 近似分布和 bootstrap 方法构造的分布之间的差异, 并讨论 bootstrap 方法相比于 CLT 近似法的优缺点.
2. 假设总体均值为 μ, 我们感兴趣的是估计 μ^2, 现考虑直接使用 $\bar{X}^2$ 作为估计, 请问如何使用 bootstrap 方法进行偏差修正?
3. 假设 $(X_i, Y_i), i = 1, 2, \cdots, n$ 是来自二元正态分布 $N(\mathbf{0}, \Sigma)$ 的一组独立同分布样本, 其中 $\Sigma = \begin{pmatrix} 1 & \rho \\ \rho & 1 \end{pmatrix}$. 对于不同样本数 $n = 20, 30, 50$, 比较运用大样本理论和 bootstrap 方法对样本相关系数 r 的渐近方差的估计效果.
4. 证明例 7.3.1 中 T_n^* 的渐近分布.
5. 假设 $X_1, X_2, \cdots, X_n$ 为来自 Cauchy 分布 $C(0, 1)$ 的独立同分布样本. 对不同样本数 $n = 20, 50$, 比较运用大样本理论和 bootstrap 方法构造 Cauchy 分布 $C(0, 1)$ 中位数的置信水平为 0.95 的置信区间的效果.
6. (1) 给出一个运用 bootstrap 方法估计中位数失效的例子; (2) 给出一个运用 bootstrap 方法估计均值失效的例子.

附录

补充知识

A.1 随机变量序列的收敛性

设 $X_n, n \geqslant 1$ 与 X 是给定概率空间 $(\Omega, \mathcal{F}, P)$ 上的随机变量.

定义 A.1.1 (依概率收敛) 如果对于任意 $\varepsilon > 0$ 有

$$\lim_{n\to\infty} P(|X_n - X| > \varepsilon) = 0,$$

则称 $\{X_n\}$ 依概率收敛到 X, 记作 $X_n \xrightarrow{\mathrm{p}} X$.

对于 p 维随机变量 $\boldsymbol{X}_n, n \geqslant 1$ 和 $\boldsymbol{X}$, 如果 $||\boldsymbol{X}_n - \boldsymbol{X}|| \xrightarrow{\mathrm{p}} 0$, 则称 $\boldsymbol{X}_n \xrightarrow{\mathrm{p}} \boldsymbol{X}$. 易证, $\boldsymbol{X}_n \xrightarrow{\mathrm{p}} \boldsymbol{X}$ 当且仅当 $\boldsymbol{X}_n$ 的每一维度都依概率收敛到 $\boldsymbol{X}$ 的对应维度.

定理 A.1.1 (Chebyshev 不等式) 设随机变量 X 具有数学期望 $E(X) = \mu$, 方差 $\mathrm{Var}(X) = \sigma^2$. 则对任意正数 ε, 有

$$P(|X - \mu| \geqslant \varepsilon) \leqslant \frac{\sigma^2}{\varepsilon^2}.$$

证明 设 X 的分布函数为 $F(x)$. 则对任意的 $\varepsilon > 0$, 有

$$\begin{aligned}\sigma^2 = E[(X-\mu)^2] &= \int (x-\mu)^2 \mathrm{d}F(x) \\ &\geqslant \int_{|X-\mu|\geqslant\varepsilon} (x-\mu)^2 \mathrm{d}F(x) \geqslant \varepsilon^2 \int_{|X-\mu|\geqslant\varepsilon} \mathrm{d}F(x) = \varepsilon^2 P(|X-\mu| \geqslant \varepsilon).\end{aligned}$$

得证. □

例 A.1.1 对于一列独立同分布的二项分布试验 $B(1, 0.5)$, X_n 表示在前 n 次试验中出现一次成功下一次失败的事件个数. 设

$$T_i = I\{\text{第 } i \text{ 次试验成功且第 } i+1 \text{ 次试验失败}\},$$

则 $X_n = \sum\limits_{i=1}^{n-1} T_i$, 且

$$\begin{aligned}E(X_n) &= \frac{n-1}{4}, \\ \mathrm{Var}(X_n) &= \sum_{i=1}^{n-1} \mathrm{Var}(T_i) + 2\sum_{i=1}^{n-2} \mathrm{Cov}(T_i, T_{i+1}) \\ &= \frac{3(n-1)}{16} - \frac{2(n-2)}{16} = \frac{n+1}{16}.\end{aligned}$$

因此, 由 Chebyshev 不等式可知 $\dfrac{X_n}{n} \xrightarrow{\mathrm{p}} \dfrac{1}{4}$.

定义 A.1.2 (依概率有界) 如果对所有 $\varepsilon > 0$, 存在常数 $B_\varepsilon > 0$ 以及整数 N_ε 使得当 $n \geqslant N_\varepsilon$ 时,

$$P(|X_n| \geqslant B_\varepsilon) < \varepsilon,$$

则称随机变量序列 $\{X_n\}$ 依概率有界, 记作 $X_n = O_p(1)$.

任意一个随机变量 (向量) 都依概率有界. 如果 $X_n \xrightarrow{\mathrm{p}} 0$, 则记 $X_n = o_p(1)$. 一般地, 对于给定的一个随机变量序列 $\{R_n\}$,

$$X_n = o_p(R_n) \text{ 表示 } X_n = Y_n R_n, Y_n \xrightarrow{\mathrm{p}} 0;$$

$$X_n = O_p(R_n) \text{ 表示 } X_n = Y_n R_n, Y_n = O_p(1).$$

对于一个实数序列 $\{a_n\}$, 如果 $a_n X_n \xrightarrow{\mathrm{p}} 0$, 则 $X_n = o_p(a_n^{-1})$; 如果 $a_n X_n = O_p(1)$, 则 $X_n = O_p(a_n^{-1})$.

定理 A.1.2 $X_n = O_p(1), Y_n = o_p(1)$, 则 $X_n Y_n = o_p(1)$.

证明 令 $\varepsilon > 0$, 选择 $B_\varepsilon > 0$ 和整数 N_ε 使得

$$n \geqslant N_\varepsilon \Rightarrow P(|X_n| \leqslant B_\varepsilon) \geqslant 1 - \varepsilon.$$

那么

$$\begin{aligned}\lim_{n\to\infty} P(|X_n Y_n| \geqslant \varepsilon) &\leqslant \lim_{n\to\infty} P(|X_n Y_n| \geqslant \varepsilon, |X_n| \leqslant B_\varepsilon) + \\ &\quad \lim_{n\to\infty} P(|X_n Y_n| \geqslant \varepsilon, |X_n| > B_\varepsilon) \\ &\leqslant \lim_{n\to\infty} P(|Y_n| \geqslant \varepsilon / B_\varepsilon) + \varepsilon = \varepsilon.\end{aligned}$$

得证. □

定义 A.1.3 (依概率 1 收敛) 如果 $P\left(\lim\limits_{n\to\infty} X_n = X\right) = 1$, 则称 $\{X_n\}$ 依概率 1 收敛到 X, 记作 $X_n \xrightarrow{\mathrm{a.s.}} X$.

对于多维随机变量 $\boldsymbol{X}_n$, 如果 $||\boldsymbol{X}_n - \boldsymbol{X}|| \xrightarrow{\mathrm{a.s.}} 0$, 则称 $\boldsymbol{X}_n \xrightarrow{\mathrm{a.s.}} \boldsymbol{X}$.

定理 A.1.3 $X_n \xrightarrow{\mathrm{a.s.}} X$ 的充要条件是对任意的 $\varepsilon > 0$,

$$\lim_{n\to\infty} P(|X_m - X| < \varepsilon, m \geqslant n) = 1. \tag{A.1.1}$$

定理 A.1.3 的证明参见 Serfling (1980) 的第七页.

推论 A.1.1 若 $X_n \xrightarrow{\mathrm{a.s.}} X$, 则 $X_n \xrightarrow{\mathrm{p}} X$.

推论 A.1.2 如果对任意的 $\varepsilon > 0$, $\sum\limits_{n=1}^{\infty} P(|X_n - X| > \varepsilon) < \infty$, 则 $X_n \xrightarrow{\mathrm{a.s.}} X$.

例 A.1.2 设 $X_1, X_2, \cdots, X_n$ 是一列来自 $U(0,1)$ 的独立同分布随机变量序列. 则 $X_{(n)} \stackrel{\text{def}}{=} \max\{X_1, X_2, \cdots, X_n\} \xrightarrow{\mathrm{a.s.}} 1$, 因为

$$P\left(\left|X_{(n)} - 1\right| \leqslant \varepsilon, \forall n \geqslant m\right)$$

$$
\begin{aligned}
&= P\left(X_{(n)} \geqslant 1-\varepsilon, \forall n \geqslant m\right) \\
&= P\left(X_{(m)} \geqslant 1-\varepsilon\right) = 1-(1-\varepsilon)^m \to 1, \quad m \to \infty.
\end{aligned}
$$

定义 A.1.4(r 阶收敛)　设 $r>0$ 为常数, 如果 $\lim\limits_{n\to\infty} E[|X_n - X|^r] = 0$, 则称 $\{X_n\}$ 为 r 阶收敛到 X, 记作 $X_n \stackrel{\text{rth}}{\to} X$.

对多维随机变量 $\boldsymbol{X}_n$, 若 $\lim\limits_{n\to\infty} E[\|\boldsymbol{X}_n - \boldsymbol{X}\|^r] = 0$, 则 $\boldsymbol{X}_n \stackrel{\text{rth}}{\to} \boldsymbol{X}$.

定理 A.1.4 (Markov 不等式)　设随机变量 X 的 r 阶矩有限, 则对任意的 $\varepsilon>0$ 有

$$
P(|X|>\varepsilon) \leqslant \frac{E(|X|^r)}{\varepsilon^r}.
$$

定理 A.1.4 是定理 A.1.1 的推广, 证明同理. 由定理 A.1.4, 我们很容易得到如下推论.

推论 A.1.3　若 $X_n \stackrel{\text{rth}}{\to} X$, 则 $X_n \stackrel{\text{p}}{\to} X$.

例 A.1.3　设 $U \sim U(0,1), X = \sqrt{n} I(0<U<1/n)$. 则 $P(|X|>\varepsilon) = P(0<U<1/n) = \dfrac{1}{n} \to 0$. 因此 $X \stackrel{\text{p}}{\to} 0$. 但是 $E(X^2)=1$, X 并不 r 阶收敛到 0.

定义 A.1.5　设随机变量 X_n 与 X 分别有分布函数 $F_n(x)$ 与 $F(x)$, 且在函数 F 的连续点集上有 $\lim\limits_{n\to\infty} F_n(x) = F(x)$, 则称 $\{X_n\}$ 依分布收敛到 X, 记作 $X_n \stackrel{\text{d}}{\to} X$.

定理 A.1.5　若 $X_n \stackrel{\text{p}}{\to} X$, 则 $X_n \stackrel{\text{d}}{\to} X$.

证明　对于任意的 $x \in \mathbb{R}, \varepsilon>0$, 我们有

$$
\begin{aligned}
F_n(x) = P(X_n \leqslant x) &= P(X_n \leqslant x, X > x+\varepsilon) + P(X_n \leqslant x, X \leqslant x+\varepsilon) \\
&\leqslant P(|X_n - X| > \varepsilon) + P(X \leqslant x+\varepsilon).
\end{aligned}
$$

因此由 $X_n \stackrel{\text{p}}{\to} X$, 我们有 $\varlimsup\limits_{n\to\infty} F_n(x) \leqslant F(x+\varepsilon), x \in C_F$, 其中 C_F 表示 $F(x)$ 的连续点集. 同理 $\varliminf\limits_{n\to\infty} F_n(x) \geqslant F(x-\varepsilon), x \in C_F$. 令 $\varepsilon \to 0$, 可证. □

例 A.1.4　设 $X \sim N(0,1), X_n = -X$. 易知 $X_n \sim N(0,1)$, 因此 $X_n \stackrel{\text{d}}{\to} X$. 但是 $P(|X_n - X|>\varepsilon) = P(2|X|>\varepsilon) = 1 - 2\Phi(\varepsilon/2) \not\to 0$. 因此 $\{X_n\}$ 并不依概率收敛到 X.

定理 A.1.6　若 $X_n \stackrel{\text{d}}{\to} c$, 则 $X_n \stackrel{\text{p}}{\to} c$.

证明　对任意的 $\varepsilon>0$,

$$
\begin{aligned}
P(|X_n - c| > \varepsilon) &= P(X_n \geqslant c+\varepsilon) + P(X_n \leqslant c-\varepsilon) \\
&= 1 - F_n(c+\varepsilon) + F_n(c-\varepsilon+0) \to 0.
\end{aligned}
$$

得证. □

对于分布函数为 $F_n(\boldsymbol{x})$ 的多维随机变量 $\boldsymbol{X}_n=(X_{n1},X_{n2},\cdots,X_{np})$, 如果在 $\boldsymbol{X}=(X_1,X_2,\cdots,X_p)$ 的分布函数 $F(\boldsymbol{x})$ 的连续集合上 $\lim\limits_{n\to\infty}F_n(\boldsymbol{x})=F(\boldsymbol{x})$, 则称 $\boldsymbol{X}_n\xrightarrow{\mathrm{d}}\boldsymbol{X}$. 显然, 如果 $\boldsymbol{X}_n\xrightarrow{\mathrm{d}}\boldsymbol{X}$, 则 $X_{nk}\xrightarrow{\mathrm{d}}X_k, k=1,2,\cdots,p$. 但是反之并不成立.

例 A.1.5 设 $X\sim U(0,1)$,$X_n=X$ 且

$$Y_n=\begin{cases}X, & n\text{ 为偶数},\\ 1-X, & n\text{ 为奇数}.\end{cases}$$

则 $X_n\xrightarrow{\mathrm{d}}U(0,1),Y_n\xrightarrow{\mathrm{d}}U(0,1)$, 但是 (X_n,Y_n) 并不依分布收敛.

如下三个定理常用来证明变量之间的依分布收敛性.

定理 A.1.7 $\boldsymbol{X}_n\xrightarrow{\mathrm{d}}\boldsymbol{X}\iff$ 对任意有界连续函数 g, $E[g(\boldsymbol{X}_n)]\to E[g(\boldsymbol{X})]$.

定理 A.1.8 设 $\varphi_{\boldsymbol{X}},\varphi_{\boldsymbol{X}_n}$ 分别为 $\boldsymbol{X},\boldsymbol{X}_n$ 的特征函数, 则 $\boldsymbol{X}_n\xrightarrow{\mathrm{d}}\boldsymbol{X}\iff$ 对任意 $\boldsymbol{t}\in\mathbb{R}^p$, $\varphi_{\boldsymbol{X}_n}(\boldsymbol{t})\to\varphi_{\boldsymbol{X}}(\boldsymbol{t})$.

定理 A.1.9 $\boldsymbol{X}_n\xrightarrow{\mathrm{d}}\boldsymbol{X}$ 当且仅当对任意的 $\boldsymbol{c}\in\mathbb{R}^p$ 有 $\boldsymbol{c}^{\mathrm{T}}\boldsymbol{X}_n\xrightarrow{\mathrm{d}}\boldsymbol{c}^{\mathrm{T}}\boldsymbol{X}$.

定理 A.1.7 的证明参见 Serfling (1980) 第 16 页. 定理 A.1.8 的证明参见 Shao (2003) 第 57 页. 定理 A.1.9 可以由定理 A.1.8 推导出来, 留作练习.

A.2 连续映射定理与 Slutsky 定理

定理 A.2.1 (连续映射定理) 令 $g:\mathbb{R}^p\mapsto\mathbb{R}^m$ 为在集合 C 中几乎处处连续的映射. 如果 $\{\boldsymbol{X}_n\}$ 依概率/依概率 1 收敛/依分布收敛到 $\boldsymbol{X}$, 则 $\{g(\boldsymbol{X}_n)\}$ 依概率/依概率 1 收敛/依分布收敛到 $g(\boldsymbol{X})$.

连续映射定理的证明参见 Serfling (1980) 第 24 页.

推论 A.2.1 设 p 维随机变量序列 $\{\boldsymbol{X}_n\}$ 依概率/依概率 1/依分布收敛到 X, 则对 $A\in\mathbb{R}^{q\times p},B\in\mathbb{R}^{p\times p}$, $\{A\boldsymbol{X}_n\},\{\boldsymbol{X}_n^{\mathrm{T}}B\boldsymbol{X}_n\}$ 依概率/依概率 1/依分布收敛到 $A\boldsymbol{X},\boldsymbol{X}^{\mathrm{T}}B\boldsymbol{X}$.

例 A.2.1 若 $\boldsymbol{X}_n\xrightarrow{\mathrm{d}}N(\boldsymbol{\mu},\Sigma),C\in\mathbb{R}^{q\times p}$, 则 $C\boldsymbol{X}_n\xrightarrow{\mathrm{d}}N(C\boldsymbol{\mu},C\Sigma C^{\mathrm{T}})$ 且 $(\boldsymbol{X}_n-\boldsymbol{\mu})^{\mathrm{T}}\Sigma^{-1}(\boldsymbol{X}_n-\boldsymbol{\mu})\xrightarrow{\mathrm{d}}\chi_p^2$.

推论 A.2.2 设 g 是定义在 $\mathbb{R}^p$ 上的函数且 $g(\mathbf{0})=0$. 若 $\boldsymbol{X}_n\xrightarrow{\mathrm{p}}\mathbf{0}$, 则

(1) 如果当 $\boldsymbol{t}\to\mathbf{0}$ 时 $g(\boldsymbol{t})=o(||\boldsymbol{t}||^r)$, 则 $g(\boldsymbol{X}_n)=o_p(||\boldsymbol{X}_n||^r)$;

(2) 如果当 $\boldsymbol{t}\to\mathbf{0}$ 时 $g(\boldsymbol{t})=O(||\boldsymbol{t}||^r)$, 则 $g(\boldsymbol{X}_n)=O_p(||\boldsymbol{X}_n||^r)$.

定理 A.2.2 (Slutsky 定理) 令 $X_n\xrightarrow{\mathrm{d}}X$ 且 $Y_n\xrightarrow{\mathrm{p}}c$, 其中 c 为常数. 则

(1) $X_n+Y_n\xrightarrow{\mathrm{d}}X+c$;

(2) $X_nY_n\xrightarrow{\mathrm{d}}cX$;

(3) $Y_n^{-1}X_n \xrightarrow{\text{d}} c^{-1}X$, 其中 $c\neq 0$.

证明 (1) 设 x 是一个实数使得 $F(x)$ 在点 $x-c$ 处连续, 且 ε 满足 $x-c+\varepsilon$ 仍然是 $F(x)$ 的一个连续点, 则

$$\begin{aligned}P\left(X_n+Y_n\leqslant x\right)=&P\left(\{X_n+Y_n\leqslant x\}\cap\{|Y_n-c|\leqslant\varepsilon\}\right)+\\&P\left(\{X_n+Y_n\leqslant x\}\cap\{|Y_n-c|>\varepsilon\}\right)\\\leqslant&P\left(\{X_n+Y_n\leqslant x\}\cap\{|Y_n-c|\leqslant\varepsilon\}\right)+P\left(|Y_n-c|>\varepsilon\right)\\\leqslant&P\left(X_n+c-\varepsilon\leqslant x\right)+P\left(|Y_n-c|>\varepsilon\right).\end{aligned}$$

两边取极限可得

$$\varlimsup_{n\to\infty}P\left(X_n+Y_n\leqslant x\right)\leqslant\varlimsup_{n\to\infty}P\left(X_n+c-\varepsilon\leqslant x\right)+\varlimsup_{n\to\infty}P\left(|Y_n-c|>\varepsilon\right).$$

由 $Y_n\xrightarrow{\text{p}}c$ 可知上式右边第二项趋于 0. 因此

$$\varlimsup_{n\to\infty}P\left(X_n+Y_n\leqslant x\right)\leqslant\varlimsup_{n\to\infty}P\left(X_n+c\leqslant x+\varepsilon\right).$$

由 $X_n\xrightarrow{\text{d}}X$ 且令 $\varepsilon\to 0$, 可得

$$\varlimsup_{n\to\infty}P\left(X_n+Y_n\leqslant x\right)\leqslant P(X+c\leqslant x).$$

同理可得

$$\varliminf_{n\to\infty}P\left(X_n+Y_n\leqslant x\right)\geqslant P(X+c\leqslant x).$$

因此

$$\lim_{n\to\infty}P\left(X_n+Y_n\leqslant x\right)=P(X+c\leqslant x).$$

(2) 设 $\pm\varepsilon/\delta$ 是 $F(x)$ 的连续点. 不妨设 $Y_n\xrightarrow{\text{p}}0$:

$$P\left(|X_nY_n|>\varepsilon\right)=P\left(\{|X_nY_n|>\varepsilon\}\cap\{|Y_n|>\delta\}\right)+P\left(\{|X_nY_n|>\varepsilon\}\cap\{|Y_n|\leqslant\delta\}\right).$$

因为

$$|Y_n|\leqslant\delta\Rightarrow\frac{1}{|Y_n|}\geqslant\frac{1}{\delta}\Rightarrow\frac{|X_nY_n|}{|Y_n|}\geqslant\frac{\varepsilon}{\delta}\Rightarrow|X_n|\geqslant\frac{\varepsilon}{\delta}$$

且 $(\{|X_nY_n|>\varepsilon\}\cap\{|Y_n|>\delta\})\subseteq\{|Y_n|>\delta\}$, 可知

$$\begin{aligned}P\left(|X_nY_n|>\varepsilon\right)\leqslant&P\left(|Y_n|>\delta\right)+P\left(|X_n|>\frac{\varepsilon}{\delta}\right)\\\leqslant&P\left(|Y_n|>\delta\right)+P\left(X_n>\frac{\varepsilon}{\delta}\right)+P\left(X_n\leqslant\frac{-\varepsilon}{\delta}\right)\end{aligned}$$

$$= P(|Y_n| > \delta) + 1 - P\left(X_n \leqslant \frac{\varepsilon}{\delta}\right) + P\left(X_n \leqslant \frac{-\varepsilon}{\delta}\right)$$

$$= P(|Y_n| > \delta) + 1 - F_n\left(\frac{\varepsilon}{\delta}\right) + F_n\left(\frac{-\varepsilon}{\delta}\right).$$

因此

$$\varlimsup_{n\to\infty} P(|X_nY_n| > \varepsilon) \leqslant \varlimsup_{n\to\infty} P(|Y_n| > \delta) + \varlimsup_{n\to\infty} 1 - \varliminf_{n\to\infty} F_n\left(\frac{\varepsilon}{\delta}\right) + \varlimsup_{n\to\infty} F_n\left(\frac{-\varepsilon}{\delta}\right).$$

由 $Y_n \xrightarrow{\text{p}} 0$ 且 $F(x)$ 的连续性可得

$$\varlimsup_{n\to\infty} P(|X_nY_n| > \varepsilon) \leqslant 1 - F\left(\frac{\varepsilon}{\delta}\right) + F\left(\frac{-\varepsilon}{\delta}\right).$$

令 $\delta \to 0$, 则 $F\left(\frac{\varepsilon}{\delta}\right) \to 1$且$F\left(\frac{-\varepsilon}{\delta}\right) \to 0$, 从而 $P(|X_nY_n| > \varepsilon) \to 0$, 即 $X_nY_n \xrightarrow{\text{p}} 0$. 如果 $c \neq 0$, 则存在一个随机变量 $Z_n \xrightarrow{\text{p}} 0$ 使得 $Y_n = c + Z_n$. 因此 $X_nY_n = X_nZ_n + cX_n$. 由 (1) 和连续映射定理可知 (2) 成立.

(3)
$$\frac{X_n}{Y_n} - c^{-1}X_n = X_n(Y_n^{-1} - c^{-1}).$$

由连续映射定理可知 $Y_n^{-1} \xrightarrow{\text{p}} c^{-1}$, 即 $Y_n^{-1} - c^{-1} = o_p(1)$. 由 (2) 可知, $X_n(Y_n^{-1} - c^{-1}) \xrightarrow{\text{d}} 0$. 由定理 A.1.6, $X_n(Y_n^{-1} - c^{-1}) \xrightarrow{\text{p}} 0$. 由 (1) 可知, $Y_n^{-1}X_n \xrightarrow{\text{d}} c^{-1}X_n$. 再由 (2) 可知结论成立. □

例 A.2.2 设 $X_1, X_2, \cdots, X_n$ 是一列独立同分布的随机变量序列且 $E(X_1) = 0$, $\sigma^2 = E(X_1^2) < \infty$. 则由 Chebyshev 不等式, 我们可证 $\frac{1}{n}\sum\limits_{i=1}^{n} X_i^2 \xrightarrow{\text{p}} \sigma^2, \bar{X}_n \xrightarrow{\text{p}} 0$. 由连续映射定理可知 $\bar{X}_n^2 \xrightarrow{\text{p}} 0$. 进一步, 由 Slutsky 定理可知

$$S_n^2 = \frac{1}{n-1}\sum_{i=1}^{n}(X_i - \bar{X}_n)^2 = \frac{n}{n-1}\left(\frac{1}{n}\sum_{i=1}^{n} X_i^2 - \bar{X}_n^2\right) \xrightarrow{\text{p}} \sigma^2.$$

由连续映射定理可知 $S_n \xrightarrow{\text{p}} \sigma$. 由中心极限定理可知, $\sqrt{n}\bar{X}_n \xrightarrow{\text{d}} N(0, \sigma^2)$. 因此, 由 Slutsky 定理可知 t 统计量 $\sqrt{n}\bar{X}_n/S_n \xrightarrow{\text{d}} N(0, 1)$.

最后, 我们给出如下关于 o_p 和 O_p 的结论:

$$o_p(1) + o_p(1) = o_p(1), o_p(1) + O_p(1) = O_p(1), O_p(1)o_p(1) = o_p(1),$$

$$[1 + o_p(1)]^{-1} = O_p(1), o_p(R_n) = R_n o_p(1),$$

$$O_p(R_n) = R_n O_p(1), o_p(O_p(1)) = o_p(1).$$

A.3 大数定律与中心极限定理

本节给出关于独立随机变量序列求和的大数定理. 本节定理的证明参见 Billingsley (1995).

定义 A.3.1 设 $\{X_n\}$ 为随机变量序列且有有限的期望 $E(X_n)$. 如果

$$\frac{1}{n}\sum_{i=1}^{n}[X_i - E(X_i)] \xrightarrow{\text{P}} 0, \tag{A.3.1}$$

则称 $\{X_n\}$ 满足 (弱) 大数定律. 如果

$$\frac{1}{n}\sum_{i=1}^{n}[X_i - E(X_i)] \xrightarrow{\text{a.s.}} 0, \tag{A.3.2}$$

则称 $\{X_n\}$ 满足强大数定律.

定理 A.3.1 假设 $\{X_n\}$ 是一列独立同分布的随机变量序列, 则

(1) (Khinchin (辛钦) 大数定律) 弱大数定律成立的充要条件是 $E(X_n)=a$ 有限;

(2) 如果 $E(X_n)=a$ 有限, 则强大数定律成立.

下面给出一些独立但并不同分布的大数定律.

定理 A.3.2 假设 $\{X_n\}$ 是一列期望有限的随机变量序列且 $E(X_i)=\mu_i, \mathrm{Var}(X_i)=\sigma_i^2$.

(1) 假设 $X_1, X_2, \cdots, X_n$ 互不相关, $\lim\limits_{n\to\infty}\frac{1}{n^2}\sum\limits_{i=1}^{n}\sigma_i^2=0$, 则

$$\frac{1}{n}\sum_{i=1}^{n}X_i - \frac{1}{n}\sum_{i=1}^{n}\mu_i \xrightarrow{\text{P}} 0.$$

(2) 假设 $X_1, X_2, \cdots, X_n$ 独立, $\sum\limits_{i=1}^{\infty}\sigma_i^2/c_i^2<\infty$, 其中 $c_i\to\infty$ 且严格单增, 则

$$c_n^{-1}\sum_{i=1}^{n}(X_i-\mu_i) \xrightarrow{\text{a.s.}} 0.$$

(3) 假设 $X_1, X_2, \cdots, X_n$ 独立且 $\mu_i=\mu$, $\sum\limits_{i=1}^{\infty}\sigma_i^{-2}=\infty$, 则

$$\sum_{i=1}^{n}\frac{X_i}{\sigma_i}\Big/\sum_{i=1}^{n}\sigma_i^{-2} \xrightarrow{\text{a.s.}} \mu.$$

例 A.3.1 假设 $(X_i, Y_i), i=1,2,\cdots,n$ 是一列独立同分布的二元随机变量且 $E(X_1)=\mu_1, E(Y_1)=\mu_2, \mathrm{Var}(X_1)=\sigma_1^2, \mathrm{Var}(Y_1)=\sigma_2^2, \mathrm{Cor}(X_1,Y_1)=\rho$. 设样本相关系数为

$$r_n = \frac{\frac{1}{n}\sum X_iY_i - \bar{X}\bar{Y}}{\sqrt{\left(\sum \frac{X_i^2}{n} - \bar{X}^2\right)\left(\sum \frac{Y_i^2}{n} - \bar{Y}^2\right)}}.$$

则由大数定律和连续映射定理知 $r_n \xrightarrow{\text{a.s.}} \dfrac{E(X_1Y_1) - \mu_1\mu_2}{\sigma_1^2\sigma_2^2} = \rho$.

下面我们介绍常用的中心极限定理. 首先介绍独立同分布假设条件下的中心极限定理.

定理 A.3.3 (Lindeberg-Lévy (林德伯格–莱维) 定理) 假设 $X_1, X_2, \cdots, X_n$ 独立同分布且 $E(X) = \mu, \mathrm{Var}(X) = \sigma^2 < \infty$, 则

$$\frac{\sqrt{n}(\bar{X} - \mu)}{\sigma} \xrightarrow{\text{d}} N(0,1). \tag{A.3.3}$$

例 A.3.2 设 $X_1, X_2, \cdots, X_n$ 是一列独立同分布的随机变量序列. $E(X_1) = \mu$, $\mathrm{Var}(X_1) = \sigma^2, E(X_1^4) = \mu_4 < \infty$. 则对于样本方差 S_n^2, 我们有

$$\sqrt{n}\left(S_n^2 - \sigma^2\right) = \sqrt{n}\left[\frac{1}{n-1}\sum_{i=1}^{n}(X_i - \mu)^2 - \sigma^2\right] - \sqrt{n}\frac{n}{n-1}\left(\bar{X}_n - \mu\right)^2.$$

由定理 A.3.3 知右边第一项渐近服从 $N(0, \mu_4 - \sigma^4)$. 由大数定律知第二项依概率收敛到 0. 故由 Slutsky 定理知

$$\sqrt{n}\left(S_n^2 - \sigma^2\right) \xrightarrow{\text{d}} N\left(0, \mu_4 - \sigma^4\right).$$

定理 A.3.4 (多元中心极限定理) 假设 $\boldsymbol{X}_1, \boldsymbol{X}_2, \cdots, \boldsymbol{X}_n$ 独立同分布且 $E(\boldsymbol{X}) = \boldsymbol{\mu}, \mathrm{Var}(\boldsymbol{X}) = \Sigma$, 则

$$\sqrt{n}(\overline{\boldsymbol{X}} - \boldsymbol{\mu}) \xrightarrow{\text{d}} N_p(\boldsymbol{0}, \Sigma). \tag{A.3.4}$$

对于独立但不同分布的情况, 我们有如下定理.

定理 A.3.5 (Lindeberg-Feller (林德伯格–费勒) 定理) 假设 $\{X_n\}$ 是一列期望为 μ_n, 方差 σ_n^2 有限的随机变量序列. 设 $F_i(x)$ 是 X_i 的累积分布函数, $s_n^2 = \sum\limits_{i=1}^{n}\sigma_i^2$. 如果对于任意的 $\varepsilon > 0$,

$$\frac{1}{s_n^2}\sum_{j=1}^{n}\int_{|x-\mu_j|>\varepsilon s_n}(x - \mu_j)^2\,\mathrm{d}F_j(x) \to 0, \tag{A.3.5}$$

则

$$\frac{\sum\limits_{i=1}^{n}(X_i - \mu_i)}{s_n} \xrightarrow{\text{d}} N(0,1).$$

条件 (A.3.5) 称为 Lindeberg-Feller 条件. 一般来说, Lindeberg-Feller 条件比较难验证. 下面有一个更加容易验证的条件——Lyapunov (李雅普诺夫) 条件 (A.3.6).

定理 A.3.6 (Lyapunov 定理) 假设 $\{X_n\}$ 是一列期望为 μ_n, 方差 σ_n^2 有限的随机变量序列. 设 $s_n^2=\sum\limits_{i=1}^n\sigma_i^2$. 如果存在 $\delta>0$, 使得

$$\frac{1}{s_n^{2+\delta}}\sum_{j=1}^n E[|X_j-\mu_j|^{2+\delta}]\to 0, \tag{A.3.6}$$

则

$$\frac{\sum\limits_{i=1}^n(X_i-\mu_i)}{s_n}\xrightarrow{\mathrm{d}}N(0,1).$$

例 A.3.3 设 $X_i\sim B(1,p_i)$ 且 $X_1,X_2,\cdots,X_n$ 独立. 则

$$\begin{aligned}\sum_{i=1}^n E[|X_i-E(X_i)|^3]&=\sum_{i=1}^n[(1-p_i)^3p_i+p_i^3(1-p_i)]\\&\leqslant 2s_n^2=2\sum_{i=1}^n E[|X_i-E(X_i)|^2]=2\sum_{i=1}^n p_i(1-p_i).\end{aligned}$$

如果存在常数 c_1,c_2 使得 $0<c_1<p_i<c_2<1$, 则 $s_n^2\to\infty$ 且 Lyapunov 条件成立. 从而 $\dfrac{\sum\limits_{i=1}^n(X_i-p_i)}{s_n}\xrightarrow{\mathrm{d}}N(0,1)$.

对于非等权的求和式, 我们有如下中心极限定理.

定理 A.3.7 (Hájek-Šidák 定理) 假设 $X_1,X_2,\cdots,X_n$ 是一列独立同分布的随机变量序列. $E(X)=\mu,\mathrm{Var}(X)=\sigma^2<\infty$. 设 $c_n=(c_{n1},c_{n2},\cdots,c_{nn})$ 是一组向量满足当 $n\to\infty$ 时,

$$\max_{1\leqslant i\leqslant n}\frac{c_{ni}^2}{\sum\limits_{j=1}^n c_{nj}^2}\to 0, \tag{A.3.7}$$

则

$$\frac{\sum\limits_{i=1}^n c_{ni}(X_i-\mu)}{\sigma\sqrt{\sum\limits_{j=1}^n c_{nj}^2}}\xrightarrow{\mathrm{d}}N(0,1).$$

同样地, 我们有如下多元 Lindeberg-Feller 定理.

定理 A.3.8 假设 $\boldsymbol{X}_i, i=1,2,\cdots,n$ 是一列独立的多元随机变量序列. $E(\boldsymbol{X}_i)=\boldsymbol{\mu}_i, \operatorname{Var}(\boldsymbol{X}_i)=\Sigma_i$. $\boldsymbol{X}_i$ 的累积分布函数为 F_i. 如果当 $n\to\infty$ 时, $\frac{1}{n}\sum_{i=1}^{n}\Sigma_i\to\Sigma$ 且对任意的 $\varepsilon>0$,

$$\frac{1}{n}\sum_{j=1}^{n}\int_{\|\boldsymbol{x}-\boldsymbol{\mu}_j\|>\varepsilon\sqrt{n}}\left\|\boldsymbol{x}-\boldsymbol{\mu}_j\right\|^2\mathrm{d}F_j(\boldsymbol{x})\to 0,$$

则

$$\frac{1}{\sqrt{n}}\sum_{i=1}^{n}(\boldsymbol{X}_i-\boldsymbol{\mu}_i)\xrightarrow{\mathrm{d}}N(\mathbf{0},\Sigma).$$

A.4 Delta 方法

如果统计量 T_n 服从渐近正态分布, 那么对于连续函数 $g(x)$,$g(T_n)$ 是否仍然具有渐近正态性? 下面的 Delta 定理给出了相应的结论.

定理 A.4.1 (Delta 定理) 假设统计量 T_n 满足 $\sqrt{n}(T_n-\theta)\xrightarrow{\mathrm{d}}N\left(0,\sigma^2(\theta)\right)$. 实数空间上函数 $g(x)$ 在 θ 处一阶可导且 $g'(\theta)\neq 0$. 则

$$\sqrt{n}\left[g\left(T_n\right)-g(\theta)\right]\xrightarrow{\mathrm{d}}N\left(0,\left[g'(\theta)\right]^2\sigma^2(\theta)\right).$$

证明 由 T_n 的渐近正态性假设知 $T_n-\theta=o_p(1)$. 因此由 Taylor 展开知

$$g\left(T_n\right)=g(\theta)+\left(T_n-\theta\right)g'(\theta)+o_p\left(T_n-\theta\right).$$

等式两边同时乘 $\sqrt{n}$ 可得

$$\sqrt{n}\left[g\left(T_n\right)-g(\theta)\right]=\sqrt{n}\left(T_n-\theta\right)g'(\theta)+\sqrt{n}o_p\left(T_n-\theta\right).$$

由于 $\sqrt{n}(T_n-\theta)=O_p(1)$, 因此 $\sqrt{n}o_p\left(T_n-\theta\right)=o_p(1)$. 由 Slutsky 定理得知

$$\sqrt{n}\left[g\left(T_n\right)-g(\theta)\right]\xrightarrow{\mathrm{d}}N\left(0,\left[g'(\theta)\right]^2\sigma^2(\theta)\right).$$

□

当 $g'(\theta)=0$ 时, $g(T_n)$ 的渐近分布则由 Taylor 展开的更高阶项决定.

定理 A.4.2 假设统计量 T_n 满足 $\sqrt{n}(T_n-\theta)\xrightarrow{\mathrm{d}}N\left(0,\sigma^2(\theta)\right)$. 实数空间上函数 $g(x)$ 在 θ 处 k 阶可导且 $g^{(k)}(\theta)\neq 0, g^{(j)}(\theta)=0, j<k$. 则

$$(\sqrt{n})^k\left[g\left(T_n\right)-g(\theta)\right]\xrightarrow{\mathrm{d}}\frac{1}{k!}g^{(k)}(\theta)\left[N\left(0,\sigma^2(\theta)\right)\right]^k.$$

定理 A.4.2 的证明类似于定理 A.4.1 的证明, 区别在于利用了高阶 Taylor 展开式. 具体证明过程留作练习.

例 A.4.1　设 $X_1, X_2, \cdots, X_n$ 是一列独立同分布的随机变量.$E(X) = \mu, \mathrm{Var}(X) = \sigma^2 < \infty$. 定义 $T_n = \bar{X}_n, \theta = \mu, \sigma^2(\theta) = \sigma^2, g(x) = x^2$. 当 $\mu \neq 0$ 时,$g'(\theta) = 2\mu \neq 0$. 由定理 A.4.1 知

$$\sqrt{n}\left(\bar{X}_n^2 - \mu^2\right) \xrightarrow{\mathrm{d}} N\left(0, 4\mu^2\sigma^2\right).$$

当 $\mu = 0$ 时, $g'(\theta) = 0, g''(\theta) = 2$, 由定理 A.4.2 知, $n\bar{X}_n^2/\sigma^2 \xrightarrow{\mathrm{d}} \chi_1^2$.

类似地, 我们有多元 Delta 定理.

定理 A.4.3　设 $\{\boldsymbol{T}_n\}$ 是一列 p 维随机向量满足 $\sqrt{n}\left(\boldsymbol{T}_n - \boldsymbol{\theta}\right) \xrightarrow{\mathrm{d}} N_p(\mathbf{0}, \Sigma(\boldsymbol{\theta}))$. 函数 $g: \mathbb{R}^p \to \mathbb{R}^m$ 在 $\boldsymbol{\theta}$ 处一阶可导, 导数为 $\nabla g(\boldsymbol{\theta})$. 如果 $[\nabla g(\boldsymbol{\theta})]^{\mathrm{T}} \Sigma(\boldsymbol{\theta}) \nabla g(\boldsymbol{\theta})$ 正定, 则

$$\sqrt{n}\left[g\left(\boldsymbol{T}_n\right) - g(\boldsymbol{\theta})\right] \xrightarrow{\mathrm{d}} N_m\left(\mathbf{0}, [\nabla g(\boldsymbol{\theta})]^{\mathrm{T}} \Sigma(\boldsymbol{\theta}) \nabla g(\boldsymbol{\theta})\right).$$

定理 A.4.3 的证明类似于一元 Delta 定理, 留作练习.

例 A.4.2　设 $X_1, X_2, \cdots, X_n$ 是一列独立同分布的随机变量.$E(X) = \mu, \mathrm{Var}(X) = \sigma^2 < \infty, \mu_3 = E(X^3) < \infty, \mu_4 = E(X^4) < \infty$. 则由定理 A.4.3 可知,

$$\sqrt{n}\begin{pmatrix} \bar{X}_n - \mu \\ S_n^2 - \sigma^2 \end{pmatrix} \xrightarrow{\mathrm{d}} N_2\left(\begin{pmatrix} 0 \\ 0 \end{pmatrix}, \begin{pmatrix} \sigma^2 & \mu_3 \\ \mu_3 & \mu_4 - \sigma^4 \end{pmatrix}\right).$$

故 $\bar{X}_n$ 与 S_n^2 渐近独立的一个充分条件是 $\mu_3 = 0$.

A.5　常见重要概率不等式

除了 Chebyshev 不等式和 Markov 不等式外, 本节给出一些常见的重要概率不等式. 这些不等式在统计学的理论分析中运用非常广泛.

定理 A.5.1 (Cantelli 不等式)　若 X 是一个随机变量, 其方差为 $\sigma^2 \in (0, \infty)$, 则对于 $\lambda > 0$,

$$P(X - E(X) \geqslant \lambda) \leqslant \frac{\sigma^2}{\sigma^2 + \lambda^2}.$$

证明　令 $Y = X - E(X)$, 并令 $u \geqslant 0$. 那么

$$\begin{aligned} P(X - E(X) \geqslant \lambda) &= P(Y + u \geqslant \lambda + u) \leqslant P\left((Y + u)^2 \geqslant (\lambda + u)^2\right) \\ &\leqslant \frac{E\left[(Y + u)^2\right]}{(\lambda + u)^2} = \frac{\sigma^2 + u^2}{(\lambda + u)^2}, \end{aligned}$$

令 $\mu = \sigma^2/\lambda$, 则不等式成立. □

Cantelli 不等式是对 Chebyshev 不等式单边尾部的改进. 若选取 $\lambda = \sigma$, 我们可以通过 Cantelli 不等式得到 $P(X \geqslant E(X) + \sigma) \leqslant \dfrac{1}{2}$ 和 $P(X \leqslant E(X) - \sigma) \leqslant \dfrac{1}{2}$. 因此, Cantelli 不等式表明, 随机变量的平均数和中位数的差不会超过一个标准差.

定理 A.5.2 (Cauchy 不等式) 设 X,Y 为任意两个随机变量, 若 $E\left(X^2\right)<\infty$, $E\left(Y^2\right)<\infty$, 则有

$$[E(XY)]^2 \leqslant E\left(X^2\right)E\left(Y^2\right).$$

证明 设 $g(t)=E\left[(tX-Y)^2\right]=t^2E\left(X^2\right)-2tE(XY)+E\left(Y^2\right)$. 因为对任意的 t, $(tX-Y)^2\geqslant 0, g(t)\geqslant 0$, 故

$$\Delta=[2E(XY)]^2-4E\left(X^2\right)E\left(Y^2\right)\leqslant 0.$$

所以

$$[E(XY)]^2 \leqslant E\left(X^2\right)E\left(Y^2\right),$$

当且仅当 $tX=Y$ 时等号成立. □

例 A.5.1 Cauchy 不等式在数理统计中的一个具体应用是在计算相关系数的上、下界时. 相关系数是两个随机变量之间线性关系的度量, 其定义为

$$\rho_{XY}=\frac{E\left[\left(X-\mu_X\right)\left(Y-\mu_Y\right)\right]}{\sigma_X\sigma_Y},$$

其中, μ_X 和 μ_Y 分别是随机变量 X 和 Y 的期望, σ_X 和 σ_Y 是它们的标准差. 根据 Cauchy 不等式, 我们有

$$\left\{E\left[\left(X-\mu_X\right)\left(Y-\mu_Y\right)\right]\right\}^2 \leqslant E\left[\left(X-\mu_X\right)^2\right]E\left[\left(Y-\mu_Y\right)^2\right],$$

即

$$\left(\rho_{XY}\right)^2\leqslant 1.$$

因此, 我们得到了相关系数的上、下界: $-1\leqslant\rho_{XY}\leqslant 1$.

定理 A.5.3 (Jensen 不等式) 设 X 为随机变量, ψ 为一个凸函数, 则

$$\psi(E(X))\leqslant E[\psi(X)].$$

证明 由凸函数的定义知,

$$\psi(X)\geqslant\psi(E(X))+c[X-E(X)],$$

其中 c 是某个常数. 对不等式两边取期望可得

$$E[\psi(X)]\geqslant\psi(E(X))+c[E(X)-E(X)]=\psi(E(X)).$$

反之, 如果 ψ 是一个凹函数, 则 $E[\psi(X)]\leqslant\psi(E(X))$. □

例 A.5.2 设 X 是一个正的随机变量. 我们来讨论 $E(X^a)$ 与 $[E(X)]^a$ 的大小关系. 首先,

$$E(X^a) = 1 = [E(X)]^a, \qquad 如果\ a = 0,$$
$$E(X^a) = E(X) = [E(X)]^a, \quad 如果\ a = 1.$$

当 $a < 0$ 或者 $a > 1$ 时,$\psi(x) = x^a$ 是一个凸函数. 当 $0 < a < 1$ 时, $\psi(x)$ 是一个凹函数. 故由 Jensen 不等式, 有

$$E(X^a) \geqslant [E(X)]^a, \quad 如果\ a < 0\ 或者\ a > 1,$$

$$E(X^a) \leqslant [E(X)]^a, \quad 如果\ 0 < a < 1.$$

特别地, 当 $a = 2$ 时, $E(X^2) \geqslant [E(X)]^2$, 即 $\mathrm{Var}(X) \geqslant 0$.

Hölder (赫尔德) 不等式是 Cauchy 不等式的推广. 在概率论中, 我们常用如下形式的 Hölder 不等式.

定理 A.5.4 (Hölder 不等式) 假设 $p, q \in (1, \infty)$ 且 $\dfrac{1}{p} + \dfrac{1}{q} = 1$. 对随机变量 X, Y, 若 $E(|X|^p) < \infty, E(|Y|^q) < \infty$, 有

$$E(|XY|) \leqslant [E(|X|^p)]^{\frac{1}{p}} [E(|Y|^q)]^{\frac{1}{q}}.$$

证明 首先, 如果 $E(|X|^p) = 0$ 或 $E(|Y|^q) = 0$, 那么 Hölder 不等式显然成立. 因此, 我们可以假设 $E(|X|^p) > 0$ 且 $E(|Y|^q) > 0$. 然后, 我们可以利用 Young (杨) 不等式 (Young's inequality) 来证明 Hölder 不等式. Young 不等式的形式为: 对于任意的正数 a, b, p, q, 其中 $1/p + 1/q = 1$, 有

$$ab \leqslant \frac{a^p}{p} + \frac{b^q}{q}.$$

取 $a = |X|/[E(|X|^p)]^{\frac{1}{p}}, b = |Y|/[E(|Y|^q)]^{\frac{1}{q}}$, 将它们代入 Young 不等式, 得到

$$\frac{|XY|}{[E(|X|^p)]^{\frac{1}{p}}[E(|Y|^q)]^{\frac{1}{q}}} \leqslant \frac{|X|^p}{pE(|X|^p)} + \frac{|Y|^q}{qE(|Y|^q)}.$$

不等式两边取期望可得

$$\frac{E(|XY|)}{[E(|X|^p)]^{\frac{1}{p}}[E(|Y|^q)]^{\frac{1}{q}}} \leqslant \frac{E(|X|^p)}{pE(|X|^p)} + \frac{E(|Y|^q)}{qE(|Y|^q)} = 1.$$

即证. □

Hölder 不等式的一个推论是 Minkowski (闵可夫斯基) 不等式.

定理 A.5.5 (Minkowski 不等式) 对随机变量 X, Y, 若 $E(|X|^p) < \infty$, $E(|Y|^p) < \infty$, 其中 $1 \leqslant p < \infty$, 有

$$[E(|X+Y|^p)]^{\frac{1}{p}} \leqslant [E(|X|^p)]^{\frac{1}{p}} + [E(|Y|^p)]^{\frac{1}{p}}.$$

证明 首先, 我们可以将不等式左侧中括号内的和式变形, 即把一个和式写成两个和式之和的形式:

$$\begin{aligned}E\left(|X+Y|^p\right) &= E\left[(X+Y)(X+Y)^{p-1}\right] \\ &= E\left[X(X+Y)^{p-1}\right]+E\left[Y(X+Y)^{p-1}\right].\end{aligned}$$

然后, 我们可以对上式右端两个和式都应用 Hölder 不等式. 因此, 我们有

$$E\left[X(X+Y)^{p-1}\right] \leqslant \left[E\left(|X|^p\right)\right]^{\frac{1}{p}}\left\{E\left[\left|(X+Y)^{p-1}\right|^q\right]\right\}^{\frac{1}{q}},$$

$$E\left[Y(X+Y)^{p-1}\right] \leqslant \left[E\left(|Y|^p\right)\right]^{\frac{1}{p}}\left\{E\left[\left|(X+Y)^{p-1}\right|^q\right]\right\}^{\frac{1}{q}}$$

其中 $1/p+1/q=1$. 将上述两个不等式相加, 我们得到

$$\begin{aligned}&E\left(|X+Y|^p\right) \\ \leqslant &\left[E\left(|X|^p\right)\right]^{\frac{1}{p}}\left\{E\left[\left|(X+Y)^{p-1}\right|^q\right]\right\}^{\frac{1}{q}}+\left[E\left(|Y|^p\right)\right]^{\frac{1}{p}}\left\{E\left[\left|(X+Y)^{p-1}\right|^q\right]\right\}^{\frac{1}{q}} \\ = &\left\{\left[E\left(|X|^p\right)\right]^{\frac{1}{p}}+\left[E\left(|Y|^p\right)\right]^{\frac{1}{p}}\right\}\left\{E\left[\left|(X+Y)^{p-1}\right|^q\right]\right\}^{\frac{1}{q}}.\end{aligned}$$

由于 $\left\{E\left[\left|(X+Y)^{p-1}\right|^q\right]\right\}^{\frac{1}{q}}=\left[E\left(|X+Y|^p\right)\right]^{\frac{1}{q}}$, 我们得到

$$\left[E\left(|X+Y|^p\right)\right]^{\frac{1}{p}} \leqslant \left[E\left(|X|^p\right)\right]^{\frac{1}{p}}+\left[E\left(|Y|^p\right)\right]^{\frac{1}{p}}.$$ □

对于有界独立随机变量之和, Hoeffding (霍夫丁) 不等式给出了偏离其期望的概率的上界.

定理 A.5.6 (Hoeffding 不等式) 若随机变量 $X_1, X_2, \cdots, X_n$ 是独立的, 且每个 X_i 在区间 $[a_i, b_i]$ 上取值, 则对于任意 $\varepsilon>0$ 和 $S_n=\sum\limits_{i=1}^n X_i$,

$$P\left(S_n-E\left(S_n\right) \geqslant \varepsilon\right) \leqslant \exp\left\{-\frac{2\varepsilon^2}{\sum\limits_{i=1}^n\left(b_i-a_i\right)^2}\right\},$$

$$P\left(S_n-E\left(S_n\right) \leqslant -\varepsilon\right) \leqslant \exp\left\{-\frac{2\varepsilon^2}{\sum\limits_{i=1}^n\left(b_i-a_i\right)^2}\right\}.$$

证明 在证明 Hoeffding 不等式之前, 先证明一个 Hoeffding 引理: 对于一个随机变量 X, $P(X \in [a,b])=1, E(X)=0$, 有

$$E\left(\mathrm{e}^{sX}\right) \leqslant \exp\left\{\frac{1}{8}s^2(b-a)^2\right\}.$$

注意到 e^{sX} 是关于 X 的一个凸函数和条件 $E(X)=0$, 有

$$e^{sX} \leqslant \frac{b-X}{b-a}e^{sa} + \frac{X-a}{b-a}e^{sb}.$$

两边对 X 取期望:

$$\begin{aligned} E\left(e^{sX}\right) \leqslant \frac{b-E(X)}{b-a}e^{sa} + \frac{E(X)-a}{b-a}e^{sb} &= \frac{b}{b-a}e^{sa} - \frac{a}{b-a}e^{sb} \\ &= \left(-\frac{a}{b-a}\right)e^{sa}\left(-\frac{b}{a}+e^{sb-sa}\right). \end{aligned}$$

令 $\theta = -\dfrac{a}{b-a} > 0$, 上式变成

$$\theta e^{-s\theta(b-a)}\left[\frac{1}{\theta}-1+e^{s(b-a)}\right] = \left[1-\theta+\theta e^{s(b-a)}\right]e^{-s\theta(b-a)}.$$

令 $u = s(b-a)$, 定义

$$\begin{aligned} &\varphi: \mathbb{R} \to \mathbb{R}, \\ &\varphi(u) = -\theta u + \ln\left(1-\theta+\theta e^u\right). \end{aligned}$$

这个函数是存在的, 因为由 $e^u \geqslant 0, a<0, b>0$ 和 $\theta>0$ 有

$$1-\theta+\theta e^u = \theta\left(\frac{1}{\theta}-1+e^u\right) = \theta\left(-\frac{b}{a}+e^u\right) > 0.$$

由定义知

$$E\left(e^{sX}\right) \leqslant e^{\varphi(u)}.$$

根据 Taylor 展开, 和 Taylor 中值定理, 存在一个 $v \in [0,u]$ 使得

$$\varphi(u) = \varphi(0) + u\varphi'(0) + \frac{1}{2}u^2\varphi''(v).$$

由于

$$\begin{aligned} \varphi(0) &= 0, \\ \varphi'(0) &= -\theta + \left.\frac{\theta e^u}{1-\theta+\theta e^u}\right|_{u=0} = 0, \\ \varphi''(v) &= \frac{\theta e^v\left(1-\theta+\theta e^v\right) - \theta^2 e^{2v}}{\left(1-\theta+\theta e^v\right)^2} \\ &= \frac{\theta e^v}{1-\theta+\theta e^v}\left(1-\frac{\theta e^v}{1-\theta+\theta e^v}\right) = t(1-t) \leqslant \frac{1}{4}, \end{aligned}$$

其中 $t=\dfrac{\theta \mathrm{e}^v}{1-\theta+\theta \mathrm{e}^v}>0$. 因此 $\varphi(u) \leqslant 0+0+\dfrac{1}{2}u^2 \cdot \dfrac{1}{4}=\dfrac{1}{8}u^2=\dfrac{1}{8}s^2(b-a)^2$. 这便证明了引理

$$E\left(\mathrm{e}^{sX}\right) \leqslant \exp\left\{\frac{1}{8}s^2(b-a)^2\right\}.$$

根据 Markov 不等式, 有

$$\begin{aligned}
P\left(S_n-E\left(S_n\right) \geqslant t\right) &= P\left(\mathrm{e}^{s[S_n-E(S_n)]} \geqslant \mathrm{e}^{st}\right) \\
&\leqslant \mathrm{e}^{-st} E\left\{\mathrm{e}^{s[S_n-E(S_n)]}\right\} \\
&= \mathrm{e}^{-st} \prod_{i=1}^{n} P\left(\mathrm{e}^{s[X_i-E(X_i)]}\right) \\
&\leqslant \mathrm{e}^{-st} \prod_{i=1}^{n} \mathrm{e}^{\frac{s^2(b_i-a_i)^2}{8}} \\
&= \exp\left\{-st+\frac{1}{8}s^2 \sum_{i=1}^{n}\left(b_i-a_i\right)^2\right\}.
\end{aligned}$$

上面的推导都只假定 $s>0$, 定义

$$\begin{aligned}
& g: \mathbb{R}_{+} \rightarrow \mathbb{R}, \\
& g(s)=-st+\frac{1}{8}s^2 \sum_{i=1}^{n}\left(b_i-a_i\right)^2 .
\end{aligned}$$

求 $g'(s)=0$ 得到 $s=\dfrac{4t}{\sum\limits_{i=1}^{n}\left(b_i-a_i\right)^2}$, 代入不等式, 即可得到

$$P\left(S_n-E\left(S_n\right) \geqslant t\right) \leqslant \exp\left\{-\frac{2t^2}{\sum\limits_{i=1}^{n}\left(b_i-a_i\right)^2}\right\}.$$

将上式中 S_n 取为 $-S_n$, 即可得到

$$P\left(E\left(S_n\right)-S_n \geqslant t\right) \leqslant \exp\left\{-\frac{2t^2}{\sum\limits_{i=1}^{n}\left(b_i-a_i\right)^2}\right\}. \qquad \square$$

例 A.5.3 Hoeffding 不等式可以用于给出置信区间. 假如一个特制的硬币正面朝上的概率是 p. 投 n 次硬币, 并得到 n 个样本 $X_1, X_2, \cdots, X_n$. 令 $H_n=\sum\limits_{i=1}^{n} X_i$ 为观察到的正面朝上的次数, 则 Hoeffding 不等式给出

$$P\left(\left|S_n-np\right|>n\varepsilon\right)\leqslant 2\exp\left\{-2n\varepsilon^2\right\}.$$

令 $\bar{X}=\dfrac{1}{n}H_n$ 为观察到的均值, 我们想构造一个长度为 2ε 且置信水平为 $1-\alpha$ 的关于 $\bar{X}$ 的置信区间. 由于

$$\alpha=P(\bar{X}\notin[p-\varepsilon,p+\varepsilon])\leqslant 2\exp\left\{-2n\varepsilon^2\right\}\Leftrightarrow n\geqslant\frac{\ln(2/\alpha)}{2\varepsilon^2}.$$

我们至少需要 $\dfrac{\ln(2/\alpha)}{2\varepsilon^2}$ 个样本, 才能构造出置信水平为 $1-\alpha$ 的置信区间 $[p-\varepsilon,p+\varepsilon]$.

Hoeffding 不等式没有用到关于随机变量的分布的信息, 而 Bernstein (伯恩斯坦) 不等式利用随机变量的方差给出了一个更紧的界.

定理 A.5.7 (Bernstein 不等式) 令 $X_1,X_2,\cdots,X_n$ 为独立随机变量, 使得对于任意 $i\in\{1,2,\cdots,n\}$, $E\left(X_i\right)=0$, 且 $|X_i|\leqslant c$. 令 $\sigma^2=\dfrac{1}{n}\sum\limits_{i=1}^{n}\mathrm{Var}\left(X_i\right)$, 则

$$P\left(\frac{1}{n}\sum_{i=1}^{n}X_i\geqslant\varepsilon\right)\leqslant\exp\left\{-\frac{n\varepsilon^2}{2\sigma^2+2c\varepsilon/3}\right\}.$$

证明 令 $\sigma_i^2=E\left(X_i^2\right)$. 对于 $t>0$, 令 $F_i=\sum\limits_{k=2}^{\infty}\dfrac{t^{k-2}E\left(X_i^k\right)}{k!\sigma_i^2}$. 由于 $\mathrm{e}^x=1+x+\sum\limits_{k=2}^{\infty}\dfrac{x^k}{k!}$, 且 $E\left(X_i\right)=0$, 我们有

$$E\left(\mathrm{e}^{tX_i}\right)=1+F_it^2\sigma_i^2\leqslant\mathrm{e}^{F_it^2\sigma_i^2}.$$

由于 $E\left(X_i^k\right)=\int x_ix_i^{k-1}\mathrm{d}F(x)$, 根据 Cauchy 不等式, 有

$$E\left(X_i^k\right)\leqslant\left[\int|x_i|^2\,\mathrm{d}F(x)\right]^{\frac{1}{2}}\left[\int\left|x_i^{k-1}\right|^2\mathrm{d}F(x)\right]^{\frac{1}{2}}=\sigma_i\left[\int\left|x_i^{k-1}\right|^2\mathrm{d}F(x)\right]^{\frac{1}{2}}.$$

递归地应用 Cauchy 不等式, 我们有

$$\begin{aligned}E\left(X_i^k\right)&\leqslant\sigma_i^{1+\frac{1}{2}+\cdots+\frac{1}{2^{n-1}}}\left[\int\left|x_i^{2^nk-2^{n+1}-1}\right|\mathrm{d}F(x)\right]^{\frac{1}{2^n}}\\&=\sigma_i^{2\left(1-\frac{1}{2^n}\right)}\left[\int\left|x_i^{2^nk-2^{n+1}-1}\right|\mathrm{d}F(x)\right]^{\frac{1}{2^n}}.\end{aligned}$$

由于 $|X_i|\leqslant c$, $\left[\int\left|x_i^{2^nk-2^{n+1}-1}\right|\mathrm{d}F(x)\right]^{\frac{1}{2^n}}\leqslant\left(c^{2^nk-2^{n+1}-1}\right)^{\frac{1}{2^n}}$, 故

$$E\left(X_i^k\right)\leqslant\sigma_i^{2\left(1-\frac{1}{2^n}\right)}c^{k-2-\frac{1}{2^n}}.$$

令 $n\to\infty$, 我们得到 $E\left(X_i^k\right)\leqslant\sigma_i^2c^{k-2}$, 所以

$$F_i \leqslant \sum_{k=2}^{\infty} \frac{t^{k-2}\sigma_i^2 c^{k-2}}{k!\sigma_i^2} = \frac{1}{t^2c^2}\sum_{k=2}^{\infty}\frac{t^k c^k}{k!} = \frac{1}{t^2c^2}\left(\mathrm{e}^{tc} - 1 - tc\right).$$

那么,

$$E\left(\mathrm{e}^{tX_i}\right) \leqslant \exp\left\{\sigma_i^2 \frac{\mathrm{e}^{tc} - 1 - tc}{c^2}\right\}.$$

令 $S_n = \sum\limits_{i=1}^{n} X_i$ 且 $a > 0$, 应用 Chernoff (切尔诺夫) 边界技巧, 我们得到

$$\begin{aligned}
P\left(S_n \geqslant a\right) &\leqslant \mathrm{e}^{-ta} E\left(\mathrm{e}^{tS_n}\right) \leqslant \exp\{-ta\} \exp\left\{\sum_{i=1}^{n} \sigma_i^2 \frac{\mathrm{e}^{tc} - 1 - tc}{c^2}\right\} \\
&\leqslant \exp\left\{\frac{n\sigma^2}{c^2}\left[\frac{ac}{n\sigma^2} - \ln\left(1 + \frac{ac}{n\sigma^2}\right)\right] - \frac{a}{c}\ln\left(1 + \frac{ac}{n\sigma^2}\right)\right\} \\
&= \exp\left\{\frac{n\sigma^2}{c^2}\left[\frac{ac}{n\sigma^2} - \ln\left(1 + \frac{ac}{n\sigma^2}\right) - \frac{ac}{n\sigma^2}\ln\left(1 + \frac{ac}{n\sigma^2}\right)\right]\right\} \\
&= \exp\left\{-\frac{n\sigma^2}{c^2}\theta\left(\frac{ac}{n\sigma^2}\right)\right\},
\end{aligned}$$

其中 $\theta(x) = (1 + x)\ln(1 + x) - x$. 这里第一个不等式是 Markov 不等式, 第二个不等式是因为 $E\left(\mathrm{e}^{tX_i}\right) \leqslant \exp\left\{t^2\sigma_i^2 \frac{\mathrm{e}^{tc} - 1 - tc}{t^2c^2}\right\}$, 第三个不等式是因为取 $t = \frac{1}{c}\ln\left(1 + \frac{ac}{n\sigma^2}\right)$ 来对上界进行最小化.

令 $h(x) = \frac{3}{2}\frac{x^2}{x + 3}$ 和 $g(x) = h(x) - \theta(x)$. 由于 $g(0) = 0$, 且 $g(x) \geqslant 0, \forall x \geqslant 0$, 故 $h(x) \geqslant \theta(x), \forall x \geqslant 0$. 令 $a = n\varepsilon$, 我们得到

$$\begin{aligned}
P\left(\frac{1}{n}\sum_{i=1}^{n} X_i \geqslant \varepsilon\right) &= P\left(\sum_{i=1}^{n} X_i \geqslant n\varepsilon\right) \\
&\leqslant \exp\left\{-\frac{n\sigma^2}{c^2} h\left(\frac{n\varepsilon c}{n\sigma^2}\right)\right\} = \exp\left\{-\frac{n\varepsilon^2}{2\sigma^2 + 2c\varepsilon/3}\right\}.
\end{aligned}$$

□

接下来介绍的 Berry-Esseen (贝利埃森) 不等式给出了中心极限定理的收敛速度.

定理 A.5.8 (Berry-Esseen 不等式) 令 $X_1, X_2, \cdots, X_n$ 为独立随机变量且 $E(X_i) = 0$, 对某个 $0 < \delta \leqslant 1, E(|X_i|^{2+\delta}) < \infty$. 则存在一个有限的常数 C, 使得

$$\sup_{x \in \mathbb{R}} |G_n(x) - \Phi(x)| \leqslant C \frac{\sum\limits_{i=1}^{n} E(|X_i|^{2+\delta})}{B_n^{2+\delta}},$$

其中 $G_n(x) = P\left(\frac{\sum\limits_{i=1}^{n} X_i}{B_n} \leqslant x\right)$, $B_n^2 = \sum\limits_{i=1}^{n} \mathrm{Var}(X_i)$.

定理的证明参见 Petrov (1975). 特别地, 当 $X_1, X_2, \cdots, X_n$ 独立同分布且 $E(X) = 0, \mathrm{Var}(X) = \sigma^2, E(|X|^3) = \rho < \infty$ 时,

$$\sup_{x \in \mathbb{R}} |G_n(x) - \Phi(x)| \leqslant \frac{C\rho}{\sigma^3 \sqrt{n}}.$$

这表示定理 A.3.3中标准化的独立和收敛到正态分布的速度是 $O(n^{-1/2})$.

Kolmogorov 不等式为随机变量部分和的绝对值的最大值的尾部概率给出了上界.

定理 A.5.9 (Kolmogorov 不等式) 令 $X_1, X_2, \cdots, X_n$ 为实值独立随机变量, 使得对于任意 $k \in \{1, 2, \cdots, n\}$ 和 $t > 0$, $E\left(\mathrm{e}^{tX_k}\right) \leqslant \mathrm{e}^{\frac{t^2 r^2}{2}}$, 其中 $r > 0$. 那么,

$$E\left(\max_{1 \leqslant k \leqslant n} X_k\right) \leqslant r\sqrt{2\ln n}.$$

证明 任选 $t > 0$. 由于指数函数是凸函数, 根据 Jensen 不等式, 我们有

$$\begin{aligned}
\mathrm{e}^{tE\left(\max\limits_{1 \leqslant k \leqslant n} X_k\right)} &\leqslant E\left(\mathrm{e}^{t \max\limits_{1 \leqslant k \leqslant n} X_k}\right) = E\left(\max_{1 \leqslant k \leqslant n} \mathrm{e}^{tX_k}\right) \\
&\leqslant E\left(\sum_{k=1}^{n} \mathrm{e}^{tX_k}\right) \leqslant n\mathrm{e}^{\frac{t^2 r^2}{2}}.
\end{aligned}$$

不等式两边同时取对数, 再选取 $t = \dfrac{\sqrt{2\ln n}}{r}$ 使得右边的表达式最小化, 我们得到

$$E\left(\max_{1 \leqslant k \leqslant n} X_k\right) \leqslant \frac{\ln n}{t} + \frac{tr^2}{2} \Rightarrow E\left(\max_{1 \leqslant k \leqslant n} X_k\right) \leqslant r\sqrt{2\ln n}.$$

特别地, 如果 $X_1, X_2, \cdots, X_n$ 为来自 $N(0,1)$ 的独立同分布样本, 则 $r = 1$, 从而 $E\left(\max\limits_{1 \leqslant k \leqslant n} X_k\right) \leqslant \sqrt{2\ln n}$.

A.6 两种常见轻尾分布

定义 A.6.1 如果对随机变量 X 和任意 $\lambda \in \mathbb{R}$, 存在一个正数 σ 使得

$$E\left\{\mathrm{e}^{\lambda[X - E(X)]}\right\} \leqslant \mathrm{e}^{\frac{\sigma^2 \lambda^2}{2}},$$

则称 X 服从次 Gauss 分布,σ 是 X 的次 Gauss 参数.

如果 $X \sim N(\mu, \sigma^2)$, 则 $E(\mathrm{e}^{\lambda X}) = \mathrm{e}^{\mu\lambda + \frac{\sigma^2\lambda^2}{2}}$. 因此 Gauss 分布是次 Gauss 分布. 由 Hoeffding 引理知, 任意有界的随机变量也服从次 Gauss 分布. 次 Gauss 分布具有可加性, 即任意两个次 Gauss 分布的和仍然是次 Gauss 分布.

次 Gauss 分布还有其他等价定义方式.

定理 A.6.1 对于均值为 0 的随机变量 X, 如下四种性质是等价的:

(1) 存在一个常数 $\sigma>0$ 使得 $E\left(\mathrm{e}^{\lambda X}\right)\leqslant \mathrm{e}^{\frac{\lambda^2\sigma^2}{2}},\forall\lambda\in\mathbb{R}$;

(2) 存在一个常数 $c>0$ 和正态随机变量 $Z\sim N(0,\tau^2)$ 使得

$$P(|X|\geqslant s)\leqslant cP(|Z|\geqslant s),\quad \forall s\geqslant 0;$$

(3) 存在一个常数 $\theta>0$ 使得 $E\left(X^{2k}\right)\leqslant\dfrac{(2k)!}{2^k k!}\theta^{2k},\forall k\in\mathbb{N}$;

(4) 存在一个常数 $\sigma>0$ 使得

$$E\left(\mathrm{e}^{\frac{\lambda x^2}{2\sigma^2}}\right)\leqslant\frac{1}{\sqrt{1-\lambda}},\quad \forall\lambda\in[0,1).$$

证明参见 Wainwright (2019) 的 2.4 节.

对于次 Gauss 分布, 我们同样有 Hoeffding 不等式.

定理 A.6.2 设 $X_1,X_2,\cdots,X_n$ 是一列独立的随机变量且 X_i 服从参数为 σ_i 的次 Gauss 分布. 则对所有的 $t\geqslant 0$,

$$P\left(\sum_{i=1}^n[X_i-E(X_i)]\geqslant t\right)\leqslant\exp\left\{-\frac{t^2}{2\sum\limits_{i=1}^n\sigma_i^2}\right\}.$$

证明 根据 Markov 不等式, 有

$$\begin{aligned}
P\left(\sum_{i=1}^n[X_i-E(X_i)]\geqslant t\right)&=P\left(\mathrm{e}^{s\left\{\sum\limits_{i=1}^n[X_i-E(X_i)]\right\}}\geqslant\mathrm{e}^{st}\right)\\
&\leqslant\mathrm{e}^{-st}E\left\{\mathrm{e}^{s\left\{\sum\limits_{i=1}^n[X_i-E(X_i)]\right\}}\right\}\\
&=\mathrm{e}^{-st}\prod_{i=1}^n P\left(\mathrm{e}^{s[X_i-E(X_i)]}\right)\\
&\leqslant\mathrm{e}^{-st}\prod_{i=1}^n\mathrm{e}^{\frac{s^2\sigma_i^2}{2}}\\
&=\exp\left\{-st+\frac{1}{2}s^2\sum_{i=1}^n\sigma_i^2\right\}.
\end{aligned}$$

上面的推导都只假定 $s>0$, 定义

$$g:\mathbb{R}_+\to\mathbb{R},$$

$$g(s)=-st+\frac{1}{2}s^2\sum_{i=1}^n\sigma_i^2.$$

求 $g'(s)=0$ 得到 $s=\dfrac{t}{\sum\limits_{i=1}^{n}\sigma_i^2}$, 代入不等式, 即可得到

$$P\left(\sum_{i=1}^{n}[X_i-E(X_i)]\geqslant t\right)\leqslant \exp\left\{-\frac{t^2}{2\sum\limits_{i=1}^{n}\sigma_i^2}\right\}.$$

由 Hoeffding 引理知, 有界随机变量 $X\in[a,b]$ 的次 Gauss 参数是 $\dfrac{b-a}{2}$. 因此定理 A.5.6 是定理 A.6.2 的特例.

定义 A.6.2 若对随机变量 X, 存在非负实数 (v,α) 使得

$$E\left\{\mathrm{e}^{\lambda[X-E(X)]}\right\}\leqslant \mathrm{e}^{\frac{v^2\lambda^2}{2}},\quad \forall|\lambda|<\frac{1}{\alpha},$$

则称 X 服从参数为 (v,α) 的次指数分布.

次指数分布仍然具有可加性, 即两个次指数分布的和仍然是次指数分布. 次 Gauss 分布是次指数分布, 但是反之不成立.

例 A.6.1 设 $X\sim\chi_1^2$, 则

$$E\left[\mathrm{e}^{\lambda(X-1)}\right]=\frac{1}{\sqrt{2\pi}}\int_{-\infty}^{\infty}\mathrm{e}^{\lambda\left(z^2-1\right)}\mathrm{e}^{-z^2/2}\mathrm{d}z=\frac{\mathrm{e}^{-\lambda}}{\sqrt{1-2\lambda}}.$$

当 $\lambda>1/2$ 时, $E\left[\mathrm{e}^{\lambda(X-1)}\right]$ 没有定义, 故 X 不服从次 Gauss 分布. 但是

$$\frac{\mathrm{e}^{-\lambda}}{\sqrt{1-2\lambda}}\leqslant \mathrm{e}^{2\lambda^2}=\mathrm{e}^{4\lambda^2/2},\quad \forall|\lambda|<\frac{1}{4}.$$

因此 X 服从次指数分布.

同样地, 次指数分布也有多种等价定义方式.

定理 A.6.3 对于均值为 0 的随机变量 X, 下列性质等价:

(1) 存在非负实数 (v,α) 使得

$$E\left\{\mathrm{e}^{\lambda[X-E(X)]}\right\}\leqslant \mathrm{e}^{\frac{v^2\lambda^2}{2}},\quad \forall|\lambda|<\frac{1}{\alpha};$$

(2) 存在正数 c 使得

$$E\left(\mathrm{e}^{\lambda X}\right)<\infty,\quad \forall|\lambda|\leqslant c;$$

(3) 存在常数 $c_1,c_2>0$ 使得

$$P(|X|\geqslant t)\leqslant c_1\mathrm{e}^{-c_2 t},\quad \forall t>0;$$

(4) $\gamma \stackrel{\text{def}}{=} \sup_{k \geqslant 2} \left[\frac{E\left(X^k\right)}{k!} \right]^{1/k}$ 有界.

证明参见 Wainwright (2019) 的 2.5 节.

定理 A.6.4 (Bernstein 不等式) 设 $X_1, X_2, \cdots, X_n$ 是一列独立的随机变量, X_i 服从参数为 (v_i, α_i) 的次指数分布. 则

$$P\left(\frac{1}{n}\sum_{i=1}^{n}[X_i - E(X_i)] \geqslant t\right) \leqslant \begin{cases} \mathrm{e}^{-\frac{nt^2}{2(v_*^2/n)}}, & 0 \leqslant t \leqslant \dfrac{v_*^2}{n\alpha_*}, \\ \mathrm{e}^{-\frac{nt}{2\alpha_*}}, & t > \dfrac{v_*^2}{n\alpha_*}, \end{cases}$$

其中 $\alpha_* \stackrel{\text{def}}{=} \max_{k=1,2,\cdots,n} \alpha_k$, $v_* \stackrel{\text{def}}{=} \sqrt{\sum_{k=1}^{n} v_k^2}$.

证明参见 Wainwright (2019) 的 2.1.3 节. 有界随机变量服从次指数分布, 因此定理 A.5.7 是定理 A.6.4 的特例.

参考文献

陈希孺, 1997. 数理统计引论 [M]. 北京: 科学出版社.

陈希孺, 2000. 数理统计发展简史 [M]. 长沙: 湖南教育出版社.

韦博成, 2006. 参数统计教程 [M]. 北京: 高等教育出版社.

陈希孺, 2009. 高等数理统计学 [M]. 合肥: 中国科学技术大学出版社.

陈希孺, 倪国策, 2009. 数理统计学教程 [M]. 合肥: 中国科学技术大学出版社.

陈希孺, 2012. 非参数统计 [M]. 合肥: 中国科学技术大学出版社.

薛留根, 2015. 现代非参数统计 [M]. 北京: 科学出版社.

王兆军, 邹长亮, 周永道, 2023. 数理统计教程 [M]. 2 版. 北京: 高等教育出版社.

茆诗松, 周纪芗, 陈颖, 2012. 试验设计 [M]. 2 版. 北京: 中国统计出版社.

BAHADUR R R, 1960. Stochastic comparison of tests[J]. The Annals of Mathematical Statistics, 31: 276–295.

BASU D, 1955. On statistics independent of a complete sufficient statistic[J]. Sankhya, 15: 377–380.

BAYES F R S, 1958. An essay toward solving a problem in the doctrine of chances[J]. Biometrika, 45(3–4): 296–315.

BENJAMINI Y, HOCHBERG Y, 1995. Controlling the false discovery rate: a practical and powerful approach to multiple testing[J]. Journal of the Royal Statistical Society: Series B (Methodological), 57(1): 289–300.

BERGER J O, 1985. Statistical Decision Theory and Bayesian Analysis, 2nd Edition[M]. New York: Springer-Verlag.

BERGER R L, CASELLA G, 2001. Statistical Inference[M]. New York: Duxbury.

BICKEL P J, FREEDMAN D A, 1981. Some Asymptotic Theory for the Bootstrap[J]. The annals of statistics, 9(6): 1196–1217.

BILLINGSLEY P, 1995. Probability and Measure[M]. New York: John Wiley.

BLACKWELL D, 1947. Conditional expectation and unbiased sequential estimation[J]. The

Annals of Mathematical Statistics, 18(1): 105–110.

BOURGON R, GENTLEMAN R, HUBER W, 2010. Independent filtering increases detection power for high-throughput experiments[J]. Proceedings of the National Academy of Sciences, 107(21): 9546–9551.

CANTELLI F, 1933. Sulla determinazione empirica della leggi di probabilita[J]. Giorn Ist Ital Attuari, 4: 421–424.

CRAMÉR H, 1946. Mathematical Methods of Statistics[M]. Princeton, NJ: Princeton University Press.

D'AGOSTINO R B, 1971. An omnibus test of normality for moderate and large size samples[J]. Biometrika, 58: 341–348.

DEMPSTER A P, LAIRD N M, RUBIN D B, 1977. Maximum likelihood from incomplete data via the EM algorithm[J]. Journal of the Royal Statistical Society: Series B (Methodological), 39(1): 1–22.

DVORETZKY A, KIEFER J C, WOLFOWITZ J, 1956. Asymptotic minimax character of the-sample distribution function and of the classical multinomial estimator[J]. The Annals of Mathematical Statistics, 33: 642–669.

EDWARDS D, 2000. Introduction to Graphical Modelling[M]. New York: Springer Science & Business Media.

FAN J, LI R, 2001. Variable selection via nonconcave penalized likelihood and its oracle properties[J]. Journal of the American statistical Association, 96: 1348–1360.

FANG K T, LIU M Q, QIN H, et al, 2018. Theory and Application of Uniform Experimental Designs[M]. New York: Springer.

FISHER R A, 1915. Frequency distribution of the values of the correlation coefficient in samples from an indefinitely large population[J]. Biometrika, 10(4): 507–521.

FISHER R A, 1922. On the mathematical foundations of theoretical statistics[J]. Philosophical Transactions of the Royal Society of London, Ser. A., 222: 309–368.

FRÉCHET M, 1943. Sur l'existence de certaines évaluations statistiques au cas de petits échantillons[J]. Review of the International Statistical Institute, 11: 182–205.

GLIVENKO V I, 1933. Sulla determinazione empirica della leggi di probabilita[J]. Giorn Ist Ital Attuari, 4: 92–99.

HALMOS P R, SAVAGE L J, 1949. Application of the Radon-Nikodym theorem to the theory of sufficient statistics[J]. The Annals of Mathematical Statistics, 20: 225–241.

HODGES J L, LEHMANN E L, 1950. Some problems in minimax point estimation[J]. The Annals of Mathematical Statistics, 21(2): 182–197.

HOEFFDING W, 1948. A nonparametric test for independence[J]. The Annals of Mathematical Statistics, 19: 546–557.

HOERL A E, KENNARD R W, 1970. Ridge regression: biased estimation for nonorthogonal problems[J]. Technometrics, 12: 55–67.

KOLMOGOROV A, 1933. Sulla determinazione empirica di una legge di distribuzionc[J]. 1st. Ital. Attuari. G., 4: 1–11.

LEHMANN E L, SCHEFFÉ H, 1950. Completeness, similar regions and unbiased estimation: Part I[J]. Sankhyā, 10: 305–340.

LEHMANN E L, SCHEFFÉ H, 1955. Completeness, similar regions and unbiased estimation: Part II[J]. Sankhyā, 15: 219–236.

MASSART P, 1990. The tight constant in the Dvoretzky-Kiefer-Wolfowitz inequality[J]. The Annals of Probability, 18(3): 1269–1283.

OWEN A B, 2001. Empirical Likelihood[M]. New York: Chapman & Hall.

PETROV V, 1975. Limit Theorems for Sums of Independent Random Variables[M]. New York: Springer-Verlag.

RAO C R, 1945. Information and the accuracy attainable in the estimation of statistical parameters[J]. Bulletin of the Calcutta Mathematical Society, 27: 81–91.

RAO C R, 1948. Large sample tests of statistical hypotheses concerning several parameters with applications to problems of estimation[J]. Mathematical Proceedings of the Cambridge Philosophical Society, 44(1): 50–57.

ROBBINS H, 1956. An empirical Bayes approach to statistics[C]//Proceedings of the Third Berkeley Symposium on Mathematical Statistics and Probability, 1954–1955. Berkeley and Los Angeles: University of California Press: 157–163.

SERFLING R, 1980. Approximation Theorems of Mathematical Statistics[M]. New York: John Wiley.

SERFLING R J, 2009. Approximation Theorems of Mathematical Statistics[M]. New York: John Wiley & Sons.

SHAO J, 2003. Mathematical Statistics[M]. New York: Springer Science & Business Media.

SHAO J, TU D, 1995. The Jackknife and Bootstrap[M]. New York: Springer-Verlag.

SHAPIRO S S, WILK M B, 1965. An analysis of variance test for normality (Complete Samples)[J]. Biometrika, 52: 591–611.

SILVERMAN B W, 1986. Density Estimation for Statistics and Data Analysis[M]. New York: Chapman and Hall.

SINGH K, 1981. On the asymptotic accuracy of Efron's bootstrap[J]. The Annals of Statistics: 1187–1195.

SMIRNOV N V, 1939. Estimate of deviation between empirical distribution functions in two independent samples. (Russian)[J]. Bull. Moscow Univ., 2(2): 3–16.

STONE C J, 1984. An asymptotically optimal window selection rule for kernel density estimates[J]. The Annals of Statistics, 12(4): 1285–1297.

STOREY J D, TAYLOR J E, SIEGMUND D, 2004. Strong control, conservative point estimation and simultaneous conservative consistency of false discovery rates: a unified approach[J]. Journal of the Royal Statistical Society Series B: Statistical Methodology, 66(1): 187–205.

STUART A, ORD J K, 1987. Kendall's Advanced Theory of Statistics[M]. London: Charles Griflin & Company Limited.

TIBSHIRANI R, 1996. Regression shrinkage and selection via the Lasso[J]. Journal of the Royal Statistical Society, Series B, 58: 267–288.

WAINWRIGHT M J, 2019. High-dimensional Statistics: A Non-asymptotic Viewpoint[M]. Cambridge: Cambridge University Press.

WALD A, 1950. Statistical Decision Functions[M]. New York: Wiley.

WARNER S L, 1965. Randomized response: A survey technique for eliminating evasive answer bias[J]. Journal of the American Statistical Association, 60: 63–69.

WILCOXON F, 1945. Individual comparisons by ranking methods[J]. Biometrics Bulletin, 1(6): 80–83.

WILKS S S, 1938. The large-sample distribution of the likelihood ratio for testing composite hypotheses. Ann. Math. Stat., 9: 60–62.

WU C F J, 1983. On the convergence properties of the EM algorithm[J]. The Annals of Statistics, 11(1): 95–103.

ZOU H, HASTIE T, 2005. Regularization and variable selection via the elastic net[J]. Journal of the Royal Statistical Society, Series B, 67: 301–320.

索引

B

C

D

W

X

Y

Z

图书在版编目（CIP）数据

数理统计 / 王兆军等编著 . -- 北京 : 高等教育出版社，2024. 8. -- ISBN 978-7-04-062989-7

Ⅰ. O212

中国国家版本馆 CIP 数据核字第 202479AT80 号

Shuli Tongji

策划编辑 张晓丽
责任编辑 田 玲
封面设计 王凌波
版式设计 徐艳妮
责任绘图 杨伟露
责任校对 高 歌
责任印制 赵义民

出版发行 高等教育出版社
社 址 北京市西城区德外大街4号
邮政编码 100120
购书热线 010-58581118
咨询电话 400-810-0598
网 址 http://www.hep.edu.cn
http://www.hep.com.cn
网上订购 http://www.hepmall.com.cn
http://www.hepmall.com
http://www.hepmall.cn
印 刷 北京盛通印刷股份有限公司
开 本 787mm × 1092mm 1/16
印 张 23.25
字 数 480 千字
版 次 2024年8月第1版
印 次 2024年8月第1次印刷
定 价 56.00 元

物 料 号 62989-00

数学“101 计划”已出版教材目录

1.	《基础复分析》	崔贵珍　高　延
2.	《代数学（一）》	李　方　邓少强　冯荣权　刘东文
3.	《代数学（二）》	李　方　邓少强　冯荣权　刘东文
4.	《代数学（三）》	冯荣权　邓少强　李　方　徐彬斌
5.	《代数学（四）》	冯荣权　邓少强　李　方　徐彬斌
6.	《代数学（五）》	邓少强　李　方　冯荣权　常　亮
7.	《数学物理方程》	雷　震　王志强　华波波　曲　鹏　黄耿耿
8.	《概率论（上册）》	李增沪　张　梅　何　辉
9.	《概率论（下册）》	李增沪　张　梅　何　辉
10.	《概率论和随机过程 上册》	林正炎　苏中根　张立新
11.	《概率论和随机过程 下册》	苏中根
12.	《实变函数》	程　伟　吕　勇　尹会成
13.	《泛函分析》	王　凯　姚一隽　黄昭波
14.	《数论基础》	方江学
15.	《基础拓扑学及应用》	雷逢春　杨志青　李风玲
16.	《微分几何》	黎俊彬　袁　伟　张会春
17.	《最优化方法与理论》	文再文　袁亚湘
18.	《数理统计》	王兆军　邹长亮　周永道　冯　龙
19.	《数学分析》数字教材	张　然　王春朋　尹景学
20.	《微分方程 II》	周蜀林